山东杨树育种与栽培

主　编　姜岳忠　王　彦
副主编　李善文　乔玉玲

中国林业出版社
China Forestry Publishing House

图书在版编目（CIP）数据

山东杨树育种与栽培 / 姜岳忠，王彦主编. —北京：中国林业出版社，2021.11
ISBN 978-7-5219-1247-0

Ⅰ.①山…　Ⅱ.①姜…②王…　Ⅲ.①杨树-育种-山东②杨树-栽培技术-山东
Ⅳ.①S792.11

中国版本图书馆 CIP 数据核字（2021）第 129617 号

出版发行　中国林业出版社（100009　北京西城区刘海胡同 7 号）
电　　话　010-83143564
印　　刷　北京中科印刷有限公司
版　　次　2021 年 11 月第 1 版
印　　次　2021 年 11 月第 1 次
成品尺寸　210mm×285mm
印　　张　23.5　彩插　3.75
字　　数　560 千字
定　　价　180.00 元

编著人员

主　　编　姜岳忠　王　彦
副 主 编　李善文　乔玉玲
编著人员　（以姓氏笔画为序）
　　　　　王西南　王　彦　乔玉玲
　　　　　李善文　荀守华　姜岳忠
　　　　　秦光华　董玉峰　董章凯

前　言

杨树是山东的主要造林树种之一。在山东平原地区，杨树的栽培面积和林木蓄积量均居各树种首位，在用材林基地、平原绿化、沙化土地治理、绿色通道等方面的林业建设中得到广泛应用，具有显著的经济效益、生态效益和社会效益，在山东的生态建设和经济建设中起到重要作用。

杨树树干通直高大、枝叶繁茂、速生、适应性强，为充分发挥杨树的优良特性，提高杨树栽培的综合效益，必须应用优良品种和科学的栽培技术，杨树育种研究和栽培技术研究是山东林业科学研究的重要课题。

自20世纪80年代以来，山东省林业科学研究所（2002年更名为山东省林业科学研究院）、山东省林木种苗站（2012年更名为山东省林木种苗和花卉站）、山东农业大学、山东省林业学校（1999年更名为山东农业大学科技学院）等单位，山东省各杨树栽培区的科技人员，长期开展了杨树研究工作。中国林业科学研究院、北京林业大学等单位也在山东开展了多项杨树育种与栽培技术课题的研究。经过多年研究工作，取得许多具有先进水平和实用价值的研究成果，积累了丰富的科技文献资料，对提高杨树科研水平和生产技术水平、促进山东林业发展发挥了重要作用。

本书作者主持和参与多项杨树课题研究工作，熟悉山东的杨树科研与生产情况；在总结山东的杨树科研成果和生产技术经验的基础上，参阅国内外的杨树科技文献，编写了这部杨树科技专著；旨在总结山东杨树良种选育成果和先进栽培技术，记载山东的杨树科研成就，供林业科研、教学、生产技术部门的同志参阅，以期为山东杨树科研和生产发挥积极作用。

本书为技术性专著，以记述创新性、先进性的应用技术为主，也兼及理论性研究成果。按专业分为杨树育种、杨树栽培、杨树病虫害防治、杨树木材利用等几个部分。

应用遗传特性优良的杨树品种，是杨树人工林速生丰产的基础。杨树有丰富的遗传多样性，为杨树育种提供了基因资源。杨树为雌雄异株，容易杂交与发挥杂交优势。杨树用营养繁殖，能保持优良品种的遗传特性。多年来，山东通过引种、选种、杂交育种等途径，陆续选育了一大批杨树优良品种，并不断提高杨树育种工作的技术水平和山东的杨树良种化水平。

杨树具速生特性，山东的杨树大多分布在平原农区，适于集约经营。应把杨树作为一种多年生木本作物来栽培，应用一些农业生产技术，适度精耕细作，以充分发挥杨树的速生丰产潜力，获得更高的产量和效益。根据杨树的生物学特性、造林地条件和培育目标，科学地实施细致整地、良种壮苗、合理密度、灌溉、施肥、修枝抚育、防治病虫害等栽培措施，并组成综合技术措施的优化栽培模式。杨树栽培与农业结合，实行杨树与农作物间作或轮作，是提高杨树产量和效益的常规经营方式。根据杨树各种工业用材对材种的要求，实行杨树工业用材林的定向培育。

杨树有多种病虫害，其中美国白蛾、杨树天牛、杨树溃疡病等常见的杨树病虫害，对山东杨树生产带来重大危害。在了解杨树病虫害发生规律的基础上，加强监测预报，制订科学的防治策略，采取有效的综合防治技术，以控制杨树病虫害的发生。

研究杨树木材的性质，为杨树木材的合理利用提供依据。杨树木材有多种用途，杨树木材的工业利用主要有生产锯材、人造板和制浆造纸等。对杨树木材要合理利用、综合利用，提高木材利用率和经济效益。

为编写本书，应用了有关单位和研究人员的部分科技文献资料，这些单位和人员都为本书做出了贡献。吴玉柱研究员、马海林研究员和李际红教授审阅了部分书稿，并提出修改意见。王海明研究员、闫家河研究员提供了杨树病虫的照片。对于各方面的贡献和帮助，一并表示感谢。

为编写本书，引用了一些不同年代的文献资料。书中涉及的机关单位名称，一般使用当时的称谓。书中涉及的行政区划单位，一般使用当时的名称。

本书涉及学科较多，由于作者学术水平等方面的限制，书中难免疏漏之处，敬请读者批评指正。

姜岳忠　王　彦
2021 年 3 月

目 录

前 言

第一章 杨树育种
第一节 杨树种质资源 … 1
 一、杨树的遗传多样性 … 1
 二、杨树种质资源的收集、保存和利用 … 3
 三、山东杨树育种利用的杨树种类 … 4
第二节 杨树良种选育的程序 … 6
 一、关于优良品种 … 6
 二、杨树良种选育的一般程序 … 7
 三、植物新品种权和林木品种审定 … 8
第三节 杨树育种的途径和技术 … 9
 一、杨树杂交育种 … 10
 二、杨树优树选择 … 15
 三、杨树引种 … 17
第四节 山东选育的杨树优良品种 … 19
 一、黑杨派杨树品种 … 19
 二、白杨派杨树品种 … 24
 三、派间杂交杨树品种 … 27
第五节 杨树良种繁育 … 29
 一、杨树良种苗木繁育体系 … 29
 二、采穗圃 … 29
 三、杨树的无性繁殖技术 … 30
参考文献 … 36

第二章 杨树良种选育研究
第一节 T26杨、T66杨、I102杨引种试验研究 … 38
 一、引进的杨树无性系 … 38
 二、初选试验 … 38
 三、区域性试验 … 40
 四、品种审定和推广应用 … 46
第二节 鲁林1号杨选育研究 … 46

一、参试无性系 …… 46
　　二、育苗试验 …… 47
　　三、无性系造林试验 …… 47
　　四、苗木生根和耐旱、耐盐试验 …… 50
　　五、木材材性测试和加工试验 …… 52
　　六、品种鉴定和审定 …… 55
第三节　鲁林2号杨、鲁林3号杨选育研究 …… 56
　　一、杂交亲本 …… 56
　　二、室内人工杂交 …… 56
　　三、杂种苗的培育和选择 …… 58
　　四、无性系造林试验 …… 59
　　五、苗木生根和耐旱试验 …… 61
　　六、木材材性测试和加工试验 …… 62
　　七、品种鉴定和新品种简介 …… 64
第四节　鲁林9号杨、鲁林16号杨选育研究 …… 66
　　一、杂交亲本 …… 66
　　二、室内人工杂交 …… 66
　　三、杂种的种苗培养 …… 72
　　四、杂交子代（F_1）苗期测定和选择 …… 74
　　五、无性系造林试验 …… 75
　　六、无性系鉴定 …… 79
　　七、优良品种鲁林9号杨、鲁林16号杨简介 …… 79
第五节　窄冠黑杨1号等5个品种选育研究 …… 80
　　一、育种目标 …… 81
　　二、育种材料和方法 …… 81
　　三、无性系造林试验 …… 82
　　四、木材性质 …… 84
　　五、入选无性系 …… 86
第六节　LX1毛白杨等6个毛白杨优良品种选育研究 …… 89
　　一、育种材料 …… 89
　　二、无性系造林试验 …… 89
　　三、评定入选无性系 …… 95
第七节　鲁白杨1号和鲁白杨2号选育研究 …… 97
　　一、杂交亲本 …… 97
　　二、室内人工杂交 …… 98
　　三、苗木培养与苗期选择 …… 100
　　四、无性系造林试验 …… 102
　　五、耐旱、耐盐碱试验 …… 108
　　六、木材性状 …… 111

  七、无性系鉴定 ··· 112
  八、植物新品种登记和林木品种审定 ·· 113
 参考文献 ··· 113

第三章　杨树栽培
第一节　山东杨树栽培概况 ·· 115
  一、山东杨树栽培历史回顾 ··· 115
  二、杨树栽培技术的进步 ·· 118
  三、杨树栽培的科研工作 ·· 121
第二节　杨树的生物学特性 ·· 121
  一、杨树对环境条件的要求 ··· 121
  二、杨树的生长习性 ··· 129
第三节　杨树栽培区和造林地立地条件 ·· 144
  一、山东杨树生长的自然条件 ··· 144
  二、山东杨树用材林栽培区区划 ·· 147
  三、杨树用材林立地质量评价 ··· 149
  四、杨树造林地立地条件类型 ··· 163
第四节　杨树用材林林分结构 ··· 169
  一、杨树用材林的林分密度 ··· 169
  二、杨树用材林的种植点配置 ··· 176
第五节　杨树造林施工技术 ·· 179
  一、整地 ·· 179
  二、使用健壮苗木 ·· 181
  三、杨树栽植技术 ·· 183
第六节　杨树用材林林地管理 ··· 189
  一、杨树用材林灌溉 ··· 189
  二、杨树用材林施肥 ··· 196
  三、中耕松土 ··· 208
  四、地面覆盖 ··· 208
第七节　杨树林木抚育 ··· 211
  一、杨树整形修剪 ·· 211
  二、修枝 ·· 213
  三、杨树切根 ··· 216
第八节　杨树采伐与更新 ·· 217
  一、杨树用材林的采伐 ·· 217
  二、立木材积表和原木材积表 ··· 221
  三、杨树用材林的更新 ·· 229
第九节　农田林网和农林间作 ··· 232
  一、农田林网 ··· 232

二、农林间作 ··· 237
　参考文献 ··· 240

第四章　杨树工业用材林定向培育
第一节　胶合板用材林培育技术 ··· 243
　　一、胶合板用材的材种要求 ··· 243
　　二、适于胶合板用材林的杨树品种 ··· 244
　　三、造林地选择 ·· 246
　　四、优质壮苗、精细栽植 ·· 247
　　五、造林密度和采伐年龄 ·· 247
　　六、林地土壤管理 ··· 253
　　七、修枝抚育 ··· 256
　　八、杨树病虫害防治 ·· 256
　　九、采伐技术 ··· 259
第二节　造纸用材林培育技术 ··· 259
　　一、造纸用材的材种要求 ·· 259
　　二、山东造纸用材林的杨树品种 ··· 260
　　三、杨树造纸用材林的造林地 ·· 262
　　四、山东几种地域类型杨树造纸用材林栽培技术 ·· 262
　　五、林分密度与采伐年龄 ·· 268
　　六、萌芽更新 ··· 272
　参考文献 ··· 273

第五章　杨树病虫害防治
第一节　杨树害虫防治 ·· 274
　　一、山东杨树害虫发生概况 ··· 274
　　二、杨树害虫防治技术 ··· 276
　　三、山东杨树主要害虫及其防治 ··· 282
第二节　杨树病害防治 ·· 308
　　一、山东杨树病害发生概况 ··· 308
　　二、杨树病害防治技术 ··· 310
　　三、山东杨树主要病害及其防治 ··· 313
　　四、杨树主要枝干病害发生流行规律与防治技术研究 ···································· 324
　参考文献 ··· 332

第六章　杨树木材的性质与加工利用
第一节　杨树木材的构造与性质 ·· 335
　　一、杨树木材的构造 ·· 335
　　二、杨树木材的物理力学性质 ·· 338

三、杨树木材的化学性质 ··· 347
　四、杨树木材的天然耐久性 ··· 349
　五、杨树木材的工艺性质 ··· 350
第二节　杨树木材的加工利用 ··· 351
　一、锯材 ··· 351
　二、人造板 ··· 352
　三、制浆造纸 ··· 356
　四、杨树木材的综合利用 ··· 361
参考文献 ··· 362

彩插

Ⅰ　杨树品种
Ⅱ　杨树杂交育种
Ⅲ　杨树育苗
Ⅳ　杨树造林
Ⅴ　杨树木材利用
Ⅵ　杨树病虫害

第一章 杨树育种

杨树育种是应用林木遗传学原理选育性状优良的杨树新品种和繁殖杨树优良品种的工作,其基本任务是选育杨树优良品种。杨树优良品种具有优良的遗传特性,一般应具有优良的经济性状,较强的适应性和抗逆性;如以培育用材为主要目的,要求速生丰产、材质优良。应用优良品种造林,对于充分利用林地自然资源,提高林产品产量和质量,发挥森林多种效益等方面具有重要意义。

第一节 杨树种质资源

《中华人民共和国种子法》指出:种质资源是指选育植物新品种的基础材料,包括各种植物的栽培种、野生种的繁殖材料以及利用上述繁殖材料人工创造的各种植物的遗传材料。

在林木育种中,林木种质资源又称林木育种资源,是指在选育林木优良品种工作中当前或未来可能利用的一切繁殖材料,它是利用树木的遗传多样性开展林木育种的物质基础。为实施某一个林木育种研究项目而直接利用的繁殖材料称作原始材料,原始材料对创育新品种更为直接、具体。

一、杨树的遗传多样性

生物具有遗传多样性。遗传多样性是由基因组控制的,在许多基因的协调作用下,生物表现出外部特征。每个物种都含有成百上千个不同的基因型,物种间和物种内,群体间和群体内,都具有遗传多样性。

杨树是杨柳科(Salicaceae)杨属(*Populus*)树种的统称,种类众多,有丰富的遗传多样性。遗传多样性为杨树育种提供基因来源,是杨树遗传改良的物质基础。

(一)杨树种类

植物分类是植物学基础,也是林木遗传育种学基础。植物分类的基本单位是种(species)。种或物种具有一定的形态特征和地理分布,常以种群形式存在。现代生物学认为,物种是由可以相互交配(产生能育的正常后代)的自然居群组成的繁殖群体,是和其他群体生殖隔离着,并占有一定的生态空间,拥有一定的基因型和表现型,是生物进化和自然选择的产物。种是相对稳定的,又是发展的。

杨属主要分布于北半球的亚洲、欧洲、北美洲的温带地区,全世界共有100余种。中国的杨树主要分布于东北、华北、西北、西南地区,共有60余种。山东有自然分布和人工栽培的杨树共有10余种。

杨属分为黑杨派(*Aigeiros* Duby)、白杨派(*Leuce* Duby)、青杨派(*Tacamahaca* Spach)、大叶杨派(*Leucoides* Spach)、胡杨派(*Turanga* Bge.)共五个派。黑杨派的种有美洲黑杨、欧洲黑

杨等,以及美洲黑杨与欧洲黑杨的众多杂种(统称欧美杨);白杨派的种有毛白杨、银白杨、山杨、响叶杨等;青杨派的种有小叶杨、青杨、辽杨、大青杨、滇杨等;大叶杨派的杨树有大叶杨、椅杨等;胡杨派的种有胡杨。

(二)杨树种内的遗传变异

在以种为单位的植物群体内,既保持性状的相似,又产生一些变异。气候、土壤等环境条件发生变化,植物为适应环境会产生变异;植物在有性繁殖过程中出现基因分离和重组,会产生基因型变异和性状变异。在物种内,遗传变异是普遍存在的。

1. 种以下的分类单位

根据《国际植物命名法规》的规定,在种以下可设亚种、变种和变型等级。亚种(subspecies,缩写为 ssp.)是一个种内的变异类群,形态上有一定区别,在分布上、生态上或季节上有所隔离;变种(varietas,缩写为 var.)是种内的某些个体在形态上有所变异,变异比较稳定,分布范围比亚种小;变型(forma,缩写为 f.)有形态变异,但是看不出有一定的分布区,多是零星分布的个体。

栽培植物的类型划分为品种,品种不属于自然分类系统的分类单位。品种与变种、变型的主要不同之处在于,品种只用在栽培植物上,是人类经过培育选择而形成的类型,其生物学特性和经济性状符合人类需要;而变种、变型是自然界野生或半野生植物自然进化与变异的类型。品种可以随着社会需要,通过人为的选育而不断更替;变种、变型则在长时期内相对稳定。

在杨树育种工作中,应用了杨树的一些亚种、变种、变型等,如美洲黑杨的亚种棱枝杨与念珠杨,银白杨的变种新疆杨,小叶杨的变型塔型小叶杨等。

人工栽培的杨树有许多品种。经过人为选育的品种,具有优良的特性。应用优良品种作为杨树杂交育种的原始材料,使其子代继承这些优良特性,可能培育出新的优良品种。如在杨树育种中利用美洲黑杨品种 I-69 杨、I-63 杨、T66 杨等作为杂交亲本,培育出一些新的优良品种。

2. 群体间和群体内的遗传变异

除去种以下的分类外,在种的范围内,林木群体间和群体内的各个层次也存在遗传变异,包括:地理种源变异,同一种源内不同林分的变异,同一林分内不同个体的变异,个体内的变异等。在林木育种中应了解一个树种内各个层次的变异,利用这些变异。如山东在杨树育种中利用种内不同个体的变异,开展了毛白杨优良单株的选择工作。按照统一技术标准,选出毛白杨优树 158 株,为山东毛白杨育种提供了重要的育种材料。

(三)人工创制的育种材料

在杨树育种工作中,除利用自然界存在的各种育种材料外,还应用各种技术手段人工创制育种材料,再从中选育优良品种。这些技术包括物理或化学方法的人工诱变、杂交育种、细胞工程、基因工程等。人工创制各种育种材料,均是使基因在生物体之间转移、复制或加以修改,从而产生新的变异。

两个遗传组成不同的亲本交配称为杂交,杂交是人工创制育种材料的主要方法。在山东的杨树育种中，应用黑杨派、白杨派、青杨派的部分种、变种、变型及品种作为亲本进行杂交，创制了大量的子代繁殖材料，并从中选育出一些优良品种。

林木基因工程是将外源基因导入林木细胞基因组中，使外源基因在林木细胞内有效表达和稳定遗传，创造新的种质。山东农业大学与中国科学院遗传研究所合作，利用农杆菌介导法转化八里庄杨，获得一批转抗盐基因植株，并从中选育出耐盐品种中天杨。

二、杨树种质资源的收集、保存和利用

杨树种质资源是杨树育种的物质基础。种质资源越丰富，对其研究得越深入，就越能有针对性、预见性地满足各种育种目标的要求。杨树种质资源的收集和保存不仅用于当前的育种研究，也为将来的育种工作贮备了资源。

由于杨树种质资源在育种中的重要意义，必须加强种质资源的管理工作，包括调查、收集、保存、评价、利用等各个环节。

(一)杨树种质资源的收集和保存

对杨树种质资源应广泛考察，大量收集。种质资源收集的对象，应根据当地杨树良种选育任务和目标而确定，主要收集国内外优良杨树树种，主要杨树树种的优良种源、优良类型、优良单株，以及优良无性系等。收集的范围尽可能包括树种的全部自然分布区。收集的方法有直接考察收集、交换、转引等方式，直接考察收集是基本的方法。收集的繁殖材料包括种子、穗条、根、苗木等。

对收集的材料要了解其生长地点的自然条件、栽培特点、遗传性状和适应能力，并建立档案。调查记载的主要项目有：编号、树种、品种(或类型、单株、无性系等)、繁殖材料种类、收集地点、原产地及原产地的自然条件、栽培技术、综合性状(分类学特征、适应性、抗逆性、产量、品质等)、主要优缺点等。

山东杨树种质资源的收集，重点是白杨派和黑杨派树种的种质资源。如冠县苗圃收集保存了来自北京、河北、山东、河南、山西、陕西、甘肃、宁夏、江苏、安徽等省(自治区、直辖市)的1047个毛白杨优良单株的繁殖材料；长清县苗圃保存由国内外引进的114个黑杨派无性系；宁阳县高桥林场保存450多个黑杨派无性系。

杨树种质资源保存的主要形式是迁地(异地)保存；主要保存方法是种植保存，将收集到的各类繁殖材料，分别应用播种、扦插、嫁接、埋根等育苗方法培育苗木，繁殖形成无性系，再建立杨树种质资源库。

保存种质资源需要花费一定的经费、土地和人力，要根据种质资源保护和育种工作的任务，做好计划安排，确定合理的保存范围和数量。

(二)杨树种质资源的利用

杨树种质资源的利用，既有目前的利用，作为杨树育种的原始材料；也有将来的利用，作为杨树育种的后备资源。

提供作育种用的原始材料包括栽培的类型与品种，野生、半野生的类型与单株，以及人工创造的遗传材料等。利用原始材料，通过无性系测定和选择，可以直接选育新的品种。原始材料也可以作为杂交亲本，创造新的育种材料。

三、山东杨树育种利用的杨树种类

在山东的杨树育种中，利用了黑杨派、白杨派及青杨派的一些杨树种类，还应用了一些种间杂种及派间杂种。

(一)黑杨派

1. 美洲黑杨

美洲黑杨(*Populus deltoides* Marshall)天然分布在北美洲北纬30°~50°，主要生长在沿密西西比河、俄亥俄河、密苏里河等河谷的冲积平地上。树干高大，树冠扩展。林分生产力高，经济价值高。

一般认为美洲黑杨有三个亚种：棱枝杨(*Populus deltoides* ssp. *angulata*)分布在南部；嫩枝具明显的棱，长嫩枝的叶较大、心脏形；喜水和热。念珠杨(*Populus deltoides* ssp. *monilifera*)分布在北部；嫩枝稍有棱，长嫩枝叶呈三角形；抗寒冷。密苏里杨(*Populus deltoides* ssp. *missouriensis*)分布在中部，形态在上述两个亚种之间。

美洲黑杨是重要的栽培树种。不仅在北美洲栽植，又引种到欧洲、亚洲、非洲北部和南美洲栽植。通过选育，产生了众多优良品种。

20世纪70年代以后，中国陆续引进较丰富的美洲黑杨种质资源。山东省通过美洲黑杨无性系的引种试验选出优良品种，如由意大利引进的I-69/55、I-63/51，由南斯拉夫引进的55/65，由土耳其引进的PE-19-66、S307-26等优良无性系，作为栽培品种在山东推广应用。部分美洲黑杨的无性系，用作杂交育种的原始材料。

2. 欧洲黑杨

欧洲黑杨(*Populus nigra* Linn.)是欧亚大陆黑杨派的唯一代表种，广泛而集中地分布在欧洲南部地区，中亚有零星分布，我国新疆阿勒泰地区也有分布。欧洲黑杨的树冠稠密，嫩枝圆形，叶近三角形、菱形。能适应和生长在比较贫瘠而干燥的土壤中。

欧洲黑杨的形态习性变异大，有一些变种和经济价值高的栽培品种。其中栽植最普遍的钻天杨(*Populus nigra* Linn. var. *italica*(Moench.) Koehne.)从前在欧洲南部大量栽培，以后传播到世界各地。20世纪70年代以前，钻天杨在山东也有普遍栽植。

欧洲黑杨是杂交育种的重要亲本。美洲黑杨与欧洲黑杨杂交所得的杂种欧美杨，具有广泛的栽培区域和重要经济意义。钻天杨和小叶杨杂交，获得一些小钻杨品种。

3. 加杨(欧美杨)

加杨(*Populus* × *canadensis* Moench.)是美洲黑杨与欧洲黑杨杂种的统称。美洲黑杨和欧洲黑杨的杂种是美洲黑杨引种到欧洲后开始产生的，第一个天然杂交种于1750年产生于法国，命名为 *Populus* × *canadensis*。以后，在欧洲陆续产生了大量美洲黑杨与欧洲黑杨的杂种，选出了一些速生、干形好、适应性强、易繁殖的优良无性系，并在欧洲和世界温带地区广泛栽培，具有重要经济意义。

美洲黑杨与欧洲黑杨杂交所产生的一大类杂种的命名，在文献中曾通称为 *Populus* × *canadensis*。1950年国际杨树委员会建议将这类杂种采用 *Populus* × *euramericana*(Dode) Guinier的集体名称，它包括所有美洲黑杨与欧洲黑杨的杂种。1950年以后，*Populus* × *euramericana*

的名称曾在杨树的文献资料中使用。*Populus* × *canadensis* 为最早发表的合理名称，*Populus* × *euramericana* 不符合《国际植物命名法规》的优先律规则。

自20世纪50年代以来，中国从欧洲陆续引进了众多欧美杨无性系。20世纪70年代末开始，中国林业科学研究院林业研究所等单位通过杨树杂交育种，也培育了一些"国产"的欧美杨无性系。山东省在20世纪初就引进加杨，20世纪50~60年代广泛栽植。1963年以后山东引入20多个欧美杨无性系，通过试栽与评定，选出I-214杨、沙兰杨、健杨等优良无性系。20世纪70年代以后，山东省先后引入300多个国外的欧美杨无性系进行试验，通过技术鉴定，作为优良品种推广应用的有I-72杨、露伊莎杨、西玛杨、I102杨、107号杨、108号杨等。中国林业科学研究院林业研究所培育的一大批欧美杨无性系，在山东进行了无性系测定，选出了中林46杨、中林23杨、中林28杨、中林14杨等适于山东栽植的优良品种。20世纪90年代以后，各研究单位继续进行欧美杨的良种选育工作。

少数欧美杨无性系的性状更接近美洲黑杨，如I-72杨、I102杨等，可以用作杂交育种的原始材料。

(二) 白杨派

1. 毛白杨

毛白杨(*Populus tomentosa* Carr.)是中国特有树种，分布广泛，主要产于北纬30°~40°之间，以黄河流域中下游为中心分布区。毛白杨树干高大，生长较快，寿命长，较耐干旱和盐碱，木材材质好，是优良的城乡绿化树种和用材林树种。

多项研究资料认为，毛白杨属杂种起源，分化严重，形态多样。毛白杨有多种变种或类型，如抱头毛白杨、截叶毛白杨、箭杆毛白杨、细皮毛白杨等。毛白杨种内的单株间存在变异，为优树选择提供了基本条件。山东省通过全省性选优工作，得到省选优树158株；通过无性系测定，选出鲁毛50、鲁毛27等优良品种。北京林业大学等单位从10个省(自治区、直辖市)收集毛白杨优良单株1047株的繁殖材料，在山东冠县苗圃建立毛白杨基因库，并初选出250个无性系。山东使用这250个无性系的繁殖材料进行无性系测定，选出LX1等6个毛白杨优良品种。毛白杨也用作白杨派杂交育种的亲本。

2. 银白杨

银白杨(*Populus alba* Linn.)在亚洲、欧洲、北非都有分布，在中国新疆额尔齐斯河流域有天然林分布。银白杨喜大陆性气候，耐寒、耐旱，但不耐湿热，深根性，对土壤条件要求不严，但以湿润的砂质土壤生长良好。

新疆杨(*Populus alba* Linn. var. *pyramidalis* Bunge)是银白杨的变种，为中亚干旱地带重要树种。新疆杨栽培很广，山东有引种栽培。树干直，冠窄，耐旱、耐寒、耐盐碱。在白杨派杂交育种中有时用新疆杨做亲本，以培育窄冠、抗旱新品种。

3. 响叶杨

响叶杨(*Populus adenopoda* Maxim.)产于中国的秦岭、淮河以南地区，生于海拔300~2500m山地阳坡。喜光，不耐严寒，生长快。山东省林业学校庞金宣等开展窄冠型白杨杂交育种工作，响叶杨是杂交亲本之一。

4. 白杨派杂种

（1）**南林杨** 南京林学院叶培忠育成，母本为河北杨×毛白杨杂种，父本为响叶杨，其父母本的生态特性差异大。

（2）**毛新杨** 中国林业科学研究院徐纬英育成，母本为毛白杨，父本为新疆杨，其父母本的生态特性差异大，并有窄冠型遗传因子。

山东省林业学校庞金宣等开展窄冠型白杨杂交育种，将南林杨和毛新杨用作杂交亲本。

（3）**银腺杨** 韩国水原林木研究所 Hyun S. K. 从银白杨×腺毛杨杂交组合中选育的无性系，20世纪80年代北京林业大学朱之悌从韩国引进并种植在山东省冠县苗圃，具有速生、树干通直圆满、抗干旱、抗病虫等特点。山东省林业科学研究院从银腺杨×新疆杨杂交组合中选出鲁白杨1号、2号和3号。

(三) 青杨派

小叶杨（*Populus simonii* Carr.）为中国原产树种，东北、华北、华中、西北及西南均有分布。适应性强，对气候和土壤要求不严，耐旱，耐寒，耐瘠薄和弱碱性土壤。有许多变种和变型，如宽叶小叶杨、辽东小叶杨、圆叶小叶杨、垂枝小叶杨、塔型小叶杨等。小叶杨常用作杂交育种的亲本。

(四) 派间杂种

1. 八里庄杨

为小叶杨与钻天杨的天然杂种。树干直，冠幅中等，分枝较细。适应性强，在比较干旱瘠薄的土地和含盐量0.2%的轻盐碱地上生长量高于加杨。山东农业大学孙仲序等以八里庄杨为实验材料，通过基因工程培育出耐盐品种中天杨。

2. 山海关杨×塔型小叶杨

庞金宣等从山海关杨×塔型小叶杨杂交组合中选育出窄冠耐盐品种鲁杨6号、鲁杨31号、鲁杨69号和鲁杨70号，这些品种的主要特性为易繁殖、树冠窄、生长快、耐盐碱等。以I-69杨为母本，以山海关杨×塔型小叶杨为父本选育出窄冠黑杨1号、窄冠黑杨2号、窄冠黑杨11号、窄冠黑杨055号和窄冠黑杨078号。

第二节 杨树良种选育的程序

一、关于优良品种

(一) 品种的概念

品种是农业、林业、园艺的常用术语。2009年《国际栽培植物命名法规》对品种的定义为：品种是这样一个植物集合体，(a)它是为特定的某一性状或若干性状的组合而选择出来的，(b)在这些性状上是特异、一致、稳定的，并且(c)当通过适当的方法繁殖时仍保持这些性状。

《中华人民共和国种子法》规定的品种含义为：品种是指经过人工选育或者发现并经过改良，形态特征和生物学特性一致，遗传性状相对稳定的植物群体。

根据上述定义，品种只用在栽培植物上，是人类经过培育选择而形成的栽培植物集合，其生物学特性及经济性状符合人类需要。

栽培植物的品种，有一个或多个明显可区分的特征，并且在繁殖时能保留这些可区分的特征，具有被评价特性的一致性和再现性。用无性繁殖的树木，遗传性状稳定，无性系的一致性和再现性可以得到保证。人工栽培的杨树都是应用营养繁殖，杨树品种都是无性系。

(二) 林木优良品种的选育

林木优良品种是经过人工选育，严格的试验和鉴定，证明在适生区域内，在产量、质量、适应性、抗性等方面明显优于当地原有的主栽品种，具有生产应用价值的林木品种。

林木优良品种有必要的选育过程，试验材料经过遗传测定、区域化试验和评价鉴定，新的品种在生长、适应性、材质等方面比原来应用的品种优越，而且在了解新品种特性的基础上，确定其适宜栽植范围、适宜的栽培技术和培育目标，经过林木品种审定，才能确认为林木优良品种。

(三) 林木优良品种的推广应用

林木优良品种是一个相对的动态的概念，具有较强的地域性和阶段性。林木优良品种的生物学特性、生态适应性必须与栽培地区的自然条件相适应；在该品种适宜的栽植范围，运用适宜的栽培技术，才能发挥品种的优良特性。林木优良品种应能适合林业生产的需要，具有较高的经济效益。在林木栽培过程中，原来应用的品种可能发生退化或出现缺点，或者市场上有了更符合人们需求的新的优良品种，原来应用的品种就会逐渐被淘汰。

杨树品种的使用和推广，要从本地林业生产条件和生产需要出发，选择适宜的品种。在本地区较长期栽培，适应性好，优良性状稳定的品种，不应轻易更换。应用新的品种，要经过区域化试验得到验证后，再进行推广。

二、杨树良种选育的一般程序

林木育种的基本内容为：原始材料的选育，通过表型选择，选出优良表现型；对选出的优良表现型作遗传测定，选出优良遗传型；将选出的优良遗传型进行扩大繁殖，应用于生产。

遗传测定是林木育种工作的重要环节，表现型优良的育种材料经过遗传测定，选出遗传型优良的材料，才会有大幅度的遗传增益。遗传测定有子代测定和无性系测定，杨树的遗传测定用无性系测定。

对于能够无性繁殖的树种，无性系选育是一种简单、有效的改良方法。无性系选育能使杂合体的基因型材料通过无性繁殖和无性系测定，形成遗传型和表现型一致的群体，可能获得较大的遗传增益，性状稳定，不产生性状分离。

杨树良种选育一般采用无性系选育（图 1-2-1）。杨

图 1-2-1 杨树无性系选育的一般程序

树无性系选育程序，可依据原始材料的起点或基础不同，分为以自然界优良表现型为基础，或以自然杂种或人工杂种为基础。原始材料要经过表型选择、无性系测定、区域化试验、无性系鉴定，选育出优良无性系；再通过林木品种审定，才能作为杨树优良品种进行大量繁殖和人工造林。

以杨树杂交育种为例，说明无性系育种的程序。①通过杂交，获得杂种种子，育出杂种苗；②对杂种苗进行表型选择，选出表现型较好的实生苗，繁殖成无性系；③无性系苗期测定，做进一步的选择；④建立无性系比较试验林，对无性系进行多性状测定；⑤区域化试验；⑥无性系鉴定，选出符合育种目标的优良无性系；⑦林木品种审定(图1-2-2)。

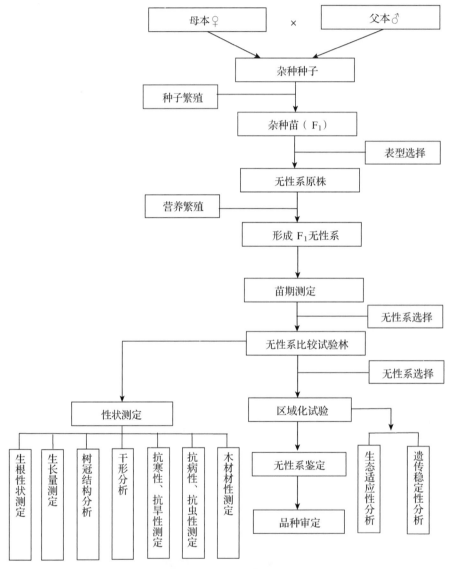

图1-2-2 杨树杂交育种程序

三、植物新品种权和林木品种审定

杨树育种研究人员选育出新的优良无性系以后，要申请和获得植物新品种权。新的杨树品种要申请林木品种审定，通过审定或认定的品种，才能作为良种推广应用。

(一)植物新品种权

为了保护植物新品种权,鼓励培育和使用植物新品种,我国发布了《中华人民共和国植物新品种保护条例》。本条例所称植物新品种,是经过人工培育的或者对发现的野生植物加以开发,具备新颖性、特异性、一致性、稳定性,并有适当命名的植物品种。国务院农业、林业行政部门按照职责分工共同负责植物新品种权申请的受理和审查,并对符合本条例规定的植物新品种授予植物新品种权。

林业的植物新品种由国家林业行政部门的植物新品种保护办公室负责受理和审查。申请植物新品种权的单位或个人,应当向审批机关提交符合规定格式要求的请求书、说明书和该品种的照片。经审批机关审查,对符合条例规定的品种权申请,审批机关作出授予植物新品种权的决定,颁发品种权证书,并予以登记和公告。

植物新品种保护制度是知识产权保护的一种形式,完成育种的单位或个人对其授权的品种享有排他的独占权。被授予品种权的林木新品种,应当按照国家有关种子的法律、法规的规定,进行林木品种审定,然后才能生产、销售和推广。

(二)林木品种审定

《中华人民共和国种子法》规定,主要林木品种在推广应用前应当通过国家级或者省级审定。林木品种审定是我国对林木良种使用和推广的一种行政许可行为。林木良种是指通过审定的主要林木品种,在一定区域内,其产量、适应性、抗性等方面明显优于当前主栽材料的繁殖材料和种植材料。新的林木品种必须通过国家林业行政主管部门或者省级林业行政主管部门的审定,确认为林木良种,才能在林业生产中推广应用。

申请林木品种审定的单位或个人,需向审批机关提交林木品种选育报告,说明林木品种的亲本来源及特性、选育过程、区域试验规模及结果、主要技术经济指标、品种特性、繁殖栽培技术要点、主要缺陷、主要用途、抗性、适宜种植范围等,同时提出拟定的品种名称;同时提交林木品种特征的图像资料或者图谱,对品种的特异性、一致性、稳定性进行详细描述。

国家或省级林业行政主管部门成立林木品种审定委员会,对提交申请的林木品种进行审查。初审通过审定的林木品种,进行公示。初审未通过的林木品种,确实为生产所需,可以通过认定,同时提出该品种的有效期限。林木品种审定委员会对审定(认定)通过的林木良种,统一命名、编号,颁发林木良种证;并由林业行政主管部门公告,公告内容有品种名称、树种、学名、良种类别、林木良种编号、品种特性、适宜种植范围、栽培技术要点、主要用途、选育单位和人员等,认定品种还要公告良种有效期限。

第三节 杨树育种的途径和技术

杨树育种的主要途径有引种、选种和杂交育种。引种是从国内外引进外来树种(包括种内的类型及品种等)。选种是指在种的范围内的选择,杨树选种主要是优树选择。杂交育种是通过杂交,取得杂种,对杂种进行测定和选择,以获得优良品种。

遗传测定是林木育种工作的重要环节，表现型优良的育种材料经过遗传测定，选出遗传型优良的材料，才会有较大幅度的遗传增益。遗传测定有子代测定和无性系测定，杨树的遗传测定用无性系测定。

一、杨树杂交育种

杨树杂交育种是通过杂交，取得杂种，对杂种进行测定和选择，以获得优良品种的过程。杨树为雌雄异株，容易杂交。到目前为止，杂交育种是杨树育种中最有成效的育种方法。根据杂交亲本双方的亲缘关系，杂交可分为远缘杂交和近缘杂交。种内杂交，即种内的不同品种、类型以及个体间杂交，称为近缘杂交；种间和属间杂交，称为远缘杂交。地理上距离较远的种内品种、类型间杂交，也可称为远缘杂交。山东开展的杨树杂交育种，有黑杨派杨树杂交育种、白杨派杨树杂交育种以及黑杨派与青杨派杨树的派间杂交育种等。

(一)杂种优势及其利用

1. 杂种优势

植物的杂种优势是指两个遗传基础不同的亲本杂交，杂种第一代(F_1)在生长势、抗逆性、产量等方面优于其亲本的现象。杂种优势一般只限于第一代(F_1)，第二代(F_2)往往表现衰退。两个亲本的纯合程度越高，杂种优势越明显，F_2代衰退也就越明显。杂种优势是一个较普遍的遗传现象，其形成机理是复杂的。

2. 杨树杂种优势的利用

杨树多是杂合体，用杂合体作亲本，F_1代就是分离群体，一般来说杂种优势不够明显。为了更好地创造和利用杂种优势，在杨树杂交育种和优良杂种的繁育中一般采用以下方法。

(1)远缘杂交　远缘杂交通常能比近缘杂交创造较为显著的杂种优势，杨树杂交育种多采用远缘杂交，如美洲黑杨×欧洲黑杨、美洲黑杨×青杨等。

(2)杂交创造变异和无性系选育　利用大部分杨树容易营养繁殖，这些树种进行杂交，可在分离的F_1代中进行严格选择，选出少数杂种优势明显的单株，通过营养繁殖保持其优良性状，长期用于生产。将这些优良杂种的无性系用于人工造林，显著提高了生产力。

(二)杂交方式和亲本的选择

1. 杂交方式

(1)单交　指两个不同的种或品种进行杂交，即A×B。如毛白杨×新疆杨、美洲黑杨×欧洲黑杨等。

(2)三交　把单交所得的F_1代再与第三者杂交，称为三交，即(A×B)×C。例如南林杨就是(椴杨×毛白杨)×响叶杨的三交种。三交比单交可以结合更多的特性。

(3)双交　两个不同的单交种进行杂交，称为双交，即(A×B)×(C×D)。如(毛白杨×新疆杨)×(银白杨×腺毛杨)、(毛白杨×新疆杨)×(银白杨×中国山杨)等。

(4)回交　由单交所得的F_1代，再与其亲本之一杂交，称为回交。如(毛白杨×新疆杨)×毛白杨。与杂种再杂交的亲本，称为轮回亲本，另一杂种亲本称为非轮回亲本。经过多代回交和选择，即可选育出轮回亲本的性状占优势的新杂种。回交的次数和轮回亲本的选择视育种目的而定。

2. 杂交亲本选择

杂交亲本的选配，包括确定杂交组合和杂交母树的选择，前者是指确定父本和母本树种，后者指的是用哪一个具体单株。一般要求，应根据杂交育种的任务和有关树种的生物学特性选择杂交亲本。

(1) 根据亲和力(可配性)选配　亲和力是指能完成受精过程正常结实的能力，所选杨树杂交能完成受精进程结出足够数量有生命力的种子，是杂交育种的前提。杨属分为黑杨派、青杨派、白杨派、大叶杨派、胡杨派。杂交试验证明：杂交亲本的亲缘关系远，可配性差。杨树派内种间杂交及黑杨派与青杨派杂交都比较容易，例如欧美杨、毛新杨(毛白杨×新疆杨)、北京杨(钻天杨×青杨)、小黑杨(小叶杨×欧洲黑杨)等。白杨派为母本，黑杨派、青杨派为父本，则杂交比较困难，即使获得杂种种子，后代生活力也很低。青杨派、黑杨派、白杨派与胡杨派的杂交后代生活力都很低。

不仅不同种的杂交亲和力不同，同一杂交组合用不同单株作亲本，或者不同年份、不同地点、不同环境(如树上或室内)条件下进行杂交，都可能获得不同结果。所以评价一个杂交组合的亲和力时应慎重，应该用不同单株、在不同年份、不同条件下多进行些试验，再做结论。

(2) 按生态特性相异并互补的原则选配　杂种优势往往与杂种对立地条件适应性强，能充分利用立地条件有关。而杂种对立地条件的适应性强又往往与亲本的生态特性相异并互补有关。如美洲黑杨无性系 I-69 杨速生，适于温暖湿润的地区；小叶杨较耐干旱，分布很广，主要在华北地区。它们的杂交品种 NL-105 和 NL-106 较速生且适于较干旱的地区种植。

同一树种不同地理种源间杂交，称为地理上的远缘杂交，由于两个亲本的生态特性有差异，往往能增强后代的生长势和适应性。

(3) 按优缺点互补的原则选配　亲本双方的优点多、缺点少，优缺点能互相补充，较容易达到育种目标。如美洲黑杨×欧洲黑杨杂交组合，其杂种可以具有美洲黑杨的速生性，又具有欧洲黑杨的适应性和易繁殖特性。如果两个亲本都不具备速生性或适应性强的特性，就很难培育出既速生又适应性强的杂种。在拟定杨树杂交组合时，最好双方或者至少一方具有需要的优点，同时两个亲本都没有严重缺点。

(4) 选优点多的种作母本　树木杂交育种的大量事实证明，杂种的性状表现多是接近母本的性状，母本的性状往往在杂种中占优势。在杨树杂交育种中发现，杂种的速生性、抗虫性等多表现母本的性状。如美洲黑杨无性系 I-69 具有速生、优质、抗虫等优良特性，用其做母本培育的"中林系列"品种、"南林系列"品种均遗传了 I-69 杨的优良特性。在杨树杂交育种中，应选优点多的种类为母本，利用母本性状的遗传优势。

(5) 选优良种源、优良单株作亲本　杨树是多种基因型组成的复合群体，种内群体之间、群体内个体之间都有差别，用作杂交亲本时，杂种也有差别。选优良单株作亲本，其优良性状可能传给子代。

(三)杂交技术

1. 掌握杂交亲本开花生物学特性

进行杂交工作时,必须掌握杂交亲本的开花生物学特性,包括该亲本花的构造、着生部位、开花时间、传粉方式、开花结实所需要的条件、种子成熟期等。

2. 室内切枝杂交

杨树种子成熟期短,可借助枝条内贮藏的养分供给种子发育成熟,可在室内进行切枝杂交。室内杂交比树上杂交工作方便、安全;可以控制室内温度或调节花枝进入温室的时间,克服父母本花期不遇的困难;便于相隔远的两个树种杂交。室内杂交主要程序和方法如下:

(1)花枝采集与修剪　采集花枝的时间,应在花芽充分完成开花的准备以后。杨树的花芽,一般在夏季开始发育,从花芽形成到第二年春季开花,其内部进行着复杂的生物化学变化,只有完成这一系列变化,才能正常开花。据观测,为了保证花芽正常开放,加拿大杨、毛白杨需要15℃以下的低温阶段75天。山东泰安地区在元旦之前采集毛白杨花枝进入温室水培,很难正常开花;1月下旬采集花枝进入温室水培,很快正常开花。2月中下旬气温已逐渐回升,采集的花枝在普通房间稍微加温即可进行水培,省去很多管理工作。采集花枝的时间也不宜太迟,以免延迟种子成熟,缩短当年苗木生长期,影响当年对杂种苗的选择。

采集杨树花枝时要识别雌、雄株,同时要识别花芽与叶芽(表1-3-1、表1-3-2)。

表1-3-1　杨树雌雄株的识别

识别点	雌株(♀)	雄株(♂)
树形	树冠较宽阔,小枝较细软下垂	侧枝较直立、小枝较稀疏、粗壮
花芽大小	较小	较大
花芽多少	较少	较多
花芽解剖构造	每个花盘内有一个子房	每个花盘内有一团花药

表1-3-2　杨树花芽与叶芽的识别

识别点	花芽	叶芽
大小	较粗短、肥大	较长尖
位置	腋芽	顶芽、部分腋芽
解剖构造	剥开芽鳞露出苞片及花盘	剥开芽鳞露出幼小叶片

在选定作亲本的树冠中上部,剪取长约70cm、基径1.5cm左右带有花芽的枝条。采回的雄花枝要剪去不带有花芽的小枝,再去掉叶芽,保留花芽,把花枝基部剪一斜的切口,然后插入水中。雌花枝先剪去不带花芽的小枝,再剪去小枝顶端不带花芽的部分,只保留花枝最上部一个叶芽,以免叶芽开放消耗养分。根据枝条的粗细长短,去掉部分花芽,以免保留花芽过多,营养不足,引起后期大量落果,甚至种子不能成熟。对于基部1.5cm粗、长70cm左右的雌花枝,白杨派、青杨派树种保留4~5个花芽较为合适,黑杨派树种的种子成熟期较长,保留的花芽数应更少些。保留的花芽应均匀分布在花枝中上部,尽可能位于主枝或靠近主枝,便于以后的管理。

(2)花枝的水培及管理　经过修剪的花枝，插入盛有清水的容器中，放入室内培养。根据亲本的开花生物学特性和相应月份的温度变化，要控制好室内的温湿度。如杨树2月上旬开始水培，室内白天温度以15℃为宜，夜间不低于5℃，室内湿度可控制在60%~70%。约经2周，温度升至18~20℃，毛白杨即可撒粉，稍迟数日，小叶杨、黑杨类相继撒粉。这时白天室内温度不应超过25℃，否则将导致花粉发育不正常，发芽率降低，甚至丧失生命力；而温度过低则会延迟开花。从授粉到种子成熟，白天温度可控制在20~25℃，毛白杨的种子需25~30天成熟，小叶杨30~35天，黑杨派种类约需50天。

水培开始时，清水隔2~3天换1次，以后隔1天换1次。换水时清洗枝条基部。隔数日清洗盛水容器的器壁。如发现枝条基部腐烂变质，可剪去腐烂部分。

(3)花期调节　在母本的雌花盛开、适宜授粉时，应有充足的父本花粉适时授粉。如果两个亲本的花期相同，应将父本花枝提前3~4天放入温室。如果两亲本的花期不一致，可根据具体情况提早培育父本花枝，或者冷藏母本花枝，要保证父本比母本早开花几天，以便雌花盛开时有足够的花粉给予授粉。

(4)花粉采收、贮藏及生命力测定　雄花序上个别花药已经破裂开始撒粉时，可将整个花枝平放在光洁的纸上，每天早上轻轻敲击花枝，然后用毛笔将落在纸上的花粉收集在一起，用细筛筛去杂质，在干燥的室内晾2~3h；也可把即将撒粉的花序剪下放入筛中，不断敲击筛壁，使花粉落入纸上。收集的花粉放入小瓶或用纸包好。如两个树种同时撒粉，应注意隔离。尽量少开门窗，以免花粉随风飘扬。用具要清洁，以防杂菌引起发霉。

贮藏花粉必须有干燥、低温的条件，最大限度地降低花粉的生命活动，延长花粉的寿命。可将包好的花粉放进干燥器或密闭的瓶中，再将干燥器放入冰箱或其他冷凉处，保持0~5℃左右，一般花粉可保存一个月左右。

为保证杂交育种取得良好结果，授粉前须测定花粉生命力，特别是经长期保存的花粉，经测定证明有生命力的才能应用。常用的测定方法是人为创造适宜的条件使花粉发芽，一般用固体培养基法，经温箱培养，24h后就可计算花粉平均发芽数。

(5)隔离与授粉　为了达到杂交预期的目的，必须防止父本之外的其他花粉落至母本柱头上。应在雌花开花可以接受花粉之前，对不同种的雄花枝进行隔离。如不同房间隔离，或对雌花序套纸袋隔离。

雌花盛开、柱头明亮并有黏液分泌在柱头表面，表示雌蕊已经成熟，应及时授粉。柱头可授粉期一般为3~4天。授粉时间以每天上午8:00~10:00为宜。由于同一花序的各小花开放时间不同，一般每个花枝应连续授粉3天。授粉时可用毛笔蘸少量花粉撒落到柱头上，也可用喷粉器对准柱头喷撒。授粉数量要适中，柱头有一层稀疏的花粉即可，授粉过多、过少均不利于花粉发芽。授粉时不能损伤柱头。

(6)授粉后的管理　授粉后3~5天，柱头枯萎，子房逐渐膨大，表示已完成受精过程，可将纸袋解除。随着温度升高，应每天换水。发现有病虫危害，应及时防治。保留的叶芽开放后，仅保留1~2片小叶，借其蒸腾拉力供应水分，将其余小叶去掉，以免消耗养分。

(7)种子采收　果实由绿变黄时，表示即将成熟。杨树种子轻，种子基部有毛，蒴果开裂后种子随风飘扬。应在蒴果开裂前套上纸袋，蒴果全部开裂后，取下整个果序脱出种子。

(四)播种苗的培育和选择

1. 播种苗的培育

由杂交获得的杨树种子在当年春夏之间成熟，种粒小，寿命很短，采收后应尽快播种。种子采收、贮藏、播种过程中要严防混杂，挂好标牌和绘出定植图。杂种种子往往数量少而种类多，先在温室内播种，管理较方便、细致，能提高杂种种子的成苗率。小粒种子播种，可先在培养皿中催芽，当幼苗脱下种皮，长到1cm左右时移入轻基质无纺布容器中。容器内填入经严格消毒的培养基质，浇水后趁湿用镊子移苗。为预防苗期立枯病等病害，不能用苗圃或菜园地的熟土。也可以在温室内直接将种子播种到轻基质无纺布容器中，可减少一次移栽。

黑杨派杨树杂交育种时，自授粉到种子成熟约需50~60天，因花枝贮藏养分有限，导致种子不能发育成熟。一般可在授粉30天后，对未成熟的种子进行组织培养，待幼苗长到7~8cm高时，即可进行炼苗与移栽。

刚移到容器内的幼苗根浅，要勤浇、少浇水。为防病害，可用0.1%的高锰酸钾溶液浇灌。10天左右，幼苗长出第一对真叶，根深已达5cm以上、苗高10cm左右时，选择阴天或下午移出温室开始炼苗，苗木上面搭设遮阴网，遮阴网下面有喷雾设备。炼苗的前5~7天，注意定时喷雾，苗木叶片要始终保持湿润。苗高20cm左右时，选择阴天或下午撤去遮阴网。再炼苗5~7天后，将容器苗移栽至大田，加强各项育苗管理。

2. 播种苗的选择

杨树多是杂合体，杂交是基因重组过程，杂交子代的性状常有明显分化，需根据育种目标进行多次选择。对子代播种苗进行的选择属于表型选择，淘汰矮小细弱的植株，保留苗木高度大于平均值的粗壮植株，选择率一般为40%左右。

(五)营养繁殖苗的培育和无性系苗期选择

1. 营养繁殖苗的培育

将经过初选的播种苗作为无性系原株，用营养繁殖方法形成无性系。黑杨派、青杨派的杂种适于扦插育苗，为加快无性系扩繁，缩短育种工作周期，可采用繁殖系数较高的塑料大棚短插穗容器育苗，以及全光照喷雾嫩枝扦插等育苗方法。白杨派的杂种可采用嫁接、嫩枝扦插等育苗方法扩繁苗木。

将无性系原株在10~20cm高处截断，用截干苗定植，用于观察无性系原株的生长情况。

2. 无性系苗期选择

对营养繁殖苗的选择属无性系选择。对1年生苗木进行育苗成活率、苗木生长量、分枝、抗病虫等性状的测定，并以原有主栽品种的苗木作对照。营养繁殖苗的选择可进行1~2次，一般可选留苗期性状优良的无性系30~40个，准备参加无性系造林对比试验。

(六)无性系造林对比试验

1. 无性系对比试验林的设置

以速生优质用材品种为选育目标，无性系对比试验林应设在杨树主要栽培区，在不同地点与立地条件，设试验林 3 片以上。试验采用随机区组设计，3~4 次重复，每个小区 12~16 株，以原有主栽品种为对照。

以抗性为目的的杨树育种，如耐盐碱、抗病虫等，则应在盐碱地区或病虫发生严重地区营造试验林。

2. 无性系的性状观测与比较

在无性系对比试验林中，观测每个无性系的造林成活率、生长量、树冠结构、干形、耐旱、耐寒、抗病虫、木材材性等性状，对参试无性系以及对照品种的各项性状进行比较。

对于速生的黑杨派无性系，当无性系对比试验林林龄 3 年时，各个无性系的早期性状表现与以后的晚期性状表现已有较紧密的相关性。可依据苗期试验与无性系对比试验林的资料，从参试无性系中选出 15~20 个无性系参加区域化试验。

（七）区域化试验

区域化试验林应设在预计可栽植杂种无性系的各个杨树栽培区内，每个栽培区应设区域化试验林 3 片以上。区域化试验林的设置和观测项目可与无性系对比试验林相似。

（八）无性系鉴定

速生树种无性系测定林的林龄应达到 1/2 个轮伐期。当区域化试验林的林龄 4~5 年时，无性系对比试验林的林龄达 7~8 年，无性系原株的定植林已达 8~10 年。至此，参试无性系的速生性、适应性已基本稳定，木材材质可以测定；各无性系在不同区域的适应性也得到了解；选出无性系测定林中综合性状表现优良，并显著优于对照品种的无性系，即可确定为入选的优良无性系。

（九）林木品种审定

选育出优良无性系，需再经过林木良种审定。凡通过林木品种审定（认定）的品种，即可作为优良品种在适种范围内进行推广应用。

二、杨树优树选择

优树选择是从种内群体中人工选择适合一定目标要求的优良个体的方法。先在自然界种内混杂群体中选择优良单株，为表现型选择；再进行遗传测定和遗传型选择。优树选择适于毛白杨育种，山东用优树选择的方法选育了一些适于山东栽植的毛白杨优良品种。

（一）选择优树

优树是指相同立地条件下，其生长量、干形、适应性、抗逆性、木材材性等方面显著超过同种、同龄树木的单株。按规定的标准和方法从种内群体中选择优树习称"选优"。选择优树仅是表现型选择，选出的优树还不能作为良种应用。对优树要进行遗传测定，杨树用无性系测定，进一步选出遗传型优良的杨树无性系才能作为品种。

种内群体的单株间存在遗传差异是优树选择的遗传学基础，这种遗传差异越大，优树选择的遗传增益也越大。毛白杨是中国特有树种，分布广泛。据多项研究，毛白杨属自然杂种起源，其分化严重，形态变异多种多样。毛白杨种内丰富的遗传变异为优树选择提供了物质条件。

选择毛白杨优树应在天然林或未经改良的人工林中进行，可在林分内选择，也可在行道树及散生树木中选择。选择优树的林分应属优良种源区的优良林分，立地条件较好，无特殊的栽培条件和管理措施，树木长势旺，林相整齐的壮龄林。若林分有明显的小群体分化，同一小群体内一般只选1株优树，以避免所选优树间有相同亲缘关系。在林分中选择优树，一般不选林缘木。散生树中一般不选孤立木。

选择优树要有明确的目标。杨树作为用材树种，选择优树的目标一般以速生性状为主，兼顾干形、冠形、适应性、抗逆性等。

选择优树的方法可采用小样地法、五株大树法（优势木对比法）、行状树选优法、绝对值法等，并为各种方法规定入选标准。山东在20世纪70年代组织了全省性的林木选优工作，其中为毛白杨优树规定了具体标准（表1-3-3）。

表1-3-3 山东选择毛白杨优树的标准

优树选择方法	生长量指标			树干			树冠			健康状况	树龄
	树高	胸径	材积	干形	形率	主干高度	冠形	生长势	浓密度		
小样地法①	10%	20%	50%	通直	0.6	大于8m	塔形、尖卵圆形、椭圆形	顶端优势强	较浓密	无天牛危害、无破腹病	15年以上
五株大树法②	不低于平均值	15%	40%								
行状树选优法③	不低于平均值	15%	50%								
绝对值法④	0.9m/a	1.6cm/a	0.036m³/a								

注：①小样地法：生长量按优树超过样地平均值的百分比；②五株大树法：生长量按优树超过林分中五株优势木的平均值的百分比；③行状树选优法：生长量按优树超过两侧30株树木平均值的百分比；④绝对值法：生长量按优树的年平均生长量计。

除去以速生性状为主的一般选择标准外，对于某些有特异性状的单株，如树冠特别狭窄、主干明显的单株，特别耐干旱、耐严寒、耐瘠薄、耐盐碱的单株，对成灾病虫害有明显抗性的单株等，均可列为选择目标，以利用其优异特性。

（二）采集优树的繁殖材料和繁育苗木

将选出的杨树优树作为无性系母株，用优树的繁殖材料繁育成无性系苗木。林木在无性繁殖时，会出现遗传性相同的繁殖体在生长表现上却不完全一致的现象，即林木无性繁殖中的非遗传效应，包括位置效应、周期效应及其交互作用。如树龄大的树木，其繁殖材料的生根能力较弱；成年树的树冠顶部采取的枝条，发育阶段成熟，易保持开花结实能力，而较难生根；树干基部萌蘖枝的发育阶段年幼，较易生根；此外，在生长速率、对光周期的反应及抗病性等方面，都可表现出差异。

毛白杨优树一般为树龄15年以上的成龄树，为使繁育的无性系苗木接近幼态，一般是采集优树母株的树根，用于培养发育阶段较年幼的根蘖苗。常用的繁育苗木方法是先培养根萌条，再进行嫩枝扦插。首先，掘取优树的根，截成20cm长；然后在温室中于早春埋根，适时喷水，保持适宜的温湿度。根萌条长成半木质化嫩枝时，在温室中进行带叶嫩枝扦插，或应用全光照自动间歇喷雾装置进行嫩枝扦插，当年苗高可达1.5m左右。第二年春，可将这些一年生苗木的苗根剪成根插穗进行插根育苗，苗干用于嫁接育苗。

(三)无性系测定

获得优树的无性系苗木后,按无性系育种的程序进行无性系测定和选择。包括:苗期测定与选择;营建无性系比较试验林,性状测定,无性系选择;区域化试验,适应性分析和遗传稳定性分析;优良无性系评定,品种审定等程序。优树选择育种的无性系测定方法,与前述杂交育种的无性系测定方法相似。

三、杨树引种

杨树引种是指引进外来树种,选择优良者加以繁殖利用的工作。引种也是杨树常规育种的重要途径。

(一)杨树引种的意义

每一个树种都有一定的自然分布范围,但它在自然分布范围以外的其他地区也可能适生,有的树种引到新的区域甚至比原产地生长还好。林木引种是在分析树种的起源、对环境的适应能力,考虑树种迁移潜力的基础上,把一个树种迁移到其自然分布区以外的区域栽培。

科学引进优良外来树种,是丰富本地树种资源和增加造林树种的重要途径;可在较短期限内,以较少的投入,取得较大的成效。

山东有杨属中白杨派和青杨派树种的自然分布,但是没有黑杨派树种的自然分布。欧美杨和美洲黑杨引入山东后生长表现良好,成为重要造林树种。自20世纪50年代以来,山东引进众多黑杨派无性系,并成功筛选出一些优良品种,如20世纪60年代引进的I-214杨、沙兰杨,70年代引进的I-69杨、I-63杨、I-72杨,80年代以后引进的50号杨、T26杨、T66杨、107号杨、108号杨等。并利用这些品种为杂交亲本,培育出一些美洲黑杨和欧美杨的新无性系。

(二)杨树引种的程序和方法

开展科学的引种,必须目的明确,慎重地选择树种;坚持长期多点试验,逐步推广的原则,严格按引种程序进行。为了使林木引种工作规范化,我国于1993年发布了《林木引种》(GB/T 14175—1993)国家标准,规定了林木引种驯化的基本原则、程序和技术要求。

1. 树种选择

根据引种目的和引种来源区内杨树的生态习性、经济性状等选择引种对象。选择引进树种,要全面分析引种来源区和引种试验区的生态环境;从生态条件相似的地区选择树种,引种成功的可能性较大。选择引进树种,还要重视种内差异,山东引进的杨树大多为国外选出的无性系。

引种的繁殖材料,可通过采集、交换、科技合作等方式引进。收集到的繁殖材料要进行引种原始材料登记,包括编号、树种名称、产地、材料来源及数量、引种途径等。引进的材料要按有关条例进行严格检疫,妥善贮藏保管。同时要收集有关引进树种的分布、生境条件、生长发育特性、苗木培育和造林技术等方面的技术资料。

山东杨树引种实践证明,美洲黑杨及其杂种欧美杨是重要的引进对象,从意大利、土耳其等国家引进的部分美洲黑杨和欧美杨无性系在山东表现良好。

2. 初选试验

（1）试验目的　初步了解引进杨树种类在引入地的适应性、生长表现，淘汰表现差的种类，初步选出有希望引种成功的树种及其无性系。

（2）要求与方法　根据引进杨树材料的种类和数量，采取适宜的育苗方法培育苗木。经苗期选择，淘汰在苗期表现差、明显不适应当地生境条件的种类。经过苗期筛选的种类可进行造林试种，试种阶段的试验材料数量较多，每份材料栽植的数量可较少（一般5~25株）。试验期限一般为1/3轮伐期，以早期性状表现为依据。

（3）结果与分析　通过初选试验选出一批生长发育正常，在生长量、适应性和抗性等方面表现好的试验材料，以备参加区域化试验。

3. 区域化试验

（1）试验目的　对经过初选的试验材料进行扩大试种，包括不同区域试种和同一区域不同立地类型的试种。进一步了解参试材料的遗传变异和生长表现，分析其在新环境条件下的适应能力，研究其栽培技术和主要病虫害防治措施，评选具有发展前途、供生产性试验的材料，初步确定推广范围与适生条件。

（2）要求与方法　为了保证试验的准确性，选择试验地应考虑参试材料的生态要求，并能代表一定地区的气候、土壤、地形等条件。试验点的数量依试验材料特性及可能推广的范围而定。每一区域应设3个以上的试验点，而且各试验点应分布在不同立地类型。

若试验中同时包括树种与无性系时，应将无性系作为试验对比材料。试验设计以随机区组设计为主，小区株数一般9~36株，重复4次以上。需要记载试验地点、地理位置、气候、土壤等环境条件。试验对比时，应以本地原有主要栽培品种作为对照。试验期限一般为1/2轮伐期。

（3）结果与分析　根据引进材料在不同区域、不同立地类型上的生长表现，分析影响其引种范围和正常生长的主要生态因子和限制因子，确定适生范围，分析引进树种的生态习性，为栽培区区划和选择立地条件提供依据。根据引进树种在适生条件下的生长指标、产量、形质指标、抗性等方面的表现，分析评价其引种效益，确认有无推广价值。根据引进材料的生物学特性与栽培实践，总结栽培经验，初步提出营林技术措施。

4. 生产性试验

（1）试验目的　经过区域化试验的无性系，在大面积推广应用之前需作生产性试验。生产性试验按照常规造林条件，采用生产上常用的技术措施，通过一定面积的生产性试种，验证入选无性系的生产力，确定其大面积推广范围。通过生产性试验已达到引种目的的无性系，即可确认引种成功，可大面积推广。

（2）要求与方法　生产性试验应在不同区域进行，并具有较大的生产规模，每个无性系的造林面积一般不少于20hm^2。生产性试验的评价在1/2~1个轮伐期后进行。生产性试验强调其在拟推广范围的栽培面积，不强调试点的数量；强调其生产性，不强调设对照。

（3）结果与分析　提出引进无性系在不同栽培区域对气候、土壤条件的适应性，生长特性；根据试验林的产量、品质、抗病虫害特性，综合评价其生产力。核定投资成本，估算预期经济效益,评定无性系的推广价值。确定参试无性系适宜的推广范围,提出重点推广区域。提出适用的配套栽培技术。

5. 鉴定与推广

衡量外来杨树种类是否引种成功,以其表现的适应性、繁殖能力和效益作为主要评定指标。①适应性:能适应引入地区的环境条件,在常规造林技术条件下能正常生长发育,无严重病虫害。②繁殖能力:通过无性繁殖能正常繁衍并保持原有优良性状。③效益:引进杨树种类的经济效益及生态效益明显高于对照品种,无不良生态后果。

引种成功的杨树种类及无性系必须经过无性系鉴定,杨树优良品种的木材产量应显著超过当地原有主栽树种品种,或在材质等方面具有优良性状。要作为优良品种推广使用,还要经过林木品种审定。

6. 主要的试验观测项目

在杨树引种试验中,主要进行以下试验观测。

(1) 适应性观测　观测引进杨树对寒(低温、霜冻)、热(高温、日灼)、旱、涝、风害、雪压、盐碱等因素的适应性。

(2) 物候观测　观察引进杨树的主要物候期,作为分析引种成败的依据之一。

(3) 生长指标及产量测定　定期调查引进杨树的生长情况和木材产量,了解其生长规律。

第四节　山东选育的杨树优良品种

杨树是山东主要的用材树种和平原绿化树种。20世纪50~60年代,山东开展了一些杨树引种、杂交育种等工作,后在"文化大革命"期间大部中断。20世纪70年代以后,在杨树引种、选种、杂交育种等方面开展了比较全面的研究,为杨树造林提供了一大批优良品种,在山东林业生产中发挥了重要作用。多年来,山东陆续选育出新的杨树优良品种,逐步替换原来应用的品种,杨树良种化的水平不断提高。

一、黑杨派杨树品种

(一) 沙兰杨、I-214 杨和健杨

为了丰富山东的速生杨树品种,1963年起从中国林业科学研究院、南京林学院、北京植物园等相继引入原产欧洲的晚花杨、健杨、马里兰德杨、格尔里杨、新生杨、沙兰杨、I-214杨、科伦158杨、P15A杨、施瓦氏杨、格鲁德杨、莱比锡杨等20余个欧美杨无性系。

20世纪60年代后期到70年代,山东省林业科学研究所、山东农学院及单县林业局、胶南县林业局等用引进的欧美杨无性系在各地营造了无性系测定林,以加杨(或八里庄杨)为对照。经多年、多点试验和综合分析评定,选出沙兰杨(*Populus* × *canadensis* 'Sacrau-79')、I-214杨(*Populus* × *canadensis* 'I-214')、健杨(*Populus* × *canadensis* 'Robusta')等适于山东栽培的速生优良品种。

I-214杨是意大利卡萨列蒙菲拉托杨树研究所1929年选育的,后在许多国家广泛栽培;沙兰杨是20世纪30年代德国杂交育成;健杨于1895年由法国选育,欧洲各国广泛栽培。这

些优良品种适应山东的气候条件，速生，在平原、河滩等疏松、湿润、肥沃的造林地上，胸径年均生长量达3cm以上，材积生长量一般超过加杨20%~50%，在瘠薄沙地和较黏重的土壤上，生长量也显著高于加杨，但不耐干旱和盐碱。这些品种营养繁殖容易，造林成活率高，对杨树溃疡病和光肩星天牛的抗性较强。其中沙兰杨、I-214杨树干微弯，速生性强，木材密度和强度较低；健杨树干通直，生长量略低，木材密度和强度较高。沙兰杨、I-214杨、健杨栽植普遍，表现良好，成为20世纪70年代至80年代山东营建速生丰产林和四旁绿化的主要杨树品种，沙兰杨、I-214杨适于全省平原地区栽植，健杨更适于鲁西北平原和胶东地区。

(二)鲁克斯杨(I-69/55)、哈沃德杨(I-63/51)和圣马丁诺杨(I-72/58)

1972年我国出席世界林业会议的代表团从意大利带回10个美洲黑杨与欧美杨无性系，由南京林产工业学院在江苏等省进行了引种试验，选出I-69/55杨(*Populus deltoides* 'Lux' ('I-69/55')，简称I-69杨)，I-63/51杨(*Populus deltoides* 'Harvard' ('I-63/51')，简称I-63杨)，I-72/58杨(*Populus* × *canadensis* 'San martino' ('I-72/58')，简称I-72杨)3个优良品种，后在长江中下游和黄淮平原南部广泛栽植。20世纪70年代中后期，山东的临沂、菏泽等地区相继引入造林，这3个品种适应山东南部平原地区的环境条件，表现出明显的速生性，并在山东推广。

I-69杨、I-63杨、I-72杨均为意大利卡萨列蒙菲拉托杨树研究所选育。I-69杨于1952年从美国伊利诺伊州的马萨克县引入的美洲黑杨种子培育的苗木中选出，雌性；I-63杨于1952年从美国密西西比三角洲的斯通维尔引入的美洲黑杨种子培育的苗木中选出，雄性；均为美洲黑杨南方型品种。I-72杨是从自然授粉欧美杨种子苗中选出，性状与南方型美洲黑杨相近。3个品种速生、丰产，材积生长量比沙兰杨、I-214杨高10%以上，树干直、冠形开展、分枝较稀疏。喜温暖湿润气候，耐寒、耐旱性较差，在鲁西北地区个别年份苗期有冻害。喜疏松、湿润的潮土、河潮土。无性繁殖能力中等，造林成活率较低，对栽植技术要求较严。对光肩星天牛、杨树溃疡病、杨树黑斑病的抗性强。适于鲁南、鲁西南及鲁东的平原、河滩栽植，用于速生丰产林和平原绿化。其中I-69杨适应性较强，育苗造林成活率较高，木材的密度、强度及硬度均较高，栽植普遍，是山东杨树造林的主栽品种之一。I-63杨虽速生性强、干形好，但对水热条件要求更高，在山东栽植不够普遍。I-72杨速生性强，胸径年平均生长量达3.7~4.6cm，材积生长量超过I-69杨10%左右，但育苗造林成活率较低，材质较轻软，栽植不如I-69杨普遍。

(三)露伊莎杨和西玛杨

露伊莎杨(*Populus* × *canadensis* 'Luisa Avanzo')、西玛杨(*Populus* × *canadensis* 'Cima')为意大利培育的2个欧美杨无性系，1980年引入中国。1981年后引入山东，在济宁、聊城、菏泽、临沂、潍坊、济南等地试栽，生长量超过沙兰杨、I-214杨，树干通直圆满，育苗造林成活率高，适应性强。适于鲁西与鲁中南的平原地区推广应用。这两个品种对杨树溃疡病和光肩星天牛的抗性较差，须加强对病虫害的防治。

(四)中林46杨、中林23杨、中林28杨和中林14杨

20世纪80年代以前，我国广泛应用的欧美杨品种均从国外引进。为了在我国的自然条

件下培育新的杨树优良品种，中国林业科学研究院林业研究所利用美洲黑杨优良无性系 I-69 杨为母本，以适应温带干旱、半干旱气候，抗寒性较强的欧洲黑杨为父本，于 20 世纪 70 年代末开展了杨树杂交育种工作。采用大树室外杂交和室内切枝杂交两种方法。对获得的杂种苗进行初选，将生长速度快、株形优异、抗病的杂种苗扩大繁殖成无性系。通过苗期试验进行复选，对复选出的无性系进行造林对比试验。山东省林业科学研究所、菏泽地区林业科学研究所等单位于 1981~1985 年共从中国林业科学研究院引进经复选的杂种无性系 300 多个，以 I-214 杨、沙兰杨等为对照，在临沂、菏泽、济宁、聊城、德州、惠民、济南、潍坊和烟台 9 个市（地）进行了苗期试验和无性系造林对比试验。经多点、多年测定和多性状综合评定，1989 年选出 W_1-46、W_1-23、L904-28、W_1-14 等适于山东栽培的欧美杨新品种，后命名为中林 46 杨、中林 23 杨、中林 28 杨、中林 14 杨。入选品种的育苗成活率和造林成活率都很高，速生性明显，材积生长量超过沙兰杨、I-214 杨 15%~20% 以上；适应性强，对光肩星天牛和木蠹蛾的抗性较 I-214 杨强，对杨树溃疡病的抗性也较强。其中中林 46 杨生长最快，侧枝较粗、层次分明，树干尖削度较大，幼树易风折，木材较轻、软。中林 23 杨、中林 28 杨和中林 14 杨侧枝较细、层次不明显，树干尖削度较小。4 个品种的优良性状表现稳定，20 世纪 90 年代以后在山东大面积推广应用。尤其是中林 46 杨，因育苗成活率高，1 年生苗木粗大、通直、无侧枝，造林后速生性突出，栽植普遍，成为山东速生丰产林和平原绿化的主栽杨树品种之一。

（五）50 号杨

50 号杨（*Populus deltoides* '55/65'）是南斯拉夫诺威萨特杨树研究所于 1961 年从美国伊利诺伊州引入的美洲黑杨种子培育的苗木中选出的。1981 年由中国林业科学研究院林业研究所引入我国，编号为 50 号，在我国又称 50 号杨。1984 年后在临沂市进行多点品种对比试验，1990 年以后又在莒县、长清县、诸城市等地进行造林试验。该无性系雌性，其形态、生长性状、生态适应性、繁殖能力、抗病虫性能、木材材性及推广应用范围均与 I-69 杨相近。据张绮纹等在临沂试验，50 号杨的育苗、造林成活率高于 I-69 杨，6 年生林的平均材积比 I-69 杨大 11.4%。

（六）T26 杨、T66 杨和 I102 杨

为了丰富杨树品种资源，1987 年山东省林业厅杨树考察团从土耳其和意大利引进 S307-26、PE-19-66、PE-3-71、ECO-28、I-102/74、Adige、PAN、Stella 等 15 个美洲黑杨和欧美杨无性系，由山东省林业科学研究所进行引种试验。山东省林业科学研究所和莒县林业局等在济南、莒县、高唐等地进行了苗期试验和无性系造林对比试验，于 1995 年初选 PE-19-66、S307-26、I-102/74 等 3 个优良无性系。山东省林业科学研究所、山东省林木种苗站等单位于 1996 年又在鲁西南、鲁西北、鲁中南、鲁东等地区对 3 个优良无性系进行了区域化试验，于 2000 年 3 个无性系鉴定为优良无性系，并以 T66 杨、T26 杨、I102 杨为品种名称。3 个品种于 2002 年通过山东省林木品种审定。

T26 杨（*Populus deltoides* 'S307-26'）和 T66 杨（*Populus deltoides* 'PE-19-66'）由土耳其引进，为美洲黑杨品种，I102 杨（*Populus × canadensis* '102/74'）由意大利引入，为欧美杨品

种。3个品种均为雄性，速生，材积生长量一般大于对照I-69杨10%~20%，冠幅大、分枝较少而粗、树干尖削度较大，育苗和造林成活率、适应性和抗逆性与I-69杨相当，对光肩星天牛、杨树溃疡病、杨树黑斑病的抗性强，抗风折，成龄树抗寒性较强。材质优良，适于培育胶合板材和纸浆材。这3个品种适于比较温暖湿润的鲁中南、鲁东和鲁西平原地区栽植。造林后要加强修枝抚育。

(七) 107号杨和108号杨

20世纪80年代，中国林业科学研究院林业研究所从欧洲各国广泛引进新的黑杨派无性系，从中选择适于我国不同地区栽培的优良无性系。山东省林木种苗站从中国林业科学研究院引进部分新的黑杨派无性系，在宁阳、兖州、临沂、聊城等地进行造林试验，于1997年选出优良无性系107号杨和108号杨。1996年后山东省林业科学研究所、山东省林木种苗站等单位又在省内不同地区进行了区域化试验。

107号杨 (*Populus × canadensis* 'Neva' ('74/76')) 为意大利卡萨列·蒙菲拉托杨树研究所1973年选育，后命名为Neva。1984年引入我国后编号84-I-107，在我国又称107号杨。雌株。速生，材积生长量超过中林46杨5%~20%，树干高大通直，树冠较窄，分枝角度较小，侧枝粗度中等，育苗、造林成活率高，适应性强，耐旱、耐寒、较耐瘠薄，对光肩星天牛、杨树溃疡病的抗性强，木材材质较好，适于培育胶合板材和纸浆材。适于全省平原地区栽植，用于速生丰产用材林和平原绿化。20世纪90年代后期，107号杨在山东推广，成为山东主栽杨树品种之一。

108号杨 (*Populus × canadensis* 'Guariento') 为意大利选育的欧美杨无性系。1984年引入我国后编号84-I-108，在我国称108号杨。雌株。形态特征、生长特性、适应性和适生范围与107杨相似，适于培育工业用材。是山东栽培广泛的杨树优良品种之一。108号杨与107号杨的一个重要形态区别是：107号杨树皮较光滑；而108号杨树干下部的树皮粗糙，有明显纵裂。

(八) 卡帕茨杨

卡帕茨杨 (*Populus × canadensis* 'Carppaccio') 于20世纪80年代引入中国，由山东省林木种苗站引入山东。20世纪90年代在宁阳、长清、兖州等地进行造林试验，经多性状测定，选为优良无性系。2011年通过山东省林木品种审定。该欧美杨品种为雌株，速生，树干通直，抗病虫，木材材质较好。适于鲁中南、鲁西南平原地区栽植。

(九) 中菏1号杨

菏泽地区林业科技推广站于1992年、1993年从中国林业科学研究院和南京林业大学引进经初选的8个杨树杂种新无性系，用中林46杨为对照，在单县、东明县和定陶县进行了苗期试验和无性系造林对比试验，1998年选出中菏1号速生无性系。山东省林业科学研究所、山东省林木种苗站等单位又于1996年对该无性系在省内不同杨树栽培区进行了区域化试验。

该品种为美洲黑杨的种内杂种，雄性，苗木粗壮，林木的直径生长量大，4年生林的材积一般比中林46杨高15.0%~30.0%，树干直、尖削度大、侧枝粗大、层次明显，育苗、造林成活率与I-69杨相当，较中林46杨抗风折，对杨树黑斑病的抗性比中林46杨强，木材密度和纤维长度与中林46杨相当。适于山东的平原地区营造速生丰产用材林，但要注意满足其对水分的较大需求，并加强修枝抚育。

（十）L35杨、L323杨和L324杨

20世纪80年代，中国林业科学研究院林业研究所以美洲黑杨为母本，美洲黑杨、欧洲黑杨及杂种为父本进行杂交，获得一批杂种无性系。其中部分杂种无性系在山东的菏泽、聊城、泰安等地区的个别县、市进行过育苗及造林试验。1996年，山东省林业科学研究所、山东省林木种苗站等单位从中选取部分表现较好的无性系，在鲁西南、鲁西北、鲁中南、胶东等不同地区营造多处无性系对比试验林，进行无性系测定和区域化试验。2001年，选出79-35、84-323、84-324等优良无性系，并以L35杨、L323杨、L324杨作为品种名称。

L35杨（*Populus* 'L35'）为雌株。速生，材积生长量超过中林46杨10%~30%，树干直，树冠较窄，侧枝细、成层性不明显，育苗、造林成活率高，适应性强，耐旱、耐寒、耐瘠薄、耐轻度盐碱、不易风折，在砂质土壤和黏质土壤均生长良好，对光肩星天牛、杨树溃疡病的抗性较强，材质良好，可培育胶合板材和纸浆材，综合性状超过中林46杨。适于山东平原地区营造速生丰产用材林和四旁绿化。

L323杨（*Populus* 'L323'）和L324杨（*Populus* 'L324'）均为雌株。速生，材积生长量超过I-69杨10%~20%，与中林46杨接近，树干直，冠幅中等，育苗、造林成活率和适应性优于I-69杨，抗病虫性能较强，材质良好，可培育胶合板材和纸浆材，适于山东平原地区营造速生丰产用材林和平原绿化。

（十一）鲁林1号杨

2001年起，山东省林业科学研究院使用省内外初选的30多个黑杨派杂种无性系，在宁阳、长清、莒县、诸城等县（市、区）进行造林试验及多性状测定，2008年选出优良品种鲁林1号杨。

鲁林1号杨（*Populus* 'Lulin 1'）是天然杂种，由母树上采集自由授粉种子选育而成。其母本为228-379杨，是由中国林业科学研究院林业研究所以美洲黑杨北方亚种念珠杨为母本，以南方型美洲黑杨品种I-63杨为父本杂交育成。

鲁林1号杨为雌性，树干圆满通直，尖削度小，顶端优势明显；树冠阔卵形；分枝数量多，分布均匀，侧枝较细。速生，在长清区6年生试验林中，平均胸径24.7cm，平均树高21.1m，平均单株材积0.4030m^3。抗病虫性、耐旱性、耐盐性与107号杨相当。鲁林1号杨适于成片造林，也适于农田林网、四旁植树；木材材质良好，适合培育胶合板用材和造纸用材。该品种适应性较强，造林成活率高，在鲁南、鲁中、鲁西、胶东西南部等地区生长良好，适于这些地区推广应用。

（十二）鲁林2号杨和鲁林3号杨

1996年起，山东省林业科学研究所开展黑杨派杨树杂交育种，母本为I-69杨、I-72杨等，父本为美洲黑杨无性系PE-19-66、PE-3-71、S307-26等。经杂种苗苗期试验初选，2000年起在宁阳、莱阳、长清、济南等地进行无性系造林对比试验及多性状测定，2008年选育出新品种鲁林2号杨和鲁林3号杨。

鲁林2号杨(Populus 'Lulin 2')的母本为I-72杨，父本为美洲黑杨无性系PE-3-71。雌株。树干通直，尖削度小，顶端优势明显；树皮浅纵裂；分枝较粗，较稀疏，侧枝层次明显。速生，宁阳县高桥林场试验林中，材积生长量比中菏1号杨高17.7%。鲁林2号杨适于成片造林，也适于农田林网和四旁植树。适宜培育造纸用材和胶合板用材。该品种适应性较强，在鲁中南、鲁东等气候较温暖湿润，地下水位较高的立地生长良好。

鲁林3号杨(Populus deltoides 'Lulin 3')的母本为I-69杨，父本为美洲黑杨无性系PE-19-66。雄株。树干通直圆满，顶端优势明显；树皮浅纵裂；分枝成层明显，枝条粗度中等，较密集。速生，宁阳县高桥林场试验林中，材积生长量比中菏1号杨高20.3%。对杨树溃疡病的抗性较强。该品种适合培育胶合板用材和造纸用材。鲁林3号杨适应性较强，在鲁中南、鲁东等气候较温暖湿润、地下水位较高的立地生长良好。

(十三) 鲁林9号杨和鲁林16号杨

从2003年开始，山东省林业科学研究院以L323杨、L324杨等为母本，以T26杨、I102杨等为父本，进行人工杂交育种。经苗期试验，初选21个无性系，2006年起在莒县、莱阳、长清等地进行无性系造林对比试验及多性状测定，2013年选育出新品种鲁林9号杨和鲁林16号杨。

鲁林9号杨(Populus 'Lulin 9')的母本为L324杨，父本为T26杨。雄株。干形通直，顶端优势强；下部树皮浅纵裂，中部以上光滑不裂；一级侧枝成层明显，较稀疏，细至中粗。速生，在长清区7年生试验林中，平均胸径18.7cm，平均树高17.4m，平均单株材积0.1977m^3；在莒县7年生试验林中，平均胸径25.0cm，平均树高19.2m，平均单株材积0.3883m^3。适合培育胶合板材和造纸材。该品种适应性较强，在鲁南、鲁中、胶东西南部等地区，地下水位较高的立地上生长良好。

鲁林16号杨(Populus 'Lulin 16')的母本为L323杨，父本为I102杨。雄株。干形直、树冠窄、材性好、抗病虫害能力较强。速生，在长清区7年生试验林中，平均胸径19.0cm，平均树高17.9m，平均单株材积0.2123m^3。在莒县7年生试验林中，平均胸径24.1cm，平均树高20.7m，平均单株材积0.3595m^3。适宜培育造纸材和胶合板材。该品种适应性较强，在鲁南、鲁中、胶东西南部等地区，地下水位较高的立地上生长良好。

二、白杨派杨树品种

(一) 鲁毛50号等4个毛白杨品种

1973年山东开展全省性林木选择优树工作，共有省选毛白杨优树158株；各地还从河北、河南等省引进一些毛白杨类型及无性系。从1979年起在冠县、兖州、肥城等地建立无性系测定林，1987年由山东省林木种苗站选出鲁毛75050、鲁毛73027、鲁毛73009、易县毛白杨雌株4个速生优良无性系，命名为鲁毛50号、鲁毛27号、鲁毛9号、易县毛白杨雌株。

鲁毛50号的原株为1975年在汶上县小楼村选的优树，雄株，树龄13年，树高18.0m，胸径26.8cm，材积0.5727m^3，树干较直。鲁毛27号的原株为1973年在汶上县候云门村选的优树，树龄20年，树高16.5m，胸径36.5cm，材积1.2775m^3，干形直。鲁毛9号的原株为1973年在郓城县黄桥村选的优树，树龄19年，树高19.7m，胸径43.5cm，材积1.3468m^3，干形稍弯。易县毛白杨雌株是从河北省易县的毛白杨林分中选育出的雌性无性系。这些无性系在测定林中均表现出生长量大、适应性强等优点，适于鲁西平原地区营造用材林和四旁绿化。经各地造林应用，易县毛白杨雌株的速生性稳定，树干圆满、微弯、主干利用率高，树冠开展、分枝均匀，耐干旱瘠薄，造林成活率高，木材材质优良，是20世纪80年代以后鲁西平原用材林和四旁绿化的主栽毛白杨品种。鲁毛50号的造林成活率、材积生长量、木材材性等指标接近易县毛白杨雌株，栽植广泛；因是雄株，树干高大，不发生飘絮污染问题，也适于城镇绿化。

(二) 窄冠白杨3号等5个品种

山东省林业学校庞金宣等从1974年开始进行白杨派树种的杂交育种工作，育种目标是窄冠型杨树品种。选用的亲本有：①南林杨，南京林学院叶培忠育成，母本为河北杨×毛白杨杂种，父本为响叶杨，其父母本的生态特性差异大。②毛新杨，中国林业科学研究院徐纬英育成，母本为毛白杨，父本为新疆杨，其父母本的生态特性差异大，并有窄冠型遗传因子。③毛白杨，主要分布在华北、中原地区。④新疆杨，主要分布在西北地区，为窄冠型树种。⑤响叶杨，主要分布在秦岭、淮河以南地区。

通过室内杂交、苗期选择、观察性试验林等步骤后，1977年起在邹平、济阳、禹城、泰安、惠民等地先后建立9片无性系测定林，经综合分析评定，1986年选出中27(南林杨×毛新杨)、19-7(响叶杨×毛新杨)、22-6(响叶杨×毛新杨)等窄冠型优良无性系，后分别命名为窄冠白杨1号、窄冠白杨3号、窄冠白杨4号。1984~1985年又在惠民、邹平、博兴等县建立5片无性系对比试验林，1991年选出12-3(南林杨×毛新杨)、4-3(毛新杨×响叶杨)2个优良无性系，分别命名为窄冠白杨5号、窄冠白杨6号。还在惠民等地进行了窄冠白杨3号的农林间作试验。

这5个优良品种的共同特点是主干直、树冠窄、根深、生长快、材质好。窄冠白杨1号的树冠最窄，冠幅仅为一般毛白杨的1/3左右，窄冠白杨3号的冠幅仅为一般毛白杨的1/2左右，窄冠白杨5号的树冠略宽。窄冠白杨3号、窄冠白杨5号、窄冠白杨6号的材积生长量超过易县毛白杨雌株，窄冠白杨4号的生长量接近易县毛白杨雌株，窄冠白杨1号的生长量较低。5个白杨派窄冠品种的木材材性均与易县毛白杨雌株相似。这些窄冠品种的树冠窄，分枝角度小，易形成对主干的竞争枝，其中以窄冠白杨4号、窄冠白杨5号较为严重，须加强修枝抚育。这些窄冠品种冠窄、根深，胁地轻。在惠民、邹平等地窄冠白杨3号与农作物间作，林木的行距15~20m、株距4~5m，在林龄7~10年时小麦略有增产，玉米略有减产。这些窄冠品种适于土层深厚、湿润、肥沃、土壤含盐量0.1%以下的砂壤土和壤土。20世纪90年代以后，在山东西部平原地区推广应用，河南、河北、山西、北京、天津等地也在适生区域进行了栽培试验和推广应用。

(三) LX1、LX2、LX3和LX4毛白杨品种

山东省冠县苗圃、山东省林木种苗站、北京林业大学等单位利用河北、山东、河南等10省(自治区、直辖市)毛白杨选优成果，汇集毛白杨优树资源1047份；对其进行幼化处理，通过2年苗期测定初选出250个无性系。1987年春对初选的无性系分别在冠县、宁阳、邹平

营造试验林进行测定，筛选出25个速生无性系；通过调查速生无性系的性别、干形、冠型等性状，并测定木材材性，选出LX1、LX2、LX3、LX4毛白杨优良品种。

LX1毛白杨：雄株。树干通直；树皮浅绿色，光滑美观；皮孔小，多连生；分枝角度小，树冠较窄；叶片浓绿且绿期较长。早期速生，在冠县苗圃8年生树高11.8m，胸径18.8cm，单株材积0.1708m³，超过易县毛白杨雌株55.3%。适应性强，耐瘠薄。适用于速生丰产林、道路绿化和园林绿化。适宜山东省毛白杨适生地区推广应用。

LX2毛白杨：雄株。树干直；树皮灰白色；皮孔菱形，多连生或散生；分枝少。早期速生，在冠县苗圃8年生树高12.1m，胸径19.2cm，单株材积0.1867m³，超过易县毛白杨雌株69.7%。材质好。适应性强，耐瘠薄，抗病虫。主要适用于速生丰产林，也可在道路绿化和园林绿化中应用。适宜山东省毛白杨适生地区推广应用。

LX3毛白杨：雄株。树干通直圆满；树皮浅绿色，光滑美观；树冠较窄；侧枝细。较速生，在冠县苗圃20年生树高21.4m，胸径29.8cm，单株材积0.7459m³，超过易县毛白杨雌株31.3%。材质好。适应性较强，耐瘠薄，抗病虫。主要适用于速生丰产林，也可在道路绿化和园林绿化中栽培应用。适宜山东省毛白杨适生地区推广应用。

LX4毛白杨：雄株。树干通直圆满；树皮浅绿色，光滑美观；侧枝较细，层次明显；叶色浓绿且绿期较长；树冠较窄。较速生，在冠县苗圃20年生树高22.7m，胸径29.8cm，单株材积0.6917m³，超过易县毛白杨雌株21.8%。材质好。耐瘠薄，抗病虫。主要适于道路绿化和园林绿化。适宜山东省毛白杨适生地区推广应用。

（四）LX5和LX6毛白杨品种

山东省林木种苗站和山东省冠县苗圃利用河北、山东、河南等10省（自治区、直辖市）毛白杨选优成果，通过无性系苗期测定初选出250个无性系，在冠县、宁阳等地营造试验林进行测定，筛选出25个速生无性系；通过调查速生无性系干形、冠型等性状，并测定木材材性，选出LX5和LX6毛白杨优良品种。

LX5毛白杨：雄株。树干直；分枝较多，侧枝粗；树冠开展。具有速生、优质、适应性强等特点。在冠县，20年生平均树高22.2m，平均胸径39.7cm，平均单株材积1.1799m³，比鲁毛50、易县毛白杨雌株的单株材积分别高73.7%、107.7%。材质好。适应性强，耐瘠薄。适宜山东省毛白杨适生地区推广应用。

LX6毛白杨：雌株。树干通直圆满；分枝较多，侧枝粗；树冠开展。具有速生、优质、适应性强等特点。在冠县，20年生平均树高21.2m，平均胸径39.3cm，平均单株材积1.0881m³，比鲁毛50、易县毛白杨雌株的单株材积分别高60.2%、91.5%。材质好。适应性强，耐瘠薄。适宜山东省毛白杨适生地区推广应用。

（五）鲁白杨1号和鲁白杨2号

从2002年开始，山东省林业科学研究院和北京林业大学开展白杨派树种杂交育种，以银腺杨为母本、新疆杨为父本，通过人工切枝杂交、杂种苗培育和苗期测定，2006年用初选的23个无性系在山东省冠县、山东省宁阳县、河北省邯郸市等地营造无性系测定林。经多年测定和综合性状评选，2016年选出窄冠型杂种白杨优良品种鲁白杨1号和鲁白杨2号。

鲁白杨 1 号(*Populus* 'Lubaiyang 1'):母本为银腺杨 2 号(*Populus alba* × *Populus glandulosa*),是北京林业大学朱之悌从韩国引进的银腺杨优良无性系;父本为新疆杨。雌株。树干通直圆满,窄冠,侧枝细而密,树形美观;抗干旱,抗风折,抗溃疡病;速生,在山东省冠县苗圃 7 年生试验林中,鲁白杨 1 号平均单株材积超对照窄冠白杨 3 号 21.2%。木材材性良好。该品种适于培育用材林和农田林网栽植。鲁白杨 1 号适宜在山东、河北等地的华北平原地区推广应用。

鲁白杨 2 号(*Populus* 'Lubaiyang 2'):母本为银腺杨 1 号,是北京林业大学朱之悌从韩国引进的银腺杨优良无性系;父本为新疆杨。雌株。树干通直圆满,窄冠,侧枝多而细,树形美观;速生,在山东省冠县苗圃 7 年生试验林中,鲁白杨 2 号平均单株材积超对照窄冠白杨 3 号 70.1%;抗风折,抗溃疡病;木材材性良好。该品种适于培育用材林和农田林网栽植。鲁白杨 2 号适宜在山东、河北等地的华北平原地区推广应用。

三、派间杂交杨树品种

(一)八里庄杨

1958 年泰安县八里庄苗圃杨忠和从小叶杨实生苗中选出,为小叶杨(*Populus simonii*)与钻天杨(*Populus nigra* var. *italica*)的天然杂种。1960 年开始插条育苗,1966 年推广到宁阳等县,1970 年以后在山东各地普遍推广,是山东栽培面积最大的小钻杨品种。主要特性为:在肥水条件好的地方生长快,如宁阳县第一苗圃水沟旁的壤土上,单行栽植的 10 年生八里庄杨树高 23m、胸径 38cm。树干直,冠幅中等,分枝较细。适应性强,在比较干旱瘠薄的土地和含盐量 0.2% 的轻盐碱地上生长量高于加杨。无性繁殖能力强,育苗造林成活率高。木材密度和强度较高。八里庄杨的生长量、干形、抗病虫性能均明显优于 20 世纪 70 年代普遍栽植的大官杨等小钻杨品种。20 世纪 80 年代以后,因欧美杨速生品种的推广,八里庄杨的栽植面积减少,但在鲁西北平原比较干旱瘠薄的立地条件尤其是轻盐碱地上,仍是较适生的杨树品种,适宜营建用材林、农田林网及村庄绿化。八里庄杨还是嫁接毛白杨和杂种白杨的优良砧木。

(二)中天杨

从 1996 年开始,山东农业大学孙仲序等将大肠杆菌 1-磷酸甘露醇脱氢酶(mtl-D)基因,用土壤农杆菌介导法转化八里庄杨,获得一批抗盐性较强的转基因植株,在附加 0.6% NaCl 的培养基中生长良好。经水培、盆栽试验也获得相同结果。将转抗盐基因八里庄杨植株繁育成无性系苗木,经聊城、东营、天津等盐碱地多点造林测定,获得耐盐碱的转基因品种。2003 年获国家植物新品种权,命名为中天杨。

中天杨具有耐盐、耐干旱瘠薄的能力,1~2 年生幼林在土壤含盐量不超过 0.4% 的盐碱地上能正常生长,成活率高,繁殖容易,生长量比对照八里庄杨提高 30% 以上,材质良好。适宜营建防护林和用材林,适宜种植范围为山东省含盐量不超过 0.4% 的盐碱地区域。

(三)鲁杨 6 号、鲁杨 31 号、鲁杨 69 号和鲁杨 70 号

为了选育耐盐、窄冠、速生的优良杨树新品种,山东省林业学校庞金宣等从 1978 年开始

进行了山海关杨和塔形小叶杨的杂交育种工作，山海关杨属美洲黑杨的北方型，塔形小叶杨为小叶杨的变型。经室内杂交、苗期试验、观察性试验林等步骤，1988年开始初选优良单株形成无性系，1990~1993年分别在齐河、临邑、巨野3县土壤含盐量0.16%~0.41%的盐化潮土上建立了7片无性系测定林，以八里庄杨为对照。经4~7年测定，1996年选出4个窄冠、耐盐的优良无性系，命名为鲁杨6号、鲁杨31号、鲁杨69号、鲁杨70号。

入选品种的主要特性为：树冠窄，冠幅为八里庄杨的1/2左右；耐盐碱，在土壤含盐量0.16%~0.35%的内陆盐碱地上可正常生长，在室内盐胁迫条件下（含盐量0.1%、0.3%、0.5%）进行水培和沙培试验，4个新品种的生根能力、生长和形态表现优于八里庄杨，氯离子积累量、叶片质膜透性、膜脂过氧化程度小于八里庄杨；生长快，在无性系测定林中的单株材积为八里庄杨的149%~165%；材质优良，易繁殖，未发现严重病虫害。适于鲁西、鲁北平原地区的轻盐碱地栽植，用于农田林网及农林间作。

（四）窄冠黑杨1号、窄冠黑杨2号和窄冠黑杨11号

为了选育生长量接近黑杨派速生品种（I-69杨、中林46杨），同时树冠窄的优良新无性系，山东农业大学庞金宣等1995年开始用I-69杨、50号杨、I-72杨、山海关杨、鲁杨6号、鲁杨31号、鲁杨69号为杂交亲本，通过室内杂交，苗期选择，在莒县、东明县和惠民县进行无性系造林对比试验，选出1号、2号、11号等3个优良无性系，其杂交组合都是I-69杨×鲁杨（6号、31号、69号的混合花粉）。3个优良无性系以窄冠黑杨1号、窄冠黑杨2号和窄冠黑杨11号为品种名称，并通过山东省林木品种审定。

3个优良品种均为雄株，树冠窄，冠幅为对照I-69杨、中林46杨的1/2左右；生长快，材积与中林46杨、I-69杨相当；易繁殖，材质好，而且不飞絮。适于山东平原地区栽植，是农田林网及农林间作的优良品种。

（五）窄冠黑杨055和窄冠黑杨078

山东农业大学刘国兴等用I-69杨为母本，山海关杨×塔型小叶杨杂种中选出无性系为父本，进行人工杂交育种。经苗期选择后，在惠民县、莒县和东明县进行无性系造林对比试验，选出优良无性系055号和078号。2个优良无性系以窄冠黑杨055、窄冠黑杨078为品种名称，并通过山东省林木品种审定。

窄冠黑杨055和窄冠黑杨078均为雄株。树干圆满通直，树冠长卵形，冠幅窄。较速生，6年生胸径可达20cm；材质良好。易繁殖，具有一定的耐盐碱能力，不飞絮。适于鲁中南、鲁西及鲁西北地区栽植。适用于农田林网和农林间作。

（六）窄冠黑白杨

山东农业大学庞金宣等用I-69杨为母本、窄冠白杨4号为父本，经杂交育种而成。因属黑杨派与白杨派的派间杂种，且树冠窄，故以窄冠黑白杨为品种名称。雌株。主干通直圆满，树冠窄、呈尖塔形。在惠民县和东明县的5年生试验林中，平均树高12.0m，平均胸径15.0cm，平均冠幅2.4m。材积生长量与窄冠白杨3号相当，冠幅比窄冠白杨3号更窄；木材性状与窄冠白杨3号相似。适于山东平原地区农田林网及农林间作应用。

第五节 杨树良种繁育

杨树良种繁育是将选育的杨树优良品种扩大繁殖并应用于生产的过程。对杨树良种繁育的基本要求，一是保证繁殖材料的品种纯正，并采取适当的技术措施，防止繁殖材料的优良性状退化；二是要迅速扩大繁殖系数，以满足杨树生产的需要。杨树优良品种均为无性系，杨树优良品种的繁育应用无性繁殖技术。

一、杨树良种苗木繁育体系

为了确保杨树优良品种苗木在繁育和推广中的纯度，需建立杨树良种苗木繁育体系，其程序是建立杨树良种的原种圃、采穗圃、繁育圃。

(一)原种圃

原种圃是保存优良无性系原种的圃地。建圃材料是从无性系测定林中入选为良种的植株上，按无性系采集的无性繁殖材料。建原种圃的目的是保存原种，避免良种的丢失和混杂，为营建优良无性系采穗圃提供繁殖材料。原种圃要分别无性系定植，绘制定植图。

(二)采穗圃

采穗圃可为良种繁育圃提供品种纯正、质量优良的种条。采穗圃的建圃材料是从原种圃或从无性系测定林采集的，品种纯正的繁殖材料。在定植采穗圃时，不同无性系之间要隔开，避免串根。绘制定植图和建立技术档案。

(三)繁育圃

繁育圃是繁育良种苗木的基地，提供造林用的良种苗木。良种繁育圃的繁殖材料来自采穗圃，良种系号要准确无误。良种繁育圃采用一般的杨树育苗生产技术。

二、采穗圃

杨树良种采穗圃是无性系育种和无性系造林的重要组成部分。采穗圃应能持续提供数量大、品质优良的种条，而且方法简便，生产成本低。按作业方式的不同，杨树采穗圃有灌丛式、矮化杨树式、苗条兼用式。

(一)灌丛式采穗圃

1. 采穗圃的建立

采穗圃应选在地势平坦、排水良好、土壤肥沃、疏松，有灌溉条件，交通方便的地段。前茬不是杨树苗圃，以防萌生根蘖，使品种混杂。圃地要细致整地，施足基肥。

选用杨树优良品种健壮的1年生扦插苗定植。栽植密度常按株距0.7~0.8m，行距1m。在距地面10~15cm处平茬，在萌条长到10cm高时，每墩选留3~4股生长健壮、分布均匀的萌条，摘除其余萌条。

2. 采穗圃的管理

采穗圃的抚育管理有灌溉、追肥、中耕除草、留条、防治病虫害等。留条要密度适当，使条子的长势均匀，粗度适宜，条上的芽子饱满。

3. 采条

用于硬枝扦插或嫁接的木质化种条,在杨树停止生长后的休眠期采集。用于嫩枝扦插的嫩枝,在生长期采集。休眠期平茬部位可每年上移5cm左右,以保留3~5个休眠芽为宜。剪口斜度不要过大,防止撕伤根桩和损伤芽。

4. 更新复壮

灌丛式采穗圃年龄增大、树势衰弱时,要进行更新。一般需3~5年更新一次。采用原种圃穗条培育的1年生苗木,重新定植新的采穗圃。

(二)矮化杨树采穗圃

1. 采穗圃的建立与管理

矮化杨树采穗圃是用修剪技术控制的矮化杨树生产种条。矮化杨树采穗圃生产的种条数量多,种条与芽体充实,适合为嫁接育苗提供接穗,也适合为扦插育苗提供插穗。

选用杨树优良品种健壮的1年生扦插苗定植。栽植密度常为株距3m,行距3~4m。栽植后定干,定干高度一般0.8~1.2m。栽植后要加强灌溉、施肥、中耕除草等项抚育管理,保持新栽幼树的旺盛长势。栽植后的上半年,尽量多保留萌发的枝条。7~8月进行1次疏剪,剪除细弱枝,使枝叶分布均匀,枝条长势相近。以后每年都要进行灌溉、施肥、留条、防治病虫害等工作。对于顶部过强的枝条,可于夏季摘心促分枝,也可于冬季剪除,以利中下部枝条的生长。

2. 采条

用于硬枝扦插的木质化种条,在杨树停止生长后的休眠期采集。用于嫩枝扦插的半木质化嫩枝,在生长期采集。用于"接炮捻"嫁接用的接穗,在杨树休眠期采集。用于丁字形芽接的接穗,在8月中下旬至9月中下旬采集。

每年冬季剪取种条后,均匀地保留生长健壮、粗度相近、斜向生长的枝桩,长5~6cm,有2~3个壮芽,以培养下一年的种条。

3. 更新

矮化杨树采穗圃的产穗量,1~3年递增,一般于第4年不再增长,第5年以后长势减弱,产穗量减少。应于4~5年后进行更新,采用原种圃穗条培育的1年生苗木,重新定植采穗圃。

(三)苗、条兼用式采穗圃

这类采穗圃是繁殖种条与生产苗木相结合的作业方式,可根据市场需求调节种条与苗木的产量,方便经营,种条的质量好,生产单位乐于采用。一般是将杨树良种的1年生插条苗(或嫁接苗)平茬,将苗干用作插穗或嫁接用的接穗,留在圃地的苗根于第2年长成2年根、1年干的大苗用于造林。要挑选健壮、芽子饱满、无病虫害的苗干作为种条。防止大苗用于造林、小苗用作种条的状况,以避免苗木质量退化。

三、杨树的无性繁殖技术

(一)杨树无性繁殖技术的研究与应用

利用树木的营养器官(包括干、枝、根、叶、芽等),在适宜的条件下培养成一个独立新个体，称为营养繁殖，也称为无性繁殖。

无性繁殖与有性繁殖比较，具有以下优点：不经过基因的分离和重新组合，无性系的优良性状能够全部传给繁殖的植株，从而提高遗传增益；无性繁殖植株性状一致，便于经营管理；育种成果能较快地投入生产。

无性繁殖在杨树生产与科研中广泛地应用。在杨树育种中，它是保存和繁殖优良个体的重要方式，应用于建立无性系测定林，建立采穗圃等。为了繁育和推广杨树良种，均采用无性繁殖方式来繁殖苗木。优良无性系造林是良种繁育和林木栽培见效快、增益高的一条重要途径。

树木营养繁殖有多种方法。扦插繁殖是利用树木的根、茎等繁殖材料进行扦插，培育成独立个体的方法，包括插条繁殖、插根繁殖等。埋条繁殖是将枝条埋入土中，促进生根发芽，形成新植株的方法。分生繁殖是利用根上的不定芽和茎基的芽繁殖新个体，再切离母体的方法，有分蘖繁殖、分株繁殖。嫁接繁殖是将植物的枝、芽等，接在另一株植物的干、枝或根上，使之愈合成活，成为独立个体的繁殖方法，有枝接、芽接、靠接等。微体快速繁殖，是依据植物细胞全能性的理论，利用植物组织培养技术，在无菌的条件下，使离体的营养器官或组织产生完整新个体的方法。

山东省杨树栽培历史悠久，传统的杨树繁殖方法有插条繁殖、埋条繁殖、插根繁殖、分蘖繁殖等。自20世纪70年代以来，随着林业科技的进步，杨树的无性繁殖技术也不断改进和提高。毛白杨和白杨派杂种的硬枝扦插、嫩枝扦插、插根繁殖、嫁接繁殖、组织培养等繁殖技术，都有一些试验研究成果和先进技术经验。黑杨派杨树品种和黑杨派与青杨派派间杂种的硬枝扦插、嫩枝扦插、嫁接育苗等繁殖技术，都有一些试验研究成果和先进经验。在杨树育苗中，还应用了地膜覆盖、塑料棚覆盖、全光照喷雾装置、容器育苗等先进技术。

由于不同杨树种类插条生根难易程度的差别，按照繁殖系数高、苗木质量好、育苗技术较简便、育苗成本较低等要求，在杨树的各种育苗方法中，黑杨派杨树品种常用插条育苗，白杨派杨树品种常用嫁接育苗。

（二）插条育苗

黑杨派杨树品种和黑杨派与青杨派的派间杂种采用硬枝扦插都容易生根成活，林业生产中普遍采用插条育苗。

1. 圃地硬枝扦插

（1）整地　杨树育苗选择疏松的砂壤土或轻壤土，土层深1m以上，肥力较高。地势应平坦，有灌溉条件。秋季深耕25~30cm，及时耙平保墒。结合整地每公顷施腐熟的圈肥30~45t。然后整成宽2m左右的畦。

（2）种条和插穗　杨树扦插育苗所用的种条，为采自采穗圃的1年生种条。秋季落叶后到翌年春季萌动前均可采条，但以秋季采条贮藏效果好。秋季采条后可选高燥的背阴地挖坑埋条，坑的深度和埋土深度根据各地冻土深度确定，以保持枝条处在0℃左右为准。一般可挖坑0.8~1m深，摆放种条后，上面覆土20cm左右，坑内插秸秆把，以利通气。

杨树条子不同部位的生根率和生长量不同，以中部最高，基部其次，梢部最低。插穗的粗度一般在1~1.5cm，插穗的长度以16~18cm为宜。插穗两端可截成平切口，插穗上端的第一个侧芽应完好，上切口与第一个侧芽之间有1~2cm间距，切口应平滑。截制插穗应在背阴处进行，截后用水浸泡和用沙培上待用。插穗浸水可增加插穗的含水量，提高生根率，在扦插前应浸水12~24h。杨树无性系多，必须分开育苗，不能混杂。

(3) 育苗密度　为了生产合格的壮苗，必须注意育苗密度的控制。为用材林培育壮苗，需用较小的密度，对速生的欧美杨、美洲黑杨品种，一年生苗育苗密度每公顷不宜超过3万株。生产一年生苗供采种条时，每公顷育苗4.5万~6.0万株。

(4) 扦插　春插宜早，在芽萌动之前进行。也可以在秋季落叶后随采条随扦插，翌年春季可早生根。将浸过水的插穗插入松软的圃地，插穗的上切口与地面平，为防止上切口风干，插穗上端可浅覆土。

(5) 苗期抚育管理　按苗木各个生长阶段的特点，采取相应的抚育管理措施。

成活期：从扦插时起到插穗展叶和开始生根为止，插穗主要靠自身贮藏的营养维持生长发育，靠下切口吸收水分，抗逆性弱，要加强管理。此期间要防止土壤缺水，扦插后灌透水1~2次。灌水次数不宜过多，以免降低地温。土壤相对湿度以80%以上有利于生根。疏松、通透性好的土壤能保证生根需要的氧气。一般插穗皮部先生根，然后在下切口愈伤组织处生根。

幼苗期：一般需5~8周，此期苗木已能正常吸收水和矿质营养，并进行光合作用，根系生长较快。此期可追施氮肥促进生长，并适时灌溉和松土除草。一个插穗上可能发出多条萌条，当高度20~30cm时，保留一根粗壮的，其他的掰去。

速生期：自高生长大幅度上升至高生长下降时为止，一般在6~8月。此期苗木的高、径和根系生长都是全年最大的时期，苗木需要的营养和水分最多。每公顷需施用尿素450~600kg，分两次追施，施肥后及时灌溉。雨后和灌溉后及时松土除草。为了提高苗木的木质化程度和防止徒长，最后一次追肥不宜晚于7月下旬。有些杨树品种的腋芽萌发为侧枝，影响主干的生长，在速生期内应及时将幼嫩侧芽除去。

封顶硬化期：从出现顶芽开始到落叶为止，一般需6~8周。此期苗木的光合作用为苗木的木质化和贮藏营养创造条件。苗木全生长期应注意病虫害的防治。

2. 地膜覆盖育苗

(1) 地膜覆盖的作用　地面覆盖专用的塑料薄膜，可从多方面改善土壤的理化性状，促进杨树苗木的根系和地上部分生长。

太阳光透过地膜射到地面，光能转化为热能。地膜阻隔了地面热辐射的向外扩散，保蓄了热能，使地温升高。春季覆盖地膜，有明显的增温作用。3月中旬至4月覆盖地膜，地面表层温度比不覆膜的可增加2~4℃。

地膜阻隔了土壤水分与大气层的交换，限制土壤水分只在地膜下循环，减少了土壤蒸发量，使更多水分保蓄在土壤中。

地膜覆盖后，雨水和灌溉水由地膜侧方渗透到膜下，可防止地膜下土壤的板结，保持土壤疏松，改善通气状况。

在盐碱地上，因地膜覆盖减少了土壤蒸发，可起到减轻土壤返盐的作用，覆盖地膜区0~20cm土层的含盐量比不覆膜区低10%左右。

由于地膜覆盖改善土壤理化性状的作用，苗木发芽早，发芽率提高，出苗期缩短，苗齐、苗壮。鲁西北的东营、滨州等地，土壤含盐量高，春季气温低，杨树地膜覆盖育苗的效果更为显著。

（2）杨树地膜覆盖育苗技术要点　精细整地，施足基肥。为了保证覆膜质量和充分发挥地膜覆盖的作用，需对苗圃地精细整地作畦，施足基肥。覆膜前，可喷施除草剂。

适时扦插，盖好地膜。杨树地膜覆盖育苗一般于早春硬枝扦插。整地后，先扦插后覆膜。多选用0.015~0.020mm厚度、适宜幅宽的无色透明地膜。大面积育苗应用机械覆膜，小面积育苗可人工覆膜。地膜两侧用土压实，地膜上面每隔一定距离也压一些土，以防春季的大风损坏地膜。覆膜后，顺畦沟浇灌一次。

加强苗期管理。覆膜后，经常检查覆膜情况。春季大风时及时发现地膜裂口，用土压紧，防止地膜漏气。地膜覆盖育苗在前期灌溉次数较少，间隔期较长，但每次灌水量要足，顺畦沟浇灌，由地膜两侧渗入土中。幼苗出土后，要及时破孔，引苗出膜。防止破孔引苗过迟，以致膜下高温灼伤幼苗。根据土壤养分含量状况、基肥用量及苗木生长情况，及时进行追肥。育苗前期，一般不进行中耕除草，地膜下的高温可杀死部分杂草。进入夏季，苗木长大，地膜下会滋生一些杂草，可掀开地膜清除。苗木生长期间要及时防治病虫害。苗木出圃后，及时清除废地膜，以免影响翌年耕作及污染环境。

3. 塑料棚容器育苗

（1）塑料棚的功能　塑料棚育苗，能改善温度、湿度等环境条件，延长培育苗木的期限，节省良种繁殖材料，提高育苗成活率，促进苗木生长。

杨树塑料棚育苗主要在春季，可提早育苗时间和提高出苗率。一般用容器育苗，天气明显转暖时即将大棚内的幼苗移至露地培养。

杨树塑料棚育苗常用一般的农用大棚。农用大棚水泥立柱，木结构骨架，覆盖聚乙烯或聚氯乙烯薄膜；主要通过塑料薄膜的揭盖、草苫的揭盖、大棚内喷水等措施调节大棚内的光照、温度、湿度和通风，能满足杨树容器育苗对环境条件的要求。农用大棚的建造较容易，建造成本较低，在山东农村比较普及，适合杨树育苗。

杨树塑料棚育苗也可使用塑料小拱棚。塑料小拱棚的拱架材料一般为竹片、细竹竿，多覆盖0.04~0.07mm厚的聚乙烯塑料薄膜。塑料小拱棚也具有保温、保湿等功能，春季小拱棚内能比露地提高地温4~5℃。小拱棚在晴天中午增温较急剧，午后至日落前降温较快。为提高塑料小拱棚的保温效果，可加盖草苫，还可设风障。小拱棚建造容易，成本较低，使用管理方便，适于杨树育苗。在济南市长清区西房庄用塑料小拱棚培育L35杨的容器苗，育苗成活率和幼苗生长量都接近农用大棚育苗。

随着农林业科学技术的发展，各地已有多种多功能塑料大棚及温室，一般为装配式钢管结构骨架，棚内设有调温、调湿、调光、控水、控气、杀菌和杀虫等设备，并可实现自动控制。这类大棚的设施先进，性能优良，但建造成本和管理费用都较高，杨树育苗还较少使用这类大棚。

（2）塑料棚春季容器育苗技术要点　春季在塑料大棚内育苗，可以比露地提早一个月左右进行扦插。如济南地区，可在2月底至3月初开始育苗。

大棚内的育苗地要整平地面，划分苗床与步道，苗床宽一般1~1.2m，步道宽30~40cm。苗床常用低床或平床。

杨树育苗常使用有底的塑料薄膜袋作容器，一般口径10cm左右、高16~20cm，在袋的中下部打2排孔；也可用无纺布或纸质的容器。培育容器苗的营养土要求肥力较高，保水、保肥、透气性好，不带病虫及杂草种子。杨树容器育苗一般使用砂壤质、轻壤质的菜园土，掺入适量腐熟的有机肥。营养土要在装填前洒水湿润，使含水量达到12%~15%。向容器内装营养土可手工装填，装满填实。山东省林业科学研究院试验苗圃应用专用设备，用无纺布作容器材料，制作容器和装填营养土相结合，可机械化连续作业。将填满营养土的容器整齐摆放至苗床，相邻容器上口要平整一致，容器间空隙用细土填实。

大棚杨树育苗可节省繁殖材料，如L35杨、鲁林1号杨等品种可使用长5~6cm的短插穗，具2个芽，并可利用直径0.5cm左右的细插穗。将插穗直插于营养土中，插穗上端与土面齐。

塑料大棚管理包括：光照、温度、空气湿度、气体成分的调控，以及土壤水分、土壤养分的调控等。控制棚内温度是育苗成功的关键，大棚内白天温度不要超过30℃，不低于17℃；夜间温度不低于15℃。大棚内的空气相对湿度，在发芽出苗前一般应保持在80%左右，出苗以后一般应保持在60%左右。要在塑料大棚内放置温度计、湿度计等仪表，随时进行观测。农用塑料大棚一般是通过揭盖塑料薄膜和揭盖草苫来调节棚内的光照、温度和空气湿度。如遇雨雪、降温天气，可用土暖气加温，日光灯补光。通风等措施可以调节棚内的空气成分，提高CO_2浓度，降低有害气体浓度。

大棚内的土壤蒸发量较小。一般在幼苗出土之前可少量喷水，保持土壤湿润。幼苗出土后根据墒情适量浇水，防止浇水过多、过勤而降低地温和影响土壤通气状况。对填装容器的营养土已适量施肥，幼苗期间一般不需追肥。塑料大棚内空气湿度大，易诱发一些杨树病害，应注意大棚内适当通风，保持适宜湿度，预防病害。

塑料小拱棚的育苗技术与农用塑料大棚相似，通过塑料薄膜的揭盖、草苫的揭盖来调节小拱棚内的光照、温度、湿度及通风等条件。塑料小拱棚内的空间较小，温度变化幅度较大，更要注意晴天中午棚内的通风降温和夜间的保温。

山东在4月中下旬以后，天气明显转暖。当白天中午棚外气温在20℃以上，夜间棚外气温10℃以上，即可将塑料棚内的容器幼苗分批移至露地培养。在塑料棚内扦插的杨树幼苗已培育了40~50天，幼苗高20cm左右，已具有较完整的根系，是适于移植的时期。幼苗移植前的5~7天起，要逐步掀开棚上的塑料薄膜，为棚内通风降温，使幼苗适应棚外的环境条件。选阴天或晴天的下午随起苗随移植，将幼苗移至露地已准备好的苗床上。使用塑料薄膜袋作容器的，幼苗移栽至苗床时要撕去塑料袋。移植后随即浇透水，保证幼苗的成活。容器苗露地移栽的密度，可按一般的圃地硬枝扦插苗密度。对移栽成活后杨树苗木，进行灌溉、追肥、松土除草等项苗期抚育管理。

(三)嫁接育苗

毛白杨和白杨派杂种采用硬枝扦插时，生根较困难，育苗的成活率较低，在林业生产中通常应用嫁接育苗。一般以毛白杨或白杨派杂种优良品种的种条作接穗，以容易生根的八里庄杨、107号杨等的1年生苗木作砧木，进行劈接或芽接。

1."接炮捻"嫁接法

这是一种将白杨的枝条(接穗)接在容易生根的杨树枝条(砧木)上，嫁接与插条育苗相结合的方法。秋季落叶后到翌春树木发芽前都可嫁接，一般冬季在室内嫁接，接后窖藏。采集粗0.5~1cm、芽饱满的毛白杨或白杨派杂种的枝条为接穗。采集粗1.5~2.5cm的八里庄杨等易生根品种的枝条为砧木。接穗和砧木用湿沙妥善埋藏，防止失水。剪成有2~3个饱满芽、8~10cm长的接穗，在最下芽两侧用快刀削两个长2cm的楔形斜面，两斜面的外侧(靠芽的一侧)宽0.3cm，内侧(背芽的一侧)宽0.2cm，斜面下端削两刀使接头平滑。砧木剪成12~15cm长，选平滑的侧面，在其上垂直通过髓心下切一刀，深3cm。拨开劈口，将削好的接穗轻轻插入砧木，使形成层对准，接穗削面上端稍露(露白)，使砧木夹紧接穗，接穗的楔形斜面不要全插入砧木的劈口(蹬空)。嫁接要领是：劈口齐，削面平，形成层对准形成层，上露白，下蹬空，砧穗夹紧定成功(图1-5-1)。嫁接后50根捆一捆，储藏于窖内。冬季接"炮捻"贮藏温度不低于0℃，埋藏深度应在最大冻土层深度以下。接穗向上排置于窖内，并将湿沙填满接穗之间的空隙，防止碰伤插穗，接穗以上覆盖一层湿润的砂土。

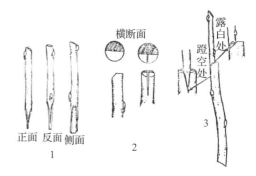

图1-5-1 毛白杨"接炮捻"嫁接法
1.削接穗 2.劈砧 3.插接穗

春季做畦，顺畦开沟，轻置"炮捻"于沟内，砧木劈口与沟向一致，接穗上切口与地面齐，从沟两面覆土，埋实，灌透水，地面干后松土保墒。育苗过程中不要碰动接穗。每公顷可插4.5万株。

2."一条鞭"丁字形芽接法

由采穗圃采集毛白杨的1年生健壮枝条为种条，采条后立即剪去叶片，以防失水，接芽上仅留1cm的短叶柄。置种条于容器内，用湿毛巾遮盖。最好随嫁接随采条，如必须贮存，则应放在阴凉潮湿处，用草盖上并在种条和草上洒水，贮存时间不超过2~3天。砧木为八里庄杨或107号杨、108号杨的1年生健壮苗木，地径在2cm以上，苗高2.5m以上。嫁接前如果苗木缺水，应提前对采穗圃和砧木苗进行灌溉，以促进树液流动，便于嫁接时剥离和愈合。

一株砧木苗干上嫁接多个接芽。地径2cm以上的苗干，距地表4~5cm处嫁接第一个芽，以后每隔20cm左右选光滑面切砧木嫁接一个接芽，直到砧木上部粗度不足时为止，一般一株砧木可接5~8个接芽。在选定接芽位置时，应注意使上下嫁接部位错开，以利于养分输送和防止风折。

芽接时间一般在8月中下旬到9月中下旬，在此期间芽接容易愈合，而且接芽当年不萌发。芽接宜在晴天进行，阴雨天不宜嫁接。削芽时用芽接刀在芽上方0.5cm处横切皮部，深达木质部；再在芽下方1.5~2cm处，由下向上、由浅而深削入木质部1/4~1/3，削到上端横切口处，将盾形接芽取下。接芽长2~2.5cm，宽1~1.5cm，剥接芽时不要去掉芽基（维管束）突起。选砧木光滑切面横切一刀，切口长1~1.5cm，在横切口中央垂直向下纵切一刀，长1~1.5cm，切口呈丁字形。用芽接刀尖轻挑起纵切口两侧的皮层。将削好的接芽塞入丁字形切口，缓慢下推，直到接芽上端与砧木横切口紧密吻合。用塑料薄膜带绑住接芽的纵横切口，以保湿和使接芽与砧木紧密结合。芽接后10天左右检查成活情况，触动接芽上的叶柄，叶柄脱落者是成活接芽，成活的接芽呈绿色、饱满；叶柄不脱落者是接芽没有成活，没成活的接芽干缩，呈暗褐色。成活的接芽于嫁接后10天即可解去塑料绑带。没有接活的可以重新再接。

当年11月，在砧木苗基部第一个毛白杨接芽以上2cm处，剪断带接芽的砧木苗干。留在根桩上的毛白杨接芽，翌年能够萌发和成苗。剪下的带接芽的砧木苗干，剪成长20cm左右的插穗；在毛白杨接芽以上1cm处剪断，防止伤芽。插穗每50根一捆，放在窖内，培湿沙越冬。第二年春季取出插穗进行扦插，扦插深度以毛白杨接芽稍露出地表为宜。扦插后发现砧木发芽，应及时除去，以免影响毛白杨接芽的生长。

参考文献

陈晓阳，沈熙环. 2005. 林木育种学[M]. 北京：高等教育出版社.

陈一山，林惠斌. 1995. 毛白杨优良基因资源汇集与保存的研究[J]. 山东林业科技，(5)：28-31.

国际生物科学联盟栽培植物命名法委员会. 2013. 国际栽培植物命名法规第八版[M]. 靳晓白，成仿云，张启翔，译. 北京：中国林业出版社.

姜岳忠，秦光华，陈东洲，等. 2009. 杨树胶合板材纸浆材新品种'鲁林1号杨'[J]. 林业科学，45(5)：178.

姜岳忠，秦光华，乔玉玲，等. 2009. 杨树胶合板材纸浆材新品种'鲁林2号杨'[J]. 林业科学，45(7)：178.

姜岳忠，秦光华，乔玉玲，等. 2009. 杨树胶合板材纸浆材新品种'鲁林3号杨'[J]. 林业科学，45(12)：159.

解荷锋，于中奎，陈一山，等. 1995. 黑杨派基因库内无性系生长特性的遗传分析[J]. 林业科学研究，8(2)：226-229.

李善文，张有慧，张志毅，等. 2007. 杨属部分种及杂种的AFLP分析[J]. 林业科学，43(1)：35-41.

李善文，张志毅，于志水，等. 2008. 杨树杂交亲本分子遗传距离与子代生长性状的相关性[J]. 林业科学，44(5)：150-154.

联合国粮食及农业组织. 1979. 木材生产与土地利用中的杨树和柳树[M]. 罗马：粮农组织林业丛书.

梁彦，朱湘渝，黄东森，等. 1993. 中林46号等杨树优良无性系区域栽培研究[J]. 山东林业科技，1993(4)：20-23.

林业部科技司. 1991. 阔叶树遗传改良[M]. 北京：科学技术文献出版社.

刘凤华，孙仲序，崔德才，等. 2000. 细菌mtl-D基因的克隆及在转基因八里庄杨中的表达[J]. 遗传学报，27(5)：428-433.

马长耕. 1995. 我国杨树杂交育种的现状和发展对策[J]. 林业科学，31(1)：60-68.

毛秀红，姚俊修，李善文，等. 2018. 杨树新品种'鲁白杨1号'[J]. 园艺学报，45(S2)：2835-2836.

毛秀红，姚俊修，王丽，等. 2018. 杨树新品种'鲁白杨2号'[J]. 园艺学报，45(S2)：2837-2838.

孟昭和，黄东森，陈东洲，等. 1989. 欧美杨新品种选育试验报告[J]. 山东林业科技，(4)：12-16.

孟昭和. 1984. 沙兰杨等六个欧美杨品种引种试验报告[J]. 山东林业科技，(1)：1-12.

潘礼晶，解荷锋，赵西珍，等．1999．28个黑杨无性系的造林试验及其遗传分析[J]．山东林业科技，(S1)：3-5．

庞金宣，刘国兴，张友朋，等．1996．耐盐杨树新品种选育[J]．山东林业科技，(6)：5-10．

庞金宣，郑世锴，刘国兴，等．2001．窄冠型杨树新品种的选育[J]．林业科技通讯，(4)：8-9．

庞金宣．1986．白杨派树种杂交育种研究报告[J]．山东林业科技，(4)：5-12．

山东省林业研究所，德州地区林牧局，夏津县林牧局，等．1978．毛白杨的一个优良类型—抱头毛白杨[J]．林业科技资料，(1)：1-9．

山东省杨树引种调查组．1975．山东省杨树引种情况调查[J]．林业科技资料，(1)：7-19+31．

山东省杨树引种试验协作组．1987．露伊莎杨西玛杨引种试验报告[J]．山东林业科技，(2)：28-32．

沈熙环．1990．林木育种学[M]．北京：中国林业出版社．

苏晓华，黄秦军，张冰玉．2007．杨树遗传育种[M]．北京：中国林业出版社．

王明庥．2001．林木遗传育种学[M]．北京：中国林业出版社．

王胜东，杨志岩．2006．辽宁杨树[M]．北京：中国林业出版社．

王彦，姜岳忠，于中奎，等．2001．黑杨派新无性系引进选育和区域化试验报告[J]．山东林业科技，(4)：1-9．

王永孝，王世立，金文焕．1988．抱头毛白杨农区造林及林学特性的研究[J]．山东林业科技，(1)：24-29．

王永孝．1982．毛白杨的新变型—抱头毛白杨[J]．植物研究，2(4)：159-160．

徐金光，解荷锋．2015．山东林木良种[M]．西安：西安交通大学出版社．

徐纬英．1988．杨树[M]．哈尔滨：黑龙江人民出版社．

荀守华，姜岳忠，乔玉玲，等．2014．速生优质新品种'鲁林16号杨'[J]．林业科学，50(8)：179．

荀守华，姜岳忠，乔玉玲，等．2014．杨树速生优质新品种'鲁林9号杨'[J]．林业科学，50(7)：169．

尹建道，孙仲序，王玉祥，等．2004．转抗盐碱基因八里庄杨大田释放试验[J]．东北林业大学学报，32(3)：23-25．

张绮纹，李金花．2003．杨树工业用材林新品种[M]．北京：中国林业出版社．

张绮纹，苏晓华．1999．杨树定向遗传改良及高新技术育种[M]．北京：中国林业出版社．

赵合娥，吴全宇，张瑞军，等．2000．杨树新品种中菏1号无性系选育研究[J]．山东林业科技，(6)：1-4．

Isebrands J G, Richardson J. 2014. Poplars and Willows Trees for Society and the Environment[M]. Rome：The Food and Agriculture Organization of the United Nations and CABI.

第二章 杨树良种选育研究

第一节 T26杨、T66杨、I102杨引种试验研究

1986年山东省林业厅杨树考察团赴土耳其、意大利考察,从两个国家引进部分美洲黑杨和欧美杨无性系。1987年起,山东省林业科学研究所对这些引进的杨树无性系进行了引种试验研究。至2000年,从中选出T26杨、T66杨、I102杨3个优良品种,在其适宜栽植范围推广应用。

一、引进的杨树无性系

由土耳其引进杨树无性系 *Populus deltoides* 'PE-3-71'、*P. deltoides* 'PE-19-66'、*P. deltoides* 'S307-26'、*P. deltoides* 'R·89'、*P. deltoides* 'ECO-28'、*P. deltoides* '39/61'。由意大利引进杨树无性系 *Populus deltoides* '2KEN8'、*Populus×canadensis* '302 San Giacomo'、*P.×canadensis* 'BL Costanzo'、*P.×canadensis* 'Adige'、*P.×canadensis* 'Stella Ostigliese'、*P.×canadensis* 'PAN'、*P.×canadensis* '102/74'、*P.×canadensis* 'Guariento'、*Populus deltoides × P. ciliate* '34/83'。

二、初选试验

(一)苗期试验

1987~1988年,在济南饮马泉苗圃对引进的杨树无性系进行了育苗试验,只有无性系Guariento没有出苗,其余无性系扦插成活率较高,生长表现正常。其中PE-19-66、S307-26、102/74三个无性系的扦插成活率和苗木生长量都高于对照品种I-69杨。

1989年莒县林业局在莒县前夏庄进行了育苗试验,PE-19-66、S307-26、102/74三个无性系的扦插成活率和苗木生长量比I-69杨高或接近(表2-1-1)。

表2-1-1 4个杨树无性系的扦插成活率和苗木生长量

无性系	济南饮马泉苗圃			莒县前夏庄		
	扦插成活率(%)	苗高(m)	地径(cm)	扦插成活率(%)	苗高(m)	地径(cm)
PE-19-66	84.6	3.7	3.4	72.2	3.8	2.6
S307-26	90.6	3.5	3.1	90.6	3.6	2.8
102/74	90.2	3.9	3.3	83.0	3.9	2.5
I-69杨(CK)	84.1	3.4	3.0	80.3	3.4	2.6

(二)造林试验

1. 试验地点

1988年春,用来自土耳其的杨树无性系在济南饮马泉苗圃营建试验林。1991年春,用来自土耳其和意大利的杨树无性系在莒县前夏庄、赵家二十里堡、项家官庄和高唐县旧城林场营建试验林。济南饮马泉苗圃位于泰山北麓山前平原,小清河以南。莒县地处鲁东南,试验林地在沭河沿岸。高唐地处鲁西平原,试验林地在黄河故道(表2-1-2)。

表 2-1-2 试验林地自然条件概况

试验地点	年平均气温(℃)	年平均降水量(mm)	平均无霜期(天)	地形	土壤类型	土壤质地
济南饮马泉苗圃	14.2	685.0	218	平地	褐土化潮土	中壤
莒县前夏庄	12.1	873.0	183	河滩、阶地	河潮土	轻壤
高唐旧城林场	13.0	589.3	206	平地	潮土	砂壤

2. 林木生长量

在莒县的3处试验林中,以102/74、S307-26、PE-19-66三个杨树无性系的生长量较大,胸径、树高和单株材积均超过对照品种I-69杨。在高唐和济南的试验林中,S307-26、PE-19-66二个无性系的生长量较大(表2-1-3)。

表 2-1-3 各处试验林的林木生长量

试验林地点	林龄(a)	株行距(m×m)	无性系	平均树高(m)	平均胸径(cm)	平均单株材积(m³)
济南饮马泉苗圃	8	5×5	PE-19-66	20.7	30.7	0.6024
			PE-3-71	19.6	29.7	0.5339
			S307-26	19.6	28.7	0.5030
			39/61	19.0	28.6	0.4967
			ECO-28	18.7	26.8	0.4269
莒县前夏庄	5	3×5	102/74	16.3	19.3	0.1759
			S307-26	15.8	18.6	0.1589
			PE-19-66	15.5	17.8	0.1439
			Adige	15.7	16.6	0.1280
			39/61	14.5	16.6	0.1191
			ECO-28	14.7	16.3	0.1164
			PE-3-71	14.6	15.3	0.1052
			34/83	14.3	15.6	0.1048
			BL	14.2	15.0	0.0968
			302	14.8	14.2	0.0925
			2KEN8	14.3	12.1	0.0660
			R·89	14.3	12.0	0.0646
			PAN	12.4	11.3	0.0520
			Stella	10.0	7.0	0.0172
			I-69(CK)	15.9	15.7	0.1163

(续)

试验林地点	林龄(a)	株行距(m×m)	无性系	平均树高(m)	平均胸径(cm)	平均单株材积(m^3)
莒县赵家二十里堡	5	3×5	PE-19-66	14.9	18.9	0.1544
			S307-26	15.1	19.0	0.1579
			102/74	16.1	18.8	0.1643
			I-69(CK)	14.9	17.1	0.1284
莒县项家官庄	4	3×5	PE-19-66	10.4	15.0	0.0723
			S307-26	11.2	17.0	0.0976
			102/74	11.7	17.2	0.1038
			I-69(CK)	10.4	14.8	0.0705
高唐旧城林场	5	4×6	S307-26	15.4	20.1	0.2017
			PE-19-66	14.6	19.4	0.1794
			39/61	13.1	16.3	0.1162
			中林28(CK)	13.5	13.7	0.0995

3. 物候期

在莒县试验林中对部分无性系进行了物候观测，与I-69杨相比，S307-26、PE-19-66、102/74三个无性系的叶芽开放较早，落叶较迟，生长期较长（表2-1-4）。

表2-1-4 莒县试验林部分杨树无性系的物候期

无性系	叶芽膨大始期	展叶始期	展叶盛期	抽梢始期	短枝封顶始期	长枝停止生长始期	长枝封顶始期	叶变色始期	落叶盛期	落叶末期	生长期（天）
PE-19-66	4.12	4.22	4.24	4.26	7.23	8.30	10.8	10.19	10.30	11.8	210
S307-26	4.12	4.22	4.24	4.26	7.27	8.30	10.8	10.20	11.2	11.10	212
102/74	4.13	4.22	4.24	4.26	7.26	8.22	10.12	10.28	11.4	11.12	212
I-69杨(CK)	4.17	4.25	4.27	4.30	7.27	9.2	10.10	10.20	11.2	11.10	207

4. 适应性

（1）耐寒性 试验期间，三地试验林的林木均未受冻害。试验地高唐，1993年11月21日的气温骤降至-27℃，当地的苹果、泡桐及麦苗都受到冻害，而PE-19-66与S307-26杨树林木未受冻害。

（2）抗风折 试验期间，PE-19-66、S307-26、102/74等无性系的林木未见风折。

（3）抗病虫性能 试验期内，各处试验林均未发现病虫危害。

(三) 初选结果

根据引进无性系在初选试验中的表现，1995年山东省林业科学研究所和莒县林业局从中选出生长量较大、适应性较好的PE-19-66、S307-26、102/74三个优良无性系。

三、区域性试验

1996~2000年，山东省林业科学研究所、山东省林木种苗站等单位对PE-19-66、S307-26、102/74等杨树无性系进行了区域性试验。

(一)育苗试验

1996年,分别在菏泽地直苗圃、莒县赵家二十里堡、莱西大沽河林场、长清县西仓庄等地进行苗期试验,4处试验点分别位于鲁西南、鲁南、胶东、鲁西北等不同区域。除供试的PE-19-66、S307-26、102/74等杨树无性系外,另以I-69杨、中林46杨作为对照。各无性系均用一年生苗干截成插穗进行扦插,每小区50株、4次重复。年终调查一年生插条苗的苗高、地径和成活率。

综合4处育苗试验点的试验结果,在3个参试无性系中,102/74的苗木生长量较大、育苗成活率较高,与对照品种中林46杨接近;PE-19-66与S307-26的生长量和育苗成活率与对照品种I-69杨接近(表2-1-5)。

表2-1-5 一年生扦插苗的育苗成活率与苗木生长量

无性系	菏泽			莒县			莱西			长清		
	苗高(m)	地径(cm)	成活率(%)	苗高(m)	地径(cm)	成活率(%)	苗高(m)	地径(cm)	成活率(%)	苗高(m)	地径(cm)	成活率(%)
PE-19-66	2.4	2.0	76.4	3.3	2.2	75.0	2.9	2.5	72.0	2.9	2.1	74.0
S307-26	2.4	2.1	85.0	2.6	1.9	93.6	2.8	2.1	72.0	2.6	2.1	78.0
102/74	2.7	2.3	90.0	2.8	2.2	94.0	2.6	2.5	84.0	3.1	2.4	88.0
I-69杨	2.9	2.1	85.7	3.0	2.0	83.0	3.0	2.1	80.0	2.7	2.0	72.5
中林46	3.0	2.6	82.3	3.1	2.1	98.7	2.8	2.3	86.0	2.8	2.2	83.0

(二)造林试验

1. 试验地点及试验林设置

1996~1997年,分别在鲁南、鲁西南、鲁西北、胶东等不同杨树栽培区的16个县(市)共营建区域性试验林18片(表2-1-6)。除参试品种PE-19-66、S307-26、102/74等无性系外,另以I-69杨、中林46杨等作为对照。各试验林均采用随机区组设计,每小区9~15株,4次重复,株行距4m×6m。试验林前3年进行农林间作,以后进行常规抚育管理。

表2-1-6 区域性试验林自然条件概况

杨树栽培区	试验地点	北纬	东经	年平均气温(℃)	年平均降水量(mm)	平均无霜期(天)	地形	土壤类型	土壤质地	地下水位(m)
鲁西北	高唐	36°50′	116°17′	13.0	589.3	206	平地	潮土	砂壤	3
	茌平	36°34′	119°09′	13.1	617.2	200	浅平洼地	潮土	黏壤	2
	高青	37°10′	117°47′	12.4	613.9	188	平地	轻度盐化潮土	中壤	2
	博兴	37°27′	118°13′	12.4	700.0	200	平地	轻度盐化潮土	中壤	2
	惠民	37°21′	117°32′	12.2	603.3	189	平地	潮土	砂土	3
鲁西南	东明	35°12′	115°07′	13.7	630.0	215	冲积扇	固定风沙土	砂土	3~4
	曹县	34°47′	115°32′	13.8	707.9	212	平地	潮土	砂壤	3
	单县	35°10′	116°06′	13.9	739.9	213	洼地	固定风沙土	砂土	2
	定陶	35°14′	115°40′	13.8	672.6	199	河堤	潮土	砂壤	4

（续）

杨树栽培区	试验地点	北纬	东经	年平均气温（℃）	年平均降水量（mm）	平均无霜期（天）	地形	土壤类型	土壤质地	地下水位（m）
鲁南	宁阳	35°48′	116°56′	13.4	689.6	206	河滩地	河潮土	轻壤	2
	沂南	35°32′	118°25′	12.7	836.9	209	河滩地	河潮土	砂土	1.5~2
	莒县	35°38′	118°50′	12.1	873.0	183	河滩地	河潮土	砂壤	2
	诸城	36°21′	119°22′	12.0	775.8	186	平地、阶地	黑土、河潮土	黏壤、轻壤	2~3
胶东	胶州	36°07′	120°11′	12.0	725.0	210	河滩地	河潮土	砂壤	2~3
	莱西	36°50′	120°20′	11.3	757.8	180	河滩地	河潮土	砂壤	2
	莱阳	37°09′	120°45′	11.2	759.0	173	河滩地	河潮土	砂壤	1.5~2

2. 造林成活率

对多片区域性试验林的造林成活率进行统计比较，PE-19-66、S307-26、102/74三个无性系的造林成活率一般在80%~95%，与对照品种I-69杨相当，低于中林46杨。

在春季干旱和造林后浇水不及时的情况下，不同无性系造林成活率的差别更加明显。如1997年在诸城于家庄黏重黑土地上造的试验林，造林后遇到较严重的干旱，欧美杨品种中林46杨、107号杨的造林成活率仍达95%以上，而PE-19-66、S307-26、102/74及I-69杨的造林成活率仅70%左右。

3. 林木生长量

对区域性试验林中各无性系的生长量进行计算，按杨树栽培区进行统计分析。在4个栽培区，PE-19-66、S307-26、102/74三个无性系的材积均超过对照品种I-69杨。与中林46杨相比，不同栽培区有所差别：在胶东栽培区，PE-19-66、S307-26、102/74的材积均超过中林46杨。在鲁南栽培区，PE-19-66的材积超过中林46杨，S307-26、102/74的材积与中林46杨接近。在鲁西南栽培区，三个供试无性系的材积与中林46杨接近。在鲁西北栽培区，S307-26的材积与中林46杨接近，而PE-19-66、102/74的材积低于中林46杨（表2-1-7）。

表2-1-7 不同栽培区的林木生长量

无性系	鲁西南栽培区			鲁南栽培区			胶东栽培区			鲁西北栽培区		
	单株材积（m³）	比I-69（%）	比中林46（%）	单株材积（m³）	比I-69（%）	比中林46（%）	单株材积（m³）	比I-69（%）	比中林46（%）	单株材积（m³）	比I-69（%）	比中林46（%）
PE-19-66	0.1065	112.58	95.43	0.1031	122.30	113.42	0.0935	126.52	105.77	0.0246	130.16	88.49
S307-26	0.1097	115.96	98.30	0.0915	108.54	100.66	0.1052	142.35	119.00	0.0284	150.26	102.16
102/74	0.1120	118.39	100.36	0.0873	103.56	96.04	0.0980	132.61	110.86	0.0258	136.51	92.81
I-69（CK）	0.0946	100.00	84.77	0.0843	100.00	92.74	0.0739	100.00	83.60	0.0189	100.00	67.99
中林46（CK）	0.1116	117.97	100.00	0.0909	107.83	100.00	0.0884	119.62	100.00	0.0278	147.09	100.00

4. 形质指标

对几个无性系林木的干形、冠幅与分枝情况进行比较，PE-19-66、S307-26、102/74三个无性系均具有树干直，树高与胸径的比值较小、树干尖削度较大，枝粗而较少，冠幅大等特点（表2-1-8）。

表 2-1-8　林木干形与分枝情况

无性系	树干尖削度	树高与胸径的比例	冠幅	分枝情况		
				粗细	多少	层次
PE-19-66	大	小	大	粗	少	明显
S307-26	大	小	大	粗	少	明显
102/74	大	小	大	粗	少	明显
I-69 杨	中	中	中	中	中	明显
中林 46	中	中	中	中	中	明显
107 号	小	大	小	细	多	明显

(三) 生态适应性

1. 耐寒性

自 1996 年营建区域性试验林以来,至 2000 年各处试验林未发现冻害。

为检验杨树无性系间的耐寒性差异,用苗茎进行了不同梯度的低温处理,采用电导法测定各无性系试样的电解质渗出率(表 2-1-9)。

表 2-1-9　各无性系在不同低温处理下的电解质渗出率　　　　　　　　　　　　　%

无性系	自然低温	-10℃	-20℃	-30℃
PE-19-66	31.02	27.00	29.56	69.08
S307-26	29.06	25.97	46.48	55.45
102/74	33.06	26.60	41.39	58.95
I-69 杨	29.07	27.65	42.03	56.70
中林 46	24.20	25.35	28.81	38.64

杨树细胞电解质渗出率随处理温度的下降而增加,不同无性系细胞电解质渗出率有所差异,可反映耐寒性的差异。以电解质渗出率为指标,PE-19-66、S307-26、102/74 三个无性系的耐寒力与 I-69 杨接近,而其耐寒力低于中林 46 杨。

2. 耐旱性

根据不同无性系在春季干旱条件下的育苗成活率、造林成活率,以及幼林生长情况,PE-19-66、S307-26、102/74 三个无性系的耐旱性能与 I-69 杨相近,而低于中林 46 杨。

叶保水力通常用来表示树叶抗脱水能力,与树木的耐旱性有关系。单位时间内的叶失水率越高,叶保水力越差。比较不同无性系的叶失水率测定结果,PE-19-66、S307-26、102/74 三个无性系的叶失水率与 I-69 杨相近,表明这三个无性系的叶保水力与 I-69 杨相近;而这三个无性系的叶失水率高于欧美杨品种 107 号杨,表明这三个无性系的叶保水力低于 107 号杨(表 2-1-10)。

表 2-1-10　各无性系不同时间的叶失水率　　　　　　　　　　　　　　　%

无性系	1h	2h	3h	4h	5h	6h	7h
PE-19-66	12.9	23.0	35.7	46.4	54.9	60.7	63.3
S307-26	11.0	20.1	32.0	41.7	50.7	57.7	62.2

(续)

无性系	1h	2h	3h	4h	5h	6h	7h
102/74	11.0	26.2	38.1	48.0	54.8	59.8	61.6
I-69杨	13.6	24.4	37.2	47.8	55.4	60.1	61.7
107号杨	10.2	17.2	25.9	33.5	40.7	47.4	53.1

3. 耐盐能力

在寿光盐碱地造林试验站土壤含盐量0.2%的育苗地上，进行不同无性系扦插育苗试验。当年6月进行各无性系扦插成活率和幼苗生长量的调查。S307-26与102/74的扦插成活率略高于I-69杨，PE-19-66的成活率略低于I-69杨，而这3个无性系的扦插成活率均低于中林46杨。PE-19-66、S307-26、102/74三个无性系的幼苗生长量高于I-69杨，而低于中林46杨。表明这三个无性系扦插苗的耐盐能力与I-69杨接近，而低于中林46杨(表2-1-11)。

表2-1-11 各无性系在盐碱地上扦插育苗成活率与生长量

无性系	扦插成活率(%)	地径(cm)	苗高(m)
PE-19-66	42.5	0.84	0.68
S307-26	47.5	0.78	0.62
102/74	48.8	0.94	0.75
I-69杨	45.0	0.63	0.63
中林46	63.8	0.99	1.11

4. 抗风折能力

对照品种中林46杨在瞬时大风时易发生风折，诸城、沂南等地试验林中风折率15%~20%。I-69杨在诸城等地试验林中有少量风折，风折率2%~4%。PE-19-66、S307-26有少量风折，在诸城等地试验林中风折率5%以下，与I-69杨接近。102/74未见有风折。

5. 抗病虫能力

在山东以往栽培的杨树品种中，I-69杨和中林46杨均属对光肩星天牛抗性较强的品种。经对宁阳、诸城、莱阳、惠民等处试验林的观测，PE-19-66、S307-26、102/74三个无性系发生光肩星天牛的虫株率和虫口密度与I-69杨、中林46杨接近，也属对光肩星天牛抗性较强的品种。

在山东，桑天牛对黑杨派无性系也有侵害。对沂南县试验林的观测资料分析，PE-19-66对桑天牛的抗性强，S307-26、102/74和I-69杨、中林46杨对桑天牛的抗性较强。

杨树溃疡病是山东杨树常见病害。1999年5月在宁阳县试验林内调查各杨树无性系的感病指数，PE-19-66的感病指数4.67，S307-26的感病指数3.95，102/74的感病指数4.87；而对照品种I-69杨的感病指数1.78，中林46杨的感病指数2.51；3个供试品种的感病指数均在5以下，但高于对照品种。

杨树溃疡病的发生与杨树树皮含水量、树皮内酚类化学物质含量和同功酶活性有关。对不同杨树无性系的测定结果表明：I-69杨和中林46杨的树皮含水量80%以上，过氧化物同功酶和酯酶同功酶活性高，主要酚类物质邻苯二酚和对羟基苯甲酸的含量高，同时林内发病率较低，表现出较强的抗病性。而 PE-19-66 和 S307-26 的树皮含水率、2 种同功酶活性、主要酚类物质含量较低，林内发病率较高，对杨树溃疡病的抗病性低于 I-69 杨和中林 46 杨。

杨树黑斑病引起的早期落叶，影响杨树生长。2000 年秋季，诸城等地试验林中的中林 46 杨较普遍发生黑斑病，9 月下旬至 10 月上旬已落叶 90% 以上。而相同试验林中的 PE-19-66、S307-26、102/74 和 I-69 杨表现出较强的抗病性，11 月上旬才落叶。

(四)木材材性

在宁阳县 5 年生试验林中选择不同无性系的样木，测定木材基本密度与纤维长度。PE-19-66 等 3 个供试无性系的木材基本密度均大于 0.4g/cm^3，略高于 I-69 杨，而显著高于中林 46 杨。3 个供试无性系的平均纤维长度 0.92~1.00mm，达到造纸用原料中级纤维长度的要求（表 2-1-12）。

表 2-1-12　各无性系木材的基本密度与纤维长度

木材性状	PE-19-66	S307-26	102/74	I-69 杨	中林 46
基本密度（g/cm^3）	0.406	0.405	0.404	0.400	0.355
平均纤维长度（mm）	0.93	1.00	0.92	0.98	1.05

(五)区域性试验结果与分析

对供试无性系 PE-19-66、S307-26、102/74 在鲁南、胶东、鲁西南、鲁西北等不同杨树栽培区的生长表现，以及耐寒、耐旱、耐盐、抗风折、抗病虫等生态适应性的分析，认为三个供试无性系能适应山东试验地区的自然条件，试验期间未发生冻害和严重病虫害，具有正常繁殖的能力。

美洲黑杨无性系 PE-19-66、S307-26 和与之习性相似的欧美杨无性系 102/74，其生态习性与山东以往栽植的美洲黑杨品种 I-69 杨相似，这 3 个供试无性系适于在山东气候较温暖、湿润的鲁南、胶东、鲁西南栽培区栽植。这 3 个无性系的耐旱、耐盐能力不如中林 46 杨，在鲁西北地区生长表现较差，更不适于鲁北滨海地区。

3 个供试无性系均具有速生丰产性能，在鲁南、胶东、鲁西南、鲁西北四个栽培区的区试林中，其材积生长量均超过对照品种 I-69 杨；在胶东和鲁南栽培区，其材积生长量也高于或接近中林 46 杨。由于这 3 个供试无性系的木材基本密度显著高于中林 46 杨，当材积相同时，3 个供试无性系的木材重量高于中林 46 杨。这 3 个无性系均具有粗枝、大冠，直径生长较快的特征，营造用材林时不适于密植。

分析评价无性系 PE-19-66、S307-26、102/74 的生态适应性、繁殖能力、生长特性、产量、品质与抗病虫能力，认为这 3 个无性系的综合性状优良；3 个无性系的材积生长量高于山东原来栽植的杨树品种 I-69 杨等，有较好的增产效益，适于营造胶合板用材林等工业用材林；3 个无性系均为雄株，不飘絮，可减轻对环境的不利影响；这 3 个优良无性系在山东杨树造林中具有推广应用价值，其适宜栽植范围为鲁中南、鲁东、鲁西的平原地区。2000 年底，将 3 个优良无性系 PE-19-66、S307-26、102/74 鉴定为准备推广应用的优良品种，并将 3 个品种分别称为 T66 杨、T26 杨、I102 杨。

四、品种审定和推广应用

(一)林木品种审定

2002年,T26杨、T66杨、I102杨通过了山东省林木品种审定,T26杨(Populus deltoides 'S307-26')的登记编号为鲁S-SV-PD-004-2002,T66杨(Populus deltoides 'PE-19-66')的登记编号为鲁S-SV-PD-005-2002,I102杨(Populus × canadensis '102/74')的登记编号为鲁S-SV-PE-008-2002,这三个品种的适宜种植范围为鲁西、鲁东和鲁中南的平原地区。

(二)良种推广应用

T26杨、T66杨、I102杨三个品种列入了山东省利用世界银行贷款工程造林项目使用的杨树优良品种,又列入了山东省农业良种产业化项目推广的杨树优良品种,在山东的适生区域进行了推广应用。其中莒县、诸城等地的推广面积大,成效显著。

用这三个品种营造杨树用材林时,应选择土壤水分条件好,有水浇条件的造林地。由于其侧枝较粗大,不宜密植,并需进行修枝抚育。

第二节 鲁林1号杨选育研究

2001年,山东省林业科学研究所承担了山东省科技计划"杨树等用材林新品种选育与产业化开发"课题,其主要任务是开展适于胶合板材、造纸用材的高产优质杨树良种选育。通过收集黑杨派杂种无性系,进行无性系测定,至2008年选育出杨树优良品种鲁林1号杨。

一、参试无性系

(一)以228-379杨为母本的杂种无性系

228-379杨为中国林业科学研究院黄东森等用北方型美洲黑杨念珠杨为母本,南方型美洲黑杨品种I-63杨为父本杂交育成的优良无性系,20世纪80年代引入山东,在菏泽、莒县等地试验林中生长表现良好,具有速生、干形直、造林成活率高、适应性较强、病虫危害轻等优点。

1990年春,菏泽地区林业科学研究所陈东洲从菏泽市7年生黑杨派杨树无性系试验林中,选择228-379杨的优良母树,在种子即将成熟时,采集果枝,带回室内水培,及时收集种子,将收集到的自由授粉种子播种育苗。1991年春,从中选出5株较优的杂种实生苗,进行扦插繁殖。1993年从扦插苗中选出2个较优系号,繁育成无性系,并栽植于菏泽市袁固堆村做观测。2000年,将2个较优无性系交给山东省林业科学研究所进行试验。在本项研究工作中,这2个无性系的试验编号为B_1、B_2。

(二)以I-69杨等为母本的杂种无性系

20世纪80年代以后,中国林业科学研究院林业研究所杨树育种课题组用I-69杨为主的美洲黑杨不同种源、变种为母本,美洲黑杨不同种源、变种和欧洲黑杨不同种源、变种为父本,通过杂交获得一批杂种无性系,在北京市顺义区引河林场繁育苗木。1999年,山东省林业科学研究所从引河林场引入其中91个无性系的一年生苗木。在本项研究工作中,这些无

性系的试验编号为 $B_3 \sim B_{93}$。

二、育苗试验

1999~2001 年,将收集到的黑杨派杂种无性系在济南市长清区西仓庄、孟李庄和诸城市进行育苗试验,了解各无性系的繁殖能力和生长表现。观测各无性系的育苗成活率、生根性状和苗高、地径,进行方差分析和差异显著性检验,筛选出表现较好的 35 个无性系,以备参加造林试验。

三、无性系造林试验

(一)试验地点及试验林设置

2002~2003 年,选择苗期试验表现较好的 35 个杨树无性系,在长清区、莒县、诸城市、宁阳县等地营造无性系测定林。试验林均采用随机区组设计,每小区 6~9 株,3 次重复,以 107 号杨为对照(表 2-2-1)。

表 2-2-1 试验林地自然条件概况

试验林地点	年平均气温(℃)	年平均降水量(mm)	平均无霜期(天)	地形	土壤类型	土壤质地
长清区东仓庄	13.7	644	210	黄河滩区	潮土	轻壤土
莒县赵家二十里堡	12.1	873	183	沭河河滩阶地	河潮土	砂壤土
诸城市吕标村	12.0	776	186	潍河平原	潮土	砂壤土
宁阳县高桥林场	13.4	690	206	汶河滩地	河潮土	紧砂土

(二)造林成活率

参试无性系的造林成活率都较高。在植苗后及时浇灌的条件下,生长表现较好的无性系 B_1、B_{33}、B_{40}、B_{53} 等造林成活率都能达到 90% 以上,其中无性系 B_1 的造林成活率 94%~100%。

(三)林木生长量

2007 年末,对各处试验林进行生长量调查,参试无性系中生长表现较好的有 B_1、B_{40}、B_{33}、B_{53} 等 4 个无性系。其中 B_1 的生长量最大,在 4 处试验林中的材积生长量均超过对照品种 107 号杨(表 2-2-2)。

表 2-2-2 各处试验林的林木生长量

试验林地点	林龄(a)	株行距(m×m)	无性系	平均树高(m)	平均胸径(cm)	平均单株材积(m^3)	(%)
长清区东仓庄	6	4×6	B_1	21.1	24.7	0.4030	114.5
			B_{40}	16.5	21.4	0.2370	67.3
			B_{33}	17.1	21.1	0.2367	67.3
			B_{53}	16.7	22.1	0.2549	72.4
			107(CK)	18.9	24.3	0.3519	100.0

(续)

试验林地点	林龄(a)	株行距(m×m)	无性系	平均树高(m)	平均胸径(cm)	平均单株材积	
						(m³)	(%)
莒县赵家二十里堡	6	4×4	B_1	18.7	21.6	0.2754	163.8
			B_{40}	16.5	21.8	0.2521	150.0
			B_{33}	17.1	20.8	0.2341	139.2
			B_{53}	16.4	19.9	0.2043	121.5
			107(CK)	15.2	18.5	0.1681	100.0
诸城市吕标村	6	3×5	B_1	18.5	19.5	0.2214	104.2
			B_{40}	17.7	20.2	0.2281	107.3
			B_{33}	15.1	15.0	0.1088	51.2
			B_{53}	17.1	19.4	0.2073	97.5
			107(CK)	17.8	19.4	0.2125	100.0
宁阳县高桥林场	5	3×6	B_1	13.2	15.2	0.0957	105.1
			B_{40}	8.3	9.9	0.0254	27.9
			B_{33}	11.7	13.6	0.0701	77.0
			B_{53}	9.9	11.5	0.0460	50.5
			107(CK)	12.9	15.0	0.0910	100.0

(四)形质指标

在莒县试验林中,对无性系 B_1 和对照品种107号杨的形质指标进行了观测。无性系 B_1 的侧枝较多,分枝细短,分枝角度大,冠幅大;其树干尖削度较小,圆满度高于107号杨,可有较高的出材率(表2-2-3)。

表2-2-3 2个杨树无性系的形质指标

无性系	树干圆满度	树干尖削度(%)	冠幅(m)	侧枝数	侧枝长(m)	分枝角度	枝条基径(cm)
B_1	0.520	1.05	3.77	66	2.46	54°	2.14
107	0.424	1.10	2.80	46	2.90	48°	4.20

(五)抗病虫性能

1. 对杨树溃疡病的抗病性

在试验林中调查各杨树无性系的杨树溃疡病发病情况,按溃疡病斑分级计算各无性系的感病指数。B_1 和 B_{33} 无性系的感病指数较低,对照品种107号杨的感病指数较高(图2-2-1)。

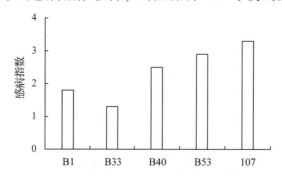

图2-2-1 不同无性系林间调查的杨树溃疡病感病指数

$$感病指数 = \frac{\sum(各级病株数 \times 各级代表数值)}{总株数 \times 发病最重一级的代表数值} \times 100$$

采集不同杨树无性系的枝条,进行杨树溃疡病的室内接种试验。在室温25℃水培枝条,1个月后检查发病情况。按病斑的严重程度分级,计算病情指数。B_1无性系的病情指数最低,107号杨的病情指数略高于B_1,而B_{33}、B_{40}、B_{53}无性系的病情指数都较高(图2-2-2)。

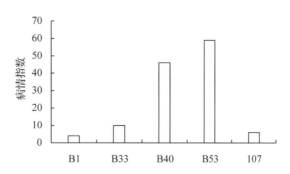

图2-2-2　不同无性系室内接种的杨树溃疡病病情指数

$$病情指数 = \frac{\sum(各级病斑数 \times 各级代表数值)}{总接种点数 \times 发病最重一级的代表数值} \times 100$$

各无性系人工接种病情指数的高低与试验林内感病指数的高低不一致,可能与调查的标准与计算方法有关。无性系B_1的试验林感病指数和人工接种病情指数都较低,表明其抗病性较强。

2. 对杨树天牛的抗虫性

(1)天牛产卵割槽的愈伤情况　光肩星天牛成虫在杨树的树皮刻槽产卵,刻槽处愈伤组织与杨树的抗天牛能力有一定关系,抗性杨树无性系在天牛刻槽处伤口愈伤组织形成较快。在试验林内调查不同杨树无性系的愈伤组织形成情况,107号杨的愈伤组织形成分值最高,为2.83,表明其刻槽基本愈合;无性系B_1的愈伤组织形成分值较高,为2.17,刻槽愈伤组织形成较好;无性系B_{33}、B_{40}和B_{53}的愈伤组织形成分值较低,为0.50~0.83,刻槽愈伤组织形成较差。

(2)树皮相对含水量　树皮是天牛成虫刻槽产卵和虫卵孵化的部位,树皮含水量高的杨树,产卵刻槽产生大量伤流包埋虫卵,使卵不易孵化。在试验林中采集参试杨树无性系的树皮样品,测试树皮相对含水量。

$$树皮相对含水量(\%) = \frac{样品鲜重 - 样品烘干重}{样品水分饱和量 - 样品烘干重} \times 100\%$$

测试结果:6个参试无性系中,无性系B_1和107号杨的树皮相对含水量最大,均为90.17%;其次为无性系B40,树皮相对含水量86.05%;无性系B_{53}(83.68%)和B_{33}(81.59%)的树皮相对含水量较低。表明无性系B_1和107号杨的树皮含水分充足,不利于天牛卵的孵化。

(3)树皮单宁含量　研究者多认为树皮内单宁含量可作为杨树抗虫性的评判指标,其含量愈高抗虫性愈强。比较杨树各参试无性系的单宁含量,以B_{33}的含量最高(1.8‰),高于对照107号杨（1.6‰）；其次为B_1和B_{40}（均为1.4‰），略低于对照107号杨；B_{53}的含量最低（0.4‰）。

对各个无性系的上述3个指标作综合分析比较，可认为无性系B_1和107号杨对天牛的抗性较强。

四、苗木生根和耐旱、耐盐试验

选择部分杨树无性系，用水培或盆栽的方法，进行了苗木生根和耐旱、耐盐试验。

（一）生根试验

将4个初选的杨树无性系，用一年生苗木的苗干截取穗条，在室温19~25℃水培。无性系的穗条开始生根后，每隔7天观测一次。观测结果表明：不同无性系的先期根数、诱导根数、不定根数均存在显著差异。随着水培时间的延长，各无性系先期根数增长较慢，而诱导根数增长较快。B_1无性系的先期根数较多，诱导根数、不定根数均明显高于B_{33}、B_{40}、B_{53}无性系。B_{33}无性系的先期根数较多，而诱导根数较少。表明B_1无性系生根能力较强（表2-2-4）。

表2-2-4 各无性系穗条的生根数量

无性系	先期根数			诱导根数			不定根数		
	24天	31天	38天	24天	31天	38天	24天	31天	38天
B1	22.7	24.3	26.0	20.7	45.7	71.7	46.7	68.3	96.0
B33	29.3	34.7	35.7	0.3	2.0	34.3	29.7	36.7	70.0
B40	9.0	11.7	14.0	12.0	15.7	54.7	23.7	27.0	66.3
B53	16.0	19.7	22.7	15.0	22.0	46.3	32.3	43.3	66.0

（二）耐旱性试验

1. 干旱胁迫条件下不同杨树无性系的表现

试验材料为不同无性系的盆栽扦插苗，比较干旱胁迫条件下6个杨树无性系75日龄苗木的生长量。无性系B_1的苗高74.3cm，其次为对照107号杨苗高70.7cm，其余4个无性系的苗高都低于60cm（图2-2-3）。

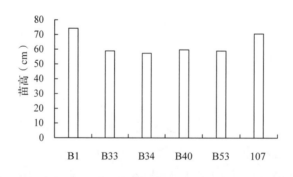

图2-2-3 干旱胁迫条件下不同杨树无性系75日龄苗木的苗高

随着干旱胁迫时间的延长和胁迫程度的增加，杨树苗木叶片发生萎蔫、干枯、脱落，严重时苗茎干枯死亡。在干旱胁迫期间，无性系B_{40}、B_{53}叶片开始脱落较早，而无性系B_{34}、B_1、B_{33}和107号杨叶片开始脱落较迟。继续延长干旱胁迫，当无性系B_{40}、B_{53}的苗木全部死亡时，无性系 B_1、B_{34} 和 107 号杨的少数苗木复水能成活。试验表明无性系 B_1、B_{34} 和 107 号杨的耐旱性较强。

2. 耐旱性评价指标的筛选

对净光合速率、叶绿素、土壤水势、蒸腾速率、叶片水势、超氧化物歧化酶、相对电导率等 7 个耐旱性指标进行测定，通径分析结果表明：干旱胁迫下，净光合速率对苗高的影响速度最大，其次是叶绿素、土壤水势，然后是蒸腾速率，4 个性状的直接通径系数依次为：x_1 净光合速率(1.0408)＞x_2 叶绿素(0.5844)＞x_4 土壤水势(0.4853)＞x_3 蒸腾速率(−0.4436)。净光合速率、叶绿素、土壤水势、蒸腾速率 4 个性状与苗高(y 值)的回归方程是：$y = 10.79 + 11.45x_1 + 17.44x_2 - 12.31x_3 + 9.01x_4 (R = 0.9651)$。

3. 各无性系耐旱性指标综合评价

采用模糊数学中隶属函数的方法，利用通径分析方法选出的净光合速率、叶绿素、土壤水势、蒸腾速率 4 个指标，对参试杨树无性系的耐旱性进行多指标综合评价，各参试无性系 4 项指标的综合值为：B_{34} 为 0.663、B_1 为 0.612、107 号杨为 0.588、B_{33} 为 0.554、B_{53} 为 0.488、B_{40} 为 0.475。用 4 项指标的综合值来评价参试无性系的耐旱性，则 6 个无性系耐旱性从高到低的排序为：B_{34}、B_1、107、B_{33}、B_{53}、B_{40}。

(三)耐盐性试验

1. 盐分胁迫条件下不同杨树无性系的生长表现

试验材料为盆栽截干苗，比较土壤盐分含量 0.1%、0.2%、0.3% 三种盐分浓度胁迫下 6 个杨树无性系的生长量。随着土壤盐分浓度的升高，苗木的高生长都呈现下降趋势。其中无性系 B_1 的苗高随土壤盐分的浓度升高而下降的幅度最小，无性系 B_1 表现出较强的耐盐性(表 2-2-5)。

表 2-2-5　不同浓度盐分胁迫下各杨树无性系的苗高

无性系	土壤盐分含量(%)	苗高(cm)			
		4月21日	4月28日	5月5日	5月12日
B_1	0	21.4	35.7	48.1	48.8
	0.1	13.8	23.9	38.2	45.6
	0.2	13.4	23.4	36.7	44.7
	0.3	12.5	22.8	34.5	42.5
B_{33}	0	10.7	17.3	25.7	35.5
	0.1	10.3	13.9	18.9	20.6
	0.2	9.4	14.2	18.5	19.2
	0.3	8.7	12.8	16.8	18.6
B_{34}	0	11.5	20.3	33.2	36.1
	0.1	8.3	13.2	19.4	22.9
	0.2	5.6	9.8	17.5	20.2
	0.3	5.5	6.9	11.8	16.8

(续)

无性系	土壤盐分含量（%）	苗高(cm)			
		4月21日	4月28日	5月5日	5月12日
B_{40}	0	12.6	24.7	38.2	44.3
	0.1	11.5	23.5	33.5	43.2
	0.2	10.9	22.8	32.2	42.1
	0.3	3.2	4.6	7.1	9.2
B_{53}	0	12.3	23.2	35.2	39.5
	0.1	11.6	20.9	32.9	39.2
	0.2	10.9	20.3	30.6	35.8
	0.3	5.2	10.5	17.8	23.5
107	0	12.8	21.5	35.5	46.2
	0.1	12.3	19.2	30.9	38.5
	0.2	10.6	14.9	24.6	29.6
	0.3	7.9	14.1	20.3	28.2

2. 耐盐性评价指标的筛选

对净光合速率、叶绿素、土壤水势、蒸腾速率、叶片水势、超氧化物歧化酶、相对电导率等7个耐盐性指标进行测定，通径分析结果表明：盐分胁迫下，叶绿素、净光合速率、蒸腾速率、电导率、超氧化物歧化酶对苗高的影响大，5个性状的直接通径系数分别为：x_1叶绿素(0.5522)，x_2净光合速率(-0.7959)，x_3蒸腾速率(-0.2097)，x_4电导率(-0.7695)，x_5超氧化物歧化酶(0.0379)。5个性状与苗高(y值)的回归方程为：$y=80.50+7.95x_1-2.04x_2-2.68x_3-4.13x_4+0.03x_5(R=0.9992)$。

3. 各无性系耐盐性指标综合评价

采用模糊数学中隶属函数的方法，利用通径分析方法选出的与耐盐性关系密切的叶绿素、净光合速率、蒸腾速率、电导率、超氧化物歧化酶等5个指标，对参试无性系的耐盐性进行综合评价。各参试无性系5项指标的综合值为：107号杨为0.709、B_1为0.596、B_{33}为0.566、B_{34}为0.482、B_{40}为0.430、B_{53}为0.395。用5项指标的综合值来评价参试无性系的耐盐性，则无性系耐盐性从高到低的排序为：107、B_1、B_{33}、B_{34}、B_{40}、B_{53}。

五、木材材性测试和加工试验

(一)木材物理力学性质测试

在莒县6年生试验林中，采伐无性系B_1和对照品种107号杨的样木，测定木材的物理力学性质。无性系B_1的木材密度、顺纹抗压强度与抗弯强度、硬度均大于107号杨，而弦向与径向干缩差异小于107号杨，表明无性系B_1的物理力学性质较优良（表2-2-6）。

表 2-2-6　无性系 B_1 和 107 号杨的木材物理力学性质

无性系	基本密度 (g/cm³)	气干密度 (g/cm³)	干缩系数(%)				顺纹抗压强度 (MPa)	抗弯强度 (MPa)	硬度(N/m²)		
			径向	弦向	体积	弦向径向干缩差异			端面	弦面	径面
B_1	0.377	0.469	0.209	0.375	0.691	1.79	31.10	68.25	3495	2461	2491
107	0.328	0.430	0.190	0.364	0.564	1.91	25.38	58.88	2545	1497	1724

(二)木材制作胶合板试验

在 6 年生试验林中，采伐杨树无性系 B_1 和 107 号杨的样木。从树干基部起取 1.3m 长的木段，隔 1m 再取 1.3m 长木段，共取 3 段。将木段进行旋切单板和制作胶合板试验，进行旋切鲜单板、干单板及胶合板质量检验。

1. 旋切鲜单板质量评价

无性系 B_1 和 107 号杨木材旋切性能好，旋切的鲜单板质地良好。无性系 B_1 的鲜单板质地上等，优于 107 号杨(表 2-2-7)。

表 2-2-7　无性系 B_1 和 107 号杨木材旋切性能和鲜单板性状

无性系	手感硬度	起毛情况	光滑度	单板质地	边材颜色	湿心材颜色	是否有应拉木	是否有针状节	综合评价
B1	偏软	无	光滑	上等	白色	青白色	无	少有	旋切性能好，旋切鲜单板质地优良
107	偏软	无	光滑	中上等	花白色	青色	无	少有	

2. 干单板性状

无性系 B_1 和 107 号杨的干单板质地良好，适宜制作胶合板。无性系 B_1 干单板的边部裂缝较少，优于 107 号杨(表 2-2-8)。

表 2-2-8　无性系 B_1 和 107 号杨干单板性状

无性系	边部裂缝(个/m²)	单个缝最大宽度(mm)	单个缝最大长度(mm)	翘曲度	边材颜色	心材颜色	过胶性能	综合评价
B_1	2.15	1.5	100	微翘	白色	灰褐色	良好	单板干板质地良好，作胶合板材性能优良
107	8.63	2.5	250	微翘	白色	红褐色	良好	

3. 胶合板质量

用无性系 B_1 和 107 号杨单板为芯板制作的胶合板，胶合强度与含水率均达到《胶合板》(GB/T 9846—2004)标准中Ⅲ类胶合板的要求。无性系 B_1 木材制作的胶合板，含水率略低于 107 号杨木材制作的胶合板，胶合强度略高于 107 号杨木材制作的胶合板(表 2-2-9)。

表 2-2-9　无性系 B_1 和 107 号杨木材制作的胶合板质量检验

无性系	含水率（%）	胶合强度		裂缝长度（mm）	鼓泡分层
		平均木材破坏率(%)	单个试件强度(MPa)		
B_1	11.25	5	0.893	无	无
107	11.66	6	0.756	无	无
规定标准值	6~14	—	≥0.70	≤400	—

注：①胶合板为三合板，表板厚 0.54mm，为马来西亚进口的"普克拉"木；芯板厚 1.7mm，为参试杨木；②脲醛树脂胶，涂胶量 350g/m²，双面涂胶；③热压时间 1h，压力 11MPa，温度 115℃。

(三) 木材纤维形态、化学成分与制浆试验

在 6 年生试验林中，采伐无性系 B_1 和 107 号杨的样木，分别树干基部、中部、梢部截取木材试样。由山东轻工业学院制浆造纸省级重点实验室测定木材的纤维形态、化学成分，按照 APMP 制浆工艺流程进行制浆，打浆后浆料在实验室抄 60g/m² 纸片并干燥，检测 APMP 浆料性能。

1. 纤维形态

造纸用材的纤维宜细而长，其长宽比应大于 30。无性系 B_1 木材的平均纤维长度 1.153mm、平均纤维宽度 23.30um、长宽比 49.5，107 号杨木材的平均纤维长度 1.167mm、平均纤维宽度 25.0um、长宽比 46.7。2 个无性系的木材纤维长度均达到造纸用原料中级纤维长度 (0.9~1.6mm) 的要求，长宽比均大于 46，都适于制浆造纸。

2. 化学成分

木材的化学成分对木材制浆造纸有重要影响。纤维素和综纤维素含量高，制浆得率高。浸提物含量高，会增加蒸煮时药品的消耗，降低浆得率，影响浆的颜色。与 107 号杨相比，无性系 B_1 木材的纤维素和综纤维素含量较高，而木材的浸提物和灰分含量较低，有利于制浆造纸 (表 2-2-10)。

表 2-2-10　无性系 B_1 和 107 号杨的木材化学成分

无性系	综纤维素（%）	硝酸-乙醇纤维素（%）	酸不溶木素（%）	戊聚糖（%）	苯醇抽出物（%）	1%氢氧化钠抽出物（%）	热水抽出物（%）	冷水抽出物（%）	灰分（%）
B_1	82.91	51.10	16.83	22.36	2.01	18.95	3.50	3.60	0.44
107	81.12	50.30	17.23	22.78	1.45	20.67	3.90	3.20	0.59

3. APMP 制浆试验

用无性系 B_1 和 107 号杨木材进行 APMP 制浆（碱性过氧化氢机械法制浆）试验。无性系 B_1 和 107 号杨的木材在适宜的化学药品用量下，均能制得性能较好的 APMP 浆，浆得率均大于 82%，2 个无性系木材的 APMP 浆均适合配抄各种中高档文化用纸 (表 2-2-11)。

表 2-2-11　无性系 B_1 和 107 号杨 APMP 浆料性能

无性系	打浆度 (°SR)	定量 (g/m²)	白度 (%ISO)	紧度 (g/cm³)	裂断长 (km)	抗张指数 (N·m/g)	撕裂指数 (mN·m²/g)	耐破指数 (kPa·m²/g)	不透明度 (%)	光散射指数 (m²/kg)
B_1	42.5	67.9	77.7	0.44	3.41	33.42	4.13	1.65	82.7	38.51
107	46.0	63.5	79.7	0.43	3.53	34.61	3.82	1.66	80.9	40.77

六、品种鉴定和审定

(一)品种鉴定

通过多年多点造林试验及多性状测定,参试无性系 B_1 在生态适应性、繁殖能力、生长量、抗病虫能力和木材材性等方面均较优良,其综合性状优于其他参试无性系,也优于对照品种 107 号杨,是一个适于培育胶合板材与造纸用材的高产优质杨树无性系。2008 年杨树优良无性系 B_1 通过了省级科技成果鉴定,评定为杨树优良品种,并命名为鲁林 1 号杨。2008年,对鲁林 1 号杨申请植物新品种登记,由国家林业局批准授予植物新品种权证书,品种权号 20080029。

鲁林 1 号杨 (*Populus* 'Lulin-1') 试验编号 B_1,是以美洲黑杨无性系 228-379 杨为母本,经自由授粉得到的天然杂交种。雌性。

1 年生苗干通直,茎表面棱角凹槽浅,未木质化的茎无毛,茎中上部皮孔圆形或椭圆形,较密,不规则分布,有少量分枝。叶芽锥形,长 0.6~0.7cm,褐色,贴近茎干。叶三角形,叶长和叶宽基本相等,叶基截形,叶端宽尖,腺体多为 2 个。

大树树干圆满通直,树皮光滑,尖削度小,顶端优势明显;树冠阔卵形;分枝数量多,分布均匀,侧枝较细,上部枝角 50°,下部 70°,冠幅较宽;叶小,数量多。成熟花序长 9~10cm。

主要性状:速生,在长清区东仓庄 6 年生试验林中,胸径年均生长量达 4.1cm,材积生长量超出对照 107 号杨 14.5%。易繁殖,插条易成活,造林成活率达 95% 以上。干形圆满、通直,尖削度小,出材率高。分枝数量多,较细,分布较均匀,成层不明显,冠幅较大。抗病虫性与 107 号杨相当。耐旱性、耐盐性与 107 号杨相当。木材基本密度 0.377g/m³,纤维长度 1.153mm,纤维长宽比 49.5,其化学组分中综纤维素和纤维素含量高,APMP 法制纸浆得率大于 82%,浆料白度及强度各项性能指标良好,适合配抄各种中高档文化用纸。木材旋切性能好,旋切鲜单板、干单板质地良好,制作的胶合板达到国家标准对 Ⅲ 类胶合板的要求。

该品种适于成片造林,也适于农田林网、四旁植树;适合培育胶合板用材,也可培育造纸用材。适宜栽植范围为鲁南、鲁中、鲁西和胶东西南部等地区。适于土壤水分条件好的造林地,在比较干旱的造林地上也能适应。

(二)品种审定和新品种示范应用

2008 年,鲁林 1 号杨通过山东省省级林木品种审定,良种类别为优良品种,登记编号鲁 S-SV-PLL-001-2008。

2008 年以后,山东省林业科学研究院又承担了山东省科技厅下达的杨树新品种鲁林 1 号杨示范推广项目。潍坊、烟台、日照、泰安、菏泽、济南等市的10多个县、市营建鲁林1号杨的试验林和示范林1000hm²，辐射带动周边区域栽植鲁林1号杨2000hm²，新品种的示范应用对各地杨树产业的发展起到促进作用。

第三节　鲁林2号杨、鲁林3号杨选育研究

1996年起，山东省林业科学研究所开展了黑杨派杨树杂交育种工作，育种目标是培育杨树工业用材林应用的丰产优质新品种。育种工作以美洲黑杨和欧美杨优良无性系为亲本，进行人工授粉杂交，通过杂种苗选择和无性系测定，于2008年选育出优良品种鲁林2号杨、鲁林3号杨。

一、杂交亲本

（一）母本

选用的母本有I-69杨、I-72杨、中林46杨。美洲黑杨品种I-69杨和欧美杨品种I-72杨是20世纪70年代我国由意大利引进的南方型品种，喜温暖，具良好的速生特性；20世纪80年代以后，在山东的鲁南、鲁西南及胶东广泛栽植，生长量明显高于原来栽植的I-214杨等。中林46杨是中国林业科学研究院林业研究所黄东森等1979~1983年用I-69杨和欧洲黑杨人工杂交育种选育出的优良无性系，在山东各地均表现出苗木粗壮、造林成活率高、适应性强、速生丰产等优点。

（二）父本

选用的父本有美洲黑杨无性系PE-19-66、PE-3-71、S307-26。这3个无性系是山东省林业厅杨树考察团赴土耳其考察，由土耳其引进，山东省林业科学研究所进行了引种试验。在济南、莒县、高唐等地进行育苗和造林试验，这些无性系表现出育苗和造林成活率较高，适应性较强，生长量超过对照品种I-69杨，木材物理力学性能优良等优点。

1979~1983年，黄东森等用美洲黑杨南方型品种I-69杨和I-63杨杂交，育成大批适应我国江淮地区的优良品种。I-63杨是优良的速生品种和良好的杂交亲本，但性喜温暖，对山东的气候条件不够适应，且育苗、造林成活率低。与I-63杨相比，PE-19-66、PE-3-71、S307-26三个美洲黑杨无性系的耐寒性较强，在山东偏西北部的济南、高唐造林，未发生冻害，且育苗、造林成活率较高。用这三个无性系作父本进行杂交育种，其F_1子代可能有较好的耐寒性，适于山东的气候条件。

（三）杂交组合

用3个母本和3个父本相组合，共有9个杂交组合。

二、室内人工杂交

（一）花枝的采集和培养

1. 花枝的采集

1996年12月至1997年1月，从成龄大树上采集花枝。母本花枝采自莒县赵家二十里

堡，I-69杨树龄21年，胸径50.6cm，树高30.2m；I-72杨树龄18年，胸径46.2cm，树高28.3m；中林46杨树龄10年，胸径36.0cm，树高25.6m；三者皆为孤立木，生长明显优于周围树木。父本PE-19-66、PE-3-71、S307-26的花枝采自济南饮马泉苗圃，林龄10年，为品种对比林中的林木，胸径25~30cm，树高15~20m。

2. 花枝的水培

1997年1月下旬，花枝进入温室进行水培。水培前适当修剪，雄花枝保留全部花芽，雌花枝根据枝条的粗细情况，保留3~5个花芽，花枝下端剪成斜切口，将花枝插入水培罐中。雄花枝比雌花枝早水培5~7天，以便早收集贮藏花粉，待雌花开时进行授粉。雌、雄花枝分开培养，温室温度白天20~25℃，夜间不低于10℃。

3. 花枝开花时期的观测

在室内切枝杂交时，观察各个亲本花枝的开花时期，适时收集花粉和人工授粉。

父本PE-19-66、PE-3-71和S307-26的花枝，在2月上旬花芽即可开放。不同父本的花枝，移入温室至散粉始期所需天数有所不同，S307-26为10天，PE-19-66为9天，PE-3-71为12天。由散粉始期至散粉盛期需要3~4天。散粉持续时间以S307-26最长为10天，其花粉量也最多。同一枝条上的不同花序，以及同一花序的前后部分，花药破裂与散粉时间不一致。若散粉持续时间较长，就要分多次采集花粉。花粉持续时间长和花粉量大有利于重复授粉。父本的花枝温室水培时，可以适当提高或降低温室温度来提早或推迟花粉采收期（表2-3-1）。

表2-3-1　3个父本花枝散粉日期

父本	花枝移入温室日期（月.日）	散粉日期(月.日)			花枝移入温室至散粉天数	散粉持续天数
		始期	盛期	末期		
S307-26	1.24	2.4	2.7	2.14	10	10
PE-19-66	1.24	2.3	2.7	2.11	9	8
PE-3-71	1.22	2.4	2.6	2.13	12	9

母本花枝I-69杨的花期早，其次是中林46杨，I-72杨开花晚；可授粉时间I-69杨有6天，I-72杨有8~10天，中林46杨只有4天。I-69杨可适当延迟花枝进入温室水培的时间，以便让雄花枝开花在前；I-72杨可提早5~7天进行花枝温室水培，使雌花期与雄花期基本一致。花期长的雌花枝可一次水培，花期短的雌花枝可分批次水培以延长花期（图2-3-2）。

表2-3-2　雌花枝开花日期

母本	花芽膨大始期（月.日）	花芽开放始期（月.日）	花芽开放盛期（月.日）	花芽开放末期（月.日）
I-69(♀)	2.1	2.5	2.7	2.12
I-72(♀)	2.8	2.15	2.17	2.24

(二) 花粉的采集与贮藏

自雄花开始散粉，每天由正常花朵上采集花粉1次，直至雄花停止散粉。采集的花粉经净化，用干净白纸包好放入干燥器内，将干燥器放入 0~5℃ 的冷藏箱内贮藏，以备授粉。对不同冷藏天数的花粉，以及冷藏后在室温放置不同天数的花粉，取样测定其萌发情况及生活力。

3 个父本的花粉在 0~5℃ 的冷藏箱内贮藏 20~28 天，其萌发率相差不大，表明冷藏天数在 1 个月内，对花粉生活力的影响不明显（表2-3-3）。

表 2-3-3　3 个父本不同冷藏天数的花粉萌发率　　　　　　　　　　　%

冷藏天数	S307-26	PE-19-66	PE-3-71
20	63.8	64.0	—
22	59.6	58.9	64.4
24	61.4	54.0	47.9
26	58.4	57.7	60.3
28	60.6	56.2	58.3

经冷藏后的花粉取出后，要及时进行授粉。避免在室温下长时间放置，导致花粉生活力降低。3 个父本的花粉冷藏 28 天，萌发率均在 56% 以上。冷藏 28 天的花粉再在室温放置 2 天，萌发率就明显下降。冷藏后的花粉再在室温放置 21 天，就完全失去生活力（表2-3-4）。

表 2-3-4　冷藏后的花粉再在温室下放置不同天数的萌发率　　　　　　　　　　　%

室温放置天数	S307-26	PE-19-66	PE-3-71
冷藏 28 天	60.6	56.2	58.3
冷藏 28 天后室温放置 2 天	41.9	44.3	36.1
冷藏 28 天后室温放置 7 天	21.2	20.8	23.7
冷藏 28 天后室温放置 14 天	2.1	2.6	4.8
冷藏 28 天后室温放置 21 天	0	0	0

(三) 人工授粉

当雌花盛开时，即柱头明亮而有透明汁液时，就应进行授粉。授粉时用毛笔蘸上欲授的花粉，轻轻弹笔杆，使花粉撒落在雌花柱头上。授粉时间应选在中午，连续 3 天每天授一次粉。授粉后，写上标签，记上杂交的亲本组合。当发现柱头干枯、子房膨大，表明已受精。

三、杂种苗的培育和选择

(一) 播种育苗

通过室内切枝杂交，获得杂交种子 15680 粒。先在室内培养皿播种育苗，将小苗移入营养杯培养。第二年移入苗圃地培养，获得 1200 株杂种苗木。在苗圃中对杂种 F_1 子代苗木进行选择，选出苗高在平均值以上且生长健壮的实生苗 123 株。初选的 123 株苗木中，I-69×PE-3-71 组合 26 株，I-69×PE-19-66 组合 22 株，I-69×S307-26 组合 15 株，I-72×PE-3-71 组合 60 株。将初选出的苗木编号为 A1~A123。

(二) 扦插育苗

1999 年春季，将初选出的 123 株苗木在长清区西仓庄扦插育苗。2000~2001 年又扩繁苗木。对123个无性系的苗木进行育苗成活率和苗木生长量的比较，选出苗木生长量高于或相当于对照品种中菏1号杨，而且育苗成活率在90%以上的36个较优无性系，准备参加造林试验。

四、无性系造林试验

(一) 试验林设置

2001~2003年，对苗期选择出的36个较优良无性系，分别在宁阳、莱阳、长清、济南等地营建无性系测定林（表2-3-5）。试验林采用随机区组设计，3次重复，以美洲黑杨品种中菏1号杨或I-69杨为对照。

表2-3-5 试验林地自然条件概况

试验林地点	年平均气温（℃）	年均降水量（mm）	年均无霜期（天）	地形	土壤类型	土壤质地
宁阳县高桥林场	13.4	690	206	汶河滩地	河潮土	紧砂土
莱阳市大陶漳村	11.2	759	173	河滩	河潮土	砂壤土
长清区孟李庄	13.7	644	210	黄河滩区	潮土	轻壤土
济南市饮马泉苗圃	14.2	685	218	平地	褐土化潮土	中壤土

(二) 造林成活率

在试验林浇灌及时的条件下，参试无性系的造林成活率较高。其中生长表现好的A50、A69无性系，造林成活率95%~100%，略高于试验林中对照品种中菏1号杨的成活率。

(三) 林木生长量

调查各处试验林的林木生长量，对参试无性系进行比较。其中无性系A50、A69的生长量大，超过其他参试无性系，也超过对照品种中菏1号杨或I-69杨（表2-3-6）。

表2-3-6 各处试验林的林木生长量

试验林地点	林龄（a）	株行距（m×m）	无性系	平均树高（m）	平均胸径（cm）	平均单株材积（m³）	（%）
宁阳县高桥林场	6	4×4	A50	13.3	16.9	0.1194	117.7
			A69	13.2	17.2	0.1220	120.3
			中菏1号（CK）	12.2	16.3	0.1014	100.0
长清区孟李庄	4	2×3	A50	14.4	13.7	0.0858	122.9
			A69	14.6	13.7	0.0861	123.3
			中菏1号（CK）	13.8	12.3	0.0698	100.0
莱阳市大陶漳村	4	3×10	A50	10.8	13.4	0.0609	141.3
			A69	10.1	13.8	0.0604	140.1
			I-69（CK）	10.2	11.6	0.0431	100.0
济南市饮马泉苗圃	3	3×4	A50	8.5	10.0	0.0267	142.8
			A69	8.5	10.9	0.0317	169.5
			I-69（CK）	7.2	8.4	0.0187	100.0

(四)形质指标

观察参试无性系林木的干形、冠形与分枝情况。无性系 A50 的干形通直、圆满,尖削度较小;冠幅较大,分枝数量较少,侧枝较粗,分枝角度较大;其树干尖削度比中菏 1 号杨小,冠形与分枝情况与中菏 1 号杨相近。无性系 A69 的干形通直、圆满,尖削度较小;树冠长卵形,冠幅较小;分枝成层明显,侧枝数量较多,枝条粗度中等,分枝角度较大;其树干尖削度和冠幅比中菏 1 号杨小(表 2-3-7)。

表 2-3-7　3 个杨树无性系的形质指标

无性系	树干尖削度	冠幅(m)	侧枝数	侧枝长(m)	分枝角度	枝条基径(cm)
A50	1.30	4.37	14	3.47	48°	2.91
A69	1.29	3.85	25	3.24	46°	2.77
中菏 1 号	1.42	4.35	16	3.33	37°	2.90

(五)抗病虫性能

1. 对杨树溃疡病的抗病性

调查试验林中供试无性系对杨树溃疡病的发病情况,计算感病指数,无性系 A69、A50 的感病指数均低于对照品种 I-69 杨。室内人工接种溃疡病试验,无性系 A69 的感病指数低于 I-69 杨,而无性系 A50 的感病指数高于 I-69 杨(表 2-3-8)。据以往研究资料,I-69 杨为对溃疡病抗性较强的品种。综合林中调查和人工接种的感病情况,无性系 A69 抗杨树溃疡病的能力较强,无性系 A50 抗杨树溃疡病的能力中等。

表 2-3-8　3 个杨树无性系对杨树溃疡病的感病指数

无性系	试验林内的感病指数	室内人工接种的感病指数
A69	20.8	2.0
A50	29.2	33.3
I-69	41.7	6.0

2. 对光肩星天牛的抗虫性

测定与杨树抗虫性有关的几个指标,有愈伤组织形成情况、树皮相对含水量、树皮内单宁含量等,间接评价供试杨树无性系的抗虫性。

天牛成虫在树皮上刻槽产卵,抗虫性强的杨树刻槽伤口愈合快。无性系 A50 的愈伤组织值 0.50,刻槽处有少量愈合。无性系 A69 和对照 I-69 杨的愈伤组织值为 0,不易愈合。

树皮是天牛刻槽产卵和卵孵化的部位。树皮中水分充足的杨树,树皮的刻槽处产生大量伤流,包埋天牛虫卵,使虫卵不易孵化。用树皮相对含水量表示其含水状况。参试无性系 A69 和 A50 的树皮相对含水量分别为 91.5%、90.5%,高于对照品种 I-69 杨的树皮相对含水量 89.0%。

单宁为多元酚类物质,树皮单宁含量影响取食昆虫对淀粉等营养物质的取食和消化,树皮单宁含量高的杨树有较强的抗虫性。经测定,无性系 A69 的树皮单宁含量 0.26%,无性系 A50 的树皮单宁含量为 0.16%,对照品种 I-69 杨的树皮单宁含量 0.18%。

综合比较以上 3 个评价指标，可认为无性系 A69 对天牛的抗虫性较强，无性系 A50 对天牛的抗虫性与 I-69 杨接近。

五、苗木生根和耐旱试验

(一) 生根试验

选取无性系 A50、A69 和 I-69 杨，用一年生苗木的苗干截取穗条，在室温 19~25℃ 水培。无性系开始生根后，每隔 7 天观测一次。比较 3 个无性系穗条的生根数量，无性系 A50 与 A69 的先期根数低于 I-69 杨，不定根数也低于 I-69 杨；A50 与 A69 的诱导根数在前两次观测时高于 I-69 杨，而在第三次观测时与 I-69 杨接近。以穗条生根数量为指标，无性系 A50 和 A69 的生根能力低于 I-69 杨，但相差不大（表 2-3-9）。

表 2-3-9 3 个无性系穗条的生根数量

无性系	先期根（条）			诱导根（条）			不定根（条）		
	24 天	31 天	38 天	24 天	31 天	38 天	24 天	31 天	38 天
A50	8.33	11.33	15.33	4.67	12.33	15.67	13.00	23.67	31.00
A69	9.26	12.12	16.10	5.23	13.22	16.84	13.75	24.67	32.20
I-69	12.00	19.00	21.00	1.67	8.33	16.67	13.67	27.33	37.67

(二) 耐旱试验

1. 干旱胁迫条件下不同杨树无性系的表现

用无性系 A50、A69 和中菏 1 号杨的盆栽扦插苗作耐旱试验。干旱胁迫下，杨树叶片发生卷曲、萎蔫、干枯、脱落，严重时根、茎干枯。经连续控水干旱胁迫，控水第 5 天时叶片开始卷曲和部分脱落，控水第 7 天时部分苗木死亡。无性系 A50 和 A69 的耐旱性与中菏 1 号杨接近（表 2-3-10）。

表 2-3-10 连续控水干旱胁迫下 3 个杨树无性系苗木的表现

无性系	控水 3 天	控水 5 天	控水 7 天	控水 9 天
A69	正常	部分苗木下部叶片脱落	梢头留有少量叶片，20% 苗木死亡	死亡
A50	正常	部分苗木下部叶片脱落	梢头仅有 2~3 片叶，44% 苗木死亡	死亡
中菏 1 号	正常	部分苗木下部叶片脱落	梢头仅有 1~2 片叶，33% 苗木死亡	死亡

2. 耐旱性评价指标的筛选

对净光合速率、叶绿素、土壤水势、蒸腾速率、叶片水势、超氧化物歧化酶、相对电导率等 7 个耐旱性指标进行测定，并进行相关分析。结果表明：在干旱初期，叶绿素与净光合速率呈显著正相关，其他指标的相关性均未达到显著水平。随着干旱胁迫程度的加强，各个指标之间的相互关联性逐渐增大。到重度干旱胁迫时，叶绿素与净光合速率、叶片水势与土壤水势均达到显著正相关，相对电导率与净光合速率、叶片水势均达到显著负相关，超氧化物歧化酶与相对电导率达到显著负相关，表明在严重的干旱胁迫下，各个指标的相关程度加强。

通径分析结果表明：干旱胁迫下，在影响苗高的各个指标中，净光合速率对其影响最大,其次是叶绿素、土壤水势和蒸腾速率,其通径系数分别为 1.0408、0.5844、0.4853、-0.4436。净光合速率 x_1、叶绿素 x_2、蒸腾速率 x_3 和土壤水势 x_4 选入苗高(y 值)的回归方程,其回归方程为:$y=10.79+11.45x_1+17.44x_2-12.31x_3+9.01x_4(R=0.9651)$。上述 4 个指标可用于耐旱性评价。

3. 耐旱性综合评判

采用隶属函数综合评判,利用通径分析方法选出的净光合速率、叶绿素、蒸腾速率和土壤水势 4 个指标,对 3 个无性系的耐旱性进行综合评判,各参试无性系 4 项指标的综合值为:A69 为 0.494、A50 为 0.370、中菏 1 号为 0.314。用 4 项指标的综合值来评价参试无性系的耐旱性,则 3 个无性系耐旱性从高到低依次为:A69、A50、中菏 1 号。

六、木材材性测试和加工试验

(一)木材物理力学性能测试

在宁阳 6 年生试验林中,采伐无性系 A50、A69 和中菏 1 号杨的标准木,测定木材的物理力学性质。无性系 A50 和 A69 的木材密度、干缩性、木材强度指标均优于或接近中菏 1 号杨(表 2-3-11)。

表 2-3-11 3 个无性系的木材物理力学性质

无性系	基本密度(g/cm^3)	干缩系数(%)				顺纹抗压强度(MPa)	抗弯强度(MPa)
		径向	弦向	体积	径弦干缩差异		
A50	0.390	0.15	0.18	0.29	1.20	27.78	64.51
A69	0.370	0.13	0.13	0.21	1.03	28.55	63.76
中菏 1 号	0.373	0.14	0.16	0.25	1.17	26.93	61.93

(二)木材制作胶合板试验

在宁阳 6 年生试验林中,采伐无性系 A50、A69 和中菏 1 号杨的标准木。从树干基部起取 1.3m 长木段,隔 1m 再取 1.3m 长木段,共取 3 段。将木段进行旋切单板和制作胶合板试验,对旋切鲜单板、干单板、胶合板作质量检测。

1. 旋切鲜单板质量评价

无性系 A50、A69 和中菏 1 号杨木材旋切性能好,旋切的鲜单板质量良好。无性系 A50 和 A69 的鲜单板质地上等,优于中菏 1 号杨(表 2-3-12)。

表 2-3-12 3 个无性系木材旋切性能和鲜单板性状

无性系	手感硬度	旋切起毛情况	光滑度	单板质地	边材颜色	湿心材颜色	是否有应拉木	是否有针状节	综合评价
A50	偏软	无	光滑	上等	白色	青白色	无	少有	旋切性能好,旋切鲜单板质地优良
A69	偏软	无	光滑	上等	白色	青白色	无	少有	
中菏 1 号	偏软	无	光滑	中上等	白色	青白色	无	稍有	

2. 干单板性状

无性系 A50、A69 和中菏 1 号杨的干单板质地良好,过胶性能良好,适宜制作胶合板。

无性系 A50、A69 的干单板边部裂缝较少，裂缝最大长度与裂缝最大宽度数值较小，干单板性状优于中菏 1 号杨（表 2-3-13）。

表 2-3-13　3 个无性系的干单板性状

无性系	边部裂缝（个/m²）	单个缝最大宽度（mm）	单个缝最大长度（mm）	翘曲度	边材颜色	心材颜色	过胶性能	综合评价
A50	3.44	1.0	125	微翘	白色	灰褐色	良好	干单板质地良好，作胶合板材性能优良
A69	3.50	1.5	120	微翘	白色	灰褐色	良好	
中菏 1 号	4.14	2.0	230	微翘	白色	红褐色	良好	

3. 胶合板质量

用参试杨树无性系的单板为芯板，厚 1.7mm；用马来西亚进口的"普克拉"木单板为表板，厚 0.54mm；用酚醛树脂胶，热压制三合板。无性系 A50、A69 和中菏 1 号杨单板制作的胶合板，胶合强度和含水率均达到 GB/T 9846 标准中Ⅲ类胶合板的要求。无性系 A50 和 A69 的单个试件强度略优于中菏 1 号杨，胶合板含水率略低于中菏 1 号杨（表 2-3-14）。

表 2-3-14　3 个无性系单板制作的胶合板质量检验

无性系	含水率(%)	胶合强度		裂缝长度（mm）	鼓泡分层	单项结论
		平均木材破坏率(%)	单个试件强度(MPa)			
A50	10.85	4	0.867	无	无	3 个无性系的胶合板质量检验，各个单项检验项目均合格
A69	11.01	5	0.852	无	无	
中菏 1 号	12.83	4	0.842	无	无	
规定标准值	6~14	—	≥0.70	≤400	—	

（三）木材纤维形态、化学成分与制浆试验

在宁阳 6 年生试验林中，采伐无性系 A50、A69 和中菏 1 号杨的标准木，分别于树干的底部、中部、上部各截取 3~5cm 厚的圆盘，由山东轻工业学院制浆造纸省级重点实验室测定木材的纤维形态、化学成分，按照 APMP 制浆工艺流程进行制浆，打浆后浆料在实验室抄 60g/m² 纸片并干燥，检测 APMP 浆料性能。

1. 纤维形态

测试结果，无性系 A69、A50 的木材纤维长度均大于 1.0mm，达到造纸用原料中级纤维长度（0.9~1.6mm）的标准；纤维长宽比均在 43 以上，符合制浆造纸要求。无性系 A69、A50 的木材纤维性状略优于中菏 1 号杨（表 2-3-15）。

表 2-3-15　3 个无性系的木材纤维形态

无性系	纤维长度（mm）	纤维宽度（μm）	长宽比
A50	1.045	23.0	45.4
A69	1.061	23.6	45.0
中菏 1 号	1.001	23.1	43.3

2. 化学成分

木材的纤维素和综纤维素含量高,有利于提高纸浆得率。浸提物会增加蒸煮木片时药品的消耗,降低纸浆得率,影响浆的颜色。A50 和 A69 木材的纤维素与综纤维素含量略高于中菏 1 号杨,木素含量略低于中菏 1 号杨,而浸提物含量与中菏 1 号杨相当(表2-3-16)。

表 2-3-16 3 个无性系木材化学成分

无性系	综纤维素（%）	硝酸-乙醇纤维素（%）	酸不溶木素（%）	戊聚糖（%）	苯醇抽出物（%）	1%氢氧化钠抽出物（%）	热水抽出物（%）	冷水抽出物（%）	灰分（%）
A50	81.54	50.3	17.46	22.89	1.94	19.20	3.8	3.0	0.76
A69	82.60	50.5	17.02	25.35	1.52	18.59	3.3	3.3	0.74
中菏 1 号	81.44	49.3	18.61	22.33	1.59	19.30	3.9	3.3	0.85

3. APMP 制浆试验

用无性系 A50、A69 和中菏 1 号杨木材进行 APMP 制浆（碱性过氧化氢机械法制浆）试验。3 个无性系的木材在适宜化学药剂用量下,均能制得较好的 APMP 浆,浆得率均大于 82%,适于配抄各种中高档文化用纸。3 个无性系比较,A50 的 APMP 浆料白度和强度较好；A69 的浆料强度略优于中菏 1 号杨,而浆料白度不如中菏 1 号杨(表2-3-17)。

表 2-3-17 3 个无性系 APMP 浆料性能

无性系	打浆度（°SR）	定量（g/m³）	白度（%ISO）	紧度（g/cm³）	裂断长（km）	抗张指数（N·m/g）	撕裂指数（mN·m²/g）	耐破指数（kPa·m²/g）	不透明度（%）	光散射指数（m²/kg）
A50	46.0	62.3	79.8	0.43	3.40	33.35	4.25	1.98	79.3	38.44
A69	48.0	63.5	77.5	0.45	3.28	32.18	3.15	1.71	79.2	37.00
中菏 1 号	46.0	65.1	79.2	0.43	3.22	31.59	3.04	1.70	80.5	39.46

七、品种鉴定和新品种简介

(一)品种鉴定

通过苗期选择和造林试验,进行多性状测定,参试无性系 A50 和 A69 在生态适应性、生长量、抗病虫性能和木材材性等方面均较优良,其综合性状优于其他参试无性系,也优于对照品种中菏 1 号杨与 I-69 杨,是适于培育胶合板材与造纸用材的优良无性系。2008年,无性系 A50 与 A69 通过了省级科研成果技术鉴定,评定为杨树优良品种,并分别命名为鲁林 2 号杨、鲁林 3 号杨。

2008 年对鲁林 2 号杨、鲁林 3 号杨申请植物新品种登记,由国家林业局批准授予植物新品种权证书,品种权号分别为20080030、20080031。2008 年这两个新品种由山东省林木品种审定委员会进行品种认定,良种类别为优良品种,鲁林 2 号杨登记编号鲁 R-SV-PLL-001-2008,鲁林 3 号杨登记编号鲁 R-SV-PLL-002-2008。

(二)鲁林 2 号杨简介

鲁林 2 号杨(*Populus* 'Lulin-2')试验编号 A50,是以 I-72 杨(*Populus* × *canadensis* 'San Martino'('72/58'))为母本,美洲黑杨无性系 PE-3-71(*Populus deltoides* 'PE-3-71')为父

本，人工杂交育成。雌株。

1年生苗干通直，棱角凹槽深，苗干光滑无毛，茎中部皮孔分布均匀，卵形，有少量分枝。叶芽红色或淡红褐色，尖端窄，长0.6~0.7cm，贴近茎干。叶片三角形，长10~20cm，长宽比为100%~110%，叶片基部宽楔形，叶端圆而宽尖，叶基腺点不定，叶中脉部分红色，叶柄光滑无毛，叶片表面淡粉红色或微红。

大树树干通直，尖削度小，顶端优势明显；树皮浅纵裂；树冠长卵形，冠幅较大；分枝较稀疏，枝条较粗，侧枝层次明显，上部枝角40°，下部枝角50°~60°。叶较小，数量多。成熟花序长9~11cm。

主要性状为：速生，在宁阳县高桥林场6年生试验林中，平均单株材积比对照美洲黑杨品种中菏1号提高17.7%。易繁殖，育苗和造林成活率较高。树干直，尖削度较小，分枝数量较少，侧枝较粗，冠幅较大。对杨树溃疡病的抗性较强。木材的基本密度为0.390g/cm³，纤维长度1.045mm，纤维长宽比45.4。其化学组分中综纤维素和纤维素含量较高。APMP法制浆得率大于82%，浆料白度和强度性能各项指标优良，适合配抄各种中高档文化用纸。旋切鲜单板、干单板质地良好，制作的胶合板的含水率、胶合强度等指标达到国家标准中Ⅲ类胶合板的要求。

该品种适于成片造林，也适于农田林网、四旁植树。适于培育纸浆材和胶合板用材。适宜种植范围为气候较湿润的鲁中南、鲁东地区。适于地下水位较高、土壤水分条件较好的造林地。

(三) 鲁林3号杨简介

鲁林3号杨(*Populus deltoides* 'Lulin-3')试验编号A69，是以I-69杨(*Populus deltoides* 'Lux'('69/55'))为母本，美洲黑杨无性系PE-19-66(*Populus deltoides* 'PE-19-66')为父本，人工杂交育成。雄株。

1年生苗茎表面棱角凹槽浅，光滑无毛，苗茎中上部皮孔长椭圆形或长线形，较稀疏，不规则分布，有少量分枝。芽锥形，红褐色，长0.5~0.7cm，与茎干明显分离。叶片三角形，长14~18cm，长宽比为120%~130%，叶片基部平截，先端细窄渐尖，叶基腺点2个，叶中脉部分红色，叶柄光滑无毛，叶片表面淡粉红色。

大树树干通直圆满，顶端优势明显；树皮浅纵裂；树冠长卵形，冠幅较窄；分枝成层明显，枝条粗度中等，较密集，上部枝角35°，下部枝角40°~50°左右。叶较小，数量多。成熟花序长7~8.5cm。

主要性状：速生，在宁阳县高桥林场6年生试验林中，平均单株材积比对照美洲黑杨品种中菏1号杨提高20.3%。易繁殖，育苗和造林成活率较高。树干直，尖削度较小，分枝数量较多、枝条粗度中等，冠幅较窄。对杨树溃疡病抗性较强。木材基本密度0.370g/cm³，纤维长度1.061mm，纤维长宽比45.0。其化学组分中综纤维素和纤维素含量较高，APMP法制浆得率大于82%，浆料白度及强度性能各项指标优良，适合配抄各种中高档文化用纸。旋切性能好，旋切鲜单板、干单板质地良好，制作的胶合板的胶合强度与含水率等指标达到国家标准中Ⅲ类胶合板的要求。

该品种适合培育胶合板材，也适于培育纸浆材。适宜种植范围为气候较湿润的鲁中南、鲁东地区。适于地下水位较高、土壤水分条件好的造林地。

第四节　鲁林9号杨、鲁林16号杨选育研究

2003年起，山东省林业科学研究院开展了培育适合工业用材林要求的速生优质杨树新品种的研究。通过黑杨派杨树杂交育种，于2014年选育出杨树优良品种鲁林9号杨、鲁林16号杨。

一、杂交亲本

（一）杂交亲本的选择

黑杨派品种是山东杨树用材林的主要栽培品种，具备速生、易繁殖、适宜加工等特性，生产纸浆和人造板原料的杨树工业用材林主要栽培黑杨派无性系。在总结学习国内外杨树育种经验，收集保存黑杨派种质资源的基础上，选择部分黑杨派优良无性系作为杂交亲本，既有应用较早的I-69、I-72等黑杨派无性系，又增加了较新的L323杨、L324杨等。以速生、干形好、出材率高、抗病虫害、材性优良等性状为育种目标。

选用的母本有L323杨、L324杨、107号杨、L35杨、I-69杨、I-72杨、山海关杨（雌）；选用的父本有T26杨、T66杨、中菏1号杨、I102杨、山海关杨（雄）。

（二）杂交组合

采用测交系交配设计方法，每个杂交母本分别与杂交父本交配组合，共试验实施了32个杂交组合（表2-4-1）。

表2-4-1　人工杂交组合

母本	父本				
	T26	T66	中菏1号	I102	山海关杨（♂）
L323	×	×	×	×	×
L324	×	×	×	×	×
L35	×	×	×	×	×
107	×	×	×	×	×
I-69	×	×	×	×	-
I-72	×	×	×	×	-
山海关杨（♀）	×	×	×	×	-

二、室内人工杂交

（一）花枝采集培养与开花期观测

1. 花枝采集培养

2003年1月5~6日分别从山东莒县、宁阳和长清采集杨树花枝。I-69杨树龄为13年，其他品种树龄为6年。对花枝进行修剪后于1月9日开始低温水培，室内温度在8~11℃，相

对湿度 40%~50%。至 1 月 30 日开始加温水培，室内温度保持在 19~23℃，相对湿度保持在 50%~60%，玻璃窗采光。每隔 1 天换水 1 次，自来水预先在室内存放 1 天，每周修剪花枝基部 1 次。

2. 花枝开花期观测

每天观察各品种花枝的花芽生长变化情况。记载雄花枝的花芽膨大始期、花芽开放始期、花芽开放盛期、花芽开放末期；记载雌花枝的花芽膨大始期、花芽开放始期、花芽开放盛期、花芽开放末期、叶芽开放始期。

雄花枝开花期观测结果，T26、T66、I102 和中菏 1 号杨 4 个雄株无性系的花芽膨大及开放始期在 2 月上旬，花粉采收期在 2 月中旬。即雄花枝在加温水培 5 天后开始开花，10 天后可采收花粉，花粉采收期 6~9 天。T26 和 T66 花芽开放较早、花粉采收较早，I102 和中菏 1 号的花期晚 1~2 天（表 2-4-2）。

表 2-4-2 雄花枝开花期观测结果

无性系	花芽膨大始期（月.日）	花芽开放始期（月.日）	花芽开放盛期（月.日）	花芽开放末期（月.日）	花粉采收期（天）
T26	2.2	2.5	2.9	2.17	9
T66	2.3	2.5	2.9	2.17	9
I102	2.3	2.6	2.9	2.17	9
中菏 1 号	2.4	2.7	2.10	2.15	6

雌花枝开花期观测结果，107 号杨、L35、L323、L324 无性系的花芽膨大及开放始期在 2 月上旬，授粉始期在 2 月中旬至下旬，最佳授粉时期是在雌花柱头展开 1~2 天。首期授粉后 3~5 天柱头干枯，此后子房膨大，进入种子发育期，随之叶芽开放叶片展开。花芽开放早、授粉始期早的无性系是 L35，也即在加温水培 8 天后即可授粉；107 号杨、L323、L324 依次延迟，在加温水培后 11 天开始授粉。授粉期（也即花期）最长的无性系是 L323 和 L324，分别是 13 天和 12 天；授粉期最短的无性系是 107 号杨，只有 4 天；L35 的授粉期介于中间，为 10 天（表 2-4-3）。

表 2-4-3 雌花枝开花期观测结果

无性系	花芽膨大始期（月.日）	花芽开放始期（月.日）	花芽开放盛期（月.日）	花芽开放末期（月.日）	叶芽开放期（月.日）	授粉期（天）
107	2.5	2.11	2.13	2.16	2.21	4
L35	2.2	2.6	2.10	2.17	2.16	10
L323	2.6	2.10	2.12	2.24	2.19	13
L324	2.6	2.9	2.12	2.22	2.20	12

（二）花粉收集与活力测定

待雄花枝的花芽完全开放，触碰花枝花粉即散落时开始收集花粉。每雄花枝依据开花的先后顺序可多次采收花粉，一般每天采收一次，直到整枝所有花序全部开花完。每种花粉单独包装做好标记，放在干燥器中低温(1~6℃)存放，待雌花开放后授粉。对每个父本第一次收集的花粉作培养试验，在显微镜下观察花粉管萌发情况，检测每种花粉的活力。

(三) 人工控制授粉

待雌花枝的花芽开放，雌蕊柱头有黏液产生时开始授粉。授粉方法是用毛笔蘸取花粉，轻轻弹撒在柱头上，每个花序授粉2~3次。每个雌花枝上花序开花的时间也不一致，授粉要即开花即授，每个花枝要多次授粉，直到整枝所有花序全部授完。对每个授粉花枝都要挂标签，标签记录杂交组合、授粉始期和末期、花序数量、授粉人等。

雌花枝授粉后3~5天柱头干枯，子房开始膨大，进入种子发育期，随之叶芽开放叶片展开。此时更应细致管理授粉花枝，继续保持室内适宜的温度和湿度，保证有充足的光照，及时换水。

(四) 雌雄花和蒴果种子的形态结构

1. 雄花形态结构特征

本试验4个雄性无性系T26、T66、中菏1号杨、I102，柔荑花序先于叶开放，由花序中部的小花先开，然后至上部和下部小花逐步开放。小花外具膜质苞片。每一花序具雄花80~100朵，每一雄花具雄蕊50~100枚，花药2室，由花丝与花盘相连，花粉金黄色，量多。4个无性系雄花序的形状、颜色、长度、花粉数量等差异不明显(表2-4-4)。

表2-4-4 雄花芽与雄花的形态结构特征

无性系	花芽形态	花芽长、宽(cm)	花序颜色	花序长度(cm)	雄花数(朵)	雄蕊(枚)	花粉颜色	花粉数量
T26	长卵形，贴附在枝条上	长2.2~2.4 宽0.7~1.0	紫红色	10~13	90~100	60~100	金黄色	多
T66	长卵形，贴附在枝条上	长2.2~2.5 宽0.7~1.0	紫红色	10~15	90~100	50~80	金黄色	多
中菏1号	长卵形，贴附在枝条上	长2.2~2.6 宽0.5~0.8	紫红色	10~15	90~100	60~80	金黄色	多
I102	长卵形，贴附在枝条上	长2.0~2.2 宽0.7~1.0	紫红色	10~14	80~100	60~100	金黄色	多

2. 雌花、蒴果和种子形态结构特征

本试验4个雌性无性系107号杨、L35、L323、L324，柔荑花序先叶开放，每一花序具雌花几十朵，每一雌花具雌蕊一枚，柱头2~3裂，子房由2~4心皮构成，1室，侧膜胎座，生胚珠多数(表2-4-5)。

在室内水培花枝条件下，雌花授粉至蒴果成熟约需35~40天。每一果穗有蒴果20~50个，蒴果成熟后2~4瓣裂，充满白色棉质毛絮，种子很小，包被于种絮之中(表2-4-6)。不同无性系结籽数量有明显差异：107号杨蒴果中无种子，无性系L35每个蒴果中只有几粒种子，这2个无性系种子败育严重，属于不结籽或结籽能力低的无性系；无性系L323和L324结籽量大，L323每个蒴果中有种子25~30粒，L324每个蒴果中有种子25~40粒(表2-4-7)。

表 2-4-5　雌花芽与雌花的形态结构特征

无性系	花芽形态	花芽长、宽（cm）	花序长度（cm）	雌花数量（朵）	柱头裂数（个）	心皮数量（个）
107	长卵形，贴附于枝条	长 1.2~1.6 宽 0.4~0.5	10~11	50~60	2	3
L35	长卵形，前端与枝条分离	长 1.2~1.5 宽 0.3~0.4	7~10	30~40	2	2 或 3
L323	长卵形，贴附于枝条	长 1.3~1.6 宽 0.3~0.5	4~7	20~30	3	3
L324	长卵形，前端与枝条分离	长 1.6~1.8 宽 0.3~0.5	4~7	20~30	3	3 多、4 少

表 2-4-6　蒴果的形态结构特征

无性系	果穗长度（cm）	蒴果数量（个）	蒴果形状	蒴果长、宽（cm）
107		40~50	圆球形	长 0.5~0.7 宽 0.5~0.6
L35	13~15	20~30	卵圆形	长 0.8~0.9 宽 0.4~0.6
L323	9~11	20~30	卵圆形，顶端尖	长 1.0~1.2 宽 0.6~0.7
L324	8.5~10.5	20~30	圆球形，顶端尖	长 0.9~1.0 宽 0.6~0.7

表 2-4-7　种子的形态结构特征

无性系	每蒴果种子数量（粒）	每果穗种子数量（粒）	种子形状	种子长度（cm）
107	0	0		
L35	无或 1~3	0~90	椭圆形	0.3~0.5
L323	25~30	500~900	椭圆形或橄榄形	0.3~0.4
L324	25~40	500~1200	椭圆形或橄榄形	0.3~0.4

(五)杂种种子播种品质测定

种子的饱满度、千粒重、发芽率和发芽势都是其播种品质的重要指标。以 L323 和 L324 为母本，获得的种子多数不饱满，称重测量种子的千粒重较小；但室内播种试验种子的发芽率很高，发芽整齐，说明发芽势较高。

1. 杂种种子千粒重

测定以 L323 和 L324 为母本结出的种子千粒重。以 L323 为母本的种子千粒重在 0.53~0.58g 之间，平均千粒重 0.55g；以 L324 为母本的种子千粒重在 0.76~0.80g 之间，平均千粒重 0.77g。同一母本不同重复之间种子千粒重也有差别，这种差别可能来自采果枝母株不同，或枝条在母树上的部位不同等原因(表 2-4-8)。

表 2-4-8　种子千粒重
g

母本	重复1	重复2	重复3	平均值
L323	0.54	0.53	0.58	0.55
L324	0.76	0.8	0.76	0.77

2. 杂种种子的发芽率和发芽势

以 L323 和 L324 为母本结出的种子于 5 月 22 日采收,将种子用纸包好在室内常温贮藏。当日播种 200 粒,之后每日播种 100 粒,每日调查种子的发芽数。测定以 L323 和 L324 为母本结出的种子的发芽率(表 2-4-9)。

表 2-4-9　以 L323、L324 为母本的种子发芽率

播种日期	L324 为母本的种子			L323 为母本的种子		
	播种数（粒）	发芽数（粒）	发芽率（%）	播种数（粒）	发芽数（粒）	发芽率（%）
5月22日	200	180	90.0	200	153	76.5
5月23日	200	187	93.5	200	137	68.5
5月24日	200	187	93.5	200	139	69.5
5月25日	100	84	84.0	100	61	61.0
5月26日	100	86	86.0	100	61	61.0
5月27日	100	89	89.0	100	54	54.0
5月28日	100	84	84.0	100	55	55.0
5月29日	100	89	89.0	100	55	55.0
5月30日	100	85	85.0	100	48	48.0
5月31日	100	61	61.0	100	49	49.0
6月1日	100	60	60.0	100	60	60.0
6月2日	100	80	80.0	100	54	54.0
6月3日	98	66	67.3	100	24	24.0
6月4日	100	63	63.0	100	25	25.0
6月5日	100	60	60.0	100	20	20.0
6月6日	100	70	70.0	100	17	17.0
6月7日	100	64	64.0	100	6	6.0
6月8日	100	12	12.0	100	1	1.0
6月9日	100	65	65.0	100	19	19.0
6月10日	100	60	60.0	100	21	21.0
6月11日	100	41	41.0	100	4	4.0
6月12日	100	28	28.0	100	2	2.0
6月13日	100	21	21.0	100	3	3.0

以L323、L324为母本结出的种子，在采收后随即播种发芽率高，随着贮藏时间延长发芽率随即降低。以L324为母本结出的种子，采收后3天之内播种，发芽率达90%以上；贮藏10天后播种，发芽率降为60%；贮藏20天后播种，发芽率降至60%以下。以L323为母本结出的种子，采收后随即播种，发芽率达70%；贮藏5天后播种，发芽率60%以下；贮藏13天后播种，发芽率降至20以下。以L324为母本结出的种子比L323为母本结出的种子发芽率高20%左右。以L324为母本结出的种子有效贮藏期（发芽率大于60%）为20天，以L323为母本结出的种子有效贮藏期只有5天。

以L324和L323为母本结出的种子，大多数在播种后第二天或第三天发芽，极个别种子在播种后第四天发芽，表现为发芽期短，发芽速度快，出苗整齐，发芽势高。以L324为母本结出的种子，其发芽势高于以L323为母本结出的种子。

（六）不同杂交亲本亲和性分析

通过对12个杂交亲本之间杂交所得的种子数量与成苗情况进行分析，了解它们的亲和情况（表2-4-10）。

表2-4-10 黑杨派无性系人工杂交亲和性

母本	父本				
	T26	T66	中菏1号	I102	山海关杨（雄）
L323	√	√	√	√	√
L324	√	√	√	○	√
I-69	○	○	○	○	/
L35	×	×	×	×	/
I-72	/	○	/	/	○
107	×	×	×	×	/
山海关杨（雌）	○	○	○	○	/

注：表中"√"表示亲和力强，能收获大量种子，且成苗情况良好；"○"表示亲和力一般，可以收获少量种子，成苗差；"×"表示亲和力差，未获得杂种种子；"/"表示未做。

不同杂交亲本在杂交亲和性方面存在显著差异，母本对杂交亲和性具有显著影响。以美洲黑杨作杂交父母本，具有较高的杂交亲和力；以欧美杨作杂交父母本或者以欧美杨作母本与美洲黑杨父本进行杂交，其杂交亲和性差；以美洲黑杨做母本与欧美杨做父本进行杂交，其杂交亲和性介于二者之间。

（七）杂交亲本有性生殖特性

观察9个杂交亲本雌雄花的形态、结构及开花过程，杂种果实及种子的形态和结构特征，试验种子发芽率，经分析比较：雄性无性系I102、T26、T66和中菏1号杨的成熟雄花序雄花可达80~100朵，每一雄花有雄蕊可达60~100枚，花粉量多，生活力高，是4个有性生殖能力强的无性系。雌性无性系中，以L324和L323为母本结出的成熟果穗长9~11cm，可结蒴果达20~30个，每蒴果有种子25~40粒；以L324为母本结出的种子，千粒重0.77g，及时播种的种子发芽率90%，在常温下贮存20天发芽率仍达60%；以L323为母本结出的种子，千粒重0.55g，及时播种的种子发芽率70%，贮存5天后发芽率降至60%以下。以L324和L323为母本结出的种子，结籽量大，种子发芽率高，L324和L323是2个有性生殖能力强的无性系，适宜作杂交育种的母本。以107号、L35、中林46为母本，结籽量极少或不结籽，是3个有性生殖能力弱的无性系，不适合作杂交育种的母本。

三、杂种的种苗培养

(一)杂种种子离体培养

1. 杂种种子离体培养方法

黑杨派种子成熟期较长，但花枝储存的养分却有限，当授粉后30天左右时常出现蒴果失水干缩，果皮开裂，或果穗脱落。此时，蒴果中的种子较软、皮白色、秕，未发育成熟，自然播种没有发芽能力。

为挽救未成熟的杂种种子，应用植物组织培养技术，将未成熟的杂种种子接种到MS基本培养基上进行离体培养。自人工授粉后第25天起，每隔1天从果枝上剪取绿色蒴果，在超净工作台上用酒精棉进行消毒处理后，用解剖刀切开果皮，将未成熟的杂种种子取出接种在培养基上，培养基为人工配制的MS基本培养基，2%蔗糖，pH值5.8，不加任何激素。将培养瓶放入组织培养室培养，培养室温度控制在25℃，光照强度2000 lx，每天光照时间14h。经8~9天培养可获得70%~90%的萌发率。当胚根长出、子叶张开后，即可将子苗移出培养室进行盆栽炼苗。

2. 授粉后不同发育期对杂种种子组培萌发的影响

通过杂交授粉试验观测，雌花授粉后3~5天柱头干枯，子房膨大，进入胚珠发育期。I-69×T66、I-69×中菏1号两个杂交组合，当授粉后20天时，将未成熟的杂种种子接种在基本培养基上，9天后种皮变褐，种子死亡，或产生愈伤组织，不能继续生长发育。当授粉后25天时，将未成熟的杂种种子接种在培养基上，经8~9天的培养，能有50%的种子萌发，其余种子产生淡绿色愈伤组织，说明此时已有萌发能力。当授粉后30天时，将种子接种在培养基上，经3~4天培养，萌发率能达70%，其余种子产生愈伤组织。当授粉后35天时，接种在培养基上的种子2天之内萌发率可达80%~85%。L323×中菏1号杨杂交组合，在授粉后30天时，种子接种在培养基上的萌发率可达85%，平均萌发期为3天；在授粉后35天时，种子接种在培养基上的萌发率可达90%，平均萌发期为2天(表2-4-11)。

表2-4-11 授粉后不同发育期对杂种种子组培萌发的影响

杂交组合	授粉日期	组织培养日期	授粉后天数	接种种子数量（粒）	平均萌发期（天）	萌发率（%）
I-69×T66	2月9日	3月1日	20	30~35	—	0
		3月6日	25	30~35	8	50
		3月11日	30	30~35	3	70
		3月16日	35	30~35	2	85

（续）

杂交组合	授粉日期	组织培养日期	授粉后天数	接种种子数量（粒）	平均萌发期（天）	萌发率（%）
I-69×中菏1号	2月9日	3月1日	20	30~35	—	0
		3月6日	25	30~35	9	50
		3月11日	30	30~35	4	70
		3月16日	35	30~35	2	80
I-69×I102	2月9日	3月1日	20	30~35	—	0
		3月6日	25	30~35	9	10
		3月11日	30	30~35	6	50
L323×中菏1号	2月12日	3月13日	30	25~30	3	85
		3月18日	35	25~30	2	90

室内切枝杂交授粉25天后，即可对未成熟种子进行组织培养，能获得杂种实生苗；在授粉后30天时组培未成熟种子，可获得70%~80%的萌发率；随着授粉后日期的延长，种子的成熟度增大，萌发期缩短，萌发率提高，小苗粗壮。

3. 不同杂交组合对杂种种子组培萌发的影响

不同杂交组合影响杂交亲合力，表现在生成杂种的结种数量和杂种生命力的差异。父母本不亲合，则受精率低，或受精卵发育不良，导致胚珠败育，不能发育至成熟种子，结种数量少；或结种数量较多，但种子无生命力。以I-69杨为母本，与不同父本组合，I-69×I102与I-69×T66、I-69×中菏1号三个组合的授粉日期相同，培养环境一致，结种数量相近，但种子的平均萌发期和萌发率却有较大差异。在授粉后25天时，后两个杂交组合种子的萌发率可达50%，而前一个杂交组合种子的萌发率只有10%；当授粉后30天时，后两个杂交组合种子的萌发率可达70%，而前者只有50%。说明以美洲黑杨I-69作母本与美洲黑杨T66、中菏1号杨作父本进行的种内杂交，其亲合力高于以美洲黑杨I-69作母本与欧美杨I102作父本进行的种间杂交。以中菏1号杨为父本，与不同母本组合，L323×中菏1号的种子萌发率高于I-69×中菏1号。

4. 水培温度对杂种种子组培萌发的影响

授粉后水培的室内温度影响组培种子的萌发。本试验中，授粉后果枝水培的温度偏低时，组培种子发育较迟缓，离体培养萌发率低，萌发期长。以I-69×T66杂交组合为例，授粉后的果枝采用17~19℃和20~23℃两种温度，室内光照、湿度相同。在授粉后25天开始培养，温度17~19℃与20~23℃的培养条件相比，种子萌发期延迟2天，萌发率降低20%；在授粉后30天开始培养，温度17~19℃与20~23℃的培养条件相比，种子萌发期延迟3天，萌发率降低10%（表2-4-12）。

表 2-4-12　温度对杂种种子培养萌发的影响

杂交组合	授粉后水培的温度（℃）	光照	湿度（%）	授粉后天数	种子平均萌发期（天）	萌发率（%）
I-69×T66	20~23	玻璃窗下	50~60	25	8	50
	17~19	玻璃窗下	50~60	25	10	30
I-69×T66	20~23	玻璃窗下	50~60	30	3	70
	17~19	玻璃窗下	50~60	30	6	60

(二) 大棚炼苗和大田栽植

揭开培养瓶封口膜在温室大棚内敞口 2 天，然后将子苗从培养基中取出，冲洗干净，栽植在事先准备好的营养杯中，进行大棚炼苗。共获得 23 个杂交组合的生根子苗 5832 株。调节大棚内温度、湿度及光照，保持适宜环境条件。2003 年 6 月上旬将大棚内的小苗移栽至大田，共移栽 3006 株。对杂种苗进行田间管理。当年获得 20 个杂交组合 1717 株 F_1 代杂种苗。

四、杂交子代(F_1)苗期测定和选择

(一) 杂交子代第一次苗期选择

2003 年获得杂交子代苗木 1717 株，2003 年底对杂种苗进行第一次苗期选择。调查测量苗高生长量，计算苗高平均值和标准差，按照"保留子代平均值以上"的标准，共选取了 914 株杂种苗，第一次选择率为 53.2%。12 月初将首次筛选出的杂种苗从根茎处剪下，修剪掉细小侧枝，每组合捆成 1 捆，挂上标签，标签上写明母本、父本组合及数量。放入假植沟，培土 50cm，插入草把通气，表土盖草帘，进行种条越冬贮藏。

(二) 杂交子代第二次苗期选择

2004 年早春对第一次入选的 914 株杂种苗进行营养杯扦插育苗，繁殖无性系。每个无性系的繁殖数量从十几株至几十株不等，共扦插 14354 个插穗。至 4 月中旬将营养杯从大棚移栽至大田，同时进行第二次选择。扦插成活率在 60% 左右，共移栽了 468 个无性系的 5600 株小苗，淘汰了 446 个无性系。杂交子代第二次选择率为 51%。

(三) 杂交子代第三次苗期选择

2004 年底生长期结束，调查全部无性系的苗高、1m 高处直径和侧枝数。计算全部无性系的平均苗高和平均直径，并分别计算每个无性系的平均高和直径。按照苗高和直径大于"平均值+1 倍标准差"的入选标准，参考苗干形状和分枝情况，选留优系、淘汰劣系，进行第三次苗期选择。从中选择 26 个较优无性系扩大繁殖并进行遗传测定。杂交子代第三次选择率为 5.8%。

杂交子代三次选择率的乘积，即为优选子代无性系的入选率。优选子代无性系的入选率为 53.2%×51%×5.8% = 15.7‰。0.0157 的入选率很小，选择强度高，可获得较好的选择效果。

五、无性系造林试验

(一) 试验林和参试无性系

2006年春,在莒县赵家二十里堡、莱阳市西朱兰村营建无性系测定林,面积各30亩[①],参试无性系21个,以107号杨为对照。莱阳试验林立地条件为河滩阶地砂壤质河潮土,莒县试验林立地条件为河滩阶地轻壤质河潮土。试验林采用随机区组设计,9株小区,3次重复,株行距为4m×6m。试验林四周各设置1~2个保护行(表2-4-13)。

2007年春在长清区窑头村营建无性系测定林,立地条件为黄河滩区轻壤质潮土。参试无性系和试验设计与前2处相同,株行距为3m×4m,试验林面积20亩。

表 2-4-13 参试无性系编号及其杂交组合

无性系编号	杂交组合(母本×父本)
C1、C11、C13、C23	L323×T66
C16、C20、C26	L323×I102
C3、C9、C18、C25	L324×T26
C10、C27	I-72×T66
C2	I-72×山海关杨(雄)
C17	I-69×中菏1号
C5	I-69×T26
C24	I-69×I102
C6、C7、C15、C21	L323×中菏1号

造林第2年对试验林缺株全部用107号杨大苗补植。加强试验林的抚育管理,每年适时松土除草、浇水,施用1~2次复混肥,喷施杀菌农药防治杨树溃疡病,修枝抚育。

(二) 无性系造林试验结果

1. 参试无性系生长量

(1) 莒县赵家二十里堡试验林 在莒县7年生试验林中,各参试无性系胸径、树高和材积生长量差异显著。其中C9平均胸径25.04cm,平均树高19.18m,平均单株材积达0.38833m³,超过对照107号杨。C16平均胸径24.12cm,平均树高20.73m,平均单株材积0.35949m³,超过对照107号杨(表2-4-14)。

表 2-4-14 莒县试验林7年生胸径、树高、材积生长量

无性系	胸径(cm)				树高(m)				材积(m³)			
	1区组	2区组	3区组	平均	1区组	2区组	3区组	平均	1区组	2区组	3区组	平均
C1	21.32	25.47	23.63	23.47	17.70	19.20	17.93	18.28	0.25907	0.40108	0.32239	0.32751
C2	22.51	21.75	24.28	22.84	16.46	18.83	18.33	17.87	0.26857	0.28684	0.34796	0.30112
C3	24.79	24.58	23.08	24.15	20.50	19.36	19.20	19.69	0.40568	0.37665	0.32934	0.37056
C5	22.58	25.62	23.67	23.95	19.03	19.15	19.06	19.08	0.31244	0.40476	0.34387	0.35369
C6	20.51	23.63	22.52	22.22	17.56	19.83	20.40	19.26	0.23786	0.35655	0.33315	0.30919
C7	23.43	25.11	21.46	23.33	19.03	20.80	18.63	19.49	0.33640	0.42231	0.27628	0.34500

---

① 1亩≈667m²。

(续)

无性系	胸径(cm)				树高(m)				材积(m³)			
	1区组	2区组	3区组	平均	1区组	2区组	3区组	平均	1区组	2区组	3区组	平均
C9	24.90	24.19	26.04	25.04	19.27	18.43	19.83	19.18	0.38473	0.34727	0.43299	0.38833
C10	21.12	21.35	20.28	20.91	17.10	18.16	17.56	17.61	0.24562	0.26655	0.23256	0.24824
C11	20.92	23.65	22.89	22.48	19.10	19.03	18.86	19.00	0.26917	0.34275	0.31820	0.31004
C13	23.01	22.65	22.58	22.74	16.93	18.60	18.30	17.94	0.28864	0.30727	0.30045	0.29879
C15	21.38	22.37	23.51	22.42	19.50	18.20	18.46	18.72	0.28703	0.29328	0.32856	0.30295
C16	25.73	23.80	22.83	24.12	21.60	20.30	20.30	20.73	0.41784	0.37027	0.29036	0.35949
C17	23.55	24.47	20.10	22.70	19.90	18.80	17.73	18.81	0.35539	0.36249	0.23066	0.31618
C18	23.24	24.50	27.03	24.92	18.10	19.70	21.26	19.67	0.31479	0.38078	0.50018	0.39858
C20	22.14	24.50	23.94	23.52	18.70	18.33	16.30	17.78	0.29517	0.35430	0.30082	0.31676
C21	21.45	23.34	22.97	22.58	18.50	18.36	17.16	18.01	0.27409	0.32207	0.29155	0.29590
C23	23.51	23.55	26.42	24.49	16.25	17.86	20.20	18.10	0.28922	0.31896	0.45404	0.35407
C24	23.72	27.35	25.48	25.51	17.96	20.00	17.70	18.55	0.32539	0.48175	0.37004	0.39239
C25	24.64	21.85	23.58	23.35	16.00	19.03	19.40	18.14	0.31281	0.29256	0.34735	0.31757
C26	22.52	23.52	23.84	23.29	18.06	18.93	16.93	17.97	0.29494	0.33721	0.30984	0.31400
C27	21.82	21.93	23.18	22.31	11.83	18.50	18.70	16.34	0.18137	0.28650	0.32355	0.26381
107	22.23	20.4	22.95	21.86	20.03	17.60	18.30	18.64	0.31874	0.23586	0.31038	0.28832

(2)莱阳市西朱兰村试验林　在莱阳6年生试验林中，各参试无性系胸径、树高和材积生长量差异显著。其中C9平均胸径21.51cm，平均树高14.74m，平均单株材积0.21968m³，超过对照107号杨。C16平均胸径20.85cm，平均树高13.78m，平均单株材积0.19395m³，超过对照107号杨(表2-4-15)。

表2-4-15　莱阳试验林6年生胸径、树高、材积生长量

无性系	胸径(cm)				树高(m)				材积(m³)			
	1区组	2区组	3区组	平均	1区组	2区组	3区组	平均	1区组	2区组	3区组	平均
C1	19.74	20.08	21.33	20.38	13.95	13.47	13.82	13.75	0.17504	0.17489	0.20247	0.18413
C2	21.31	18.53	23.69	21.18	13.91	12.37	14.59	13.62	0.20341	0.13677	0.26367	0.20128
C3	18.12	19.70	20.80	19.54	13.55	13.68	14.27	13.83	0.14326	0.17096	0.19880	0.17101
C5	20.63	19.10	15.35	18.36	14.18	12.80	13.23	13.40	0.19433	0.15037	0.10038	0.14836
C6	18.77	20.13	21.20	20.03	13.60	14.73	13.88	14.07	0.15429	0.19220	0.20088	0.18246
C7	20.43	19.52	21.42	20.46	14.63	14.21	14.39	14.41	0.19663	0.17435	0.21260	0.19453
C9	21.87	20.81	21.84	21.51	14.60	14.80	14.83	14.74	0.22487	0.20639	0.22778	0.21968
C10	16.27	17.70	17.00	16.99	11.40	13.45	9.20	11.35	0.09717	0.13569	0.08562	0.10616
C11	17.79	19.57	18.10	18.49	11.90	12.98	13.80	12.89	0.12128	0.16008	0.14558	0.14231
C13	19.87	19.27	18.69	19.28	13.68	14.11	14.66	14.15	0.17392	0.16872	0.16490	0.16918
C15	19.11	15.71	21.30	18.71	13.39	12.66	14.84	13.63	0.15746	0.10061	0.21680	0.15829
C16	19.17	20.48	21.64	20.85	12.78	12.97	15.59	13.78	0.17160	0.17518	0.23509	0.19395

（续）

无性系	胸径(cm)				树高(m)				材积(m³)			
	1区组	2区组	3区组	平均	1区组	2区组	3区组	平均	1区组	2区组	3区组	平均
C17	19.17	20.29	20.00	19.82	13.61	14.35	12.30	13.42	0.16106	0.19023	0.15843	0.16991
C18	20.24	19.42	21.83	20.50	14.19	13.81	14.56	14.19	0.18719	0.16771	0.22343	0.19278
C20	20.04	16.94	18.98	18.65	15.08	13.70	14.20	14.33	0.19502	0.12660	0.16472	0.16211
C21	19.59	19.00	18.09	18.89	14.61	11.53	14.63	13.59	0.18055	0.13403	0.15417	0.15625
C23	19.84	22.70	20.10	20.88	14.19	13.93	14.59	14.24	0.17986	0.23114	0.18981	0.20027
C24	20.92	23.43	20.90	21.75	13.00	14.20	14.70	13.97	0.18321	0.25102	0.20677	0.21366
C25	21.78	19.59	20.27	20.55	13.95	14.69	14.57	14.40	0.21309	0.18154	0.19277	0.19580
C26	18.90	19.14	18.81	18.95	13.57	13.54	13.71	13.61	0.15609	0.15973	0.15620	0.15734
C27	19.63	24.40	18.84	20.96	15.69	15.00	13.64	14.78	0.19469	0.28757	0.15590	0.21272
107	20.61	18.93	18.59	19.38	14.59	14.93	14.50	14.67	0.19957	0.17228	0.16136	0.17774

（3）长清区窑头村试验林　在长清7年生试验林中，各参试无性系生长量差异显著。其中C9平均胸径18.69cm，平均树高17.37m，平均单株材积0.19771m³，生长量与107号杨相当。C16平均胸径18.95cm，平均树高17.87m，平均单株材积0.21228m³，超过对照107号杨(表2-4-16)。

表2-4-16　长清试验林7年生胸径、树高、材积生长量

无性系	胸径(cm)				树高(m)				材积(m³)			
	1区组	2区组	3区组	平均	1区组	2区组	3区组	平均	1区组	2区组	3区组	平均
C1	16.93	17.59	19.03	17.85	16.03	17.87	16.53	16.81	0.14804	0.17799	0.19287	0.17297
C2	15.41	17.78	16.50	16.56	15.70	16.87	16.37	16.31	0.12012	0.17166	0.14348	0.14509
C3	17.10	17.79	18.18	17.69	15.70	17.20	16.53	16.48	0.14783	0.17527	0.17587	0.16632
C5	15.40	16.59	14.30	15.43	17.03	17.20	15.53	16.59	0.13008	0.15242	0.10228	0.12826
C6	16.00	17.04	18.06	17.03	16.03	17.87	16.37	16.76	0.13217	0.16714	0.17181	0.15704
C7	17.83	19.26	19.21	18.77	15.37	17.37	17.03	16.59	0.15737	0.20735	0.20243	0.18905
C9	17.30	20.40	18.37	18.69	16.20	18.53	17.37	17.37	0.15613	0.24836	0.18865	0.19771
C10	15.60	17.24	16.50	16.45	15.20	16.03	16.37	15.87	0.11911	0.15341	0.14348	0.13867
C11	15.40	16.38	15.46	15.74	15.37	17.20	16.87	16.48	0.11735	0.14856	0.12974	0.13189
C13	17.74	18.53	18.27	18.18	15.53	18.03	17.87	17.14	0.15749	0.19928	0.19207	0.18295
C15	16.32	16.40	18.60	17.11	16.03	16.70	12.20	14.98	0.13755	0.14464	0.13591	0.13937
C16	19.68	17.72	19.44	18.95	17.87	17.53	18.20	17.87	0.22278	0.17733	0.22158	0.21228
C17	16.34	17.10	16.80	16.75	16.20	17.03	12.20	15.14	0.13936	0.16039	0.11088	0.13687
C18	18.23	17.16	17.97	17.79	16.20	18.20	11.87	15.42	0.17343	0.17249	0.12341	0.15644
C20	16.62	16.52	16.91	16.69	15.87	17.70	17.70	17.09	0.14117	0.15559	0.16300	0.15325
C21	15.66	16.91	19.07	17.21	15.53	18.20	17.37	17.03	0.12260	0.16761	0.20330	0.16450
C23	17.62	17.68	17.58	17.63	17.37	17.37	17.70	17.42	0.17366	0.17308	0.17611	0.17428
C24	15.39	15.31	16.94	15.88	17.53	17.53	12.20	15.76	0.13368	0.13236	0.11270	0.12625

(续)

无性系	胸径(cm)				树高(m)				材积(m³)			
	1区组	2区组	3区组	平均	1区组	2区组	3区组	平均	1区组	2区组	3区组	平均
C25	18.38	17.51	16.95	17.61	16.70	16.53	17.03	16.76	0.18163	0.16325	0.15758	0.16749
C26	15.26	15.57	16.67	15.83	16.37	16.37	17.70	16.81	0.12277	0.12771	0.15841	0.13630
C27	16.16	16.50	15.98	16.21	16.87	17.37	18.03	17.42	0.14176	0.15225	0.14825	0.14742
107	19.27	18.84	18.90	19.00	16.03	17.37	17.87	17.09	0.19165	0.19859	0.20551	0.19858

2. 参试无性系性别

莒县试验林于2006年春季营造，2009年春即始花。2010年3月28日，对该片试验林全面调查开花特性，确定每个无性系的性别。长清试验林于2007年春季营建，2010年春即始花。2012年3月27日，对长清试验林全面调查开花特性，确定每个无性系的性别。在21个参试无性系中，雌性的有10个无性系：C1、C3、C5、C6、C10、C11、C13、C15、C18、C21，雄性的有11个无性系：C2、C7、C9、C16、C17、C20、C23、C24、C25、C26、C27。

3. 参试无性系形态性状

对莒县、莱阳和长清试点各无性系形态性状进行观测，各无性系在不同地点形态表现基本一致(表2-4-17)。

表2-4-17 参试无性系形态性状

无性系	干形	顶端优势	树皮形态	分枝角度	分枝密度	侧枝粗度	侧枝长度	叶片大小
C1	稍弯	中	纵裂	中等	中等	中粗	中长	较大
C2	弯	弱	纵裂	中等	中等	中粗	中长	较大
C3	直	中	纵裂	中等	中等	粗	中长	较大
C5	弯	弱	深纵裂	中等	中等	中粗	中长	较大
C6	通直	强	纵裂	中等	中等	较细	中长	较大
C7	通直	强	深纵裂	中等	中等	中粗	中长	较大
C9	通直	强	纵裂	中等	层轮明显	中粗	中长	较大
C10	直	中	纵裂	中等	中等	粗	中长	较大
C11	弯	中	纵裂	中等	中等	粗	中长	较大
C13	直	强	纵裂	中等	中等	粗	长	较大
C15	直	中	纵裂	中等	中等	中粗	中长	较大
C16	通直	强	浅纵裂	较小	层轮明显	中粗	中长	较大
C17	直	强	纵裂	中等	中等	中粗	中长	较大
C18	稍弯	强	浅纵裂	中等	中等	较粗	中长	较大
C20	直	中	纵裂	中等	中等	中粗	较长	较大
C21	直	中	纵裂	中等	中等	中粗	中长	较大
C23	直	中	纵裂	中等	中等	中长	较长	较大
C24	直	强	纵裂	中等	中等	中粗	中长	较大
C25	通直	强	纵裂	中等	层轮明显	中粗	较长	较大
C26	弯	弱	纵裂	中等	中等	中粗	中长	较大
C27	直	强	纵裂	较大	稀疏	粗	中长	较大

比较各无性系形态性状，其中干形通直，顶端优势强，分枝均匀的系号是C6、C7、C9、C16、C24、C25；树干弯曲、干形差的系号是C1、C2、C5、C11、C26。

4. 无性系抗病虫害性状

对长清、莒县和莱阳试验林调查各无性系对杨树溃疡病的感病情况，对照107号杨的感病指数较高，达40，C9、C16无性系的感病指数为29。各无性系的叶片感染黑斑病情况也有差异，C9、C16无性系的叶片基本不感病。

调查各无性系虫害发生情况，C9、C16无性系受美国白蛾和杨小舟蛾为害较轻，蛀干害虫基本没有发生，表明它们对主要杨树害虫的抗性较强。而对照107号杨的美国白蛾、杨小舟蛾发生率较高。

六、无性系鉴定

通过对参试无性系进行无性系测定，C9和C16两个参试无性系的生长量大，速生性好。优良无性系C9在莒县、莱阳和长清3试点材积生长量遗传增益分别为17.3%、17.3%和22.9%，平均遗传增益19.2%。优良无性系C16在莒县、莱阳和长清3试点材积生长量遗传增益分别为14.6%、12.7%和27.5%，平均遗传增益18.3%。从形态特征看，C9和C16干形通直，顶端优势强，分枝均匀。从抗病虫性能看，C9和C16干部病害和叶部病害感病指数低于对照，美国白蛾和杨小舟蛾为害较轻，蛀干害虫基本没有发生，说明这2个无性系对杨树主要病虫害的抗性较强。C9和C16无性系均为雄株，不飘絮，有利于环境卫生。

综合比较各参试无性系的生长量、干形、抗病虫害等性状，从中选出C9和C16为优良无性系。2013年将无性系C9命名为鲁林9号杨，将无性系C16命名为鲁林16号杨，向国家林业局植物新品种保护办公室递交新品种权申请材料，经审查获得授权。2014年2个杨树新品种通过技术鉴定。2014年2个杨树新品种通过山东省林木品种审定。

七、优良品种鲁林9号杨、鲁林16号杨简介

（一）鲁林9号杨简介

鲁林9号杨（*Populus* 'Lulin-9'），植物新品种的品种权号：20130122，品种权人：山东省林业科学研究院，授权日期：2013-12-25。林木良种编号：鲁S-SV-PD-045-2014。

鲁林9号杨是以L324杨（*Populus* 'L324'）为母本，以T26杨（*Populus deltoides* 'S307-26'）为父本，通过人工杂交育种获得。该系号为雄性，具有干形好、材积生长量大、抗病虫害能力较强等优良性状，适宜培育纸浆材和人造板材。

苗木形态：冬季，1年生苗干通直，中上部有少量侧枝。苗干"M"形棱脊线自下而上逐渐明显，棱角凹槽浅；皮孔白色，自下而上由宽变窄，圆形、椭圆形至长椭圆形或线形，大小不一致，分布不均匀；苗干中部阳面青褐色阴面青灰色，苗干上部阳面灰褐色阴面灰绿色；苗干侧芽自下而上由小变大，中上部芽长0.4~0.8cm，长卵形，褐色，由贴近茎干逐渐翘起不贴苗干；苗干中部横切面圆形。

初夏，当年生扦插苗叶片绿色，长度中等，最大宽度较宽，叶片中脉长度与叶片最大宽度的比率小于1；叶片轮廓平展，下表面无茸毛；叶基微心形，叶片与叶柄连接处交叠，叶

尖短尾尖，叶片基部腺体2个；叶柄长度中等，无茸毛。

成年树形态：雄性，成熟花序长9~13cm，具雄花90~100朵，每朵雄花具雄蕊60~100枚。干形通直，顶端优势强；下部树皮浅纵裂，中部以上光滑不裂；树冠长卵形；一级侧枝层轮明显，较稀疏，细至中粗，较长，枝角自下而上40°~80°。

在长清区株行距为3m×4m的7年生试验林中，平均胸径18.69cm，平均树高17.37m，平均单株材积0.19771m^3，折算单位面积蓄积量164.69m^3/hm^2。在莒县株行距为4m×6m的7年生试验林中，平均胸径25.04cm，平均树高19.18m，平均单株材积0.38833m^3，折算单位面积蓄积量161.55m^3/hm^2。

鲁林9号杨在鲁南、鲁中地区和胶东地区的西南部生长良好，可在这些地区推广应用。

（二）鲁林16号杨简介

鲁林16号杨（Populus 'Lulin-16'），植物新品种的品种权号：20130121，品种权人：山东省林业科学研究院，授权日期：2013-12-25。林木良种编号：鲁S-SV-PD-046-2014。

鲁林16号杨是以L323杨（Populus 'L323'）为母本，以I102杨（Populus × canadensis '102/74'）为父本，通过人工杂交育种获得。该系号为雄性，具有树冠窄、干形直、材积生长量大、抗病虫害能力较强等优良性状，适宜培育纸浆材和人造板材。

苗木形态：冬季，1年生苗干通直，中上部无侧枝。苗干"M"形棱脊线自下而上凸起明显，棱角凹槽较深；皮孔白色，自下而上由宽变窄，圆形、椭圆形至长椭圆形或线形，大小不一致，分布不均匀；苗干中上部阳面灰褐色，阴面灰绿色；苗干侧芽自下而上由小变大，中上部芽长0.5~1.1cm，长卵形，褐色，由贴近茎干逐渐翘起不贴茎干；苗干中部横切面圆形稍有棱角。

初夏，当年生扦插苗叶片绿色，长度中等，最大宽度中等，叶片中脉长度与叶片最大宽度的比率大于1；叶片轮廓平展，下表面无茸毛；叶基宽直楔形，叶片与叶柄连接处凹形，叶尖短尾尖，叶片基部腺体2个；叶柄长度中等，无茸毛。

成年树形态：雄性，成熟花序长10~14cm，具雄花80~100朵，每朵雄花具雄蕊60~100枚。干形直，顶端优势强；下部树皮浅纵裂，中部以上光滑不裂；树冠长椭圆形；一级侧枝层轮明显，较稀疏，粗细均匀，枝角自下而上30°~50°，枝梢直立向上。

在长清区株行距为3m×4m的7年生试验林中，平均胸径18.95cm，平均树高17.87m，平均单株材积0.21228m^3，折算单位面积蓄积量176.83m^3/hm^2。在莒县株行距为4m×6m的7年生试验林中，平均胸径24.12cm，平均树高20.73m，平均单株材积0.35949m^3，折算单位面积蓄积量149.55m^3/hm^2。

鲁林16号杨在鲁南、鲁中地区和胶东地区的西南部生长良好，可在这些地区推广应用。

第五节　窄冠黑杨1号等5个品种选育研究

1995年起，山东农业大学科技学院庞金宣等开展了窄冠型杨树杂交育种研究。至2003年，选育出窄冠黑杨1号等5个优良品种。这些品种具有生长较快、冠幅较小、耐盐能力较强、容易扦插繁殖、造林成活率高等优点，适用于农田林网及农林间作。

一、育种目标

山东的耕地面积少，人口多，大面积成片的杨树造林地较少，农田林网和农林间作是平原农区林业的重要组成部分。杨树速生品种多树冠宽大，用于农田林网和农林间作时，与农作物争光照、肥水的矛盾突出，胁地现象严重。为了培育适用于农田林网和农林间作的窄冠型杨树品种，原山东省林业学校庞金宣等从20世纪70年代就开始了窄冠型杨树杂交育种工作，并于20世纪80~90年代先后培育出窄冠白杨3号、窄冠白杨5号、窄冠白杨6号、鲁杨6号、鲁杨31号、鲁杨69号等窄冠型杨树品种。栽植这些窄冠型杨树品种，较好地解决了树木与农作物争光照、争肥水的矛盾。但与山东20世纪90年代较普遍栽植的I-69杨、中林46杨相比，以往选育出的这些窄冠型杨树品种生长较慢。本项研究的主要目标是，培育生长速度接近I-69杨、中林46杨，同时又是窄冠型的杨树新品种，以适于平原农区林业生产的需要。

二、育种材料和方法

（一）杂交亲本与组合

1. 杂交亲本

所用的亲本有美洲黑杨品种I-69杨、美洲黑杨品种50号杨、欧美杨品种I-72杨、美洲黑杨的北方品系山海关杨，以及（山海关杨×塔形小叶杨）杂交子代中选出的窄冠型品种Lu6、Lu31、Lu69。

2. 杂交组合

由这些亲本组成的杂交组合有：I-69杨×山海关杨，I-69杨×（Lu6+Lu31+Lu69混合花粉），I-72杨×（Lu6+Lu31+Lu69混合花粉），50号杨×（Lu6+Lu31+Lu69混合花粉）。

（二）育种方法

1. 人工杂交与无性系初选

1995年和1996年，进行室内切枝杂交。杂种种子在室内盆播，苗高3~5cm时移入大田。当年实生苗按10%~15%的比例选出较优单株。第二年，用初选的较优实生苗为材料进行嫁接繁殖，形成无性系。对嫁接苗再进行苗期选择，中选的无性系进入无性系测定林。

2. 建立无性系试验林及性状测试

1997~1998年，分别在鲁南的莒县、鲁西南的东明县、鲁北的惠民县建立无性系试验林。试验林一般每小区5株，重复2~4次，以当地栽培最多的杨树品种为对照。

2002年，对5~6年生的6片试验林，测量各无性系的胸径、树高、冠幅，用区分段求积法计算单株材积。

惠民县八大户试验林实行杨粮间作，当树龄5年时，对间作的小麦和玉米进行测产。

在惠民、冠县、东营等地不同土壤含盐量的土壤上，测定土壤含盐量和参试杨树无性系的生长量，分析参试无性系的耐盐碱性能。

采集参试无性系的木材试样，测试木材的物理性质与纤维性状，进行制作胶合板试验和制浆试验。

三、无性系造林试验

（一）建立试验林

1997年建立了3片试验林。莒县朱家试验林，林地为河滩地，砂质土，1995年采伐迹地。1997年春造林，17个参试无性系，以I-69杨为对照，行株距为6m×4m。

东明县三春集林场试验林，林地为采伐迹地，黏壤土。1997年春造林，21个参试无性系，对照为I-69杨、中林46杨，行株距8m×4m。

惠民县董李试验林，林地为黏壤土，轻度盐碱（土壤含盐量0.1%左右）。1996年冬季定植八里庄杨苗木作砧木，1997年春嫁接，树龄比前两片试验林少1年。20个参试无性系，对照为I-214杨、中林46杨，行株距6m×3m。

1998年建立了3片试验林。莒县前菜园试验林，林地为河滩地，砂质土。48个参试无性系，以I-69杨为对照。

东明县三春集林场试验林，林地为当年采伐迹地，黏壤土。50个参试无性系，以I-69杨为对照，行株距8m×4m。

惠民县八大户试验林，林地为斑块状盐碱涝洼地，黏壤土。1997年冬定植砧木，1998年春嫁接，树龄比前两片试验林晚1年。29个参试无性系，以中林46杨为对照，行株距6m×5m。

（二）参试无性系的生长量

2002年末，调查6片试验林中各参试无性系的生长量。其中生长表现好的无性系有1号、2号、11号、047号、055号、078号，其材积生长量接近对照品种，而冠幅明显小于对照。这6个无性系的杂交组合均为I-69杨×(Lu6+Lu31+Lu69)（表2-5-1）。

表2-5-1　6片试验林中6个参试无性系的生长量

试验林	立地条件	行株距（m）	林龄（a）	无性系	平均树高（m）	平均胸径（cm）	平均冠幅（m）	平均单株材积	
								单株材积（m³）	比值（%）
莒县朱家	河滩砂质土	6×4	6	I-69	16.8	21.7	5.8	0.2547	100.0
				1号	16.4	16.9	3.8	0.1884	74.0
				2号	16.6	21.0	3.2	0.2415	94.8
				11号	16.6	20.4	3.8	0.2291	89.9
东明县三春集林场	黏壤土	8×4	6	中林46	15.0	20.4	5.4	0.1824	100.0	—
				I-69	15.1	19.9	5.3	0.1964	—	100.0
				1号	15.3	17.0	3.8	0.1459	80.0	74.3
				2号	15.8	18.5	3.5	0.1795	98.4	91.4
				11号	15.5	17.2	3.9	0.1531	83.9	78.0

(续)

试验林	立地条件	行株距(m)	林龄(a)	无性系	平均树高(m)	平均胸径(cm)	平均冠幅(m)	平均单株材积 单株材积(m^3)	平均单株材积 比值(%)
惠民县董李	黏壤土，轻度盐碱	6×3	6	I-214	12.1	15.7	4.6	—	—
				中林46	15.5	18.5	5.3	0.1568	100.0
				1号	16.1	16.6	3.6	0.1463	93.3
				2号	15.7	17.3	3.4	0.1547	98.7
				11号	15.8	16.6	3.2	0.1452	92.6
莒县前菜园	河滩砂质土		5	I-69	15.4	18.5	6.3	0.1697	100.0
				047	14.8	18.1	4.1	0.1594	93.9
				055	13.4	16.7	3.5	0.1233	72.7
				078	14.3	17.7	3.8	0.1470	86.6
东明县三春集林场	黏壤土	8×4	5	I-69	15.0	20.7	5.7	0.1746	100.0
				047	14.8	17.8	3.2	0.1554	89.0
				055	14.9	17.1	3.9	0.1440	82.5
				078	14.6	18.1	3.2	0.1580	90.5
惠民县八大户	斑块状盐碱涝洼地，黏壤土	6×5	5	中林46	13.6	14.8	4.3	0.0871	100.0
				2号	13.7	13.5	3.0	0.0829	95.2
				047	14.4	15.2	3.2	0.1105	126.9
				055	14.2	14.7	3.1	0.0842	96.7
				078	13.6	13.9	2.9	0.1067	122.5

(三)间作小麦、玉米产量

惠民县八大户试验林实行杨粮间作，2002年小麦成熟时进行测产。树龄5年的树木最大胸径为18.7cm，在树木生长最好的地片划出1亩样地，对小麦单收测产，小麦产量达396.5kg/亩。2002年6月初小麦乳熟期间，连续出现高温天气，林内小麦比林外小麦晚熟两天，表明杨粮间作有改善田间小气候，延长小麦灌浆时间的作用。

2002年，对该试验林间作的玉米测产，产量347.1kg/亩，减产50kg/亩左右，表明树木已影响了玉米产量。

参试无性系的树冠窄，在惠民县八大户试验林中，参试无性系5年生林木的冠幅只有3m左右，与对照杨树品种相比，对间作农作物的遮阴较轻。在造林第5年时，间作的小麦基本不减产，间作玉米的产量有所减少。

(四)耐盐碱性能

在鲁西北的惠民、冠县、东营等地，在不同含盐量的土壤上栽植参试无性系，调查树木生长情况。试验结果表明：参试无性系在土壤含盐量0.3%、pH值8~8.2的内陆盐碱地上生长良好，在土壤含盐量0.1%、pH值8~8.5的滨海盐碱地上能正常生长(表2-5-2)。

表 2-5-2　参试无性系在不同含盐量土壤上的生长情况

地点	土层深度（cm）	全盐含量（%）	pH 值	植被	树木生长情况
惠民县香翟	0~50	0.282	8.1	芦苇、碱蓬	3年生无性系2号平均树高10.1m,平均胸径9.1cm
	50~100	0.140	8.0		
惠民县姑庵村	0~50	0.212	8.15	树北芦苇、碱蓬，树南棉花地	2年生无性系2号胸径7.7cm
惠民县香翟	0~80	0.244	8.2	树空间芦苇、碱蓬，树南棉花地	3年生无性系11号胸径12.6cm
惠民县董李	0~50	0.228	8.0	棉花地	6年生无性系11号树高16.5m,胸径23.3cm
	50~100	0.132	8.2		
惠民县八大户	0~50	0.254	8.0		5年生无性系078树高11.2m,胸径13.5cm
	50~100	0.215	8.1		
冠县马颊河林场	0~50	0.327	8.0	芦苇、灰绿碱蓬	3年生参试无性系平均胸径8.3cm,最大10cm
	50~100	0.284	8.2		
冠县马颊河林场苗圃地	0~50	0.241	8.2		参试无性系2年根1年干苗，苗高5m,胸径3~3.8cm
济南军区生产基地九分场	0~50	0.139	8.1	农田	3年生无性系1号平均胸径7.8cm,无性系2号平均胸径10.1cm,无性系11号平均胸径9.9cm
	50~100	0.142	8.0		
济南军区生产基地九分场（东营市河口区）	0~50	0.071	8.45		2000年造林，2001年补植，2002年11月调查，参试无性系直径3.0~4.5cm,2002年高生长2.8~3.0m
	50~100	0.022	8.5		

四、木材性质

（一）木材心材率

在莒县林龄6年的试验林中，采伐无性系1号、2号、11号的样木，测定全树木材心材率。3个无性系的全树木材心材率在5.7%~8.4%，低于I-69杨的全树木材心材率（表2-5-3）。

表 2-5-3　参试无性系的木材心材率

无性系	树高（m）	胸径（cm）	去皮材积（m³）	心材材积（m³）	心材率（%）	心材颜色
1号	16.9	19.1	0.2021	0.01155	5.7	褐色
2号	19.5	27.0	0.3496	0.02626	7.5	褐色
11号	17.3	22.5	0.2298	0.01940	8.4	褐色
I-69杨	19.0	20.4	0.2171	0.02395	11.0	黑褐色

（二）木材基本密度

在莒县试验林采伐样木，测定无性系1号、2号、11号树干不同高度的木材基本密度。3个无性系木材基本密度随树高增加而增大，最高值与最低值相差11.4%~15.7%。3个无性系全树平均基本密度0.36~0.38g/cm³（表2-5-4）。

表 2-5-4　无性系 1 号、2 号、11 号树干不同高度的木材基本密度

树高	指标	无性系 1 号	无性系 2 号	无性系 11 号
1.3m	基本密度（g/cm³）	0.345	0.340	0.366
	试件个数	32	41	24
	$CV(\%)$	3.94	4.76	9.16
4.0m	基本密度（g/cm³）	0.362	0.360	0.374
	试件个数	33	28	24
	$CV(\%)$	8.56	6.46	5.44
6.0m	基本密度（g/cm³）	0.383	0.400	0.378
	试件个数	11	30	17
	$CV(\%)$	5.2	8.0	7.75
9.0m	基本密度（g/cm³）	0.396	0.400	0.413
	试件个数	10	21	13
	$CV(\%)$	7.22	4.18	6.02
平均	基本密度（g/cm³）	0.362	0.370	0.379
	试件个数	86	120	78
	$CV(\%)$	9.03	10.01	8.29
	极差（%）	12.9	15.7	11.4

在惠民县和东明县试验林中，用生长锥取木材试样，测定不同无性系树高 1.3m 处的木材基本密度。测定结果，6 个参试无性系的木材基本密度 0.338~0.366g/cm³，与对照 I-69 杨的木材基本密度接近，而明显高于中林 46 杨和 I-214 杨的木材基本密度（图 2-5-1）。

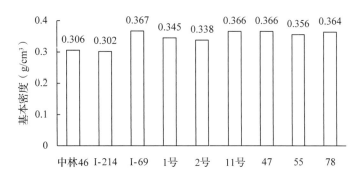

图 2-5-1　不同无性系树高 1.3m 处的木材基本密度

（三）木材纤维形态

在惠民县 6 年生试验林和东明县 5 年生试验林中，取 6 个无性系的木材试样，分年轮测试木材纤维长度和木材纤维宽度。6 年生无性系 1 号、2 号、11 号各年轮纤维长度的平均值在 1mm 以上，5 年生无性系 047、055、078 号各年轮纤维长度的平均值在 0.9mm 以上，纤维长宽比均在 40 以上，3 个无性系的木材适于作造纸原料（表 2-5-5）。

表 2-5-5　6 个无性系树高 1.3m 处木材纤维形态

采样地点	无性系	各年轮的木材纤维长度（mm）						纤维长度平均值（mm）	纤维宽度平均值（μm）	纤维长宽比
		1 年	2 年	3 年	4 年	5 年	6 年			
莒县	2 号	0.763	0.824	1.065	1.089	1.151	1.172	1.011	23.1	43.2
	1 号	0.741	0.842	1.011	1.056	1.180	1.199	1.005	23.4	42.7
	11 号	0.771	0.817	0.966	1.085	1.197	1.181	1.003	21.8	45.7
	I-69	0.753	0.843	1.002	1.056	1.128	1.168	0.992	23.2	42.1
	中林 46	0.762	0.823	0.988	1.044	1.108	1.203	0.988	22.6	43.4
东明县	055	0.762	0.840	1.064	1.028	1.167		0.927	22.4	43.2
	078	0.731	0.828	0.989	1.073	1.178		0.960	22.1	43.2
	047	0.779	0.858	0.974	1.026	1.158		0.959	23.3	41.1

（四）木材制浆试验

在莒县 6 年生试验林中，采伐无性系 1 号、2 号、11 号的样木，用树干上部的木材做 APMP 制浆试验。试验结果：3 个无性系木材 APMP 制浆的浆得率均大于 85%，所测试的各项浆料性能指标良好，3 个无性系的木材均适于 APMP 制浆，是较好的造纸原料（表 2-5-6）。

表 2-5-6　3 个无性系木材 APMP 浆料性能

无性系	紧度（g/cm³）	白度（%）	裂断长（km）	撕裂指数（mN·m²/g）	耐折度（次）	耐破指数（kPa·m²/g）
1 号	0.40	76.8	3.50	4.03	4	1.64
2 号	0.42	75.8	4.05	4.36	7	2.06
11 号	0.46	77.2	5.08	5.37	16	2.26

五、入选无性系

（一）入选无性系性状分析

以美洲黑杨品种 I-69 杨为母本，以（山海关杨×塔形小叶杨）杂交子代中选出的窄冠耐盐碱品种 Lu6、Lu9、Lu31 为父本，通过杂交育种，选出 6 个优良无性系：1 号、2 号、11 号、047、055、078。

6 个入选无性系的生长量较大。按材积计算，试验林中入选无性系的材积生长量低于中林 46 杨和 I-69 杨，但差距不大。因入选无性系的木材密度明显大于中林 46 杨，按材重计算，试验林中入选无性系的材重高于中林 46 杨。

入选无性系的树冠较窄，冠幅比对照品种 I-69 杨、中林 46 杨小 1/3 左右。林龄 5 年的试验林实行杨粮间作，小麦基本不减产，玉米有减产。这些窄冠型无性系遮阴较轻，更适合农田林网和农林间作。

入选无性系的耐盐碱能力较强，在土壤含盐量 0.3%、pH 值 8.0~8.2 的中度、轻度内陆盐碱地上生长良好，在土壤含盐量 0.1%、pH 值 8.2~8.5 的滨海盐碱地上可以正常生长。

入选无性系容易繁殖，扦插成活率与造林成活率均可达 95% 以上。

入选无性系的木材性质良好。无性系 1 号、2 号、11 号的木材心材率低于 I-69 杨的木材心材率，且心材颜色较浅。6个入选无性系的木材基本密度接近I-69杨的木材基本密度，而明显高于中林46杨和I-214杨。入选无性系的木材纤维形态适合制浆造纸的要求。入选无性系木材APMP制浆得率大于85%，各项浆料性能良好，适合APMP制浆，是良好的制浆造纸原料。用无性系1号、2号、11号的木材试制了胶合板，这些无性系的木材适合制作胶合板。

经综合分析，6个入选无性系的性状优良，适合山东平原农区的农田林网和农林间作应用，木材适于制浆造纸和制作胶合板。

(二) 入选无性系简介

1. 无性系1号

雄株。

苗期形态：当年生苗干绿色，微弯，皮孔棕褐色，近圆形，上部线形，较稀少，芽下有棱，棱线之间无联系。芽长卵形，绿色，叶卵圆形，边缘有疏钝齿，基部浅心形、耳状，有二腺点，顶部突尖，叶柄扁，长8~12cm。上部小枝的叶宽卵形至长卵形，基部近截形，先端突尖。

6年生树形态：树干灰绿色，下部浅纵裂。干圆满通直，树冠长卵形，冠幅3.2m，枝角约40°。长枝黄褐色，芽细尖，离生。叶阔卵形，先端突尖，基部近截形，边缘不规则波状浅锯齿。短枝黄褐色，短枝的叶片卵形，基部圆或阔楔形，先端突尖或长突尖，边缘不规则波状浅锯齿。花芽长卵形，花序长11.5cm，花药鲜红色，30枚左右，花盘马蹄形，乳白色，苞片扇形，先端有浅灰色长毛，花粉黄色。

2. 无性系2号

雄株。

苗期形态：当年生苗干绿色，微弯，棱线突起，棕褐色，皮孔圆形（上部短线形），棕褐色。芽绿色，长三角形，长1~1.2cm，贴生。叶柄扁圆形，微带红色，长10~12cm，叶片阔卵形，先端突尖，基部心形，有二腺点，叶脉7~8对，叶缘不规则钝锯齿，顶端有腺体。叶表面绿色，背面黄绿色，上部小枝的叶长卵形，基部近截形，先端突尖。

6年生树形态：皮灰绿色，光滑（下部微浅纵裂），树干圆满通直，树冠长卵形，冠幅3.3m左右，枝角约40°。小枝黄褐色，芽长尖，离生，叶片阔卵形到长卵形，基部圆形到阔楔形，先端渐尖或突尖，边缘不规则波状锯齿，同一枝上叶片大小及形状差异很大。花芽圆锥形，先端钝尖，花序长7~8cm，花药暗红色，30枚左右，花盘浅马蹄形，基片扇形，上有黑灰色长毛，花粉黄色，量极少。

3. 无性系11号

雄株。

苗期形态：当年生苗干绿色，微弯，皮孔圆形，白色至棕褐色，芽下棱线突出，棕褐色。芽绿色，卵形渐尖，具黏脂，微离生，叶阔心形，先端突尖渐尖，基部心形，腺点相连，边缘不规则，波状齿。上部叶柄红，下部叶微红。小枝的叶阔三角形，基部截形或椭圆形，先端突尖，边缘不规则波状浅锯齿。

6年生树形态：皮棕褐色，浅纵裂。树冠长卵形，冠幅3.5m左右。枝角约40°。小枝黄褐色，叶芽细长尖，离生。叶片阔卵形，小叶扇形，先端渐尖、钝尖、突尖，基部宽圆形、截形，同一枝上叶片大小不整齐（长者近10cm，短者4cm左右），叶缘不规则波状齿，不同叶片锯齿深浅相差很大。花芽长圆锥形，花序长10cm左右，花药红色，31枚左右，花盘浅盘状，苞片长披针形，顶端有灰白色长毛，花粉黄色。

4. 无性系047

雄株。

苗期形态：当年生苗干绿色，皮孔圆形，稀疏，棕褐色，棱线突起，明显，绿色。芽三角状卵形，绿色。叶基部浅心形至截形，腺体相连，叶宽大于长，20cm左右。

5. 无性系055

雄株。

苗期形态：当年生苗干绿色，微弯，皮孔近圆形，棕褐色，较稀，芽下三条棱线突起，棕褐色。芽卵形，绿色，渐尖。叶柄扁，长6~10cm，叶片宽卵形，基部浅心形，2腺点，先端长突尖，边缘波状浅齿。小枝的叶基部近截形，先端短突尖。

5年生树形态：树皮灰绿色，下部微浅裂，树干圆满通直，树冠长卵圆形，冠幅约3.6m，枝角约40°。长枝叶长卵形，基部截形，先端尖、渐尖或短突尖，短枝叶阔卵形到长卵形，基部阔楔形，先端渐尖或突尖。花芽长圆锥形，花序长10cm左右，花药淡红色，30枚左右，花盘浅盘状，乳白色，苞片扇形，上部浅裂，顶端有灰白色长毛，花粉黄色。

6. 无性系078

雄株。

苗期形态：当年生苗干绿色，微弯，皮孔近圆形，棕褐色，上部线形，皮孔较稀少，芽下棱线突起，棕褐色。芽绿色，三角状卵形，渐尖，贴生。叶宽卵形，叶基浅心形至截形，2腺点，边缘疏齿，顶端突尖，叶柄扁，长12~14cm，小枝的叶长卵形，基部截形，顶端突尖。

5年生树形态：皮灰褐色，有棱（下部浅纵裂），树干圆满通直，树冠长卵形，冠幅3.5m，枝角约40°。花芽长圆锥形，花序长8~9cm，花药红色，30枚左右，花盘浅马蹄形，乳白色，苞片扇形，顶端浅裂，上有灰黑色长毛，花粉鲜黄色。

(三)林木品种审定

2003年，入选的优良无性系1号、2号、11号申报山东省林木品种审定。3个优良无性系以窄冠黑杨1号（Populus 'zhaiguanheiyang 1'）、窄冠黑杨2号（P. 'zhaiguanheiyang 2'）、窄冠黑杨11号（P. 'zhaiguanheiyang 11'）为品种名称。3个品种通过了林木品种审定，良种类别为优良品种，适宜种植范围为鲁中南、鲁西和鲁北平原地区。

2008年，入选的优良无性系055、078申报山东省林木品种审定。2个优良无性系以窄冠黑杨055（P. 'zhaiguanheiyang 055'）、窄冠黑杨078（P. 'zhaiguanheiyang 078'）为品种名称。2个品种通过了林木品种认定，良种类别为优良品种，适宜种植范围为鲁中南、鲁西和鲁西北地区。

第六节　LX1 毛白杨等 6 个毛白杨优良品种选育研究

毛白杨是中国特有树种，以黄河流域中下游为中心分布区。毛白杨树干高大，生长较快，较耐干旱和盐碱，木材材质好，是优良的用材树种和城乡绿化树种。

毛白杨分布范围广，种内变异丰富，通过对自然界分布的毛白杨进行表型选择，可选出优良表现型的优树。将毛白杨优树进行无性繁殖和无性系测定，可选出毛白杨优良品种。

山东省冠县苗圃、山东省林木种苗站、北京林业大学等单位利用国内 10 省（自治区、直辖市）于 20 世纪 80 年代选择的部分毛白杨优树为育种原始材料，经过优树的无性繁殖，无性系苗期测定，无性系试验林测定，无性系多性状综合评价，2007 年以后选出 6 个毛白杨优良品种 LX1、LX2、LX3、LX4、LX5、LX6。

一、育种材料

(一) 毛白杨优树选择

毛白杨在我国分布范围广泛，在平原、沟谷、山坡等多种立地上都有生长和栽培，常呈小群落及散生状态。毛白杨种内变异丰富，在形态、生长、适应性、生理特性、木材特性等方面都存在变异。毛白杨种内的遗传多样性为毛白杨选择提供了物质基础。

20 世纪 80 年代前期，由北京林业大学主持的毛白杨良种选育课题组，在北京、河北、山东、河南、山西、陕西、甘肃、宁夏、安徽、江苏 10 省（自治区、直辖市）按照选择优树的方法，共选择了优树 1146 株，汇集到山东省冠县苗圃进行无性繁殖和异地保存。

(二) 毛白杨优树的无性繁殖

毛白杨优树为成年大树，用无性繁殖时存在年龄效应和位置效应，即使用嫁接法繁殖也可能有砧木的影响。为了避免这些影响，并使繁殖材料幼化，采用了根萌条作繁殖材料。根萌条处于幼年阶段，可以使优树繁殖的植株保持幼年的生长势，有利于优树的利用。

对各省（自治区、直辖市）选取的优树均掘取根段，汇集到山东省冠县苗圃进行繁殖。3 月中旬将优树根段平埋于温室的促萌沙池内，4 月上、中旬开始萌条，待根萌条长到 5 片叶时，在温室中将嫩枝扦插在塑料杯中，10~15 天后便可生根。当田间气温接近温室的室温时，经过炼苗，将扦插苗脱杯植入已整装好的苗圃地中。当年苗高可达 1.8~2.5m，共有 1047 株优树的根段繁殖成活，育出苗木。

(三) 无性系苗期选择

将无性繁殖成活的苗木，进行苗木扩繁和苗木性状测定。初选出 250 个表现好的无性系，在冠县苗圃定植，并提供作无性系造林试验的材料。

二、无性系造林试验

(一) 试验地及试验林设置

应用苗期初选的毛白杨无性系，分别在冠县苗圃、邹平县明集乡柴家村、宁阳县高桥林场营建无性系测定林。

1. 冠县苗圃试验林

冠县苗圃位于冠县西北部的黄河故道，北纬 36°22′，东经 115°16′，地势平坦。属暖温带季风型大陆性半干旱气候，年平均气温 13.1℃，年平均降水量 500mm，无霜期平均 210 天。土壤成土母质为黄河冲积物，土壤质地砂土，土壤肥力较低。

参试无性系 188 个，其中北京种源的无性系 40 个、河北种源的无性系 52 个、河南种源的无性系 48 个、山西种源的无性系 15 个、陕西种源的无性系 16 个、甘肃种源的无性系 10 个、安徽种源的无性系 2 个，另有鲁毛 50 杨、冠毛 54 杨、易县毛白杨雌株、抱头毛白杨也参加试验，以易县毛白杨雌株作为对照品种。

1987 年春，用 1 年生苗营建试验林，试验设计采用公共对比无性系法，每个参试无性系 8 株、分成 2 行，10 个参试无性系为 1 组；外设 2 个公共无性系(易县毛白杨雌株和抱头毛白杨)20 株，位于参试无性系两侧。株行距 4m×4m。造林前全垦整地，挖穴定植。

2. 邹平县柴家村试验林

邹平县明集乡柴家村位于鲁中山区北麓，北纬 36°55′，东经 117°35′。属暖温带季风型大陆性气候，年平均气温 12.9℃，年平均降水量 625mm，无霜期平均 186 天。试验地土壤为壤质潮土，造林前为农田。

参试无性系 76 个，以易县毛白杨雌株为对照品种。1987 年春用 1 年生嫁接苗造林，试验采用随机区组设计，小区株数 4 株，4 次重复，株行距 4m×6m。造林前大穴整地，每穴施土杂肥 50kg、磷酸二铵 0.5kg、磷肥 1.0kg。造林后农林间作 3 年，以耕代抚。

3. 宁阳县高桥林场试验林

宁阳县高桥林场位于大汶河下游阶地，北纬 35°53′，东经 116°00′。属暖温带季风型大陆性气候，年平均气温 13.4℃，年平均降水量 689.6mm，无霜期平均 206 天。土壤为砂壤质河潮土。

参试无性系 34 个，以易县毛白杨雌株为对照品种。1992 年春用 1 年生苗木造林，试验采用随机区组排列，6 株小区，4 次重复，株行距 4m×6m。造林前大穴整地，每亩施磷酸二铵 25kg 作底肥，定植后浇灌。造林后农林间作 3 年，以耕代抚，及时防止病虫害。

(二) 参试无性系的生长量

对冠县苗圃试验林的 188 个参试无性系，在林龄 8 年、20 年时调查各无性系的平均树高、平均胸径、平均单株材积；并按平均单株材积的大小进行排序，初选单株材积排序前 25 名的无性系进行比较分析。2 种林龄时，各无性系的排名顺序有所差别。在林龄 8 年时，材积生长量超过对照品种的无性系有 18 个，其中材积生长量超过对照品种 20% 以上的无性系有 12 个。林龄 20 年时，材积生长量超过对照品种的无性系有 22 个，其中材积生长量超过对照品种 20% 以上的无性系有 12 个(表 2-6-1)。

表 2-6-1 冠县苗圃试验林 2 种林龄时材积生长量前 25 名的参试无性系排序

林龄 8 年					林龄 20 年				
无性系	树高（m）	胸径（cm）	单株材积（m³）	单株材积与对照的比值（%）	无性系	树高（m）	胸径（cm）	单株材积（m³）	单株材积与对照的比值（%）
3902	12.9	21.3	0.2260	205.5	3902	22.2	39.7	1.1799	207.7
3119	12.1	19.2	0.1867	169.7	3409	21.2	39.3	1.0881	191.5
3412	12.6	18.9	0.1823	165.7	4154	21.7	34.6	0.8779	154.5
5015	11.8	19.2	0.1752	159.3	3701	20.5	34.3	0.8396	147.8
3701	11.8	18.8	0.1708	155.3	3514	21.8	32.5	0.8000	140.8
1414	14.7	16.2	0.1495	135.9	3119	20.0	32.0	0.7722	135.9
鲁毛 50	11.5	16.3	0.1455	132.3	3705	20.5	31.9	0.7619	134.1
1715	13.8	16.2	0.1440	130.9	5079	21.4	29.8	0.7458	131.3
4104	12.7	16.6	0.1413	128.5	8314	23.2	30.8	0.7426	130.7
5079	10.6	16.4	0.1380	125.5	3030	22.0	31.2	0.7401	130.3
5048	12.6	15.5	0.1346	122.4	4104	21.2	31.5	0.7236	127.4
5055	11.4	16.7	0.1320	120.0	1316	22.7	29.8	0.6917	121.8
5047	12.0	14.4	0.1292	117.5	鲁毛 50	20.8	29.8	0.6793	119.6
5021	10.2	16.3	0.1178	107.1	8001	20.7	30.5	0.6716	118.2
5030	11.1	15.1	0.1154	104.9	3723	21.3	28.3	0.6703	118.0
3118	10.3	15.2	0.1123	102.1	3114	21.3	29.0	0.6247	110.0
1316	10.4	15.4	0.1105	100.5	3014	22.0	28.8	0.6246	109.9
5034	9.7	15.2	0.1104	100.4	3720	20.5	29.3	0.6201	109.2
3351	9.7	15.8	0.1084	98.5	3011	22.7	28.3	0.6181	108.8
3705	10.1	13.9	0.1064	96.7	3420	20.9	28.8	0.6136	108.0
4339	10.3	15.3	0.1021	92.8	3124	22.2	27.5	0.5826	102.6
4333	9.2	15.7	0.0969	88.1	3707	22.8	26.9	0.5783	101.8
1211	11.3	14.2	0.0955	86.8	3506	21.0	27.9	0.5683	100.0
1331	10.2	14.3	0.0937	85.2	5066	21.5	26.8	0.5521	97.2
3720	9.8	14.9	0.0926	84.2	6334	21.5	26.8	0.5424	95.5
易县雌株（CK）	11.8	14.8	0.1100	100.0	易县雌株（CK）	20.2	27.9	0.5681	100.0

邹平县试验林林龄 8 年时，按参试无性系的单株材积进行排序。排序前 8 名的参试无性系，其单株材积均超过对照（表 2-6-2）。

表 2-6-2 邹平县试验林林龄 8 年时材积生长量前 8 名的参试无性系

参试无性系	胸径			树高			单株材积		
	平均胸径（cm）	超过对照（%）	位次	平均树高（m）	超过对照（%）	位次	平均单株材积（m³）	超过对照（%）	位次
3119	26.6	23.7	1	15.9	10.4	2	0.3623	69.1	1
5057	25.1	16.7	2	16.9	12.5	1	0.3286	53.3	2
0084	23.8	10.7	3	14.8	2.8	7	0.2700	26.0	3
3882	22.7	5.6	4	14.9	3.5	5	0.2472	15.4	4
5073	22.7	5.1	5	14.3	-0.1	9	0.2353	9.8	5
鲁毛 50	22.0	2.3	6	15.1	4.9	4	0.2353	9.8	6
5050	21.6	0.4	7	15.3	6.3	3	0.2298	7.2	7
5048	21.6	0.4	8	14.9	3.5	6	0.2230	4.4	8
易县雌株（CK）	21.5		9	14.4		8	0.2143		9

宁阳县高桥林场试验林林龄13年时，大部分参试无性系的单株材积超过了对照，表明这处试验林的参试无性系具有较好的选择基础(表2-6-3)。

表2-6-3 宁阳县试验林林龄13年时参试无性系的树高、胸径和材积生长量

无性系	树高（m）	胸径（cm）	单株材积（m³）	无性系	树高（m）	胸径（cm）	单株材积（m³）
3520	19.10	21.68	0.3621	4304	17.58	20.23	0.2768
4327	16.75	22.58	0.3390	3007	17.05	20.15	0.2697
5057	17.05	23.45	0.3354	0067	17.25	20.15	0.2711
1237	18.13	21.60	0.3343	5055	17.40	19.93	0.2688
1414	17.45	21.85	0.3279	1314	16.20	19.68	0.2432
0044	18.45	21.08	0.3277	9007	17.00	19.20	0.2419
1715	17.05	21.75	0.3257	4337	16.75	18.58	0.2302
6332	17.75	21.25	0.3255	0060	16.25	18.95	0.2291
1211	17.55	21.48	0.3157	6334	16.88	18.90	0.2204
鲁毛50	18.03	21.00	0.3076	6339	14.73	18.73	0.1871
1271	18.23	21.15	0.3049	冠毛54	14.88	18.43	0.1822
1916	17.58	21.15	0.3038	4344	14.88	17.10	0.1627
1501	17.13	20.43	0.2985	易县雌株(CK)	15.43	17.60	0.1804
0014	17.80	21.03	0.2940				

(三)形质指标分析

对3处试验林的参试无性系进行林木形质指标调查。调查因子有树干5m高处的直径、枝下高、冠幅、分枝角度、第一层最粗侧枝直径、树干通直度、尖削度、圆满度等；其中树干通直度、圆满度、尖削度等指标采用评分的方法。同时记载参试无性系的性别。

冠县苗圃试验林林龄20年时对初选无性系的林木形质指标进行比较：冠幅较小，树干尖削度较小，侧枝粗度也较小的无性系有3701、3514、3119、8314、4104、1316、3014、3124、3707等；冠幅较大或大，树干及侧枝较粗，树干尖削度较小的无性系有3902、3705和5079(表2-6-4)。

表2-6-4 冠县苗圃试验林初选无性系的形质指标(林龄20年)

无性系	性别	树干通直度	树干圆满度	树干尖削度	侧枝粗（cm）	侧枝角度	枝下高（m）	冠幅（m）
3902	♂	1.50	0.882	0.13	14.1	37	5.9	10.8
3409	♀	1.00	0.819	0.20	10.0	39	4.5	9.8
4154	♂	1.33	0.844	0.17	7.7	36	6.1	8.4
3701	♂	1.28	0.862	0.15	7.3	40	6.3	7.6
3514	♀	1.40	0.901	0.10	8.4	37	5.2	8.7
3119	♂	1.50	0.932	0.07	8.4	44	4.9	9.1
3705	♂	2.00	0.881	0.13	9.7	52	4.3	10.0
5079	♂	1.25	0.878	0.13	10.3	41	5.2	10.3
8314	♂	1.71	0.893	0.11	6.5	71	5.1	8.5
3030	♂	1.33	0.863	0.15	8.4	33	4.6	8.2
4104	♀	1.20	0.865	0.15	6.8	64	5.5	6.0
1316	♂	1.14	0.867	0.14	8.6	47	4.6	7.2

(续)

无性系	性别	树干通直度	树干圆满度	树干尖削度	侧枝粗（cm）	侧枝角度	枝下高（m）	冠幅（m）
鲁毛50	♂	1.25	0.916	0.07	10.4	33	5.4	8.8
8001	♂	3.00	0.825	0.19	8.6	31	4.6	8.3
3723	♂	1.50	0.852	0.16	11.9	45	5.4	10.8
3114	♀	1.37	0.866	0.14	9.3	28	4.8	7.6
3014	♀	1.33	0.889	0.12	7.2	64	5.6	7.8
3011	♂	1.33	0.851	0.16	7.5	35	4.5	8.4
3420	♀	1.57	0.886	0.12	7.6	39	4.7	8.9
3124	♂	1.25	0.875	0.13	7.0	49	6.0	7.8
3707	♂	1.20	0.908	0.10	8.2	39	5.7	8.1
3506	♂	1.25	0.849	0.16	7.2	33	5.0	7.1
5066	♀	1.50	0.881	0.13	9.0	26	4.4	7.9
易县雌株(CK)	♀	1.33	0.916	0.12	11.9	83	6.4	10.9

邹平县试验林采用评分的方法对参试无性系的冠径比、树干通直度、分枝角度等进行比较。生长量超过对照品种的无性系3119、5057、0084、3882、5073、5048，其3项形质指标的分数合计均超过对照品种。其中无性系3119、5048的树干通直圆满，无性系5057、0084、3882、5073的树干也比较通直（表2-6-5）。

表2-6-5 邹平县试验林6个初选无性系的形质指标评分

无性系	冠径比	树干通直度	分枝角度	合计
3119	8	10	8	26
5057	8	8	6	22
0084	7	8	4	19
3882	7	8	6	21
5073	7	8	6	21
5048	8	10	6	24
易县雌株(CK)	7	6	4	17

(四)对气象灾害的抗逆性

1. 耐寒性

毛白杨受冻害主要表现为苗期和幼树受冻枯梢以及伴生的毛白杨溃疡病等受害现象。冠县苗圃自1987年营建毛白杨无性系试验林以来，经过20年的试验，部分耐寒性较差的无性系已经逐步被淘汰，目前保存的无性系均具有较强的耐寒性能，25个生长良好的初选无性系均未发现冻害现象。

2. 耐旱性

根据冠县苗圃试验林中不同无性系在春旱条件下的育苗造林成活情况和林分生长情况，3902、3409、4154、3701、3514、3705、5079、8314、1316等25个生长良好的初选无性系有较强的耐旱性能。2006年夏季，冠县3个月的降雨量只有常年平均值的20%，经过调查，25个初选无性系均未出现明显的黄叶、落叶等现象，表现出较强的耐旱性。

3. 抗风折

在冠县试验林中调查参试无性系林木的风折情况，25个初选无性系均未见有风折现象。

（五）杨树病虫害调查

2006年8~10月，在冠县苗圃试验林中调查了参试无性系受桑天牛、叶部害虫的为害情况，以及溃疡病、破腹病的发病情况。在试验林中材积生长量超过对照的23个初选无性系中，多数无性系未发现桑天牛，少数无性系有桑天牛轻度发生；少数无性系叶部害虫中度发生，多数无性系未发生叶部害虫或轻度发生；个别无性系有溃疡病、破腹病中度发生，大多数无性系未发生溃疡病、破腹病或轻度发生（表2-6-6）。

表2-6-6 冠县试验林初选无性系林木上几种病虫害的发生情况

无性系	桑天牛	叶部虫害	溃疡病	破腹病	无性系	桑天牛	叶部虫害	溃疡病	破腹病
3902	无	轻	无	无	鲁毛50	无	无	无	无
3409	无	轻	轻	无	8001	无	中	无	轻
4154	无	中	无	无	3723	无	无	无	无
3701	无	轻	轻	无	3114	无	中	无	无
3514	无	无	无	无	3014	无	无	中	无
3119	无	轻	无	无	3011	无	无	无	轻
3705	无	无	轻	无	3420	无	无	无	轻
5079	无	无	无	无	3124	无	无	无	无
8314	无	无	无	无	3707	轻	轻	无	无
3030	轻	无	中	中	3506	无	无	无	轻
4104	无	无	无	无	5066	无	无	轻	无
1316	轻	无	轻	无	易县雌株(ck)	轻	无	无	无

注：调查时间为2006年8~10月。

邹平试验林生长表现良好的无性系3119、5057、0084、3882、5073、5048，病虫害的发生程度都轻。

宁阳县高桥林场试验林，在林龄5年时调查了桑天牛的危害情况。由于试验林附近有大面积桑园和较多构树，使毛白杨试验林的桑天牛虫株率较高。按照发生桑天牛的虫株率、感虫指数、受蛀干危害年限等指标综合分析，有5057、6339、6332、0067、9007、3007、4337等参试无性系抗虫，其余无性系感虫。

（六）木材密度和木材纤维形态

在冠县苗圃试验林中，于2006年10月选取生长良好的25个初选无性系，每个无性系选平均木3株，用生长锥取木芯作试样，测试木材基本密度和纤维形态。

木材密度可衡量木材的密实程度，并且和木材的强度、硬度呈正相关。供测试无性系的木材基本密度为 $0.357 \sim 0.476 \text{g/cm}^3$，均高于对照品种易县毛白杨雌株。

在测试的无性系中，无性系3701的木材纤维长度较低，为0.83mm；其余无性系的木材纤维长度均大于1mm；无性系5066的木材纤维长度最高，为1.37mm。无性系3701、3514的木材纤维长宽比小于42，其余无性系的纤维长宽比均大于45。按照造纸用木材纤维的要求，供测试毛白杨的木材均适于制浆造纸（表2-6-7）。

表 2-6-7 冠县苗圃试验林初选无性系的木材基本密度与纤维形态（林龄 20 年）

无性系	基本密度 (g/cm³)	纤维长度 (mm)	纤维宽度 (mm)	纤维长宽比	无性系	基本密度 (g/cm³)	纤维长度 (mm)	纤维宽度 (mm)	纤维长宽比
3902	0.465	1.08	0.24	45	3723	0.426	1.14	0.24	48
3409	0.476	1.03	0.22	47	3114	0.371	1.09	0.24	45
4154	0.405	1.01	0.22	46	鲁毛 50	0.375	1.02	0.23	47
3701	0.453	0.83	0.23	36	8001	0.472	1.19	0.25	48
3514	0.386	1.01	0.24	42	3014	0.366	1.29	0.27	48
3119	0.443	1.22	0.23	53	3011	0.435	1.08	0.24	45
3705	0.381	1.20	0.24	50	3420	0.394	1.16	0.24	50
5079	0.418	1.16	0.25	46	3124	0.397	1.13	0.25	45
8314	0.401	1.23	0.26	47	3707	0.412	1.09	0.24	47
3030	0.414	1.12	0.24	47	3506	0.394	1.11	0.23	48
4104	0.357	1.16	0.23	50	5066	0.411	1.37	0.24	57
1316	0.426	1.22	0.24	51	易县雌株（CK）	0.356	1.23	0.26	47

三、评定入选无性系

（一）优良无性系评选

通过 3 处无性系测定林的多年试验，对参试无性系的生长性状、形质指标、对气象灾害的抗逆性、对病虫害的抗性、木材性质等多种性状的测试与分析，评选综合性状优良的无性系。

先从冠县试验林、邹平县试验林、宁阳县试验林中选出生长量大的无性系，再对这些生长量大的无性系进行多项指标的综合分析比较，选出了 8 个综合性状优良的无性系：3701、3119、5079、1316、3902、3409、5057、4154，作为本项毛白杨良种选育研究的入选无性系。

入选无性系均具有生长量大、干形好、抗性强等优点。8 个入选无性系的单株材积均超过对照品种易县毛白杨雌株 20% 以上，其中无性系 3902、3409、4154、5057 的单株材积超过对照品种 50% 以上，无性系 3701、3119、5079 的单株材积超过对照品种 30% 以上。入选无性系具有树干直、树干圆满度高、分枝角度小等性状；表现有较强的耐寒性、耐旱性，受病虫危害轻；入选无性系的木材密度高于对照品种。入选无性系中除 3409 为雌株外，其余 7 个无性系均为雄株，不飘絮。这 8 个无性系均适于营造用材林和农田林网。4 个入选无性系：3902、3119、3701、5057 在林龄 8 年时的生长量明显高于对照品种，具早期速生特性，适于营造短周期用材林。生长量较小的入选无性系 1316，综合性状表现优良，树皮浅绿色，光滑美观，叶片浓绿，绿期较长，适于道路绿化和园林绿化。另有几个生长量较大的参试无性系，因干形较差或木材密度偏低等原因而没有入选。

（二）入选毛白杨优良无性系简介

1. 无性系 3701

优树原株产地为河南省长葛县董村乡高庄。雄株。树干通直圆满，叶阔卵形，基部截形或楔形，叶缘波状或规则锯齿状，树冠较窄，分枝较多，侧枝细，层次明显。树皮灰绿色，光滑，皮孔小、多连生或散生。速生、适应性较强、耐瘠薄。在冠县砂土地上，8年生，树高11.8m、胸径18.8cm；20年生，树高20.5m、胸径34.3cm。木材基本密度0.453g/cm³，纤维长度0.83mm。适用于用材林、道路绿化或园林绿化。

2. 无性系3119

优树原株产地为河南省信阳县城关乡孟庄村。雄株。叶片卵形，基部心形，叶缘波状或规则锯齿状。树干直，分枝少，侧枝较粗，属宽冠型品种。树皮灰白色，皮孔菱形、多连生或散生。适应性较强。速生，在冠县砂土地上，8年生，树高12.1m、胸径19.2cm；20年生，树高20.0m、胸径32.0cm。木材基本密度0.443g/cm³，纤维长度1.22mm。适用于用材林，也可用于园林绿化。

3. 无性系5079

优树原株产地为陕西省武功县杨陵。雄株。叶片卵形，基部心形，叶缘波状或较规则锯齿状。树干直，树冠开展，分枝较少，侧枝粗。树皮浅绿色，光滑美观，皮孔中等、多连生或均匀散生。适应性较强，抗病虫害。叶片浓绿且绿期较长。在冠县砂土地上，20年生，树高21.4m、胸径29.8cm。木材基本密度0.418g/cm³，纤维长度1.16mm。适用于用材林、道路绿化或园林绿化。

4. 无性系1316

优树原株产地为河北省束鹿县中木工组院内。雄株。树干通直圆满，树冠较窄，分枝较多，侧枝较细，层次明显。树皮浅绿色，光滑美观，皮孔小而稀、多连生或均匀散生。较速生，在冠县砂土地上，20年生，树高22.7m、胸径29.8cm。适应性较强，抗病虫害。叶片卵形，基部心形，叶缘波状或具规则锯齿，叶浓绿且绿期较长，适用于道路绿化和园林绿化。

5. 无性系3902

优树原株产地为河南省信阳市南湾林场。雄株。树干直，树冠开展，分枝较多，侧枝粗。速生、优质、适应性强。在冠县砂土地上，8年生，树高12.9m、胸径21.3cm；20年生，树高22.2m、胸径39.7cm。木材基本密度0.465g/cm³，纤维长度1.08mm。适用于用材林。

6. 无性系3409

优树原株产地为河南省郑州市行政区政六街。雌株。树干通直圆满，树冠开展，分枝较多，侧枝粗。速生、优质、适应性强。在冠县砂土地上，20年生，树高21.2m、胸径39.3cm。木材基本密度0.476g/cm³，纤维长度1.03mm。适用于用材林或农田林网。

7. 无性系5057

优树原株产地为陕西省岐山县蔡家坡。雄株。树干通直，分枝角度小，树冠较窄。早期速生，在邹平县壤质潮土林地上，8年生，树高16.9m、胸径25.1cm。树皮浅绿色，光滑美观，皮孔小、多连生。适用于速生丰产林、道路绿化或园林绿化。

8. 无性系4154

原株为古树，原产地为山西省永济县清华乡洗马村。雄株。树干通直圆满，树冠较窄，分枝角度小,分枝少,侧枝较细。树皮灰绿色、光滑,皮孔中等、散生或连生。速生、优质、适应性强,在冠县砂土地上,20 年生,树高 21.7m、胸径 34.6cm。木材基本密度 0.405g/cm^3,纤维长度 1.01mm。适用于用材林、道路绿化或园林绿化。

(三)林木品种审定

2007 年,入选的毛白杨优良无性系 3701、3119、5079、1316 申请山东省林木品种审定。4 个优良无性系依次以 LX1 毛白杨、LX2 毛白杨、LX3 毛白杨、LX4 毛白杨为品种名称。LX1 毛白杨、LX2 毛白杨、LX4 毛白杨通过了林木品种审定,LX3 毛白杨通过林木品种认定。良种类别为优良品种,适宜种植范围为山东省毛白杨适生地区。

2012 年,入选的毛白杨优良无性系 3902、3409 申请山东省林木品种审定。2 个优良无性系以 LX5 毛白杨、LX6 毛白杨为品种名称。LX5 毛白杨、LX6 毛白杨通过了林木品种审定,良种类别为优良品种,适宜种植范围为山东省毛白杨适生地区。

第七节 鲁白杨 1 号和鲁白杨 2 号选育研究

2002 年起,山东省林业科学研究院与北京林业大学合作开展了白杨派杨树杂交育种工作,育种目标是培育适于农田林网、农林间作及城乡绿化的窄冠型优良品种。育种工作以银腺杨、新疆杨等为亲本,进行人工杂交,通过杂种苗选择、无性系造林试验和多种性状的测定,于 2014 年选育出优良品种鲁白杨 1 号和鲁白杨 2 号。

一、杂交亲本

亲本材料包括白杨派的部分种及杂种,共 11 个。母本有银腺杨 1 号(*P. alba* × *P. glandulosa*)、银腺杨 2 号(*P. alba* × *P. glandulosa*)、毛新杨(*P. tomentosa* × *P. bolleana*)、银白杨(*P. alba*)、银毛杨(*P. alba* × *P. tomentosa*)、银新杨(*P. alba* × *P. bolleana*)、毛白杨 5082 号(*P. tomentosa* '5082'),父本有银腺杨 5 号(*P. alba* × *P. glandulosa*)、鲁毛 50(*P. tomentosa* 'Lumao 50')、新疆杨(*P. alba* var. *pyramidalis*)、84K 杨(*P. alba* × *P. glandulosa*)。

由母本和父本组合,共组成了 15 个杂交组合(表 2-7-1)。

表 2-7-1 杂交组合

母本	父本			
	银腺杨 5 号	鲁毛 50	新疆杨	84K 杨
银腺杨 1 号	—	—	×	—
银腺杨 2 号	—	×	×	—
毛新杨	—	×	×	×
银白杨	×	—	×	
银毛杨	—	×	×	×
银新杨	—	×	×	
毛白杨 5082 号	×		×	

二、室内人工杂交

(一)人工杂交方法

1. 采集花枝

2002年1~2月,在山东、河北、北京、陕西、吉林等地采集各个杂交亲本的花枝。采集花枝的树木年龄均在10年以上(表2-7-2)。

表2-7-2 采集杂交亲本花枝的时间和地点

杂交亲本	采集花枝地点	采集时间(年.月.日)	杂交亲本	采集花枝地点	采集时间(年.月.日)
银腺杨1号	山东省冠县	2002.1.18	84K杨	陕西省杨凌	2002.1.22
银腺杨2号	山东省冠县	2002.1.18	银毛杨	河北省易县	2002.1.23
银腺杨5号	山东省冠县	2002.1.18	银新杨	吉林省白城	2002.2.20
鲁毛50	山东省冠县	2002.1.18	银白杨	北京植物园	2002.2.27
毛新杨	中国农业大学	2002.1.20	新疆杨	中国科学院植物所	2002.2.27
毛白杨5082号	北京林业大学	2002.1.20			

2. 温室内水培

采回的花枝适当修剪,花枝长70cm左右,雄花枝保留全部花芽,雌花枝保留4~5个花芽。修剪后的花枝插入盛有清水的容器中,置于温室内培养。1月采集的花枝,于2月上旬开始水培,温室内白天温度18~25℃,夜间不低于10℃,空气湿度60%~70%。2月采集的花枝,随即开始水培。水培开始时,隔2天换水1次,以后隔1天换水1次。为保证雌花盛开时有足够的花粉来保证授粉,可提早水培父本花枝,或者暂时冷藏母本花枝,延迟雌花枝的水培日期,使雄花枝比雌花枝早开花几天。

3. 采集花粉和人工授粉

雄花开始散粉起,每天2次用毛笔采集花粉。筛去杂质后,将花粉用纸包好,放入干燥器中,在1~4℃冷藏。不同种的雄花枝须进行隔离,以免不同父本的花粉相互混杂。

雌花盛开,柱头表面有黏液时,应及时授粉。柱头可授粉期一般3~4天,授粉时间以上午为宜,一般每个花枝应连续授粉3天。每个授粉花枝都挂标签,做好记录。

4. 授粉后的花枝管理

授粉后3~5天,柱头枯萎,子房逐渐膨大,表明已受精,进入种子发育期。此时应细致管理花枝,温室内温度18~25℃,空气湿度60%~70%,有充足光照,每天换水1次。

5. 采收种子

自授粉后25天左右,蒴果由绿变黄时,种子即将成熟。蒴果开裂前套好纸袋,蒴果全部开裂后取下整个果序,脱出种子。

(二)杂种种子性状

1. 种子数量

各个杂交组合均能正常结实,而不同杂交组合每花枝的果穗数和每果穗平均种子数差别较大。每果穗种子数较多的杂交组合为银腺2号×鲁毛50、银腺1号×新疆杨、银腺2号×新疆杨，其次为毛新杨×鲁毛50、毛新杨×新疆杨、毛新杨×84K，每果穗种子最少的杂交组合是银毛杨×84K杨。不同杂交组合每果穗种子数相差较大，表明各杂交组合的可配性有差别（表2-7-3）。

表2-7-3 各杂交组合的杂种种子数

杂交组合	果穗数(个)	种子总数(粒)	每果穗平均种子数(粒)
银腺杨2号×鲁毛50	27	11782	436
银腺杨1号×新疆杨	51	21914	430
银腺杨2号×新疆杨	11	4672	425
毛新杨×鲁毛50	5	1180	236
毛新杨×新疆杨	146	31902	219
毛新杨×84K	24	4158	174
银白杨×新疆杨	31	4151	134
银白杨×银腺杨5号	15	1943	130
银毛杨×新疆杨	56	6955	124
银毛杨×鲁毛50	56	5501	98
银新杨×鲁毛50	5	474	95
银新杨×新疆杨	17	1489	87
银毛杨×84K	56	4056	72

2. 千粒重

各杂交组合杂种种子的千粒重为 0.1410~0.3588g，其中千粒重>0.3g 的杂交组合有 5 个，千粒重 0.2~0.3g 的杂交组合有 7 个（表2-7-4）。

表2-7-4 不同杂交组合杂种种子千粒重

杂交组合	千粒重(g)	杂交组合	千粒重(g)
银毛杨×84K	0.3588	银新杨×鲁毛50	0.2383
毛新杨×84K	0.3587	银腺杨2号×新疆杨	0.2150
银毛杨×新疆杨	0.3543	银腺杨2号×鲁毛50	0.2137
银毛杨×鲁毛50	0.3343	银腺杨1号×新疆杨	0.2100
毛新杨×鲁毛50	0.3258	银新杨×新疆杨	0.1638
毛新杨×新疆杨	0.2802	5082×新疆杨	0.1453
银白杨×银腺杨5号	0.2517	5082×银腺杨5号	0.1410
银白杨×新疆杨	0.2473		

3. 种子发芽率

各杂交组合杂种种子发芽率为 66.9%~96.3%，发芽率均较高。其中发芽率较高的杂交组合有银腺杨1号×新疆杨、银毛杨×84K、毛新杨×84K 等（表2-7-5）。

表 2-7-5　不同杂交组合杂种种子发芽率

杂交组合	发芽率(%)	杂交组合	发芽率(%)
银腺杨 1 号×新疆杨	96.3	银白杨×银腺杨 5 号	82.8
银毛杨×84K	94.9	毛新杨×新疆杨	82.6
毛新杨×84K	89.7	银腺杨 2 号×鲁毛 50	81.1
银毛杨×新疆杨	88.2	银腺杨 2 号×新疆杨	72.5
银白杨×新疆杨	87.9	毛新杨×鲁毛 50	70.7
银毛杨×鲁毛 50	84.1	银新杨×新疆杨	66.9

三、苗木培养与苗期选择

(一)杂种实生苗培养

杂种种子种粒小、寿命短，采收后需尽快播种。可在温室内将种子播种到轻基质无纺布容器中，播种前基质需要消毒，温室内温度25℃左右，空气湿度70%左右。待幼苗的苗高10cm左右时，开始对幼苗炼苗，温室内适当通风，接近温室外的温度。苗高20cm左右时，选阴天或下午将容器苗移栽至露地苗圃，随即浇灌1次。在苗圃中加强苗木管理，当年底实生苗的苗高可达2.5m左右。

(二)杂种实生苗选择

1. 各杂交组合的杂种 1 年生苗木的生长与分枝性状

观测各杂交组合杂种 1 年生苗木的苗高、地径和分枝数。各杂交组合杂种苗木的地径 0.416~0.963cm，苗高 21.2~67.7cm，分枝数 0.4~5.2 个。各杂交组合杂种苗木地径的标准差为 0.077~0.250cm，苗高的标准差 7.9~22.5cm，分枝数的标准差 0.7~5.5 个。各杂交组合间及杂交组合内个体间均存在变异，可从中选择优良杂交组合和优良单株(表 2-7-6)。

表 2-7-6　各杂交组合杂种 1 年生苗木生长量、分枝数及其标准差

杂交组合	$D\pm\delta$(cm)	$H\pm\delta$(cm)	$B\pm\delta$(个)
毛新杨×新疆杨	0.571±0.173	41.6±14.9	4.0±4.0
银毛杨×鲁毛 50	0.768±0.190	54.1±14.9	3.6±4.1
银腺杨 1 号×新疆杨	0.779±0.208	57.6±15.3	3.9±4.8
银腺杨 2 号×鲁毛 50	0.963±0.250	67.7±19.3	5.2±5.5
毛新杨×84K	0.778±0.236	58.8±15.5	4.5±4.9
银毛杨×84K	0.778±0.231	57.9±22.5	3.8±4.0
银毛杨×新疆杨	0.681±0.160	50.4±13.7	4.2±4.4
毛新杨×鲁毛 50	0.658±0.165	42.6±14.9	2.0±2.4
银腺杨 2 号×新疆杨	0.571±0.175	36.9±14.0	1.1±1.9
银白杨×新疆杨	0.635±0.141	51.8±13.8	3.5±3.5
银新杨×新疆杨	0.448±0.077	27.4±7.9	0.4±0.7
银白杨×银腺杨 5 号	0.416±0.111	21.2±8.3	0.4±1.0

注：D—地径(cm)；H—苗高(cm)；B—分枝数(个)；δ—标准差

2. 各杂交组合的杂种 2 年生苗木的生长和分枝性状

观测各杂交组合杂种的 2 年生苗木的生长和分枝性状。各杂交组合内的单株间苗高存在较大变异，各杂交组合内的单株间地径也存在较大变异，各杂交组合内的单株间分枝数也存在变异，可在各杂交组合内选择性状优良的单株（表 2-7-7）。

表 2-7-7 各杂交组合的杂种 2 年生苗木性状

杂交组合	苗高			地径			分枝数		
	$x\pm\delta$(m)	变幅（m）	cv（%）	$x\pm\delta$（cm）	变幅（cm）	cv（%）	$x\pm\delta$（cm）	变幅（cm）	cv（%）
毛新杨×新疆杨	2.5±0.7	1.0~4.3	29.2	2.5±09	0.8~4.8	35.9	19.3±8.5	2~42	44.2
银毛杨×鲁毛 50	2.6±0.8	0.6~4.2	29.6	1.9±0.7	0.3~3.7	39.4	16.6±12.8	0~55	77.1
银腺杨 1 号×新疆杨	3.3±0.8	1.0~5.2	24.1	2.4±0.8	0.7~5.2	30.7	18.9±12.4	0~58	65.9
银腺杨 2 号×鲁毛 50	3.3±0.9	0.7~4.6	26.5	2.6±0.9	0.7~4.7	33.8	23.2±12.4	1~51	53.5
毛新杨×84k	3.6±0.9	1.1~5.1	24.6	2.5±0.9	0.6~5.0	34.6	19.1±14.0	0~60	14.0
银毛杨×84k	3.5±0.9	1.2~5.0	26.5	2.6±0.8	0.9~4.1	32.0	21.4±11.6	0~49	11.6
银毛杨×新疆杨	3.1±0.8	1.0~4.7	25.6	2.2±0.7	0.7~4.6	32.5	15.8±10.2	0~39	10.2
毛新杨×鲁毛 50	3.0±0.7	1.3~4.5	24.6	2.5±0.8	0.9~4.7	32.0	18.9±12.4	0~45	12.4
银腺杨 2 号×新疆杨	3.2±0.7	1.8~4.7	21.2	2.5±0.8	1.0~4.8	32.5	17.4±10.5	0~50	10.5
银白杨×新疆杨	2.9±0.6	1.1~4.0	21.1	2.1±0.6	0.7~3.4	30.5	28.3±11.6	4~54	11.6
银新杨×新疆杨	2.6±0.6	1.5~3.7	24.0	2.0±0.6	0.9~3.6	28.6	21.8±12.6	0~55	12.6
银白杨×银腺杨 5 号	2.8±0.6	1.0~43	22.0	2.2±0.6	0.8~3.8	28.3	24.6±11.0	0~50	11.0

注：δ—标准差，cv—变异系数

3. 杂种实生苗优良单株选择

以 2 年生杂种实生苗的生长性状为主要指标，兼顾分枝性状，从各杂交组合中选择优良单株。各杂交组合的优良单株平均苗高超出其群体均值 13.7%~56.1%；共选出优良单株 101 株，各杂交组合苗木的优良单株入选率为 1.20%~4.35%（表 2-7-8）。

表 2-7-8 各杂交组合杂种实生苗的优良单株选择

杂交组合	优株平均苗高（m）	群体平均苗高（m）	优株苗高超出群体苗高的比值（%）	优株数（株）	杂交组合总株数（株）	优株率（%）
毛新杨×新疆杨	3.9	2.5	54.2	8	325	2.46
银毛杨×鲁毛 50	4.1	2.6	56.1	7	303	2.31
银腺杨 1 号×新疆杨	4.6	3.3	38.8	12	530	2.26
银腺杨 2 号×鲁毛 50	4.5	3.3	37.7	9	571	1.58
毛新杨×84k	4.8	3.6	35.2	15	572	2.62
银毛杨×84k	4.9	3.5	40.1	6	274	2.18
银毛杨×新疆杨	4.4	3.1	40.2	16	538	2.97
毛新杨×鲁毛 50	4.3	3.0	42.6	6	195	3.08
银腺杨 2 号×新疆杨	4.3	3.2	33.8	6	138	4.35

(续)

杂交组合	优株平均苗高（m）	群体平均苗高（m）	优株苗高超出群体苗高的比值（%）	优株数（株）	杂交组合总株数（株）	优株率（%）
银白杨×新疆杨	4.0	2.9	40.3	13	653	2.45
银新杨×新疆杨	3.0	2.6	13.7	1	49	2.04
银白杨杂种×银腺杨5号	4.2	2.8	46.0	2	167	1.20
合计				101	4315	
平均值	4.3	3.0	39.9			2.5

(三) 无性系苗期选择

于2004年春天在山东省冠县苗圃将初选101株优良实生苗单株用嫁接方法扩繁形成无性系，观测各无性系苗木的苗高、地径、分枝数、干形以及抗病虫性能。第2年继续培养各无性系苗木，并进行试验观测。经过2年苗期试验，选出22个生长较快、干形较直的杂种无性系，准备用于造林试验。

四、无性系造林试验

(一) 试验林设置

2006年春天，在山东省冠县苗圃、山东省宁阳县高桥林场、河北省邯郸市峰峰矿区苗圃3个地点营造无性系试验林。

1. 试验地点的自然条件

山东省冠县苗圃位于鲁西平原，东经115°16′，北纬36°27′，海拔36.5m。土壤为黄河故道冲积土，土壤构成大部分为通体沙，少量含有黏夹层，土壤质地为细沙或粉沙。属暖温带季风型大陆性半干旱气候，四季分明。冬季寒冷干燥，夏季炎热多雨，光照充足。年平均气温13.6℃。年平均降水量500mm，且多集中在7、8月。年平均蒸发量为2000mm，相对湿度68%，平均无霜期210天。

山东省宁阳县高桥林场位于鲁中偏西，泰安市西南部，东经116°53′，北纬35°55′。属暖温带季风型半湿润气候，四季分明。土壤为大汶河冲积潮土，土壤质地砂土。年均气温13.4℃，1月平均气温-2.1℃，7月平均气温26.8℃，最低气温为-19℃，最高气温为40.7℃。年日照时数2679.3h，无霜期199天，平均降水量689.6mm。

河北省邯郸市峰峰矿区苗圃位于河北省南端，邯郸市西南部，东经114°16′，北纬36°34′。土壤为冲积潮土，土壤质地轻壤。属暖温带季风型半湿润大陆性气候，四季分明，年平均气温14.1℃，最冷月平均气温-2.3℃，最低气温-19℃，最热月平均气温26.9℃，最高气温42.5℃，年均降水量627mm，无霜期约200天。

2. 参试无性系与试验设计

参试无性系为通过苗期试验选出的22个无性系，以山东较普遍栽植的白杨派杂种的速生品种窄冠白杨3号（响叶杨×毛新杨）为对照（CK）。3处试验林均采用随机区组试验设计，每小区4株、4次重复。行株距4m×3m，使用2年生嫁接苗造林（表2-7-9）。

表 2-7-9　参试无性系及其杂交组合

参试无性系	杂交组合
20、22、23、26、28、30	银腺杨 1 号×新疆杨
42、50、53	毛新杨×84K 杨
63、64、67、69、76、77	银毛杨×新疆杨
78	毛新杨×鲁毛 50
87、88、89	银腺杨 2 号×新疆杨
98、99	银白杨×新疆杨
103	银新杨×新疆杨

(二)生长性状分析

1. 参试无性系的生长量调查

每年冬季树木停止生长后,调查试验林内各参试无性系的胸径、树高,并测算单株材积;比较参试无性系的生长量,挑选生长量超过对照品种的参试无性系。

以峰峰矿区苗圃试验林林龄 6 年时的调查数据为例:树高超过对照品种的无性系有 10 个,其中 3 个无性系的树高超过对照品种 10% 以上;胸径超过对照品种的无性系有 9 个,其中 5 个无性系的胸径超过对照 10% 以上;单株材积超过对照品种的无性系有 9 个,其中 6 个无性系的单株材积超过对照品种 20% 以上;无性系 26 号的树高、胸径、单株材积均超过其他参试无性系(表 2-7-10)。

表 2-7-10　峰峰试验林参试无性系的生长量排序(林龄 6 年)

树高			胸径			单株材积		
无性系	平均树高(m)	与对照品种的比值(%)	无性系	平均胸径(cm)	与对照品种的比值(%)	无性系	平均单株材积(m^3)	与对照品种的比值(%)
26	13.2	121.1	26	13.1	118.0	26	0.07544	160.3
87	12.6	115.6	23	13.1	118.0	78	0.06922	147.1
78	12.2	111.9	42	13.0	117.1	23	0.06741	143.2
28	11.6	106.4	78	12.6	113.5	42	0.06604	140.3
98	11.6	106.4	98	12.4	111.7	98	0.06087	129.3
64	11.4	104.6	87	11.7	105.4	87	0.05880	124.9
69	11.2	102.8	50	11.7	105.4	89	0.05035	107.0
23	11.1	101.8	89	11.4	102.7	30	0.04976	105.7
30	11.0	100.9	30	11.3	101.8	50	0.04851	103.1
88	11.0	100.9	CK	11.1	100.0	CK	0.04707	100.0
CK	10.9	100.0	88	11.0	99.1	99	0.04674	99.3
89	10.9	100.0	20	10.8	97.3	88	0.04579	97.3
103	10.9	100.0	28	10.7	96.4	28	0.04556	96.8
20	10.9	100.0	103	10.6	95.5	20	0.04463	94.8
42	10.9	100.0	69	10.4	93.7	103	0.04380	93.1
50	9.8	89.9	99	10.0	90.1	69	0.04151	88.2
22	9.4	86.2	22	9.7	87.4	64	0.03502	74.4
99	8.9	81.7	53	9.2	82.9	22	0.03264	69.3
76	8.6	78.9	64	9.2	82.9	53	0.02683	57.0

(续)

树高			胸径			单株材积		
无性系	平均树高(m)	与对照品种的比值(%)	无性系	平均胸径(cm)	与对照品种的比值(%)	无性系	平均单株材积(m^3)	与对照品种的比值(%)
53	8.1	74.3	76	7.5	67.6	76	0.01768	37.6
67	7.8	71.6	67	7.0	63.1	67	0.01499	31.8
77	5.8	53.2	77	5.3	47.7	77	0.00674	14.3
63	4.9	45.0	63	4.3	38.7	63	0.00370	7.9

2. 参试无性系的材积生长量分析

（1）各处试验林参试无性系的单株材积　对冠县、宁阳、峰峰各处试验林在林龄 7 年时测定各参试无性系的单株材积，并与对照品种进行比较（表 2-7-11）。

冠县试验林单株材积超过对照品种的无性系有 10 个，其中无性系 26、50、42、78 号超过对照 50.0%～70.1%，无性系 23、64、89 号超过对照 21.2%～27.2%。

宁阳试验林单株材积超过对照品种的无性系有 7 个，其中无性系 26、50、78、42 号超过对照 45.0%～63.4%，无性系 89 号超过对照 12.3%。

峰峰试验林单株材积超过对照品种的无性系有 12 个，其中无性系 26、78、42、23 号超过对照 59.5%～91.9%，无性系 30、28、50、103、89 号超过对照 9.4%～18.3%。

表 2-7-11　参试无性系在 3 处试验林的单株材积（林龄 7 年）

冠县			宁阳			峰峰		
无性系	单株材积(m^3)	与对照品种的比值(%)	无性系	单株材积(m^3)	与对照品种的比值(%)	无性系	单株材积(m^3)	与对照品种的比值(%)
26	0.07370	170.1	26	0.04879	163.4	26	0.09653	191.9
50	0.07077	163.3	50	0.04870	163.1	78	0.08591	170.8
42	0.07052	162.7	78	0.04810	161.1	42	0.08122	161.5
78	0.06502	150.0	42	0.04329	145.0	23	0.08023	159.5
23	0.05514	127.2	89	0.03352	112.3	98	0.06993	139.1
64	0.05440	125.5	23	0.03205	107.3	30	0.05949	118.3
89	0.05252	121.2	22	0.03173	106.3	28	0.05808	115.5
98	0.05071	117.0	CK	0.02986	100.0	50	0.05794	115.2
30	0.04839	111.7	30	0.02863	95.9	103	0.05768	114.7
28	0.04342	100.2	69	0.02746	92.0	89	0.05500	109.4
CK	0.04334	100.0	28	0.02621	87.8	69	0.05149	102.4
103	0.03995	92.2	53	0.02378	79.6	88	0.05110	101.6
53	0.03814	88.0	64	0.02361	79.1	CK	0.05029	100.0
22	0.03803	87.7	76	0.01691	56.6	64	0.04577	91.0
76	0.03798	87.6	103	0.01606	53.8	22	0.03144	62.5
69	0.03777	87.1	98	0.01503	50.3	53	0.03055	60.7
99	0.03284	75.8	99	0.01393	46.7	76	0.02210	43.9
67	0.02872	66.3	88	0.01383	46.3	99	0.02201	43.8
88	0.02252	52.0	67	0.01099	36.8	67	0.01824	36.3
63	0.01565	36.1	63	0.00731	24.5	63	0.00437	8.7

（2）3处试验林材积联合方差分析　对3处试验林的参试无性系作材积联合方差分析，不同地点的试验林之间、参试无性系之间的材积差异达极显著水平，无性系×地点的互作效应也达极显著水平(表2-7-12)。

表2-7-12　参试无性系3个试验地点材积联合方差分析

变异来源	自由度	离差平方和	均方	F值	概率P值
地点内区组	9	0.00455	0.00051	4.57	2.04E-05
地点	2	0.02640	0.01320	119.28	1E-07
无性系	19	0.06268	0.00330	29.81	1E-07
无性系×地点	38	0.01472	0.00039	3.50	1E-07
试验误差	171	0.01892	0.00011		
总和	239	0.12727			

3. 3处试验林无性系间材积多重比较

在3处试验林材积联合方差分析的基础上，进一步对3处试验林参试无性系的材积进行多重比较。单株材积超过对照品种的无性系有10个，其中无性系26、78、42、50、23的单株材积与对照差异达到极显著水平。无性系89号的单株材积超过对照14.2%，差异未达到显著水平(表2-7-13)。

表2-7-13　参试无性系3个试验点的材积多重比较

排序	无性系	单株材积平均值（m^3）	5%显著水平	1%极显著水平	材积超过窄冠白杨3号的百分比（%）
1	26	0.07300	a	A	77.4
2	78	0.06634	ab	AB	61.2
3	42	0.06501	ab	AB	57.9
4	50	0.05914	bc	B	43.7
5	23	0.05581	c	BC	35.6
6	89	0.04701	d	CD	14.2
7	30	0.04551	d	CDE	10.5
8	98	0.04523	d	CDE	9.9
9	28	0.04257	de	DEF	3.4
10	64	0.04126	de	DEFG	0.2
11	窄冠白杨3号	0.04116	de	DEFG	0.0
12	69	0.03891	def	DEFG	-5.5
13	103	0.03790	defg	DEFG	-7.9
14	22	0.03374	efgh	EFGH	-18.0
15	53	0.03082	fghi	FGHI	-25.1
16	88	0.02915	ghi	GHI	-29.2
17	76	0.02567	hij	HI	-37.6

(续)

排序	无性系	单株材积平均值（m³）	5%显著水平	1%极显著水平	材积超过窄冠白杨3号的百分比（%）
18	99	0.02292	ij	HI	-44.3
19	67	0.01932	j	IJ	-53.1
20	63	0.00911	k	J	-77.9

4. 参试无性系在3个试验地点的材积遗传稳定性和生长适应性分析

计算3处试验林各无性系的材积均值、效应值（C_i）、基因型和地点互作效应方差的变异系数（$_iCV$）、无性系材积与环境指数的回归系数（b_i），分析适应地点，进行综合评价。

材积生长量、效应值大小表明无性系的产量水平，排在前6位的无性系分别是26、78、42、50、23和89。

遗传稳定性是指受遗传控制的产量性状在多变环境范围内的稳定程度，可用无性系×地点互作效应方差的变异系数$_iCV$表示。$_iCV$值越小，该无性系生长越稳定；$_iCV$值越大，该无性系生长不稳定。无性系26、78、42、50、23和89的$_iCV$在3.70%~22.70%之间，小于$_iCV$的均值29.57%，均属于稳定性较强的无性系。

对环境的适应性是指无性系对环境的协同变异程度，可用无性系生长量与环境指数的回归系数b_i进行评价。当$b_i=1$，表示该无性系具平均适应性，对栽培环境无特殊要求；当$b_i<1$，表示该无性系高于平均适应性，可在较差的环境条件种植；当$b_i>1$，表示该无性系低于平均适应性，在好的环境条件下表现优良（胡秉民等，1993）。无性系26的b_i值为1.2851，接近1，说明该无性系适应性较强，对栽培环境无特殊要求；无性系89的b_i值为0.9092，也接近1，表明该无性系适应性较强，对栽培环境无特殊要求。而生长量较大的无性系78、42、23适于较好的环境条件。无性系50适于较差的环境条件。

通过以上综合分析，综合评价为好的无性系为26号，综合评价为较好的无性系为78、42、50、89、30、28、69号。其中，无性系26和无性系89为速生性、生长稳定性、环境适应性均较好的无性系（表2-7-14）。

表2-7-14 参试无性系在3个地点的材积均值、生长稳定性和环境适应性参数

排序	无性系	材积（m³）	无性系效应值	变异系数（%）	回归系数	适应地点	综合评价
1	26	0.07300	0.03153	16.56	1.2851	E1, E2, E3	好
2	78	0.06634	0.02486	12.60	1.3752	E3	较好
3	42	0.06501	0.02353	10.43	1.5196	E3	较好
4	50	0.05914	0.01766	16.59	0.5806	E1	较好
5	23	0.05581	0.01433	22.70	1.7737	E3	一般
6	89	0.04701	0.00554	3.70	0.9092	E1, E2, E3	较好
7	30	0.04551	0.00403	7.66	1.2039	E1, E2, E3	较好
8	98	0.04523	0.00375	33.69	2.1487	E3	一般

(续)

排序	无性系	材积 (m³)	无性系效应值	变异系数 (%)	回归系数	适应地点	综合评价
9	28	0.04257	0.00109	11.43	1.1996	E1、E2、E3	较好
10	64	0.04126	-0.00022	18.35	1.0907	E1	一般
11	CK	0.04116	-0.00031	6.94	0.8022	E1、E2、E3	较好
12	69	0.03891	-0.00257	12.56	0.8682	E1、E2、E3	较好
13	103	0.03790	-0.00358	23.29	1.5857	E3	一般
14	22	0.03374	-0.00774	36.72	0.077	E2	较差
15	53	0.03082	-0.01066	29.79	0.4009	E2	较差
16	88	0.02915	-0.01233	39.68	1.2468	E3	较差
17	76	0.02567	-0.01581	45.91	0.4444	E1、E2	较差
18	99	0.02292	-0.01855	41.21	0.5024	E1、E2	较差
19	67	0.01932	-0.02216	49.71	0.4612	E1、E2	较差
20	63	0.00911	-0.03237	151.79	0.0247	E2	较差
均值		0.04148	0	29.57	1		

注：E1代表冠县，E2代表宁阳，E3代表峰峰。

(三) 形质指标分析

在峰峰试验林中，对参试无性系6年生林木的冠幅、树干通直度、分枝角度、分枝粗度等形质指标进行观测(表2-7-15)。

树干通直度分为4个等级，分别给予评分值。树干通直的分值为0，树干直的分值为1，树干较弯的分值为2，树干弯的分值为3。

分枝角度指主要侧枝与树干的夹角，分为4个等级，分别给予评分值。夹角≤30°的分值为1，30°~45°的分值为2，45°~60°的分值为3，≥60°的分值为4。

分枝粗度分为4个等级，分别给予评分值。分枝细小、轮生枝不明显的分值为1，分枝粗度中等的分值为2，较粗轮生枝明显影响主干的分值为3，有两个主梢的分值为4。

对参试无性系的各项形质指标进行比较：参试无性系中产量水平最高的26号，其冠幅为对照品种的82.0%，树干通直，分枝角度小，枝条粗度与对照相似，具有窄冠、干直、分枝角度小的特点，符合本项研究育种目标中对形质指标的要求。

产量水平较高的89号，冠幅仅为对照的70.6%，树干通直，分枝角度小，也符合育种目标对形质指标的要求。

产量水平高，按单株材积排名2~5位的无性系42、78、50、23号，其冠幅大，依次为对照的196.0%、164.0%、156.0%、156.0%，且分枝角度大，分枝较粗；无性系42、78号的树干较弯；这4个无性系的形质指标达不到育种目标对形质指标的要求。

通过对参试无性系生长性状的分析比较和形质指标的分析比较，无性系26号和无性系89号是2个生长性状和形质指标均优良的无性系。

表 2-7-15　峰峰试验林参试无性系按形质指标排序（林龄 6 年）

按冠幅排序			按树干通直度排序			按分枝角度排序			按分枝粗度排序		
无性系	冠幅（m）	与对照品种的比值（%）	无性系	树干通直度	与对照品种的比值（%）	无性系	分枝角度	与对照品种的比值（%）	无性系	分枝粗度	与对照品种的比值（%）
42	4.9	196.0	99	3.5	194.4	50	3.8	292.3	30	3.4	226.7
78	4.1	164.0	53	2.8	155.6	53	3.5	269.2	23	3.0	200.0
50	3.9	156.0	42	2.4	133.3	88	3.5	269.2	20	3.0	200.0
53	3.9	156.0	78	2.2	122.2	42	3.5	269.2	50	2.5	166.7
23	3.9	156.0	67	1.8	100.0	67	3.5	269.2	53	2.5	166.7
88	3.8	152.0	103	1.8	100.0	23	3.3	253.8	42	2.2	146.7
67	3.1	124.0	CK	1.8	100.0	78	2.5	192.3	88	2.1	140.0
76	3.0	120.0	23	1.8	100.0	103	2.5	192.3	22	2.0	133.3
103	2.8	112.0	88	1.5	83.3	76	2.3	176.9	99	2.0	133.3
98	2.5	100.0	63	1.3	72.2	99	1.8	138.5	76	2.0	133.3
CK	2.5	100.0	76	1.3	72.2	69	1.3	100.0	69	2.0	133.3
87	2.4	96.0	77	1.3	72.2	CK	1.3	100.0	89	1.8	120.0
69	2.3	92.0	22	1.3	72.2	77	1.3	100.0	78	1.8	120.0
99	2.1	84.0	50	1.3	72.2	98	1.0	76.9	87	1.5	100.0
26	2.1	84.0	87	1.0	55.6	87	1.0	76.9	103	1.5	100.0
20	2.0	80.0	98	1.0	55.6	89	1.0	76.9	CK	1.5	100.0
30	2.0	80.0	30	0.7	38.9	20	1.0	76.9	98	1.5	100.0
64	1.9	76.0	64	0.6	33.3	28	1.0	76.9	26	1.5	100.0
22	1.9	76.0	20	0.5	27.8	22	1.0	76.9	67	1.5	100.0
89	1.8	72.0	28	0.3	16.7	26	1.0	76.9	77	1.5	100.0
28	1.7	68.0	89	0.3	16.7	64	1.0	76.9	28	1.0	66.7
77	1.4	56.0	69	0.3	16.7	63	1.0	76.9	64	1.0	66.7
63	1.2	48.0	26	0.1	5.6	30	1.0	76.9	63	1.0	66.7

五、耐旱、耐盐碱试验

(一)耐旱性试验

1. 试验方法

将初选的无性系 26 号、89 号，用 1 年生苗木作盆栽试验，以窄冠白杨 3 号为对照。供试苗木在充分灌溉后作自然耗水处理，试验共进行 14 天，从试验开始的第 0 天、第 4 天、第 8 天、第 10 天、第 12 天、第 14 天，盆中土壤的相对含水量约为 100%、70%、40%、30%、20%、12%。在不同控水天数时，测试苗木的叶绿素含量、细胞膜透性、丙二醛含量、超氧化物歧化酶活性、脯氨酸含量、可溶性糖含量等与植物耐旱性相关的生理生化指标。在试验结束时测算苗木在试验期间的苗高增长量、地径增长量、生物量增长量，并测算试验结束时的根冠比。

2. 参试无性系的生长指标

经过控水处理，试验第 8 天以后盆中土壤的相对含水量低于 40%，苗木处于干旱胁迫状态。到试验结束时，测算无性系的生长指标，无性系 89 的苗高增长量、地径增长量、生物量增长量和根冠比都高于对照品种，而无性系 26 的这 4 项生长指标低于对照品种（表 2-7-16）。

表 2-7-16 控水处理 14 天后参试无性系的生长指标

无性系	苗高增长量（cm）	地径增长量（cm）	生物量增长量（g）	根冠比
窄冠白杨 3 号	14.7	0.80	4.07	0.48
26	8.8	0.59	3.52	0.44
89	23.3	1.30	5.95	0.58

生长量、生物量是评价植物耐旱能力最直接的指标，根冠比与植物的耐旱能力有明显关系。用这 4 项指标评价参试无性系的耐旱性，无性系 89 的耐旱能力强，超过对照品种，而无性系 26 的耐旱能力低于对照品种。

3. 参试无性系的生理生化指标

在控水处理的不同天数，测定了参试无性系与植物耐旱性相关的几项生理生化指标。这些生理生化指标对无性系的耐旱性评价起到辅助作用。

（1）叶绿素含量　植物叶片的叶绿素含量高低，直接影响叶片的光合作用能力。干旱胁迫会导致叶绿素含量下降，无性系 89 的叶绿素含量下降幅度较小，无性系 26 的叶绿素含量下降幅度较大，但都与窄冠 3 号白杨的下降幅度接近（表 2-7-17）。

表 2-7-17　土壤干旱对叶绿素含量的影响　　　　　　　　　　　　　　　　　mg/g

无性系	控水 0 天	控水 4 天	控水 8 天	控水 10 天	控水 12 天	控水 14 天
窄冠白杨 3 号	2.04	2.09	1.93	1.77	1.33	0.72
26	2.04	2.05	1.99	1.66	1.17	0.67
89	2.17	2.20	2.10	1.97	1.55	0.86

（2）细胞膜透性　植物器官遭受逆境伤害时，细胞膜渗透性增加。在干旱胁迫下，细胞膜渗透性低，表明对干旱胁迫的耐受力高。在耐干旱试验中，无性系 89 的细胞膜相对透性较低，与对照差别较大；无性系 26 的细胞膜相对透性较高，与对照品种的细胞膜透性接近（表 2-7-18）。

表 2-7-18　土壤干旱对细胞膜相对透性的影响　　　　　　　　　　　　　　　　　%

无性系	控水 0 天	控水 4 天	控水 8 天	控水 10 天	控水 12 天	控水 14 天
窄冠白杨 3 号	5.8	11.7	16.7	26.8	44.5	56.6
26	6.1	12.9	24.7	36.2	49.5	63.3
89	4.7	9.3	20.2	31.5	43.3	59.3

（3）丙二醛含量　干旱胁迫可导致丙二醛含量提高，丙二醛含量的多少可以反映植物抗旱性的差异。本试验中，在控水 14 天时，无性系 89 的丙二醛含量最低，为 16.34mmol/kg，

与对照窄冠白杨3号的丙二醛含量(21.43mmol/kg)差异显著；无性系26的丙二醛含量较高，为22.60mmol/kg，与对照品种的丙二醛含量接近。

(4)超氧化物歧化酶活性　超氧化物歧化酶是植物体内清除自由基的重要保护酶。干旱胁迫时植物体内的超氧化物歧化酶活性增强，而在重度干旱末期超氧化物歧化酶的活性下降。当控水14天时，无性系89的超氧化物歧化酶活性为170.5U/mg，仍高于控水0天的酶活性164.8U/mg。控水14天时，无性系26和窄冠白杨3号的超氧化物歧化酶活性为106.1U/mg和126.9U/mg，都低于控水0天的酶活性，无性系26的酶活性下降较大。

(5)脯氨酸和可溶性糖含量　渗透调节是植物抵抗干旱胁迫的一种重要生理机制，脯氨酸和可溶性糖是细胞内重要的渗透调节物质。当控水14天时，无性系89、26和窄冠白杨3号的脯氨酸含量为5.79mg/g、3.10mg/g、4.95mg/g，可溶性糖含量为148.29μg/g、129.63μg/g、157.99μg/g，无性系89和窄冠白杨3号的2种调节物质含量较高，而无性系26的2种调节物质含量较低。

4. 参试无性系的耐旱性评价

对初选无性系89号和26号的耐旱性试验结果，无性系89号的几项生长指标和生理生化指标均表明其耐旱性高于对照窄冠白杨3号。无性系26号的几项生长指标和生理生化指标表明其耐旱性低于无性系89和窄冠白杨3号，但与对照品种比较接近。

本耐旱性试验的材料是1年生盆栽苗，苗期试验的结果能在多大程度上反映成年树木的抗旱能力，还有待进一步验证。

(二)耐盐碱试验

1. 试验方法

将初选的无性系26号、89号，用1年生苗木做盆栽试验，以窄冠白杨3号为对照。对试验苗木充分灌溉后，分别用0mmol/L、30mmol/L、60mmol/L、90mmol/L的$NaHCO_3$溶液(对应pH值分别为7.12、8.25、8.38、8.44)浇灌盆内土壤，试验开始后每隔4天浇灌1次，每次每盆浇500mL，全部试验过程33天。试验最后一天采集植株样品，测定生理生化指标。试验结束时，测算苗木在试验期间的苗高增长量、地径增长量、生物量增长量，并测算试验结束时的根冠比。

2. 参试无性系的生长指标

参试无性系的苗高增长量、地径增长量、生物量增长量均随着$NaHCO_3$处理浓度的增加呈下降趋势。无性系89号和26号，浇灌$NaHCO_3$溶液的处理与浇灌清水(0mmol/L)的处理相比，苗高增长量、地径增长量、生物量增长量的下降幅度小于对照品种窄冠白杨3号。在3种浓度的$NaHCO_3$溶液处理后，无性系89号和26号的苗高增长量、地径增长量、生物量增长量均高于对照品种。用90mmol/L高浓度$NaHCO_3$溶液处理后，无性系89号和26号的苗高增长量为对照品种的152%以上，差异达显著水平。

随着$NaHCO_3$浓度的增加，参试无性系的根冠比趋于减小。在30mmol/L、60mmol/L、90mmol/L 3种浓度溶液的处理下，无性系89号和26号的根冠比均高于对照品种窄冠白杨3号。

3. 参试无性系的生理生化指标

在盐碱胁迫下，植物的叶绿素含量下降，细胞膜渗透性增加，丙二醛含量增加，超氧化物歧化酶活性降低，脯氨酸含量减少。

实验表明，用 30mmol/L、60mmol/L、90mmol/L 3 种浓度的 $NaHCO_3$ 溶液处理后，无性系 89 号和 26 号的叶绿素含量均高于对照品种窄冠白杨 3 号。用 60mmol/L、90mmol/L $NaHCO_3$ 溶液处理后，无性系 89 号和 26 号与对照窄冠白杨 3 号相比，细胞膜透性显著低于对照品种，超氧化物歧化酶活性高于对照品种，脯氨酸含量显著高于对照品种。无性系 89 号和 26 号在盐碱胁迫下的这些生理生化指标，是其耐盐碱性较强的表现。

4. 参试无性系的耐盐碱性评价

对参试无性系 89 号和 26 号的耐盐碱试验结果，其各项生长指标和生理生化指标均表明其耐盐碱性能较强，超过对照品种窄冠白杨 3 号。

六、木材性状

在山东省冠县苗圃 10 年生试验林中，采集无性系 89 号、26 号和对照品种窄冠白杨 3 号的木材试样，进行木材性状测定（表 2-7-19）。

表 2-7-19 3 个无性系的木材性状

无性系	基本密度 (g/cm^3)	纤维形态			化学成分		
		纤维长度 (μm)	纤维宽度 (μm)	纤维长宽比	纤维素含量 (%)	木素含量 (%)	综纤维素含量 (%)
89	0.3665	1049.1	23.7	44.2	53.4	19.9	82.4
26	0.3889	999.6	24.0	41.7	54.3	20.9	83.1
窄冠白杨 3 号	0.3388	918.1	23.2	39.6	41.1	26.7	78.2

（一）基本密度

木材密度是衡量木材密实程度的指标，它与木材的力学强度及硬度呈正相关。无性系 89 号、26 号的基本密度分别为 $0.3665g/cm^3$、$0.3889g/cm^3$，均高于对照窄冠白杨 3 号的基本密度 $0.3388g/cm^3$。

（二）纤维形态

木材的纤维形态与制浆造纸有关。无性系 89 号、26 号的纤维长度分别为 1049.1μm、999.6μm，其纤维长宽比分别为 44.2、41.7，2 项指标均优于对照窄冠白杨 3 号，适合制浆造纸要求。

（三）化学成分

无性系 89 号、26 号的纤维素含量分别是 53.4%、54.3%，均大于对照窄冠白杨 3 号的纤维素含量 41.1%；无性系 89 号、26 号的综纤维素含量分别是 82.4%、83.1%，均大于对照窄冠白杨 3 号的综纤维素含量 78.2%。无性系 89 号和 26 号木材的纤维素含量高，是良好的纤维用材。

七、无性系鉴定

(一)选定优良无性系

通过人工杂交、杂种苗的苗期选择、无性系造林试验、对参试无性系多性状测试等项工作,对 22 个参试无性系进行多性状的综合分析比较,认为无性系 89 号和无性系 26 号具有速生、冠窄、干直、耐旱性和耐盐碱性能较强、木材材性良好等特性,在无性系测定林试验期间未见风折和病虫危害,符合本项研究工作的育种目标和杨树优良品种的要求,于 2014 年选定为本项育种研究的入选无性系;并作为准备推广应用的杨树新品种,无性系 89 号命名为鲁白杨 1 号,无性系 26 号命名为鲁白杨 2 号。另有几个生长量大、速生性较好的参试无性系,因冠幅大、枝条粗,以及树干弯曲等原因而没有入选。

(二)入选无性系简介

1. 鲁白杨 1 号

Populus 'Lubaiyang 1',试验编号 89 号。

母本:银腺杨 2 号(*P. alba × P. glandulosa*),是韩国水原林木研究所 Hyun S. K. 教授从银白杨×腺毛杨杂交组合中选育的优良无性系,20 世纪 80 年代北京林业大学朱之悌教授从韩国引进并种植在山东省冠县苗圃,具有速生、树干通直圆满、抗病虫等特点。

父本:新疆杨(*Populus alba* var. *pyramidalis*),具有耐干旱、耐盐碱、窄冠、树干直等特点。

形态特征:雌株。树干直,树皮深灰色,皮孔菱形,突起,部分横向连生,皮孔密度较大,分布均匀;树冠长卵形,紧凑,窄冠,侧枝多而细,分枝角小于 45°,顶端优势明显;长枝叶阔卵形,叶片长宽比近 1.0,先端渐尖,基部心形,叶背部及叶柄多白色茸毛,叶缘浅裂;短枝叶卵圆形,先端阔渐尖,基部宽楔形或截形,叶缘不规则圆锯齿,叶背面整体被白色茸毛,叶柄无毛;叶芽红褐色多茸毛。

主要性状:①速生:在山东省冠县苗圃,7 年生试验林中鲁白杨 1 号平均单株材积超对照窄冠白杨 3 号 21.2%;②树干通直圆满,窄冠,侧枝细而密,树形美观;③抗旱、耐盐碱、抗风折;④木材基本密度为 0.3665g/cm^3,纤维长度 1049.1μm,纤维长宽比 44.2;其化学组分中综纤维素、纤维素含量分别为 82.4%、53.4%。

主要用途:鲁白杨 1 号适用于农田林网、农林间作和城乡绿化。

适生范围:通过在山东省和河北省 3 个地点的试验表明,鲁白杨 1 号适宜在山东、河北的华北平原地区栽植。

2. 鲁白杨 2 号

Populus 'Lubaiyang 2',试验编号 26 号。

母本:银腺杨 1 号(*P. alba × P. glandulosa*),是韩国水原林木研究所 Hyun S. K. 教授从银白杨×腺毛杨杂交组合中选育的优良无性系,20 世纪 80 年代北京林业大学朱之悌教授从韩国引进并种植在山东省冠县苗圃,具有速生、树干通直圆满、抗病虫等特点。

父本:新疆杨(*Populus alba* var. *pyramidalis*),具有耐干旱、耐盐碱、窄冠、树干直等特点。

形态特征：雌株。树干直，树皮灰绿色，皮孔菱形，突起，皮孔密度较大，分布均匀；树冠长卵形，紧凑，窄冠，侧枝多而细，分枝角小于45°，顶端优势较明显；长枝叶三角状卵形，叶片长宽比近1.0，先端渐尖，基部截形，叶背部及叶柄多白色茸毛，叶缘浅裂；短枝叶卵圆形，先端阔渐尖，基部阔楔形或截形，叶缘不规则圆锯齿，叶背面整体被白色茸毛，叶柄无毛；叶芽红褐色多茸毛。

主要性状：①速生：在山东省冠县苗圃，7年生试验林中鲁白杨2号平均单株材积超过对照窄冠白杨3号70.1%；②树干直，窄冠，侧枝多而细，树形美观；③抗风折，耐盐碱；④木材基本密度为0.3889g/cm^3，纤维长度999.6μm，纤维长宽比41.7；其化学组分中综纤维素、纤维素含量分别为83.1%、54.3%。

主要用途：鲁白杨2号适用于农田林网、农林间作和城乡绿化。

适生范围：鲁白杨2号适宜在山东、河北的华北平原地区栽植。

八、植物新品种登记和林木品种审定

2014年，将鲁白杨1号和鲁白杨2号向国家林业局提交植物新品种权申请。2015年获得植物新品种权证书，鲁白杨1号的品种权号为20150127，鲁白杨2号的品种权号为20150128。

2017年，将鲁白杨1号和鲁白杨2号向国家林业局提交林木品种审定申请，于2017年通过国家林业局林木品种审定委员会审定，获得林木良种证书。鲁白杨1号的良种类别为优良品种，良种编号：国S-SV-PL-004-2017。鲁白杨2号的良种类别为优良品种，良种编号：国S-SV-PL-005-2017。

参考文献

姜岳忠，秦光华，乔玉玲，等. 2008. 杨树胶合板材纸浆材高产优质新品种——鲁林1号、2号、3号的选育[R]. 济南：山东省林业科学研究院科学技术研究专题报告.

姜岳忠，秦光华，乔玉玲，等. 2009. 杨树胶合板材纸浆材新品种鲁林1、2、3号的选育[J]. 山东林业科技，39(2)：1-4.

姜岳忠，荀守华，乔玉玲，等. 2014. 鲁林9号杨、鲁林16号杨新品种选育与应用[R]. 济南：山东省林业科学研究院科学技术研究专题报告.

姜岳忠，荀守华，秦光华，等. 2003. 黑杨室内切枝杂交花枝物候期观测[J]. 山东林业科技，33(6)：5-6.

李环子，李芳廷，陈瑞荣，等. 1995. I-102/74杨等引种选育研究[R]. 莒县：莒县林业局科学技术研究专题报告.

李善文，姚俊修，董玉峰，等. 2017. 鲁白杨1号、2号、3号新品种选育报告[R]. 济南：山东省林业科学研究院科学技术研究专题报告.

孟昭和，秦光华. 1996. S307-26及PE-19-66杨引种试验报告[J]. 山东林业科技，(2)：5-8.

庞金宣，张友朋，李际红，等. 2003. 窄冠黑杨窄冠黑白杨的选育(I)田间试验及结果分析[J]. 山东林业科技，(5)：1-7.

乔玉玲，秦光华，姜岳忠，等. 2003. 黑杨人工杂交亲和性试验[J]. 山东林业科技，33(6)：3-4.

乔玉玲，秦光华，李善文，等. 1999. 5个黑杨无性系花粉的采集及贮藏试验报告[J]. 山东林业科技，(2)：22-24.

山东省冠县苗圃，山东省林木种苗站，北京林业大学. 2007. 毛白杨种质资源遗传评价及优良无性系选育的研究[R]. 科学技术研究专题报告.

荀守华，姜岳忠，乔玉玲，等. 2003. 黑杨人工杂种胚珠离体培养试验初报[J]. 山东林业科技，33(6)：1-3.

荀守华，姜岳忠，乔玉玲，等 . 2008. 黑杨派无性系有性生殖特性研究[J]. 山东农业大学学报(自然科学版)，39(3)：381-387.

荀守华，姜岳忠，乔玉玲，等 . 2016. 无絮黑杨'鲁林 9 号杨'、'鲁林 16 号杨'新品种选育[J]. 山东林业科技，46(6)：1-7.

杨传宝，倪惠菁，李善文，等 . 2016. 白杨派无性系苗期对 $NaHCO_3$ 胁迫的生长生理响应及耐盐碱性综合评价[J]. 植物生理学报，52(10)：1555-1564.

杨传宝，姚俊修，李善文，等 . 2016. 白杨派无性系苗期对干旱胁迫的生长生理响应及抗旱性综合评价[J]. 北京林业大学学报，38(5)：58-66.

第三章 杨树栽培

第一节 山东杨树栽培概况

一、山东杨树栽培历史回顾

(一)传统的杨树栽培

杨树在中国有悠久的栽培历史。早在春秋战国时期,人们已在村旁、道路旁栽植杨树,并知道杨树插条繁殖的方法。公元六世纪北魏时期,中国古代杰出农学家山东寿光人贾思勰编著农书《齐民要术》,总结了黄河流域下游地区的农业生产技术知识,该书卷五中的"种白杨法"记述了白杨垄作埋条繁育方法和密植短轮伐期作业方式。

古代的山东,杨树是平原地区的主要树种之一,居于杨、柳、榆、槐四大用材树种之首,乡土树种主要有毛白杨、小叶杨、青杨和山杨。毛白杨主要分布在鲁西平原地区,冠县、茌平等地久有栽培习惯。小叶杨多分布在鲁中南地区的河流两岸,常用插条、埋条繁殖。在封建社会小农经济条件下,传统的杨树栽培一直是粗放的,主要是村旁、路旁的散生栽植,生产农村民用木材或燃料,产量不高。

19世纪末,西方的林业科学技术开始传入中国,与中国传统林业相结合,中国近代林业兴起。清朝末年,山东开始设立农林生产机构,颁布《推广种树办法》,人工造林有了较大的发展。国外的造林树种也相继传入中国,加杨和钻天杨于20世纪初传入山东,先在青岛、济南附近栽植,以后扩展到农村。民国时期,政府颁布各种林业法令,山东的林业生产组织相继建立,山东的林地面积增加,以四旁植树和河滩林为主的杨树人工造林也得到发展。但因政局动荡,战争频繁,山东林业建设成效不大,也很少有大面积的杨树造林。

中华人民共和国成立以后,山东进行了大规模林业建设,杨树造林也不断发展。20世纪50年代,山东各级政府组织群众进行封山(滩)育林和人工造林。农业合作化以后,由国营和私人造林为主转为集体造林为主,可以统一规划,统筹劳动力,促进了林业的发展。20世纪50~60年代,山东在平原地区营造以杨树为主的防风固沙林、农田防护林、小片用材林和四旁植树。除去栽植乡土树种毛白杨、小叶杨外,加杨成为山东的杨树主栽树种,广泛用于成片造林和四旁绿化。1958年林业部提出了造林技术的6项基本措施,即适地适树、良种壮苗、细致整地、合理密度、抚育保护、工具改革,对提高造林质量起到积极的指导作用。在济南、潍坊、泰安、济宁等地的城镇绿化、公路绿化,加杨生长旺盛,高大挺拔,临沂、泰安地区一些立地条件好的河滩地,小片加杨林材积平均生长量可达 $1m^3/(亩·a)$。但大部分杨树林经营管理粗放,有的从大树上采条育苗,一些地方造林密度过大、缺乏抚育管理,以至产量普遍较低。在一些瘠薄沙地上出现较大面积杨树低产林和加杨"小老树"。

20世纪70年代，山东的平原地区结合农田水利建设，实行沟渠路林统一规划，一些平原县的农田林网初具规模。如兖州县1974~1978年实现了全县的农田林网化，是全国平原农田林网化最早的6个县之一，成为全国平原绿化的典型。这一时期农田林网栽植的杨树多为小钻杨类的八里庄杨、大官杨等，造林成活率高，林木生长较快，但部分林网造林密度偏大，林木病虫害较严重。从70年代后期开始，对林网逐步进行了间伐改造和更新，提高了农田林网的质量和效益。

(二)山东杨树速生丰产用材林的发展

为解决山东木材短缺、供不应求的问题，根据山东地少人多与农区林业的特点，从20世纪70年代中期开始，以临沂地区为代表，用集约经营方式营造杨树速生丰产用材林。选用杨树优良品种，实施深翻整地、灌溉、施肥等技术措施，林木生长快、木材产量高，增产效果和经济效益十分显著。1976年以后，山东各地开始有计划地建设速生丰产用材林基地。到1979年，临沂地区已营建集约经营的杨树速生丰产林4万多亩。

20世纪80年代，山东的杨树速生丰产用材林得到较快的发展。1980年山东省人民政府在《关于加快发展林业生产的指示》中提出：十年内全省建设500万亩较为集中的用材林基地。从1981年开始，林业部和山东省林业厅开展了部省合资营建速生丰产林的项目，在德州、聊城、菏泽三个地区及济南市的部分国营林场及附近乡村营建速生丰产用材林7.3万亩。造林单位执行了《山东省国营林场合资培育速生丰产用材林技术规程》，保证了造林质量，促进了林木速生丰产。

1982年世界粮食计划署批准了山东省提出的速生丰产用材林开发项目第一期工程(代号为中国2606项目山东第一分项目)，项目区设在莘县和冠县的15个乡镇。1982~1985年的第一期工程共完成造林78750亩，1985~1989年的第二期工程造林97500亩，该项目林中90%是杨树，另有部分刺槐混交林。1982年起，世界粮食计划署援助粮食折合约870万美元，国内投资290万元。2606-1造林项目使用毛白杨和欧美杨优良品种，应用大穴整地、大苗深栽、浇水施肥等丰产栽培技术措施，提高了造林质量，在黄河故道的沙荒地区建成大面积速生丰产用材林基地。

1983年山东省人民政府决定，每年从省财政拨出周转资金500万元用于扶持乡村的速生丰产用材林基地建设，并制订了《山东省速生丰产林基地造林营林技术意见》。1983~1985年，全省共营造速生丰产林140万亩，1986~1988年营造丰产林84.7万亩。营造速生丰产林起步早的临沂地区，已营造杨树速生丰产用材林50万亩，每年每亩可生产木材1~1.5m^3，产量高的可达2m^3。速生丰产用材林的产材量比以往粗放经营的传统造林提高2~3倍。山东临沂地区和聊城地区营造杨树速生丰产林的经验，对全省的杨树造林起到了示范带动作用，也成为20世纪80年代全国杨树生产的先进典型。

在大力建设速生丰产用材林基地的同时，山东的平原绿化进入营建综合防护林体系阶段，把农田林网、农林间作、片林、林镇绿化等多林种有机结合起来构成体系，显著提高了土地利用率、防护效益和经济效益。杨树是山东平原绿化的主要树种，在营建农田林网、农林间作、片林及村镇绿化中，都应用了欧美杨、美洲黑杨、毛白杨的优良品种，采取各项杨树速生丰产栽培技术，提高了造林质量，既充分发挥生态防护效益，又造就了重要的木材生产基地。

中国的重点林区经过多年大规模采伐，天然林资源日渐贫乏。加快人工用材林建设，对于缓解我国木材供需矛盾和保护环境具有重要意义。1990年国务院批准实施《1989~2000年全国造林绿化规划纲要》，规划在全国建设1亿亩速生丰产用材林。山东不断加大速生丰产用材林基地建设力度，山东省林业厅制订的《山东省林业"九五"计划和到2010年规划纲要》，针对山东森林资源匮乏、木材供需矛盾尖锐等问题，提出建设速生丰产用材林基地的发展目标。规划在山东立地条件好的15个市（地区）、120个县（市、区）"九五"时期建成500万亩、"十五"时期建成600万亩速生丰产用材林基地。

为了加快我国用材林基地建设，1990年林业部启动实施利用世界银行贷款的"国家造林项目"；截至2009年，已先后实施四期世界银行贷款造林项目，项目区覆盖21个省（自治区、直辖市），累计营造765万亩杨树速生丰产用材林。山东是利用世界银行贷款造林的项目省之一。1991~1997年，利用世界银行贷款"国家造林项目"山东分项目在山东的23个县（市、区）共营造项目林113万亩，其中杨树用材林82万亩。1996~2000年中国"森林资源发展和保护项目"山东分项目在山东的22个县（市、区）共营造速生丰产用材林81万亩，其中杨树用材林75万亩。2002~2005年，中国"林业持续发展项目"山东分项目，在山东的16个县（市、区）营造杨树用材林35万亩。山东实施的利用世界银行贷款造林项目，有专门的项目管理机构和管理办法，有世界银行贷款和国内的配套资金支持，有科技人员给予技术指导，重视科研成果和先进技术的推广应用，按照林业部和山东省颁布的有关技术标准、技术规程进行规划和施工，造林质量好，达到杨树人工速生丰产用材林标准规定的生长量指标，获得良好的经济效益。

2000年以后，山东推行"谁造林、谁经营、谁管护、谁受益"的政策，允许社会各类投资主体以承包、租赁方式有偿使用荒山、荒丘、荒沟、荒滩，鼓励和引导非公有制经济单位参与林业工程建设。通过多年造林、管护，至2005年底山东全省速生丰产用材林基地累计保存面积560万亩，其中杨树速生丰产林面积540万亩，占全部速生丰产林面积的96%。按造林主体分，国有或集体造林230万亩，个体造林200万亩，龙头企业造林130万亩。

20世纪90年代以后，山东把发展木材加工业作为调整产业结构、振兴地方经济、增加农民收入的重要举措，各地以杨树木材为原料的制材厂、人造板厂、木器厂及木浆造纸等加工企业发展迅速，临沂、菏泽、聊城等地区都成为重要的杨树木材加工基地。山东的杨树用材林由以往培育农村民用材向培育工业用材转变。对于杨树用材林的栽培技术，要求实行工业用材林定向培育，即根据工业用材的培育目标来选择适宜的品种、造林密度、采伐年限以及其他的配套栽培技术，以便生产出符合工业用材的规格质量要求，适应市场需要的杨树工业用材，特别是市场较紧缺的胶合板用材。

山东的造纸企业需要大量木浆，要求建设造纸用材林原料基地。为实行"林纸结合"，各地的造纸企业应用各种方式建立杨树造纸用材林基地。1999年，山东省和日照市共同投资成立日照木浆有限责任公司，木材资源来源于中国"森林资源发展和保护项目"山东分项目营造的速生丰产林，年产木浆 17 万 t，纸张 5 万 t，年消耗木材 80 万 m³。2000 年，省林业部门协助兖州市太阳纸业股份有限公司启动原料林基地建设项目，采取公司连基地、基地连农户的生产模式，通过租地建自营林、合同回收建协议林的方式，发展以片林为主、"四旁"植树为辅的造纸原料林基地，遍布济宁市 12 个县（市、区），面积 18 万亩。

21 世纪以来，山东加强了林业生态体系建设，实施了多项生态公益林工程项目。其中，平原绿化工程、沙化土地林业治理工程、绿色通道建设工程等大型林业工程项目，杨树都是主要造林树种之一。这些林业工程发挥了显著的生态效益、经济效益和社会效益，在山东的生态建设和经济建设中起到重要作用。

1997~2007 年，伴随着国民经济的快速发展，山东的杨树造林经历了快速发展期。受 2008 年国际金融危机影响，国内经济增速放缓，杨树木材价格下降，影响了部分农民栽植杨树的积极性，2012 年以后山东的杨树造林面积减少。至 2017 年，山东省的杨树用材林面积 947.85 万亩，占全省各树种用材林总面积的 88.46%；杨树用材林蓄积量 4954.25 万 m³，占全省各树种用材林总蓄积量的 91.87%。

二、杨树栽培技术的进步

中华人民共和国成立以来，特别是从 20 世纪 70 年代发展杨树速生丰产林以来，山东的杨树栽培技术有了显著进步，主要体现在以下三个方面：

（一）杨树用材林集约经营

传统的杨树栽培方式为粗放经营，不注意种苗质量，整地简单，栽植后不进行中耕松土、灌溉、施肥等项抚育管理，杨树人工林的生长处于"半野生状态"，生长慢、产量低。

1958 年"大跃进"时期，林业部要求贯彻农业"八字宪法"和造林技术"六项基本措施"，营造速生丰产用材林。一些地方采取深翻土地、密植、增施肥料和灌溉等措施，营造高产的"卫星林"，但因脱离实际的高产指标缺乏科学依据，随后又遇到 1960~1962 年经济困难时期，杨树速生丰产林未能顺利发展下去。

20 世纪 70 年代中期以后，通过总结以往大面积杨树低产林的教训和栽植"卫星林"的有益启示，借鉴农业"精耕细作"的习惯，并学习意大利等国家集约经营杨树用材林的经验，山东进行了集约经营杨树速生丰产林的试验、示范，取得良好的效果。20 世纪 80 年代以后，在山东全省大面积推广杨树速生丰产用材林，栽培技术水平和林木生长量大幅度提高。

集约经营是一种农林业的生产经营方式，相对于粗放经营，林业集约经营就是在单位面积林地上，投入更多的资金、劳力、生产资料，应用先进的科学技术，改善经营方法，从而提高林地的产量和效益。杨树具有速生特性，杨树用材林的材积生长量可达 $20m^3/(hm^2 \cdot a)$ 以上，超过山东其他的用材树种。杨树用材林实行集约经营，增产幅度大，投入的资金和劳动力能获得更高的回报。山东的森林资源较少，木材供需矛盾大；杨树多分布在平原农区，劳动力充裕，农民有农业精耕细作的习惯；杨树是山东适合人工栽培、集约经营的树种，应把杨树作为一种多年生木本作物来栽培，实行适度的精耕细作，充分发挥杨树的速生丰产潜力，获得更高的产量和经济收益。实行集约经营是杨树人工林经营方式和栽培技术的重大变革，是实现杨树科学造林和速生丰产高效的保证。

杨树集约经营要充分应用杨树的科研成果和先进技术，实行科学造林。要根据杨树的树种特性、造林地环境条件、当地的经济条件和杨树人工林的培育目标，拟定各项集约经营的栽培技术措施，包括整地方法、良种壮苗、合理密度、林木灌溉、施肥、修枝抚育、防治病虫害等，并组成综合技术措施的优化栽培模式。使杨树人工用材林具有遗传性状优良的健壮个体，结构合理的群体，适于杨树生长的环境条件，从而实现速生丰产的目标。山东开展了多项杨树丰产栽培技术的科学研究项目，取得的科研成果为杨树集约经营、科学造林提供了理论依据和先进实用技术。

（二）杨树工业用材林定向培育

20世纪80年代以前，山东的杨树用材林主要培育民用材，对发展农村经济和改善人民生活，特别是在解决农民建房用材方面起了重要作用。20世纪80年代末、90年代初，随着农民生活的提高，农村盖房等用途的杨木用量减少，而杨木的工业加工利用没有跟上，造成部分地区以中小径材为主的杨木销路不畅、价格回落，影响了杨树用材林的发展。为了替杨树木材的销售、利用寻找出路，一些木材加工厂利用杨木制作胶合板等产品，并获得丰厚的收益。随着市场经济的发展，山东临沂、菏泽等地区相继建起了一批以杨木为原料的中小型胶合板厂，制作胶合板的原木供不应求。尽管存在木材利用率低、产品质量较差等问题，但是表明山东的杨树人工用材林进入工业利用的新阶段。

按照杨树用材林集约经营和杨树木材工业加工利用的要求，以往的栽培技术还存在不少问题。主要有：部分苗圃育苗密度过大，生产的苗木较细弱。杨树用材林造林密度偏大。部分杨树中龄林分在停止农林间作以后，放弃了土壤管理。大部分用材林没有及时合理修枝，导致干材多节疤，降低了原木质量。杨树虫害严重，天牛类蛀干害虫和部分食叶害虫普遍发生。杨树生产急需解决以上问题，提高栽培技术水平，以适应培育工业用材林的需要。

20世纪90年代以来，林业科研和生产技术人员针对以往杨树栽培技术存在的问题，进行了杨树工业用材林定向培育技术的试验研究和技术推广工作，为培育杨树工业用材林提供先进技术。

杨树质地较软、色白，适于制作胶合板、刨花板、纸浆、包装箱等工业用途。杨树工业用材林的定向培育，就是根据现代木材加工业对原料的要求，如胶合板用材、锯材、纸浆用材等对原木规格、质量、木材加工性能等方面的要求，采用相适应的栽培技术措施，培育适销对路的工业用材。由各个单项栽培技术措施组成定向培育的综合技术及栽培模式。评价栽培技术的科学性、合理性，既要看木材增产效果，又要注重经济效益和成本核算，达到杨树工业用材林速生、丰产、优质、高效的目标，促进杨树的产业化。

制作胶合板是杨树木材的主要用途之一。培育胶合板用材林的技术条件要求较高，要选择杨树适生的造林地，应用速生优良品种的健壮苗木；造林密度和培育年限要适应胶合板用材的规格要求；加强灌溉、施肥、农林间作等技术措施，保证整个培育期间的土壤水分和土壤养分供应；及时合理修枝，加强蛀干害虫的防治，保证杨树干材的质量。

制浆造纸也是杨树木材工业利用的主要用途之一。培育杨树造纸用材林常采用大密度、短轮伐期的经营方式，加强土、肥、水管理，进行萌芽更新。

实行工业用材林定向培育,适应了由培育民用材向工业用材的转变,由小农式分散经营向基地化商品化经营的转变。现代木材加工企业有较大的生产规模,需要符合工业用材要求的批量木材原料,因此应建立较大面积的工业用材林基地。通过营林部门和工业部门联合,实行林工联合或一体化,是促进林业和木材加工业共同发展的重要途径。

(三)杨树造林项目工程造林

工程造林是我国林业部门总结以往造林工作的经验,于20世纪80年代在传统造林基础上提出的,工程造林是我国造林事业的重大改革,也是我国造林事业科学管理的新阶段。

工程造林就是造林工作按工程项目对待,纳入国家的基本建设计划,运用先进的造林技术和现代科学的管理方法,按国家的基本建设程序进行造林工作。把造林工作纳入"按工程管理,按项目投资,按计划设计,按设计施工,按标准验收"的轨道。

实行工程造林,可以改变林业生产的粗放经营方式,解决以往造林工作中存在的面积不实,造林成活率、保存率与林木生长率低的问题,使造林的数量和质量同步提高,取得良好的造林效果。工程造林能促进林业布局更加合理,造林资金得到合理使用,更好地推广利用新的科技成果和新技术。工程造林相对集中成片,可以形成规模,有利于实现基地化,便于管理和集约经营。山东开展工程造林的实践,充分证明了工程造林的优越性。例如,山东省利用世界银行贷款实施的"国家造林项目"山东分项目,用工程造林的办法,营造以杨树为主的速生丰产用材林,造林成活率97.1%,保存率91.1%,推广应用了多项新成果、新技术,基本实现了集约经营,林木生长量达到或超过有关技术标准,取得了显著的经济、生态、社会效益。

实施工程造林项目,包括以下6项程序。

第一,立项。根据工程造林项目选择的原则与条件,确定项目的地点、范围、规模、进度、投资概算等。项目执行单位对项目进行分析论证,写出项目建议书,附可行性研究报告,报上级主管部门审批。

第二,总体规划设计。立项后,按一定的调查设计程序,由专业调查设计部门为该工程造林项目编制总体规划方案。在总体规划方案中,执行各种技术标准和规程,采用新成果新技术。

第三,年度施工设计。是项目执行单位根据总体规划方案,对具体施工地块的详细施工设计。年度施工设计一般以小班为单位,设计树种(品种)、密度、整地方法、造林方法、种苗规格、抚育管理,以及施工时间、劳力安排、经费概算等,编制施工设计书并附图表。

第四,组织造林施工。项目执行单位根据批准的施工设计,按小班组织施工。施工过程中,各项作业都必须执行设计的内容和质量要求,完善责任制。

第五,检查验收。工程造林要进行各个阶段的检查验收和竣工检查验收。阶段性检查验收以施工设计为依据,主要检查造林进度、质量是否达到要求,造林经费使用是否合理。竣工验收的依据是总体规划设计书、年度施工设计书,现行的技术标准、规程以及检查验收规范等。竣工验收的要求是:工程项目按规划设计全部施工完毕,达到规定的质量标准,技术档案齐全。

第六，建立档案。按工程造林的程序，从立项开始，一直到竣工验收，要汇集保存项目实施过程中的文件、资料、图表等。通过对档案资料的分析，为工程项目的考核、质量评定及后续管理提供科学依据。

20世纪80年代以来，山东省利用外资建设的大型造林项目，包括世界粮食计划署援建的聊城地区速生丰产林项目（代号为中国2606-1），利用世界银行贷款建设的"国家造林项目""森林资源发展和保护项目""林业持续发展项目"等，都是按照工程造林的程序、要求和管理办法实施的，均达到了高标准、高水平、高效益的目标，按期通过了竣工验收。这些项目的建成，对促进山东林业的发展，提高山东杨树造林的生产技术和经营管理水平，起到重要作用。

三、杨树栽培的科研工作

杨树是山东主要的用材林树种和平原绿化树种，杨树栽培技术研究是山东林业科研的重要课题之一。针对山东杨树生产中的关键技术问题，山东省林业科学研究院（原山东省林业科学研究所）、山东农业大学林学院和山东省各市（地区）的林业科研、生产单位都开展了杨树丰产栽培技术的试验研究与技术推广工作，中国林业科学研究院林业研究所也在山东的临沂、聊城等地开展了杨树丰产栽培技术的试验研究。

杨树栽培研究的内容有：山东主要杨树种类的生物学特性，杨树适生立地，杨树用材林合理群体结构，杨树造林施工技术，杨树用材林合理灌溉技术、合理施肥技术，杨树修枝抚育技术，杨树用材林农林间作技术，杨树用材林采伐更新技术，连作杨树用材林维护地力技术，以及胶合板用材林定向培育的综合技术、造纸用材林定向培育的综合技术等。在研究工作中，应用了森林培育学、森林生态学、树木生理学、土壤肥料学、森林经理学等学科的基础理论知识；对各项研究内容采用了田间定位试验，不同类型现有杨树林分的调查研究，以及总结生产技术经验等方法。经多年研究工作，获得丰富的试验研究资料，取得多项具有先进水平和实用价值的研究成果，为山东发展杨树用材林提供了科学、先进、实用的栽培技术，对于提高山东杨树栽培的科学技术水平，促进山东的杨树生产发挥了重要作用。

第二节 杨树的生物学特性

一、杨树对环境条件的要求

（一）光照

树木生命活动的能量来自太阳辐射，由树木的光合作用将太阳辐射能转化为化学能，积蓄在合成的有机物质中。通过大气层投射到地面上的太阳辐射，由各种不同的波长组成，波长在 $0.29 \sim 30 \mu m$ 之间。其中被树木叶绿素吸收具有生理活性的波段称为生理辐射，波长在 $0.4 \sim 0.7 \mu m$ 之间，与可见光的波段基本相符。

光的强度、性质、日照长短直接影响着树木的各种生理活动、形态结构和生长发育。光是树木最重要的生态因子之一。

杨树是喜光树种，不耐庇荫。在育苗阶段，如果光照不足，则苗木生长衰弱。成片造林，如果林分密度过大，林木的树冠发生对光的竞争，树冠底层枝叶因受光不足而生长衰弱，提早发生自然整枝。如若上方或侧方庇荫，杨树的生长发育就要受到压抑。在杨树和其他乔木树种构成的混交林中，杨树总是形成上层林冠，也是杨树喜光的表现。

不同种类的杨树，其喜光程度有所差别，可按杨树的喜光程度划分为3个组。最喜光组：新疆杨、毛白杨、窄冠白杨3号（响叶杨×毛新杨）等；很喜光组：黑杨派的欧洲黑杨、美洲黑杨及欧美杨等；喜光组：青杨派的青杨、小叶杨等。

杨树对日照长短和光照强度有一定的要求。如欧美杨在每年生长期间的日照时数应不低于1400h。欧美杨进行正常光合作用的光照强度应在12000 lx以上，当光照强度低于12000 lx，光合速率和蒸腾速率就会下降。光合作用的光饱和点为3万~5万lx，在盛夏中午光照强度10万lx的情况下，也不会出现明显的叶片萎蔫等"午休现象"，光合作用的光补偿点约为2000 lx。

杨树多为长日照植物，在我国多分布在长江以北的中纬度地区。不同种类的杨树对昼夜光周期的反应不同。如将北方的杨树向南引种，杨树会生长缓慢，枝条提前木质化，秋季提前封顶与落叶。而将南方的杨树向北引种，秋季封顶、落叶的时间较迟，会受早霜冻的损害。

（二）温度

太阳辐射是光的来源，也是热量的来源。热量是树木生命活动中的重要条件，关系着树木的各种生理活动与生长发育。每种树木的地理分布，都受到温度的限制。温度也是杨树分布与栽培区划的主要影响因素之一。

中国自然分布及引种栽培的杨树种类众多，不同种类杨树适合的温度条件有所差别。按照杨树对温度的要求，可以分为3个组。很喜温组：美洲黑杨的南方型无性系等；喜温组：欧美杨的大部分无性系、部分美洲黑杨无性系、毛白杨、新疆杨、小叶杨等；中温组：部分青杨派的种，部分青杨派的种与欧洲黑杨的杂种，部分山杨亚派的种。其中，很喜温组杨树适生于中国的北亚热带地区以及暖温带的南部，喜温组杨树适生于中国的暖温带地区，中温组杨树适生于中国的中温带地区。

山东省地处暖温带，适宜栽培的杨树喜温而不十分耐寒。毛白杨在年平均气温7~16℃范围内均可生长，其适宜栽培区的年平均气温11~15℃，生长期内的平均温度19℃左右。欧美杨在欧洲生产力高的地区，年平均气温不低于9.5℃，生长期内平均温度大约为16.5℃。沙兰杨、I-214杨等欧美杨品种在我国适宜栽培区的年平均气温为11~15℃，最冷月平均气温-5~-1℃，≥10℃积温3900~4700℃，无霜期180~240天。欧美杨和毛白杨的耐寒能力较强，山东各地的温度条件均适于大部分欧美杨品种和毛白杨的生长。

20世纪70年代，我国从意大利引进了美洲黑杨南方型无性系I-69杨、I-63杨，以及性状近似于上述两个无性系的欧美杨无性系I-72杨，以后在我国的长江中下游平原、黄淮平原等地引种栽培。徐锡增、吕士行等（1989）根据3个无性系在各地的生长量与当地气象因子的相关性，提出南方型无性系的引种区划。3个喜温暖南方型无性系最适宜引种栽培区的年平均气温16~18℃，≥10℃积温5200℃左右，极端最低气温-12~-8℃。适宜引种栽培区的年平均气温14~15℃，≥10℃积温在4500℃以上，极端最低气温不低于-20℃。尚适宜引种栽培区的年平均气温12~13℃，极端最低气温-22℃，个别年份有冻害。山东的鲁西南及鲁中南南部属于这些南方型无性系的适宜引种栽培区，山东其他地区属于尚适宜引种栽培区。3个无性系的耐寒性能也有差别，其中I-69杨的耐寒性较强。

自20世纪90年代以后，山东陆续引种栽培T26杨、T66杨等美洲黑杨无性系，后来又栽培了以I-69杨、I-72杨、T26杨、T66杨等为亲本的杂种无性系，如中菏1号杨、鲁林2号杨、鲁林3号杨、鲁林9号杨等。这些无性系均有喜温暖特性，对温度的要求与I-69杨相近，适于在山东的鲁南、鲁西南以及胶东西南部的适生立地上栽培。

温度是影响杨树年生长节律和物候期的主要环境因子之一。春季杨树萌芽期，要求日平均气温达到10℃以上。山东7月的平均气温可达到27℃以上，是全年中杨树的高、径生长最迅速的时期。

(三) 水分

水分是构成树木的必要物质成分，又是树木赖以生存的必需生活条件。杨树喜湿润，相当于一般的中生树种或中湿生树种。不同杨树的喜湿程度有差别，山东栽培的毛白杨、窄冠白杨、小钻杨较耐旱，欧美杨较喜湿，美洲黑杨南方型无性系更喜湿。

王世绩等(1982)根据对10种杨树苗木的蒸腾速率、蒸腾耗水量、蒸腾速率与光合速率的比值、保水力等水分生理指标的综合分析，将10种杨树的喜水及耐旱性分成5个组。

```
                        耐    旱
  I-72杨    I-214杨              小黑杨        小叶杨
                      北京杨                   群众杨
  I-69杨    沙兰杨               美小杨        合作杨
                        喜    湿
```

姜岳忠等(2000)对部分黑杨派无性系进行2种水分条件下的光合速率测定。在土壤含水量降至10%的干旱条件下，L35杨、107号杨、中林23杨、中林46杨的光合速率较高，而I-69杨、中菏1号杨的光合速率较低，也反映了不同无性系耐旱性能的差异(表3-2-1)。

表3-2-1　6个黑杨派无性系在2种水分条件下的光合速率比较　　　　　　$\mu molCO_2/(m^2 \cdot s)$

土壤含水量	L35杨	107号杨	中林23杨	中林46杨	I-69杨	中菏1号杨
22%	12.40	11.20	15.05	15.91	12.94	11.60
10%	8.41	6.87	6.35	5.85	3.62	3.43

降水是林地土壤水分的主要来源。不同种类的杨树，其适宜栽培区的降水量有差别，毛白杨适宜栽培区的年降水量为500~900mm，欧美杨适宜栽培区的年降水量为600~1000mm，美洲黑杨南方型无性系适宜栽培区的年降水量为800~1200mm。

欧美杨和美洲黑杨要求在整个生长期内都有湿润的土壤条件，根系最好能伸展到接近地下水位。在山东，欧美杨和美洲黑杨多栽植于平原、河滩的潮土、河潮土上。生长期内地下水位1.5~2.5m，杨树生长最好；地下水位深于3m，则生长量下降。毛白杨喜湿润土壤，也可适应地下水位较深的土壤。如鲁西平原地区缓平坡地潮土的地下水位一般在2~3m，鲁西平原地区岗地褐土化潮土的地下水位一般3~5m，鲁中南低山丘陵区潮褐土的地下水位一般为4~5m，毛白杨均生长良好。

杨树较耐淹，汛期流动的河水连续淹水1个月以内，黑杨类和小钻杨类的杨树仍能生长正常。但低洼积水地，停滞的死水会导致杨树根系缺氧，对杨树生长有不良影响。河滩杨树造林地的地下水位不应浅于0.6~0.8m，地下水位过浅时应挖沟台田。平原低洼地区的杨树，雨季应注意排涝。

(四) 土壤

杨树是速生的乔木树种，树体高大，要求深厚、疏松、肥沃的土壤。

1. 土壤有效土层厚度

土壤有效土层是指树木根系能够正常生长的土层。土壤有效土层厚度与土壤能够供给杨树的水分、养分数量有关，与杨树根系的分布及地上部分的生长状况有密切关系。杨树根系发达，在土层深厚、土壤质地适合的林地，主根深度可达1.5m以上。土壤有效土层厚度80cm以上适于杨树生长，土壤有效土层厚度50~80cm尚能栽植杨树，土壤有效土层厚度50cm以下不宜栽植杨树。

山东的平原地区，土层一般都较深厚，但一些土壤障碍层次影响土壤有效土层的厚度，如砾石层、黏盘层、砂姜层等。地下水位过高，也会使土壤有效土层厚度受限。遇到以上情况，需要实施相应的整地措施来增加土壤有效土层厚度，以利杨树生长。在丘陵地区栽植杨树，需选择土层厚度50cm以上的地段，并进行深翻整地。

2. 土壤质地

土壤质地影响土壤的水、肥、气、热状况，影响杨树根系的伸展，与杨树生长的关系密切。砂土类的土质疏松、粒间孔隙大，通气良好，保水保肥力差。黏土类的土质黏重，耕作较困难，粒间孔隙小，通气不良，保水保肥力强。壤土类兼有砂土类和黏土类的优点，具有较适宜的保水保肥性能、通气性能和良好的耕性。

欧美杨和美洲黑杨品种在轻壤土上生长最好，其次是砂壤土、紧砂土，而在重壤土、黏土上生长不良(表3-2-2)。

表3-2-2 不同土壤质地7年生I-214杨生长量比较(行株距4m×3m)

测树因子	松砂土	紧砂土	砂壤土	轻壤土	中壤土	重壤土	黏土
树高(m)	15.6	18.0	18.5	19.1	17.7	14.1	12.3
胸径(cm)	16.8	18.3	18.7	19.0	18.0	14.7	13.1

毛白杨喜壤质土壤，在砂质和黏质土壤上生长较差。在聊城地区，毛白杨在壤质潮褐土上的材积年平均生长量为$12.77m^3/(hm^2 \cdot a)$，砂质夹壤潮土上为$8.42m^3/(hm^2 \cdot a)$，砂质潮土上为$6.29m^3/(hm^2 \cdot a)$，黏质潮褐土上为$5.79m^3/(hm^2 \cdot a)$(刘寿坡等，1985)。

3. 土壤容重

土壤容重是田间状态下单位体积(包含孔隙)的干土重。土壤容重与土壤质地、土壤结构、有机质含量以及耕作等因素有关。砂土的容重较大，黏土的容重较小；富含有机质而结构良好的土壤容重较小；疏松的耕作层土壤容重较小。土壤容重是紧实度的一个指标，也是土壤熟化的一个指标。土壤容重较小的疏松土壤，土壤孔隙度较大，土壤的通气性和透水性好，有利于土壤水、肥、气、热的协调，有利于杨树根系的伸展和树体的生长。

柯贤师等（1982）、李琪等（1990）使用山东部分欧美杨用材林的标准地调查资料，进行欧美杨生长量与土壤容重的相关性分析，杨树的树高、胸径生长量与土壤容重呈负相关。在平原、河滩的轻壤质、砂壤质、细砂质潮土上，土壤容重在 $1.1\sim1.4\text{g/cm}^3$ 的范围内，杨树的生长量差别不显著；土壤容重超过 1.4g/cm^3，则生长量明显下降。该数值可作为评价和选择杨树用材林造林地的参考指标。

4. 土壤养分

杨树是喜肥树种，杨树生长量与土壤养分含量的相关性比较显著。王彦、李琪等（1990）应用鲁西平原潮土立地和鲁南河滩河潮土立地的欧美杨用材林标准地资料，以林龄 7 年时的平均树高值与土壤有机质、有效氮、有效磷、速效钾进行回归分析（表 3-2-3、表 3-2-4）。鲁西平原潮土立地的数学模型为：

土壤有机质　　$H=10.234+1.386x$　　$r=0.73$
土壤有效氮　　$H=9.414+0.366x$　　$r=0.88$
土壤有效磷　　$H=11.741+2.543x$　　$r=0.59$
土壤速效钾　　$H=11.092+0.053x$　　$r=0.58$

鲁南河滩河潮土立地的数学模型为：

土壤有机质　　$H=12.987+0.876x$　　$r=0.69$
土壤有效氮　　$H=10.160+0.337x$　　$r=0.83$
土壤有效磷　　$H=15.739+0.742x$　　$r=0.53$
土壤速效钾　　$H=13.610+0.054x$　　$r=0.65$

各种养分相比，以土壤有效氮含量与树高值的相关系数最大，表明土壤有效氮对欧美杨生长的影响最大，其次为土壤有机质。

表 3-2-3　鲁西潮土立地土壤养分含量与 7 年生欧美杨林分树高值的关系

土壤有机质		土壤有效氮		土壤有效磷		土壤速效钾	
有机质含量（g/kg）	树高预测值（m）	有效氮含量（mg/kg）	树高预测值（m）	有效磷含量（mg/kg）	树高预测值（m）	速效钾含量（mg/kg）	树高预测值（m）
2	13.0	10	13.1	1.0	14.3	40	13.2
3	14.4	15	14.9	1.5	15.6	60	14.3
4	15.8	20	16.7	2.0	16.8	80	15.4
5	17.2	25	18.6	2.5	18.1	100	16.4
6	18.6	30	20.4	3.0	19.4	120	17.5
7	19.9	35	22.2	3.5	20.6	140	18.5
8	21.3	—	—	4.0	21.9	160	19.6
9	22.7	—	—				

表 3-2-4　鲁南胶东河潮土立地土壤养分含量与 7 年生欧美杨林分树高值的关系

土壤有机质		土壤有效氮		土壤有效磷		土壤速效钾	
有机质含量 （g/kg）	树高预测值 （m）	有效氮含量 （mg/kg）	树高预测值 （m）	有效磷含量 （mg/kg）	树高预测值 （m）	速效钾含量 （mg/kg）	树高预测值 （m）
3	15.6	10	13.5	1.0	16.5	40	15.8
4	16.5	15	15.2	1.5	16.9	60	16.9
5	17.4	20	16.9	2.0	17.2	80	18.0
6	18.2	25	18.6	2.5	17.6	100	19.0
7	19.1	30	20.3	3.0	18.0	120	20.1
8	20.0	35	22.0	3.5	18.3	140	21.2
9	20.9	40	23.6	4.0	18.7	160	22.3
10	21.7	—	—	—	—	—	—

营造杨树速生丰产林的造林地，应有较高的土壤养分含量。按照山东杨树用材林的林地土壤条件，营造欧美杨和美洲黑杨速生丰产林的造林地，要求土壤有机质含量大于 6g/kg，土壤有效氮含量大于 25mg/kg。

5. 土壤酸碱度与土壤含盐量

不同杨树种类对土壤酸碱度的适应范围有所差别，多数杨树适应中性土壤。山东栽培的杨树中，美洲黑杨、欧美杨适于 pH 6.0~7.5 的土壤，毛白杨、小钻杨等适于 pH 6.0~8.0 的土壤。有的毛白杨与小钻杨品种，如易县毛白杨雌株、八里庄杨等，在 pH 8.5 的土壤也能适应。

土壤含盐量是土壤中可溶性盐的含量，可溶性盐类包括钠、钾、钙、镁的硫酸盐、盐酸盐、碳酸盐与酸性碳酸盐。土壤含盐量和盐分组成对杨树的成活、生长有密切关系。不同种类杨树的耐盐能力有差别，如毛白杨、小钻杨的耐盐能力较强，欧美杨次之，美洲黑杨的耐盐能力较弱。

山东省林业科学研究所盐碱地造林试验站位于寿光县北部，渤海之滨，属滨海盐渍土区，原始荒地的含盐量 1%~2%。自 20 世纪 60 年代以来，经过挖沟、修条田及蓄水排盐，大部分土地已脱盐，成为含盐量 0.2% 左右的轻度盐化土。20 世纪 70~80 年代，该试验站对 43 个杨树品种进行苗期和造林试验，主要以成活率和生长表现评价不同杨树品种的耐盐力。经造林试验，生长表现较好的有小钻杨品种八里庄杨、山东二杨、群众杨，毛白杨优良品种河北易县毛白杨雌株，以及新疆杨等，在轻度盐化土上的生长量可超过加杨（表 3-2-5）。

表 3-2-5　寿光试验站盐化土壤部分杨树的生长表现

树种、品种	年龄 （a）	平均树高 （m）	树高与对照的比值 （%）	平均胸径 （cm）	胸径与对照的比值 （%）
易县毛白杨		8.23	100.5	9.60	104.2
山东二杨		11.20	136.8	13.40	145.5
八里庄杨	10	11.72	143.1	12.31	133.7
北京杨		4.38	53.5	4.80	52.1
加杨（ck）		8.19	100.0	9.21	100.0

(续)

树种、品种	年龄（a）	平均树高（m）	树高与对照的比值（%）	平均胸径（cm）	胸径与对照的比值（%）
群众杨	6	7.76	127.2	7.84	116.1
八里庄杨		6.73	110.3	6.93	102.7
健杨		5.74	94.1	5.53	81.9
加杨(ck)		6.10	100.0	6.75	100.0

对造林试验表现较好的八里庄杨、群众杨、毛白杨、新疆杨等，在寿光试验站不同含盐量的土壤上进行了育苗和造林试验，观测杨树的生长表现，进一步了解这些树种、品种的耐盐力(表3-2-6)。

表 3-2-6　几种杨树在寿光试验站不同含盐量土壤上的生长表现

树种	年龄	土壤pH	土壤盐分(%)							生长表现
			含盐量	CO_3^{2-}	HCO_3^-	Cl^-	SO_4^{2-}	Ca^{2+}	Mg^{2+}	K^++Na^+	
八里庄杨	插条苗	8.0	0.162	—	0.0912	0.0137	0.0094	0.0050	0.0027	0.0402	苗木齐全，生长旺盛
		8.4	0.223	0.0073	0.0879	0.0452	0.0139	0.0037	0.0047	0.0605	部分幼苗在发芽后回芽，成苗稀疏
		8.0	0.285	—	0.1038	0.0747	0.0089	0.0044	0.0034	0.0900	苗木不能成活
	植苗造林当年	8.5	0.246	0.0126	0.0602	0.0616	0.0267	0.0054	0.0026	0.0771	全部成活，幼树健壮
		8.7	0.334	0.0125	0.0769	0.0993	0.0238	0.0027	0.0019	0.1171	90%成活，长势较弱，叶片色浅而小
		8.5	0.355	0.0070	0.0726	0.1216	0.0283	0.0027	0.0014	0.1215	33%成活，大部分在发芽后回芽
	6年生林	8.9	0.207	—	0.1217	0.0099	0.0165	0.0042	0.0026	0.0520	树高7.2m，胸径6.6cm，单株材积0.0123m³
		9.2	0.334	0.0145	0.1103	0.0432	0.0473	0.0032	0.0023	0.1130	树高6.0m，胸径5.6cm，单株材积0.0074m³
群众杨	6年生林	8.2	0.127	0.0016	0.0625	0.0081	0.0172	0.0052	0.0023	0.0302	树高7.8m，胸径7.8cm，单株材积0.0187m³
		8.4	0.218	0.0039	0.0921	0.0243	0.0309	0.0044	0.0034	0.0585	树高5.1m，胸径5.1cm，单株材积0.0052m³
毛白杨	植苗造林当年	7.7	0.113	0.0037	0.0339	0.0376	0.0027	0.0090	0.0070	0.0193	叶色深绿，生长旺盛
		—	0.287	0.0037	0.0729	0.0917	0.0202	0.0150	0.0077	0.0761	叶色深绿，顶芽生长正常
		8.0	0.319	0.0073	0.1649	0.0377	0.0101	0.0062	0.0042	0.0887	叶色较浅，生长尚正常，有轻微碱害
		7.8	0.577	—	0.1367	0.1944	0.0460	0.0176	0.0122	0.1699	枝梢干枯20cm，下部叶片枯黄，受盐害严重
新疆杨	3年生林	8.2	0.111	—	0.0404	0.0181	0.0159	0.0095	0.0030	0.0238	保存率83%，树高4.2m，胸径4.4cm，枝叶茂盛
		8.9	0.231	0.0039	0.0559	0.0588	0.0314	0.0031	0.0026	0.0748	保存率44%，树高2.1m，胸径1.6cm，枝叶正常
		8.1	0.324	0.0039	0.0614	0.0603	0.0872	0.0038	0.0040	0.1034	保存率17%，树高1.1m，个别叶片缺绿干枯
		8.5	0.482	0.0039	0.0419	0.2076	0.0462	0.0072	0.0042	0.1712	仅保存个别单株，树高0.5m，叶片缺绿干枯

八里庄杨苗期耐盐能力较差，土壤含盐量0.2%以下扦插苗生长良好，土壤含盐量0.3%左右苗木就不能成活。随着年龄增加，耐盐能力提高。造林地土壤含盐量0.25%左右，幼树生长良好；造林地土壤含盐量0.3%，大部分幼树能成活，但长势较弱；土壤含盐量0.35%，则造林成活率只有30%左右。

对4种杨树在滨海盐渍土地区不同含盐量土壤上的幼林生长表现进行分析，杨树的耐盐能力较低，在土壤含盐量0.2%以下的造林地，4种杨树能稳定生长，成林成材；含盐量0.3%的造林地，虽能成活，但生长慢，难以成材；含盐量0.35%~0.4%的造林地，成活率低,受盐害重,不宜造林。

不同盐分组成对杨树生长的影响也有差异,其中杨树对 CO_3^{2-} 和 Cl^- 最敏感。CO_3^{2-} 是碱化土的标志,当土壤中 CO_3^{2-} 含量达 0.005%~0.007%时,杨树生长就受到限制。Cl^- 是滨海盐渍土的主要成分,含量高、活动性强、危害大,杨树根系分布层的 Cl^- 含量达 0.1%,杨树生长就明显受抑,Cl^- 含量达 0.15%~0.2%时,杨树不能成活。土壤中 CO_3^{2-} 和 Cl^- 的含量是衡量盐化土壤是否适于杨树造林的主要因素。

20 世纪 90 年代,山东选育了一些新的杨树品种。寿光试验站在土壤含盐量 0.2%的育苗地上对部分黑杨派品种进行了插条育苗试验,成活率较高、生长量较大的为欧美杨品种 I-214 杨、中林 46 杨、107 号杨等,其次为 L323 杨、L324 杨,成活率和生长量较低的为美洲黑杨品种 I-69 杨、T26 杨等(表 3-2-7)。

表 3-2-7 寿光试验站部分黑杨派品种插条育苗试验

观测项目	I-214	中林 46	107 号	108 号	L35	L323	L324	I102	I-69	T26	T66	中菏 1 号
育苗成活率(%)	65.0	63.8	62.5	62.5	64.0	58.8	55.0	48.8	45.0	47.5	42.5	38.0
苗高(m)	0.89	1.11	0.89	0.88	0.93	1.00	0.95	0.75	0.63	0.62	0.68	0.42
地径(cm)	0.85	0.99	1.01	0.94	0.99	1.00	0.93	0.94	0.63	0.78	0.84	0.58

2000 年以后,东营市滨海地区营建的杨树用材林及水系绿化,选用的造林品种以 107 号杨、108 号杨为主,在土壤含盐量 0.2%的造林地上生长正常。

山东鲁西南、鲁西北的内陆地区分布有部分内陆盐碱地,常见于黄河或黄河故道两侧的背河槽状洼地和封闭洼地,土壤盐分有硫酸盐、氯化物、碳酸氢钠等不同类型。龚洪柱等(1989)在平原县前曹乡内陆盐碱地造林试验,八里庄杨在土壤含盐量 0.28%的造林地上可正常生长,毛白杨在土壤含盐量 0.25%的造林地上可正常生长。庞金宣等(2000)用山海关杨×塔形小叶杨杂种中选出的鲁杨 6 号、鲁杨 31 号、鲁杨 69 号、鲁杨 70 号,在齐河、临邑、巨野 3 县土壤含盐量 0.16%~0.41%的内陆盐碱地上建立 7 片试验林,这 4 个品种在土壤含盐量 0.16%~0.35%的造林地上可正常生长。

树木的耐盐力是盐碱地造林选择造林树种和造林地的重要指标。树木的耐盐力是树木能忍受盐渍化并具有产量的能力,一般是用树木生长已受到土壤盐分的抑制,但不显著降低成活率和生长量时的土壤含盐量来表示。树木的耐盐力因树种而异,同一树种的耐盐能力因年龄大小、树势强弱以及土壤盐分种类、土壤质地及含水率的不同而有差别。树木的耐盐能力随着树龄的增长与树势的增强而提高,一般将某个树种 1~3 年生幼树的耐盐能力作为该树种的耐盐力指标。山东栽培的杨树,毛白杨、八里庄杨等,耐盐力可达 0.25%~0.3%;107 号杨、108 号杨、L35 杨、鲁林 1 号杨等,耐盐力 0.2%左右;I-69 杨、T26 杨等美洲黑杨品种,耐盐力 0.15%左右。

当造林地的土壤含盐量达到杨树的耐盐力指标时,杨树能够成活、成林、成材,但生长已受到土壤盐分的抑制,木材产量难以达到丰产的要求。若营造杨树速生丰产用材林,杨树生长不应受到土壤盐分的抑制,造林地的土壤含盐量应低于杨树耐盐力指标。如营造欧美杨品种速生丰产林，造林地的土壤含盐量应低于0.15%；营造美洲黑杨品种速生丰产林，造林地的土壤含盐量应低于0.1%。

二、杨树的生长习性

(一)杨树的年生长

1. 杨树年生长的周期

随着一年中季节的变化，杨树的年生长呈现有规律的周期性变化。根据一年内杨树的物候期和生长速率，可把杨树的年生长周期划分为萌动期、春季营养生长期、夏季营养生长期、封顶充实期和休眠期等阶段。杨树的年生长周期受杨树种类和气候条件、栽培措施的影响，不同杨树种类、不同地区及不同年度，杨树年生长各个阶段到来的迟早和延续时间有所差别，但其周期规律性是一致的。

(1)萌动期　在山东，经过越冬休眠的杨树叶芽，一般从2月下旬开始至3月中旬，进入芽膨大期。越冬芽逐渐肥大、鲜润，芽鳞间隙逐渐松动并露出绿色，芽内分泌较多黄色黏液。随着芽的开始活动，地下根系也开始较多地吸收水分。叶芽的膨大进程受气温高低的影响，在白天气温高于15℃的晴天，芽体膨大明显；而当寒冷的北风过境，气温低于5℃的阴冷天气，芽体膨大过程暂时中止。杨树叶芽的膨大期早晚，还与杨树品种、树龄、地势等有关。

经过芽膨大期的孕育，一般在3月下旬至4月初，气温明显回升，日平均气温10℃以上的情况下，杨树叶芽的鳞片开裂、脱落，芽内幼茎伸长，直至第一个叶片初展，即为萌芽期。单一叶芽的萌芽过程一般3~4天，气温高时较快，气温低时较慢。由于不同枝类的萌芽早晚差异，一株树的萌芽过程历时7~10天。

杨树叶芽萌芽期的早晚与地区、天气、杨树品种、树龄、树势等有关。山东各地杨树的萌芽期以鲁西南最早，胶东最迟，可相差15~20天。多数欧美杨品种萌芽期较早，美洲黑杨南方型品种萌芽期较迟。天气变化影响萌芽期的早晚和历期，寒冷北风或阴雨，明显推迟萌芽期。在山东境内，萌芽期的晚霜、低温一般不会对杨树发生明显伤害。

萌芽是新的年度新梢、叶片形成及树干生长的起点。在萌芽之前，应完成幼林的整形修剪，对冬春持续干旱的林地应灌好萌芽水。

(2)春季营养生长期　杨树叶芽萌芽之后，进入春季营养生长期，历时30天左右。在这一时期，新梢迅速伸长生长，陆续展出叶片，单叶面积扩大，叶片增厚，叶色由浅绿变为深绿，叶面积的增长与嫩枝的生长同时进行。到4月底、5月初，短枝形成顶芽，暂时中止生长。长枝一般不封顶，生长势也减缓。在这一时期，通过梢叶的生长，形成浓密的树冠。叶片已开始进行光合作用，枝干开始加粗生长，根系也开始生长并加强对土壤水分的吸收。

春季营养生长期以梢叶生长为主。影响春季生长的因素，包括前一年度树体有机营养的积累，春季土壤水分、土壤养分条件等。及时适量地灌溉、施肥，是促进杨树梢叶生长的重要措施。

(3)夏季营养生长期　5月中旬以后，杨树进入夏季营养生长期。随着气温升高，杨树光合功能增强。用于梢叶生长的有机营养物质减少，更多的光合产物用于树干生长。树木形成层细胞活跃地分裂增殖，促进树干直径生长；顶端分生组织的增殖，促进树高生长。在山东，杨树的夏季营养生长期可持续90~100天，到8月中下旬结束，这一时期是树干增长为主的生长期，集中了全年的大部分树高和直径生长量。

杨树在夏季营养生长期内生长量的大小，受杨树种类、树势，光照、土壤水分、土壤养分等多种因素影响。山东一般在6月出现一段时间的高温干旱，杨树生长常出现停滞现象，在年生长曲线上出现马鞍形；而在人工灌溉的条件下，杨树可持续生长。在降雨丰沛、土壤水分较充足的年份，土壤养分不足会明显影响树干的生长。夏季营养生长期是对杨树及时灌溉、施肥以及防治病虫害的重要时期。

(4)秋季封顶充实期　进入9月，山东杨树的长梢开始形成顶芽，树高生长逐渐停止，树干的直径生长也明显减缓，杨树进入秋季营养物质积累期，直至落叶之前。9~10月，山东的温度适宜，光照条件良好，有利于光合产物的生产和积累。秋季的有机营养物质积累可以促进根系的生长和吸收活动，提高枝条的营养物质含量和越冬能力，有利于芽体分化和安全越冬，并促进来年春梢和叶片的生长。

11月上旬至中旬，山东日平均气温降至10℃以下，杨树叶片逐渐变黄，叶柄产生离层，多在遇有风雨时集中脱落。不同地区、不同年份、不同杨树种类、不同树势，落叶期的早晚有所差别。山东东部冬初降温平缓，落叶期较迟。健壮的幼树多有长梢，生长期较长，落叶较迟。杨树落叶之前，叶内的有机营养物质和矿质营养物质大多向枝干和根部回流，增加树木的营养物质贮存。

山东常发生秋旱，严重秋旱影响杨树的光合作用，还会使叶片早衰早落。有的年份，因雨季连阴积涝，发生叶部病害，导致大面积杨树林发生秋季提前落叶，被迫提前进入休眠期，严重影响来年的生长。

在秋季封顶充实期，仍要重视杨树的抚育管理，以保证杨树正常的光合生产和营养物质积累，尤其要避免发生提前落叶。

(5)冬季休眠期　冬季杨树落叶后，进入休眠期，历时3个月左右，到第二年芽萌动期之前。休眠状态的杨树停止枝干生长，仍进行微弱的生理活动，包括根系的吸收作用、根系与枝干的呼吸作用、枝干散失水分。休眠期枝条的细胞汁液浓度增加，抗寒性增强。

2. 杨树树高与胸径的年生长节律

树高与胸径是表示树干生长的两个主要测树因子，杨树人工林的树高与胸径在一年内的变化也有周期性的节律。

(1)杨树树高、胸径随季节的变化　杨树的树高、胸径生长随季节和生长阶段发生变化。春季杨树发芽后，树高就开始增长；5月进入夏季营养生长期，树高生长加速；9月以后，杨树开始进入封顶充实期，树高生长逐渐减缓，直至主梢封顶。胸径的年生长节律与树高生长趋势一致，胸径年内的速生期略早于树高速生期，进入速生期后胸径生长比较稳定，秋季胸径停止生长的时间也比树高停止生长时间略迟。

在长清县(今济南市长清区)黄河滩区的西仓庄，对欧美杨品种I-214杨和美洲黑杨品种I-69杨的幼林进行年生长观测。两品种幼林的年生长节律相似，年内树高生长速生期均为5月中旬至8月下旬，胸径生长速生期均为5月上旬至8月下旬；I-214杨的树高、胸径在秋季停止生长的时间为 10 月上旬，I-69 杨树高、胸径在秋季停止生长的时间为 10 月中旬（图 3-2-1、图 3-2-2）。

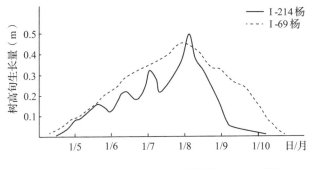

图 3-2-1　I-214 杨和 I-69 杨幼林树高年生长节律

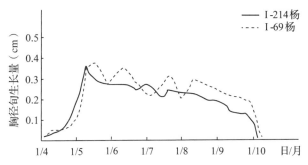

图 3-2-2　I-214 杨和 I-69 杨幼林胸径年生长节律

（2）环境因子对年生长节律的影响　杨树树高和胸径的年生长节律受环境因子的影响。在长清县西仓庄对 I-214 杨、I-69 杨进行全年生长期内每旬的树高、胸径生长量和环境因子的观测，用数量化理论 I 方法分析杨树树高、胸径旬生长量与环境因子的关系（表 3-2-8）。

表 3-2-8　2 种杨树旬生长量与环境因子数量化得分表

项目	类目	I-214 杨				I-69 杨			
		树高		胸径		树高		胸径	
		得分	范围/偏相关	得分	范围/偏相关	得分	范围/偏相关	得分	范围/偏相关
气温（℃）	10.0~15.0	0.02		-0.033		-0.08		-0.04	
	15.1~20.0	0.05	0.37/0.77	0.007	0.25/0.57	0.00	0.31/0.67	0.02	0.25/0.53
	20.1~27.0	0.19		0.157		0.17		0.18	
	27.1~29.0	0.39		0.217		0.23		0.21	
土壤含水量（%）	7.0~11.0	-0.04		0.101		-0.03		0.07	
	11.1~15.0	-0.02	0.14/0.48	0.101	0.22/0.29	0.05	0.11/0.34	0.10	0.14/0.17
	15.1~19.0	0.01		0.111		0.08		0.11	
	19.0 以上	0.08		0.191		0.03		0.12	
空气相对湿度（%）	35~50	0.007		-0.01		-0.04		0.006	
	51~75	0.017	0.01/0.05	0.00	0.08/0.30	0.09	0.15/0.41	0.004	0.04/0.12
	75 以上	0.007		-0.09		0.11		-0.036	
日照时数（h）	39.0~70.0	0.004		-0.007		-0.01		-0.002	
	70.1~90.0	-0.056	0.06/0.25	-0.017	0.05/0.11	-0.01	0.04/0.12	0.008	0.01/0.06
	90.0 以上	-0.016		-0.057		0.03		-0.002	
降水量（mm）	0~20.0	0.002		-0.001		-0.005		-0.003	
	20.1~50.0	0.022	0.03/0.11	0.011	0.01/0.04	0.015	0.02/0.06	0.017	0.02/0.04
	50.0 以上	-0.008		-0.001		0.005		-0.003	
	复相关系数	0.8004		0.5916		0.7538		0.5468	
	剩余标准差	0.0898		0.1203		0.1077		0.1395	
	样本数	119		150		59		130	

数量化分析结果表明：在试验地区条件下，影响 I-214 杨和 I-69 杨树高与胸径旬生长量的主导环境因子是气温，其次是土壤含水量，而空气相对湿度、日照时数和降雨量所起的作用较小。旬平均气温与树高、胸径旬生长量呈正相关，旬平均气温 27.1~29.0℃时旬生长量最高。土壤含水量也与树高、胸径旬生长量呈正相关，土壤含水量 19.0%以上，即达到田间持水量 70%以上时，树高与胸径的旬生长量最高。杨树生长受各环境因子综合作用的影响，在实施各项栽培措施时，要考虑各环境因子之间的相互影响和制约。

(3) 栽培措施对年生长节律的影响　灌溉与施肥是杨树用材林的重要栽培措施，两者对杨树年生长节律的影响有所不同。I-214 杨幼林在 5 月、6 月追施 2 次氮肥，可以促进杨树在 5~8 月整个夏季速生期内的胸径生长。在 4~6 月干旱季节灌溉 3 次，每次灌溉后都提高了杨树胸径的旬生长量；而到 7 月下旬进入雨季以后，进行过灌溉和没有进行灌溉的杨树，杨树胸径的旬生长量没有明显差别。表明：杨树用材林追施氮肥，应在夏季速生期到来之前及时实施，而灌溉要在 4~6 月干旱季节进行(图 3-2-3、图 3-2-4)。

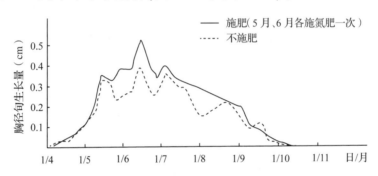

图 3-2-3　施肥与不施肥幼林的胸径年生长曲线比较

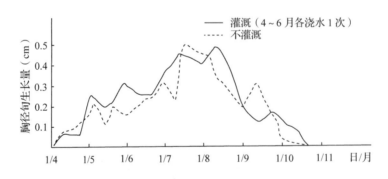

图 3-2-4　灌溉与不灌溉幼林的胸径年生长曲线比较

(二) 杨树用材林的生长过程

1. 杨树用材林的生长阶段

天然林和次生林常有几十年至上百年的生长周期，从幼苗开始直到衰老死亡的整个生长发育过程，要经过幼苗阶段、幼树阶段、幼龄林阶段、中龄林阶段、成熟林阶段、过熟林阶段等生长发育阶段。而集约经营的杨树人工用材林使用营养繁殖苗植苗造林，具有早期速生、短轮伐期作业和定向培育的特点，不需要完成一个完整的生命周期过程。

对杨树用材林生长过程的研究，主要是树干的生长，而树干的生长与树枝、树叶、根系的生长密切相关。杨树的树干、树枝等营养器官的生长与开花结实过程不同，没有明显的阶段区分及形态差异。而为了研究杨树用材林的生长和产量形成过程，在分析杨树用材林的树高、胸径、材积生长和枝叶生长与树冠扩展的基础上，可以对杨树用材林的生长过程人为地予以阶段划分，并分析各个阶段的生长特点以及栽培技术措施的要求（表3-2-9、表3-2-10）。

（1）幼龄林　杨树用材林从植苗造林开始，经林分低度郁闭到中度郁闭，为幼龄林阶段。幼龄林阶段的林木个体较小，幼龄林的生长特点是树高、胸径快速增长，并伴随着树冠的快速扩展。

杨树植苗造林的当年，要经过一段栽后恢复期，也称缓苗期。新栽植的苗木发芽后，根系生长与抽枝展叶同时进行。在良好的栽培管理下，到了夏季营养生长期，幼树的主梢和侧枝就能较快地生长，直径也相应增加。杨树栽植当年，树高与胸径的年生长量低于2~3年生的幼林。山东的黑杨派品种速生丰产林，栽植当年能抽生30~40个长枝，树高一般可增长2.5~3m，胸径增长2.5~3cm。

植苗造林时精心栽植，造林后及时灌溉、追肥，缩短缓苗时间，保证造林当年恢复旺盛的长势，是杨树用材林速生丰产的良好起步。但若栽植管理粗放，杨树造林当年恢复长势慢，缓苗期延长，就会影响杨树用材林的产量。

缓苗期之后，杨树用材林的树高和直径加快生长。树高和胸径连年生长量最大值一般出现在林龄2~3年，黑杨派品种速生丰产林的树高连年生长量可达4~5m，胸径连年生长量可达4~5cm。在树高、胸径快速增长的同时，枝条数量增加，冠幅扩大，树冠快速扩展，林分叶面积系数增加，林分郁闭度也相应增加。冠幅和叶面积系数的增长受林分密度制约，相同林龄的幼龄林，密度大的林分平均冠幅较小，而叶面积系数和林分郁闭度较大；密度小的林分平均冠幅较大，而叶面积系数和林分郁闭度较小。随着幼龄林树高、胸径的增长，材积也相应增长。幼龄林的林木个体较小，虽然材积生长率大，但材积的生长量较小。

杨树丰产林的幼龄林末期，树高达10~15m，已形成较密的林冠层，林分郁闭度达到0.7左右。幼龄林的年限因杨树种类、经营水平及林分密度而有差异。如长清县西仓庄的中林46杨丰产林，林分密度833株/hm²（行株距4m×3m）的林分，幼龄林的期限为第1年至第3年；林分密度500株/hm²（行株距5m×4m）的林分，幼龄林的期限为第1年至第4年。

杨树幼龄林对灌溉、施肥等抚育措施反应敏感，效果明显，是增施肥、水促进杨树早期速生和树冠扩展的关键时期。幼龄林尚未高度郁闭，林冠下层的枝叶也能受到较强的光照，光照条件一般不是杨树幼龄林生长的限制因子。幼龄林的林木行间光照条件较好，适于农林间作。

（2）中龄林　杨树用材林从林分高度郁闭起，进入中龄林阶段。中龄林具有浓密的林冠层和较高的群体叶面积，林木对光能的利用更充分，光合产量和光能利用率高，是树干材积速生的时期。

进入中龄林以后，杨树的枝叶量维持较高水平，冠幅和叶面积不再显著增加。在林木群体生物量中，干材生物量的比例提高，而枝叶生物量的比例相对减少。中龄林的树高、胸径连年生长量逐步降低，而材积生长量增加。

在中龄林的前期，林分叶面积系数达到高值，林分高度郁闭，树高和胸径的连年生长量较高，材积连年生长量继续增加，一直到材积连年生长量达到最高值。中龄林的后期，因林分群体的拥挤，林冠底层的光照条件变差，底层枝叶生长衰弱以至枯死，开始出现自然整枝现象。林分叶面积系数不再增加，林冠由完全郁闭状态到略有疏开。树高和胸径的连年生长量继续降低，材积连年生长量达到最高值以后逐步降低，但材积平均生长量还在继续增加。

不同立地条件、经营水平及林分密度的杨树用材林，达到材积连年生长量最高值和材积平均生长量最高值的年限有所差异。密度大的林分，材积平均生长量达到最高值的年龄较小，中龄林的期限较短；密度小的林分，材积平均生长量达到最高值的年龄较大，中龄林的期限较长。如西仓庄的中林46杨丰产林，行株距4m×3m的林分，中龄林的期限为第4年至第7年；行株距5m×4m的林分，中龄林的期限为第5年至第9年(表3-2-9、表3-2-10)。

表3-2-9　中林46杨用材林的树干生长和树冠扩展(行株距5m×4m)

林龄(a)	胸径(cm)		树高(m)		单株材积(m^3)	蓄积量(m^3/hm^2)			平均冠幅(m)	郁闭度	平均单株叶面积(m^2)	叶面积系数
	总生长量	连年生长量	总生长量	连年生长量		总生长量	连年生长量	平均生长量				
1	4.1		4.4		0.0035	1.75		1.75	2.1	0.17	4.0	0.2
2	8.3	4.2	8.1	3.7	0.0205	10.25	8.50	5.13	3.1	0.38	20.3	1.0
3	12.1	3.8	11.5	3.4	0.0584	29.20	18.95	9.73	3.6	0.51	64.5	3.2
4	15.2	3.1	14.3	2.8	0.1108	55.40	26.20	13.85	4.1	0.66	98.3	4.9
5	17.8	2.6	16.5	2.2	0.1713	85.65	30.25	17.13	4.4	0.76	114.0	5.7
6	19.9	2.1	18.3	1.8	0.2335	116.75	31.10	19.64	4.7	0.87	140.6	7.0
7	21.7	1.8	19.8	1.5	0.2967	148.35	31.60	21.56	4.9	0.93	149.8	7.5
8	23.3	1.6	21.0	1.2	0.3590	179.50	31.15	22.99	5.0	0.96	150.2	7.5
9	24.6	1.3	21.9	0.9	0.4142	207.10	27.60	23.01	5.0	0.96	152.0	7.6
10	25.6	1.0	22.6	0.7	0.4602	230.10	23.00	23.01	4.9	0.93	150.0	7.5
11	26.4	0.8	23.2	0.6	0.5002	250.10	20.00	22.74				
12	27.1	0.7	23.7	0.5	0.5364	268.20	18.10	22.35				
13	27.8	0.7	24.1	0.5	0.5720	286.00	17.80	22.00				
14	28.4	0.6	24.6	0.5	0.6074	303.70	17.70	21.69				

注：①长清县西仓庄砂壤质潮土；②冠幅和叶面积在8月下旬观测。

表3-2-10　中林46杨用材林的树干生长和树冠扩展(行株距4m×3m)

林龄(a)	胸径(cm)		树高(m)		单株材积(m^3)	蓄积量(m^3/hm^2)			平均冠幅(m)	郁闭度	平均单株叶面积(m^2)	叶面积系数
	总生长量	连年生长量	总生长量	连年生长量		总生长量	连年生长量	平均生长量				
1	4.1		4.5		0.0036	3.00		3.00	2.0	0.26	3.6	0.3
2	8.1	4.0	8.1	3.6	0.0195	16.24	13.24	8.12	2.8	0.51	19.2	1.6
3	11.7	3.6	11.5	3.4	0.0548	45.65	29.41	15.22	3.3	0.71	54.0	4.5
4	14.7	3.0	14.3	2.8	0.1040	86.63	40.98	21.66	3.6	0.85	81.6	6.8
5	17.0	2.3	16.5	2.2	0.1605	133.70	47.07	26.74	3.8	0.95	91.2	7.6

(续)

林龄(a)	胸径(cm)		树高(m)		单株材积(m³)	蓄积量(m³/hm²)			平均冠幅(m)	郁闭度	平均单株叶面积(m²)	叶面积系数
	总生长量	连年生长量	总生长量	连年生长量		总生长量	连年生长量	平均生长量				
6	18.7	1.8	18.2	1.7	0.2066	172.10	38.40	28.68	3.9	0.98	94.8	7.9
7	20.0	1.4	19.6	1.4	0.2519	209.83	37.73	29.98	4.0	0.98	93.6	7.8
8	21.0	1.0	20.6	1.0	0.2898	241.40	31.57	30.18	3.9	0.98	92.4	7.7
9	21.7	0.8	21.4	0.8	0.3198	266.39	24.97	29.60				
10	22.3	0.6	22.0	0.6	0.3458	288.05	31.64	28.81				

注：①长清县西仓庄砂壤质潮土；②冠幅和叶面积在8月下旬观测。

中龄林阶段是杨树用材林材积增长的主要时期，需通过灌溉、施肥、中耕等措施，保持杨树用材林的旺盛长势，维持较高的群体叶面积，提高叶片的光合性能，确保材积的稳定增长。高度郁闭的中龄林已停止农林间作及其以耕代抚，如果放松林地抚育管理，不能适时灌溉、施肥、中耕，就会导致中龄林的长势提前衰退，降低用材林的产量。高度郁闭的中龄林，树冠底层的光照条件变差，底层枝叶长势衰弱。应根据树冠底层的光照条件和枝叶长势，及时进行修枝。

（3）成熟林 杨树用材林经过了中龄林阶段，林木的材积生长处于高峰期，就进入成熟林阶段。杨树用材林的数量成熟，也即林分材积平均生长量达到最高值，是进入成熟林阶段的标志之一。在成熟林阶段，树高和胸径的连年生长量继续下降；而材积平均生长量处于高峰期，并在维持一段时间后才逐渐下降。

成熟林是杨树用材林生产力高的阶段，其生态防护作用也高。如果树势健壮，应适当延长培育年限，以充分发挥成熟林阶段的优势，延长其发挥高效的时间。杨树用材林进入成熟林阶段，就开始进入采伐利用的时期。杨树用材林的培育目标不仅要材积生长量高，还要求达到目的材种的规格要求，具有更高的目的材种出材率和出材量。在成熟林阶段，随着林木胸径的继续增长，经济用材出材率有所提高。特别是在培育大、中径级原木时，适当推迟一段采伐时间，能够提高目的材种的出材率和出材量。

2. 杨树用材林生长预测表

根据杨树用材林生长过程中各测树因子随年龄增加所发生的变化，可编制杨树用材林的生长预测表。应用杨树用材林生长预测表，能预测杨树用材林在不同林龄时的生长量，分析杨树用材林的森林成熟龄，可用于生产单位组织森林经营活动，工程造林项目的规划设计和检查验收等，在杨树用材林的经营中有重要作用。

（1）杨树用材林生长预测表的编制 杨树用材林的生长过程受杨树种类、立地条件、经营水平、林分密度等因素的影响，杨树用材林的生长预测表需分别杨树种类、栽培区域、立地类型、林分密度分别编制。生长预测表的内容有林分不同年龄的平均树高、平均胸径、平均单株材积与蓄积量的总生长量、连年生长量、平均生长量，以及形数、生长率等。

编制杨树用材林生长预测表，常采用建立林分生长模型的方法。根据林分生长量与年龄之间的相关关系，拟合回归方程，通过方程式进行林分生长量的预测。

第一,编表资料的调查收集

按照编制生长预测表的杨树种类、栽培区域、立地条件、林分密度等条件,收集不同林龄的杨树用材林生长量资料,包括固定标准地资料、临时标准地资料、解析木资料等。

第二,编表资料的检查

利用收集到的资料,绘制平均树高生长曲线和平均胸径生长曲线。若某一标准地在某个年龄的树高值与平均树高曲线的偏差在±10%以上,或与平均胸径生长曲线的偏差在±15%以上,则认为不属于相同的生长过程,不作为编表资料。

第三,树高、胸径生长数学模型的选配

用不同林龄的生长数据,建立林分平均树高和平均胸径与林龄间关系的数学模型。常从以下6种模型中筛选:

$$Y=a+b\ln A$$

$$Y=a+bA+cA^2$$

$$\ln Y=a+b/A$$

$$Y=a+bA+c\ln A$$

$$\ln Y=a+b\ln A$$

$$Y=a+b\ln A+c(\ln A)^2$$

式中:Y为胸径或树高,A为林龄,a、b、c为参数。

通过计算,根据相关系数与标准差,选择拟合效果好的回归方程作为杨树用材林的生长预测模型。

在杨树用材林生长过程中,树高和胸径两个因子之间存在着一定的相关关系,且因林分密度的不同而发生变化。可分别不同林分密度,建立林分平均树高与平均胸径的一元回归式,对选用的林分树高与林龄回归关系式和林分胸径与林龄的回归关系式进行适当调配。应用调配后的树高、胸径生长模型,可计算出各种林龄的平均树高与平均胸径的预测值。

第四,单株材积的计算

应用山东的杨树用材林二元立木材积表,用树高与胸径的预测值即可查得对应的单株材积,并可计算形数。

第五,其他测树因子的计算

由杨树用材林单株材积的预测值与林分密度,可计算单位面积蓄积量。由各林龄的树高、胸径、材积总生长量,可计算各测树因子的连年生长量、平均生长量和生长率。

第六,编制杨树用材林生长预测表

以上各项计算完成后,即可将计算数值列出杨树用材林生长预测表。

(2)山东的杨树用材林生长预测表 在山东的杨树用材林经营工作中,编制了一些杨树用材林生长预测表。山东省林业科学研究所编制了山东部分地区和杨树种类的生长预测表,临沂地区林业局等单位也编制了部分杨树种类的生长预测表。举例如下:

① 鲁南 I-69 杨用材林生长预测表(砂质河潮土，行株距 5m×4m)(表 3-2-11)

$$H = 2.186 + 8.611\ln A \quad \gamma = 0.90$$
$$D = -0.031 + 10.33\ln A \quad \gamma = 0.87$$
$$V = 3.511509 \times 10^{-5}(D^2H)^{0.9871058}$$

② 鲁西南中林 46 杨用材林生长预测表(砂质潮土，行株距 5m×4m)(表 3-2-12)

$$H = 1.626 + 8.269\ln A \quad \gamma = 0.81$$
$$D = 0.315 + 9.825\ln A \quad \gamma = 0.91$$
$$V = 5.028364 \times 10^{-5} D^{1.884364} H^{0.965895}$$

③ 鲁西北毛白杨用材林生长预测表(砂质潮土，行株距 5m×4m)(表 3-2-13)

$$H = -2.582 + 7.424\ln A \quad \gamma = 0.74$$
$$D = -4.871 + 9.725\ln A \quad \gamma = 0.75$$
$$V = -2.554327 \times 10^{-3} + 7.426068 \times 10^{-4} D + 3.316892 \times 10^{-5}(D^2H)^{0.986431}$$

④ 鲁西北八里庄杨用材林生长预测表(轻度盐化潮土，行株距 4m×3m)(表 3-2-14)

$$H = -0.572 + 7.884\ln A \quad \gamma = 0.91$$
$$D = -1.101 + 8.371\ln A \quad \gamma = 0.89$$
$$V = 3.789537 \times 10^{-3} + 3.336261 \times 10^{-5} D^2 H$$

式中：H 为树高，D 为胸径，V 为单株材积，A 为林龄。

表 3-2-11　鲁南 I-69 杨用材林生长预测表

(砂质河潮土，行株距 5m×4m)

林龄(a)	平均树高(m)	平均胸径(cm)	形数	平均单株材积(m³)	蓄积量			
					总生长量(m³/hm²)	连年生长量(m³/hm²)	平均生长量[m³/(hm²·a)]	生长率(%)
3	11.3	11.4	0.407	0.0469	23.45		7.82	
4	14.0	14.2	0.404	0.0895	44.75	21.30	11.19	90.83
5	16.1	16.5	0.401	0.1381	69.05	24.30	13.81	54.30
6	17.8	18.4	0.400	0.1892	94.60	25.55	15.77	37.00
7	19.2	20.1	0.398	0.2427	121.35	26.75	17.34	28.28
8	20.4	21.5	0.397	0.2943	147.15	25.80	18.39	21.26
9	21.3	22.8	0.396	0.3448	172.40	25.25	19.16	17.16
10	22.2	23.9	0.396	0.3942	197.10	24.70	19.71	14.33
11	22.9	24.9	0.395	0.4408	220.40	23.30	20.04	11.82
12	23.5	25.7	0.395	0.4813	240.65	20.25	20.05	9.19
13	24.0	26.4	0.394	0.5182	259.10	18.45	19.93	7.67
14	24.5	27.0	0.394	0.5528	276.40	17.30	19.74	6.68

表 3-2-12　鲁西南中林 46 杨用材林生长预测表

（砂质潮土，行株距 5m×4m）

林龄 （a）	平均树高 （m）	平均胸径 （cm）	形数	平均单株材积 （m³）	蓄积量			
					总生长量 （m³/hm²）	连年生长量 （m³/hm²）	平均生长量 [m³/（hm²·a）]	生长率 （%）
3	10.5	11.0	0.448	0.0447	22.35		7.45	
4	12.9	13.7	0.433	0.0824	41.20	18.85	10.30	84.34
5	14.9	16.0	0.424	0.1269	63.45	22.25	12.69	54.00
6	16.6	18.0	0.416	0.1759	87.95	24.50	14.66	38.61
7	18.0	19.7	0.411	0.2255	112.75	24.80	16.11	28.20
8	19.1	21.1	0.406	0.2718	135.90	23.15	16.99	20.53
9	20.0	22.2	0.404	0.3127	156.35	20.45	17.37	15.05
10	20.8	23.1	0.401	0.3500	175.00	18.65	17.50	11.93
11	21.5	23.9	0.399	0.3853	192.65	17.65	17.51	10.09
12	22.1	24.6	0.398	0.4178	208.90	16.25	17.41	8.43
13	22.6	25.3	0.396	0.4501	225.05	16.15	17.31	7.73
14	23.1	25.9	0.395	0.4805	240.25	15.20	17.16	6.75

表 3-2-13　鲁西北毛白杨用材林生长预测表

（砂质潮土，行株距 5m×4m）

林龄 （a）	平均树高 （m）	平均胸径 （cm）	形数	平均单株材积 （m³）	蓄积量			
					总生长量 （m³/hm²）	连年生长量 （m³/hm²）	平均生长量 [m³/（hm²·a）]	生长率 （%）
4	8.0	8.9	0.468	0.02331	11.66		2.91	
5	9.2	10.5	0.450	0.03587	17.94	6.28	3.59	53.86
6	10.3	12.0	0.437	0.05091	25.46	7.52	4.24	41.92
7	11.3	13.4	0.427	0.06809	34.05	8.59	4.86	33.74
8	12.3	14.7	0.419	0.08758	43.79	9.74	5.47	28.60
9	13.2	15.9	0.414	0.10840	54.20	10.41	6.02	23.77
10	14.1	17.0	0.409	0.13081	65.41	11.21	6.54	20.68
11	14.9	18.1	0.405	0.15517	77.59	12.18	7.05	18.62
12	15.7	19.1	0.401	0.18056	90.28	12.69	7.52	16.36
13	16.4	20.1	0.399	0.20741	103.71	13.43	7.98	14.88
14	17.1	21.0	0.396	0.23463	117.32	13.61	8.38	13.12
15	17.7	21.8	0.394	0.26044	130.22	12.90	8.68	11.00
16	18.3	22.5	0.393	0.28563	142.82	12.60	8.93	9.68
17	18.8	23.1	0.391	0.30832	154.16	11.34	9.07	7.94
18	19.2	23.6	0.390	0.32772	163.86	9.70	9.10	6.29
19	19.6	24.0	0.389	0.34519	172.60	8.74	9.08	5.33
20	19.9	24.4	0.389	0.36158	180.79	8.19	9.04	4.75

表 3-2-14　鲁西北八里庄杨用材林生长预测表

（轻度盐化潮土，行株距 4m×3m）

林龄（a）	平均树高（m）	平均胸径（cm）	形数	平均单株材积（m³）	蓄积量			
					总生长量（m³/hm²）	连年生长量（m³/hm²）	平均生长量[m³/(hm²·a)]	生长率（%）
3	8.1	8.1	0.515	0.0215	17.91		5.97	
4	10.1	10.2	0.470	0.0388	32.32	14.41	8.08	80.46
5	12.0	12.2	0.452	0.0634	52.81	20.49	10.56	63.40
6	13.7	14.1	0.443	0.0947	78.89	26.08	13.15	49.38
7	15.0	15.5	0.438	0.1240	103.29	24.40	14.76	30.93
8	16.1	16.6	0.435	0.1518	126.45	23.16	15.81	22.42
9	16.9	17.5	0.434	0.1765	147.02	20.57	16.34	16.27
10	17.6	18.2	0.433	0.1983	165.18	18.16	16.52	12.35
11	18.2	18.8	0.432	0.2184	181.93	16.75	16.54	10.14
12	18.7	19.3	0.432	0.2362	196.75	14.82	16.40	8.15

(三) 杨树根的生长

1. 杨树根的构成

用于杨树造林的苗木，一般由扦插繁殖而来，苗木的根源自一段插条，生出的根为不定根。不定根在插条上着生的部位，一是插条的皮部，二是插条下截口的愈伤部位。插条皮部生的根，由插条中原有的根原基发育而成，多较平展生长，分枝较多。由愈伤部位生的根，由愈伤组织分化形成的根原基发育而成，多数斜向下方生长，分枝较少。

杨树植苗造林后，由于栽植深度不同，杨树根的生长和分布有所差别。植苗浅时，原苗木的根大都向四周伸展，发育为幼树的表层根，原苗根底部个别的根往深处生长。通常杨树造林时挖大穴深栽，苗木栽植深度可达 40~50cm 或更深。幼树的根系呈现分层性：原苗木的根一般位于 40~50cm 的深度范围，生根多斜向往下生长，分枝较少；而距地表较浅的土层内，由苗干上的根原基发育生成新的表层根，多平展生长，伸展幅度大，分枝较多。

随着杨树的生长，以原插穗为基础的初生根伸长、增粗，形成发育粗壮、直立生长的主根；从主根上产生分枝为侧根，一级侧根分枝形成二级侧根、三级侧根；侧根前端为细根和白色的吸收根；各类根共同构成杨树的根系。需要说明的是，杨树的根是茎源性的不定根，并没有由胚根发育而成的真正的主根。但在习惯上，按照根的粗细、分枝及其功能，而分为主根、侧根、细根、吸收根。不同的根有功能的差异，主根和粗的侧根主要起支撑和运输水分、养分的作用，细根和白色吸收根主要起吸收作用，幼嫩的白色吸收根吸收水分和养分的功能最强。

2. 杨树根系的生长特点

杨树根的生长特点是，生长速度快，分布范围广，以较浅土壤层次中近于水平方向生长的水平根为主。

如长清县黄河滩区西仓庄的砂壤质潮土上，用1年生的健杨苗木春季造林。当年11月调查，幼树高3.5m，由原苗根上长出20条新根；其中15条向四周呈水平方向伸展或略向下斜，深度10~30cm，平均长度2.2m，最长3.9m，有9条又分枝出二级根，二级根长0.5~0.8m；另有5条新根斜向往下生长，深度达到0.8~1.2m(图3-2-5、图3-2-6)。

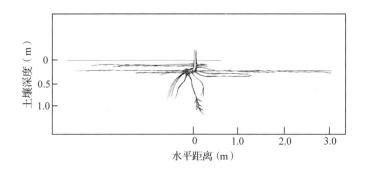

图3-2-5 林龄1年时健杨根系平视图

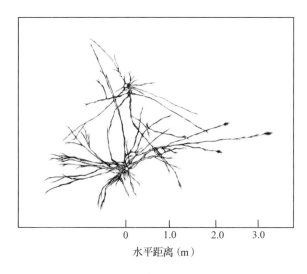

图3-2-6 林龄1年时健杨根系俯视图

林龄3年时，平均树高10.2m，水平根的平均长度超过5m，最长达12m，根系已布满行间。林龄7年时，树高19.0m，主根深1.3m。根系可分为两层：根系上层的一级侧根28条，呈水平方向伸展，或略向下倾斜；一级侧根分枝出二级侧根、三级侧根，伸展范围广，与相邻株的根系相互交错；侧根及众多的吸收根在土壤中密布。下层的一级侧根16条，多斜向往下生长，最深达2m，分枝少，细根和吸收根较稀疏。

对7年生健杨林木的根量调查，全部根系的干物质重量34.67kg，约占全株生物量的1/7，其中主根的干物质重18.92kg，侧根的干物质重15.83kg；侧根干物质重量的68.4%分布在较浅的0~60cm土壤层次中(表3-2-15)。

表 3-2-15　7年生健杨林木根量垂直分布

土壤层次(cm)	侧根各种分级的干物质重(kg)					各层次侧根合计		主根干物质重(kg)
	<1mm	1~3mm	3~5mm	5~10mm	>10mm	干物质重(kg)	比例(%)	
0~20	1.34	1.09	0.73	0.44	0.23	3.83	24.19	18.92
20~40	0.34	0.31	0.45	1.28	1.59	3.97	25.08	
40~60	0.15	0.23	0.32	0.77	1.55	3.02	19.08	
60~80	0.08	0.17	0.30	0.58	0.96	2.09	13.20	
80~100	0.06	0.11	0.15	0.31	0.75	1.38	8.72	
100~120	0.05	0.10	0.12	0.25		0.52	3.29	
120~140	0.02	0.08	0.08	0.27		0.45	2.84	
140~160	0.02	0.05	0.08	0.12		0.27	1.71	
160~180	0.01	0.03	0.03	0.10		0.17	1.07	
180~200	0.01	0.02	0.03	0.07		0.13	0.82	
各等级侧根合计 干物质重(kg)	2.08	2.19	2.29	4.19	5.08	15.83	100.00	
比例(%)	13.14	13.83	14.47	26.47	32.09	100.00		

注：砂壤质潮土，$D_{1.3}$ 为 18.9cm、H 为 19.0m，主根深度为 130cm。

3. 环境条件影响杨树根系的生长

杨树根系的生长与土壤环境条件密切相关，土壤质地、土壤通气状况、土壤湿度和土壤养分等条件都影响杨树根系的生长发育。疏松、湿润、肥沃的土壤，适于杨树根系的生长发育。在砂壤质、轻壤质潮土上，杨树根系生长快而舒展，并且分布较深；在黏质土壤上，根系生长慢，不舒展，而且较浅；杨树根若遇到砂姜层、黏盘层等土壤障碍层次，就很难穿过。培育杨树用材林时，实施整地、中耕松土、灌溉、施肥等栽培技术措施，改善土壤的通气、水分、养分条件，可促进杨树根系的生长发育和功能发挥。

(四) 杨树用材林的生物量

1. 杨树用材林生物量的测定

森林植物群落的生物量是指群落在一定时期内积存的有机物质总量，包括乔木层、林下植物以及森林枯落物。研究杨树用材林的生物量，通常是研究乔木层的现存量，不包括林下植物和森林枯落物，即杨树用材林在单位面积上某一时期积存的活有机体的总量，一般用干物质重量表示。

森林生物量是森林生产力的指标，是森林的环境质量、森林结构优劣及森林功能高低的综合体现。长期以来，对森林产量的测定局限于林木树干的材积。随着生产的发展和科学技术的进步，为了研究森林生态系统的物质循环和能量流动，更充分合理地利用森林资源，需要进行森林生物量的研究。对于杨树用材林的资源利用，由以往只利用树干木材，扩展到全树利用，尤其是高密度超短轮伐期的纤维用材林和能源林，需要进行生物量的研究。

森林生物量有多种测定方法，主要有皆伐实测法、径阶比例标准木法或平均标准法、相关曲线法等。在测定森林生物量时，需分别测定样木的树干、树枝、树根、树叶的干物质重量，得出全树的干物质重量，再推算单位面积的生物量。由于树根的测量比较困难，有的研究只测定林木地上部分生物量。

2. 杨树用材林生物量与杨树种类、林龄、密度的关系

（1）不同杨树品种的用材林生物量　不同品种的杨树，其林木生长量有差异，用材林的生物量也有差异。不同品种杨树木材密度的大小，也影响用材林的生物量。

如王彦、李琪等（1990、1997）对长清县西仓庄部分杨树品种林龄10年的丰产试验林进行了生物量测定。欧美杨品种I-214杨、健杨和美洲黑杨品种I-69杨的生物量较高，小钻杨品种八里庄杨和2个毛白杨品种的生物量较低。其中I-69杨用材林的材积生长量较大，而且木材密度较大，在测试的6个品种用材林中其生物量最大。

6个杨树品种的试验林，在林龄10年时，杨树各器官的干物质重量比例以树干最大，然后依次为树枝、树根、树叶。不同杨树种类的树干重量在生物量中所占比例有所差异，蓄积量和生物量大的欧美杨、美洲黑杨品种用材林，其树干的生物量在全树生物量中所占比例也较大（表3-2-16）。

表3-2-16　长清县西仓庄不同品种杨树用材林的生物量

杨树品种	蓄积量 (m³/hm²)	生物量 (kg/hm²)	各器官的干物质重量及其占生物量的比例							
			树干		树枝		树根		树叶	
			干物质重量 (kg/hm²)	比例 (%)	干物质重量 (kg/hm²)	比例 (%)	干物质重量 (kg/hm²)	比例 (%)	干物质重量 (kg/hm²)	比例 (%)
I-214杨	257.4	119190	82335	69.1	19770	16.6	13485	11.3	3600	3.0
健杨	228.3	127845	88965	69.6	21135	16.5	13920	10.9	3825	3.0
I-69杨	264.3	147645	105735	71.6	24900	16.9	12735	8.6	4275	2.9
八里庄杨	175.8	100305	65085	64.9	17175	17.1	14655	14.6	3390	3.4
易县毛白杨	144.9	84315	55560	65.9	14415	17.1	11715	13.9	2625	3.1
鲁毛50杨	121.5	75960	46725	61.5	15120	19.9	11685	15.4	2430	3.2

注：林分密度500株/hm²，林龄10a。

（2）杨树用材林生物量与林龄的关系　杨树用材林生物量与林龄呈函数关系，生物量随林龄的增大而增加。但不同林龄时各器官干物质重量的分配不同，其中树干的有机物质逐年积累，其干物质重量占林分生物量的比例随林龄增加而增加；树叶和树根的干物质重量占生物量的比例随林龄增加而下降（表3-2-17）。

表3-2-17　西仓庄健杨用材林不同林龄的生物量及分配

林龄 (a)	胸径 (cm)	树高 (m)	生物量 (kg/hm²)	树干		树枝		树根		树叶	
				干物质重量 (kg/hm²)	比例 (%)	干物质重量 (kg/hm²)	比例 (%)	干物质重量 (kg/hm²)	比例 (%)	干物质重量 (kg/hm²)	比例 (%)
4	13.6	13.6	45278	27647	61.0	6148	13.6	9453	20.9	2030	4.5
5	15.8	15.8	72612	45681	62.9	11120	15.3	12627	17.4	3184	4.4

(续)

林龄(a)	胸径(cm)	树高(m)	生物量(kg/hm²)	树干 干物质重量(kg/hm²)	比例(%)	树枝 干物质重量(kg/hm²)	比例(%)	树根 干物质重量(kg/hm²)	比例(%)	树叶 干物质重量(kg/hm²)	比例(%)
6	17.7	17.6	100668	64532	64.1	15910	15.8	16216	16.1	4010	4.0
7	19.1	19.0	125280	81502	65.0	20041	16.0	19520	15.6	4217	3.4

注：林地土壤为轻壤质潮土，林分密度833株/hm²。

(3) 杨树用材林生物量与林分密度的关系　林分密度影响森林生物量及其分配。在一定的林龄和密度范围内，平均单株干物质重量随林分密度增加而递减，而林分生物量随密度的增大而增加。林分密度影响各器官干物质重量的比例，密度大的林分，树干干物质重量所占的比例较大，而树枝、树叶干物质重量所占的比例较小。如许慕农等（1991）测定郯城县林孟场村5年生欧美杨用材林的生物量，密度为1000株/hm²的林分，生物量为92651kg/hm²，树干的干物质重量占70.70%；密度为500株/hm²的林分，生物量为83947kg/hm²，树干的干物质重量占65.42%（表3-2-18）。徐宏远、郑世锴等（1995）对沂南县沂河林场6年生I-72杨用材林地上部分生物量的测定，不同密度林分的地上部分生物量及其分配，也有相同趋势（表3-2-19）。

表3-2-18　郯城县林孟场村5年生欧美杨林分的生物量及其分配

林分密度(株/hm²)/行株距	平均单株干重(kg/株)	生物量(kg/hm²)	树干 干重(kg/hm²)	比例(%)	树枝 干重(kg/hm²)	比例(%)	树根 干重(kg/hm²)	比例(%)	树叶 干重(kg/hm²)	比例(%)
1000 (5m×2m)	92.65	92651	65505	70.70	11509	12.42	12387	13.37	3250	3.51
666.6 (5m×3m)	134.39	89594	60504	67.53	12451	13.90	13297	14.84	3342	3.73
500 (5m×4m)	167.89	83947	54918	65.42	12522	14.92	13317	15.86	3190	3.80

表3-2-19　沂南县沂河林场6年生I-72杨林分地上部分生物量及其分配

林分密度(株/hm²)/行株距	地上部分生物量(kg/hm²)	去皮树干 干重(kg/hm²)	比例(%)	树皮 干重(kg/hm²)	比例(%)	树枝 干重(kg/hm²)	比例(%)	树叶 干重(kg/hm²)	比例(%)
1000 (5m×2m)	122385	84738	69.24	12343	10.08	19972	16.32	5332	4.36
556 (6m×3m)	85113	55845	65.61	10579	12.43	15333	18.02	3356	3.94
450 (6m×3.7m)	81109	52005	64.12	9549	11.77	15326	18.90	4229	5.21
278 (6m×6m)	64564	39905	61.81	6691	10.36	14191	21.98	3777	5.85

3. 杨树用材林生物量与林分胸径、树高的回归方程

林分生物量与林分的胸径、树高等测树因子有相关关系，可建立林分生物量与胸径、树高的回归方程，用于估算林分的生物量。

在林分中分别径级选取一定量的样木，实测其胸径、树高和各器官的干物质重量，建立各器官干重与胸径、树高的回归方程，回归方程可以有一元回归与二元回归。

如许慕农等（1991）使用郯城县林孟场村欧美杨密度试验林的资料，建立了林木各器官干重与胸径、树高的回归方程。徐宏远、郑世锴（1995）使用沂南县沂河林场不同密度 I-72 杨用材林样木的地上部分生物量实测数据，建立了以胸径为自变量估测林木地上各部分干物质重量的回归方程。

郯城县林孟场村欧美杨用材林估算生物量的回归方程为：

树干（去皮）	$W = 0.0054(D^2H)^{1.0819}$
树皮	$W = 0.0014(D^2H)^{1.0213}$
树枝	$W = 0.0016D^{3.2043}$
树根	$W = 0.0019D^{3.1557}$
树叶	$W = 6.6024 \times 10^{-5} D^{3.8631}$
全株干物质总量	$W = 0.0089(D^2H)^{1.0849}$

沂南县沂河林场 I-72 杨用材林估算地上各部分干物质重量的回归方程为：

树干（去皮）	$W = 0.0960D^{2.2298}$
树皮	$W = 0.01827D^{2.2563}$
树枝	$W = 0.0003791D^{3.5918}$
树叶	$W = 0.001995D^{2.6375}$

应用数学模型估算杨树用材林的生物量，不必再砍伐林木，可以实现"无破坏性"估计。但生物量模型对于估算单株林木的干物质重量会产生较大误差，当直径分布区间加大时误差也会加大。

第三节 杨树栽培区和造林地立地条件

一、山东杨树生长的自然条件

山东位于中国东部沿海，黄河下游，全省分半岛和内陆两部分。山东地处我国暖温带南部，杨树是山东暖温带落叶阔叶林的主要树种之一。

（一）气候条件

1. 气温

全省年平均气温 11~14℃，由南向北、由西向东递减。最热月一般在 7 月，月平均气温 24~27℃；最冷月一般在 1 月，平均气温 -1~4℃。极端最低气温省内大部分地区出现在 1

月，少数出现在12月、2月，半岛沿海地区-15.5℃以上，内陆地区北部在-20~-27℃。

无霜期180~220天，鲁西南和鲁南较长，泰沂山区、胶东半岛和鲁北较短。以日平均气温≥10℃的持续期作为植物生长活跃期，≥10℃的天数200天左右；≥10℃积温3800~4600℃，鲁南、鲁西南最高，胶东半岛东端最低。山东的热量资源适于杨树的生长。最低气温是某些喜温暖杨树品种分布的限制因素，某些年份的寒冷可对苗木和林木造成伤害。

2. 光照

全省年总辐射量为115~130kcal/(cm^2·a)，年平均日照时数2300~2900h，年日照百分率50%~65%。分布趋势是北部大于南部，内陆大于沿海，山区大于平原。全省每年4~10月每天平均实际日照时数7h左右，这有利于落叶阔叶树种杨树的生长。

3. 降水

全省平均年降水量550~950mm，由东南向西北递减，鲁东南和鲁南一般在800~900mm以上，鲁西北一般在600mm以下，其他地区一般在600~800mm。全年降水量分配，6~8月降水量约占全年降水量的60%~70%，温暖和多雨相配合，有利于杨树的生长。3~5月降水量仅占全年降水的10%~15%，此时气温回升快，空气湿度小，风力大，树木蒸腾旺盛，多发的春旱影响杨树造林成活和林木生长。山东降水量的年际变化较大，最大年降水量可达最小年降水量的3倍以上。在干旱的年份，需加强对杨树人工林的灌溉，保证杨树对水分的需求。

(二)地形地貌

山东省的地形有山地、丘陵、平原、洼地，其中平原洼地约占全省总面积的65%，山地丘陵约占35%。全省地势分为鲁西北平原、鲁中南山地、胶东丘陵三个区域。以中部的泰、鲁、沂、蒙山地为中心，向西、向北逐步降为低山、丘陵、山前平原和黄泛冲积平原；向南过渡为临郯苍平原；向东过渡为胶莱平原、胶东丘陵。受地势支配，地表水系由中心向四周呈辐射状。

山东西部的黄泛冲积平原是山东省平原的主体，地势坦荡开阔。按地貌类型，又分为黄泛河滩高地、决口扇形地、微斜平垅、洼地和现代黄河三角洲等地貌类型。山东的山地丘陵受流水侵蚀切割强烈，沟谷众多；沟谷多呈宽而浅，河谷平原多带状或三角形，面积较大的山间河谷平原有沂沭河谷平原、胶莱河谷平原等。山区周围有较大面积的山前平原，主要分布在鲁中南山区的北侧、西侧和泰山南麓。湖沼平原主要分布在南四湖(微山湖、昭阳湖、独山湖、南阳湖)至东平湖的湖区周围。胶东半岛的黄海沿岸，还分布有一些滨海平原。山东省较广阔的平原，为杨树提供了适宜的造林地。

山东省三面环海，地形较复杂，年内雨量集中，有利于河流的发育。山东地跨黄河、淮河、海河三大流域；除黄河横穿东西，大运河纵贯南北外，其他中小河流密布全省，干流长10km以上的河流有1500条，自然河流的平均密度每平方千米在0.7km以上。

在鲁中南山区，以泰沂山脉为中心，形成向四面分流的水系。向南流的河流主要为沂河和沭河；向北流的主要为潍河、弥河、淄河、小清河等；向西流的主要为大汶河，还有泗河、白马河、城河等；向东流的有付瞳河、潮河、吉利河等。在胶东半岛地区，有昆嵛山、艾山等组成的分水岭，形成南北分流的水系。向南流的主要有大沽河、五龙河等，向北流的有大沽夹河、黄水河等。在鲁西北黄泛平原地区，除黄河和大运河外，主要为坡水性河流。鲁北地区有徒骇河、马颊河、德惠新河等，南四湖的湖西地区有洙赵新河、万福河、红卫河等。山东众多河流的滩地、阶地，土层深厚，水分条件好，适于杨树生长，是山东发展成片杨树速生丰产用材林的主要地带。

(三) 土壤

山东省杨树林地的土壤类型主要是潮土，还有部分棕壤、褐土、风砂土、砂姜黑土等。

1. 潮土

潮土是山东平原地区的主要土类。潮土是发育在河流沉积物上，受地下水影响而形成的一类土壤，潮化过程是其成土特点。潮土的成土过程受其成土母质、地下水运动和水质的影响。因潮化过程和附加盐渍化过程的差别，潮土土类中有潮土、脱潮土（旧称褐土化潮土）、湿潮土、盐化潮土等亚类。其中潮土、脱潮土的土壤肥力较高，适于杨树生长。

黄河沉积物是鲁西北平原潮土的主要成土母质。黄河水含泥沙量高，随水流速度变化其沉积物泥沙颗粒有明显的分选。泛滥过程中，激流处沉积物多为沙质，漫流中沉积物多为壤质，低地静水处沉积物多为黏质。沿河道两侧滩地至远离河床的低平地，砂质、壤质、黏质沉积物常呈规律性分布。鲁西北平原由黄河多次泛滥冲积而成，土体常有不同土壤质地的层次相间排列。不同土壤质地和间层的潮土，其理化性质有所差别。

鲁中南、胶东由本省发源的河流，其沉积物发育而成的潮土为河潮土。其中，由不含或含少量碳酸盐的沉积物形成非石灰性河潮土，由富含碳酸盐的沉积物形成石灰性河潮土。河潮土沿河流分布，多为砂壤质，通透性好。

鲁西北平原和黄河三角洲有部分盐化潮土，依盐化程度分为轻度盐化潮土、中度盐化潮土、重度盐化潮土。耐盐性强的杨树品种能在轻度盐化潮土上生长。

2. 棕壤

山东的棕壤集中分布在胶东丘陵区和鲁中南山地丘陵区。棕壤的成土母质主要为酸性岩浆岩和富硅铝变质岩的风化物及洪积物，砂质岩和基性岩风化物的面积较小。棕壤的母质一般不含碳酸盐。棕壤的土壤形成过程具有淋溶作用、黏化作用和生物积累作用，土壤剖面构型为枯枝落叶层、腐殖质层、黏化淀积层、母质层。棕壤pH值一般为5.0~7.5。

棕壤土类包括棕壤性土、白浆化棕壤、酸性棕壤、棕壤、潮棕壤等亚类。其中，山前平原以棕壤亚类为主，山前平原近河低平处有潮棕壤亚类，棕壤和潮棕壤的土壤肥力较高，适于杨树生长。

3. 褐土

褐土多分布在鲁中南山地主体外围。褐土一般由含碳酸钙的母质构成，母质主要有石灰岩、石灰性砂质岩的风化物，黄土和次生黄土。褐土的土壤形成过程具有明显的黏化作用、钙化作用，土壤剖面构型为有机质积聚层、黏化层、钙积层、母质层。褐土的pH值一般在

6.5~8.2。

褐土土类有褐土性土、褐土、石灰性褐土、淋溶褐土、潮褐土等亚类。在坡脚、沟谷和山前平原，主要是褐土亚类；在雨量充沛又排水良好的地段，有淋溶褐土形成；在地势平坦，地下水参与土壤发育过程而又不很强烈的地方有潮褐土形成。褐土、淋溶褐土和潮褐土是山东低山丘陵区生产力较高的土壤，适于杨树生长。

4. 砂姜黑土

山东的砂姜黑土主要分布在鲁中南山地丘陵区周围的几个大型洼地和胶东丘陵区西南部的莱阳、即墨盆地。砂姜黑土的成土母质为浅湖相沉积物。其分布范围地势低洼，重碳酸盐钙质地下水富集且排泄不畅。砂姜黑土的土壤剖面有两个特征层次：①黑土层，在表土层之下；②砂姜层，在距离地面60~80cm深处开始出现。砂姜黑土pH值一般在7.5~8.5。砂姜黑土分砂姜黑土亚类和石灰性砂姜黑土亚类。

砂姜黑土质地黏重，通透性差；湿时泥泞，干时坚硬，耕作困难；土壤养分含量和潜在肥力较高，但改造利用难度较大。杨树喜疏松、通气良好的土壤，在砂姜黑土上生长不良。在砂姜黑土上栽植杨树，需实施深松整地、掺沙等措施，改善土壤物理性状。

5. 风沙土

风沙土是风沙地区风成（或次生风成）沙性母质上发育的土壤。在山东，风沙土母质的最初来源为河流沉积物或河海相沉积物。风沙土成土过程弱且不稳定，土壤剖面无明显发生层。在自然条件下，风沙土的成土过程分为流动风沙土阶段、半固定风沙土阶段和固定风沙土阶段。

山东的风沙土有草甸风沙土一个亚类。母质最初来源于黄河冲积物的草甸风沙土，细沙含量达90%以上。鲁东半岛河滩地发育的草甸风沙土，粗沙含量在50%~65%，细沙含量在30%~45%。海积草甸风沙土，粗沙含量可达85%~90%。草甸风沙土的土壤结持力弱，比较疏松；持水能力弱，土壤水分含量低；腐殖化过程弱，土壤有机质及氮、磷等养分含量低。在瘠薄的风沙土上，杨树生长不良。随着草甸风沙土发育程度的加强，由流动风沙土向半固定风沙土、固定风沙土过渡，还可再向潮土方向发展，土壤肥力逐步提高。在黄泛沙地营造防风固沙林、种植绿肥、引黄河水淤灌，在鲁中南、胶东的河滩沙地进行客土改良、施用有机肥，都能提高风沙土的土壤肥力。

二、山东杨树用材林栽培区区划

（一）杨树用材林栽培区区划的意义

杨树在山东广泛分布，由于不同地区的气候、地形、土壤等自然条件有较大差别，各地适生的杨树种类及其生长表现也有差别。因此，需将全省杨树的适生区域划分为不同的栽培区，分别进行林分生产力评价，并制定相应的栽培技术措施，才能做到因地制宜的科学造林营林。山东省林业科学研究所在制订山东省地方标准《杨树速生丰产用材林》的工作中，进行了山东省杨树用材林栽培区区划。

(二)杨树用材林栽培区区划的原则和依据

1. 区划原则

杨树用材林栽培区区划要有科学性和实用性。同一栽培区具有生态条件的相似性和杨树用材林生长表现及栽培技术的一致性,不同栽培区在生态条件和杨树生长表现上应有较明显的差别。栽培区区划要便于应用,各栽培区之间应有明确的自然分界线。

2. 区划依据

(1)省内不同地区自然地理条件的差别　山东省包括半岛和内陆两部分。全省气候方面的差别主要表现在:平均气温由南向北、由西向东减少;≥10℃积温鲁西南、鲁南最高,胶东半岛东端和鲁北沿海最低。年平均降水量由东南向西北逐步减少;依据干燥度,由东部沿海向西北内陆,依次为湿润、半湿润和半干燥区域。

山东地势分为鲁西北平原、鲁中南山地、胶东丘陵三个区。鲁西北平原为黄河冲积平原,杨树林地的主要土壤类型是潮土;鲁中南和胶东的山地丘陵区,杨树林地的主要土壤类型是河滩地的河潮土、山前平原的棕壤、褐土。

(2)山东杨树主栽树种的生物学特性　山东栽培面积最大的杨树种类是黑杨派的欧美杨和美洲黑杨,20世纪80年代的欧美杨品种以I-214杨、沙兰杨、健杨为代表,南方型美洲黑杨品种以I-69杨为代表。欧美杨和美洲黑杨喜疏松、肥沃、湿润的河流冲积土,I-214杨、沙兰杨、健杨等欧美杨品种较耐寒,山东各地均可栽植,南方型的I-69杨喜温暖、湿润气候,不适合山东北部栽植。毛白杨是山东的乡土树种,各地均可栽植,较耐旱,在山麓平原和黄泛平原土层深厚而地下水较深的壤质土壤上生长良好。黑杨与小叶杨的杂交种以小钻杨品种八里庄杨为代表,生长量低于欧美杨,但较耐寒、耐旱、耐盐碱,可在鲁西北地区栽植。

(3)山东省内各种农林业资源与区划资料　山东省林业区划、山东省综合农业区划、山东省农业气候区划、山东省土壤普查以及省内各市(地)的农林业资源与区划资料,为划分山东省杨树用材林栽培区,确定合理的栽培区边界,了解各栽培区的自然地理概况提供了重要依据。

(4)杨树用材林生长分析　利用省内不同地区大量的杨树用材林生长资料,建立林分平均树高与年龄的回归关系式。对初步划分的栽培区进行杨树用材林生长情况的比较,验证栽培区区划的合理性。

(三)杨树用材林栽培区的划分

根据杨树用材林栽培区区划的原则和依据,在山东全省划分5个杨树用材林栽培区:鲁西北栽培区、泰沂山北麓栽培区、胶东栽培区、鲁西南栽培区、鲁南栽培区。

确定栽培区的界限,首先分析研究各种现有的资源与区划资料,找出能反映山东气候、地形、土壤的差别,适于划分栽培区的山脉、河流等自然分界线。东西走向以泰沂山系分水岭为分界线,向两侧延伸,东达胶州湾,西达黄河。东西走向分界线以北,为鲁西北栽培区、泰沂山北麓栽培区、胶东栽培区。鲁西北栽培区与泰沂山北麓栽培区,沿小清河分界,小清河源头以西沿济平干渠分界。泰沂山北麓栽培区与胶东栽培区，北部沿胶莱河分界，南部沿潍河分界。东西走向分界线以南，为鲁西南栽培区和鲁南栽培区。这两个栽培区沿东平湖、京杭运河、南四湖分界。

鲁南栽培区，杨树用材林多分布在山麓平原和河谷平原，以沂河、沭河、潍河、大汶河两岸最为集中。该栽培区降水量多，热量资源丰沛，杨树林地的土壤肥力较高，适于喜温暖湿润的美洲黑杨和欧美杨速生品种生长，是山东杨树用材林生产力最高的栽培区。

鲁西南栽培区，杨树用材林集中在沿黄河滩区和黄河故道区，广大平原地区的村庄周围多有小片杨树用材林。该栽培区的降水量较多，热量资源丰沛，土层深厚，适于喜温暖湿润的美洲黑杨和欧美杨速生品种生长，杨树用材林的生产力高。

鲁西北栽培区，杨树用材林集中在沿黄河滩区、黄河故道区，以及徒骇河、马颊河等河流的滩地、堤坝。该栽培区的降水量和热量资源都低于鲁西南区；土层深厚，但黄河故道区有大面积瘠薄沙地，北部沿海土壤含盐量较高。该区适于欧美杨和毛白杨生长，一般不宜栽植南方型的美洲黑杨，轻度盐碱地还可栽植黑杨与小叶杨的杂交种。该区杨树用材林的生产力较低。

泰沂山北麓栽培区，杨树用材林多分布在山麓平原、河谷地带，水热条件不及泰沂山以南的鲁南栽培区，仍可满足欧美杨速生品种的需求，一般不宜栽植南方型的美洲黑杨。

胶东栽培区，杨树用材林多分布在胶东丘陵和鲁中南山地之间的胶莱平原，以大沽河、胶莱河、五龙河的滩地、阶地较为集中。半岛东部丘陵地带，少有成片杨树栽培。该区降水较多，气候较湿润，但气温和积温较低。该区适于欧美杨和毛白杨生长，且生产力较高，一般不宜栽植喜温暖的美洲黑杨（表3-3-1）。

表3-3-1 山东省杨树用材林栽培区的生态条件和主栽杨树种类

杨树用材林栽培区		1 鲁西北栽培区	2 泰沂山北麓栽培区	3 胶东栽培区	4 鲁西南栽培区	5 鲁南栽培区
杨树用材林地的地形		黄河冲积平原	山麓平原、河谷平原、洼地	山麓平原、河谷平原、洼地	黄河冲积平原	山麓平原、河谷平原、洼地
气候条件	≥10℃积温（℃）	4200~4400	4000~4400	3800~4000	4400~4600	4000~4600
	无霜期（天）	185~200	185~215	180~200	200~220	180~230
	年平均降水量（mm）	550~650	600~700	700~850	600~750	750~900
	干燥度K	1.5~1.6	1.2~1.6	0.8~1.3	1.0~1.5	0.8~1.5
杨树用材林地的主要土壤类型		潮土	河潮土、褐土	河潮土、棕壤	潮土	河潮土、棕壤、褐土
主栽杨树种类		欧美杨、毛白杨、黑杨派与青杨派的杂种	欧美杨、毛白杨	欧美杨、毛白杨	美洲黑杨、欧美杨	美洲黑杨、欧美杨

三、杨树用材林立地质量评价

（一）造林地立地条件与立地质量评价

1. 造林地立地条件

造林地是人工林生存的外界环境，了解造林地的环境条件及其变化规律，对于选择合适的造林树种及拟定合理的造林技术措施具有重要意义。造林地的环境条件是复杂的，它体现了气候、地形、土壤、水文、植被等因子的综合，这些因子又处在互相联系、互相制约之中，人为活动对造林地的环境也有一定影响。

造林地的环境因子分为两类。一类是与林木在生长发育中的生活因子（主要为光照因子、温度因子、水分因子、养分因子等）直接有关的环境因子，如造林地的气候条件、地形条件、土壤条件、水文条件等，这类环境因子的综合称为造林地的立地条件（森林植物条件）。立地条件在造林地的环境中起主导作用，决定着造林树种的选择、人工林的生长发育过程及其生产率的高低等。

另一类环境因子与林木的生长发育没有（或很少有）直接关系，如造林地的地表状况、造林前的土地利用情况等，这些非根本性的环境因子综合称为造林地的环境状况。环境状况影响造林工作的实施。

构成造林地立地条件的环境因子是互相联系的，它们综合影响着林木生长发育。但在一定的环境条件下，众多环境因子中又必然有主导因子。这些主导环境因子是对林木生活因子（光照、热量、水分、养分等）影响面最广、影响程度最大的环境因子，有的是林木生长的限制因子。山东平原地区的造林地，局部地形、土壤类型、土壤质地、地下水位等常是主导因子；而鲁北滨海地带的造林地，土壤含盐量常是主导因子。

2. 立地质量评价

立地质量是指某一造林地的森林生长潜力，立地质量与树种相关联，取决于立地条件和树种生物学特性的综合作用。

立地质量评价是对造林地的宜林程度或潜在的生产力进行判断或预测，了解立地因子与林木生长的数量关系，可为造林设计和森林经营提供依据。

立地质量的评价有多种方法，可以分为直接评价和间接评价两类。直接评价方法是直接用林分的生长量来评定立地质量，适于有林地，最常用的方法是地位指数（立地指数）法。间接评价方法是用立地特征或相关植被类型间接估计林分的生长量来评定立地质量，适于无林地，常用的方法是用立地因子与树高生长的关系评价立地质量的间接评价方法。

（二）用杨树的树高生长指标评价立地质量

用林分的生长指标评价立地质量，是立地质量的直接评价方法，适用于有林地。常用的方法是用地位指数评价立地质量，杨树人工用材林也适用栽培指数评价立地质量。

1. 用地位指数评价立地质量

（1）地位指数与地位指数表　地位指数是常用的立地质量评价指标，以林分优势木平均高与林分平均年龄的关系为依据，用标准年龄时林分优势木平均高表示。优势木平均高受林分密度和营林措施的影响较小，对立地质量有良好的指示作用。应用地位指数评定立地质量，需编制地位指数表。地位指数表是以林分优势木平均高与林分年龄的关系而编制的林地生产力等级表，有一定的适用区域和适用树种、品种。

杨树地位指数表可以按品种分别编表，也可以将树高生长曲线走向及生长能力基本一致的几个品种混合编表。由于杨树的品种较多,将树高生长过程相似的品种混合编表,便于生产实际中的应用。

(2)地位指数表的编制　编制地位指数表的步骤为:第一,编表资料的调查搜集。对规定的区域和树种、品种,按不同立地条件、林分生长类型及林分年龄设置标准地。每块标准地调查5~8株优势木的树高及其他有关的测树因子。整理调查资料,计算各标准地优势木的平均高。第二,绘制优势木平均高随年龄变化的散点图,根据优势木平均高与年龄关系的曲线选配回归方程,并进行参数计算和相关关系检验,选定导向曲线数学模型。第三,确定标准年龄(也称基准年龄),通常用林分达到生长旺盛期以后,树高生长趋向稳定的年龄。第四,确定指数级距,一般在标准年龄上将树高按2m分级。第五,以导向曲线为基础,导出各指数级曲线,有树高相对值法、标准差或变动系数法、平移法、比例法等方法。将各年龄不同指数级的树高理论值编制成表,即为地位指数表。第六、精度检验。地位指数表编成后,须进行精度检验,常用标准差检验、连续树高值检验。地位指数表达到精度要求,才能用于生产。

(3)山东临沂地区杨树人工林地位指数表　中国林业科学研究院刘景芳等(1989),在山东临沂地区收集了I-69杨、I-72杨、健杨等品种用材林的标准地资料和解析木资料,编制临沂地区杨树人工林地位指数表。

A. 编表方法

首先,对I-69杨、I-72杨、健杨进行品种间树高生长差异显著性检验(图3-3-1)。用$\lg H = a + b/A$公式,得出3个品种树高与年龄的回归经验式。

I-69杨:
$$\lg H = 1.55057 - \frac{1.77447}{A}$$

I-72杨:
$$\lg H = 1.53999 - \frac{1.58475}{A}$$

健杨:
$$\lg H = 1.44634 - \frac{1.84775}{A}$$

对3个品种相互间进行a与b值显著性检验,a与b值无显著性差异。表明3个杨树品种的树高生长曲线走向及生长能力基本一致,可以混合编制成一个地位指数表(表3-3-2)。

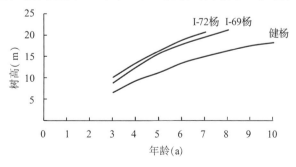

图3-3-1　3种杨树树高生长曲线

表 3-3-2　品种间 a 与 b 值显著性检验

对比的品种	$t_{N-2}^{0.05}$	t		显著性	
		a	b	a	b
I-69 杨与健杨	2.23	0.07475	0.05241		
I-69 杨与 I-72 杨	2.37	0.00711	0.12815	差异不显著	差异不显著
I-72 杨与健杨	2.26	0.05270	0.14791		

根据树干解析资料，材积连年生长量与平均生长量相交时间在 8 年以上，当地杨树主伐年龄多为 8~10a，所以将标准年龄确定为 8a。

用 $\lg H=a+b/A$，$H=a+b\cdot\lg A$，$\lg H=a+b\cdot\lg A$ 三个数学模型对树高值进行回归计算，以 $\lg H=1.52055-1.66896/A$ 式的相关系数最大、标准差最小，作为导向曲线的数学模型。用树高相对值法导出各指数级各年龄树高值，绘成地位指数曲线（图 3-3-2），编制成地位指数表（表 3-3-3）。

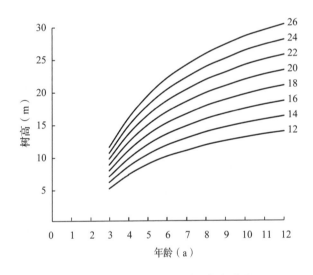

图 3-3-2　临沂地区杨树地位指数曲线

表 3-3-3　山东临沂地区杨树人工林地位指数表（标准年龄：8a）　　　　　　m

年龄 (a)	地位指数级								
	12	14	16	18	20	22	24	26	
3	4.9	5.8	6.7	7.6	8.5	9.4	10.3	11.2	12.1
4	6.8	8.1	9.3	10.5	11.8	13.0	14.3	15.5	16.7
5	8.3	9.8	11.3	12.8	14.3	15.8	17.3	18.8	20.3
6	9.4	11.1	12.8	14.5	16.2	17.9	19.6	21.3	23.1
7	10.2	12.1	14.0	15.8	17.7	19.6	21.4	23.3	25.2
8	11.0	13.0	15.0	17.0	19.0	21.0	23.0	25.0	27.0
9	11.6	13.7	15.8	17.9	20.0	22.1	24.2	26.3	28.5
10	12.1	14.3	16.5	18.7	20.9	23.2	25.4	27.6	29.8
11	12.6	14.8	17.1	19.4	21.7	24.0	26.3	28.5	30.8
12	12.9	15.3	17.6	20.0	22.3	24.7	27.0	29.4	31.7

注：本表由 I-69 杨、I-72 杨、健杨 3 个品种混合编制。

B. 地位指数表的应用

评价林分的立地质量：应用地位指数表可以评价杨树林分的立地质量。根据林分年龄和优势高，由地位指数表查得相应地位指数，指数级高表明立地质量好，林分生产力也高。如临沂地区有一片6年生I-69杨林分，优势高为20.6m，由表3-3-3查得地位指数属24指数级；另一片5年生I-69杨，优势高为11.5m，查得地位指数属16指数级。二者相比，前者的立地质量和生产力优于后者。

预测林分生长量：用地位指数表可以预测杨树林分生长量。根据杨树林分年龄和优势高，查其所属地位指数级，某指数级各年龄的树高中值，即为该林分各年龄的优势高生长预测值。如临沂地区有一片5年生I-69杨林，优势高为13.5m，由表3-3-3查得属18指数级。再在地位指数表18指数级栏内查得6、7、8、9、10年时的树高中值分别为15.4m、16.8m、18.0m、19.0m、19.8m，即为该林分6~10年的优势高预测值。

在林分的测树因子树高、胸径和材积中，材积指标是林分生产力最直接的指标。研究各种密度条件下杨树林分优势高与平均高的关系，平均高与平均胸径的关系，以及树高、胸径与蓄积量的关系，应用地位指数表还可以间接预测林分蓄积量等其他因子。

地位指数的应用受栽培措施影响：杨树是人工栽培的树种，杨树生长除决定于立地条件外，还受栽培措施的影响。在相同立地条件，因栽培措施的差别，杨树林分的优势高有差别；树高生长趋势也会有差别，有可能形成多形型曲线。所以，杨树人工林经营水平与栽培措施的差别，会影响地位指数表的应用效果。

2. 用栽培指数评价立地质量

(1) 杨树用材林的栽培指数　杨树是适于集约栽培的速生树种，杨树用材林的生长除受立地条件影响外，还受经营水平、栽培措施很大影响。地位指数一般只考虑立地因子对林木生长的影响，不考虑经营水平，对杨树用材林就不够适宜。集约经营的杨树用材林按定向培育的要求确定造林密度，不需要进行间伐，林分平均高处于有规律的增长状态。杨树用材林林木生长整齐、分化小，不易识别出上层优势木。

根据杨树用材林的上述特点，中国林业科学研究院陈章水（1988）在杨树用材林立地质量评价工作中使用了杨树栽培指数，作为杨树用材林林地生产力评价的数量指标。栽培指数的含义是：分别不同经营水平，对不同立地条件，以林分平均高与年龄的关系为依据划分的林地生产力等级；用标准年龄时林分平均树高值来表示，常在栽培指数表中查得。栽培指数分别不同的经营水平，对杨树用材林林地的立地评价效果更好；用林分平均树高作为评价指标，符合杨树用材林的树高生长规律，便于测量和应用。

(2) 杨树用材林栽培指数表　用栽培指数评价杨树用材林立地质量，需编制杨树用材林栽培指数表。为编制栽培指数表，要按树种（品种）、立地条件、林分年龄及经营水平设置标准地，调查收集有关资料；编表时要将不同经营水平（如粗放经营、集约经营、高度集约经营）的资料分别整理和使用，可分别编制不同经营水平的栽培指数表。通常编制的杨树用材林栽培指数表，是对应集约经营水平，用于林业生产中的杨树速生丰产林。栽培指数表的编表方法和地位指数表相似。

如陈章水等编制了全国各杨树栽培区，主栽杨树种类（种、品种）的杨树用材林栽培指数表。

（3）山东的杨树用材林栽培指数表　在山东的杨树用材林立地质量评价工作中，也编制了部分杨树种类的栽培指数表。如李琪、王彦等编制了山东的I-214杨、I-69杨、八里庄杨等品种的用材林栽培指数表，姜岳忠、王彦等编制了中林46杨等品种和毛白杨的用材林栽培指数表。

A. 编制杨树用材林栽培指数表的杨树品种

选择在山东造林面积大的主栽杨树品种参加编制栽培指数表。其中有黑杨派品种I-214杨、沙兰杨、健杨、I-69杨、I-72杨、中林46杨、107号杨、108号杨，毛白杨品种易县毛白杨雌株、鲁毛50杨和杂种白杨品种窄冠白杨3号，小钻杨品种八里庄杨。

B. 杨树用材林经营水平的划分

根据山东杨树用材林的经营状况，划分为粗放经营、集约经营、高度集约经营三种经营水平。粗放经营为造林后没有抚育措施；集约经营为造林投资较多，经营强度较高，大穴或带状整地，造林后进行灌溉、施肥、中耕等项抚育管理；高度集约经营为造林投资多，各项栽培技术措施细致及时，追求杨树丰产林的高产。三种经营水平中，粗放经营是落后的经营方式；高度集约经营仅有少量的实验林和小片高额丰产林，林业生产中大面积的杨树用材林尚难达到；集约经营水平与山东林业生产中杨树速生丰产林的投资水平和栽培技术相适应。为了便于对山东杨树速生丰产林的林地生产力作出评价，重点编制集约经营水平杨树用材林的栽培指数表。

C. 编表资料的收集

在山东杨树集中栽培地区，对集约经营水平的杨树用材林进行标准地典型调查，取得杨树用材林的平均树高生长资料。I-69杨、I-72杨用材林的标准地主要设在鲁南栽培区和鲁西南栽培区，八里庄杨用材林的标准地主要设在鲁西北栽培区，I-214杨、沙兰杨、健杨、中林46杨、107号杨、108号杨及毛白杨用材林的标准地设在山东的各个杨树栽培区。标准地设在常见的立地条件、不同林龄的杨树用材林中。

D. 编表资料的选择

编表前，对收集的原始资料进行挑选。根据标准地调查中对造林历史和抚育管理措施的记载，选用集约经营水平的标准地资料；剔除项目记载不全而不便使用的材料和有明显错误的材料；对标准地的树高值与该年龄众多标准地树高的中值有过大差距，但不能肯定是错误的数据，用两倍标准差法剔除。

E. 品种间树高生长差异显著性检验

对参加编表的杨树品种进行品种间树高生长差异显著性检验，将树高生长曲线及生长能力基本一致的品种，混合编制成一个栽培指数表。I-214杨、沙兰杨、健杨混合编表，I-69杨、I-72杨混合编表，中林46杨、107号杨、108号杨混合编表，易县毛白杨雌株、鲁毛50

杨、窄冠白杨 3 号混合编表。

F. 数学模型的选配

杨树用材林的树高—年龄曲线(导向曲线)应该反映杨树用材林树高生长的规律。分析树高与年龄的相关关系，用以下 6 个方程选配导向曲线。

① $\log H = a + bA$　　② $H = a + b\log A$　　③ $\log H = a + b\log A$
④ $H = a + bA + cA^2$　　⑤ $H = a + bA + c\log A$　　⑥ $H = a + b\log A + c(\log A)^2$

式中：H 为林分平均树高，A 为林龄，a、b 为参数。

经计算 a、b 参数和相关系数 r，根据相关系数和离差平方和，并与固定标准地材料进行比较，确定各树种(品种)树高—年龄曲线的数学模型：

I-214 杨、沙兰杨、健杨　　　　　$H = -0.44220 + 21.82767\log A$

I-69 杨、I-72 杨　　　　　　　　$H = 0.72921 + 20.67160\log A$

八里庄杨　　　　　　　　　　　$H = 0.34438 + 18.17108\log A$

中林 46 杨、107 号杨、108 号杨　 $H = 0.16287 + 21.78727\log A$

毛白杨　　　　　　　　　　　　$\log H = 0.56670 + 0.58805\log A$

G. 标准年龄的确定

林分在标准年龄比较其树高生长的数值，从而评价林分生产力。根据杨树用材林的生长特点，选用林分的树高生长趋于缓慢，达到稳定生长的年龄为栽培指数的标准年龄。不同杨树种类的生长速度不同，标准年龄也有差别。考虑以上原则，将山东各树种、品种杨树用材林编制栽培指数表的标准年龄定为：I-214 杨、沙兰杨、健杨林龄 7 年，I-69 杨、I-72 杨林龄 6 年，八里庄杨林龄 8 年，中林 46 杨、107 号杨、108 号杨林龄 6 年，毛白杨林龄 10 年。

H. 各指数级栽培指数曲线的导出

以分树种、品种的导向曲线为基础，采用标准差调整法，根据各龄阶导向曲线标准差的大小进行曲线调整。将标准年龄时的导向曲线树高值调整为整数，然后展开各栽培指数级的曲线(图 3-3-3 至图 3-3-7)，即可编出分树种、品种的杨树用材林栽培指数表(表 3-3-4 至表 3-3-8)。

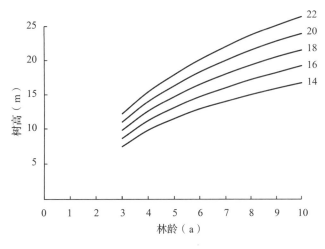

图 3-3-3　山东 I-214 杨、沙兰杨、健杨用材林栽培指数曲线

表 3-3-4　山东 I-214 杨、沙兰杨、健杨用材林栽培指数表（标准年龄：7a）　　　m

林龄(a)	栽培指数级				
	14	16	18	20	22
3	6.8~7.9	8.0~9.1	9.2~10.3	10.4~11.5	11.6~12.7
4	9.1~10.4	10.5~11.8	11.9~13.2	13.3~14.6	14.7~16.0
5	10.7~12.2	12.3~13.8	13.9~15.4	15.5~17.0	17.1~18.6
6	12.0~13.7	13.8~15.5	15.6~17.3	17.4~19.1	19.2~20.9
7	13.0~14.9	15.0~16.9	17.0~18.9	19.0~20.9	21.0~22.9
8	13.9~16.0	16.1~18.1	18.2~20.3	20.4~22.5	22.6~24.7
9	14.7~17.0	17.1~19.2	19.3~21.5	21.6~23.8	23.9~26.2
10	15.4~17.9	18.0~20.2	20.3~22.6	22.7~25.0	25.1~27.5

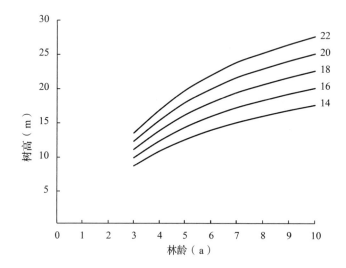

图 3-3-4　山东 I-69 杨、I-72 杨用材林栽培指数曲线

表 3-3-5　山东 I-69 杨、I-72 杨用材林栽培指数表（标准年龄：6a）　　　m

林龄(a)	栽培指数级				
	14	16	18	20	22
3	8.2~9.3	9.4~10.5	10.6~11.7	11.8~12.9	13.0~14.1
4	10.2~11.6	11.7~13.1	13.2~14.6	14.7~16.1	16.2~17.6
5	11.7~13.4	13.5~15.2	15.3~17.0	17.1~18.8	18.9~20.6
6	13.0~14.9	15.0~16.9	17.0~18.9	19.0~20.9	21.0~22.9
7	14.0~16.1	16.2~18.3	18.4~20.5	20.6~22.7	22.8~24.9
8	14.9~17.1	17.2~19.4	19.5~21.7	21.8~24.0	24.1~26.3
9	15.7~18.0	18.1~20.4	20.5~22.8	22.9~25.2	25.3~27.6
10	16.4~18.8	18.9~21.3	21.4~23.8	23.9~26.3	26.4~28.8

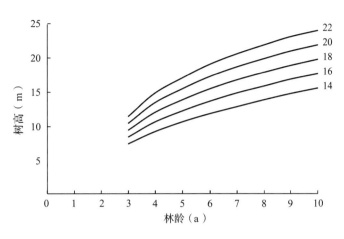

图 3-3-5　山东八里庄杨用材林栽培指数曲线

表 3-3-6　山东八里庄杨用材林栽培指数表（标准年龄：8a）　　　　　　　　　　　m

林龄(a)	栽培指数级				
	14	16	18	20	22
3	7.1~8.0	8.1~9.0	9.1~10.0	10.1~11.0	11.1~12.0
4	8.7~10.0	10.1~11.4	11.5~12.8	12.9~14.2	14.3~15.6
5	10.0~11.5	11.6~13.1	13.2~14.7	14.8~16.3	16.4~17.9
6	11.1~12.8	12.9~14.6	14.7~16.4	16.5~18.2	18.3~20.0
7	12.1~13.9	14.0~15.8	15.9~17.7	17.8~19.6	19.7~21.5
8	13.0~14.9	15.0~16.9	17.0~18.9	19.0~20.9	21.0~22.9
9	13.8~15.8	15.9~17.9	18.0~19.9	20.0~22.0	22.1~24.1
10	14.6~16.6	16.7~18.7	18.8~20.8	20.9~22.9	23.0~25.1

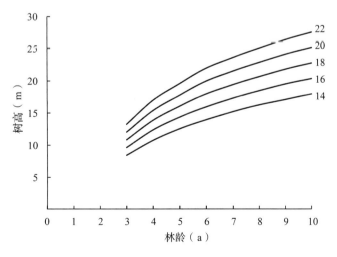

图 3-3-6　山东中林 46 杨、107 号杨、108 号杨用材林栽培指数曲线

表 3-3-7　山东中林 46 杨、107 号杨、108 号杨用材林栽培指数表（标准年龄：6a）　　　　m

林龄 (a)	栽培指数级				
	14	16	18	20	22
3	7.9~9.0	9.1~10.2	10.3~11.4	11.5~12.6	12.7~13.8
4	10.0~11.5	11.6~13.1	13.2~14.5	14.6~16.1	16.2~17.7
5	11.7~13.4	13.5~15.2	15.3~16.8	16.9~18.6	18.7~20.4
6	13.0~14.9	15.0~16.9	17.0~18.9	19.0~20.9	21.0~22.9
7	14.2~16.2	16.3~18.3	18.4~20.4	20.5~22.5	22.6~24.6
8	15.2~17.3	17.4~19.5	19.6~21.7	21.8~23.9	24.0~26.1
9	16.1~18.3	18.4~20.6	20.7~22.9	23.0~25.2	25.3~27.5
10	16.8~19.1	19.2~21.5	21.6~23.9	24.0~26.3	26.4~28.7

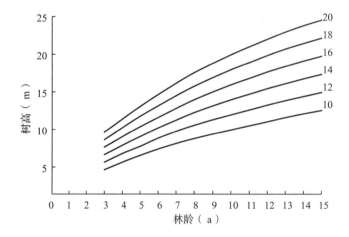

图 3-3-7　山东毛白杨用材林栽培指数曲线

表 3-3-8　山东毛白杨用材林栽培指数表（标准年龄：10a）　　　　m

林龄 (a)	栽培指数级					
	10	12	14	16	18	20
3	4.2~5.1	5.2~6.1	6.2~7.1	7.2~8.1	8.2~9.1	9.2~10.1
4	5.1~6.2	6.3~7.3	7.4~8.4	8.5~9.6	9.7~10.8	10.9~11.9
5	5.9~7.2	7.3~8.4	8.5~9.6	9.7~11.0	11.1~12.4	12.5~13.6
6	6.7~8.1	8.2~9.5	9.6~10.8	10.9~12.3	12.4~13.9	14.0~15.3
7	7.4~8.9	9.0~10.5	10.6~11.9	12.0~13.6	13.7~15.3	15.4~16.9
8	8.0~9.6	9.7~11.4	11.5~13.0	13.1~14.8	14.9~16.6	16.7~18.4
9	8.5~10.3	10.4~12.2	12.3~14.0	14.1~15.9	16.0~17.8	17.9~19.7
10	9.0~10.9	11.0~12.9	13.0~14.9	15.0~16.9	17.0~18.9	19.0~20.9
11	9.5~11.5	11.6~13.6	13.7~15.7	15.8~17.8	17.9~19.9	20.0~22.0
12	10.0~12.1	12.2~14.3	14.4~16.5	16.6~18.7	18.8~20.9	21.0~23.0
13	10.5~12.7	12.8~14.9	15.0~17.2	17.3~19.5	19.6~21.8	21.9~24.0
14	11.0~13.2	13.3~15.5	15.6~17.9	18.0~20.2	20.3~22.6	22.7~24.9
15	11.4~13.7	13.8~16.1	16.2~18.5	18.6~20.9	21.0~23.3	23.4~25.7

注：①本表由易县毛白杨雌株、鲁毛 50 杨、窄冠白杨 3 号混合编制。

I. 杨树用材林栽培指数表的应用

栽培指数是针对杨树用材林的特点提出的。集约经营水平杨树用材林的栽培指数，有别于只按立地条件评价林分生产力的地位指数。通过集约经营水平杨树用材林栽培指数表的编制和应用，可解决受栽培措施影响的杨树用材林立地评价问题。

与地位指数使用林分优势高作为立地评价指标不同，栽培指数用林分平均高作为评价杨树用材林生产力的指标，符合杨树用材林的生长特点。林分平均高是求算材积必需的测树因子之一，在生产中应用更加方便。

使用栽培指数表能够评价杨树用材林有林地的立地质量，可以预测杨树用材林在不同年龄的平均树高。将栽培指数表与立地因子的数量化分析结合应用，能根据无林地的主导立地因子，进行杨树用材林生产力评价。

(三) 用立地因子与树高生长的关系评价立地质量

根据立地因子特性或相关植被类型来评价立地质量，是立地质量的间接评价方法，能解决有林地和无林地的统一评价问题。常用的方法是编制数量化立地质量得分表，对不同立地因子组合进行立地质量评价。不同杨树种类在不同地区的生长量有所差异，需分别不同杨树种类和不同区域来编制杨树用材林的数量化立地质量得分表。

1. 杨树数量化立地质量得分表的编制方法

用数量化理论Ⅰ的方法或多元回归分析的方法，建立起杨树标准年龄时的树高值与各项立地因子的数量回归关系式，编制出杨树数量化立地质量得分表。

(1) 项目、类目的划分　根据杨树生物学特性和造林地条件，选择参与分析的立地因子—项目，每个项目分为不同等级—类目。

(2) 标准地调查　对编表区域和杨树种类，分别不同立地条件进行杨树用材林标准地调查。调查的标准地应具代表性，对应不同项目、类目的标准地数量应均匀分布。标准地的林分年龄应接近栽培指数的标准年龄。详细调查记载标准地的立地因子和测树因子。

(3) 编表　对调查资料进行整理、筛选，把编表材料编成项目、类目反应表。按数量化理论Ⅰ的方法，建立以立地因子的类目为自变量，以标准年龄时的树高为依变量的数学模型，编制立地因子数量化得分表。从得分表可查得各项目、类目的得分值和偏相关系数，可了解各立地因子对林木生长作用的大小，并能预测某个立地因子组合在标准年龄时的树高值。

2. 山东的杨树用材林数量化立地质量得分表

在山东的杨树用材林立地质量评价工作中，姜岳忠、王彦等编制了山东部分地区和杨树种类的数量化立地质量得分表。

按照山东杨树用材林分布区的自然地理条件和杨树的生态学特性，以地形、土壤类型、土壤质地、地下水位4个对杨树生长有重要作用且易于识别的主要立地因子为项目，各个项目的不同级别为类目。

对编表区域及杨树种类，选集约经营的杨树用材林进行标准地典型调查，取得立地因子与杨树生长的资料。以各个项目的不同类目作为自变量。将各标准地的平均树高值，用栽培指数表调整为标准年龄时的树高值(栽培指数)，作为因变量。应用数量化理论Ⅰ的方法，求得数量化立地质量预测方程，计算出数量化立地质量得分表(表3-3-9至表3-3-12)。

表3-3-9 鲁西南栽培区 I-214 杨、沙兰杨用材林数量化立地质量得分表($A=7$)

项目	类目	各测定项目组合得分				得分范围/偏相关系数
		x_1	$x_1 \sim x_2$	$x_1 \sim x_3$	$x_1 \sim x_4$	
土壤质地 x_1	松砂土	14.5	9.14	6.22	5.68	$\dfrac{4.85}{0.53}$
	紧砂土	15.7	10.73	7.75	7.22	
	砂壤土	16.6	11.36	8.47	7.95	
	轻壤土	17.6	12.42	9.58	9.06	
	中壤土	15.6	10.66	7.64	7.13	
	重壤土	13.8	9.25	6.38	5.86	
	黏土	12.5	7.60	4.72	4.21	
地形 x_2	岗地		3.48	2.37	2.80	$\dfrac{1.16}{0.34}$
	平地		4.93	3.78	3.96	
	洼地		3.74	2.59	3.18	
土壤类型 x_3	褐土化潮土			3.95	3.64	$\dfrac{2.03}{0.27}$
	潮土			4.23	3.90	
	盐化潮土			2.26	1.87	
地下水位 x_4	<1.5m				1.89	$\dfrac{0.96}{0.16}$
	1.5~2.5m				2.01	
	>2.5m				1.05	
复相关系数		0.64	0.68	0.71	0.73	

表3-3-10 鲁南栽培区 I-214 杨、沙兰杨用材林数量化立地质量得分表($A=7$)

项目	类目	各测定项目组合得分				得分范围/偏相关系数
		x_1	$x_1 \sim x_2$	$x_1 \sim x_3$	$x_1 \sim x_4$	
土壤质地 x_1	松砂土	16.32	10.37	7.51	6.17	$\dfrac{4.45}{0.45}$
	紧砂土	18.19	11.79	8.93	8.06	
	砂壤土	18.46	12.31	9.45	8.75	
	轻壤土	18.71	13.02	10.10	9.58	
	中壤土	16.44	11.06	8.41	7.76	
	重壤土	14.10	9.33	6.99	6.36	
	黏土	12.31	8.02	5.90	5.13	
地形 x_2	河滩		6.46	4.86	4.16	$\dfrac{1.81}{0.27}$
	阶地		6.57	4.99	4.21	
	平地		4.88	3.91	3.62	
	洼地		4.21	3.37	2.74	
	沟谷		4.67	3.09	2.40	

（续）

项目	类目	各测定项目组合得分				得分范围/偏相关系数
		x_1	$x_1 \sim x_2$	$x_1 \sim x_3$	$x_1 \sim x_4$	
土壤类型 x_3	河潮土			4.45	4.23	$\dfrac{2.52}{0.24}$
	湿潮土			3.56	3.80	
	砂姜黑土			1.97	1.71	
	棕壤褐土			4.28	4.20	
地下水位 x_4	<1.5m				1.57	$\dfrac{1.20}{0.17}$
	1.5~2.5m				2.07	
	>2.5m				0.87	
复相关系数		0.62	0.66	0.67	0.68	

表 3-3-11　鲁西北、鲁西南栽培区毛白杨用材林数量化立地质量得分表（$A=10$）

项目	类目	各测定项目组合得分				得分范围/偏相关系数
		x_1	$x_1 \sim x_2$	$x_1 \sim x_3$	$x_1 \sim x_4$	
地形 x_1	岗地	14.79	6.30	8.36	8.01	$\dfrac{2.33}{0.54}$
	平地	15.61	6.84	8.82	8.61	
	洼地	13.37	3.78	6.64	6.28	
土壤质地 x_2	砂土		7.92	4.12	3.72	$\dfrac{2.78}{0.40}$
	壤土		11.01	6.68	6.50	
	黏土		9.98	5.83	5.02	
地下水位 x_3	<1.5m			0.41	0.24	$\dfrac{1.08}{0.39}$
	1.5~2.5m			1.50	1.20	
	>2.5m			0.26	0.12	
土壤类型 x_4	褐土化潮土				1.09	$\dfrac{1.95}{0.12}$
	潮土				1.60	
	淤灌潮土				1.97	
	盐化潮土				0.02	
复相关系数		0.29	0.53	0.63	0.64	

表 3-3-12　鲁南、胶东栽培区毛白杨用材林数量化立地质量得分表（$A=10$）

项目	类目	各测定项目组合得分				得分范围/偏相关系数
		x_1	$x_1 \sim x_2$	$x_1 \sim x_3$	$x_1 \sim x_4$	
土壤质地 x_1	砂土	12.99	8.87	3.25	2.94	$\dfrac{2.60}{0.33}$
	壤土	15.25	11.36	5.63	5.54	
	黏土	12.02	8.25	3.70	3.03	

(续)

项目	类目	各测定项目组合得分				得分范围/偏相关系数
		x_1	$x_1 \sim x_2$	$x_1 \sim x_3$	$x_1 \sim x_4$	
地形 x_2	河滩		3.83	5.03	4.23	$\dfrac{3.07}{0.29}$
	阶地		4.89	6.09	4.47	
	平地		3.77	4.81	2.99	
	沟谷		2.48	3.05	1.40	
土壤类型 x_3	河潮土			4.46	4.29	$\dfrac{3.48}{0.26}$
	棕壤			6.13	6.09	
	褐土			4.72	4.44	
	砂姜黑土			3.51	2.61	
地下水位 x_4	<1.5m				1.57	$\dfrac{1.41}{0.20}$
	1.5~2.5m				2.98	
	>2.5m				2.34	
复相关系数		0.40	0.42	0.46	0.48	

3. 立地因子数量化得分表的应用

(1) 比较立地因子对杨树生长的作用　应用立地因子数量化得分表，可以比较不同立地因子项目和类目对杨树生长的作用大小。项目的偏相关系数和得分范围越大，说明该项目的作用也越大；类目的得分值越高，该类目的作用也越大。如鲁南区I-214杨、沙兰杨数量化立地质量得分表，从偏相关系数和得分范围看，对杨树生长的影响以土壤质地最大，地形次之，然后是土壤类型和地下水位。从各类目得分，还可对某个立地因子不同等级的作用进行比较，如土壤质地因子中，对I-214杨、沙兰杨生长的适宜程度为轻壤>砂壤>紧砂>中壤>松砂>重壤>黏土，表明I-214杨、沙兰杨等不适于黏重土壤和松砂土。

(2) 预测杨树造林地的树高生长　数量化立地质量得分表的重要用途是预测某一立地因子组合的无林地（或有林地）在标准年龄时的树高值。以鲁南栽培区I-214杨、沙兰杨为例，某林场计划营造I-214杨、沙兰杨丰产用材林，造林地的立地条件是：河滩、河潮土、土壤质地轻壤土、地下水位1.5~2.5m，从数量化立地质量得分表查得各相关项目、类目的得分值，累加后得到该地营造I-214杨、沙兰杨丰产林在标准年龄时所能达到平均树高值（栽培指数）：4.16+4.23+9.58+1.97=19.94(m)，表明在该造林地营造I-214杨、沙兰杨丰产林，预计林龄7年时林分平均树高可达19.94m，查对栽培指数表，属20栽培指数级。又如鲁西北栽培区某林场计划营造毛白杨用材林，造林地条件是平地、潮土、土壤质地壤土，地下水位2.2m，从数量化立地质量得分表查得的得分值为8.61+6.50+1.20+1.60=17.91(m)，预计林龄10年时林分平均树高值可达17.91m，查对栽培指数表，属18栽培指数级。

求算不同立地因子组合在标准年龄时的树高预测值，可以预测不同立地条件杨树用材林的树高，能够用于杨树用材林的造林地选择和生长量预估。

(3)用树高和材积的关系间接预测蓄积量　材积是林分的产量指标，也是造林地立地质量的重要标志。杨树用材林的材积生长量不仅取决于立地条件，还随林分密度而变化。相同杨树种类，在相同密度条件下，林分平均树高和蓄积量呈正相关。用大量标准地调查材料，可建立林分平均树高和蓄积量的数学模型。

根据某种密度林分的平均树高与蓄积量的关系，可以用栽培指数估计该密度林分的蓄积量，对不同立地条件的林地生产潜力作出评价。

四、杨树造林地立地条件类型

(一)立地条件类型

为了造林工作的方便，把立地条件及森林生产力相近似的造林地归并成类型，称为立地条件类型，简称立地类型。在生产中，按照立地条件类型选择造林树种，设计、实施造林技术措施。

1. 划分立地条件类型的依据

划分立地条件类型的依据主要是地形、土壤、植被以及水文等立地因子的差异。在综合的立地环境因子中，气候、土壤、地形因子是决定性的。由于气候条件已在栽培区区划中得到反映，在一定的造林地区内划分立地条件类型时，地形和土壤因子就占有突出的地位，应作为划分立地条件类型的主要依据。植被对立地条件有一定的指示作用，可作为划分立地条件类型的补充依据。林木生长状况是立地质量的反映，也是立地类型划分是否合理的主要尺度。在一定的地区内划分立地条件类型时，应该依据多因子的综合，其中主要依据主导地形因子和土壤因子，以植被为参考，以林木生长情况作验证。

2. 划分立地条件类型的方法

立地条件类型的划分方法，主要有以环境因子为依据的间接方法和以林木的平均生长指标为依据的直接划分方法。

(1)利用主导环境因子分类　利用主导环境因子分类的关键是正确地选择主导环境因子和确定每个因子的分级标准。这种方法简单明了，易于掌握和应用。但这种方法未能反映不参与立地类型划分的一些环境因子的作用，难以体现立地条件的某些具体差别。若吸收更多的立地因子参与立地类型划分，则立地类型的内容过于复杂，失去原来简单易行的优点。在一个地区内开展立地因子的数量化分析工作，从而筛选影响林木生长的主导环境因子，并将数学分析过程和生物学分析过程紧密配合，可以提高这种分类方法的科学性。

(2)利用生活因子分类　利用生活因子分类的方法，是按照重要的生活因子，如土壤养分、土壤水分条件划分立地条件类型。土壤养分可分为贫瘠、较贫瘠、较肥沃、肥沃等级，土壤水分可分为非常干旱、干旱、潮润、湿润、潮湿、水湿等级，立地条件类型即是土壤养分和土壤水分条件相似地段的总和。由于许多地形因子、土壤因子及植被因子都对土壤养分、土壤水分条件产生影响，在按生活因子的分级组合类型时，先要对各重要环境因子进行分析综合，然后再参照指示植物及林木生长状况，才能确定级别，组成类型。用这种方法划分立地类型，直接表明了造林地的水分、养分等生态条件。但是生活因子不易于直接测定，划分标准也比较难掌握，不便于实际应用。

（3）用地位指数代替立地类型　用某个树种的地位指数来说明立地条件，可表明林地的生产潜力，地位指数又可以通过多元回归与许多立地因子联系起来。但在应用这种方法时，相同地位指数的造林地可能具有不同的环境条件组合；编制地位指数表的外业调查工作量大，某一树种的地位指数表仅适用于该调查地区的该树种；因此这种方法也有不便应用之处。

（二）山东平原地区立地条件类型的划分

为了指导我国的造林工作，林业科研和调查设计单位依据立地分类的原则和方法，建立了森林立地分类系统。全国性的森林立地分类系统有詹昭宁等建立的"中国森林立地分类系统"，张万儒、蒋有绪等建立的"中国森林立地系统"。在全国性的森林立地分类系统中，立地条件类型是最基本的分类单位。各地也都进行了森林立地分类工作，如山东省林业勘察设计院在《山东省造林典型设计》中提出的山东省立地条件分类系统。

杨树主要分布在平原地区，各种森林立地分类系统中对平原地区的立地分类适于杨树造林。

1.《中国森林立地类型》的立地条件类型

《中国森林立地类型》（詹昭宁等，1995）对各省、自治区、直辖市林业调查设计单位长期积累的资料进行了归纳、提炼和系统总结。在中国森林立地区划的基础上，进一步对各立地亚区范围内的立地分异规律、特点作了阐述，列举有代表性的立地类型，描述其性状、分布特点、适生树种、生产潜力和造林技术措施，具有很强的实用性。山东省不同地域所属的5个立地亚区，均依据各亚区的立地分异特点，确定了亚区的立地分类划分依据及标准，进行了立地分类。其中辽河黄泛平原立地亚区共划分了3个立地类型小区，9个立地类型组，23个立地类型；黄淮平原立地亚区共划分8个立地类型小区，22个立地类型组，65个立地类型（表3-3-13、表3-3-14）。

表3-3-13　辽河黄泛平原立地亚区立地分类单元划分依据及标准

立地分类单元	划分依据及分级标准
立地类型小区	土壤类型（土类）：草甸土、潮土、盐土
立地类型组	土壤类型（亚类）：褐潮土、黄潮土、盐潮土、风沙土 地下水位：浅（<1m），中（1.0~4.0m），深（>4m）
立地类型	土壤质地：砂土、砂壤土、壤土、黏土 土壤夹层厚度：薄（<10cm），中（10~25cm），厚（>25cm） 土壤含盐量：轻度盐碱土（含盐量<0.2%），中度盐碱土（含盐量0.3%~1.0%），重度盐碱土（含盐量1%~4%），极重度盐碱土（含盐量>4%）

表3-3-14　黄淮平原立地亚区立地分类单元划分依据及标准

立地分类单元	划分依据及标准
立地类型小区	中地貌：岗丘地、平原、滩涂 土壤类型：棕壤、褐土、潮土、砂姜黑土、风沙土、盐土等
立地类型组	地下水位：深水位（潜水埋深>2.5m），中水位（潜水埋深1.0~2.5m），浅水位（潜水埋深<1.0m） 土壤亚类：普通砂姜黑土与碱化砂姜黑土，潮土与盐化潮土等 堆积情况：人工堆积土，层积土

(续)

立地分类单元	划分依据及标准
立地类型	土层厚度：薄层(≤30cm)，中厚层(>30cm) 表层淤土厚：薄淤(≤25cm)，中厚淤(25~50cm) 土体构型：通体型、夹淤型、漏风型、蒙金型 酸碱度：轻碱土(pH8.5~9.0)，重碱土(pH9.0~10.0) 夹淤层厚度：薄层(≤10cm)，中层(10~20cm)，厚层(>20cm) 砂姜层埋深：浅位(≤50cm)，中位(50~100cm)，深位(≥100cm) 土壤质地：砂土、二合土、淤土 土壤含盐量：轻度盐化土(含盐量0.1%~0.3%)，中度盐化土(含盐量0.3%~0.5%)，重度盐化土(含盐量>0.5%)

2.《山东省造林典型设计》的立地条件类型

在山东的林业生产中，通常按照主导环境因子的分级组合来划分立地条件类型。在《山东省造林典型设计》(山东省林业勘察设计院，1985)中，共划分40个主要立地条件类型。根据黄泛平原区造林地的微地貌类型、土壤种类、地下水埋深及矿化程度，划分了12个立地条件类型(表3-3-15)。根据山麓平原区造林地的地貌类型、土壤种类，划分了6个立地条件类型(表3-3-16)。

表3-3-15　山东黄泛平原主要立地条件类型

微地貌类型	土壤		常年地下水位(m)	备注
	土类—亚类	质地		
黄河故道冲积扇平滩地	潮土—潮土	砂土	>2	通体砂或有黏壤心
黄河故道冲积扇洼地	潮土—潮土	砂土	>1	排水不良，雨季积水
黄河故道冲积扇高滩、沙丘	潮土—潮土	砂土	>3	
黄河故道冲积扇低平洼地	潮土—潮土	砂土	>2	
背河槽状洼地、蝶形洼地、滨湖洼地	潮土—潮土	中壤、轻壤	>1	排水不良，雨季积水
黄河故道两侧微高地	潮土—褐土化潮土	砂壤、中壤	>3	
黄河故道两侧微坡地	潮土—潮土	砂壤、中壤	>2	
黄河故道两侧微坡地	潮土—潮土	砂壤、中壤	>2	地下水矿化度≥5g/L，主要植物：白茅、芦草
河口三角洲	潮土—新淤潮土	砂壤		海拔>3.5m
荒滩、平地	潮土 盐化潮土、潮盐土	不分		土壤含盐量>0.2%，主要植物：马绊草、碱蓬、黄须菜
荒滩地	潮土—新脱盐潮土	不分	>2	经改造已脱盐，有返盐危险
河堤(路)	潮土	不分		

表3-3-16　山东山麓平原主要立地条件类型

微地貌类型	土类或亚类	备注
缓平地	褐土或潮褐土	
缓平地	棕壤或潮棕壤	
低洼地	不分	
低洼地	砂姜黑土	
河岸阶地	潮土	表层砂壤>30cm
河岸阶地	潮土	纯砂或表层砂<30cm

由于立地条件类型划分是造林规划设计和实施各项造林技术措施的重要基础,在各地的造林工作中,不同地区、某些主要树种的不同产区,都根据各自的造林地特点,对立地条件类型作出更具体的划分。

(三) 山东杨树用材林立地条件类型划分

在山东的杨树用材林栽培技术研究中,姜岳忠、王彦等根据山东各地地形、土壤等立地条件的差别和杨树用材林的生长表现,并应用山东以往森林立地分类的经验,进行了山东杨树用材林立地类型的划分。

1. 立地条件类型划分的原则和依据

(1) 立地条件类型划分的原则　立地类型划分应正确地反映立地特征。相同立地条件类型的造林地在地域上可不相连接,但其立地条件基本一致,杨树的生活因子(水分、养分)相似,适于采取相同的造林营林技术措施,有大致相同的生产力。不同的立地条件类型则在立地条件上有所差异,导致造林营林技术和生产力也有所差异。

在划分立地条件类型时,在对造林地诸多立地条件进行综合分析的基础上,找出主导因子及其划分指标。主导因子表达立地的主要特征,并制约着其他一些因子,是立地分类的主要依据。

立地条件类型的划分还要简明实用。例如,土壤条件中的土壤类型、土壤质地,既是反映土壤综合特性的重要因子,又便于生产单位直观判别和应用,适于作为立地条件类型划分的依据。而土壤养分含量和某些土壤物理特性也是影响土壤肥力的重要因素,但生产单位尚不易直接判别测定。

(2) 杨树用材林立地类型划分的依据　根据杨树的生物学特性和对山东杨树造林地立地条件的分析,选择4个立地因子作为山东杨树用材林立地条件类型划分的依据。

地形:地形按其范围可分为大地形、中地形、小地形。山东的大地形及气候条件的差别已在杨树用材林栽培区区划中考虑,在山东杨树用材林的立地分类中主要依据中地形。

地形与成土过程有密切关系,土壤母质的机械组成、地下水位,以及土壤养分、水分、热状况的重新分配均受地形影响,土壤类型也常随地形的变化而呈规律性变化。在不同地形部位生长的杨树用材林,其生长表现往往有较大差别。

土壤类型:土壤是林木赖以生存的基础。不同的土壤类型有着不同的成土过程、剖面形态和土壤理化性质,其土壤肥力和林木生长状况也有一定差别。

土壤质地:土壤质地对土壤的水、肥、气、热状况及林木生长有很大影响。如砂土土质疏松,通气良好,土温上升快,但保水保肥性能差,矿质养分含量低;为保证杨树速生丰产,需加强施肥灌水等措施。黏土土质黏重,通气不良,虽矿质养分含量高、保水保肥能力强,但因杨树对土壤疏松、通气的要求很高,黏土地若不加改良,不宜于杨树根系的伸展和林木生长。壤土兼有砂土、黏土二者的优点,适于杨树生长。

地下水位:地下水位的高低直接影响到土壤的水分状况和对林木的水分供应,并能影响成土过程和沼泽化、盐渍化等过程。在鲁南、胶东,地下水位较高的河滩地适于杨树生长。

但地下水位过高，也不利于根系发育和林木生长。黄泛平原地区，地下水位对成土过程和土壤盐渍化有重要影响。

（3）立地因子的等级划分　根据杨树的生物学特性和立地分类研究的成果，将山东划分杨树用材林立地条件类型的主要环境因子分为以下等级。

地形：鲁中南、胶东分为河滩、阶地、平地、洼地、沟谷5种地形。鲁西北、鲁西南分为岗地、平地、洼地3种地形。

土壤类型：鲁中南、胶东，分为河潮土、棕壤、褐土、湿潮土、砂姜黑土。鲁西北、鲁西南分为潮土、褐土化潮土、盐化潮土。

土壤质地：采用卡庆斯基制，根据物理性砂粒（>0.01mm）和物理性黏粒（<0.01mm）在土壤中所占的百分数，将土壤质地分为松砂、紧砂、砂壤、轻壤、中壤、重壤、黏土。

地下水位（常年）：分为：浅水位（地下水<1.5m）、中水位（地下水位1.5~2.5m）、深水位（地下水位>2.5m）。

2. 立地条件类型的划分

各个立地条件因子并非独立存在，而是综合地影响着林木的生长发育。各个立地因子之间也有一定的关系，如鲁西黄泛冲积平原的地形、土壤类型、土壤质地、地下水位经常有以下对应关系：岗地—褐土化潮土—砂质—地下水位>2.5m，平地—潮土—壤质—地下水位1.5~2.5m，洼地—盐化潮土—黏质—地下水位<1.5m。划分立地类型并非主导因子简单的组合，而是一项实践性强的工作。根据山东杨树用材林林地分布的实际情况，各立地因子间相互对应关系，立地因子与杨树生长对应关系的直观分析结果和数量化分析结果，山东以往立地分类的研究资料和生产经验；经综合分析，划分山东杨树用材林立地条件类型，列出杨树用材林立地条件类型表（表3-3-17、表3-3-18）。

表3-3-17　鲁西北、鲁西南栽培区杨树用材林立地条件类型

立地条件类型	中林46杨栽培指数（林龄6a）	
	鲁西北栽培区	鲁西南栽培区
1　岗地松砂质褐土化潮土	12.4	13.1
2　岗地紧砂质褐土化潮土	14.0	14.7
3　岗地砂壤质褐土化潮土	14.6	15.4
4　平地松砂质潮土	14.1	15.1
5　平地紧砂质潮土	15.7	16.6
6　平地砂壤质潮土	16.5	17.4
7　平地轻壤质潮土	17.6	18.5
8　平地中壤质潮土	15.8	16.7
9　平地重壤质潮土	14.4	15.3
10　洼地紧砂质潮土	15.4	16.3
11　洼地砂壤质潮土	16.1	17.0
12　洼地轻壤质潮土	17.2	18.1

(续)

立地条件类型	中林46杨栽培指数（林龄6a）	
	鲁西北栽培区	鲁西南栽培区
13　洼地中壤质潮土	15.5	16.4
14　洼地重壤质潮土	14.1	14.9
15　洼地黏质潮土	12.4	13.2
16　砂质轻度盐化潮土	13.4	14.2
17　壤质轻度盐化潮土	14.3	15.2
18　黏质轻度盐化潮土	11.4	12.1

表3-3-18　泰沂山北麓、鲁南、胶东栽培区杨树用材林立地条件类型

立地条件类型	中林46杨栽培指数（林龄6a）		
	泰沂山北麓栽培区	鲁南栽培区	胶东栽培区
19　河滩阶地浅水位松砂质河潮土	13.9	15.7	15.3
20　河滩阶地中水位松砂质河潮土	14.4	16.2	15.8
21　河滩阶地浅水位紧砂质河潮土	15.7	17.6	17.2
22　河滩阶地中水位紧砂质河潮土	16.2	18.1	17.7
23　河滩阶地浅水位砂壤质河潮土	16.3	18.3	17.8
24　河滩阶地中水位砂壤质河潮土	16.9	18.9	18.4
25　河滩阶地浅水位轻壤质河潮土	17.1	19.1	18.5
26　河滩阶地中水位轻壤质河潮土	17.7	19.7	19.1
27　河滩阶地浅水位中壤质河潮土	15.3	17.3	16.9
28　河滩阶地中水位中壤质河潮土	15.8	17.8	17.4
29　平地中水位砂壤质棕壤褐土	16.8	18.6	18.0
30　平地深水位砂壤质棕壤褐土	15.6	17.4	16.8
31　平地中水位轻壤质棕壤褐土	17.6	19.4	18.8
32　平地深水位轻壤质棕壤褐土	16.4	18.2	17.6
33　平地中水位中壤质棕壤褐土	15.9	17.6	17.2
34　平地深水位中壤质棕壤褐土	14.7	16.4	16.0
35　洼地中壤质湿潮土	13.2	15.0	14.5
36　洼地重壤质、黏质湿潮土	11.6	13.2	12.8
37　洼地中壤质砂姜黑土	11.3	12.9	12.5
38　洼地重壤质、黏质砂姜黑土	9.6	11.1	10.7
39　沟谷砂壤质、轻壤质棕壤褐土	15.4	17.1	16.5
40　沟谷中壤质棕壤褐土	13.9	15.7	15.1

应用不同杨树栽培区和杨树品种的杨树用材林栽培指数表和数量化立地质量得分表，就能根据某一立地条件类型的立地因子等级，预测该立地类型在标准年龄时的平均树高值即栽培指数；将杨树用材林立地条件类型表辅以栽培指数，可对各个立地条件类型进行定量的评价，更方便杨树生产中应用。

第四节　杨树用材林林分结构

林分结构是指组成林分的林木群体各组成成分的空间和时间分布格局，包括组成结构、水平结构、垂直结构和年龄结构。杨树用材林多为同龄林、单层林、纯林，研究杨树用材林林分结构，主要研究水平结构。林分结构决定于树种组成、林分密度、林木配置和树木年龄等因素，其中密度和配置主要决定林分水平结构。杨树用材林的林分结构对林木的生长、林地生产力和森林效益的发挥起着重要作用，构建合理的杨树用材林林分结构是杨树造林的关键技术。

一、杨树用材林的林分密度

林分密度是单位面积林地上林木的数量，是形成林分水平结构的基础。林分密度对杨树用材林的生长发育、光能与地力的利用、木材规格与产量等方面有重要作用。在一定的立地和栽培条件下，根据经营目的，能获得目的材种最大产量和最高经济效益的林分密度，就是杨树用材林的合理密度。

（一）杨树用材林林分密度的作用

1. 林分密度对树冠发育、叶面积和光强分布的影响

（1）林分密度对树冠发育的影响　树冠发育反映林木占据营养空间的状况和林分郁闭情况，常用冠幅和郁闭度来表示，冠幅和郁闭度受林分密度的影响显著。

在郁闭度低的幼林中，林分平均冠幅随林分密度的增大而减小，不同密度林分的平均冠幅差值较小。郁闭度高的中龄林分，冠幅的增加趋于缓慢；林龄继续增加，冠幅反而略有下降。较密林分率先高度郁闭后，不同密度林分的平均冠幅差值加大。

同一林分中，郁闭度先随林龄和冠幅的增长而增加。当林分高度郁闭后，下层枝因光照条件差发生枯死，树冠上移，林分郁闭度有所下降。密度大的林分，幼林期间郁闭度大，较早达到高度郁闭；密度小的林分达到高度郁闭的年限较晚。

（2）林分密度对叶面积的影响

单株叶面积：同一林分中，在郁闭度低的阶段，单株叶面积随着林龄增长而扩大；林分高度郁闭后，单株叶面积的增长趋于缓慢；超过一定年龄后，单株叶面积反而略有下降。而不同密度林分的单株叶面积，均随着林分密度的增大而减小。

叶面积系数：林分叶面积系数是群体叶面积的指标，与群体的光能利用有密切关系。同一林分叶面积系数随着林龄增加而发生的变化与单株叶面积的变化规律一致，即林分郁闭度低的阶段，叶面积系数先随林龄较快增长；林分高度郁闭后，叶面积系数的增长趋于缓慢；当林分叶面积系数达到最大值以后，又呈现缓慢下降趋势，然后稳定在大致相近的叶面积系数范围内。

不同密度林分的这种叶面积系数变化过程有所不同：大密度林分在较短年限内就能达到最大叶面积系数，持续时间不长，又呈现下降趋势。小密度林分虽单株叶面积大，但株数少，幼林期间叶面积系数较小，需要较长年限才能达到最大叶面积系数，持续一段时间后再趋于缓慢下降。

林分叶面积系数与林分生产力有密切关系。王彦、吴晓星等(1991)对长清县西仓庄健杨用材林的观测结果，当林分叶面积系数为0.9~7.0，林分叶面积系数与林分的净第一性生产力之间呈正相关，叶面积系数与林分蓄积连年生长量之间也呈正相关。但当林分叶面积系数超过7以后，因林内光照条件的限制，林分的净第一性生产力反而略有下降。可以认为，该地健杨用材林的最适叶面积系数为7左右。各密度林分达到最适叶面积系数的年限不同，密度大的林分较早，密度小的林分较迟（表3-4-1）。

表3-4-1 西仓庄4种密度健杨林分的冠幅、叶面积与郁闭度

林龄(a)	行株距 3m×3m				行株距 4m×4m				行株距 5m×5m				行株距 6m×6m			
	平均冠幅(m)	平均单株叶面积(m^2)	林分叶面积系数	林分郁闭度	平均冠幅(m)	平均单株叶面积(m^2)	林分叶面积系数	林分郁闭度	平均冠幅(m)	平均单株叶面积(m^2)	林分叶面积系数	林分郁闭度	平均冠幅(m)	平均单株叶面积(m^2)	林分叶面积系数	林分郁闭度
1	1.87	2.8	0.31	0.27	2.01	3.0	0.19	0.19	2.11	3.2	0.13	0.14	2.13	3.2	0.09	0.10
2	2.70	18.9	2.10	0.57	3.07	21.2	1.33	0.46	3.12	24.8	0.99	0.30	3.14	31.1	0.86	0.21
3	3.16	43.7	4.86	0.85	3.40	57.9	3.62	0.56	3.48	67.8	2.71	0.38	3.98	86.8	2.40	0.34
4	3.20	61.2	6.80	0.93	3.80	83.2	5.20	0.70	3.94	117.5	4.70	0.48	4.50	135.4	3.76	0.44
5	3.26	70.2	7.80	0.95	4.12	100.5	6.28	0.83	4.60	131.3	5.25	0.66	5.00	146.4	4.07	0.54
6	3.30	71.2	7.91	0.98	4.30	118.2	7.39	0.90	4.90	155.8	6.23	0.75	5.50	207.4	5.76	0.65
7	3.25	68.0	7.55	0.96	4.53	127.2	7.95	0.99	5.31	190.0	7.60	0.88	6.01	250.2	6.94	0.78
8	3.25	67.5	7.50	0.94	4.45	120.3	7.52	0.97	5.50	195.0	7.80	0.95	6.32	262.8	7.28	0.87

（3）林分密度对林分光照情况的影响　光照强度是影响光合作用速率的重要因素。研究林分密度对林内光照情况的影响，可应用相对光照强度（林冠各层次所受的光照强度与自然光照强度的比值）指标。

在同一林分中，林冠不同高度层次上的光照强度变化是：冠顶光照强度为自然光照强度；林冠自上而下，通过各层枝叶后光照强度不断削弱，冠底的光照强度最低。

冠底的相对光照强度称透光率，是反映林分群体光照情况的重要指标，既表示林冠底部的光照条件情况，又表示林冠截获利用光能的程度。透光率高，说明下层枝叶受光较强，能进行正常光合作用，但林分群体的漏光损失较多；透光率低，说明林分群体截获利用的光能较多；但透光率低于一定限度，下层枝叶因光照弱而生长衰弱以致枯死。同一林分的透光率，先随林龄和叶面积系数的增加而逐步降低；林分高度郁闭后，当林分叶面积系数达到最大值时，透光率降到最低，健杨和I-69杨林分大约3%~4%。由于透光率和林分叶面积系数有密切关系，可以通过较简便的透光率测量来估计林分叶面积系数，这在生产上具有实用意义。

对不同密度林分，不同林龄时，在林冠不同高度层次的相对光照强度进行比较：林分郁闭度低的阶段，较密林分的林冠各层次相对光照强度较低。随着林龄的增加，各种密度林分陆续高度郁闭，不同密度林分相同高度层次上相对光照强度的差别减小。较密的林分，幼林

期间透光率低，林冠截获利用的光能较多，透光率降到最低点的年限来得较早。较稀的林分，幼林期间透光率高，林冠漏光损失较多，透光率降到最低点的年限来得较晚。稀植的幼林透光率高，有利于农林间作（表 3-4-2）。

表 3-4-2　西仓庄 4 种密度健杨林分的树冠不同层次相对光照强度　　　　　　　　　%

林龄(a)	行株距 3m×3m				行株距 4m×4m				行株距 5m×5m				行株距 6m×6m			
	8m高处	6m高处	冠底	1.3m高处	8m高处	6m高处	冠底	1.3m高处	8m高处	6m高处	冠底	1.3m高处	8m高处	6m高处	冠底	1.3m高处
1	—	—	60.2	65.7	—	—	63.2	76.9	—	—	65.5	80.1	—	—	69.8	83.3
2	—	—	38.9	42.3	—	—	40.7	54.8	—	—	43.2	59.3	—	—	52.2	72.1
3	—	27.6	12.7	10.2	—	33.0	16.2	20.9	—	46.9	29.7	40.4	—	50.4	32.1	34.6
4	20.7	12.8	8.3	8.5	24.1	15.4	10.2	11.4	31.6	24.7	16.4	18.8	37.3	32.1	18.8	26.5
5	15.6	10.1	5.6	6.1	18.1	12.2	7.3	9.5	26.4	18.5	10.8	11.9	27.9	22.8	15.2	20.5
6	9.9	8.4	4.9	6.0	11.4	10.8	5.0	7.1	15.4	12.3	6.7	9.3	18.5	16.8	8.8	11.5

2. 林分密度对林木生长的影响

（1）林分密度对树高的影响　根据杨树用材林密度试验的结果，树高生长主要受立地条件的制约，而与林分密度的关系不大。在相当宽的一个中等密度范围内，林分平均树高都相接近。在林分高度郁闭的较高林龄时，稀植的杨树用材林树高值较大，而密植的杨树用材林树高值较小，但这种差异不显著。

（2）林分密度对胸径的影响　林分密度对林木直径生长的影响与林木的平均营养面积及树冠发育有关。造林初期，林分密度对杨树林木直径生长的影响较小。随着林龄增大，密度大的林分率先高度郁闭，林木之间出现竞争，林木的直径生长较早受到抑制。在林木间开始有竞争作用的密度以上，林分密度越大，林分平均胸径越小，其影响程度也相当明显。在一定的密度范围内，稀植林分的胸径连年生长量较高，而且直径速生期延续较长。

（3）林分密度对林木干形的影响　林分密度对林木的干形有一定影响。胸高形数和高径比（树高与胸径的比值）是衡量林木干形的两个指标，形数和高径比大，表示树干较圆满，尖削度较小。密度试验表明：在相同林龄时，密度大的林分，林木的胸高形数和高径比较大，树干较圆满；密度小的林分，林木的胸高形数和高径比较小，树干较尖削。

（4）林分密度对林木单株材积的影响　林木的单株材积受树高、胸径、形数 3 个测树因子的影响。林分密度对这 3 个因子都有作用，但作用的大小有所差别：林分密度对树高的影响较小；树干形数虽然随林分密度加大而增大，但差异也不显著；受林分密度影响最大的是直径，因而直径成为林分密度影响林木单株材积的决定性因子。林分密度对杨树单株材积的影响规律与林分密度对胸径的影响规律一致：在相同林龄时，林分密度越大，林木胸径越小，林木单株材积也越小；随着林龄的增大，这种趋势愈加明显。

（5）林分密度对林分蓄积量的影响　林分密度对林分蓄积量的影响受单株材积和单位面积株数两个互相矛盾的因子所制约。林分高度郁闭前，单位面积株数对林分蓄积量的作用大，较大密度的林分蓄积量高。林分高度郁闭以后，林木之间的竞争作用加强，大密度林分的林木直径生长受到抑制；中等密度林分有较多的株数和较大的单株材积，林分蓄积量与大密度林分接近。随林龄继续增加，较小密度林分充分发挥了单株材积大的优势，林分蓄积量与中等密度林分接近。

（6）不同密度林分的生长过程 在杨树用材林的生长过程中，不同密度林分的树高、直径和材积生长都有速生期出现的迟早和持续时间长短之别。

对不同密度林分的胸径连年生长量进行比较：密度大的林分，其胸径连年生长量较小，胸径的速生期较短；而密度小的林分，胸径连年生长量较大，速生期持续较长。林分密度对单株材积连年生长量的影响，和对胸径连年生长量的影响有相同趋势。

单位面积蓄积量的连年生长量和平均生长量是重要的生长指标。在林分生长过程中，先是蓄积平均生长量低于连年生长量；随着林龄的增加，蓄积平均生长量逐步接近连年生长量，然后超过连年生长量。当平均生长量曲线与连年生长量曲线相交时，就是蓄积平均生长量最高的时期，达到了数量成熟龄，是用材林培育和合理采伐的重要指标。

林分密度对蓄积量的连年生长量、平均生长量及数量成熟龄有明显影响。大密度林分在幼林阶段的蓄积连年生长量和平均生长量都较大，其蓄积连年生长量和平均生长量最大值出现的年份较早，下降也较早；而小密度林分则相反，其蓄积平均生长量最大值出现较晚。随着林龄的增加，小密度林分的蓄积连年生长量逐渐接近大密度林分（表3-4-3）。

表3-4-3 西仓庄4种密度健杨林分的生长过程

林分密度	林龄（a）	胸高直径（cm）		树高（m）		形数	单株材积（m^3）		蓄积量（m^3/hm^2）		
		总生长量	连年生长量	总生长量	连年生长量		总生长量	连年生长量	总生长量	连年生长量	平均生长量
1111株/hm^2 （行株距3m×3m）	2	7.3	—	7.2	—	0.469	0.01414	—	15.710	—	7.855
	3	11.1	3.8	10.5	3.3	0.447	0.04543	0.03129	50.473	34.763	16.824
	4	14.0	2.9	13.2	2.7	0.436	0.08861	0.04318	98.446	47.973	24.612
	5	15.5	1.5	15.7	2.5	0.434	0.12865	0.04004	142.930	44.484	28.586
	6	16.5	1.0	17.6	1.9	0.433	0.16311	0.03446	181.215	38.285	30.203
	7	17.2	0.7	18.9	1.3	0.433	0.19002	0.02691	211.113	29.898	30.159
	8	17.7	0.5	20.0	1.1	0.430	0.21284	0.02282	236.465	25.352	29.558
625株/hm^2 （行株距4m×4m）	2	7.4	—	7.3	—	0.469	0.01471	—	16.343	—	8.171
	3	11.4	4.0	10.6	3.3	0.445	0.04816	0.03345	30.100	13.757	10.033
	4	14.4	3.0	13.4	2.8	0.434	0.09477	0.04661	59.231	29.131	14.808
	5	17.1	2.7	16.0	2.6	0.427	0.15677	0.06200	97.981	38.750	19.596
	6	19.2	2.1	18.0	2.0	0.422	0.21968	0.06291	137.300	39.319	22.883
	7	20.9	1.7	19.5	1.5	0.418	0.27935	0.05967	174.594	37.294	24.942
	8	22.3	1.4	20.7	1.2	0.414	0.33513	0.05578	209.456	34.862	26.182
	9	23.4	1.1	21.6	0.9	0.412	0.38289	0.04776	239.306	29.850	26.590
	10	24.3	0.9	22.3	0.7	0.410	0.42436	0.04147	265.225	25.919	26.523

(续)

林分密度	林龄(a)	胸高直径(cm)		树高(m)		形数	单株材积(m³)		蓄积量(m³/hm²)		
		总生长量	连年生长量	总生长量	连年生长量		总生长量	连年生长量	总生长量	连年生长量	平均生长量
400株/hm²（行株距5m×5m）	2	7.4	—	7.3	—	0.469	0.01471	—	5.884	—	2.942
	3	11.5	4.1	10.6	3.3	0.444	0.04892	0.03421	19.568	13.684	6.523
	4	15.0	3.5	13.5	2.9	0.431	0.10284	0.05392	41.136	21.568	10.284
	5	17.9	2.9	16.1	2.6	0.423	0.17140	0.06856	68.560	27.424	13.712
	6	20.3	2.4	18.2	2.1	0.417	0.24583	0.07443	98.332	29.772	16.389
	7	22.5	2.2	19.7	1.5	0.412	0.32264	0.07681	129.056	30.724	18.437
	8	24.4	1.9	20.9	1.2	0.408	0.39831	0.07567	159.324	30.268	19.916
	9	26.1	1.7	21.9	1.0	0.403	0.47326	0.07495	189.304	29.980	21.034
	10	27.5	1.4	22.8	0.9	0.401	0.54337	0.07011	217.348	28.044	21.735
	11	28.7	1.2	23.6	0.8	0.399	0.60936	0.06599	243.744	26.396	22.159
	12	29.7	1.0	24.3	0.7	0.397	0.66918	0.05977	267.672	23.928	22.306
277株/hm²（行株距6m×6m）	2	7.5	—	7.4	—	0.468	0.01529	—	4.235	—	2.118
	3	11.8	4.3	10.7	3.3	0.443	0.05178	0.03649	14.343	10.108	4.781
	4	15.6	3.8	13.6	2.9	0.428	0.11127	0.05949	30.822	16.479	7.706
	5	19.0	3.4	16.3	2.7	0.419	0.19344	0.08217	53.583	22.761	10.717
	6	22.1	3.1	18.5	2.2	0.411	0.29167	0.09823	80.793	27.210	13.466
	7	25.1	3.0	20.1	1.6	0.404	0.40166	0.10999	111.260	30.467	15.896
	8	27.4	2.3	21.4	1.3	0.399	0.50373	0.10207	139.533	28.273	17.442
	9	29.4	2.0	22.5	1.1	0.396	0.60411	0.10038	167.338	27.805	18.593
	10	31.2	1.8	23.3	0.9	0.393	0.70308	0.09897	194.753	27.415	19.475
	11	32.8	1.6	24.3	0.9	0.390	0.80032	0.09724	221.689	26.936	20.154
	12	34.2	1.4	25.1	0.8	0.388	0.89400	0.09368	247.638	25.949	20.637

3. 林分密度对林分生物量的影响

林分生物量是林分净第一性生产量的体现，能反映林分的光合生产力。杨树的林分生物量与林分的材积生长呈正相关，林分生物量随密度变化的趋势与林分材积生长随密度变化的趋势是一致的。在幼林阶段，林木个体间竞争不大，单位面积上的生物量随密度增加而增加。到一定时期后，较高密度林分个体间竞争加剧，个体重量受限，中等密度林分的生物量接近较高密度林分。林龄继续增大，中等密度林分竞争加剧，低密度林分的生物量接近中等密度林分。

林分密度影响各器官生物量的分配，树干生物量的比例随林分密度增大而增大，枝叶生物量的比例随林分密度增大而减小。

不同密度林分地上部分生物量的垂直分布有差别。随林分密度增大，树叶、树枝生物量的分布位置上移。密度较小的林分，林内光照条件较好，树叶、树枝的垂直分布范围较大，有利于林木的光合作用(图3-4-1)。

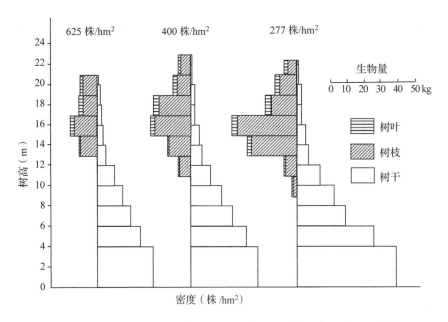

图 3-4-1 3 种密度 8 年生健杨林分平均标准木的地上部分生物量结构

4. 林分密度对间作作物的影响

林分密度对农林间作的年限和间作作物产量有明显影响，林下光照条件的差别是影响间作的主要原因。密度大的幼林，叶面积系数较大，郁闭度较高，林下光照较差，农林间作年限短，间作作物产量较低。相反，密度小的林分林下光照条件较好，农林间作年限较长，作物产量也较高。

密度较小的林分，幼林期间叶面积系数较小，林冠漏光较多，对光能的利用不够充分。林下间作作物利用了漏过的光照，提高了光能利用率和土地利用率。密度较小的幼林生物量较低，但间作农作物生产的有机物质总量(包括籽粒和秸秆)较高。合计林木生物量和间作作物生产的有机物质总量，则不同密度林分生产的有机物质总量就比较接近。

(二) 杨树用材林的合理密度

1. 杨树用材林的造林密度与经营密度

林分密度在森林的生长发育过程中会发生变化。森林起源时的密度称为初始密度，人工林的初始密度称为造林密度，其后各个时期的密度称为经营密度。

在森林的生长过程中，林分的叶面积、生物量、蓄积量都随林分密度的不同而有所差异。对于某个树种和一定的立地条件，在一定的年龄阶段，林分都有一个适宜的密度范围。在这个适宜密度范围内，林分能充分利用光能，具有更高的生物产量和材积生长量。随着林龄的增加，林分合理密度范围由高密度向低密度移动。

对于大部分针叶林和生长慢的阔叶林，采用较大的造林密度，森林可及早郁闭；林木间竞争加剧时，可通过抚育采伐来调节林分密度，使不同年龄阶段的经营密度均处于适宜密度范围，来提高林分的总产量。

杨树用材林具有集约经营、速生、林木个体间生长整齐、轮伐期短以及农林间作等特点，一般是按培育目的确定造林密度，不进行间伐，杨树用材林的造林密度通常也就是经营密度。杨树造林时采用较大密度，以后通过间伐来降低密度，最终培育大中径材的经营方式，不利于提高木材产量和经济效益。培育大中径材的杨树用材林适当稀植，幼林期间叶面积系数较小，对光能的利用不够充分；而通过农林间作能充分利用光能，提高生物产量和经济效益。

2. 确定杨树用材林合理密度的原则

杨树用材林的适宜密度是一个随经营目的、树种及品种、立地条件、培育技术等因素变化而变化的数量范围。为确定合理的林分密度，要处理好林分密度与上述因素的关系。

（1）按培育的木材材种确定适宜的林分密度　集约经营的杨树用材林以生产木材为主要目的，所培育的木材材种是确定造林密度的重要依据。适宜的林分密度，应保证林分在提高光能利用率和生物产量的基础上，获得最高的目的材种出材量。调整林分密度，也就是调整林木群体和个体在光照、土地利用和光合产物生产等方面的关系。在杨树用材林通常采用的密度范围内，林分越密，达到较高群体产量的时期越早，而林木个体利用和生产的物质越分散；林分越稀，个体利用和生产的物质越集中，但达到群体最高产量的时期越晚。这种集中与分散的程度是否恰当，应以取材目的为前提。要求材种规格尺寸越小，造林密度要大，并且缩短栽培年限；要求材种规格尺寸越大，造林密度要小，并且延长栽培年限。这样，就能使林木群体和个体的关系协调，获得更高的林分蓄积生长量和目的材种出材量。至于目的材种的确定，除考虑立地条件、经营水平等因素外，主要依据市场需要和木材价格。

山东曾开展多项杨树用材林密度试验，研究培育不同材种的适宜林分密度。如郑世楷等（1990）在山东临沂地区进行了I-214杨、I-69杨、I-72杨的7种造林密度的试验，提出培育大径材、中径材、小径材的杨树用材林林分密度（表3-4-4）。

表3-4-4　临沂地区杨树密度试验林的密度等级

行株距（m×m）	单株营养面积（m²）	林分密度（株/hm²）	采伐年限（a）	采伐时平均胸径（cm）	培育材种类别
3×2	6	1666	4～5	13～14	小径材
3×3	9	1111	5～6	16～17	小径材
4×3	12	833	7～8	20～21	中小径材
5×3	15	666	8～9	21～22	中径材
6×3	18	555	8～9	22～23	中径材
5×4	20	500	9～10	25～26	中径材
6×5	30	333	12～13	33～34	大径材

杨树用材林适于培育的木材材种有旋切单板用原木、锯切用原木、造纸用原木、小径原木等，每个材种都有适用的木材标准，规定了该材种的规格尺寸、材质指标。培育不同的木材材种，需采用相应的适宜林分密度（表3-4-5）。

表 3-4-5　杨树用材林培育部分木材材种的适宜密度

木材材种		规格尺寸		适宜林分密度		采伐时林分平均胸径（cm）
材种名称	木材标准编号	检尺长	检尺径	林分密度（株/hm²）	行株距	
旋切单板用原木	GB/T 15779—2017	2.0m、2.6m、4.0m、5.2m、6.0m	自 14cm 以上	666	5m×3m	25
				500	5m×4m	27~28
				416	6m×4m	29
锯切用原木	GB/T 143—2017	阔叶树材 2~6m	自 14cm 以上	666	5m×3m	25
				500	5m×4m	27~28
				416	6m×4m	29
小径原木	GB/T 11716—2018	2~6m	4~13cm	1666	3m×2m	14~15
				1111	3m×3m	16~17
造纸用原木	GB/T 11717—2018	1~4m	自 4cm 以上	2500	2m×2m	11~12
				1666	3m×2m	14
				1111	3m×3m	16

（2）林分密度与树种、品种的关系　林分密度与树种、品种的喜光性、速生性、树冠特征、干形和分枝特点等有关。山东栽植的杨树中，树冠宽、分枝角度大、枝条粗的速生品种，如 I-72 杨、T26 杨、中菏 1 号杨等，适于较小的密度，而不宜密植。树冠较窄或中等、枝条较细的速生品种，如 I-69 杨、107 号杨、L35 杨、鲁林 1 号、鲁林 9 号、鲁林 16 号等，适于较大的造林密度，也适于较小的造林密度。

（3）林分密度与立地条件的关系　立地条件与杨树的生长、产量和培育的目的材种密切相关，也影响到林分密度的选择。在立地条件好的地方，杨树生长快，密植和稀植都能获得高产；但密度过大时只能培育小径材，虽然产量高，但经济价值较低；密度较小时能培育大中径材，经济价值较高。因此，在立地条件好的地方应优先培育大中径材，适当稀植。在立地条件差的地方，杨树生长较慢，若培育大中径材，培育年限长，产量也不高；而在立地条件更差的地方，即使延长培育年限，也很难达到大中径材的直径要求。因此，在立地条件差的地方就适于培育小径材，应适当密植。但在一些很瘠薄的造林地，因地力限制，即使培育小径材也不能过密。

二、杨树用材林的种植点配置

种植点的配置，是种植点在造林地上的间距及其排列方式。同一种造林密度可以采用不同的配置方式。配置方式对于林木之间的相互关系、树冠发育和光能利用有关，也与幼林抚育甚至成林抚育的条件有关。

（一）行距相同的配置方式

杨树用材林通常采用相同行距的行状配置，主要配置方式是正方形配置和长方形配置，还可以采用品字形配置、正三角形配置等方式。

1. 正方形配置

正方形配置的株距与行距相等，林木分布均匀，树冠和根系的发育都均匀，有利于林木生长，是杨树造林常用的配置方式。

2. 长方形配置

长方形配置时，行距大于株距，林木的均匀程度不如正方形配置。但因适当扩大了行距，增加了行间的光照，延长了农林间作年限，有利于林木的抚育管理，也方便机械化耕种、施肥等作业。长方形配置时，不均匀程度不宜过大，以免树冠发育不正常，行距和株距之比一般应小于2，如杨树造林中经常采用的行株距3m×2m、4m×3m、6m×4m、8m×4m等。

3. 品字形配置

品字形配置时，相邻行的各株位置错开成品字形，行距可以与株距相等，也可以不相等。品字形配置时，有利于树冠发育更均匀。风沙区杨树造林采用品字形配置，还有利于防风固沙。

4. 正三角形配置

正三角形配置时，各株与其所有邻株的株距都相等，能更有效地利用空间，使树冠发育均匀。但在林分生长过程中，相邻林木的枝条会发生穿插交错，单株树冠的形状并不是规整的圆形或椭圆形；与一般的品字形配置相比，正三角形配置的优越性并不明显。又因这种配置方式的定点技术较复杂，施工时费工费时，在杨树造林中很少应用。

(二)宽行距与窄行距相间的配置方式

杨树造林时，可以采用不同行距的配置，宽行距与窄行距相间，常称为"宽窄行配置"或"大小行配置"。采用宽窄行配置方式是为了增加宽行的行距，改善其光照条件，延长农林间作年限。也有人认为，宽窄行配置的林木与林缘木或行道树的条件相似，能发挥"边行优势"，促进林木生长。但是，不均匀的宽窄行配置方式，在有利于宽行间树冠扩展和改善宽行间光照的同时，也限制了窄行间树冠的扩展和减弱了窄行间的光照，在光能利用方面并不比行距相同的林分优越。对宽窄行带状配置的效果应作出全面的分析和评价。

1. 毛白杨用材林宽窄行配置试验

在长清县黄河滩区的三龙庄营造相同密度、不同配置方式的毛白杨试验林，宽窄行配置方式的宽行距4.5m、窄行距1.5m，株距3m；相同行距配置方式的行株距3m×3m。在林龄4年时对树冠扩展、林下光照和林木生长量等方面进行了观测，对2种配置方式的效果进行比较。

（1）宽窄行配置对林木树冠的影响　在宽窄行配置的林分中，宽行间空间较大，有利于树冠的扩展；而窄行间空间较小，树冠扩展受到限制，整株林木的树冠发生偏冠。与同一密度行距相同的林分相比，宽窄行配置林分的平均冠幅、单株叶面积和叶面积系数均较小，这对于林木的光合作用是不利的(表3-4-6)。

表 3-4-6　不同配置方式 4 年生毛白杨用材林的树冠情况

配置方式		一级侧枝数	平均枝长(m)	冠幅(m)	单株叶面积(m²)	叶面积系数
宽窄行配置 (行株距 4.5m/ 1.5m×3m)	宽行一侧	13	2.1	1.9	16.0	
	窄行一侧	11	1.5	1.2	10.2	
	全株	24	1.8	3.1	26.2	2.91
相同行距配置(行株距 3m×3m)		26	1.9	3.4	29.8	3.31

（2）宽窄行配置对林木生长量的影响　与行距相同的林分相比，宽窄行配置林分的宽行间光照条件好，而且宽行一侧的叶面积占总叶面积的比例大，有利于林木的光合作用；但窄行一侧光照条件较差，不利于光合作用，对宽行一侧光合作用的改善起到一定的抵销作用。从林木整体来看，宽窄行配置林分的冠幅与叶面积低于行距相同的林分，不利于光能利用和林木的生长。试验表明，宽窄行配置的林分生长量略低于同一密度行距相同的林分，表明宽窄行配置未能起到促进林木生长的作用(表 3-4-7)。

表 3-4-7　不同配置方式 4 年生毛白杨用材林的生长量

配置方式	平均胸径(cm)	平均树高(m)	平均单株材积(m³)	蓄积量(m³/hm²)
宽窄行配置 (行株距 4.5m/1.5m×3m)	8.4	8.2	0.0195	21.66
相同行距配置 (行株距 3m×3m)	8.7	8.5	0.0217	24.11

林缘木(或行道树)，靠近林外的一侧没有树木遮挡，光照充足，根系可以向林外扩展，比林内的树木有更大的单株营养面积，因此具有"边行优势"。而宽窄行配置的林分，林木的单株营养面积没有扩大，宽行间生长条件的改善与窄行间生长条件的变差互为条件、同时存在，并没有获得林缘木(或行道树)的优越条件。

（3）宽窄行配置对农林间作的影响　宽窄行配置时，宽行间的光照条件较好，适于农林间作的年限延长，也便于机械化作业，有利于发挥农林间作以耕代抚的作用。但窄行间的光照条件较差，农林间作年限缩短，对于宽行间有利于农林间作的作用有所抵销。试验林中，均匀配置行距 3m 的毛白杨林分，可以间作农作物 2~3 年；宽窄行配置的毛白杨林分，行距 1.5m 的窄行间只能间作 1 年，而行距 4.5m 的宽行间可以间作 4 年(表 3-4-8)。

表 3-4-8　不同配置方式 4 年生毛白杨林的行间光照强度(夏季)

配置方式		行间枝条 相接情况	8:00		10:00		12:00		14:00		16:00	
			照度 (lx)	相对光 强(%)	照度 (lx)	相对光 强(%)	照度 (lx)	相对光 强(%)	照度 (lx)	相对光 强(%)	照度 (lx)	相对光 强(%)
宽窄行配置 (行株距 4.5m/ 1.5m×3m)	宽行 行间	大部分林木的 枝条未相接	12300	36.7	15900	16.1	36800	32.3	27000	34.6	11700	27.9
	窄行 行间	大部分林木的 枝条交错	7700	23.0	8900	9.0	17000	14.9	13600	17.4	6900	16.4
相同行距配置(行株距 3m×3m)		枝条相接	10800	32.2	12400	12.5	34100	29.9	22100	28.3	9100	21.7

注：①行间照度为行间 1m 高度多点观测的平均值；②相对光强为行间照度与空旷地照度的百分比。

2. I-69杨用材林宽窄行配置试验

在莒县密度为312株/hm² 的I-69杨用材林和单县密度250株/hm² 的I-69杨用材林中，进行不同配置方式的试验。与相同密度且行距相同的配置方式相比，宽窄行配置可延长农林间作年限，而林木生长量略低。以培育大中径材为目的、适当稀植的林分，如250~300株/hm² 的密度时，宽窄行配置的宽行距可达12~15m，农林间作年限可延至4~5年，可在较长的年限发挥农林间作以耕代抚的作用。适当稀植林分采用宽窄行配置时，窄行的行距不应小于4m，以减小不均匀配置的不利影响(表3-4-9)。

表3-4-9 不同配置方式I-69杨用材林的林木生长量和间作农作物情况

地点	林龄(a)	林分密度(株/hm²)	配置方式	行株距(m×m)	平均胸径(cm)	平均树高(m)	平均单株材积(m³)	间作农作物年限	间作农作物各年产值合计(元/hm²)
莒县赵家二十里堡	6	312	宽窄行配置	12/4×4	19.7	17.6	0.2146	4季小麦，4季花生	22831
				16/4×3.2	19.5	17.6	0.2102	4季小麦，4季花生	23753
			相同行距	6×5.3	20.1	17.5	0.2221	4季小麦，3季花生	18574
				8×4	20.0	17.5	0.2199	4季小麦，3季花生	20662
				10×3.2	19.8	17.6	0.2167	4季小麦，4季花生	20274
单县大沙河林场	6.5	250	宽窄行配置	15/5×4	22.8	19.4	0.3168	5季小麦，4季花生	18720
			相同行距	6×6	23.9	19.0	0.3409	4季小麦，3季花生	12600
				10×4	23.7	19.2	0.3388	4季小麦，4季花生	18203

第五节 杨树造林施工技术

一、整地

(一) 整地的作用

整地是杨树用材林丰产栽培的基本措施之一，可改善造林地的土壤性状，为新造幼林成活与生长创造良好的环境。

杨树造林地整地的主要作用是改善土壤的物理性状。通过土壤的翻垦，可使土壤疏松，增加土壤的通透性，促进深层土壤的熟化，提高抗旱保墒的能力，有利于幼树根系的呼吸和生长发育。整地也改善土壤的化学性质。整地后土壤物理性质的改善，有利于微生物的活动，加速了土壤营养元素的循环，增加了速效养分供应。

在瘠薄沙地，影响杨树生长的主要限制因子是土壤养分缺乏，保水保肥能力差。对瘠薄沙地客土整地，能改善土壤的物理性状，增加保水保肥能力，并能提高土壤养分含量。在盐碱地，采用水利工程改土措施，结合整地措施，可降低土壤含盐量，改善土壤理化性状，保证杨树的成活与生长。在草荒地，杂草根系盘结，严重影响杨树幼树根系的生长。通过整地灭草，减少杂草对土壤水分和养分的消耗，减轻杂草与幼林的竞争。

整地改善土壤理化性状,促进林木生长的作用主要表现在幼林时期,而幼林的良好生长是杨树用材林速生丰产的基础。整地促进幼林生长年限的长短,与整地方法和质量有关。

(二)杨树造林地的整地方法

山东用于杨树造林的土地多为河滩地、黄河故道沙地和部分洼地,土壤条件较差,造林前必须进行细致整地。有某种缺陷的造林地,可采取改土措施予以弥补。根据造林地的立地条件,采用适宜的整地方法。

1. 全面深耕和大穴整地

全面深耕和大穴整地是杨树用材林普遍采用的整地方法,适于平原、河滩土壤条件较好的地方。先平整地面,全面机耕25~30cm深;再按植树点挖穴径0.8~1m、深0.8~1m的大穴。这种整地方法既能适于杨树根系生长的需要,又便于农林间作。人工挖穴时,将表层熟土与下层生土分开放置,以便在填穴时将熟土回填在苗木根系周围。机械挖穴时,若穴的直径和深度偏小,再辅以人工扩穴。

晚秋和冬季整地,利于土壤风化和积蓄雪水。茅草盘结的造林地,适于夏季提前深耕灭草。

2. 带状深翻整地

适于须采取改土措施的造林地。一般沿植树行挖1~1.5m宽、0.8~1m深的整地带。对于砂土层和黏土层相间分布的土壤,将砂土与黏土掺和,改善土壤理化性状。表层为壤质土、下层为砂土的造林地,将较肥沃的壤质土回填到0.2~0.6m深。

河滩粗砂地,带状深翻结合客土,将近处运来的土和原来的砂掺和后回填。临沂地区的一些林场和村庄,采用上述整地方法,客土量1500m³/hm²左右,杨树幼林的树高、胸径生长量提高30%左右。五莲县针对县内河流短、水流急,多粗砂地的特点,先由机械和人工相结合将河道取直,挖深1m,挖出的砂土用于覆盖抬高河滩;然后在河滩上按5m的行距,开挖深1m、宽2m的沟,配上客土混合后回填;杨树造林7年后,林木蓄积量184.8m³/hm²。

刘福德、姜岳忠等(2007)在莒县招贤镇河滩沙地上进行带状整地抽砂换土试验,整地带宽1.0m、深0.6m,挖出原来的河沙,更换为农田土壤,然后栽植T26杨。经抽砂换土后,土壤养分含量和土壤微生物数量增加,杨树幼林的生长量显著提高(表3-5-1)。

表3-5-1 抽砂换土对土壤性状和杨树生长的影响

处理	土壤养分含量				土壤微生物数量			2年生幼林生长量	
	有机质 (g/kg)	有效氮 (mg/kg)	速效磷 (mg/kg)	速效钾 (mg/kg)	细菌 (10^3/g干土)	真菌 (10^3/g干土)	放线菌 (10^3/g干土)	树高 (m)	胸径 (cm)
抽砂换土	4.7	50.4	14.1	54.7	16576	346	1476	6.9	9.2
不换土(ck)	3.7	42.0	8.2	21.8	5436	136	659	5.7	6.4

洼地的黏土,黏重、紧实、板结、通气不良,限制杨树根系的伸展。带状深翻整地能疏松土壤,增加土壤的通透性,利于杨树幼林生长。聊城地区在洼地黏土地上进行整地规格试验,带状整地宽1.5m、深0.8m,欧美杨幼树当年生根180条,3年时树高8.6m;大穴整地

径1m、深0.8m，杨树当年生根120条，3年时树高6.6m。黏土地上带状深翻能促进杨树幼林生长，而随着整地后的年限增加，土壤逐步恢复原来的状态。在黏土地上进行带状深翻时，掺入附近运来的砂土，其改良土壤和促进杨树生长的作用更加明显和持久。

3. 条台田整地

鲁西北的低洼盐碱地带，须开挖排水沟，修筑条台田。滨海地区条田面宽一般70~100m，排水沟深1.5~2m；内陆地区在2~2.5m深的排沟控制下，条田面宽可达200m。在一些排水不畅、含盐量较高的背河槽状洼地、封闭洼地，可修筑台田，台田面宽一般20~30m，排沟深1~1.5m。修筑条台田后，灌水洗盐或积蓄雨水"蓄淡压盐"，并结合深耕晒垡、平整土地等耕作措施，使土壤含盐量降低到0.15%~0.2%以下，然后再开挖植树穴。

二、使用健壮苗木

杨树苗木的质量对造林成活率和人工林的生长有重要作用，健壮的苗木是杨树用材林速生的基础。

(一)苗木质量评价的主要指标

1. 苗木形质指标

苗木地上部分的形质指标主要有直径、苗高、高径比、顶芽等，地下部分的形质指标主要为根系长度和侧根数量，混合指标主要为根茎比(根系与苗干鲜重的比值)。苗木形质指标直观可见，便于生产应用，是评价苗木质量的传统指标。

2. 苗木生理指标

苗木水分状况反映苗木的生活力，防止苗木失水是提高造林成活率的技术关键，苗木含水量和水势是评定苗木水分状况的指标。碳水化合物是光合产物贮藏的主要形式，对维持苗木生命活动、促进苗木的生长有重要作用，碳水化合物含量是苗木质量的生理指标。

(二)对壮苗的质量要求

对杨树壮苗的一般要求是：苗干粗壮、高径比较小，充分木质化，根系发达，根茎比较大，无病虫害和根系损伤。为培育杨树壮苗，苗圃育苗时要适当降低育苗密度，合理施肥。

在评价苗木质量时，应重视苗干的直径，不要只追求苗高。用不同地径和苗高的苗木进行造林试验，结果表明：用相同地径不同苗高的苗木造林，造林后材积生长量相近；用相同苗高不同地径的苗木造林，地径大的苗木造林后的幼树材积生长量较大；苗木高径比相同时，随苗木地径、苗高的增大，幼树的材积也相应增加(表3-5-2)。

表3-5-2 不同地径、苗高的1年生欧美杨苗木造林试验

组别	造林用苗木的形质指标			4年生林的生长量		
	苗木地径(cm)	苗高(m)	苗木的高径比	平均胸径(cm)	平均树高(m)	平均单株材积(m^3)
第1组：苗木的地径相同，苗高不同	2.0	2.2	110	11.0	12.4	0.0495
	2.0	2.6	130	11.0	12.5	0.0499
	2.0	3.0	150	10.9	12.6	0.0494

(续)

组别	造林用苗木的形质指标			4年生林的生长量		
	苗木地径(cm)	苗高(m)	苗木的高径比	平均胸径(cm)	平均树高(m)	平均单株材积(m³)
第2组：苗木的苗高相同，地径不同	2.0	3.0	150	10.9	12.6	0.0494
	2.3	3.0	130	11.2	12.7	0.0526
	2.7	3.0	110	11.4	12.8	0.0549
第3组：苗木的高径比相同，苗高与地径不同	2.0	2.6	130	11.0	12.5	0.0499
	2.5	3.3	130	11.3	12.9	0.0543
	3.0	3.9	130	11.5	13.1	0.0571
	3.5	4.5	130	11.6	13.2	0.0586

造林用苗要达到苗木质量标准规定的根系、地径、苗高指标。苗木标准规定的合格苗木分为Ⅰ级和Ⅱ级。分级时先用根系指标，如根系达到Ⅰ级苗要求，苗木可按苗高、地径分为Ⅰ级或Ⅱ级；如根系只达到Ⅱ级苗要求，该苗木最高也只为Ⅱ级；如根系达不到要求，则为不合格苗。根系达到要求的苗木再按地径和苗高分级，在苗高与地径不属于同一等级时，以地径所属级别为准(表3-5-3)。

表3-5-3 几种杨树苗木质量等级

树种(品种)	苗木类型	苗龄	苗木等级						供检测苗木中Ⅰ级苗和Ⅱ级苗株数合计占全部苗木的百分率(%)
			Ⅰ级苗			Ⅱ级苗			
			地径(cm) >	苗高(m) >	根幅(cm) >	地径(cm)	苗高(m)	根幅(cm)	
毛白杨	芽接苗 炮捻苗 插条苗	1-0	2.0	3.1	30	1.5~2.0	2.5~3.1	30~40	75
		2-0	3.5	4.0	40	2.5~3.5	3.0~4.0	30~40	75
	平茬苗	1₍₂₎-0	3.0	3.8	40	2.0~3.0	2.8~3.8	30~40	80
	移植苗	2-1	4.0	5.5	40	3.0~4.0	4.0~5.5	40~50	70
		3-1	4.5	5.5	40	3.0~4.5	4.0~5.5	40~50	75
107号杨 108号杨	插条苗	1-0	2.5	3.3	30	2.0~2.5	2.5~3.3	20~30	80
		2-0	4.0	4.5	40	3.5~4.0	3.5~4.5	30~40	85
	平茬苗	1₍₂₎-0	4.0	4.5	40	3.5~4.0	3.5~4.5	30~40	85
		2₍₃₎-0	5.5	5.5	40	4.5~5.5	4.5~5.5	40~50	90
鲁林9号杨 鲁林16号杨	插条苗	1-0	2.7	3.5	30	2.2~2.7	2.7~3.5	20~30	80
		2-0	4.2	4.7	40	3.7~4.2	3.7~4.7	30~40	85
I-214杨	平茬苗	1₍₂₎-0	4.0	4.5	30	3.0~4.0	3.5~4.5	>30	80
I-69杨 I-72杨	平茬苗	1₍₂₎-0	4.5	4.5	40	3.5~4.5	3.5~4.5	>40	80

注：据山东省地方标准 DB37/T 3410—2018 主要造林树种苗木质量分级。

(三)杨树用材林造林用苗的适宜苗龄

杨树造林使用的苗木按苗龄分为1年生苗、2年生苗、2年根1年干苗等。长期以来，山东多习惯用1年生苗造林,这种苗木价格便宜,便于运输,栽植后发枝部位低,抽枝较旺,较易于成活,缓苗期较短,抗风能力较强。2年生苗的木质化程度高,苗高、直径和体积的基数大,栽植成活后有较大的生长量。意大利等欧洲国家培育杨树用材林,普遍使用2年生大苗,造林后的材积生长量大,明显优于用1年生苗造林。

李建新等(2008)在山东菏泽地区用杨树2年生苗和1年生苗进行造林对比试验,用2年生苗造林的林分均有较大的树高、胸径和单株材积(表3-5-4)。虽然2年生苗的价格和运输费用较高,但使用2年生苗造林增产的木材价值显著高于苗木成本。尤其是在培育大中径级工业用材林时,2年生大苗栽植后的发枝位置高,有利于培养圆满、无节疤的树干。近年来,菏泽地区的国有林场已较普遍使用2年生苗造林。

栽植2年生大苗,必须保证及时充足的水分供应,否则不易成活或出现较长的缓苗期。2年生大苗栽植后的抗风能力较差,在鲁北滨海春季干旱、多风的地带,使用2年生苗造林较难成活。高密度短轮伐期的造纸用材林,用2年生苗造林成本偏高。

2年生根1年生干的苗木根系较大,经平茬后的苗干通直,其苗高、直径显著大于1年生苗,造林后的成活率也比较高,而苗木成本低于2年生根2年生干苗。对于山东不同地区和不同密度的杨树用材林,2年生根1年生干苗都比较适宜。

表3-5-4 2年生苗和1年生苗造林后的生长量对比

地点	品种	林龄	1年根1年干苗				2年根2年干苗				2年根1年干苗			
			树高(m)	胸径(cm)	单株材积(m^3)	材积比值(%)	树高(m)	胸径(cm)	单株材积(m^3)	材积比值(%)	树高(m)	胸径(cm)	单株材积(m^3)	材积比值(%)
牡丹区	中林46杨	栽植时	3.7	2.0			5.5	3.0						
		4年	14.8	15.9	0.1411	100	16.5	17.3	0.1824	129.3				
东明县	L35杨	栽植时	4.5	2.0			5.6	3.0						
		4年	17.1	16.1	0.1638	100	17.4	17.0	0.1853	113.1				
东明县	中菏1号杨	栽植时	4.0	2.0							4.5	2.5		
		4年	13.0	17.2	0.1488	100					14.3	18.3	0.1818	122.3

三、杨树栽植技术

(一)杨树栽植季节

根据杨树的生长习性和造林地气候条件、土壤条件,选择适宜的栽植季节,以利于造林苗木的成活。适宜的栽植季节应是杨树苗木的地上部分生理活动较弱,而根系的生理活动和愈伤能力较强的时段,有利于苗木的水分平衡。该时段应该温度适宜,土壤水分含量较高,遭受自然灾害的可能性较小。适于栽植杨树的季节为春季和深秋初冬。

1. 春季栽植

春季是杨树造林的主要季节。应在天气回暖,土壤湿润,苗木地上部分还未发芽,根系已经开始生长的有利时期进行。中林46杨、107号杨等欧美杨品种和毛白杨,可在3月中旬至下旬栽植。I-69杨、T26杨等美洲黑杨品种,生根需要的土壤温度较高,在日平均气温达到

10℃、树液流动、临近萌芽时栽植，成活率较高。I-69杨等在山东西部以3月下旬栽植为宜，在山东东部以3月底4月初栽植为宜；若栽植过早，则生根慢，苗干失水多，成活率降低。莒县栽植I-69杨试验，在3月12日植树节前后栽植，成活率不足50%；在4月初栽植，成活率95%以上。

2. 晚秋初冬栽植

山东从11月上旬杨树苗木开始落叶，到11月中旬气温开始降到10℃以下，是适于杨树晚秋初冬造林的时期。在此期间栽植杨树，气温逐渐降低，苗木地上部分开始进入休眠期，蒸腾作用减弱，而地温高于气温，苗木还能生长新根，有利于杨树苗木成活；到第二年春季生根多、生长量较大。山东多地都有晚秋初冬栽植杨树的成功经验。如安崇奎等调查，长清县黄河滩区晚秋初冬用欧美杨造林，使用壮苗，并注意苗木保鲜，适当深栽，及时浇水，培土堆等措施，造林成活率达97.4%。长清县西仓庄用毛白杨2年生苗于11月上旬至中旬造林，及时灌水，成活率99%。

张佩云、吴晓星等(1990)在济南市用欧美杨品种健杨和南方型美洲黑杨品种I-69杨苗木做晚秋初冬栽植试验。从10月10日至12月10日（封冻前），栽植越早，地温越高，杨树苗木产生新根越多且生长期较长。栽植过晚，地温明显下降，当年不易产生新根（表3-5-5）。

表3-5-5　I-69杨与健杨不同植苗时间的生根情况

植苗时间	I-69杨				健杨			
	12月17日调查		第二年5月2日调查		12月17日调查		第二年5月12日调查	
	新根条数	新根总长度(cm)	新根条数	新根总长度(cm)	新根条数	新根总长度(cm)	新根条数	新根总长度(cm)
10月20日	24	212	97	873	58	196	67	493
11月1日	17	45	69	645	23	61	50	402
11月11日	6	0.6	76	587	3	6	44	330
11月21日			64	436			39	366
12月1日			53	340			38	253
12月11日			45	260			29	290
第二年3月11日			39	233			23	197
第二年3月21日			20	76			19	196

10月中、下旬栽植，杨树苗木尚未落叶，影响成活的重要原因是叶片蒸腾耗水，若在苗木运输、栽植过程中经过晾晒，成活率会更低。落叶前叶片中的养分尚未完成向苗木的回流、转化，苗干和苗根的养分含量低于落叶后的苗木。欧美杨品种健杨与美洲黑杨品种I-69杨相比，健杨苗木落叶较早，保水能力较强，自11月初至12月上旬，造林成活率都很高。I-69杨苗木落叶期较晚，且保水和忍受水分亏缺的能力较差，落叶前栽植，成活率较低，干梢率较高；落叶后栽植，成活率提高，干梢率降低；迟至12月上旬栽植，成活率又有降低（表3-5-6）。

表 3-5-6　I-69 杨与健杨不同植苗时间的成活与干梢情况

植苗时间	I-69 杨		健杨	
	植苗成活率(%)	干梢率(%)	植苗成活率(%)	干梢率(%)
10 月 10 日	48	40	80	20
10 月 20 日	60	43	85	25
11 月 1 日	75	41	98	20
11 月 11 日	83	36	100	3
11 月 21 日	95	14	98	0
12 月 1 日	85	13	100	0
12 月 11 日	75	19	100	0
第二年 3 月 11 日	93	7	100	3
第二年 3 月 21 日	90	3	100	0

与来年春季栽植的苗木相比，晚秋初冬栽植的苗木生根较早、较多，第二年春季发芽、展叶日期较早，生长量也较高。综合比较杨树苗木栽植后的生根数量、成活率、生长量，试验地区在 11 月上旬至 11 月中旬，杨树苗木刚落叶，平均地温还在 10℃以上时，是栽植杨树的适宜时期（表 3-5-7）。

表 3-5-7　I-69 杨与健杨不同植苗时间的发芽展叶与生长情况

植苗时间	I-69 杨				健杨			
	叶芽开放日期	开始展叶日期	第二年 6 月 1 日调查生长量		叶芽开放日期	开始展叶日期	第二年 6 月 1 日调查生长量	
			胸径增长量(cm)	树高增长量(m)			胸径增长量(cm)	树高增长量(m)
10 月 20 日	4 月 13 日	4 月 16 日	0.39	0.25	4 月 12 日	4 月 14 日	0.34	0.37
11 月 1 日			0.35	0.21			0.32	0.35
11 月 11 日			0.31	0.14			0.24	0.27
11 月 21 日	4 月 15 日	4 月 17 日	0.29	0.21	4 月 12 日	4 月 14 日	0.23	0.31
12 月 1 日			0.22	0.14			0.22	0.27
12 月 11 日	4 月 20 日	4 月 25 日	0.21	0.10	4 月 15 日	4 月 17 日	0.20	0.25
第二年 3 月 11 日			0.18	0.12			0.24	0.26
第二年 3 月 21 日	4 月 21 日	4 月 26 日	0.16	0.09	4 月 16 日	4 月 16 日	0.20	0.20

晚秋初冬栽植杨树，除掌握适宜的栽植时期外，还要有良好的栽植技术措施，包括：使用壮苗并修剪侧枝和截梢，适当深栽，及时灌水，苗干基部培土堆等，才能防止苗木在干燥多风的冬季脱水干梢，保证苗木成活。

不同杨树种类相比，一些欧美杨品种的秋冬季造林成活率较高，一些美洲黑杨品种的秋冬季造林成活率较低，而造林技术措施对苗木栽植后的成活率有很大影响。如昌乐县 3 个村庄分别于 11 月下旬和 3 月下旬栽植 107 号杨或 T26 杨，张国祥等（2003）调查了不同季节造林的成活率和生长量。梁家村造林前仅用深耕犁开沟，栽植深度较浅，因冬季长期干旱，水分供应不足，107 号杨秋冬季造林的成活率只有 75.5%；而春季造林虽用相同的整地造林方式，因间种小麦浇水，保证了107号杨苗木成活。前孔村挖植树穴较深，苗木栽植较深，秋冬季栽植的107号杨虽遇冬季干旱，造林成活率达98.5%。秋冬季造林和春季造林后的胸径增长量差异不显著(表3-5-8)。

表3-5-8　107号杨不同季节造林的成活率与生长量

造林地点	整地及栽植深度	幼林抚育	造林时间	成活率(%)	平均胸径(cm)
梁家村	机械开沟50cm深，植苗深度30cm	间种小麦、玉米，共浇水4次	11月下旬	75.5	4.18
			3月下旬	99.0	4.15
前孔村	人工挖穴60cm见方，植苗深度40cm	间种西瓜，共浇水4次	11月下旬	97.5	4.62
			3月下旬	98.5	4.52

王家洼村应用穴状整地(60cm见方)，秋冬季栽植的T26杨成活率仅42%(不包括苗干脱水而基部成活的株数)，而春季造林的成活率达88%。张国祥等认为：秋冬季造林的技术要求严格，保证苗木有充足的水分供应非常重要。欧美杨品种107号杨苗木木质化程度高，不易失水，只要栽植方法得当，可以秋冬季造林。美洲黑杨品种T26杨苗木木质化程度低，秋冬季造林后因冬季干旱容易苗干失水，仅苗木基部成活，在当地的造林技术条件，一般不适宜秋冬季造林。

(二)苗木的保鲜和修剪

1. 苗木的保鲜

杨树苗木的水分状况与造林成活率和当年生长量关系密切，杨树苗木栽植成活的一个关键环节是苗木保鲜，保持旺盛的生活力。山东各地做了一些杨树苗木水分状况与造林成活效果的试验。虽然因供试的杨树品种、苗龄，以及天气等条件的不同，试验结果有所差别，但一致的结论是：随着苗木晾晒时间的延长，苗木失水量增加，生活力减弱，栽植后的成活率降低，生长量减少。梁玉堂等(1993)在泰安用毛白杨1年生苗做苗木水分及造林成活效果试验：3月31日栽植，栽后灌水两次。随起苗随栽的苗木，苗干含水量60.3%，栽植成活率100%；晾晒3天的，苗干含水量54.8%，栽植成活率91.3%。张佩云、吴晓星在济南用健杨和I-69杨1年生苗做栽植试验：11月上旬栽植，栽后浇水。健杨苗木晾晒1天的，栽植成活率仍达100%；晾晒4天的，栽植成活率80%。I-69杨苗木随起苗随栽的，栽植成活率95%；晾晒1天的，栽植成活率85%；晾晒4天的，栽植后均未成活。

在起苗、运苗、栽植的各个环节，都要注意保护苗木，防止失水。起苗前苗圃提前灌水，提高苗木的含水率。起苗时减少断根伤根，保证苗木根幅达到苗木质量标准的要求。运输苗木时，要仔细包装，保持苗根和苗干新鲜湿润。尽量随起苗、随运、随栽，不能及时栽植的要妥善假植。要避免裸根苗晾晒及长途运输。

杨树苗木在越冬过程中含水量下降，部分美洲黑杨品种，如I-69杨，T26杨等，含水量下降明显。张佩云、吴晓星在济南测定了I-69杨1年生苗木越冬期前后的含水率变化，越冬前的11月21日苗干含水率53%，越冬后的3月11日苗干含水率降至43%。而欧美杨品种健杨在越冬后的苗干含水率下降不大。春季造林时，使用I-69杨等美洲黑杨品种苗木，需用流动的活水浸泡2~3天，使苗木吸足水分再行栽植，可提高造林成活率。诸城市春季栽植T26杨、T66杨，不浸水的苗木，栽后成活率85%；浸泡一天的，栽后成活率90%；浸泡3天的，栽后成活率95%以上。

毛白杨和欧美杨苗木越冬期间失水较少，春季造林宜随起苗随栽植，栽后立即浇水，成活率较高。若起苗与栽植的间隔时间长，苗木失水的，栽植前浸水有利于成活。邢桂荣等在德州用2年生毛白杨苗木做浸根试验，未浸根苗木栽植后成活率78%，浸根12小时的栽后成活率82%，浸根24小时的栽后成活率90%；再延长浸根时间，栽后成活率则逐步下降。梁玉堂等在泰安试验，毛白杨1年生苗木春季随起随栽，栽后成活率100%；苗木浸水3天，苗干含水量增加，但栽后成活率下降。

2. 修剪苗木

植苗时剪去杨树苗木不充实的梢部和2年生苗木的全部侧枝，有利于苗木栽植成活和培养良好干形。在起苗、栽植过程中，苗木根系受到损伤，吸收水分的能力减弱。通过修剪苗木，降低了苗干高度，减少了枝叶量，可减轻风吹的影响，减少苗木地上部分的水分散失，有利于苗木地上部分与地下部分的水分平衡，提高造林成活率。有的杨树苗木梢部不充实，顶芽不饱满，顶芽抽生的新梢长势弱；而其下饱满侧芽抽生的枝条长势强，超过顶芽抽生的新梢，出现"换头"现象，导致树干出现弯曲，这种现象在2年生苗造林时更为常见。剪去苗木不充实的梢部，剪口下选择饱满侧芽，剪口芽就能抽生出顶生壮梢，避免树干出现弯曲。

单县大沙河林场用2年生中林46杨大苗造林，剪枝截梢的苗木，造林成活率96%，当年新梢生长量1.6m；不修剪的苗木，造林成活率92%，当年新梢生长量0.9m。

姜岳忠等在长清县西仓庄用2年生易县毛白杨雌株苗木造林，进行苗木剪枝截梢试验。剪枝截梢处理，促进了当年新梢的生长，可以补偿原苗干被截去的部分。截梢处理显著减少了"换头"株数，也就减少了以后树干弯曲的株率。剪去侧枝并截梢1/3的，就可避免造林后出现"换头"。不同截梢处理，造林1年以后的树高差别很小；截梢1/3的处理，造林后的胸径生长量较大。试验表明，合理的截梢强度为剪去苗梢的1/3左右（表3-5-9）。

表3-5-9 毛白杨苗木剪枝截梢试验

试验处理	1年生林			2年生林			3年生林				
	新梢长度(m)	平均树高(m)	平均胸径(cm)	平均树高(m)	平均胸径(cm)	换头株数的比例(%)	平均树高(m)	平均胸径(cm)	干形		
									直(%)	微弯(%)	弯(%)
不去侧枝不截梢(ck)	0.13	4.5	3.8	7.2	7.4	86	8.8	10.4	50	28	22
去侧枝不截梢	0.19	4.5	3.8	7.1	7.4	69	8.9	10.5	62	19	19
去侧枝并截梢1/6	0.36	4.3	3.7	7.0	7.4	56	8.7	10.7	75	14	11
去侧枝并截梢1/3	0.86	4.4	3.9	7.3	8.0	3	8.9	11.2	86	8	6
去侧枝并截梢1/2	1.26	4.4	3.6	7.2	7.3	3	8.8	10.5	89	8	3

（三）适当深栽

杨树苗干深栽入土中，在土壤温度、湿度和通气状况适宜的土层中，产生皮部不定根。

适当深栽，有利于增加苗木栽植后的垂直生根范围和生根数量，增加对土壤较深层次中水分、养分的吸收，还增加了幼树抗风倒能力，因而有利于苗木成活和幼树的生长。但若栽植过深，深层土壤的温度低、透气性差，不利于根系生长。

杨树苗木适宜的栽植深度因杨树种类、土壤条件和造林季节的不同有所差异。欧美杨和美洲黑杨皮部生根能力强，可栽植较深；毛白杨皮部生根能力较弱，宜栽植较浅。砂质土壤保水力差，而透气性良好，可以栽植较深；黏壤土保水力较强，而透气性不良，宜栽植较浅。深秋初冬造林，表层土壤温度较低，下层土壤温度较高，宜栽植较深；春季造林，表层土温回暖较早，下层土温回升较晚，宜栽植较浅。

在长清县黄河滩区有水浇条件的轻壤质潮土上栽植的欧美杨，林木的根系垂直分布密集范围在0~60cm，除去主根以外的侧根根量有60%以上分布在这个深度范围，表明0~60cm是适宜根系生长的深度。在这种造林条件，欧美杨造林时苗木栽植深度以50~60cm为宜，原苗木根颈的深度40cm左右，苗干基部40cm深的范围内生出新根，苗木的根也生出新根，幼树的根量多且分布均匀。

单县大沙河林场在黄泛沙地春季栽植中林46杨2年生大苗，栽植深度以0.8m为宜，新生根系总长度和幼林成活率高于栽植深度0.5m和1m（表3-5-10）。

表3-5-10　黄泛沙地中林46杨不同栽植深度试验

栽植深度(m)	新根数(条)	根系总长度(m)	幼林成活率(%)
0.5	43	6.63	84
0.8	72	12.82	96
1.0	75	11.93	95

姜岳忠等在长清县西仓庄黏壤质潮土上用毛白杨2年生苗做栽植深度试验，苗木生根主要在原苗干靠近根颈的部位和原苗根。栽植的苗木根颈位于地面的，只从原苗根上生出新根，造林后第2年雨季风倒率高；苗木根颈栽至20~40cm深，原苗干和苗根上都生出较多新根，林木生长量大，较抗风倒；苗木根颈埋至60~80cm深，因深层土壤温度低、透气差，限制了新根的生长，林木生长量较低。在这种土壤条件，苗木根颈栽至20~40cm深，苗根深度40~60cm，是适宜的栽植深度（表3-5-11）。

表3-5-11　黏壤质潮土上毛白杨栽植深度试验

苗木根颈栽植深度(cm)	造林成活率(%)	第2年雨季风倒率(%)	第2年幼树生根		2年生林分生长量		4年生林分生长量	
			细根(条)	毛细根(条)	平均胸径(cm)	平均树高(m)	平均胸径(cm)	平均树高(m)
0	72	40	15	33	5.9	5.3	11.6	9.0
20	85	27	19	132	6.3	5.7	12.1	9.2
40	92	27	17	82	6.4	5.6	12.1	9.1
60	72	15	13	40	5.6	5.1	11.2	8.5
80	60	13	6	12	5.7	5.0	10.9	8.5

砂土的透气性较强，毛白杨可栽植较深。莘县在黄河故道沙地上晚秋栽植毛白杨，栽至80cm深的，根系分布深度达70cm，生根43条；栽至45cm深的，根系分布深度40cm，生根34条。

(四)植苗和灌水

植苗前，回填植树穴至待栽植深度。将苗木放入穴中，使苗根舒展，用湿润的表层熟土将苗根埋好。将经过堆积沤制腐熟的有机肥和过磷酸钙以及表层土拌和，填在20~60cm深（杨树幼树根系主要分布层），栽植穴的上层填埋挖穴时单独放置的生土。填埋植树穴时，分层填土、分层踏实。

植苗后，随即平整周围地面，顺行修成树畦。在植苗后的1~2天以内，及时、足量灌水，使穴中的土沉实，土壤和根系密接。植苗后及时灌水，对较难成活的美洲黑杨品种更为重要。第一次灌水后修整树畦，间隔15~20天进行第二次灌溉。一般情况下，两次及时灌溉可以保证新栽苗木成活。

第六节 杨树用材林林地管理

进行杨树用材林的林地管理，能够改善和协调林地土壤的水、肥、气、热状况，提高土壤肥力，促进林木生长。山东大部分杨树用材林的林地土壤比较瘠薄，只有加强林地管理，才能提高杨树用材林的生产力和效益。集约经营的杨树用材林更多地采用农业耕作技术，林地管理措施有灌溉、施肥、中耕松土、地面覆盖、农林间作等。

一、杨树用材林灌溉

(一)杨树灌溉的意义

灌溉是为林地补充杨树所需水分的有效措施，对于改善树体水分状况、促进林木生长有重要作用。

1. 水分对林木的生理作用

水是林木生活环境中最主要的环境因子之一，也是林木必不可少的组成物质，对于林木的生命活动具有重要意义。

水对于林木的必要性主要有以下几个方面：水是原生质的主要成分之一；水是林木光合作用的主要原料之一，还是物质代谢和转化的参与者；矿质元素以水为溶剂进入林木体内运行；水维持细胞膨胀，细胞组织吸水后所表现的膨胀状态是林木进行细胞分裂、生长和光能利用等各种生命活动的必要条件，细胞膨胀对维持叶片的形态、气孔的开放、叶柄的运动等都是重要的。所以，凡生命活动旺盛的组织含水量都较高。

树木的水分供应主要来自土壤，而树体水分主要由蒸腾作用散失。蒸腾作用为树木从土壤中吸水和水在树木体内传导提供了动力，帮助水分的吸收和运输，也帮助矿质元素的吸收和运输；蒸腾还能降低树叶的温度，防止组织发生过度的膨胀。但强烈的蒸腾作用会使树木产生水分亏缺，引起叶片萎蔫，严重影响树木的生长。

2. 灌溉对杨树生长的作用

山东地处暖温带湿润和半湿润地区，平均年降水量一般为600~800mm，可基本适应杨树生长的需要。但年内降水分布不均，降雨集中在7~8月的雨季，5~6月常发生较严重的干旱，有时也发生秋旱，成为影响杨树速生丰产的因素之一。年际间降水量也相差较大，遇到干旱年份，降水量明显不足，更加重了旱情。因降水减少而发生土壤干旱时，土壤中可供杨树枝叶吸收的有效水分减少，根系吸水受阻，杨树的枝叶发生水分亏缺，导致光合作用下降，树冠下部叶片发黄脱落，杨树生长量下降或停止生长，甚至可以干旱致死。

通过人工灌溉，增加土壤中可供吸收的有效水分，保证了杨树根系对水分和矿质养分的吸收，改善了树体的水分、养分供应，就能显著地促进细胞分裂和扩大，增加光合面积；促进代谢，提高光合能力，并延长每天的光合时间；从而促进杨树枝、叶及树干的生长。

吴晓星、姜岳忠等观测长清县西仓庄砂壤质潮土上生长的欧美杨林分：5月下旬干旱季节，杨树林地土壤含水量降至8.2%（土壤相对湿度40%），叶片的蒸腾速率$0.61g/(g·h)$，光合速率$7.3mg$干重$/(dm^2·h)$；灌溉后土壤含水量16.2%（土壤相对湿度80%），叶片的蒸腾速率$0.87g/(g·h)$，光合速率$10.4mg$干重$/(dm^2·h)$。对轻壤质潮土上的毛白杨林分进行观测：6月上旬不灌溉的处理（土壤相对湿度52%），叶片蒸腾速率$345g/(m^2·h)$、饱和亏1.95；灌溉的处理（土壤相对湿度80%），叶片蒸腾速率$459.7g/(m^2·h)$、饱和亏1.67。

中国林业科学研究院刘奉觉、郑世锴等（1988）在莒县赵家二十里堡的砂壤质河潮土上，对行株距6m×3m的I-69杨人工林，从林龄2~5年连续进行灌溉试验。以天然降水为对照，灌溉处理分为一级人工供水和二级人工供水，供水量以滴灌（或畦灌）方式比较均匀地分配到杨树生长季节的各个月份（表3-6-1）。

表3-6-1 莒县I-69杨人工林灌溉试验的天然降水量和人工供水量

林龄(a)	供水处理	各月份的降水量或人工供水量(mm)								人工供水相当天然降水(%)
		4月下旬	5月	6月	7月	8月	9月	10月	合计	
2	天然降水	4.1	37.9	33.4	144.2	81.0	61.3	65.5	428.4	—
	一级人工供水	0	0	32.1	52.2	58.2	47.8	8.3	198.6	46.4
	二级人工供水	0	0	51.6	102.2	112.4	90.8	17.2	374.2	87.3
3	天然降水	17.4	41.8	123.3	259.8	132.1	124.1	17.3	715.8	—
	一级人工供水	8.2	50.3	19.9	6.3	19.7	15.1	18.8	138.3	19.3
	二级人工供水	8.5	63.0	41.8	13.2	38.6	29.8	33.1	228.0	31.9
4	天然降水	17.9	104.7	20.4	163.4	77.2	85.6	60.8	530.0	—
	一级人工供水	0.4	26.1	128.0	0	3.3	0	0	157.8	29.8
	二级人工供水	0.4	45.7	128.0	0	11.0	0	0	185.1	34.9
5	天然降水	15.4	20.5	78.3	166.5	101.4	29.4	34.5	446.0	—
	一级人工供水	65.7	28.6	0	200.2	0	0	0	294.5	66.0
	二级人工供水	134.8	57.4	78.3	279.3	0	0	0	549.8	123.3

试验表明：通过灌溉，增加了杨树林木的枝条数量、枝条长度和枝重。灌溉处理与对照相比，4年生林木的一级枝条数量增加7.7%~9.6%，一级枝条平均长度增加26.2%~31.8%，一级枝条总长度增加35.3%~44.1%，枝条总重增加79.5%~138.5%。灌溉促进了枝条的生长和树冠的扩大，为叶面积的增加奠定了基础。

灌溉增加了林木的叶片数、平均单叶面积和平均单株叶面积，增加了林分的叶面积指数。灌溉处理与对照相比，2年生林木的单株叶片数增加94.2%~125.2%，平均单叶面积增加28.3%，生长季节的平均单株叶面积增加58.6%~188.5%。林龄5年时，3种处理的叶面积指数为：对照4.58，一级供水5.14，二级供水7.65。

林木光合面积扩大，增加了光合产量，促进了林木生长。灌溉处理与对照相比，3年生林木的树高年生长量增加17.2%~24.6%，胸径年生长量增加10.9%~11.6%，单株材积年生长量增加30.7%~42.6%（表3-6-2）。

表3-6-2　不同供水处理的I-69杨人工林年生长量

林龄（a）	供水处理	树高年生长量		胸径年生长量		单株材积年生长量	
		年生长量（m）	比值（%）	年生长量（cm）	比值（%）	年生长量（m³）	比值（%）
2	对照	3.26	100.0	5.03	100.0	0.01415	100.0
	一级供水	3.85	117.8	5.57	110.7	0.01727	122.0
	二级供水	3.99	122.4	6.14	122.1	0.01963	135.2
3	对照	3.38	100.0	4.22	100.0	0.03592	100.0
	一级供水	3.96	117.2	4.68	110.9	0.04693	130.7
	二级供水	4.21	124.6	4.71	111.6	0.05122	142.6

姜岳忠等在长清县西仓庄潮土地上进行毛白杨幼林灌溉试验：一年中在5月3日、6月3日、7月11日灌溉3次的毛白杨林分，当年的胸径生长量比对照增加13.9%，树高生长量比对照增加10.6%，单株材积生长量比对照增加22.8%。

(二)杨树灌溉技术

杨树灌溉技术包括灌溉时期、灌溉方法、灌水量等，要根据杨树的需水特性、树龄、年内生长阶段、天气状况、土壤条件等而定，适时、适量、适方法地合理灌溉。

1. 杨树灌溉时期

杨树的灌溉时期主要依据杨树的生长习性和天气状况。杨树的年生长周期可以分为萌芽期、春季营养生长期、夏季营养生长期、秋季封顶充实期、冬季休眠期等几个阶段。杨树年内的各个生长期都需要良好的水分供应，但不同时期有其需水特点。

春季杨树萌芽和小叶初展需要适宜的温度和水分供应。经过冬季，枝干含水率降低，萌芽前适量灌水有利于及时发芽和初展叶生长。春季地温较低，蒸发量较小，为兼顾提高地温，萌芽前灌水宜畦灌、少量。灌水后中耕松土，保墒并提高地温。

春季营养生长期以梢、叶生长为主，叶面积迅速扩大；良好的水分供应对于新枝数量、长度，叶片数、单叶面积都有明显的促进作用。山东的杨树春季营养生长期，一般在4月上旬至5月上旬，此时正值旱季，气温、地温升高，叶蒸腾作用和地面蒸发加强，春季营养生长期应是灌溉的关键时期之一。灌水量应加大，渗透到根系的主要分布深度，林龄3~4年以上的林木，灌溉湿润深度应达60cm左右。

夏季营养生长期是枝叶已经展开，树干加速生长的时期。此时气温高、光照强，良好的水分供应是提高光合速率和光合产量，促进树木速生的重要保证。山东的杨树夏季营养生长期一般在5月中旬至9月初。5~6月常是山东气温高、降水少、蒸发强烈的时期，旱情较严重，杨树常因干旱而生长量下降，在年生长曲线上呈现"马鞍形"。此期的及时足量灌水，对于促进杨树生长的作用显著，是全年灌溉的重点时期。5~6月一般需要灌溉二次，灌溉湿润深度达根系主要分布层。7~8月山东进入雨季，一般会解除旱情。如遇少数年份的伏旱，还应及时灌溉。

9~10月进入封顶充实期，杨树生长量已明显减少，而是积蓄营养。在雨季降水量偏少的年份，可发生秋旱，导致叶片提前发黄、脱落。秋旱时适时灌溉，可保护叶片，延迟叶片衰老，维持较高的光合效能，有利于积蓄树体营养，以备来年的旺盛生长。

越冬休眠期的杨树枝干，仍然由蒸腾作用散失水分，I-69杨等美洲黑杨品种的冬季失水量超过欧美杨和毛白杨。在干旱的年份进行冬季灌溉，有利于杨树安全越冬和来年的适时萌芽。

2. 杨树灌溉方法

杨树栽植当年，根系分布范围较小。行株距大的幼林一般用树盘灌，行株距小的幼林可用短畦灌。灌溉后疏松表土，以减少土壤水分蒸发。

杨树幼龄林一般实行农林间作，杨树适于畦灌，在植树行两侧作埂，形成1~1.5m宽的窄畦，顺畦灌溉，用水较经济。杨树行间间作农作物，按农作物的要求进行灌溉，也为杨树提供水分。

杨树中龄林已形成茂密的树冠，林分群体的叶面积大，蒸腾量大，需要更大的灌水量；密织的根系分布至全林，灌溉范围也应扩大。一般采用畦灌，比较节水，灌溉效果也好。夏季旱情重时，也可采用分小区灌，根据林地的平整情况，划分为若干小区，之间做成土埂，对各个小区的林地全面灌溉。采用分小区灌，湿润土地的范围和深度都大，改善杨树水分供应的效果较好；但用水量大，土壤板结较重，灌溉后需及时松土保墒。

近年来，随着农业灌区的扩大，水资源短缺和灌溉水利用率低等问题突显，节水灌溉更受到重视。目前，虽然已经有了用水量少、水分利用率高的微灌技术，但需要专门设备，成本高，在杨树生产中还很少应用。当前杨树灌溉仍以树盘灌、畦灌等方式为主。

山东黄河灌区常见大水漫灌，灌溉水的利用率不高。邢尚军等（2015）在济南市北郊的砂壤质潮土上，对行株距5m×3m的5年生107号杨林分进行了畦灌和漫灌的试验。常规漫灌按当地农民的习惯，灌水量3600m^3/hm^2，4月、6月、8月、10月各900m^3/hm^2；畦灌的畦宽

1m，灌水量720m³/hm²，4～10月每月10³m³/hm²。对两种灌溉方式的土壤含水量、水势的垂直变化，根系生物量的垂直分布，硝态氮的运移，以及杨树的生长量进行了试验观测。试验结果表明，与传统的漫灌相比，畦灌的杨树在0～40cm和60～100cm土层的含水量、水势均低于漫灌，并且土层越深与漫灌的差异越大，说明畦灌时水分深层渗漏明显减弱。随着土层深度的增加，畦漫和漫灌的根系生物量均逐层降低；在0～20cm土层中，畦灌的根量比漫灌减少8.28%，但在20～80cm土层中根量却增加35.87%，0～80cm土层中畦灌的总根量比漫灌多5.52%。畦灌与漫灌相比，0～40cm土层的硝态氮含量增加，而60～100cm土层的硝态氮含量降低；其中在80～100cm土层中，灌溉后7天、14天和29天，畦灌的硝态氮含量比漫灌分别减少21.84%、20.24%、19.53%。两种灌溉方式的杨树生长率接近，漫灌和畦灌的林木胸径生长率分别为22.24%和21.91%，树高生长率分别是21.94%和21.56%，材积生长率分别是64.32%和63.38%。虽然漫灌的灌水量和土壤含水量显著高于畦灌，但未能取得显著的杨树增产效果。邢尚军等认为：大水漫灌增加了水分的深层透漏，伴随着养分的深层淋失，扎根深度也减少，灌溉用水的水分利用率低。而畦灌节省了灌溉用水，提高了水分利用率，也能达到与漫灌相近的杨树生长量。在杨树灌溉中，可以用节水的畦灌方式取代常规的漫灌方式。

3. 灌溉的土壤相对湿度指标

合理灌溉通常以土壤相对湿度为指标。土壤相对湿度是土壤实际含水量与田间持水量的相对比值。田间持水量是土壤在自然状态下能够保持的最大含水量，可以在田间实测，或取土样在室内测定。不同土壤类型和土壤质地的土壤，田间持水量有较大区别。

一般情况下，土壤相对湿度70%～80%时，土壤中的水分和空气状况适合杨树生长的需求；当土壤相对湿度低于60%时，呈现缺水状态；土壤相对湿度低于40%时严重干旱。杨树的生长是一个连续的过程，需要持续的水分供应。灌溉次数和灌水量的大小，应使杨树根系主要分布深度的土壤相对湿度保持在60%以上。若干旱季节土壤相对湿度低于60%，就应该及时灌溉。

杨树的 次灌水量可出现有土壤含水量和田间持水量计算，计算公式为：

灌水量＝灌溉面积×灌溉湿润深度×土壤容量×（田间持水量－灌溉前土壤含水量）

例如长清县黄河滩区西仓庄的砂壤质潮土上，对欧美杨用材林进行灌溉，灌溉湿润深度60cm，土壤容重1.3，田间持水量19.4%，灌溉前土壤含水量11.5%，1hm²面积的一次灌水量为：灌水量＝10000m²×0.6m×1.3×(19.4%－11.5%)＝616.2m³/hm²。

按此公式计算，为全林漫灌的灌水量。如采用畦灌，可以节省部分用水，灌水量大小因杨树的行距、畦的宽度、畦两侧的水分渗透情况而有差别。

在长清县西仓庄的欧美杨林分中，对4～9月的土壤含水量每10天进行一次测量。不灌溉的林地，4月下旬至6月下旬土壤含水量可低于土壤相对湿度60%；在4月中旬、5月中旬、6月上旬各灌溉1次，每次灌溉可在20～30天内维持土壤含水量在土壤相对湿度60%以上。按当地气候条件与土壤条件，主要应在4～6月少雨干旱季节对杨树用材林进行灌溉。正常降雨量年份，在 4~6 月的旱季灌溉 3 次以上，每次灌水量 600m³/hm²，灌溉湿润深度 60cm，就可以维持林地土壤含水量 11.6%（土壤相对湿度 60%）以上，保持对杨树的正常水分供应。如遇严重秋旱，再增加一次灌溉（图 3-6-1）。

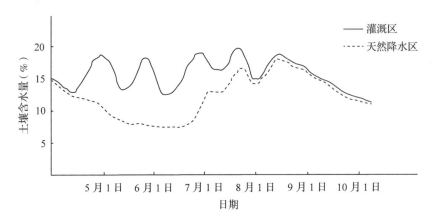

图 3-6-1　西仓庄砂壤土欧美杨林分灌溉与天然降水试验区的土壤含水量

4. 杨树人工林需水量的估算

研究杨树人工林的需水量，可为杨树合理灌溉提供依据。

刘奉觉、郑世锴等（1988）应用莒县 I-69 杨人工林灌溉试验的资料，研究了不同供水处理下林木生长量和蒸腾耗水量的关系，进行了 I-69 杨人工林需水量的估算。

（1）I-69 杨人工林材积产量与供水及蒸腾耗水的关系　分析不同供水量处理的 I-69 杨人工林年材积产量和年蒸腾耗水量，计算材积需水系数；材积需水系数随材积产量的增加而增加（表 3-6-3）。

表 3-6-3　I-69 杨人工林供水量、材积产量、蒸腾耗水量与材积需水系数

林龄(a)	处理	年供水量(mm)	年材积产量(m³/hm²)	年蒸腾耗水量(mm)	材积需水系数(t/m³)
2	对照	428.4	7.8	128.4	164.6
	一级供水	627.0	9.6	230.9	240.5
	二级供水	802.6	11.0	469.5	426.8
3	对照	715.8	20.0	365.0	182.5
	一级供水	854.1	26.1	585.6	224.4
	二级供水	943.8	28.5	691.8	242.7
5	对照	446.0	30.9	602.6	194.4
	一级供水	740.5	36.5	657.0	180.0
	二级供水	995.8	40.8	879.2	215.0

注：材积需水系数为林木生长 1m³ 材积的蒸腾耗水量。

根据试验资料，分析了历年各处理的年供水量与材积产量的关系，建立田间供水量与材积的数学关系式。从 4 种回归方程中，选择回归显著性最好的方程式：$y = b + a\ln x$。经相关分

析，得出不同林龄 I-69 人工林的供水量与材积产量关系式：

林龄 2~3 年：$\quad y_1 = 5085\ln x_1 - 30806 \quad$ （1）

林龄 4~5 年：$\quad y_2 = 2573\ln x_2 - 10354 \quad$ （2）

式中：x 为田间供水量（mm），y 为年材积生长量 $[m^3 \times 10^{-5}/(a \cdot 株)]$。

（2）I-69 杨人工林需水量的估算

列出树冠耗水的月比率：根据 I-69 杨人工林蒸腾耗水的测定资料，列出不同供水水平在 5~10 月树冠蒸腾耗水的月比率（表 3-6-4）。

表 3-6-4　I-69 杨人工林树冠蒸腾耗水月比率　　　　　　　　　　　　　　　　　%

林龄（a）	处理	5 月	6 月	7 月	8 月	9 月	10 月
2	对照	7.7	12.6	18.1	13.4	35.4	12.8
	一级供水	4.2	17.8	19.8	20.9	24.6	12.7
	二级供水	2.1	18.0	19.9	20.3	23.8	15.9
5	对照	23.7	15.9	18.8	17.4	12.3	11.9
	一级供水	21.7	17.9	25.1	15.6	10.0	9.7
	二级供水	17.3	20.1	22.3	15.9	12.4	12.0

设计材积年产量：按林龄和生长潜力，提出设计的材积年产量。2 年生 I-69 杨林设计 7.5 m³/(hm²·a) 和 13.5 m³/(hm²·a) 两种产量，5 年生 I-69 杨林设计 30.0 m³/(hm²·a) 和 45 m³/(hm²·a) 两种产量。

计算需水量：用供水量与材积产量的关系式（林龄 2 年用关系式 1，林龄 5 年用关系式 2），分别计算出 4 种设计产量的生长季节（5~10 月）需水量；按蒸腾耗水的月比率，将生长季节需水量分配到 5~10 月的各个月中。再用杨树人工林灌溉的土壤相对湿度指标，估算休眠季节需水量。将两种林龄按设计产材量计算出的生长季节各月的需水量和休眠季节需水量，列入 I-69 杨人工林需水量表（表 3-6-5）。

表 3-6-5　I-69 杨人工林需水量

林龄（a）	每公顷材积年生长量（m³/hm²）	单株材积年生长量（m³/株）	生长月份需水量 mm/(t/hm²)							休眠月份需水量合计 mm/(t/hm²)	全年总需水量 mm/(t/hm²)
			5 月	6 月	7 月	8 月	9 月	10 月	合计		
2	7.5	0.01351	26.2/262	89.8/898	107.6/1076	101.5/1015	155.6/1556	77.0/770	557.7/5570	256.0/2560	813.7/8137
	13.5	0.02432	32.4/324	111.1/1111	133.1/1331	125.6/1256	192.5/1925	95.2/952	689.9/6899	256.0/2560	945.9/9459
5	30.0	0.05405	95.5/955	82.3/823	100.5/1005	74.5/745	53.0/530	51.2/512	457.0/4570	256.0/2560	713.0/7130
	45.0	0.08108	273.0/2730	235.2/2352	287.5/2875	213.0/2130	151.6/1516	146.4/1464	1306.7/13067	256.0/2560	1562.7/15627

I-69 杨人工林需水量表的应用：I-69 杨人工林需水量表列出的各月份需水量，为制定 I-69 杨人工林供水计划提供了参考指标。某个月份的人工林需水量与该月份天然降水量的差值，即为该月份应提供的供水量。供水计划需提前制定，可根据当地某个月份多年降水量的平均值，结合中短期天气预报，估计该月份可能的天然降水量，然后提前估算该月份的人工林供水量。应用需水量表指导杨树灌溉，主张各月份的灌水量以均匀分配为宜，不要过于集中。

二、杨树用材林施肥

(一)杨树施肥的意义

杨树施肥是提高土壤肥力、改善杨树营养状况和促进林木生长的有效措施，是集约经营杨树速生丰产用材林的必要技术手段。

1. 矿质元素的生理功能

矿质元素在林木的生命活动中具有重要作用。林木必需的矿质元素有十几种，除去碳、氢、氧外，其他元素主要是从土壤中吸收来的，其中需要量大的氮、磷、钾、钙、镁、硫称为大量元素，需要量少的铁、锰、铜、锌、钼、硼、氯称为微量元素。矿质元素的生理功能主要有三个方面：

(1)参与树木体内重要有机化合物的组成　例如，氮是氨基酸、蛋白质、叶绿素和许多辅酶的重要成分，磷是核酸、磷脂等的重要成分，硫是蛋白质的成分之一，镁是叶绿素的成分之一。

(2)促进代谢　各种必需元素都是树木体内物质代谢所不可缺少的。不同元素参与代谢的方式不同，如氮、磷组成酶，钾、镁、锰等为某些酶的活化剂，矿质盐类是电解质等。任何一种必需元素严重缺乏时，都会在不同程度上破坏代谢，例如，蛋白质合成受阻、光合强度降低等。

(3)影响各种生命活动　如氮促进树木体内蛋白质的合成和原生质的增殖，具有促进生长的作用，特别是促进茎叶生长。磷在能量代谢中起重要作用，能促进呼吸、吸收、运输等生命活动，还能明显促进细胞分裂，对促进根系生长和开花结实有良好作用。钾能促进原生质的保水能力，促进碳水化合物的转化，在增强抗逆性方面有积极作用。

由于矿质元素的重要生理功能，矿质元素的供应情况对林木的生长发育及产量有重要作用。

2. 杨树的需肥特性

(1)杨树是喜肥树种　杨树喜肥，在矿质元素丰富的肥沃土壤上能充分发挥速生特性。杨树又不耐瘠薄，在矿质元素缺乏的瘠薄土壤上，杨树生长不良，甚至成为"小老树"。在各种矿质元素中，杨树生长与土壤含氮量的关系最密切。选取山东砂壤土、砂土上 4~5 年生的欧美杨林分，进行林木生长量和林地土壤养分含量关系的分析，土壤有效氮含量>40mg/kg，年平均树高生长量可达 3m；土壤有效氮含量 20~40mg/kg，年平均树高生长量 2~3m；土壤有效氮含量<20mg/kg，年平均树高生长量1~2m。

（2）杨树用材林产量高，吸收土壤养分多　山东集约经营的杨树丰产林，年平均材积生产量22.5~30m³/(hm²·a)，产量高的可达40m³/(hm²·a)，远高于其他树种用材林的产材量。杨树用材林从土壤中吸收的矿质元素数量，也高于其他树种的人工林。

以长清县西仓庄黄河滩地上行株距4m×3m的7年生欧美杨丰产林为例：林分蓄积量196.35m³/hm²，林分生物量132.453t/hm²；由各器官的生物量和5种主要营养元素含量（表3-6-6），推算出该林分5种主要元素吸收量为2493.92kg/hm²，其中氮553.59kg/hm²、磷213.43kg/hm²、钾740.33kg/hm²、钙849.30kg/hm²、镁137.27kg/hm²。并进一步推算出：每生长1m³带皮干材，需要5种主要营养元素12.70kg，其中氮2.82kg、磷1.09kg、钾3.77kg、钙4.32kg、镁0.70kg（表3-6-7）。根据养分归还学说，为了维护和恢复地力，须向土壤归还杨树吸收的养分。山东杨树林地的成土母质中含有较多的钙、镁、钾，一般可以不考虑补偿或少补偿，而应重点向林地土壤中补偿较缺乏的氮和磷。

表3-6-6　7年生欧美杨林木各器官的养分含量　　　　　　　　　　　　　　　　　　　g/kg

矿质元素	树叶	树枝	树干	树皮	树根
氮	16.8	4.2	1.8	6.0	2.1
磷	3.9	2.4	0.9	2.7	1.3
钾	19.3	7.5	1.6	7.9	6.9
钙	18.7	5.6	1.6	18.3	10.7
镁	3.0	1.2	0.4	2.3	1.2

注：①表中的"树干"为除去树皮的木质部。②分析样品于10月采集。

表3-6-7　7年生欧美杨林分的生物量及5种矿质元素的吸收与分配

器官	生物量(t/hm²)	矿质元素的吸收量（kg/hm²）					
		氮	磷	钾	钙	镁	合计
树叶	15.767	264.89	61.49	304.30	294.84	47.30	972.82
树枝	17.127	71.93	41.10	128.45	95.91	20.55	357.94
树干	73.013	131.42	65.71	116.82	116.82	29.21	459.98
树皮	7.590	45.54	20.49	59.96	138.90	17.46	282.35
树根	18.956	39.81	24.64	130.80	202.83	22.75	420.83
合计	132.453	553.59	213.43	740.33	849.30	137.27	2493.92

注：①该7年生林分平均树高19.0m，平均胸径18.9cm，蓄积量196.35m³/hm²；②树叶的生物量包括往年的叶量。

（3）杨树的主要产品属营养器官　杨树的主要产品为树干的木材，树干属于营养器官。因而它不需要如同果树一样，为调节枝叶与花果的关系而采取肥料调控措施。不论在一年内，还是整个生长周期，杨树都是采取肥、水措施来促进营养生长。

在杨树的不同年龄阶段，其营养生长和需肥特点也有差别，应区别林龄、长势，选用适宜的施肥方法和施肥量。

3. 杨树用材林施肥的必要性

杨树栽培有成片造林和农田林网、"四旁"植树等形式。农田林网的杨树靠近农田，营养条件较好，一般生长良好。而杨树成片造林，多半土壤条件较差。山东人口众多，人均耕地面积少，平原地区的肥沃田地划为基本农田。用于杨树成片造林的土地，多为不甚适于农作物的低产农田，以及河滩地、沙荒地、工矿废弃地。这些林业用地的有机质和矿质元素含量普遍偏低。据王彦、姜岳忠等对山东杨树林地土壤养分状况的调查，山东的杨树林地多为沿河滩地及黄河故道的砂土、砂壤土，局部地带有壤质夹层。土壤有机质含量多为 2~6g/kg，全氮 0.1~0.4g/kg，有效氮 6~33mg/kg，有效磷 0.8~3.8mg/kg，速效钾 50~120mg/kg。除速效钾含量较高外，其他养分含量都偏低。少数杨树林地分布在地势低洼的黏壤土上，土壤养分含量高于砂质土壤，有机质含量多为 7~10g/kg，全氮 0.3~0.6g/kg，有效氮 25~40mg/kg，有效磷 2.0~5.5mg/kg，速效钾 80~150mg/kg。

人工栽培杨树用材林是利用杨树的速生特性，期望获得较高木材产量和经济收益。但山东杨树造林地比较瘠薄的土壤与杨树的喜肥特性不相适应。如果不施肥，杨树成材年限长，木材产量和经济收入低。只有通过施肥，改善杨树对矿质营养的吸收利用，才能达到速生丰产的目标。

杨树用材林从土壤中吸收的矿质元素较多。如果不施肥，林地土壤的矿质元素逐步贫乏，地力下降。培育年限长的杨树用材林以及重茬连作的杨树用材林，地力衰退和杨树生产力的下降更为明显。只有通过合理施肥，才能维护土壤地力，保持和提高杨树用材林的生产力。

合理施肥能显著提高杨树用材林的产量和效益。不同杨树种类、不同土壤以及不同施肥量，施肥的增产效果有所差异。据施肥试验和生产经验，在山东砂壤土、砂土为主的杨树造林地，通过杨树培育期间多年合理施肥，杨树用材林的木材产量可提高 60%~100%；在一些黄泛瘠薄沙地上，多年施肥的杨树用材林可提高木材产量 2~3 倍。由施肥获得的木材增益显著高于施肥的成本，有良好的经济效果。

山东的杨树用材林施肥始于 20 世纪 70 年代，80 年代以后逐步普及。随着杨树栽培由传统的粗放经营转变为集约经营，施肥已成为山东杨树速生丰产用材林的主要栽培技术措施之一。

(二) 杨树常用肥料

1. 有机肥料

有机肥料为天然有机物质经微生物分解发酵而成的一类肥料，是传统的农家肥料，特点为：来源广，数量大，所含养分全面，有效养分含量低，须经微生物分解转化后才能为树木吸收，肥效迟而长，改土培肥效果好。有机肥多作为基肥。

施用有机肥料的主要作用：第一，提供养分。有机肥料的养分全面，包括大量元素、微量元素，以及氨基酸、酰胺、核酸等有机养分和活性物质，有利于保持土壤养分平衡。第二，提高养分有效性。施用有机肥为土壤微生物的生长、繁殖提供能量，可增加有益土壤微生物的数量，提高土壤的酶活性，促进土壤养分的转化和吸收利用。如促使有机氮、磷变为无机态，减少磷的固定，提高有效磷的含量。第三，改良土壤结构。施用有机肥增加了土壤有机质，分解转化为腐殖质。腐殖质胶体促进土壤团粒结构的形成，可降低土壤容重，提高通透性，协调土壤中水、气的矛盾；提高土壤的保肥、保水力，提高土壤缓冲性。第四、培肥地力。施用有机肥可改善土壤的物理、化学和生物特性，改善土壤的肥、水、气、热状况，有效地培肥地力。有机肥改良土壤培肥地力的作用，对砂土、黏土及盐碱土更为重要。杨树对土壤肥力的要求高，比农作物的生长周期长，栽培杨树一定要重视增施有机肥，培肥地力。

有机肥料的缺点：有效养分含量较低，分解较慢，不能及时满足杨树速生丰产的要求。传统有机肥的堆置、使用不够方便，费工较多。因此，在杨树施肥时，应有机肥与化肥配合，相互取长补短，缓急相济；用地与养地配合，充分发挥施肥的效益，并避免杨树用材林地力下降，实现杨树用材林持续丰产。

有机肥料的种类有圈肥、堆肥、绿肥、废弃物肥料等。圈肥为畜禽粪尿、垫栏圈物料和饲料残渣等混合堆积并经微生物作用而成。圈肥富含有机质和各种营养元素，猪粪含氮量0.5%，牛粪含氮量0.3%，鸡粪含氮量1.63%，沤制的圈肥含氮量0.12%~0.58%，还含有丰富的磷、钾及微量元素。施用圈肥有良好的改良土壤、培肥地力效果。堆肥由绿肥、杂草、作物秸秆与泥土、人粪尿、生活垃圾等混合堆置，经微生物分解而成的肥料，富含有机质，改良土壤的效果好。绿肥多由豆科绿肥作物的茎叶沤制而成，或直接向林地中压青。山东常用的绿肥作物有田菁、绿豆、紫穗槐、苕子等。绿肥植物体含氮量为2.27%~3.58%，还含有磷、钾及各种微量元素和丰富的有机质。绿肥作物大多耐干旱、瘠薄，种植绿肥作物可充分利用林间或周围空地。废弃物肥料主要有屠宰场废弃物，餐厨垃圾，酿造厂糟渣，城市污肥等，经沤制分解可成为营养丰富的有机肥料。

2. 化学肥料

用化学方法加工制成的肥料，包括氮肥、磷肥、钾肥、微量元素肥料、复混肥料等。

（1）化学肥料的特点　成分单纯，养分含量高，肥效快而显著；某些化肥有酸碱反应；一般不含有机质，无改土培肥作用。化肥种类多，性质和施用方法差异较大。化肥多作为追肥施用。由于化肥肥效高，便于运输和施用，氮素化肥、磷素化肥等在杨树用材林栽培中普遍应用。

（2）施用化肥的缺点　不能有效增加土壤有机质，缺乏改良土壤、培肥地力的作用。长期大量施用氮素为主的化肥，还会导致土壤微生物数量与活性降低，物质难以分解转化；土壤养分失调，硝酸盐积累；土壤酸化，钙、镁等元素从耕作层淋溶；土壤结构不良，土地肥力下降。所以，杨树施用化肥，还必须与有机肥配合施用。

（3）杨树常用化肥　有尿素、碳酸氢铵、硫酸铵、过磷酸钙等。

尿素：人工合成的尿素含氮≥46%。尿素吸湿性强，易溶于水。尿素在施入土壤后转化前不易被土粒吸附，根系很少吸收尿素分子。尿素施入土壤中在脲酶的催化下水解，夏季肥沃表土脲酶丰富、活性高，3天即可完成尿素的水解过程，成为氨态氮；冬季需7~10天完成水解。水解前的尿素容易随水而流失，水解后又容易发生氨的挥发，施用尿素必须开沟、挖穴，将其埋入土中。施尿素后忌大水漫灌，避开暴雨前施肥，以免尿素流失。

碳酸氢铵：含氮≥17.1%。碳酸氢铵分解后成为氨、水、二氧化碳，长期使用对土壤无不利影响。碳酸氢铵价格低，肥效快；铵离子易被土壤吸收，流失少，利用率高；宜作追肥，深埋使用。碳酸氢铵容易分解出氨，幼林施肥时应避开高温高湿季节或午间，以免造成氨损失及灼伤叶片。开沟施或穴施时，不要距树干过近，肥料不要过于集中，以免伤及树木。

硫酸铵：含氮≥21%。不易吸湿，肥效快而稳定。硫酸铵施入土壤，铵离子被吸收，硫酸根留在土壤中，可使碱性土壤的pH值降低，是一种生理酸性肥料，适于碱性土壤施用。

过磷酸钙：含五氧化二磷14%~18%。呈酸性，易吸湿。施入土壤后，很快形成吸附态或微溶性磷酸盐化合物，当年利用率不高，以后缓慢释放为树木利用。将磷肥作基肥或追肥，集中施在杨树根系分布层次，可以提高肥料利用率。过磷酸钙与有机肥、氮肥混合使用，可以提高氮肥与磷肥的利用率。

复混肥料：为含有两种或多种矿质营养元素的化学肥料。其中，通过化学反应过程形成的化合物称为复合肥。复混肥料含养分较全面，养分含量较高，使用方便。不同复混肥料的营养成分含量和比例不同，若杨树使用复混肥料，应选用所含营养成分以氮为主、以磷为辅的复混肥。针对杨树营养状况和土壤特点，经过长期定点试验，可配制适宜营养成分与比例的杨树专用肥料。但同一种杨树专用肥料很难适于多种土壤及不同长势杨树的需要。

3. 其他新型肥料

近年来，还研制开发了一些新型肥料。含腐殖酸的肥料为有机无机复合肥料，可兼具有机肥和无机肥的优点。菌肥有自生固氮菌菌剂、磷细菌菌剂、硅酸盐细菌菌剂等。自生固氮菌菌剂有固定空气中氮素的作用。磷细菌菌剂有分解土壤中磷的作用。硅酸盐细菌菌剂有分解土壤中钾的作用。菌肥与有机肥、化肥配合使用，可改善施肥的效果。

(三)杨树施肥试验

为了指导杨树施肥，科技人员在山东各地进行了一些杨树施肥试验，研究杨树施肥对改善土壤营养状况，提高土壤肥力，促进杨树生长的作用；研究不同肥料的合理用量、配比及施肥方法。试验结果为杨树合理施肥提供了依据。

1. 施用化学肥料试验

在山东不同土壤条件进行杨树用材林施用化肥试验。王彦、李琪等(1992)在长清县黄河滩区西仓庄砂壤质潮土上进行欧美杨用材林施用氮、磷、钾化肥试验，施用氮肥能提高叶片中的氮素含量和叶绿素含量，显著促进林木生长；氮肥和磷肥配合施用有较好的效果；而施用钾肥没有表现出促进生长的效果(表3-6-8)。

表 3-6-8　西仓庄 3 年生欧美杨林分追施氮、磷、钾化肥试验

施肥处理	林木生长量			叶片养分含量（g/kg）			叶绿素含量（mg/dm²）
	平均胸径（cm）	平均树高（m）	平均单株材积（m³）	氮	磷	钾	
N	9.06	9.48	0.041	32.7	2.7	28.0	5.33
N+P	9.29	9.57	0.044	28.4	3.0	28.4	5.42
N+K	8.47	8.89	0.035	29.9	2.8	33.0	5.38
N+P+K	9.36	9.77	0.045	29.3	3.0	32.7	5.51
不施肥（ck）	6.96	8.06	0.022	18.5	2.6	10.2	4.58

注：N，尿素（N 46%）200g/株；P，过磷酸钙（P_2O_5≥14%）300g/株；K，硫酸钾（K_2O 50%）100g/株。

在长清县砂壤质潮土上对欧美杨用材林进行氮肥不同用量试验：2 年生幼林施尿素 150kg/hm²，材积生长量增加 21%；施尿素 300kg/hm²，材积生长量增加 25%；施尿素 450～600kg/hm²，材积生长量不再增加。5 年生欧美杨用材林施尿素 150kg/hm²，材积生长量增加 15%；施尿素 300kg/hm²，材积生长量增加 26%；再增加尿素用量，生长量不再继续增加（表 3-6-9）。

表 3-6-9　西仓庄 5 年生欧美杨用材林氮肥用量试验

施肥处理	林木生长量			
	平均胸径（cm）	平均树高（m）	平均单株材积（m³）	材积比值（%）
PK+N_1	15.4	15.9	0.1147	114.9
PK+N_2	15.9	16.0	0.1258	126.1
PK+N_3	15.8	15.9	0.1239	124.1
PK+N_4	15.9	15.8	0.1239	124.1
PK	14.9	15.6	0.1039	104.1
不施肥（ck）	14.7	14.8	0.0998	100.0

注：P，过磷酸钙（P_2O_5≥14%）525kg/hm²；K，硫酸钾（K_2O 50%）150kg/hm²；N_1，尿素（N 46%）150kg/hm²；N_2，尿素 300kg/hm²；N_3，尿素 450kg/hm²；N_4，尿素 600kg/hm²。

在莒县砂壤质河潮土进行 I-69 杨用材林施用氮、磷、钾化肥试验，追施氮肥效果显著，磷钾肥效果不显著。在长清县含磷偏低的褐土上进行欧美杨幼林施肥试验，单独施氮肥的增产效果不显著，而磷肥的效果显著；氮、磷、钾肥配合施用，胸径生长量增加 20% 左右。

王彦、许景伟等（1994）在单县黄泛砂质潮土上进行杨树用材林施用氮、磷、钾肥试验，2 年生 I-69 杨用材林施用尿素 112.5～450kg/hm² 的不同用量。以尿素 112.5～225kg/hm² 的用量较为经济有效，胸径生长量增加 18% 左右，树高生长量增加 15% 左右。施用磷肥和钾肥而不使用氮肥，幼林生长量无明显增加；磷肥和氮肥配合，磷肥有增产效果；钾肥和氮肥配合，钾肥没有增产效果。

中国林业科学研究院刘寿坡等（1992）在茌平县黏壤质潮土对 I-214 杨进行施用氮、磷、钾肥和绿肥试验，各施肥小区平均值与对照比较，胸径增加 27%，树高增加 15%，材积增加

78%。氮肥、磷肥、钾肥及绿肥对林木生长的影响，氮肥是主要的；按肥效大小的顺序是氮肥>绿肥>磷肥>钾肥，氮、磷、钾肥的交互作用更有利于杨树生长。4种肥料的最佳配合是每株杨树施氮肥150g、五氧化二磷150g、氯化钾50g以及绿肥压青10kg。施肥时期应从幼林开始，以林木栽植后第二、三年的施肥效果显著。

邢尚军等（2015）在济南市章丘区砂质潮土上对3年生107号杨林分作施用氮素和磷素化肥不同用量与配比的试验，尿素（N≥46.4%）用量每株150g、300g、450g，过磷酸钙（P_2O_5≥14%）用量每株100g、200g、300g，共8种组合处理。施肥2年后，每年每株施用尿素300g、过磷酸钙100g为最佳的施肥配方，较不施肥（对照）增产36.3%；其他氮肥与磷肥的配比处理，增产13.2%~31.0%。在济阳县黏质潮土进行氮素与磷素化肥用量配比试验，施肥两年后，以每株施尿素（N≥46.4%）300g、过磷酸钙（P_2O_5≥14%）200g为较佳施肥配方，较不施肥增产13.4%。

姜岳忠、王彦等（1999）在不同土壤类型的林地上进行毛白杨幼林施用氮、磷、钾肥及有机肥试验。在黄河故道风沙土上，施用氮、磷、钾肥和有机肥均有增产效果，以氮肥与磷肥配合和氮肥与有机肥配合效果最好，4年生毛白杨幼林的材积生长量提高22%~40%。在黄河滩区的砂壤质潮土上，以磷肥或圈肥为基肥，再追施氮肥，4年生毛白杨林的材积生长量可提高70%以上；每年追施尿素125~500g/株的4种氮肥用量，林木生长量差异不显著。在氮、磷、钾含量均较高的重壤质潮褐土上追施氮、磷、钾素化肥，有增产效果，但不显著。在土壤养分含量较高、黏重紧实的砂姜黑土上，追施氮、磷、钾素化肥对毛白杨林均未表现出增产效果。表明毛白杨用材林施肥应主要在养分含量较低的砂质、砂壤质土壤上，以氮肥与磷肥配合或氮肥与有机肥配合效果最好，氮肥用量不宜过高。

刘寿坡等在冠县黄河故道砂质壤土上进行毛白杨林施肥试验，结果表明：氮肥对毛白杨生长有明显促进作用，磷肥作用不明显，钾肥有一定的影响。肥料的最佳配方为每株施尿素460g、过磷酸钙75g、硫酸钾75g，表明施用较大剂量的氮肥并配以少量均等的磷肥和钾肥效果较为理想。施肥宜在毛白杨生长高峰前进行，即4~5月施肥效果较好。利用良好的墒情或施肥后及时灌水，对杨树生长更为有利。

2. 有机肥与无机肥配施

近年来，山东也有一些杨树施用有机肥的研究。邢尚军等（2015）选择几种有代表性的有机肥作施肥试验，研究它们对土壤养分、土壤有机质、土壤微生物的影响，以及对杨树生长的影响。试验设在济南市北郊林场，土壤类型为潮土，在3年生的107号杨林分中进行。供试有机肥为：味精企业废渣的有机肥、牛粪发酵的有机肥、造纸废渣的有机肥、褐煤腐殖酸肥料。根据各种有机肥料的有机质与N、P、K含量，按腐殖酸1kg/株为标准，相同有机质下，用无机肥调节各种肥料到等N（103.00g/kg），等P_2O_5（18.90g/kg），等K_2O（3.97g/kg），以等量N、P、K含量的化肥为对照。2009年5月施肥，当年10月进行杨树生长量测定，2010年10月进行土壤测定。试验表明：与单纯施用化肥相比，施用有机肥能提高杨树对土壤养分的吸收，提高杨树的生长量，还能提高养分的有效性和土壤持续为杨树供应养分的能力。施用有机肥改变了林地土壤的胡敏酸与富里酸比值,提高了土壤腐殖质的活性,有利于土壤中腐殖化过程,施用有机肥可显著增加土壤微生物数量和酶活性,能较好地培肥土壤(表 3-6-10、表 3-6-11)。

表 3-6-10　施用不同有机肥对土壤有机质含量和土壤微生物数量的影响

施肥处理	土壤有机质(g/kg)				土壤微生物(10^4 个/g 干土)		
	有机碳	胡敏酸碳	富里酸碳	胡敏酸/富里酸	细菌	放线菌	真菌
A	3.88	3.13	3.26	0.960	11.392	8.227	3.010
B	3.01	3.02	3.27	0.925	11.726	8.881	2.015
C	3.93	3.08	3.29	0.937	7.696	9.485	2.710
D	3.70	2.94	3.18	0.924	10.150	7.350	0.980
E(ck)	2.24	2.89	3.13	0.922	6.820	7.186	0.837

处理 A：每株杨树施味精企业废渣所造有机肥 1.36kg、$NH_4H_2PO_4$ 11.95g、KCl 4.73g；
处理 B：每株施纯牛粪发酵的有机肥 1.73kg、尿素 168.43g、KCl 0.34g；
处理 C：每株施造纸废渣所造有机肥 0.88kg、尿素 172.20g、$NH_4H_2PO_4$ 5.37g；
处理 D：每株施褐煤腐殖酸肥料 1.00kg、尿素 199.82g、$NH_4H_2PO_4$ 22.70g、KCl 4.71g；
处理 E(ck)：每株施尿素 233.71g、$NH_4H_2PO_4$ 45.01g、KCl 6.62g；
经无机肥调节,5 种处理的氮、磷、钾含量相等(N,103.00g/kg；P_2O_5,18.90g/kg；K_2O,3.97g/kg)。

表 3-6-11　施用不同有机肥对杨树生长的影响

施肥处理	胸径(cm)				树高(m)			
	5月	10月	增量	增长率(%)	5月	10月	增量	增长率(%)
A	6.45	7.17	0.72	11.16	7.91	9.01	1.10	13.91
B	7.26	7.90	0.64	8.82	8.57	10.00	1.43	16.69
C	7.96	8.69	0.73	9.17	8.92	10.00	1.08	12.11
D	7.04	7.68	0.64	9.09	8.34	9.48	1.14	13.67
E(ck)	7.70	8.31	0.61	7.92	8.66	9.54	0.88	10.16

井大炜等(2013)进行了杨树盆栽扦插苗用鸡粪与尿素配施试验,除不施肥(对照)处理外,其余 4 个处理为：尿素 7.72g(占氮素的 100%),鸡粪 37.54g(占氮素的 10%)和尿素 6.95g(占氮素的 90%),鸡粪 112.62g(占氮素的 30%)和尿素 5.40g(占氮素的 70%),鸡粪 187.70g(占氮素的 50%)和尿素 3.86g(占氮素的 50%)；除不施肥(对照)外,各处理均为等养分量,N、P、K 含量均为 N3.55g、P1.94g、K3.94g,各处理磷、钾不足部分,分别用含磷、钾的化肥补足。施肥后,研究了鸡粪与尿素配施对土壤特性和杨树扦插苗生长的影响。研究结果表明：同全部氮素由尿素化肥提供相比,以鸡粪供氮 30%和尿素供氮 70%的处理施肥效果最好,能显著提高根际土壤酶活性,提高有机碳含量和质量,增加土壤微生物数量,提高土壤养分含量,明显改善杨树苗木根际区域的生态环境；有利于杨树苗木根系的生长,提高根系活力、总吸收面积和活跃吸收面积。同全部施用化肥的处理相比,鸡粪供氮 30%和尿素供氮 70%的处理,增加了杨树苗木对氮、磷、钾养分的吸收量,提高氮素利用率；改善了杨树苗木叶片的光合特性,增加了杨树苗木根、茎、叶干物质的积累量,可提高苗木生物量 27%(表 3-6-12、表 3-6-13)。

表 3-6-12　鸡粪与尿素配施对杨树苗木根际土壤的影响

施肥处理	根际土壤腐殖质组成						根际土壤养分含量		
	胡敏素碳 (g/kg)	腐殖酸碳 (g/kg)	胡敏素碳/腐殖酸碳	胡敏酸碳 (g/kg)	富里酸碳 (g/kg)	胡敏酸碳/富里酸碳	碱解氮 (mg/kg)	速效磷 (mg/kg)	速效钾 (mg/kg)
N_{100}	9.71	3.69	2.63	1.65	2.04	0.81	46.64	35.84	583.49
$M_{10}N_{90}$	9.91	3.88	2.55	1.76	2.12	0.83	54.69	42.72	646.57
$M_{30}N_{70}$	9.69	4.62	2.10	2.25	2.37	0.95	67.83	48.36	682.12
$M_{50}N_{50}$	10.75	4.63	2.32	2.15	2.48	0.87	58.02	40.91	621.98
不施肥(ck)	8.81	2.81	3.14	1.21	1.60	0.76	39.17	28.15	522.63

注：施肥处理 N_{100} 尿素占氮素的100%，$M_{10}N_{90}$ 鸡粪占氮素的10%、尿素占氮素的90%，$M_{30}N_{70}$ 鸡粪占氮素的30%、尿素占氮素的70%，$M_{50}N_{50}$ 鸡粪占氮素的50%、尿素占氮素的50%。

表 3-6-13　鸡粪与尿素配施对杨树苗木的养分吸收和干物质量的影响

施肥处理	干物质量(g/株)				养分含量(g/kg)			养分吸收量(g/株)			氮素利用率(%)
	根	茎	叶	合计	氮	磷	钾	氮	磷	钾	
N_{100}	16.59	92.68	34.59	143.86	11.74	3.58	6.94	1.69	0.51	1.00	39.98
$M_{10}N_{90}$	20.94	105.43	39.16	165.53	12.03	3.96	7.87	1.99	0.65	1.30	48.51
$M_{30}N_{70}$	22.63	114.85	45.02	182.50	13.41	4.66	9.02	2.45	0.85	1.65	61.38
$M_{50}N_{50}$	20.07	103.16	40.64	163.87	12.42	4.23	7.97	2.04	0.69	1.31	49.77
不施肥(ck)	8.17	15.33	9.67	33.17	8.11	2.90	6.34	0.27	0.10	0.21	—

3. 绿肥压青

绿肥作物的茎叶中含有多种营养元素和丰富的有机质，绿肥作物翻压后可增加土壤中各种营养成分，促进团粒结构的形成，提高土壤肥力。

莒县在砂壤质河潮土的2年生杨树幼林内间种苕子压青，每亩可产3760kg鲜草；苕子压青以前，土壤养分含量为：有机质4.8g/kg、速效氮21.3mg/kg、速效磷2.3mg/kg、速效钾55.2mg/kg；苕子压青一年后，土壤养分含量有较明显的提高：有机质6.0g/kg、速效氮32.9mg/kg、速效磷3.5mg/kg、速效钾92.6mg/kg。苕子压青后土壤容重降低0.09g/cm³，土壤孔隙度增加3.4%。平邑县在河滩沙地上对2年生杨树幼林埋压苕子鲜草，每株5kg，压青林木平均树高7.3m、胸径8.7cm、冠幅3.2m，不压青林木平均树高6.5m、胸径7.1cm、冠幅2.9m。

单县大沙河林场在固定风沙土上的2年生I-69杨幼林间种绿豆，采摘一次豆荚后压青，鲜草产量1500kg/hm²。连续压青3年后，土壤养分和叶片养分含量都有提高，树高、胸径生长量也有提高(表3-6-14)。在瘠薄沙地上间种绿豆压青，有改良土壤和促进杨树生长的作用；但绿豆产草量偏低，只靠绿豆压青促进杨树生长的作用不够显著。而在绿豆压青的林地内又配施了氮素和磷素化肥，叶片养分含量和林木生长量均有明显提高。

表 3-6-14　大沙河林场固定风沙土上 I-69 杨幼林间种绿豆压青试验

试验处理	土壤养分含量					叶片养分含量(g/kg)			林木年均生长量	
	有机质(g/kg)	全氮(g/kg)	速效氮(mg/kg)	速效磷(mg/kg)	速效钾(mg/kg)	氮	磷	钾	树高(m)	胸径(cm)
间种绿豆压青 3 年	3.9	0.39	21.3	0.5	41	18.7	1.4	7.6	1.31	1.6
不间种(ck)	1.9	0.31	19.1	0.5	45	17.9	1.3	7.6	0.69	1.3

(四)杨树用材林施肥技术

农业施肥研究已有较长的历史，提出了施肥的原则，即养分归还学说、最小养分率和报酬递减率；总结了测土施肥、配方施肥与平衡营养、增施有机肥改良土壤、改进施肥方法等先进施肥技术。这些农业施肥的原则和技术也为集约经营的杨树用材林施肥提供了借鉴。杨树用材林施肥的历史较短，也有了不少研究资料和生产技术经验。杨树施肥的效果与林地土壤、气候等环境条件，杨树的种类、林龄及树木生长发育状况，肥料的种类及性状，以及灌溉、耕作等栽培措施都有关系，全面了解和分析这些条件，是林木施肥的重要依据。杨树用材林的施肥技术包括林地土壤分析，林木营养诊断，施用肥料的种类、数量及配比，施肥时期，施肥方法等。

1. 杨树施肥的土壤条件

杨树施肥的效果与林地土壤养分含量有密切关系，某种营养元素在林地土壤中越缺乏，施肥效果越明显。山东不同土壤类型的杨树林地，各种养分含量有所差别；较普遍地缺乏有机质和氮、磷，少部分林地缺钾。鲁西北一些土壤含盐量和 pH 偏高的地段，除含氮量偏低外，磷及部分微量元素的有效性低。根据山东杨树林地土壤养分含量和施肥试验结果，按杨树用材林生长情况和施肥效果的显著程度，划分山东杨树林地土壤养分含量等级，作为合理施肥的参考。土壤肥力中等以下的杨树用材林地均应施肥，连作的杨树用材林更要重视施肥（表 3-6-15）。

表 3-6-15　山东杨树林地土壤养分含量等级参考指标

施肥效果	有机质(g/kg)	有效氮(mg/kg)	有效磷(mg/kg)	速效钾(mg/kg)
较明显	> 10	> 50	> 10	> 100
明显	5~10	20~50	3~10	50~100
很明显	< 5	< 20	< 3	< 50

土壤质地对杨树施肥也有影响。砂质土壤通气良好，有机质易分解，但保肥力差，表层土壤易干燥，根系分布较深。因此，沙地应多施有机肥，追施速效化肥要分次施用，并适当深施。黏土透气性差，保肥力强，可适当减少施肥次数，增加每次用量，施肥可浅一些。

土壤水分状况对施肥效果影响很大。湿润的土壤有利于对矿质元素的吸收，提高肥料利用率。在较干旱季节对杨树施肥，要结合灌溉和降雨进行。土壤水分过多也不利于养分的吸收，在排水不良的土壤上，根系活动受到抑制，一些速效性养分变成还原状态。若灌水量过多或遭遇暴雨，会造成氮素等速效养分的流失。

2. 杨树的营养诊断

杨树树体营养状况是施肥的主要依据。杨树的生长状况包括生长量、长势长相都与营养状况有关。当矿质营养缺乏时，树高、直径生长量明显降低，梢部节间长度减少，叶色浅、不转浓绿，秋季叶片提早衰老脱落等，都提示应该施肥。

杨树缺乏不同矿质元素时，可表现相应的症状。氮是氨基酸、蛋白质、酶、叶绿素等重要有机物的一个组成元素，缺氮时首先出现的症状是老叶发生均一的缺绿现象，另一个明显症状是生长量减小。与其他任何元素相比，缺氮对杨树生长的抑制最为严重。磷是磷酯、核苷酸和核酸的组成成分，并参与一些重要的生理代谢活动。缺磷时，叶子呈暗灰绿色、缺乏光泽，树体生长也受到抑制。钾在树木生理代谢中主要起调节或催化作用，缺钾会使碳水化合物的代谢受到干扰，碳水化合物含量下降，影响杨树生长。缺镁的症状表现为叶绿素含量低，严重时叶片黄化。碱性土壤易发生缺铁，叶片呈淡黄色，枝条生长不良。

杨树某些组织中的养分浓度和树木生长呈相关性，分析植物组织中各种营养元素的含量和比例，可了解杨树营养的盈亏程度。杨树组织分析一般都采用树叶分析，常称叶分析。通过对不同生长状况的杨树林分和施肥试验林的叶片营养元素进行化验分析，以8月树冠中部南向叶片为组织分析材料，欧美杨和美洲黑杨达到营养元素亏缺时的叶片主要养分含量为N：20g/kg、P：1.5g/kg、K：10g/kg，可作为施肥的参考指标。

3. 不同年龄阶段的杨树用材林施肥

（1）栽植当年的杨树施肥　杨树造林时，要施足基肥。基肥以有机肥料为主，最好是经过沤制已腐熟的圈肥，也可用经过堆置腐熟的堆肥或其他有机肥料，用量12~15t/hm²，每株树约20~30kg。在有机肥中掺入过磷酸钙，用量250~350kg/hm²，每株树0.5kg左右。将有机肥、过磷酸钙和熟土掺和后，回填至挖好的植树穴中，深度以30~60cm为宜。

新栽植的幼林，处于恢复生长期。4月即可开始根系和梢叶的生长，最初是利用自身的储藏营养，有了新根和叶片之后，就吸收利用栽植穴的矿质营养并进行光合作用。在良好的肥水条件下，新栽幼林可以尽快恢复生长，增加根系长度和发枝量。欧美杨和美洲黑杨速生品种栽植当年根长达3m以上，抽枝长1.5m以上，主干顶梢生长量2m以上。促使新栽幼树尽快恢复生长，可为杨树用材林的速生丰产打好基础。所以新栽幼树不仅要在栽培穴内施基肥，还要在根系已得到恢复，根系和梢叶加快生长的时期追肥。

林地土壤质地为壤土，栽植当年的杨树可追肥2次。第一次追肥时间可在新梢明显生长之初，一般在5月中旬，每株追施尿素120g左右。第二次追肥在7月上旬或中旬，每株再追施尿素120g左右。若造林密度为500株/hm²，全年追肥量为尿素120kg/hm²，折合纯氮55kg/hm²。

林地土壤质地为砂土，适当增加追肥次数，减少每次追肥用量。可于5月中旬、6月中旬、7月中旬各追肥1次，每次每株施尿素100g左右。若造林密度为500株/hm²，全年追肥量为尿素150kg/hm²，折合纯氮69kg/hm²。

第一次追肥时，距树干50cm左右开环状沟，深10cm左右，将尿素均匀撒入，埋土覆盖。第二、三次追肥时，环状沟与树干的距离较前次追肥外扩 20cm 左右。追施化肥时，防止距树干过近、开沟过短、施肥过于集中，以免灼伤幼树。

(2) 杨树幼林施肥 2~4 年生的杨树幼林，根系、枝叶进入快速增长期，也是树高和胸径连年生长量最大的时期。例如行株距 6m×4m 的 4 年生 I-69 杨林分，平均冠幅 5.5m，郁闭度可达 0.9，叶面积系数 5.8，树高达 14m。这一阶段是杨树用材林丰产栽培的一个关键时期，适时足量的肥水供应，可以促进形成良好的根系和树冠，扩大光合面积，改善光合性能，增加光合产物，获得更大的树高、胸径生长量，并为加快材积生长打好基础。

壤质土林地追肥可一年 2 次，第一次在 4 月上旬至中旬梢叶形成期，每株追施尿素 150~200g 或碳酸氢铵 400~540g。第二次在 7 月上旬夏季旺长期，每株施尿素 150~200g。密度为 500 株/hm² 的林分，全年用尿素 150~200kg/hm²，折合纯氮 69~92kg/hm²。

砂质土林地追肥可一年 3 次，第一次在 4 月上旬至中旬梢叶形成期，第二次在 5 月中下旬，第三次在 7 月中旬，每次每株施尿素 150g（或碳酸氢铵 400g）左右。密度为 500 株/hm² 的林分，全年施用尿素 225kg/hm² 左右，折合纯氮 104kg/hm²。土壤缺磷的林地，可在第一次追肥时配施过磷酸钙，每株 100~150g。幼林施肥方法宜多点穴施，在距树 60cm 以外树冠范围内散布挖穴，每穴间距不小于 50cm，将化肥均匀撒入穴中，覆土盖严。施肥后灌溉或于雨后施肥，有利于肥料的转化和林木对矿质养分的吸收。但要防止追肥后大水漫灌或遇暴雨，以免肥料淋溶流失。

杨树幼林多实行农林间作，每年收获作物后耕翻林地，将落叶、杂草、粉碎后的秸秆埋入土中。秸秆、杂草含有丰富的有机质和多种矿物质成分，如豆秸含氮 1.3%，杂草含氮 2%。在瘠薄沙地或栽植前施基肥不足的林地，可在秋后耕翻林地时施入圈肥、堆肥等有机肥，在有机肥中添加过磷酸钙。

(3) 杨树中龄林施肥 5~6 年生以上的杨树中龄林分，已经有了健全的根系和树冠，是杨树用材林光合面积大，光合产物多，材积生长量高的阶段。这一时期要每年进行适量施肥、灌溉，稳定杨树林分的群体叶面积，提高光合效能，保持杨树林分的长势，延长材积连年生长量和平均生长量继续增长的年限，获得更高的木材产量。年内的肥水管理时间适当后移，延迟秋季的叶片衰老，增加光合产物的生产与积累。

5~6 年生以上的林木，每年可追肥 2 次，第一次在 4 月中旬至下旬，第 2 次在 7 月上旬至中旬，每次追肥量尿素 100kg/hm² 左右，全年施肥量为尿素 200kg/hm² 左右，折合纯氮 92kg/hm² 左右。追肥方法以林木行间机械或人工开沟，条状沟施较方便。开沟应在树干 1m 以外，各年开沟交换位置相距 30cm 以上，沟深 15~20cm，施肥后覆土盖严。

有机肥含有丰富的有机质和较全面的矿质营养，可改良土壤结构，维护和改善林地土壤肥力。对于培育年限长的杨树用材林或连作的杨树用材林，更要重视有机肥的使用。每年夏季林地中耕除草时，结合将绿肥、杂草埋入土中。杨树从土壤中吸收的矿物质元素，大约 40% 在树叶中。每年秋后耕翻林地时，先把杨树落叶埋入土中；再结合耕翻林地，隔年施入一次圈肥或堆肥等有机肥，用量 15~20t/hm²，并掺入过磷酸钙 200~300kg/hm²。

三、中耕松土

(一)中耕松土的作用

中耕松土是杨树用材林土壤管理的一项重要技术措施,具有疏松林地表层土壤,减少土壤水分蒸发,改善土壤通气性、保水性和透水性,促进土壤微生物活动,加快有机物分解转化,提高土壤养分有效性等作用。中耕常结合除草,减少杂草对土壤水分、养分的竞争。不同土壤中耕松土的作用有所差异,如较干旱地区的沙地松土主要为了保墒;涝洼地松土主要为了增强土壤通气性、透水性,提高低温;盐碱地松土可减轻地表返盐。

杨树根系的呼吸作用强,需要较多氧气,土壤通气性是杨树根系生活的必要条件。保持表层土壤疏松,使土壤有良好的气体交换,对于杨树根系的生命活动有重要作用。

通过中耕松土,改善杨树根系的生活环境,增强根系的吸收功能,能促进杨树生长。经试验和生产经验证实,杨树用材林中耕松土具有显著的增产作用,对于土壤黏重及地表板结的林地效果更为明显。

(二)中耕松土的时期与方法

不同立地条件、不同年龄的杨树用材林,对中耕松土有不同要求。杨树幼龄林每年生长季节应中耕松土2~3次,一般结合除草或在灌溉后进行。实行农林间作时,中耕松土与农作物的管理结合进行,间作行和杨树株间都要松土除草。松土深度5~10cm,砂土宜较浅,黏土宜较深,湿土宜较浅,干土宜较深。每年秋冬季间作作物收获以后以及杨树落叶后,机械耕翻一次,将作物残根和杨树落叶翻至地下,增加土壤的有机物质。冬前耕翻可以增加雨雪的积蓄,增强土壤的冻融风化作用,清除部分病叶和在杂草落叶中的虫蛹,减轻来年的杨树病虫危害。

杨树中龄林已停止农林间作,每年应继续对林地中耕松土,防止表层土壤板结,直至采伐之前。可于每年夏季机械中耕1~2次,初冬结合掩埋落叶耕翻1次。

中耕松土时,可能损伤杨树的部分侧根。如果中耕距树干过近、过深,损伤过多的粗根,对杨树生长会有不利影响。杨树根量大,恢复生长快,若中耕距树干稍远,深度适当,被伤断的杨树侧根会迅速发出大量细根和须根,有利于杨树生长。

四、地面覆盖

(一)地膜覆盖

地膜覆盖栽培技术在农业上广泛应用,经济林栽培和林木育苗中也经常应用。在杨树用材林栽培中,地膜覆盖也有改善林地土壤生态环境和促进杨树生长的良好作用。

1. 覆盖地膜对土壤生态环境的影响

(1)增温作用　春季低温期,太阳光透过地膜射到地面,光能转化为热能。由于地膜的不透气性,阻隔了地面热辐射的向外扩散,保蓄了热能,而使地温升高。春季覆盖地膜有明显的增温作用,据井大炜等(2014)在济南市北郊林场107号杨林下试验,3月11日覆盖白色地膜,4月测量土壤温度,覆膜处理的0~10cm土层地温比不覆膜处理的地温高3.0~3.5℃,试验结果见表3-6-16。

表 3-6-16 107 号杨幼林覆膜对地温的影响　　　　　　　　　　　　　　　℃

土层深度 （cm）	4月2日		4月16日		4月30日	
	不覆膜（ck）	覆盖地膜	不覆膜（ck）	覆盖地膜	不覆膜（ck）	覆盖地膜
0~5	11.9	16.2	13.5	17.5	16.1	19.6
5~10	11.5	15.2	12.6	16.1	15.4	18.3
10~15	10.9	14.1	12.3	15.3	15.2	17.8
15~20	10.9	14.1	12.3	15.3	15.2	17.7

（2）保湿作用　由于地膜的不透气性，阻隔了土壤水分与大气层的交换，限制水分只在地膜下循环，减少了土壤蒸发量，使更多水分保蓄在土壤中，并使土壤湿度较为稳定。107号杨林下3月11日覆盖白色地膜，4月测量土壤含水量。覆膜处理的0~20cm土层土壤含水量显著高于不覆膜（对照）处理的土壤含水量；随土层的加深，覆膜与对照的土壤含水量差别缩小（表3-6-17）。

表 3-6-17 107 号杨幼林覆膜对土壤含水量的影响　　　　　　　　　　　　　　　%

土层深度 （cm）	4月2日		4月16日		4月30日	
	不覆膜（ck）	覆盖地膜	不覆膜（ck）	覆盖地膜	不覆膜（ck）	覆盖地膜
0~20	21.35	22.09	20.28	22.87	19.09	23.65
20~40	22.16	22.35	20.05	21.76	19.73	23.02
40~60	19.27	19.56	18.62	18.93	18.84	19.08

（3）保持土壤疏松　地膜覆盖后，灌水和雨水由侧方渗透到膜下，可以减少因灌溉或雨水而形成的土壤板结，增加土壤孔隙度，降低土壤容重，增加土壤的稳性团粒，保持土壤疏松，改善土壤的通气状况，并使土壤的水、气、热状况得到协调（表3-6-18）。

表 3-6-18 107 号杨幼林覆膜对土壤容重和孔隙度的影响

土层深度 （cm）	处理	容重 （g/cm³）	非毛管孔隙度 （%）	毛管孔隙度 （%）	总孔隙度 （%）
0~20	不覆膜（ck）	1.36	9.69	38.99	48.68
	覆盖地膜	1.15	15.53	41.08	56.60
20~40	不覆膜（ck）	1.43	7.70	38.34	46.04
	覆盖地膜	1.41	8.14	38.65	46.79

（4）促进土壤养分的转化和杨树对养分的吸收　覆盖地膜后，由于土壤水、气、热状况的改善，增加了土壤微生物的数量。北郊林场107号杨幼林覆膜2年后，覆盖地膜与不覆膜（对照）相比，0~20cm土层的细菌数量增加44.9%，真菌数量增加42.6%。覆膜还增加了土壤过氧化氢酶、蔗糖酶和多酚氧化酶等土壤酶的活性。覆膜后，土壤的水、气、热条件改善和土壤微生物增加及土壤酶活性的提高，促进了土壤有机质和矿质元素的分解与释放，提高了杨树对土壤养分的利用率，增加了杨树根系、枝条、叶片的养分含量。北郊林场107号杨

林分覆膜2年后,于10月采集植株样品化验,覆膜处理与不覆膜相比,根系的含氮量提高20.19%,含磷量提高22.46%;叶片的含氮量提高27.35%,含磷量提高16.31%(表3-6-19)。

表3-6-19　覆膜对107号杨根、枝、叶养分含量的影响　　　　　　　　　　　　g/kg

处理	根			枝			叶		
	氮	磷	钾	氮	磷	钾	氮	磷	钾
不覆膜(ck)	8.42	2.36	2.02	4.08	1.63	1.59	16.38	3.74	3.59
覆盖地膜	10.12	2.89	2.06	4.91	1.98	1.61	20.86	4.35	3.67

覆盖地膜后,加快了土壤有机质分解和矿质养分的释放,就需要向土壤补充肥料。若肥料补充少,就会使土壤养分含量下降。北郊林场107号杨林下覆膜2年后,土壤碱解氮含量增加了17.95%,而有机质、全氮、速效磷含量分别降低了14.42%、18.46%、12.74%。表明在覆盖地膜时需要增施肥料。

(5)减轻土壤返盐　在盐碱地上,覆盖地膜改善了土壤物理性状,减少了土壤水分蒸发,可起到减轻土壤返盐的作用。覆盖地膜区的表层土壤含盐量比不覆膜区一般低10%~15%,土壤pH也有下降。

(6)抑制杂草　晴天高温时,白色地膜下可出现50℃的高温,能抑制杂草的滋生。

2. 覆盖地膜对杨树生长的影响

覆盖地膜最明显的效应是增温、保湿。在春季,覆膜能提早根系的活动;在深秋,覆膜能延迟根系的活动。特别对新栽植的杨树幼树,覆膜能促进春季生根和发芽,提高成活率和生长量。

覆盖地膜改善了林地土壤的物理化学性状,增加了杨树对土壤水分、养分的吸收利用,因而促进杨树生长。北郊林场107号杨林分覆盖地膜2年后,树高、胸径和材积都比不覆膜处理有明显增加(表3-6-20)。

表3-6-20　覆膜对107号杨林分胸径、树高和材积的影响

处理	胸径(cm)		树高(m)		单株材积(m³)	
	2011年4月	2012年11月	2011年4月	2012年11月	2011年4月	2012年11月
不覆膜(ck)	9.21	12.48	10.29	13.75	0.0288	0.0706
覆盖地膜	9.27	13.57	10.33	14.84	0.0293	0.0901

3. 杨树用材林覆盖地膜技术

(1)适于地膜覆盖的杨树林分　在各种立地条件营造的杨树用材林,覆盖地膜都有改善环境、促进杨树生长的作用。在较干旱的丘陵沟谷杨树造林地,鲁西北平原的轻度盐碱地,覆盖地膜的增温、保湿以及减轻土壤返盐等作用就更为显著。

对于不同年龄阶段的杨树用材林,地膜覆盖更适于幼龄林。特别是对新栽植的幼树覆盖地膜,具有良好的改善小环境、提高造林成活率及促进幼树生长的作用。

(2)选用地膜　农林业生产中常用的地膜是白色聚乙烯薄膜,透光性好,增温幅度大。目前也有多种有色地膜,依其对光谱吸收和反射的性能不同,对地温变化、杂草、病虫害等

可产生不同的作用，适于某些农作物的需要。井大炜等(2014)在107号杨林下进行了覆盖白色膜和黑色膜的对比试验，在增温、疏松土壤、增加杨树对养分的吸收和促进杨树生长等方面，覆盖白色膜的效果明显优于覆盖黑色膜。白色地膜的厚度0.015~0.020mm；地膜的幅宽有多种规格，可按覆盖的需要选择适宜幅宽的地膜。

(3) 覆盖方法　栽植当年的幼树，于早春用地膜覆盖树盘，地膜平铺，周围用土压实。2~3年生的幼林，于早春用地膜覆盖树畦。幼林期间，杨树行间间种农作物，花生、棉花、蔬菜等作物都适于地膜覆盖栽培。郁闭度较大的杨树中龄林，已停止农林间作，可于早春在杨树行间用覆膜机覆盖地膜。

(4) 林地施肥灌溉　地膜覆盖栽培，土壤有机质分解快，杨树吸收的养分多，需要增施肥料。可于早春施肥并灌溉，然后覆膜。在夏季生长期再进行追肥。

(二)覆草

1. 覆草的作用

对杨树的树盘或植树畦覆草，可减少土壤水分的蒸发散失，增加蓄水；可调节土壤温度，春季减少热散失，增加土温，夏季遮阴，降低地温；可改善土壤透气性；土壤微生物活动增强，土壤有效养分增加；从而使杨树根系有更适宜的生长环境。覆草腐烂后，土壤表层的有机质增加，土壤结构改善，比覆盖地膜只能加速土壤有机质分解更为优越。盐碱地覆草还能减轻土壤返盐。

2. 覆草的方法

覆草前先整好树盘，将细碎的杂草、落叶、秸秆等覆盖在树盘内，过长的草或秸秆要铡碎，覆草厚度10cm左右，压上少量土。草的腐烂分解靠微生物的活动，微生物繁殖需要氮素，覆草可撒上一些尿素并灌水。

第七节　杨树林木抚育

一、杨树整形修剪

(一)杨树整形修剪的目的要求

杨树用材林的主要产品器官是树干，胶合板用材、锯切用材和民用建筑檩、梁材都要求树干直、尖削度小。而整形修剪是培养树干通直、尖削度小的一项重要技术措施。

杨树属单轴分枝树种，顶端优势强，能长成高大、通直的树干。但因某些树种、品种的分枝习性，或林木抚育措施不当，也会出现杨树树干弯曲、分杈、尖削度大等问题，影响到木材的材质与利用价值。

杨树苗木的梢部是在苗木年生长的后期形成的，生长期较短，木质化程度较差，有时顶芽不够饱满。I-69杨、T26杨等美洲黑杨品种的苗木秋季停止生长较晚，顶芽不够饱满的情况更为常见。由于顶芽较弱，就为下方的侧芽创造了竞争机会。苗木栽植后，由顶芽抽生的主梢长势不强，其下方侧芽长出的1~2个较强的侧梢与主梢竞争，使主梢向一侧倾斜，或形成双股顶梢。如不进行控制,就会导致幼树树干发生弯曲和尖削。2~3年生的幼树,也会出现顶端的主梢长势较弱,下方较强的侧梢与主梢竞争的情况。

不同杨树品种的分枝习性有所差异。部分杨树品种的枝条粗而较稀疏,常形成枝条直径达到着生处树干直径1/3~1/2以上的粗大枝;粗大枝以上的部位,树干直径明显变小,树干尖削度增大;山东应用的杨树品种中,I-72杨、I-102杨、中菏1号杨等属于这一类型。有些枝条粗度中等的品种,如I-69杨、中林46杨等有时也会出现粗大枝。

杨树的整形修剪主要在1~3年生的幼林中进行,整形修剪的要求是:选留和促进直立、健壮的主梢,修除或控制竞争枝,控制粗大、强壮侧枝,多保留长势中庸的辅养枝,修除树干基部的萌条和少量侧枝,并修除病虫危害枝;通过整形修剪,调节各类枝条的关系,使主梢直立、粗壮,侧枝匀称,有良好的干形、冠形,并保有大量的枝叶,树木长势旺盛,以利培养通直、圆满的树干。

(二)杨树整形修剪的方法

1. 栽植当年的修剪

(1)造林时苗木修剪　1年生苗木剪去苗梢不充实的部分,根据苗木的长势和高度,大约剪去30~50cm长,剪口下留饱满芽。2年生苗剪去苗梢不充实的部分,剪口下留壮芽;并剪去全部侧枝,要紧贴苗干,不留残桩。

(2)夏季修剪　主要是控制竞争枝,一般可进行2次。第一次夏剪主要是"定头控侧"。用一年生苗木造林,待苗干发芽后(4月下旬~5月上旬),将苗干基部高度在0.5m以下的芽全部抹掉。5月上、中旬,原苗干顶部剪口下一般长出3~4个较旺的新梢,长度30cm左右,从中选留1个直立健壮的新梢作为主梢培养,延续幼树的树干;将邻近的几个较旺侧梢,剪去其长度的1/2左右,控制其生长,以突出主梢的顶端优势。用2年生苗木造林,5月上、中旬,从原苗干顶部选留直立、健壮的主梢,将邻近的较旺侧梢剪去其长度的1/2左右。2年生苗造林,发枝部位较高,若原苗干基部由隐芽长出萌条,要及时剪除。

第二次夏剪可于6月中、下旬进行。主要剪截强壮徒长的竞争枝,掌握"强枝重控、弱枝轻控",一般剪去竞争枝长的1/2左右。

杨树栽植当年,枝叶是生产光合产物及速生的基础,修剪时要尽量多保留枝叶,防止过重修剪。山东在没有应用正确的整形修剪技术以前,不少地方把栽植当年幼树中、下部的大量新枝剪除,严重影响幼树生长,还常使幼树树干因上部梢叶的重力和风的作用而弯曲、倾斜。

(3)冬季修剪　1年生幼树的冬季修剪,继续选留培养直立强壮的主梢,对影响主梢生长的竞争枝从树干基部剪除。冬季修剪时,对竞争枝应不短截、不留桩,紧贴树干剪下。继续保留树干上的大量枝叶,对于长势旺盛的1年生幼树,冬季修剪时可剪除树干上1m高以下的全部侧枝。

2. 第二、三年的幼树修剪

(1)夏季修剪　经过第一年的整形修剪,已基本达到幼树培养干形、调节枝条的要求。

第二、三年时，对出现的竞争枝、粗大枝进行个别的控制和调整，可于5月下旬至6月下旬进行一次夏季修剪。对树干上部的当年生直立竞争枝，用高枝剪剪截1/2左右，减弱竞争枝的长势。对树干中下部的粗大枝进行控制，可剪去粗大枝的旺梢，保留其二次枝。

(2)冬季修剪 剪除少量竞争枝，紧贴树干剪下。继续保留大部分枝条，剪去树干基部的少量枝条，生长旺盛的幼树，第三年底的枝下高2.0~2.5m为宜。

二、修枝

人为地除去树冠底部的枯枝及部分活枝的抚育措施，称为林木修枝。修枝主要在郁闭度大的中龄林分中进行。

(一)林木修枝的原理

1. 杨树林分的叶面积与光照强度分布

在杨树树冠内，由于枝叶的遮挡，树冠由上向下、由外向内，光照强度由强变弱。如王彦(1980)对长清县西仓庄林龄4年的健杨丰产林分进行叶面积与光照强度的观测。将树冠分为4层，由上而下各层的叶面积系数分别为1.31、2.11、1.97、1.55。树冠由上而下，各层次6:00~18:00的平均相对光照强度分别为72.5%、39.9%、13.3%、4.5%，林下透光率为7.1%。相同层次内部叶片接受的光照强度为外部叶片的46.2%~73.4%。林内的光照强度与叶面积系数呈负相关。如林分第一层和第二层的叶面积系数之和为3.42，第二层的相对光强为39.9%；第一层至第四层叶面积系数之和为6.94，第四层的相对光强为4.5%(表3-7-1)。

表3-7-1 4年生健杨林分树冠不同层次的叶面积和光照强度

树冠层次	高度(m)	单株各层叶面积(m^2)	各层叶面积系数	不同时间的光照强度与相对光照强度 ($\frac{lx}{\%}$)						
				6:00	8:00	10:00	12:00	14:00	16:00	18:00
冠顶	14.2			$\frac{3300}{100}$	$\frac{25000}{100}$	$\frac{99000}{100}$	$\frac{114000}{100}$	$\frac{78000}{100}$	$\frac{42000}{100}$	$\frac{10000}{100}$
一	11.0	15.72	1.31	$\frac{1800}{54.5}$	$\frac{11800}{47.2}$	$\frac{81000}{81.8}$	$\frac{102000}{89.5}$	$\frac{60000}{76.9}$	$\frac{39000}{92.9}$	$\frac{6500}{65.0}$
二	8.0	25.32	2.11	$\frac{1150}{34.8}$	$\frac{5400}{21.6}$	$\frac{40500}{40.9}$	$\frac{66000}{57.9}$	$\frac{40200}{51.5}$	$\frac{19200}{45.7}$	$\frac{2720}{27.2}$
三	6.0	23.64	1.97	$\frac{380}{11.5}$	$\frac{2800}{11.2}$	$\frac{17400}{17.6}$	$\frac{22800}{20.0}$	$\frac{13800}{17.7}$	$\frac{2650}{6.7}$	$\frac{820}{8.2}$
四	4.0	18.60	1.55	$\frac{180}{5.5}$	$\frac{680}{2.7}$	$\frac{4600}{4.6}$	$\frac{6800}{6.0}$	$\frac{3600}{4.6}$	$\frac{1430}{3.4}$	$\frac{450}{4.5}$
林冠下	1.3			$\frac{300}{9.1}$	$\frac{1600}{6.4}$	$\frac{3000}{3.0}$	$\frac{17200}{15.1}$	$\frac{3500}{4.5}$	$\frac{1900}{4.5}$	$\frac{740}{7.4}$

注：①林分平均树高14.2m，郁闭度0.93；②8月18日观测；③表中的相对光照强度为树冠各层次光照强度与自然光照强度的比值。

林分密度、林龄，以及修枝等措施影响林分叶面积，也影响林内光照强度。例如，行株距4m×3m的健杨丰产林分，林龄为3a、4a、5a时，叶面积系数分别为4.5、6.9、8.2，林冠下层(高度4m)6:00~18:00的平均相对光照强度分别为26.0%、4.5%、3.0%。若对林龄4年的林分进行修枝，将枝下高由4m提升至6m，则叶面积系数由6.9降至5.4，林冠下层的相对光照强度由 4.5% 增加至 13.3%。

光照强度是影响杨树光合作用的主要因子之一。杨树需光量的两个主要指标是光合作用的光饱和点和光补偿点，健杨叶的光饱和点约 3 万～4 万 lx，光补偿点在 1000～1500lx。在光饱和点与光补偿点之间，光照强度与光合强度呈正相关。树冠不同层次、部位的光照强度差异，直接影响树叶的光合作用。

2. 树冠不同层次叶片的化学成分与生理指标

杨树不同冠层的叶片养分含量有所差异。邢尚军等（2014）在济南市北郊林场对 5 年生 107 号杨林分进行叶片矿质元素含量测定，把树冠分为下、中、上 3 个层次，不同冠层叶片中的氮、磷、钾、钙、镁 5 种矿质元素的含量，均为树冠上层>中层>下层。

杨树不同冠层、方位叶片的叶绿素含量有所差异。邢尚军等对 5 年生 107 号杨林分进行叶片叶绿素含量的测定，把树冠分为下、中、上 3 个层次。树冠上层的叶绿素含量高，中层的含量与上层接近，下层含量低；不同方位叶片的叶绿素含量比较，南向>东向>西向≈北向（表 3-7-2）。

表 3-7-2　107 号杨林分不同冠层叶片的矿质元素和叶绿素含量

树冠层次	叶片矿质元素含量(g/kg)					叶片叶绿素含量(mg/g)
	氮	磷	钾	钙	镁	
上层	12.49	2.43	2.26	1.90	2.37	2.45~2.93
中层	11.13	2.28	2.10	1.85	2.31	2.32~2.72
下层	9.01	1.64	1.50	1.73	2.22	1.25~1.58

杨树林分树冠上层的光照条件好，叶片的矿质养分含量和叶绿素含量高，都有利于光合作用。而树冠下层叶片的光照条件差，矿质养分和叶绿素含量低，不利于光合作用。马丙尧等（2014）对 107 号杨林分测定了不同冠层的光合速率日变化和月变化，还测定了不同冠层叶片的蒸腾速率、气孔导度、胞间 CO_2 浓度，都表明了树冠下层叶片的光合性能差。供观测的 5 年生 107 号杨林分，将冠层分为 5 层，最下层叶片的光合速率最低，为 $-0.29\ \mu mol/(m^2 \cdot s)$，已经起消耗作用。这为郁闭度高的杨树林分修除最下层枝条提供了启示（表 3-7-3）。

表 3-7-3　107 号杨林分不同冠层叶片的光合特性指标

树冠层次	光合速率 [$\mu mol/(m^2 \cdot s)$]	蒸腾速率 [$mmol/(m^2 \cdot s)$]	气孔导度 [$mmol/(m^2 \cdot s)$]	胞间 CO_2 浓度 ($\mu mol/mol$)
1	3.24	4.60	0.70	220.56
2	2.96	4.77	0.62	223.78
3	2.45	4.85	0.58	223.56
4	0.07	3.90	0.55	219.46
5	-0.29	0.09	0.05	204.30

3. 林木的自然整枝和树节的形成

林木的自然整枝是林木修枝的理论基础之一。杨树进入中龄林以后，林分郁闭度高，树冠底层的枝叶由于受到上部枝叶遮蔽，光照不足，降低了树叶的同化作用，造成有机营养贫乏，妨碍枝条的生长。树冠底层的枝条生长衰退并逐渐枯死，枯死的枝条脱落，死枝残桩为树干包被形成死节。这种包括枝条枯死、枯枝脱落、残桩为树干包被的全过程，称为林木的自然整枝。

杨树林分的自然整枝与林分密度、林龄、生长速度有关。林分密度大或生长快的杨树林分，达到高度郁闭的年限早，开始自然整枝的时期也早。当杨树林分郁闭度达到0.9以上，林分叶面积系数达到7左右，林冠底层的相对光强低于5%，树冠底层在一天中大部分时段的光照强度低于杨树叶片的光补偿点（欧美杨约为1500~2000 lx），叶片的光合速率就低于呼吸速率，则树冠底层的枝叶只起到消耗作用，枝条就要逐步衰退以至枯死。

枯死枝条的脱落受雨水、风等因子的影响，真菌寄生于枯枝可加快枯枝的腐朽脱落，细枝容易脱落。枯枝折断脱落时，很少能脱落干净，常要留一个残桩。残桩为树干包被就形成死节。

树枝基部残桩包被在树干内部形成节子，节子分为活节和死节。死节可因腐朽、松弛而脱落，形成漏节。节子是木材缺陷之一，影响木材的材质和利用价值。越是等级高的木材，对节子的种类、尺寸、数量有更严格的要求。因此，要及时进行杨树林分修枝，避免形成死节。

（二）杨树林木修枝的作用

1. 减少木材的节子，提高木材质量

节子破坏木材构造的均匀性，使木材纤维倾斜，降低木材强度。有死节的板材，干燥时死节松弛脱落，形成孔洞。通过及时和正确的人工修枝，就可以避免自然整枝，防止死节，减少活节，增加木材的无节部分，提高木材质量和价值。

2. 修枝对林木生长量的影响

只修除枯枝，对林木生长量没有影响。修除树冠底层受光很差、生长衰弱的枝条，可以减少有机营养的消耗，提高林木生长量。修除生长正常、光合效能较强的活枝，会减少杨树光合作用的叶面积，降低林木生长量，其中对直径和材积生长的影响较大，对树高生长的影响较小。

3. 降低树干的尖削度，提高出材率

杨树叶片通过光合作用生产有机营养物质。叶片生产的同化物质，首先供给叶片着生的枝条及该枝条着生的树干部位，然后才往下转移。树冠枝叶生产的光合物质首先用于高生长和树干中部、上部的直径生长。通过杨树修枝，提升了枝下高，树冠部位相对上移，同化物质优先供给树干的部位也相对上移，就使树干上部的直径增长较快，而树干下部的直径增长较慢，使树干尖削度降低。

对于有粗大侧枝的杨树，通过控制与修除粗大枝，可使树木营养集中于树干，有利于粗大枝以上部位树干的生长。轮生枝成层明显的杨树，轮生枝以上部位的树干直径会明显变小，合理修枝后会促进轮生枝以上部位的树干直径生长。这两种情况，修枝都会减小树干的尖削度。

杨树原木的各个材种,都是以小头直径作为原木的检尺径。若不同林木具有相同的单株材积,则树干尖削度较小的林木会有较高的材种出材率和出材量。

4. 改善林木生长的环境条件

对林木修枝能改善林内的通风透光状况,有利于光合作用。修除枯枝、弱枝,可以改善林内卫生条件,减轻杨树病虫害的发生。

(三) 杨树林木的修枝技术

1. 杨树修枝的起始年龄

杨树用材林的修枝起始年龄与立地条件、林分密度等有关。立地条件好的杨树林分,生长快、郁闭度较高,修枝起始年龄较早;密度大的林分,郁闭度较高,修枝起始年龄较早。如造林密度830株/hm^2的欧美杨丰产林分,林龄4年时林分郁闭度可达0.9以上,树冠底层的相对光照强度5%左右(夏季午间时段的光照强度5000lx左右,早晚时段的光照强度2000lx以下),树冠底层因光照不足,叶片变小、变薄,枝条长势变弱,就应该开始修枝。

2. 修枝强度

修枝强度是修枝的重要技术环节。合理的修枝强度应有利于提高木材质量,并提高或不降低林木生长量。据修枝试验,只修去树冠底层生长变弱枝条的轻度修枝效果较好。可每年进行一次轻度修枝,直至枝下高超过8m,即可适合旋切单板用原木、锯切用原木等材种培养无节良材的要求。

修枝强度常用树冠长度与树高的比值(冠高比)作为指标。山东的欧美杨和美洲黑杨丰产林,林龄4~5年时修枝强度可按冠高比3∶4左右,林龄6年以上可按冠高比2∶3左右。

3. 修枝季节

杨树修枝适宜在晚冬、早春进行。此时树液尚未流动,树枝中的养分少;修枝以后,较快进入生长季节,切口容易愈合。晚秋和严冬修枝,切口暴露在寒冷、干燥天气条件下,切口附近的皮层和形成层可能受到损伤。而在生长季节修枝,会损失枝条和树叶中较多的营养物质。

4. 修枝方法

杨树修枝适于平切,就是贴近树干修枝,不留残桩。平切的切口面积较大,但杨树生长快,易愈合。平切后树干不会有节子,也不会发生萌条。修枝时切口应平滑,不偏不裂,不削皮不带皮。较粗的枝条应先锯下方、后锯上方,以防止劈裂(表3-7-4)。

表3-7-4 加杨幼林不同修枝切口位置愈合情况

切口位置	当年愈合面积	发生不定芽
从枝条基部膨大部位下部修剪,切口与树干平	已愈合99.5%	无
从枝条基部膨大部位上部修剪,切口与树干平	已愈合99.5%	无
从枝条基部膨大部位修剪,但切口上部贴近树干,切口下部离开树干与树干成45°角留桩成一小三角形	已愈合65%	无
修枝留桩1.5cm,切口与枝条垂直	完全没有愈合	每枝都有萌条1~6个

资料来源:沈国舫主编.森林培育学.中国林业出版社。

杨树修枝一定要防止留有残桩。留有残桩的切口不易愈合，会发生萌条；以后残桩为树干包被，会形成节子。

若修除粗大枝条，切口面积大、愈合慢，影响林木生长。在修枝时若发现树冠下部有粗大枝，可先剪去该粗大枝的主梢，剪口在该枝的二次枝上方，控制其长势；待该枝条着生处的树干直径增粗后，再修除该枝条。

三、杨树切根

杨树切根是一项根系调控技术。采用适当的切根措施，断根处再生新根，有利于杨树对土壤水分、土壤养分的吸收，能促进杨树生长。

(一)杨树切根措施的作用

杨树根的生长特点是生长快，分布范围广，以较浅土壤层次中近于水平方向生长的根为主。按照根的粗细、分枝及其功能，杨树的根可分为主根、侧根、细根、吸收根，其中细根和白色的吸收根主要起吸收作用，幼嫩的白色吸收根吸收土壤水分、土壤养分的作用最强。在杨树生长过程中，年龄较大的根逐步增粗，根皮增厚，根的吸收功能减弱。杨树根的再生能力强，在断根部位，短期内能长出大量新的细根。

杨树采取切根措施后，在短期内影响了根系对土壤水分、土壤养分的吸收和杨树的一些生理活动。但随着断根处大量新生根的再生，杨树根的活力增强，根对土壤水分、土壤养分的吸收能力增强。新生根的分泌物多，根际微生物数量增加，土壤酶活性提高，对土壤中的磷有活化作用。采用适当的切根措施，对林木的生理活动有所促进，能提高林木生长量。但切根强度过大或次数过多，会影响杨树的生理活动，降低林木的生长量。

切根后再生新根的吸收能力增强，根际土壤中的碱解氮、速效钾等有效养分减少。切根措施应与增施肥料相结合，才能更好地促进杨树林木的生长。

(二)切根的方法

杨树切根措施适于林龄 3 年以上的林木。切根一般与施肥结合进行。在林木两侧距树干 1m 以外，顺行向开挖施肥沟，每株树的施肥沟长 60~80cm，沿沟壁切断部分侧根，切根深度可达 30cm，不要伤及直径>1cm 的粗根。将有机肥、化肥与土混合均匀，回填至沟内。切根与施肥后浇灌林地。切根措施可隔年实施 1 次，与上次切根要改换位置。

第八节　杨树采伐与更新

一、杨树用材林的采伐

(一)杨树用材林的采伐年龄

1. 杨树用材林的成熟

(1) 森林成熟　森林在生长发育过程中达到最符合经营目的时的状态称为森林成熟，森林达到成熟时的年龄称为森林成熟龄。森林具有多种效能和不同的经营目的，因而有多种森林成熟。用材林需要研究数量成熟、工艺成熟、经济成熟等，防护林则以研究防护成熟为主。

用材林的森林成熟是针对在经营上属于相同的林分所构成的经营单位而言，是林学上和经济上林分的最佳采伐利用时期,是确定林分的主伐年龄、合理安排经营措施、充分利用土地生产力的重要依据。

森林成熟是用材林收获的时间标志,用材林的森林成熟具有持续时间较长、特征不明显和不易确定的特点。

(2) 数量成熟　当林分的材积平均生长量达到最大时的状态称为数量成熟,此时的年龄称为数量成熟龄。在数量成熟龄时采伐,平均每年获得的木材产量最多。

杨树用材林的数量成熟受杨树种类、立地条件、林分密度、经营措施等因素的影响。欧美杨和美洲黑杨的数量成熟较早,毛白杨的数量成熟较晚;密度大的林分数量成熟较早,密度小的林分数量成熟较晚;随着立地条件和经营措施的改善,杨树用材林长势良好,材积连年生长量开始下降的年龄较晚,林分的数量成熟较晚。

研究杨树用材林的数量成熟龄,通常应用标准地法。选择杨树种类、立地条件、林分密度、经营措施一致的林分,测算各年龄的标准地蓄积量和材积平均生长量,将各年龄的材积平均生长量列表,查出其最大值时的年龄,即为数量成熟龄。

在数量成熟龄时采伐,平均每年可获得最多木材。而在林业生产中,若由于某些条件的约束,不能恰好在数量成熟龄时采伐,应该晚一、二年采伐,而不应该提前。因为材积平均生长量达到最大值前,材积平均生长量随年龄增加的幅度较大;而材积平均生长量达到最大值后,还能持续一段时间,随年龄增加而降低的幅度较小。另外,迟一、二年采伐,木材的径级和价值还可提高,能弥补数量上的损失。

(3) 工艺成熟　林分生长发育过程中(通过皆伐)目的材种的平均生长量达到最大时的状态称为工艺成熟,此时的年龄称为工艺成熟龄。工艺成熟也属于一种数量指标,但是注重木材的规格质量,以目的材种的规格质量为前提。如杨树木材用于制作胶合板的旋切单板用原木(GB/T 15779—2017),检尺径自14cm以上,检尺长2m、2.6m、4m、5.2m、6m,并对木材缺陷有较严格的要求;造纸用原木(GB/T 11717—2018),检尺径自4cm以上,检尺长1~4m,对木材缺陷的要求较低。杨树木材有多种用途和多个材种,杨树用材林就有多个工艺成熟龄。例如,某密度较小的杨树用材林,对树干分段利用能生产旋切单板用原木、造纸用原木等多个材种,该林分就有旋切单板用原木工艺成熟龄、造纸用原木工艺成熟龄和包括各个用材材种的经济用材工艺成熟龄。旋切单板用原木的经济价值较高,该林分可以旋切单板用原木工艺成熟龄为主要依据。

杨树用材林工艺成熟龄的大小主要取决于材种规格,培育小径材的工艺成熟早,培育大径材的工艺成熟晚。杨树用材林的工艺成熟也受杨树种类、立地条件、林分密度、经营措施等因素的影响,而且培育不同材种对立地条件、林分密度的要求也有差别。具有培育某材种适宜的立地条件、林分密度和良好的经营措施,林分某材种的工艺成熟较早,工艺成熟龄较低。而在立地条件、林分密度不适宜时,某材种的工艺成熟较晚,甚至不出现该材种的工艺成熟。例如,在很贫瘠的风沙土上,或者立地条件较好但林分密度过大,就培养不出旋切单板用原木,也就不会出现该材种的工艺成熟。

确定工艺成熟龄的方法有多种:标准地法、利用生长过程表(收获表)和材种出材量表法、利用数学方法等。求算工艺成熟龄常用标准地法，要选取立地条件、林分密度、经营水平一致的标准地，测算各年龄标准地的胸径、树高与蓄积量；在各年龄标准地中按径阶分配选取标准木、计算木，按目的材种的规格要求造材，计算各径阶的材种出材率；然后由标准地的林木径阶分布与各径阶的材种出材率，计算各年龄标准地的材种出材量以及材种平均生长量。分析各年龄的材种平均生长量，找出最大值，相对应的年龄即为该材种的工艺成熟龄。用标准地法求算工艺成熟龄的工作量大，特别是对标准木、计算木的造材环节。

(4) 经济成熟　以生产商品材为目的的杨树用材林，要求取得最佳经济效益。林分达到经济效益(货币收入)最高时的状态称为经济成熟，此时的年龄称为经济成熟龄。

计算经济成熟龄有多种方法及公式，有森林纯收益最高的成熟龄，土地纯收益最高的成熟龄，以及分别利用指率、增值指数、净现值、内部收益率等计算的成熟龄。不同计算方法各有优缺点，其得出的经济成熟龄也可能不一致。其中，用计算净现值和内部收益率确定经济成熟龄的方法有较普遍的应用。

净现值法是评价项目投资方案的一种方法。净现值(NPV)是一个投资项目预期实现的现金流入现值与实施该项计划的现金支出现值的差额。净现值为正值时，净现值越大，投资效益越好。

净现值的计算公式为：

$$NPV = \sum_{t=0}^{n} \frac{Rt - Ct}{(1+p)^t}$$

式中：NPV 为净现值；n 为经营年数；Rt 为 t 年时货币收入；Ct 为 t 年时货币支出；t 为收入与支出发生的年份；p 为贴现率，按行业基准贴现率或其他设定的贴现率。

用该公式计算净现值，即是在项目计算期内，按规定贴现率计算的各年净现金流量现值的代数和。

净现值法考虑了资金时间价值，考虑了全过程的净现金流量，是一种较科学的投资方案评价方法。但是，也有净现金流量和贴现率较难确定，净现值的计算较麻烦，没能说明投资报酬率等缺点。

内部收益率法也是评价项目投资效果的一种方法，内部收益率(I-RR)就是资金流入现值总额与资金流出现值总额相等，净现值等于零时的贴现率。一般情况下，内部收益率大于基准收益率时，该项目是可行的；该指标越大，投资效果越好。在评比投资方案时，需将内部收益率与净现值结合起来考虑。

2. 杨树用材林采伐年龄的确定

(1) 确定杨树用材林采伐年龄的主要依据　确定杨树用材林的采伐年龄有多种因素，其中主要是森林成熟龄。在各种成熟龄中，数量成熟龄应是采伐年龄的低限。对于定向培育的工业用材林，应以目的材种的工艺成熟龄作为主要依据。在培育小径材时，工艺成熟龄与数量成熟龄是一致的；而在培育大中径材时，工艺成熟龄会高于数量成熟龄。

在市场经济条件下，杨树用材林要求最佳经济效益，应以经济成熟作为目标。杨树用材林的经济成熟龄与数量成熟龄、工艺成熟龄的关系是平行的。若杨树用材林的林分密度适合培育目的材种，且目的材种的木材价格较高，该林分的经济成熟龄与目的材种的工艺成熟龄应该是一致的；否则，经济成熟龄会低于目的材种的工艺成熟龄。各种价格因素的变化和贴现率的高低影响经济成熟龄的计算分析结果。贴现率高时，经济成熟龄较低。

在确定杨树用材林的采伐年龄时，要把数量成熟与工艺成熟及经济成熟结合起来综合运用，以达到木材产量、目的材种和经济收益各方面的要求。

(2)培育不同材种的采伐年龄　杨树用材林的森林成熟龄及采伐年龄与杨树种类、立地条件、林分密度、目的材种、经营措施等因素相关。在立地条件适宜，经营措施良好的情况下，采伐年龄主要与林分密度及目的材种相关。对于杨树用材林培育的两个主要材种，培育旋切单板用原木，适于中等林分密度，采伐年限较长；培育造纸用原木，适于较大的林分密度，采伐年限较短。

例如：107号杨、108号杨、中林46杨胶合板用材林，栽培指数为18的立地条件，密度为500株/hm^{2}的林分，旋切单板用原木工艺成熟龄12年，以净现值法计算的经济成熟龄(贴现率6%)12年，适宜采伐年龄为12年(表3-8-1)。

表3-8-1　107号杨、108号杨、中林46杨胶合板用材林的森林成熟龄与适宜采伐年龄　(栽培指数：18)

林分密度(株/hm^2)	数量成熟龄(a)	工艺成熟龄(a)		经济成熟龄(a)		适宜采伐年龄(a)
		旋切单板用原木	经济用材	贴现率6%	贴现率8%	
666 (行株距5m×3m)	9	12	9	12	11	12
500 (行株距5m×4m)	11	12	11	12	12	12
416 (行株距6m×4m)	12	12	12	13	12	12~13

土壤类型为砂质潮土的立地条件，营造107号杨、108号杨、中林46杨造纸用材林，密度为1666株/hm^{2}的林分，造纸用原木工艺成熟龄7年，经济成熟龄(贴现率6%)8年，适宜采伐年龄7~8年(表3-8-2)。

表3-8-2　107号杨、108号杨、中林46杨造纸用材林的森林成熟龄与适宜采伐年龄　(土壤类型：砂质潮土)

林分密度(株/hm^2)	数量成熟龄(a)	工艺成熟龄(a)			经济成熟龄(a)		适宜采伐年龄(a)
		造纸用原木	锯切用原木	经济用材	贴现率6%	贴现率8%	
2500 (行株距2m×2m)	6	6		6	7	7	6~7
1666 (行株距3m×2m)	7	7		7	8	7	7~8
1111 (行株距3m×3m)	8	6	10	8	9	8	8~9

(二)杨树用材林的采伐方式

山东的杨树用材林一般为同龄的纯林，适于在森林成熟时实施皆伐，采伐集中，施工较方便。在多风沙地区，杨树用材林兼有防风固沙的作用，大面积的杨树用材林可以分批次实施带状皆伐，并及时更新造林。

二、立木材积表和原木材积表

(一)杨树立木材积表

立木材积表是根据树干材积与胸径、树高、干形的相关关系而编制的测树数表,供计量立木材积时使用。立木材积表按编表资料的收集范围和数表适用地域分为地方材积表和一般材积表;按编表依据的要素因子分为立木一元材积表、立木二元材积表。

1. 山东省杨树丰产林立木二元材积表

编制山东省杨树丰产用材林的立木材积表,对于研究林木生长规律,检查杨树丰产林的经营效果,进行采伐利用都有重要作用。山东省林业科学研究所杨树丰产栽培课题组(1988)编制了山东省部分树种、品种的杨树丰产林立木二元材积表。

在山东省的各个市与地区,共调查收集杨树丰产林的标准木资料2876份。按中央断面区分求积法计算样木的树干材积,并计算样木的形数,剔除超过各径阶平均形数正负2倍标准差的异常样木。参加编表的样木2703株,其中:毛白杨359株,I-214杨与沙兰杨825株,健杨732株,I-69杨与I-72杨473株,八里庄杨314株。

编表供选择的数学模型有8个:

$$V=b_0+b_1D+b_2H$$

$$V=b_0+b_1D+b_2D^2H$$

$$V=b_0D^{b_1}H^{b_2}$$

$$V=b_0+b_1D^2H$$

$$V=b_0(D^2H)^{b_1}$$

$$V=b_0+b_1D^2H+b_2D^3H+b_3D^2+b_4D^2H\lg D$$

$$V=b_0+b_1D+b_2D^2+b_3DH+b_4D^2H$$

$$V=b_0+b_1D+b_2D^2+b_3DH+b_4D^2H+b_5H$$

式中:V为单株材积,D为胸径,H为树高,b为参数。

分别树种、品种将参加编表的样木数据代入上述模型,计算出每个数学模型相应的参数和相关系数,并比较各模型间离差和相关系数的大小,选择出各树种、品种的最佳模型。用选配的各树种、品种的二元回归方程式,编制立木二元材积表(表3-8-3)。

表3-8-3 各树种、品种的回归方程式

树种、品种	选配的回归方程式	R	精度(%)
毛白杨	$V=-2.554327\times10^{-3}+7.426068\times10^{-4}D+3.316892\times10^{-5}(D^2H)^{0.986431}$	0.957	96
I-214杨、沙兰杨	$V=5.028364\times10^{-5}D^{1.884364}H^{0.965895}$	0.994	99
健杨	$V=4.554391\times10^{-5}D^{1.802523}H^{1.091534}$	0.996	98
I-69杨、I-72杨	$V=5.588911\times10^{-5}(D^2H)^{0.9235978}$	0.968	97
八里庄杨	$V=3.789537\times10^{-3}+3.336261\times10^{-5}D^2H$	0.973	97

使用抽样调查样木，毛白杨 103 株、I-214 杨与沙兰杨 160 株、健杨 151 株、I-69 杨与 I-72 杨 123 株、八里庄杨 109 株，进行材积表适用性检验。检验结果差异不显著，说明编制的杨树丰产林立木二元材积表在调查地区内适用(表 3-8-4、表 3-8-5)。

表 3-8-4　山东省 I-214 杨、沙兰杨丰产林立木二元材积表　　m³

胸径(cm)	树高(m)										
	5	6	7	8	9	10	11	12	13	14	15
4	0.0032	0.0039									
5	0.0049	0.0059	0.0068	0.0078							
6	0.0070	0.0083	0.0096	0.0110	0.0123						
7	0.0093	0.0111	0.0129	0.0147	0.0164	0.0182					
8	0.0120	0.0143	0.0166	0.0189	0.0211	0.0234	0.0257	0.0279			
9	0.0150	0.0178	0.0207	0.0235	0.0264	0.0292	0.0320	0.0348	0.0376		
10		0.0218	0.0252	0.0287	0.0322	0.0356	0.0391	0.0425	0.0459	0.0493	0.0527
11			0.0302	0.0344	0.0385	0.0426	0.0467	0.0508	0.0549	0.0590	0.0631
12			0.0356	0.0404	0.0454	0.0502	0.0551	0.0599	0.0647	0.0695	0.0743
13				0.0471	0.0528	0.0585	0.0640	0.0696	0.0752	0.0808	0.0864
14					0.0607	0.0672	0.0736	0.0801	0.0865	0.0929	0.0993
15					0.0691	0.0765	0.0839	0.0912	0.0985	0.1058	0.1131
16						0.0864	0.0947	0.1030	0.1113	0.1195	0.1278
17						0.0968	0.1062	0.1155	0.1247	0.1340	0.1432
18							0.1182	0.1286	0.1389	0.1492	0.1595
19								0.1424	0.1538	0.1652	0.1766
20								0.1568	0.1694	0.1820	0.1946
21									0.1858	0.1995	0.2133
22									0.2028	0.2178	0.2328
23										0.2368	0.2532
24										0.2566	0.2743
25											0.2962
26											0.3190

表 3-8-4　山东省 I-214 杨、沙兰杨丰产林立木二元材积表(续)　　m³

胸径(cm)	树高(m)										
	16	17	18	19	20	21	22	23	24	25	26
11	0.0671										
12	0.0791	0.0839	0.0886								
13	0.0920	0.0975	0.1030	0.1086							
14	0.1057	0.1121	0.1185	0.1248	0.1312						
15	0.1204	0.1277	0.1349	0.1422	0.1494	0.1566					
16	0.1360	0.1442	0.1524	0.1605	0.1687	0.1768	0.1850				

（续）

胸径(cm)	树高(m)										
	16	17	18	19	20	21	22	23	24	25	26
17	0.1524	0.1616	0.1708	0.1800	0.1891	0.1982	0.2073	0.2164			
18	0.1698	0.1800	0.1902	0.2004	0.2106	0.2208	0.2309	0.2411	0.2512		
19	0.1880	0.1993	0.2106	0.2219	0.2332	0.2445	0.2557	0.2669	0.2781	0.2893	
20	0.2071	0.2196	0.2320	0.2445	0.2569	0.2693	0.2816	0.2940	0.3063	0.3186	0.3310
21	0.2270	0.2407	0.2544	0.2680	0.2816	0.2952	0.3088	0.3223	0.3358	0.3493	0.3628
22	0.2478	0.2627	0.2777	0.2925	0.3074	0.3222	0.3370	0.3518	0.3666	0.3813	0.3961
23	0.2695	0.2857	0.3019	0.3181	0.3343	0.3504	0.3665	0.3826	0.3986	0.4147	0.4307
24	0.2919	0.3096	0.3271	0.3447	0.3622	0.3796	0.3971	0.4145	0.4319	0.4493	0.4666
25	0.3153	0.3343	0.3533	0.3722	0.3911	0.4100	0.4288	0.4477	0.4664	0.4852	0.5039
26	0.3395	0.3599	0.3804	0.4008	0.4211	0.4414	0.4617	0.4820	0.5022	0.5224	0.5426
27	0.3645	0.3865	0.4004	0.4303	0.4522	0.4740	0.4958	0.5175	0.5392	0.5609	0.5826
28	0.3904	0.4139	0.4374	0.4608	0.4842	0.5076	0.5309	0.5542	0.5775	0.6007	0.6239
29		0.4422	0.4673	0.4923	0.5173	0.5423	0.5672	0.5921	0.6170	0.6418	0.6666
30			0.4714	0.4981	0.5248	0.5515	0.5781	0.6046	0.6312	0.6577	0.6841	0.7105
31				0.5299	0.5583	0.5866	0.6149	0.6432	0.6714	0.6996	0.7277	0.7558
32					0.5927	0.6228	0.6528	0.6828	0.7128	0.7427	0.7726	0.8024
33						0.6600	0.6918	0.7236	0.7554	0.7870	0.8187	0.8503

表 3-8-5　山东省健杨丰产林立木二元材积表　　　　　　　　　　m^3

胸径(cm)	树高(m)										
	5	6	7	8	9	10	11	12	13	14	15
4	0.0032	0.0039									
5	0.0048	0.0059	0.0069	0.0080							
6	0.0067	0.0081	0.0096	0.0111	0.0127						
7	0.0088	0.0107	0.0127	0.0147	0.0167	0.0188					
8	0.0112	0.0137	0.0162	0.0187	0.0213	0.0239	0.0265	0.0291			
9	0.0139	0.0169	0.0200	0.0231	0.0263	0.0295	0.0328	0.0360	0.0393		
10		0.0204	0.0242	0.0280	0.0318	0.0357	0.0396	0.0435	0.0475	0.0515	0.0556
11			0.0287	0.0332	0.0378	0.0424	0.0470	0.0517	0.0564	0.0612	0.0660
12			0.0336	0.0389	0.0442	0.0496	0.0550	0.0605	0.0660	0.0716	0.0772
13				0.0449	0.0510	0.0573	0.0635	0.0699	0.0763	0.0827	0.0891
14					0.0583	0.0655	0.0736	0.0799	0.0872	0.0945	0.1019
15					0.0661	0.0742	0.0822	0.0904	0.0987	0.1070	0.1154
16						0.0833	0.0924	0.1016	0.1109	0.1202	0.1296
17						0.0929	0.1031	0.1133	0.1237	0.1341	0.1446
18							0.1142	0.1256	0.1371	0.1486	0.1603

(续)

胸径(cm)	树高(m)										
	5	6	7	8	9	10	11	12	13	14	15
19								0.1385	0.1511	0.1639	0.1767
20								0.1519	0.1658	0.1797	0.1938
21									0.1810	0.1963	0.2116
22									0.1968	0.2134	0.2301
23										0.2312	0.2493
24										0.2496	0.2692
25											0.2897
26											0.3110

表 3-8-5　山东省健杨丰产林立木二元材积表(续)　　　　　　　m³

胸径(cm)	树高(m)										
	16	17	18	19	20	21	22	23	24	25	26
11	0.0708										
12	0.0828	0.0885	0.0942								
13	0.0957	0.1022	0.1088	0.1154							
14	0.1093	0.1169	0.1243	0.1319	0.1395						
15	0.1238	0.1323	0.1408	0.1493	0.1579	0.1666					
16	0.1391	0.1489	0.1582	0.1678	0.1774	0.1871	0.1969				
17	0.1551	0.1657	0.1764	0.1871	0.1979	0.2087	0.2196	0.2305			
18	0.1720	0.1837	0.1956	0.2074	0.2194	0.2314	0.2434	0.2555	0.2677		
19	0.1896	0.2025	0.2156	0.2287	0.2418	0.2551	0.2684	0.2817	0.2951	0.3085	
20	0.2079	0.2222	0.2365	0.2508	0.2653	0.2798	0.2944	0.3090	0.3237	0.3384	0.3532
21	0.2270	0.2426	0.2582	0.2739	0.2897	0.3055	0.3214	0.3374	0.3534	0.3695	0.3857
22	0.2469	0.2638	0.2808	0.2978	0.3150	0.3322	0.3495	0.3669	0.3844	0.4019	0.4194
23	0.2675	0.2858	0.3042	0.3227	0.3413	0.3599	0.3787	0.3975	0.4164	0.4354	0.4544
24	0.2888	0.3086	0.3285	0.3484	0.3685	0.3886	0.4089	0.4292	0.4496	0.4701	0.4907
25	0.3109	0.3321	0.3535	0.3750	0.3966	0.4183	0.4401	0.4620	0.4840	0.5060	0.5281
26	0.3336	0.3565	0.3794	0.4025	0.4257	0.4490	0.4723	0.4958	0.5194	0.5431	0.5668
27	0.3571	0.3816	0.4061	0.4308	0.4556	0.4806	0.5056	0.5307	0.5560	0.5813	0.6067
28	0.3813	0.4074	0.4337	0.4600	0.4865	0.5131	0.5398	0.5667	0.5936	0.6207	0.6478
29		0.4340	0.4620	0.4901	0.5183	0.5466	0.5751	0.6037	0.6324	0.6612	0.6901
30		0.4614	0.4911	05209	0.5509	0.5811	0.6113	0.6417	0.6722	0.7029	0.7336
31			0.5210	0.5526	0.5845	0.6165	0.6486	0.6808	0.7132	0.7457	0.7783
32				0.5852	0.6189	0.6528	0.6868	0.7209	0.7552	0.7896	0.8241
33					0.6542	0.6900	0.7259	0.7620	0.7982	0.8346	0.8711

(续)

2. 山东省杨树立木材积表

在山东省的森林资源调查工作中，山东省林业监测规划院（2009）依据山东省自然地理特点和杨树分布状况，分区编制了杨树一元立木材积表；并以山东省为总体，编制了杨树立木二元材积式。

编表样木全部为伐倒木，采集自全省16个市、32个县（市、区），样木株数985株，其中编表样木815株，检验样木170株。材积表编制方法：①选取多个回归模型，运用ForStat2.0（统计之林）统计和数据分析软件，对选取的回归方程进行回归、拟合，比较，选优，确定最优回归模型。②运用ForStat2.0分析软件，对最优回归模型进行适用性检验。③根据最优回归模型编制材积表。

二元材积式、一元材积式，拟合精度都达到了较高水平，适用性检验结果均表现为差异不显著，说明选择的回归方程合理，材积表适用。

山东省杨树二元材积式：

$$V = 0.016743 + 0.000116D^2 + 0.00002D^2H - 0.002123H + 0.00001DH^2$$

鲁西北平原区一元材积式：

$$V = -0.009535 - 0.00231D + 0.000737D^2$$

鲁东丘陵区一元材积式：

$$V = 0.000197D^{2.341992}$$

鲁中南山丘区一元材积式：

$$V = 0.033941 - 0.008794D + 0.000979D^2$$

山东省杨树二元材积式可以在全省范围内使用。一元立木材积表分别在鲁西北平原区、鲁东丘陵区、鲁中南山丘区使用（表3-8-6）。山东省杨树立木材积表适用于林分，"四旁树"可参考使用。

表3-8-6 山东省杨树一元立木材积表

胸径(cm)	立木单株材积(m^3)		
	鲁西北平原区	鲁东丘陵区	鲁中南山丘区
8	0.0192	0.0257	0.0262
10	0.0411	0.0433	0.0439
12	0.0689	0.0664	0.0694
14	0.1026	0.0952	0.1027
16	0.1422	0.1302	0.1439
18	0.1877	0.1715	0.1928
20	0.2391	0.2195	0.2497
22	0.2964	0.2744	0.3143
24	0.3595	0.3364	0.3868
26	0.4286	0.4058	0.4671

(续)

胸径(cm)	立木单株材积(m³)		
	鲁西北平原区	鲁东丘陵区	鲁中南山丘区
28	0.5036	0.4827	0.5552
30	0.5845	0.5674	0.6512
32	0.6712	0.6600	0.7550
34	0.7639	0.7606	0.8667
36	0.8625	0.8696	0.9861
38	0.9669	0.9870	1.1134
40	1.0773	1.1130	1.2486

3. 部分地区(市)的地方性杨树立木材积表

山东的部分地区(市)应用本地区(市)范围内调查收集的样木资料，编制了本地区(市)的杨树立木材积表。

(1)泰安市杨树立木材积表　泰安市林业科学研究所牟敦皎、王长宪等(1986)编制了泰安市欧美杨和小钻杨立木二元材积式，并导算了立木一元材积表。

立木二元材积式为：

欧美杨：

$$V = 0.00007 D^{2.06932} H^{0.65933}$$

小钻杨：

$$V = 0.000081 D^{2.32308} H^{0.35498}$$

为编表样木选配树高与胸径的回归方程式：

欧美杨：

$$H = 1.58562 D^{0.79223}$$

小钻杨：

$$H = 1.80300 D^{0.74131}$$

将胸径的各径阶中值代入树高与胸径的回归方程式，即得出各径阶对应的树高值。将胸径的各径阶值及其相对应的树高值代入立木二元材积式，即导出立木一元材积表。

(2)临沂地区杨树立木二元材积表　临沂地区林业局王学东、田宗富等(1993)编制了临沂地区欧美杨和南方型意杨立木二元材积表。

立木二元材积式为：

欧美杨：

$$V = 3.954429 \times 10^{-5} D^{1.894669} H^{1.060889}$$

南方型意杨：

$$V = 3.511509 \times 10^{-5} (D^2 H)^{0.9871058}$$

(续)

(二)原木材积表

杨树采伐后,按照木材标准的规定进行造材。根据杨树的材质特性及杨木的用途,杨树原木的材种有旋切单板用原木、锯切用原木、小径原木、造纸用原木等。原木的长度较短,原木形状变化较小;原木常成垛堆放,不便于测量中央直径,而适于测量小头直径;原木的材积是去皮材积,不包括树皮在内。基于原木的上述特点,原木材积的测定方法不同于一般的伐倒木材积测定方法。

测算原木的材积时,先对原木进行尺寸检量。原木的检尺长、径尺径进级及公差,均按原木产品标准的规定执行。检量原木的材长,检量原木的直径,检尺径的进级,均按中国国家标准 GB/T144《原木检验》的规定执行。

原木的材积用原木材积表计算。由原木尺寸检量所得的原木检尺长与检尺径,在原木材积表上查得(表3-8-7、表3-8-8)。中国国家标准 GB/T4814《原木材积表》适用于所有树种的原木材积计算。

检尺径为 8~120cm、检尺长 0.5~1.9m 的短原木材积由公式(1)确定。

$$V = 0.8L(D+0.5L)^2 \div 10000 \tag{1}$$

检尺径为 4~13cm、检尺长 2.0~10.0m 的小径原木材积由公式(2)确定。

$$V = 0.7854L(D+0.45L+0.2)^2 \div 10000 \tag{2}$$

检尺径 14~120cm、检尺长 2.0~10.0m 的原木材积由公式(3)确定。

$$V = 0.7854L[D+0.5L+0.005L^2+0.000125L(14-L)^2(D-10)]^2 \div 10000 \tag{3}$$

检尺径 14~120cm、检尺长 10.2m 以上的超长原木材积由公式(4)确定。

$$V = 0.8L(D+0.5L)^2 \div 10000 \tag{4}$$

式中:V 为原木的材积,单位为立方米(m^3);L 为原木的检尺长,单位为米(m);D 为原木的检尺径,单位为厘米(cm)。

表 3-8-7 原木材积表

检尺径 (cm)	检尺长(m)									
	2.0	2.2	2.4	2.6	2.8	3.0	3.2	3.4	3.6	3.8
	材积(m^3)									
14	0.036	0.040	0.045	0.049	0.054	0.058	0.063	0.068	0.073	0.078
16	0.047	0.052	0.058	0.063	0.069	0.075	0.081	0.087	0.093	0.100
18	0.059	0.065	0.072	0.079	0.086	0.093	0.101	0.108	0.116	0.124
20	0.072	0.080	0.088	0.097	0.105	0.114	0.123	0.132	0.141	0.151
22	0.086	0.096	0.106	0.116	0.126	0.137	0.147	0.158	0.169	0.180
24	0.102	0.114	0.125	0.137	0.049	0.161	0.174	0.186	0.199	0.212
26	0.120	0.133	0.146	0.160	0.174	0.188	0.203	0.217	0.232	0.247
28	0.138	0.154	0.169	0.185	0.201	0.217	0.234	0.250	0.267	0.284
30	0.158	0.176	0.193	0.211	0.230	0.248	0.267	0.286	0.305	0.324

注:原木材积表的篇幅很长。在此表中,只列出原木材积表的一小部分,适用杨树旋切单板用原木和锯切用原木的材积计算。

表 3-8-7　原木材积表(续)

检尺径(cm)	检尺长(m)										
	4.0	4.2	4.4	4.6	4.8	5.0	5.2	5.4	5.6	5.8	6.0
	材积(m³)										
14	0.083	0.089	0.094	0.100	0.105	0.111	0.117	0.123	0.129	0.136	0.142
16	0.106	0.113	0.120	0.126	0.134	0.141	0.148	0.155	0.163	0.171	0.179
18	0.132	0.140	0.148	0.156	0.165	0.174	0.182	0.191	0.201	0.210	0.219
20	0.160	0.170	0.180	0.190	0.200	0.210	0.221	0.231	0.242	0.253	0.264
22	0.191	0.203	0.214	0.226	0.238	0.250	0.262	0.275	0.287	0.300	0.313
24	0.225	0.239	0.252	0.266	0.279	0.293	0.308	0.322	0.336	0.351	0.366
26	0.262	0.277	0.293	0.308	0.324	0.340	0.356	0.373	0.389	0.406	0.423
28	0.302	0.319	0.337	0.354	0.372	0.391	0.409	0.427	0.446	0.465	0.484
30	0.344	0.364	0.383	0.404	0.424	0.444	0.465	0.486	0.507	0.528	0.549

表 3-8-8　小径原木材积表

检尺径(cm)	检尺长(m)										
	2.0	2.2	2.4	2.6	2.8	3.0	3.2	3.4	3.6	3.8	
	材积(m³)										
4	0.0041	0.0047	0.0053	0.0059	0.0066	0.0073	0.0080	0.0088	0.0096	0.0104	
5	0.0058	0.0066	0.0074	0.0083	0.0092	0.0101	0.0111	0.0121	0.0132	0.0143	
6	0.0079	0.0089	0.0100	0.0111	0.0122	0.0134	0.0147	0.0160	0.0173	0.0187	
7	0.0103	0.0116	0.0129	0.0143	0.0157	0.0172	0.0188	0.0204	0.0220	0.0237	
8	0.013	0.015	0.016	0.018	0.020	0.021	0.023	0.025	0.027	0.029	
9	0.016	0.018	0.020	0.022	0.024	0.026	0.028	0.031	0.033	0.036	
10	0.019	0.022	0.024	0.026	0.029	0.031	0.034	0.037	0.040	0.042	
11	0.023	0.026	0.028	0.031	0.034	0.037	0.040	0.043	0.046	0.050	
12	0.027	0.030	0.033	0.037	0.040	0.043	0.047	0.050	0.054	0.058	
13	0.031	0.035	0.038	0.042	0.046	0.050	0.054	0.058	0.062	0.066	

表 3-8-8　小径原木材积表(续)

检尺径(cm)	检尺长(m)										
	4.0	4.2	4.4	4.6	4.8	5.0	5.2	5.4	5.6	5.8	6.0
	材积(m³)										
4	0.0113	0.0122	0.0132	0.0142	0.0152	0.0163	0.0175	0.0186	0.0199	0.0211	0.0224
5	0.0154	0.0166	0.0178	0.0191	0.0204	0.0218	0.0232	0.0247	0.0262	0.0278	0.0294
6	0.0201	0.0216	0.0231	0.0247	0.0263	0.0280	0.0298	0.0316	0.0334	0.0354	0.0373
7	0.0254	0.0273	0.0291	0.0310	0.0330	0.0351	0.0372	0.0393	0.0416	0.0438	0.0462
8	0.031	0.034	0.036	0.038	0.040	0.043	0.045	0.048	0.051	0.053	0.056
9	0.038	0.041	0.043	0.046	0.049	0.051	0.054	0.057	0.060	0.064	0.067
10	0.045	0.048	0.051	0.054	0.058	0.061	0.064	0.068	0.071	0.075	0.078
11	0.053	0.057	0.060	0.064	0.067	0.071	0.075	0.079	0.083	0.087	0.091
12	0.062	0.065	0.069	0.074	0.078	0.082	0.086	0.091	0.095	0.100	0.105
13	0.071	0.075	0.080	0.084	0.089	0.094	0.099	0.104	0.109	0.114	0.119

三、杨树用材林的更新

(一)杨树用材林的更新方式

1. 植苗造林

植苗造林是杨树用材林的主要更新方式。前茬杨树用材林采伐后,清理林地,刨除根桩,然后深耕整地,施足基肥,重新植苗造林。

2. 萌芽更新

杨树萌芽力强,部分以培育中、小径材为目的杨树用材林,适于萌芽更新。萌芽更新可以节省清除根桩、整地、苗木、栽植等项费用,并能获得较高的木材产量。专用的造纸用材林,林分密度大,木材径级小,更适于萌芽更新。

(1)杨树用材林萌芽更新的效果 杨树用材林萌芽更新的效果,受立地条件、林分密度、抚育管理措施和萌芽代数等因素的影响。

临沂市河滩沙地上的 I-69 杨萌芽林,前茬林分密度 1111 株/hm²(行株距 3m×3m),有每伐桩留萌芽株 1 株和每伐桩留萌芽株 2 株的 2 种处理,另用 1 年生 I-69 杨苗木植苗造林作为对照。林龄 5 年时,萌芽林的蓄积量比植苗造林高 15%~18%(表 3-8-9)。

表 3-8-9 临沂市 I-69 杨萌芽林的生长量

更新方式	平均树高(m)	平均胸径(cm)	平均单株材积(m³)	蓄积量(m³/hm²)
萌芽更新,每桩 2 株	12.4	10.6	0.0465	103.3
萌芽更新,每桩 1 株	13.6	14.2	0.0905	100.6
植苗造林(对照)	13.3	13.4	0.0788	87.5

诸城市在潍河滩地表层为砂壤质、底层为黏质的河潮土上进行 I-69 杨萌芽更新试验(王正中等,1990),前茬林分密度 666 株/hm²(行株距 5m×3m),萌芽林中每个伐桩选留 1~4 株萌芽株,另用 I-69 杨植苗造林作为对照。萌芽林施土杂肥和过磷酸钙作基肥,每年追施氮素化肥。按每个伐桩选留萌芽株的株数,分别调查统计林龄 1~4 年时的生长量。每个伐桩选留萌芽株数多的,平均胸径和单株材积较小,而每个伐桩上萌芽株的材积合计较大(表 3-8-10)。

表 3-8-10 诸城市 I-69 杨萌芽林的生长量

	更新方式	林龄 1 年		林龄 2 年		林龄 3 年		林龄 4 年			
		平均胸径(cm)	平均树高(m)	平均胸径(cm)	平均树高(m)	平均胸径(cm)	平均树高(m)	平均胸径(cm)	平均树高(m)	平均单株材积(m³)	平均每伐桩材积合计(m³)
萌芽更新	每伐桩选留 4 株萌芽株	3.17	3.88	7.16	7.21	9.84	11.38	11.00	12.70	0.0612	0.2447
	每伐桩选留 3 株萌芽株	3.01	3.71	6.90	7.28	9.70	11.60	11.20	13.23	0.0656	0.1967
	每伐桩选留 2 株萌芽株	3.15	3.77	7.43	7.04	10.64	11.53	12.53	13.40	0.0829	0.1658
	每伐桩选留 1 株萌芽株	3.15	3.75	7.90	6.94	11.59	11.54	14.00	13.48	0.1040	0.1040
植苗造林(对照)		4.42	4.90	8.75	7.51	12.54	11.83	14.50	13.90	0.1144	

这片萌芽林采伐后，继续进行二代萌芽林试验（张瑞波等，1999），以原植苗造林林分的伐桩为单位，每个伐桩选留萌芽株1~5株，另用 I-69 杨植苗造林作为对照。二代萌芽林第1~2年间作花生等农作物，每年施土杂肥和氮素化肥。在萌芽林中，每个伐桩上选留2株萌芽株的，占伐桩总数的46.9%，林龄4年时平均每个伐桩上萌芽株材积合计比植苗造林高28.9%；每个伐桩上选留3株萌芽株的，占伐桩总数的23.4%，林龄4年时平均每个伐桩上萌芽株材积合计比植苗造林高67.8%；每个伐桩上选留4~5株萌芽株的，平均每个伐桩上萌芽株的材积合计值更高，但是萌芽株的直径过小，萌芽株之间分化较大，部分萌芽株不能成材。二代萌芽林的胸径、树高及材积生长量低于一代萌芽林，和萌芽林对地力消耗较大，土壤肥力降低有关。

（2）杨树萌芽更新技术　准备实行萌芽更新的杨树林分，应在冬季进行采伐。伐桩要低，伐桩截面用利刀削平。在伐桩上培土20cm左右，翌年春季萌芽前将覆土除去。

萌芽部位在伐桩截面和桩干上，大部分萌芽由伐桩截面上形成，且长势较旺。伐桩萌芽后，在每个伐桩上均匀选留4~6个芽，其余抹掉。萌芽苗高30~50cm时定苗，伐桩密度较大的，每伐桩可选留1~2株；伐桩密度较小的，每伐桩可选留1~3株。若按培育造纸材的要求，单位面积上选留的萌芽株数以1600~2500株/hm^{2}为宜。定苗后，及时抹掉伐桩上新生的萌芽。萌芽苗高1m左右时，在苗基部培土，以防劈裂，并利于萌芽苗产生新根。

萌芽林对地力消耗较大，要加强对林地的土、肥、水抚育管理措施。前茬林分采伐后，在行间距离伐桩50cm以外全面深耕，增施有机肥和磷肥作萌芽林的基肥。定苗后，追施一遍氮素化肥。在萌芽林培育期间，适时进行灌溉、施肥、中耕松土以及农林间作等项抚育管理。良好的林地抚育管理，可培肥地力，并能继续实施2代萌芽更新。

（二）连作杨树用材林地力维护

1. 连作杨树用材林地力衰退

杨树用材林长期经营和多代连作，导致地力衰退，林木病虫害严重，森林生产力下降。姜岳忠、王华田等（2015）通过对宁阳县、单县、莒县等地连作杨树用材林的土壤调查和杨树生长情况调查，对连作杨树用材林地力衰退的表现及机理进行了研究。试验研究表明，由于杨树对土壤养分的消耗，连作杨树用材林土壤中的氮、磷、钾等矿质营养元素的含量下降。连作杨树林地的土壤有机质含量下降，土壤腐殖质和胶体减少，不利于团粒结构的形成；土壤板结，土壤容重增加，孔隙度减少，土壤持水量降低，土壤调节水、气、热的能力下降。连作杨树林地有益土壤微生物（包括细菌、真菌、放线菌）的种群数量下降，土壤酶活性降低，限制了土壤有机质和矿物质的分解、转化以及杨树对矿质营养的吸收。杨树根系分泌的酚酸类化感物质积累，对杨树生长起抑制作用。由于上述土壤物理性状、化学性状及微生物环境的退化，导致林地土壤肥力下降，连作杨树用材林的生长量和木材产量下降。

连作杨树用材林的地力衰退程度与立地条件、栽培措施、连作代数有关。在采取合理的耕作措施，增施有机肥料和化学肥料，加强病虫害防治的情况下，杨树连作的弊害表现较轻或不明显。而在缺少合理的耕作施肥措施时，诸如不施肥或施肥量不够，只施用氮素化肥而不施有机肥，只注意幼林抚育管理而忽视成林抚育管理等，连作杨树用材林的地力衰退程度就重。

2. 连作杨树用材林的地力维护措施

为了提高杨树用材林的生产力，保持杨树用材林的持续稳定发展，需要采取各种土壤培肥技术措施，维护连作杨树用材林的地力。在连作的杨树用材林采伐后再次更新时，主要采取以下维护地力的技术措施。

(1) 整地改土　连作杨树用材林更新造林前，要进行细致整地。对立地条件较好的杨树造林地，要进行全面深松整地。对于某些有缺陷的杨树造林地，要进行整地改土，如河滩粗砂地进行抽沙换土，涝洼黏土地掺沙，盐碱地采用水工措施和农业耕作措施降低盐碱含量等。这些整地改土措施对于改善土壤物理性状和化学性状，维护土壤肥力的作用明显而持久。

(2) 杨树与农作物轮作及间作　用农作物和杨树轮作，有利于均衡利用土壤养分，防止土壤养分的偏失，可以更充分利用土壤浅层和深层的土壤养分，有利于改善土壤的物理性状和化学性状，是一种用地和养地相结合的生物学措施。农作物的经营水平高，实施耕耙土地、灌溉、施肥等一系列土壤培肥措施，有利于地力的恢复。轮作的农作物以花生、大豆等豆科作物以及蔬菜类作物的养地效果较好，也可种植小麦、甘薯、棉花等农作物。杨树采伐后轮作农作物的年限，可视连作杨树用材林地力衰退的程度。立地条件差、地力衰退严重的土地，可以多种植几年农作物，并安排一季绿肥作物就地压青。待林地土壤肥力得到明显恢复、改善以后，再营造杨树用材林。

在山东，杨树用材林是农区林业的组成部分，适合实施农林复合经营。连作杨树用材林更新后，对杨树幼林实行农林间作，借助农作物的精耕细作，维护提高土壤肥力，改善杨树的营养条件。为了更好地发挥农林间作、以耕代抚的作用，可适当降低造林密度，延长农林间作年限；间作作物多选择经营水平高、水肥投入多的经济作物，或具有固氮作用的豆科作物。科学地实施农林间作，是改善杨树林地土壤肥力最为经济有效的技术措施之一。

(3) 合理施肥　施肥是杨树用材林增加林地土壤营养，改善土壤理化性状，提高土壤肥力最直接的技术措施，对于连作杨树用材林更为重要。更新后的杨树用材林施肥，既要重视幼龄林施肥，又要重视中龄林施肥，杨树林分高度郁闭、停止农林间作以后，要持续进行林地施肥和灌溉、中耕。要重视有机肥的作用，有机肥料和化学肥料合理配合施用。采取各种措施增加林地土壤有机质含量，包括施用各种有机肥、绿肥作物压青、掩埋杨树落叶、秸秆还田等。由菌肥与有机肥、化肥相配合，并采用合理的使用方法，对提高连作用材林的土壤肥力有良好效果。

第九节 农田林网和农林间作

一、农田林网

在大面积农田上,由多条不同方向的林带相交构成农田林网。农田林网主要分布在平原地区,是山东平原农区植树造林的重要形式,是平原绿化体系的骨架。农田林网是改善平原农区生态环境的一项基本建设,又是重要的木材生产基地。

(一)农田林网的效能

1. 生态防护效能

(1)改善农田小气候 农田林网能降低风速,改变气流状况;能减少农田的水分蒸发和农作物的蒸腾作用,提高空气湿度和土壤含水量;还能调节农田的空气温度和土壤温度。结构与配置合理的林带防护的农田,与空旷地农田相比,风速降低20%~30%;水面蒸发减少15%~20%;空气相对湿度提高5%~10%,在刮干热风时可提高20%;土壤含水量增加1%~4%;春季、秋季可升高气温1~2℃,夏季可降低气温1~2℃;林带还能减轻霜冻的危害。

(2)改良土壤效应 在风沙严重地区,农田林网降低风速,减轻土壤表层的风蚀。在低洼盐碱地区,林带可吸收渠道渗水,降低地下水位,防止或减轻灌区土壤的次生盐渍化。

2. 农作物增产

由于农田林网改善农田小气候和改良土壤的作用,对农田林网防护的农作物有增产效应。因自然灾害性质与程度、农田林网的防护性能、农业技术水平等方面的差异,农作物的增产幅度不同。在山东,农田林网防护的农田与空旷地农田相比,小麦一般增产10%~15%,玉米增产10%左右,在风沙严重地区的增产作用更为显著。

3. 增加森林资源和生产木材

山东平原地区的农田林网分布面广、林木株数多,农田林网是山东平原地区森林资源的重要组成部分,山东各地农田林网的林木覆盖率约在4%~6%,占该地区林木覆盖率的30%左右。农田林网的土壤条件好,光照充足,杨树生长良好,木材产量高,而且能培养成大径材,农田林网也是重要的木材生产基地。

(二)农田林带的结构与配置

农田林带的结构与配置,是影响其生态防护作用的技术关键。要根据当地的自然条件和农田防护要求,选择适宜的林带结构,确定合理的林带配置。

1. 林带结构

林带结构指林带中树木枝叶的疏密程度在林带上、中、下各部分的分布状况。林带结构有紧密结构、疏透结构、通风结构三种基本类型,其差别可用林带疏透度和透风系数表示,不同结构的林带各有其防护性能特点。林带结构受林带的树种组成、林带宽度、造林密度、修枝高度等因素的影响。应根据农田防护的要求,选择适宜的林带结构;并通过林带的合理配置和造林营林技术措施,形成适宜的林带结构。

(1) 紧密结构林带　由多行乔木和灌木组成，从上到下枝叶都稠密的宽林带。疏透度<10%，透风系数<0.3。风基本上不能透过林带，而从林带上方越过。林带背风面近林带处风速显著降低，形成一片静风区。但距林带较远处风速恢复较快，有效防护距离较短。这种林带形成的静风区能较好地防护果园、经济作物。

(2) 疏透结构林带　由数行乔木和灌木组成，从上到下枝叶孔隙均匀的较窄林带。疏透度30%~40%，透风系数0.4~0.5。风经过林带时，一部分气流透过林带，另一部分气流从林带上方越过。在背风面林缘形成弱风区，以后风速逐渐增大，直至恢复到原来的速度。疏透结构林带的有效防护范围较大，可达20~30倍树高，防风效率也高。疏透结构林带适于防护大面积农田。

(3) 通风林带　由少数几行乔木组成的较窄林带，上部树冠较密，下部仅有乔木主干。当风经过林带时，气流多由林带下部的大孔隙通过，而由上部林冠部分通过的气流较少，另一部分气流从林带上方越过。林带背风面林缘附近的风速降低较少，弱风区出现在林带后方5~7倍树高的地方，以后离林带越远风速逐步增加，直至恢复到原来的风速。通风结构林带的防风效率较低，风害轻的地区可以采用，风沙严重地区不宜采用（表3-9-1、表3-9-2）。

表3-9-1　3种结构林带的防风效能比较

林带结构类型	林带背风面风速降低率(%)（与空旷区相比）			
	5倍树高处	10倍树高处	15倍树高处	20倍树高处
紧密结构	54.7	24.5	15.1	5.7
疏透结构	52.9	29.5	20.6	16.5
通风结构	32.4	27.1	18.9	10.8

表3-9-2　3种结构林带的防护效果比较

林带结构类型	最大防护范围(H)	有效防护范围(H)	防风效率(%)	弱风区风速占空旷区风速的比例(%)
紧密结构	30	15~20	20~30	<20
疏透结构	>35	20~25	20~40	15~40
通风结构	35	20	20~25	30~50

注：H表示树高，防护范围用树高的倍数表示。

2. 林带配置

(1) 林带走向　主林带的作用是防御主要害风，其风向与当地主要害风垂直时防护效果最好。为使林带与沟、渠、路结合，地块成方，可适当调整林带方向；当偏角在30°之内，防风效果不会显著降低。山东的主害风多北风，主林带一般东西走向。副林带的作用是防御次要害风，增强主林带的防护效果。副林带垂直于主林带，防护效果好，且方田不出现斜角地。一般将林网与方田配置成东西向为长边的长方形，防护作用较好。

(2) 林带与沟、渠、路的结合　农田林网的设置一般与沟、渠、路结合。林带与沟、渠、路结合，可利用沟、渠、路之间的隙地，少占耕地。由于沟、渠、路的间隔，可减少林带与农作物争水肥、争光照的不利影响。路旁植树，交通方便，便于对林木的抚育管理。沟、渠旁植树，可发挥林带的生物排水作用，降低地下水位，减轻土壤盐渍化。

沟、渠、路、林结合可以有多种配置形式。林路结合，在道路两侧栽植乔木，乔木株间栽植灌木，路坡、边沟上也栽植灌木。林沟渠结合，乔木栽在沟、渠之间，乔木株间栽植灌木，沟的边坡上部栽植灌木。林沟路渠结合，乔木栽在道路两侧，乔木株间栽植灌木，在沟坡、渠坡上栽植灌木；或者把树木栽在灌渠与道路之间，可减少林带对农田的遮阴。

(3) 林带宽度　林带宽度指林带两侧外缘之间的距离。林带宽度对构成林带结构及林木的生长有一定影响。影响林带宽度的因子有树种、品种、林带树木行数、林木行株距等，其中林带中乔木的行数有重要作用。山东的农田林网多为较窄的林带。较窄林带可少占耕地；较窄林带有利于树木旺盛生长，枝叶茂密，林木分化较轻，林带稳定性较强。较窄林带可通过合理的树种配置、造林密度和抚育管理，形成疏透结构或疏透—通风结构，起到良好的防护作用。主林带一般可由 4~6 行乔木和 2~4 行灌木组成，副林带一般可由 3~4 行乔木和 1~2 行灌木组成，或只由 3~4 行乔木组成。

(4) 林带间距与网格面积　林带间距的大小关系到林带防护作用的高低及林带占地的比率。应根据当地的自然灾害情况和林带占地等因素确定适宜的林带间距。既避免林带间距过大，使部分农田受不到林带的有效保护；又避免林带间距过小，占地过多且机耕不便。

适宜的林带间距应等于林带的有效防护范围。林带的有效防护范围受该地风沙危害的程度，林木的年龄和林带的结构，农作物对防护的要求等因素影响。林带有效防护范围内的风速应降低到被保护的农作物免受危害，风沙严重地区的风速降低到产生土壤风蚀的临界值（一般为 5m/s）以下。

林带的有效防护距离与树高相关，通常以林带内主要乔木树种壮龄时达到的平均树高（H）的倍数来表示。林带迎风面的有效防护距离为 3~5 H，背风面的有效防护距离一般为 15~20 H，林带迎风面和背风面的有效防护距离之和一般为 18~25 H。由于林带有效防护范围随林木年龄和树高而变化，在林带的整个生长周期中其有效防护范围可按林带高度的 15~20 倍。山东农田林网的主要乔木树种为杨树，其壮龄时的树高一般为 15~20m，一般可按主林带间距 250~400m，副林带间距 400~500m，网格面积 10~20hm^2 为宜。在风沙严重地区，应适当减小林带间距和网格面积，以主林带间距 200~300m，副林带间距 300~400m，网格面积 6~12hm^2 为宜。

(三) 农田林网的造林技术

1. 造林树种品种的选择

农田林网的造林树种应符合以下条件：适应造林地区的气候、土壤条件，有较强的抗风、抗旱、耐盐碱性能；生长稳定，能长期发挥防护作用；乔木树种应树体高大、树冠较窄、根系较深；灌木树种应枝叶繁茂，有较高经济价值。

杨树树体高大、枝叶繁茂，是山东农田林网的主要乔木树种。按照农田林网选择造林树种的条件，适用于山东农田林网使用的杨树品种有：鲁林 1 号杨、L35 杨、107 号杨、108 号杨、鲁林 9 号杨、I-69 杨、LX1 毛白杨、LX4 毛白杨、鲁毛 50 杨、窄冠白杨 3 号、鲁白杨 2 号等。在黄泛平原的砂质土壤上，鲁林 1 号杨、L35 杨、LX1 毛白杨、窄冠白杨 3 号等品种生长良好。在鲁西北的轻度盐化潮土上，107 号杨、108 号杨、易县雌株毛白杨、鲁杨 6 号、鲁白杨 2 号等品种的耐盐能力较强。在气候较温暖、湿润的鲁南地区，I-69 杨、鲁林 1 号杨、鲁林 9 号杨等品种有较大的速生潜力。

杨树和其他乔灌木树种适当搭配，有利于形成疏透结构林带，发挥较高的防护效能。例如，在杨树为主的林带中，搭配旱柳、刺槐、紫穗槐等树种，杨树占据上层，旱柳、刺槐处于中上层，紫穗槐为下层，林带的上层、中层、下层都较均匀地分布枝叶，可形成防护效能较好的疏透结构林带。

2. 造林密度

合理的造林密度对于农田林网树木的良好生长，及早发挥防护作用，形成合理的林带结构具有重要作用。农田林网的土壤条件好，林带两侧通风透光，可以比成片造林的密度大一些，以促进林木早期的高生长，提高林带的郁闭程度，发挥较好的防风效能。杨树作为农田林网的主要乔木树种，路、渠每侧 2 行时，一般为行距 1.5~2.0m，株距 3.0~4.0m；路、渠每侧 1 行时，株距 2.0~3.0m；在沟、渠之间或路、沟之间栽植 3~4 行时，株距 3~4m 为宜。林带中搭配的紫穗槐、筐柳等灌木，株距 1~1.5m 为宜。

3. 整地

造林前应细致整地。凡靠近较大的沟渠，营造多行林带的地段，应全面机耕，然后分段整平，筑埂成畦。林带行数少，不便机耕的地段，也要分段整平，筑埂成畦。在植树畦内开挖植树穴，杨树造林用大穴整地，穴径 80cm 左右、深 80~100cm，挖穴时将表土与底土分别放置。

在土壤含盐量较高的地段，应提前整地，使修筑的植树畦和开挖的植树穴经过雨水的淋洗，降低含盐量；有水源的地方，可提前对植树畦灌水洗盐。

4. 苗木

使用壮苗造林，成活率高，缓苗期短，生长快，成林早。营造农田林网，杨树一般使用 2 年生优质壮苗，要求苗干粗壮，充分木质化，根系完整，无病虫害及机械损伤。

苗木的水分状况与造林成活率密切相关。在起苗、运苗、栽植的各个环节，都要妥善保护苗木，保持苗木新鲜湿润，严防失水。起苗时圃地灌水，提高苗木的含水率。尽量随起苗、随运、随栽植，运输苗木时仔细包装，避免晾晒。栽植前对苗木适当修剪，可剪去全部侧枝，并剪去苗木梢部木质化差的部分，以利于苗木成活。

5. 栽植技术

杨树植苗造林一般在春季进行，也可在秋末冬初栽植。二年生杨树壮苗应适当深栽，能萌生较多不定根，提高抗风抗旱能力，利于成活生长。栽植深度一般 40~60cm，砂土地宜较深，黏土地宜较浅。而在含盐量较高的盐化潮土，植苗宜浅栽平埋，使苗根避开含盐量较高的较深土层。栽植时苗木根系舒展，将挖穴时挖出的表层熟土填在苗根周围，分层填土分层踩实。植苗后及时浇灌，然后培土封穴。

在干旱多风、土壤蒸发量大的地区，在土壤含盐量较高的轻度盐化潮土上，植苗后在植树穴上覆盖地膜，能保持水分、提高地温、减轻土壤返盐，有利于新栽苗木成活、生长。

(四) 林木的抚育保护

1. 幼林抚育

造林后检查成活率，凡有缺株的，需在造林后一年内及时用大苗补植，以免在林带中形成大风穿过的缺口。加强幼林的松土除草、灌溉等抚育管理，促进幼林生长，尽早发挥林带较大的防护作用。雨季前要整修植树畦，培土筑埂，可积蓄雨水。在土壤含盐量较高的地区，对农田的排灌沟渠加强维护，及时进行清淤，防止积涝和抬升地下水位，减轻土壤返盐。

2. 修枝

杨树幼龄林整形修剪的主要作用是培养林木的良好干形，促进主干生长。杨树中龄林修枝的主要作用是防止树干上形成节疤，提高木材质量；修除树冠底层生长衰弱的枝条，可减少树体内有机营养物质的消耗，有利于林木生长。

农田林网中林木的修枝应有利于形成适宜的林带结构，发挥较大的防护效能。修枝要适时适度，既有利于对林木的培养，又防止林带下部因修枝过度而空隙过大，透风过多，影响林带的防护效能。杨树幼林一般只修除竞争枝，树冠下层的均匀枝条均应保留。中龄林只修除树冠底层的枯枝和生长衰弱的枝条，保留较大树冠。行数少的窄林带，树冠下层枝叶的光照条件较好，长势较强，一般应予保留，可以增加树冠下层的枝叶量，减少透风空隙，有利于提高林带的防护效能。

3. 防治杨树病虫害

做好林木保护工作，以保证杨树的正常生长和稳定发挥林带的防护效能。山东杨树有多种病虫害，危害严重的有美国白蛾、杨小舟蛾、杨尺蠖、光肩星天牛、桑天牛、杨树黑斑病、杨树溃疡病等。林木病虫害防治应贯彻"预防为主，综合治理"的方针，加强林木病虫害的监测预报工作，采用有效的营林措施、生物防治、物理机械防治、化学防治等综合防治技术，防止林木病虫害成灾。

(五) 农田林网的更新

1. 林带的采伐更新年龄

当林带的主要乔木树种达到合理的更新年龄时，就应采伐利用，随即更新造林。确定林带的更新年龄应综合考虑其防护成熟、数量成熟、目的材种的工艺成熟和经济成熟等，以保证林带既有较高的防护效益，较长的防护年限，又能生产目的材种的更多木材，取得更高的经济效益。不同树种、不同立地条件、不同造林密度，其合理的林带更新年龄也有差别。在山东，农田中的欧美杨品种、美洲黑杨品种的林带，合理采伐更新年龄一般为12~15年，毛白杨林带的合理采伐更新年龄一般为20~25年。

2. 林带更新方式

林带的更新方式影响其持续利用。合理的更新方式应保持林带防护效益的连续性与稳定性，使原有林带采伐后防护效益降低的时间短，下降的程度小。不同的林带更新方式，各有其优缺点及适用条件。

（1）全面更新　在较大范围内，将林网全部采伐，重新造林。这种方法使大面积农田在短期内失去保护，一般不宜采用。

（2）分期更新　在较大范围内，每隔1~2条林带采伐1条林带，在采伐迹地上营造新林带。待新林带长到一定高度，能充分发挥防护效能时，再采伐原来保留的林带。对主林带和副林带也有计划地分期采伐更新。这种更新方式，只在短期内减少了农田林网的有效防护面积，比较方便适用。

（3）换带更新　靠近原有林带的南侧、东侧营造新的林带，待新林带长到8~10m高以上时再采伐老的林带，并改老林带的采伐迹地为农田。这种更新方式不致在短期内显著降低防护效果，但只适用于不靠路、渠的林带。

采用上述各种更新方式，都应作好技术设计。原有林带采伐后，清除伐根，细致整地，按照农田林网造林的各项技术要求，营造新的林带。

二、农林间作

杨树与农作物间作，是一种杨树集约栽培形式，是一种综合的林地抚育管理措施，对促进杨树用材林速生丰产和提高经济效益具有重要意义。

（一）杨树与农作物间作的类型

按照间作年限的长短，农林间作可分为短期间作和长期间作。山东的杨树用材林普遍实行短期间作。

1. 短期间作

杨树与农作物短期间作，是以林为主的间作类型，只在郁闭度低的幼林中进行。间作年限因林分密度而异，如杨树行距4~5m，可间作2~3年；行距8~10m，可间作4~6年。通过短期农林间作，改善土壤条件，促进杨树生长，并获得农作物收入，以短养长。

2. 长期间作

杨树与农作物长期间作，是以粮为主或林粮并重的间作类型，在杨树整个生长周期内都可以实施。杨树与农作物长时间在同一地块上栽培，形成合理的立体种植模式和农林复合生态系统，实现以农促林，林粮双丰收。

杨树与农作物长期间作，适于鲁西平原风沙较严重的地区，杨树行距需15~20m，宜选择树冠较窄、根深的杨树种类。如惠民县联伍乡在农田中间作窄冠白杨3号，行距20m、株距4m，林龄10年时平均树高19.7m、平均胸径31.8cm；杨树对农田的平均遮光率15%左右；5~6月适当遮阴和降低气温有利于小麦灌浆成熟；7~8月的遮阴对玉米生长有所影响，有轻度减产（卢胜西等，1995）。

(二)杨树与农作物间作的作用

1. 充分利用光能和地力

杨树与农作物间作,形成一种农林复合经营的生态系统。杨树幼林期间树冠尚未充分发育,叶面积系数较小,漏光损失较多,生产的光合物质较少,对光能的利用不够充分。间作的农作物,可以更充分利用土地和营养空间,利用经过杨树树冠漏过的光照,生产光合产物,从而提高了农林复合生态系统的光能利用率。

2. 改善杨树营养条件,促进杨树生长

间作农作物,需要综合应用各项农业耕作措施,包括播种前的耕耙土地、施基肥,农作物生长期间的灌溉、追肥、中耕除草等。这些耕作措施改良了土壤的肥、水、气、热状况,也改善了杨树的营养条件,促进了杨树生长。"以耕代抚"是杨树重要的土壤管理措施。

王彦、姜岳忠等(1995)在长清县黄河滩区砂质潮土上新栽植的毛白杨幼林中进行农林间作试验,分别间种大豆、小麦和花生、西瓜和蔬菜,以不间作农作物只进行中耕除草为对照。农林间作2年后,间种农作物的处理,土壤养分含量、杨树叶片养分含量和杨树生长量都有提高。不同间作作物的肥水投入不同,改善杨树营养的效果也有差别:间作西瓜和蔬菜的处理,施肥量大,灌溉次数多,间作效果最好;间作小麦和花生的处理,施肥量较多,灌溉次数较多,间作效果次之;间作大豆处理不施肥,不灌溉,间作效果较差;大豆根瘤有固氮作用,大豆的残根落叶也有改良土壤作用(表3-9-3)。

表3-9-3　毛白杨幼林间作2年的效果

间作农作物	土壤养分含量(0~50cm土层)				叶片养分含量			幼林生长量	
	有机质(g/kg)	速效氮(mg/kg)	速效磷(mg/kg)	速效钾(mg/kg)	氮(g/kg)	磷(g/kg)	钾(g/kg)	平均胸径(cm)	平均树高(m)
西瓜-蔬菜	5.14	42.63	3.0	83	37.3	2.5	4.0	7.1	5.9
小麦-花生	4.58	49.64	3.2	94	31.0	2.1	3.7	5.2	5.0
大豆	4.44	46.15	1.3	90	21.2	1.9	3.7	4.5	4.7
不间作(ck)	4.36	40.09	1.1	87	19.0	1.4	3.3	3.5	4.0

注:①间种西瓜,施圈肥37.5t/hm²、过磷酸钙900kg/hm²、尿素900kg/hm²,灌溉2~3次;②间种蔬菜,施圈肥37.5t/hm²、过磷酸钙900kg/hm²、尿素750kg/hm²,灌溉2~3次;③间种小麦,施磷酸二铵300kg/hm²、尿素300kg/hm²,灌溉2~3次;④间种花生,施过磷酸钙375kg/hm²、尿素225kg/hm²,不灌溉;⑤间种大豆,不施肥,不灌溉;⑥不间作,不施肥,不灌溉。

莒县沭河河滩已连作多代的杨树林地栽植T26杨,刘福德、姜岳忠等(2007)对T26杨幼林进行间作试验,间作作物有大豆、花生、西瓜、生姜。农林间作对改善土壤物理性状、提高土壤养分含量、增加土壤微生物数量、提高土壤酶活性都有良好的效果,明显地提高了土壤肥力。因间作作物的肥水管理水平不同,间作生姜和西瓜改良土壤的效果较好,其次为间作花生、大豆(表3-9-4、表3-9-5)。

农林间作提高了林地土壤肥力,促进了杨树生长。与不间作(对照)相比,间作生姜、西瓜、花生、大豆的T26杨幼林,平均胸径分别提高了37.8%、32.0%、15.3%、19.7%,平均树高分别提高了29.1%、28.7%、8.2%、13.3%。

表 3-9-4　农林间作对杨树林地土壤理化性状的影响

间作农作物	土壤物理性状				土壤养分含量			
	土壤容重（g/cm³）	最大持水量（%）	毛管持水量（%）	孔隙度（%）	有机质（g/kg）	速效氮（mg/kg）	速效磷（mg/kg）	速效钾（mg/kg）
生姜	1.40	33.6	30.7	47.2	10.93	57.6	44.46	57.73
西瓜	1.40	32.0	29.5	44.8	10.85	53.6	39.69	55.74
花生	1.50	26.6	24.6	39.8	7.12	58.8	16.37	45.75
大豆	1.48	29.3	27.5	43.4	7.95	61.6	19.00	51.74
不间作(ck)	1.61	21.4	20.1	34.4	5.04	53.2	15.06	38.76

表 3-9-5　农林间作对土壤微生物数量的影响

间作农作物	真菌(10³ 个/g 干土)	细菌(10³ 个/g 干土)	放线菌(10³ 个/g 干土)
生姜	387.1	42984.8	967.7
西瓜	462.5	40707.7	2267.8
花生	188.7	7098.5	574.6
大豆	332.2	11854.6	904.8
不间作(ck)	136.6	5559.4	728.7

3. 以农养林，提高经济收益

杨树用材林的培育年限少则 5~6 年，多则 10 年以上，营林单位需长期持续地投入营林资金。通过农林间作，在杨树幼林期间就能提早获得农作物的收入，可以解决部分造林及幼林抚育的生产成本，适当弥补杨树林木生产周期较长、见效较慢的缺点。在资金周转利用上，实现以农养林，以短养长，农林结合，长短结合，获得更好的经济收益。

(三) 杨树用材林的农林间作技术

1. 间作作物的选择

优良的农林间作作物应当植株矮小，不影响树体光照；与林木对水、肥的竞争矛盾较小；病虫害少并与林木无共同病虫害；间作作物本身有较高的经济价值。

常用的间作作物有花生、豆类、小麦、棉花、薯类、瓜菜等。花生、大豆、绿豆等豆科作物，植株矮小、有固氮作用，适于与杨树林木间作。其中对花生的施肥较多，更有利于杨树林木生长，花生的经济收入也较高。小麦的植株不高，对杨树无遮阴影响；小麦主要在春季生长，早于杨树林木旺盛生长时期，养分竞争矛盾不突出；小麦的肥水管理水平较高，对土壤培肥有利，其经济价值也较高，适于与杨树林木间作。但在小麦成熟期（一般是 5 月下旬到 6 月上旬），常遇到高温干旱的天气，小麦的耗水量又大，与杨树对水分的竞争矛盾较大；如果在已播种小麦的田地里植树造林，新植幼树往往在这一时期受到小麦耗水的影响，严重降低成活率和削弱长势。棉花的管理比较精细，肥水较充足，适于和杨树林木间作。甘薯初期需肥水较少，而后期块根形成期需肥水多，与杨树林木的竞争矛盾大，可使林木提早停止生长。西瓜和各类蔬菜，因管理精细，肥水充足，对杨树林木的生长很有利。但秋季种植较晚的蔬菜，易使杨树林木延长生长期，对越冬不利，还可加重叶蝉的危害。

高秆作物如玉米等，影响杨树林木通风透光，养分竞争矛盾较突出，一般不宜与杨树林木间作。在杨树林木与农作物的长期间作类型中，当杨树林木的行距大时，可在杨树林木两旁种植矮秆作物（如大豆等），树冠外缘 3~5m 以外再种植玉米。

在比较瘠薄的林地上或郁闭度较大的林下，还可以间种绿肥牧草植物，用于林地压青或作饲草。适于杨树林地间作的绿肥作物应是植株较矮小，耐荫性较强，有利于改良土壤，产草量和养分含量较高的种类，如沙打旺、苕子、绿豆等。在杨树林冠遮阴较多的情况下，可选择一些耐荫的间作作物，如莒县、平邑县、嘉祥县等地在 3~4 年生杨树用材林下种植生姜、药材、食用菌等，具有良好效果。

2. 间作技术措施

农林间作时应根据杨树林木和农作物生长的需要，加强林地的施肥、灌溉、松土除草等项抚育管理，培肥土壤，充分发挥间作的有利作用。有条件的林地，尽量间作管理精细、肥水充足的作物，既可促进杨树林木生长，又有较高经济收入。间作作物与林木不能太近，要留出一定的树盘或树畦。距树较近处耕地宜浅，避免或减少损伤树木的大根。如果不给杨树留有树盘，间作作物种植过近，或种植玉米、杨树苗木等高秆作物时，间作作物与杨树争肥、争光照，将妨碍杨树的生长。

杨树片林的农林间作适于幼林阶段，随着林木长大和林分郁闭度增大，就逐步停止间作。密度较大的杨树用材林，如行株距 4m×3m，一般间作农作物 2 年，第 1 年基本不减产，第 2 年明显减产。密度较小的杨树用材林，如行株距 6m×5m，可间作农作物 3~4 年，1~2 年减产很少，3~4 年明显减产。停止间作以后，就需要专门为林木实施各项土、肥、水抚育管理措施。

为了方便间作和延长农林间作以耕代抚的期限，可适当扩大行距。如培养杨树大径材，可采用 8m×4m~10m×4m 的行株距；培养中径材，可采用 6m×3m~8m×3m 的行株距。与相同密度的均匀配置林分相比，便于行间耕作，增加了行间的光照，可延长间作年限 1 年。为了进一步扩大行距，方便间作，杨树用材林还可采用宽窄行配置方式，宽行距 12~15m，窄行距 4~5m，株距 4~5m。与行距一致的相同密度林分相比，窄行间提前郁闭，间作年限缩短；宽行间延迟郁闭，间作年限延长 1~2 年。

参考文献

陈森锟，尹伟伦，刘晓东，等 . 2008. 修枝对欧美 107 杨木材生长量的短期影响[J]. 林业科学，44(7)：130-135.

方升佐，徐锡增，吕士行 . 2004. 杨树定向培育[M]. 合肥：安徽科学技术出版社 .

国家林业局速生丰产用材林基地建设工程管理办公室 . 2010. 杨树速生丰产林[M]. 北京：中国林业出版社 .

黄波，苏晓，陈卫红，等 . 2013. 杨树人工林郁闭林分的施肥效应研究[J]. 山东林业科技，43(3)：20-23.

姜岳忠，乔玉玲，秦光华，等 . 2015. 杨树良种及高效栽培技术[M]. 济南：山东人民出版社 .

姜岳忠，王延平，王华田，等 . 2015. 连作杨树人工林地力衰退研究[M]. 北京：中国林业出版社 .

姜岳忠，王彦，李琪 . 2004. 毛白杨造林栽植深度的研究[J]. 山东林业科技，(6)：14-15.

姜岳忠，王彦，吴晓星，等 . 2006. 毛白杨用材林造林技术措施的研究[J]. 林业科学，42(6)：134-140.

姜岳忠，王彦，邢尚军 . 1996. 鲁西风沙土上毛白杨幼林施肥和农林间种效果[J]. 林业科学研究，第 9 卷林木施肥与营养专刊：183-187.

井大炜，邢尚军，马丙尧，等.2012.鸡粪与化肥配施对杨树根际土壤生物学特征及养分吸收的影响[J].水土保持学报，26(3)：97-101.

井大炜.2013.地膜覆盖对杨树林下土壤生物学特征的影响[J].水土保持通报，33(6)：269-273.

井大炜.2014.灌溉方式对杨树根系分布及硝态氮运移的影响[J].水土保持通报，34(1)：70-73+78.

亢新刚.2011.森林经理学(第4版)[M].北京：中国林业出版社.

李凤日.2019.测树学(第4版)[M].北京：中国林业出版社.

李建新，赵合娥，刘建军，等.2008.杨树苗木不同规格与截梢造林试验[J].山东林业科技，(2)：36-38.

刘奉觉，郑世锴，卢永农.1991.树冠结构对主干生长量垂直分配的影响[J].林业科学，27(1)：14-20.

刘奉觉，郑世锴，臧道群.1988.田间供水与杨树生长关系的研究Ⅰ.供水处理对杨树生长、树体结构和叶量的影响[J].林业科学研究，1(2)：153-161.

刘奉觉，郑世锴，臧道群.1988.田间供水与杨树生长关系的研究Ⅱ.田间供水、蒸腾耗水与材积产量的关系分析及林木需水量的估算[J].林业科学研究，1(3)：252-258.

刘福德，姜岳忠，王华田，等.2007.杨树人工林连作地力维持技术的探讨[J].林业科学，(S1)：58-64.

刘景芳，童书振，郑世锴，等.1989.山东省临沂地区杨树人工林地位指数表的编制[J].林业科学研究，2(4)：363-368.

刘寿坡，刘献忠，南健德.1990.意大利214杨林地施肥效应研究[J].林业科学，26(6)：485-494.

马丙尧，邢尚军，井大炜，等.2014.不同修枝强度对杨树生长的短期影响[J].山东林业科技，44(4)：26-28+50.

南京林业大学杨树课题组.1989.黑杨派南方型无性系速生丰产技术论文集[M].北京：学术书刊出版社.

齐力旺，陈章水.2011.中国杨树栽培科技概论[M].北京：科学出版社.

山东省地方史志编纂委员会.1996.山东省志·林业志[M].济南：山东人民出版社.

山东省地方史志编纂委员会.2010.山东省志·林业志(1998~2005)[M].济南：山东人民出版社.

山东省林科所毛白杨丰产栽培课题组.1997.毛白杨用材林立地类型划分和质量评价[J].山东林业科技，(2)：29-33.

山东省林科所杨树丰产栽培课题组.1986.山东省欧美杨丰产林立木材积表的编制[J].山东林业科技，(4)：52-53.

山东省林科所杨树丰产栽培课题组.1988.杨树速生丰产用材林生长预测[J].山东林业科技，(4)：14-17.

山东省林科所杨树丰产栽培课题组.1990.健杨、I-69杨秋冬季造林最佳时期试验报告[J].山东林业科技，杨树专辑(S1)：40-43.

山东省林科所杨树丰产栽培课题组.1990.欧美杨丰产林适生立地条件分析及生长预测[J].山东林业科技，杨树专辑(S1)：56-62.

山东省林科所杨树丰产栽培课题组.1992.杨树丰产林合理施肥的研究[J].山东林业科技，(1)：29-33.

山东省林科所杨树丰产栽培研究组.1990.杨树丰产林生物量和营养元素含量的研究[J].山东林业科技，(2)：1-7.

山东省林研所丰产林研究组.1980.健杨林分的光强分布与光合作用关系的初步探讨[J].山东林业科技，(3)：17-21.

山东省质量技术监督局.2012.高标准农田林网建设技术规程：DB37/T 2066-2012[S].

沈国舫.2001.森林培育学[M].北京：中国林业出版社.

王沙生，王世绩，裴宝华.1991.杨树栽培生理研究[M].北京：北京农业大学出版社.

王世绩.1995.杨树研究进展[M].北京：中国林业出版社,.

王彦，姜岳忠，吴晓星，等.1999.毛白杨速生丰产栽培技术的研究[R].济南：山东省林业科学研究所科学技术研究专题报告.

王彦，李琪，张佩云，等.1989.几种主要杨树丰产栽培理论和技术的研究[R].济南：山东省林业科学研究所科学技术研究专题报告.

王彦，李琪，张佩云，等.1991.杨树丰产林合理密度的研究[J].山东林业科技，(4)：25-29.

王彦，乔玉玲，王桂岩.2004.杨树[M].济南：山东科学技术出版社.

王正中，郑铭魁，张锡良，等.1990.I-69杨多萌更新[J].山东林业科技，杨树专辑(S1)：33-35.

邢传安.1987.2606-1项目造林丰产技术总结[J].山东林业科技,(4):43-45.

邢尚军,井大炜,马海林,等.2014.组合栽培对I-107欧美杨树生长及根际土壤特性的影响[J].东北林业大学学报,42(10):7-10.

邢尚军.2015.杨树高产栽培关键技术创新与应用[R].济南:山东省林业科学研究院科学技术研究专题报告.

许景伟,王卫东,王文凤,等.2000.农田林网更新改造技术的研究[J].山东林业科技,(1):9-14.

许景伟,王卫东.2010.高标准农田林网建设技术研究与示范[R].济南:山东省林业科学研究院科学技术研究专题报告.

许景伟.1992.黄泛沙地杨树低产林抚育改造技术的研究[J].山东林业科技,(3):23-28.

许慕农,王培华,郭衡,等.1991.林分密度和生物产量的研究[J].山东林业科技,(S1):1-19.

薛建辉.2010.森林生态学(修订版)[M].北京:中国林业出版社.

张国祥,宋瑞玲,马玲,等.2003.杨树秋冬季造林效果分析[J].山东林业科技,(4):21.

张瑞波,王正中,郑明奎,等.1999.I-69/55杨二次多萌更新试验[J].山东林业科技,(S1):3-5.

张志国,刘振岩.2014.杨树的生长特性与栽培[M].济南:山东科学技术出版社.

赵天锡,陈章水.1994.中国杨树集约栽培[M].北京:中国科学技术出版社.

赵宗山.1982.几个杨树品种耐盐力的初步研究[J].山东林业科技,(4):17-26.

郑彩霞.2013.植物生理学(第3版)[M].北京:中国林业出版社.

郑世锴,高瑞桐.1996.杨树丰产栽培与病虫害防治[M].北京:金盾出版社.

郑世锴,刘奉觉,徐宏远,等.1990.山东临沂地区杨树人工林密度及经济效益的研究[J].林业科学研究,3(2):166-171.

中国国家标准化管理委员会.2013.原木材积表:GB/T 4814-2013[S].北京:中国标准出版社.

中国森林立地类型编写组.1995.中国森林立地类型[M].北京:中国林业出版社.

第四章 杨树工业用材林定向培育

第一节 胶合板用材林培育技术

杨树用材林生长快，木材产量高。杨木色白、质软，木材的旋切、胶黏等性能良好，适于制作胶合板。胶合板材是杨树用材林的主要培育目的之一。

一、胶合板用材的材种要求

(一)旋切单板用原木标准的规定

杨树制作胶合板用材的材种为旋切单板用原木。中国国家标准 GB/T 15779—2017《旋切单板用原木》主要有如下规定：

1. 树种

GB/T 15779-2017 规定了旋切单板用原木的适用树种，杨木为适用树种之一。

2. 规格尺寸与公差

检尺长 2.0m、2.6m、4.0m、5.2m、6.0m。长级公差：$^{+6}_{-2}$cm。检尺径自 14cm 以上，按 2cm 进级。

3. 材质指标

材质指标应符合表 4-1-1 的要求。

表 4-1-1 旋切单板用原木的材质指标

缺陷名称	检量方法		允许限度
活节、死节	节子直径与检尺径之比		≤30%
	任意1m材长范围内的个数	针叶树	≤10
		阔叶树(活节不计)	≤5
心材腐朽、抽心	直径与检尺径之比		≤15%
虫眼	任意1m材长范围内的个数	针叶树	≤8
		阔叶树	≤4
纵裂、外夹皮	长度与检尺长之比		≤20%
弯曲	最大弯曲拱高与内曲水平长之比	4m以上	≤2%
		4m以下	≤1.5%
偏枯、外伤	深度与检尺径之比		≤10%
环裂、弧裂	在同一断面上的25cm²正方形中，环裂、弧裂条数		≤3
	拱高与检尺径之比		≤10%
漏节、边材腐朽、双丫材、炸裂	全材长范围内		不许有

注：其他材质缺陷由供需双方商定。

4. 检验方法

尺寸检量和材质评定按 GB/T 144《原木检验》规定执行。

5. 材积计算

按 GB/T 4814《原木材积表》规定执行。

(二)《旋切单板用原木》标准的修订

中国国家标准 GB/T 15779《旋切单板用原木》于1995年首次发布,以后于2006年和2017年进行了两次修订。在两次修订中,对旋切单板用原木的规格尺寸与材质指标都做了修改,主要是放宽了检尺径的允许限度,修改了部分木材缺陷的允许限度。

1. 检尺径

GB/T 15779—1995 规定的旋切单板用原木检尺径自26cm以上。检尺径26cm以上的大径原木,旋切单板时的木材利用率高。随着旋切单板机械的改进,以及大径原木日渐紧缺的情况下,GB/T 15779—2006 的检尺径允许限度放宽至自20cm以上,GB/T 15779—2017 的检尺径允许限度又放宽至自14cm以上。

2. 材质指标

GB/T 15779—2017 和 GB/T 15779—2006 相比,除去放宽了任意1m材长范围内的活节、死节个数外,对大部分木材缺陷的允许限度都加严了要求:加严了心材腐朽、抽心的允许限度,加严了任意1m材长范围内的虫眼允许个数,加严了纵裂、外夹皮的允许限度,加严了材长4m以下的弯曲的允许限度,加严了偏枯、外伤的允许限度。由此可见,在培育胶合板用材时,要更加注重木材的质量要求。

二、适于胶合板用材林的杨树品种

营造胶合板用材林的杨树应具备木材产量高、干形好、对蛀干害虫的抗性强、木材加工性能良好等条件。

1. 木材产量

山东营造胶合板用材林,主要使用黑杨派速生品种。20世纪90年代以来,山东应用的黑杨派优良品种有中林46杨、中林23杨、I-69杨、T26杨、T66杨、107号杨、108号杨、中菏1号杨、L35杨、鲁林1号杨、鲁林2号杨、鲁林3号杨、鲁林9号杨、鲁林16号杨等,均具有良好的速生丰产性能。在鲁中南、胶东地区河谷平原的河潮土立地上,这些杨树品种用材林的材积平均生长量一般在 $20\sim30m^3/(hm^2\cdot a)$,高的可达 $40m^3/(hm^2\cdot a)$;旋切单板用原木的平均生长量一般在 $16\sim24m^3/(hm^2\cdot a)$,高的可达 $32m^3/(hm^2\cdot a)$。在鲁西南黄泛平原的潮土立地上,材积平均生长量一般在 $20\sim25m^3/(hm^2\cdot a)$,旋切单板用原木的平均生长量一般在 $16\sim20m^3/(hm^2\cdot a)$。

2. 形质指标

杨树的形质指标影响到旋切单板用原木的出材率和工艺价值。胶合板用材林宜选用树干通直、圆满,树冠较窄,侧枝较细而均匀的杨树品种。

各地对不同杨树品种的形质指标进行了观测。如宁阳县高桥林场试验林中,10个黑杨派品种形质指标的比较，107号杨、L35杨的冠幅较小，枝条较细而分布均匀，树高与胸径的比例较大、尖削度较小；T26杨、T66杨、I-102杨、中菏1号杨的冠幅大，枝条粗且分层明显，树高与胸径的比例较小、尖削度较大；中林46杨、I-69杨、L323杨、L324杨的冠幅、干形、分枝介于以上二者之间。长清区东仓庄试验林中，鲁林1号杨的枝条较细而分布均匀，树高与胸径的比例较大、尖削度小，与L35杨的形质指标相似(表4-1-2)。

表4-1-2 宁阳县高桥林场部分黑杨品种的形质指标

杨树品种	冠幅	树高与胸径的比例	尖削度	分枝情况		
				粗度	数量	层次
中林46杨	中	中等	中等	中	中	明显
I-69杨	中	中等	中等	中	中	明显
107号杨	较小	较大	较小	较细	多	不明显
中菏1号杨	大	较小	较大	粗	少	明显
T26杨	大	较小	较大	粗	少	明显
T66杨	大	较小	较大	粗	少	明显
I-102杨	大	较小	较大	粗	少	明显
L35杨	较小	较大	较小	较细	多	不明显
L323杨	中	中等	中等	中	中	不明显
L324杨	中	中等	中等	中	中	不明显

3. 对蛀干害虫的抗性

光肩星天牛等蛀干害虫能严重影响胶合板用材的质量，营造胶合板用材林应选择对蛀干害虫抗性强的杨树品种

如诸城市、莒县对黑杨派品种试验林中的光肩星天牛危害情况进行调查，中林46杨、I-69杨受害轻，中林23杨、中林28杨受害中等，露伊莎杨受害重。对长清等地试验林观测，T26杨、T66杨、中菏1号杨、107号杨、L35杨、L323杨等品种发生光肩星天牛的虫株率和虫口密度与中林46杨、I-69杨接近，均属对光肩星天牛抗性较强的品种(表4-1-3)。

表4-1-3 部分黑杨派品种对光肩星天牛的抗性

杨树品种	光肩星天牛为害情况			抗性评价
	有虫株率(%)	虫口密度(头/株)	刻槽密度(个/株)	
中林46杨	5.68	0.08	1.35	高抗
I-69杨	9.89	0.17	1.90	高抗
中林23杨	20.04	0.30	14.06	中抗
中林28杨	13.00	0.13	7.81	中抗
露伊莎杨	45.71	1.82	20.77	易感虫

4. 木材性能

木材的物理力学性质可影响单板和胶合板的性状。对部分黑杨派品种进行木材物理力学性质的测定，经综合分析比较：I-69杨、T26杨、T66杨等美洲黑杨品种，其木材的心材含量较低，体积干缩率较低，木材的密度和强度较高；中林23杨、中林28杨、露伊莎杨等欧美杨品种，其木材的心材含量较高，体积干缩率较高，木材的密度较高，木材强度较高至中

等；中林46杨、I-214杨等欧美杨品种，其木材的心材含量较低，体积干缩率较低，木材的密度和强度低，属较典型的软材品种。

杨树木材容易旋切，胶合性能良好，制成的胶合板达到国家标准的要求。对107号杨、L35杨、中菏1号杨、鲁林1号杨、鲁林2号杨、鲁林3号杨等6个品种的木材旋切单板与制胶合板的检测结果表明，6个品种木材的旋切性能好，鲜单板光滑、无起毛现象；干单板质地良好，适宜制作胶合板；制成的胶合板无裂缝和鼓泡分层，胶合强度和含水率达到国家标准Ⅲ类胶合板的要求。6个品种比较，鲁林1号杨、鲁林2号杨、鲁林3号杨、L35杨的旋切鲜单板质地、干单板边部裂缝、胶合强度等性能指标较好，而107号杨、中菏1号杨的上述性能指标稍差（表4-1-4）。

表4-1-4 杨树木材旋切单板与胶合板性状

杨树品种	鲜单板性状			干单板性状		胶合板性状			
	手感硬度	光滑度	单板质地	边部裂缝（个/m）	单板翘曲	含水率（%）	胶合强度		鼓泡分层
							平均木材破坏率(%)	单个试件强度（MPa）	
107号杨	偏软	光滑	中上等	8.63	微翘	11.66	6	0.756	无
中菏1号杨	偏软	光滑	中上等	4.14	微翘	12.83	4	0.842	无
L35杨	偏硬	光滑	上等	3.50	微翘	11.54	4	0.836	无
鲁林1号杨	偏软	光滑	上等	2.15	微翘	11.25	5	0.893	无
鲁林2号杨	偏软	光滑	上等	3.44	微翘	10.85	4	0.867	无
鲁林3号杨	偏软	光滑	上等	3.50	微翘	11.01	5	0.852	无
规定标准值						6~14		≥0.70	

三、造林地选择

营造杨树胶合板用材林，要选择杨树适生的立地条件。在山东，杨树用材林主要分布在鲁西南、鲁西北的黄泛冲积平原和鲁中南、胶东的山麓平原、河谷平原。黄泛冲积平原的主要土壤类型为潮土，山麓平原、河谷平原的主要土壤类型为河潮土和棕壤、褐土。杨树适生的立地条件，应土层深厚，土壤质地为紧砂土、砂壤土、轻壤土、中壤土，地下水位1~3m，土壤含盐量0.15%以下。山东适于营造胶合板用材林的主要立地条件类型见表4-1-5和表4-1-6。

表4-1-5 山东山麓平原、河谷平原杨树胶合板用材林适生的主要立地条件类型

立地条件类型	107号杨用材林栽培指数（林龄6年）		
	鲁南栽培区	胶东栽培区	泰沂山北麓栽培区
河滩阶地紧砂质河潮土	17.8	17.4	15.9
河滩阶地砂壤质河潮土	18.5	18.0	16.5
河滩阶地轻壤质河潮土	19.3	18.7	17.3
河滩阶地中壤质河潮土	17.5	17.1	15.5
平地砂壤质棕壤褐土	17.9	17.3	16.1
平地轻壤质棕壤褐土	18.7	18.1	16.9
平地中壤质棕壤褐土	16.9	16.5	15.2

表 4-1-6 山东黄泛冲积平原杨树胶合板用材林适生的主要立地条件类型

立地条件类型	107号杨用材林栽培指数（林龄6年）	
	鲁西南栽培区	鲁西北栽培区
平地紧砂质潮土	16.6	15.7
平地砂壤质潮土	17.4	16.5
平地轻壤质潮土	18.5	17.6
平地中壤质潮土	16.7	15.8
洼地紧砂质潮土	16.3	15.4
洼地砂壤质潮土	17.0	16.1
洼地轻壤质潮土	18.1	17.2
洼地中壤质潮土	16.4	15.5

四、优质壮苗、精细栽植

（一）优质壮苗

营造胶合板用材林应选用健壮的 2 年生大苗造林。2 年生大苗的苗高、地径基数大，木质化程度高，用 2 年生大苗营造的杨树用材林有较高的木材产量。2 年生大苗栽植后的发枝部位较高，有利于培养圆满、无节的树干。2 年根 1 年干苗的根系较大，经平茬后的苗干通直，苗高、地径显著大于 1 年生苗，也适于营造胶合板用材林。

营造胶合板用材林的黑杨派品种苗木，应使用 2 年生或 2 年根 1 年干的壮苗，苗高>4m，地径>4cm，根幅 30~40cm。苗木应充分木质化，无机械损伤，无病虫害检疫对象。

（二）精细栽植

使用 2 年生大苗造林，必须精细栽植。在细致整地后，采用良好的植苗技术。包括：适宜的栽植季节，在起苗、运苗、植苗的各个环节保护苗木新鲜湿润，剪去苗木不充实的梢部和全部侧枝，适当深栽，栽植苗木后及时浇灌、培土等技术措施，以保证苗木成活和缩短缓苗期，及早旺盛生长。

五、造林密度和采伐年龄

造林密度和采伐年龄是工业用材林定向培育的重要技术措施，主要取决于培育的材种。研究胶合板用材林的造林密度和采伐年龄，需要分别立地条件和林分密度对林分生长规律和森林成熟进行研究。以山东栽培面积大，适于培育胶合板用材林，中林 46 杨、107 号杨的栽培指数为 18 的立地条件为例，对 4 种常用林分密度的杨树用材林进行林分生长过程、森林成熟及合理采伐年龄的分析。

（一）林分蓄积量和数量成熟龄

调查收集山东杨树用材林的生长资料，包括：品种试验林资料，密度试验林资料，各地不同密度、不同林龄林分的临时标准地资料，以及解析木资料等。杨树品种有生长习性相似的 107 号杨、108 号杨、中林 46 杨等山东栽植的黑杨派品种。选取栽培指数为 18 的杨树用材林资料，建立林分生长模型。分别行株距 4m×3m、5m×3m、5m×4m、6m×4m 的 4 种林分密度，列出林分的生长过程。求算每种密度的林分各林龄的单位面积蓄积量和材积平均生长量，得出数量成熟龄(表4-1-7至表4-1-10)。

行株距4m×3m的林分，数量成熟龄8年，数量成熟时的材积平均生长量28.18m³/(hm²·a)；行株距5m×3m的林分，数量成熟龄9年，材积平均生长量26.33m³/(hm²·a)；行株距5m×4m的林分，数量成熟龄11年，材积平均生长量23.88m³/(hm²·a)；行株距6m×4m的林分，数量成熟龄12年，材积平均生长量21.99m³/(hm²·a)。

表4-1-7 行株距4m×3m的杨树用材林生长过程　　　　栽培指数：18

林龄 (a)	平均树高 (m)	平均胸径 (cm)	平均单株材积 (m³)	蓄积量		
				总生长量 (m³/hm²)	连年生长量 (m³/hm²)	平均生长量 [m³/(hm²·a)]
4	14.0	14.0	0.0929	77.39		19.35
					36.56	
5	16.1	16.0	0.1368	113.95		22.79
					41.24	
6	18.0	17.8	0.1863	155.19		25.87
					38.15	
7	19.5	19.2	0.2321	193.34		27.62
					32.07	
8	20.7	20.2	0.2706	225.41		28.18*
					27.24	
9	21.6	21.0	0.3033	252.65		28.07
					22.16	
10	22.3	21.6	0.3299	274.81		27.48
					19.57	
11	22.9	22.1	0.3534	294.38		26.76

表4-1-8 行株距5m×3m的杨树用材林生长过程　　　　栽培指数：18

林龄 (a)	平均树高 (m)	平均胸径 (cm)	平均单株材积 (m³)	蓄积量		
				总生长量 (m³/hm²)	连年生长量 (m³/hm²)	平均生长量 [m³/(hm²·a)]
4	13.9	14.6	0.0973	66.53		16.63
					33.90	
5	16.0	16.9	0.1508	100.43		20.09
					39.83	
6	18.0	19.0	0.2106	140.26		23.38
					36.23	
7	19.5	20.6	0.2650	176.49		25.21
					31.57	
8	20.7	21.8	0.3124	208.06		26.01
					28.90	
9	21.7	22.8	0.3558	236.96		26.33*
					24.91	
10	22.5	23.6	0.3932	261.87		26.19
					23.11	
11	23.2	24.3	0.4279	284.98		25.91
					22.11	
12	23.9	24.9	0.4611	307.09		25.59
					19.45	
13	24.5	25.4	0.4903	326.54		25.11

表 4-1-9　行株距 5m×4m 的杨树用材林生长过程　　　　栽培指数：18

林龄 (a)	平均树高 (m)	平均胸径 (cm)	平均单株材积 (m^3)	蓄积量		
				总生长量 (m^3/hm^2)	连年生长量 (m^3/hm^2)	平均生长量 [$m^3/(hm^2·a)$]
4	13.8	14.8	0.1018	50.90		12.73
					27.40	
5	15.9	17.3	0.1566	78.30		15.66
					33.35	
6	18.0	19.6	0.2233	111.65		18.61
					32.70	
7	19.6	21.5	0.2887	144.35		20.62
					31.45	
8	20.9	23.1	0.3516	175.80		21.98
					30.60	
9	22.0	24.5	0.4128	206.40		22.93
					28.40	
10	22.9	25.7	0.4696	234.80		23.48
					27.85	
11	23.7	26.8	0.5253	262.65		23.88*
					22.90	
12	24.4	27.6	0.5711	285.55		23.80
					18.85	
13	25.0	28.2	0.6088	304.40		23.42
					16.35	
14	25.5	28.7	0.6415	320.75		22.91
					15.60	
15	25.9	29.2	0.6727	336.35		22.42

表 4-1-10　行株距 6m×4m 的杨树用材林生长过程　　　　栽培指数：18

林龄 (a)	平均树高 (m)	平均胸径 (cm)	平均单株材积 (m^3)	蓄积量		
				总生长量 (m^3/hm^2)	连年生长量 (m^3/hm^2)	平均生长量 [$m^3/(hm^2·a)$]
4	13.7	15.3	0.1076	44.76		11.19
					26.17	
5	15.9	18.1	0.1705	70.93		14.19
					30.57	
6	17.9	20.6	0.2440	101.50		16.92
					30.41	
7	19.6	22.6	0.3171	131.91		18.84
					29.00	
8	20.9	24.3	0.3868	160.91		20.11
					27.83	
9	22.1	25.7	0.4537	188.74		20.97
					26.54	
10	23.0	27.0	0.5175	215.28		21.53
					25.58	
11	23.9	28.1	0.5790	240.86		21.90
					23.01	
12	24.7	29.0	0.6343	263.87		21.99*
					20.42	
13	25.3	29.8	0.6834	284.29		21.87
					16.52	
14	25.8	30.4	0.7231	300.81		21.49
					15.18	
15	26.3	30.9	0.7596	315.99		21.07

(二)材种出材量和工艺成熟龄

由杨树伐倒木截取旋切单板用原木,用作胶合板原料;伐倒木剩余部分,可截取造纸用原木。应用山东多地不同径级的杨树解析木与标准木,按照中国国家标准 GB/T 15779—2017《旋切单板用原木》和 GB/T 11717—2018《造纸用原木》的规定造材,计算各单株的旋切单板用原木出材率和造纸用原木出材率。用解析木与标准木的造材数据,由林木胸径与材种出材率的相关关系,建立林木胸径与材种出材率的回归方程,并可绘制材种出材率曲线图。在前面 4 种密度林分生长过程的基础上,由各林龄的林分平均胸径,求得对应的材种出材率,即可计算该林龄的材种出材量,以及材种的平均生长量,分析旋切单板用原木和经济用材的工艺成熟龄(表 4-1-11 至表 4-1-14)。

表 4-1-11　行株距 4m×3m 的杨树用材林材种出材量　　栽培指数:18

林龄(a)	平均树高(m)	平均胸径(cm)	蓄积量(m^3/hm^2)	旋切单板用原木			造纸用原木			经济用材合计		
				出材率(%)	出材量(m^3/hm^2)	平均生长量[$m^3/(hm^2·a)$]	出材率(%)	出材量(m^3/hm^2)	平均生长量[$m^3/(hm^2·a)$]	出材率(%)	出材量(m^3/hm^2)	平均生长量[$m^3/(hm^2·a)$]
5	16.1	16.0	113.95	26.20	29.85	5.97	61.00	69.51	13.90	87.20	99.36	19.87
6	18.0	17.8	155.19	41.14	63.84	10.64	46.96	72.88	12.15	88.10	136.72	22.79
7	19.5	19.2	193.34	54.82	105.99	15.14	33.84	65.43	9.35	88.66	171.42	24.49
8	20.7	20.2	225.41	61.70	139.08	17.39	27.26	61.45	7.68	88.96	200.53	25.07*
9	21.6	21.0	252.65	64.90	163.97	18.22	24.30	61.39	6.82	89.20	225.36	25.04
10	22.3	21.6	274.81	67.12	184.45	18.45*	22.26	61.17	6.12	89.38	245.62	24.56
11	22.9	22.1	294.38	68.96	203.00	18.45	20.57	60.55	5.51	89.53	263.55	23.96

注:造纸用原木的检尺长 1~4m,检尺径自 4cm 以上。

表 4-1-12　行株距 5m×3m 的杨树用材林材种出材量　　栽培指数:18

林龄(a)	平均树高(m)	平均胸径(cm)	蓄积量(m^3/hm^2)	旋切单板用原木			造纸用原木			经济用材合计		
				出材率(%)	出材量(m^3/hm^2)	平均生长量[$m^3/(hm^2·a)$]	出材率(%)	出材量(m^3/hm^2)	平均生长量[$m^3/(hm^2·a)$]	出材率(%)	出材量(m^3/hm^2)	平均生长量[$m^3/(hm^2·a)$]
5	16.0	16.9	100.43	32.29	32.43	6.49	55.36	55.60	11.12	87.65	88.03	17.61
6	18.0	19.0	140.26	53.00	74.34	12.39	35.60	49.93	8.32	88.60	124.27	20.71
7	19.5	20.6	176.49	63.00	111.19	15.88	26.08	46.03	6.58	89.08	157.22	22.46
8	20.7	21.8	208.06	67.56	140.57	17.57	21.88	45.52	5.69	89.44	186.09	23.26
9	21.7	22.8	236.96	71.18	168.67	18.74	18.56	43.98	4.89	89.74	212.65	23.63*
10	22.5	23.6	261.87	74.00	193.78	19.38	15.92	41.69	4.17	89.92	235.47	23.55
11	23.2	24.3	284.98	76.42	217.78	19.80	13.64	38.87	3.53	90.06	256.65	23.33
12	23.9	24.9	307.09	78.46	240.94	20.08*	11.72	35.99	3.00	90.18	276.93	23.08
13	24.5	25.4	326.54	79.80	260.58	20.05	10.48	34.22	2.63	90.82	294.80	22.68

表 4-1-13　行株距 5m×4m 的杨树用材林材种出材量　　　栽培指数：18

林龄(a)	平均树高(m)	平均胸径(cm)	蓄积量(m³/hm²)	旋切单板用原木			造纸用原木			经济用材合计		
				出材率(%)	出材量(m³/hm²)	平均生长量[m³/(hm²·a)]	出材率(%)	出材量(m³/hm²)	平均生长量[m³/(hm²·a)]	出材率(%)	出材量(m³/hm²)	平均生长量[m³/(hm²·a)]
5	15.9	17.3	78.30	35.64	27.91	5.58	52.21	40.88	8.18	87.85	68.79	13.76
6	18.0	19.6	111.65	57.26	63.93	10.65	31.52	35.19	5.87	88.78	99.12	16.52
7	19.6	21.5	144.35	66.15	95.49	13.64	23.20	33.49	4.78	89.35	128.98	18.42
8	20.9	23.1	175.80	71.95	126.49	15.81	17.87	31.41	3.93	89.82	157.90	19.74
9	22.0	24.5	206.40	76.80	158.52	17.61	13.30	27.45	3.05	90.10	185.97	20.66
10	22.9	25.7	234.80	80.25	188.43	18.84	10.09	23.69	2.37	90.34	212.12	21.21
11	23.7	26.8	262.65	82.12	215.69	19.61	8.44	22.17	2.02	90.56	237.86	21.62*
12	24.4	27.6	285.55	82.70	236.15	19.68*	8.02	22.90	1.91	90.72	259.05	21.59
13	25.0	28.2	304.40	82.96	252.53	19.43	7.86	23.93	1.84	90.82	276.46	21.27
14	25.5	28.8	320.75	83.14	266.67	19.05	7.74	24.83	1.77	90.88	291.50	20.82
15	25.9	29.3	336.35	83.29	280.14	18.68	7.64	25.70	1.71	90.93	305.84	20.39

表 4-1-14　行株距 6m×4m 的杨树用材林材种出材量　　　栽培指数：18

林龄(a)	平均树高(m)	平均胸径(cm)	蓄积量(m³/hm²)	旋切单板用原木			造纸用原木			经济用材合计		
				出材率(%)	出材量(m³/hm²)	平均生长量[m³/(hm²·a)]	出材率(%)	出材量(m³/hm²)	平均生长量[m³/(hm²·a)]	出材率(%)	出材量(m³/hm²)	平均生长量[m³/(hm²·a)]
5	15.9	18.1	70.93	43.22	30.66	6.13	45.02	31.93	6.39	88.24	62.59	12.52
6	17.9	20.6	101.50	62.40	63.34	10.56	26.68	27.08	4.51	89.08	90.42	15.07
7	19.6	22.6	131.91	69.86	92.15	13.16	19.82	26.15	3.74	89.68	118.30	16.90
8	20.9	24.3	160.91	75.82	122.00	15.25	14.24	22.91	2.86	90.06	144.91	18.11
9	22.1	25.7	188.74	79.95	150.90	16.77	10.39	19.61	2.18	90.34	170.51	18.95
10	23.0	27.0	215.28	82.10	176.74	17.67	8.50	18.30	1.83	90.60	195.04	19.50
11	23.9	28.1	240.86	82.63	199.02	18.09	8.18	19.70	1.79	90.81	218.72	19.88
12	24.7	29.0	263.87	82.90	218.75	18.23*	8.00	21.11	1.76	90.90	239.86	19.99*
13	25.3	29.8	284.29	83.14	236.36	18.18	7.84	22.29	1.72	90.98	258.65	19.90
14	25.8	30.4	300.81	83.28	250.52	17.89	7.76	23.34	1.67	91.04	273.86	19.56
15	26.2	30.9	315.99	83.38	263.47	17.57	7.71	24.36	1.62	91.09	287.83	19.19

4 种密度林分的经济用材工艺成熟龄均与数量成熟龄相同。行株距 6m×4m 的较稀林分，旋切单板用原木的工艺成熟龄与数量成熟龄相同；而其他三种密度的林分，旋切单板用原木工艺成熟龄均大于数量成熟龄。4 种密度林分的旋切单板用原木工艺成熟龄：行株距 4m×3m 的林分为 10 年，行株距 5m×3m、5m×4m、6m×4m 的三种林分均为 12 年。比较 4 种密度林分达到工艺成熟龄时的旋切单板用原木平均生长量，以行株距 5m×3m 的林分最高，为 20.08m³/(hm²·a)；其次为行株距 5m×4m 的林分，为 19.68m³/(hm²·a)；较低的为行株距

6m×4m 的林分，为 18.23m³/(hm²·a)；行株距 4m×3m 的林分，旋切单板用原木的工艺成熟龄较低，达到工艺成熟龄时的旋切单板用原木平均生长量较低，为 18.45m³/(hm²·a)，而造纸用原木及经济用材的出材量都较高。

(三) 经济收益和经济成熟龄

分析杨树用材林的经济收益，要核算杨树用材林经营周期内的生产成本和收入。生产成本包括土地使用费用、造林费用、抚育管理费用、采伐费用和税费等，收入包括木材收入和间作农作物收入等。

林分密度影响用材林的成本和收入。如生产成本比较，密度较大的林分，其苗木费和栽植费等较高。木材收入比较，密度较大，行株距 4m×3m 的林分，其经济用材出材量较高，但生产的原木径级较小，每立方米原木的价格较低；而密度较小，行株距 6m×4m 的林分，其出材量较低，但生产的原木径级较大，原木价格较高。另外，密度较小的林分，农林间作年限较长，间作农作物的收入较高。

杨树用材林的经济成熟龄是林分的经济收益最高时的年龄。计算经济成熟龄有多种方法，常用的是净现值法。按规定的贴现率，计算经营周期内的净现值，净现值最高时的年龄即经济成熟龄。本次分析使用 6%、8% 两种贴现率。

计算净现值的公式为：

$$NPV = \sum_{t=0}^{n} \frac{R_t - C_t}{(1+P)^t}$$

式中：NPV 为净现值，n 为经营年数，t 为收入与支出发生的年份，R_t 为 t 年时货币收入，C_t 为 t 年时货币支出，P 为贴现率。

对 4 种密度的林分，计算在不同年龄采伐时的净现值（表 4-1-15）。经比较：按贴现率 6%，行株距 4m×3m 林分的经济成熟龄为 10a，行株距 5m×3m 林分和株行距 5m×4m 林分的经济成熟龄均为 12a，行株距 6m×4m 林分的经济成熟龄为 13a。按贴现率 8%，则经济成熟龄可提前一年。比较 4 种林分密度在经济成熟龄时的净现值，以行株距 5m×3m 的林分最高，其次为行株距 5m×4m 的林分。

表 4-1-15　杨树用材林在不同年龄收获时的净现值　　　元/hm²

林龄(a)	行株距 4m×3m		行株距 5m×3m		行株距 5m×4m		行株距 6m×4m	
	6%	8%	6%	8%	6%	8%	6%	8%
7	46335	39851						
8	56939	45761						
9	59892	49189*	61106	50479				
10	61254*	49019	65620	52940	62490	50458	59980	48706
11	61176	47560	69162	54460*	67149	52949	64215	50936
12			70302*	53947	69040*	53080*	65859	50958*
13			69989	52267	68474	51223	66697*	50293
14					66816	48541	65407	47963
15					64764	45609	63504	45206

(四)胶合板用材林的适宜密度与采伐年龄

对栽培指数为18，4种密度的107号杨、108号杨、中林46杨用材林进行木材产量、经济收益和森林成熟龄的分析。用旋切单板用原木的出材量和平均生长量为考核指标，以行株距5m×3m的林分最高，行株距5m×4m的林分次之，行株距6m×4m和4m×3m的林分较低。

用4种密度林分达到经济成熟时的净现值进行比较，以行株距5m×3m的林分最高，行株距5m×4m的林分次之，行株距6m×4m的林分与前两种密度接近，行株距4m×3m的林分最低。

以旋切单板用原木的平均生长量和经济成熟时的净现值为主要指标，666~500株/hm^2（行株距5m×3m~5m×4m）是培育胶合板用材林的适宜密度。以旋切单板用原木的工艺成熟龄和经济成熟龄为主要依据，上述两种密度的林分，其适宜采伐年龄为12年。

416株/hm^2（行株距6m×4m）的林分，旋切单板用原木的平均生长量低于前两种密度的林分，但生产的原木直径较大、价格较高，且间作作物的产量较高，该密度林分达到经济成熟龄时的净现值与前两种密度的林分接近。杨树胶合板用材林可采用416株/hm^2的造林密度。以旋切单板用原木的工艺成熟龄和经济成熟龄为主要依据，这种密度林分的适宜采伐年龄为12~13年。

在4种密度的林分中，833株/hm^2（行株距4m×3m）的林分密度最大。该密度林分在数量成熟龄时的材积平均生长量高于其他3种密度的林分，经济用材的平均生长量也高于其他3种密度的林分。但该密度林分的直径生长量较低，旋切单板用原木的出材率和平均生长量较低，在经济用材中包括了较多小径的造纸用原木。因生产的原木直径较小、价格较低，且间作作物产量较低，影响了经济收益。这种密度林分在经济成熟龄时的净现值低于其他3种密度的林分，且差距较大。对于培育胶合板用材林，833株/hm^2的林分密度偏大，不宜采用。

六、林地土壤管理

杨树用材林的林地土壤管理包括灌溉、施肥、中耕松土等措施，是改善林地土壤的水、肥、气、热状况，提高土壤肥力，促进胶合板用材林速生丰产的重要保证。

(一)灌溉

1. 灌溉时期

杨树用材林的灌溉时期主要依据杨树的生长习性和天气状况。春季杨树萌芽和小叶展出需要适宜的温度和水分供应，萌芽前适量灌水有利于发芽和初展叶生长。萌芽前灌水宜畦灌、少量，灌水后中耕松土，保墒并提高地温。

春季营养期以梢叶生长为主，良好的水分供应对枝、叶生长有明显的促进作用。在山东，杨树春季营养生长期一般在4月上旬至5月上旬，此时正值旱季，气温逐渐升高，叶蒸腾作用加强，是灌溉的关键时期之一，灌水量也应加大。

进入夏季营养生长期，枝叶已经展开，树干加速生长。此期的气温高、光照强，充足的水分供应是促进杨树速生的重要条件。在山东，杨树夏季营养生长期一般在5月中旬至9月初。5~6月常是山东气温高、降水少，蒸发强烈的时期，旱象严重，此时的及时足量灌水对促进杨树生长的作用显著，是全年灌溉的重点时期。7~8月山东进入雨季，一般会解除旱情。如遇个别年份的伏旱，也应及时灌溉。

9~10月进入封顶充实期，杨树继续积蓄营养。如发生秋旱，导致树叶提前脱落。秋旱时适量灌溉，可保护叶片，有利于积蓄树体营养。越冬休眠期的杨树枝干仍然由蒸腾作用散失水分。在干旱年份冬灌，有利于杨树安全越冬和来年适时萌芽。

2. 灌溉方法

杨树栽植当年，根系分布范围较小，一般用树盘灌或短畦灌。杨树幼林实行农林间作，适于畦灌。杨树中龄林已形成茂密的树冠，根系分布至全林，需水量增大；一般采用畦灌，比较节水，灌溉效果也好；夏季旱情重时也可采用分小区灌，湿润土地的范围和深度都较大，但用水量大，土壤板结较重，灌溉后需及时松土保墒。

3. 灌水量

合理灌溉通常以土壤相对湿度（土壤含水量与田间持水量的比值）为指标。一般情况下，土壤相对湿度70%~80%时，土壤中的水分和空气状况适合杨树生长；土壤相对湿度低于60%时，呈现缺水状态；土壤相对湿度低于40%时，严重干旱。若干旱季节土壤相对湿度低于60%，就应及时灌溉。

杨树用材林的一次灌水量可由现有土壤含水量和田间持水量计算。计算公式为：灌水量=灌溉面积×灌溉湿润深度×土壤容重×（田间持水量−灌溉前土壤含水量）。杨树根系较深，灌溉湿润深度应达60cm。畦灌可以节省部分用水，灌水量大小因杨树的行距、畦的宽度、畦两侧水分渗透情况而有差别。

杨树用材林的适宜灌水次数和灌水量受当地降水时期、降水量、土壤质地等因素影响。在济南市长清区西仓庄砂壤质潮土立地的杨树林分中进行灌溉试验。不灌溉的林地，在4月下旬至6月下旬，土壤含水量可低于土壤相对湿度60%。在4月中旬、5月中旬、6月上旬各灌溉一次，每次灌水量600m³/hm²，灌溉湿润深度可达60cm，每次灌溉后可在20~30天内维持土壤相对湿度在60%以上，保持杨树正常水分供应。

山东的杨树胶合板用材林，在一般降水量年份，每年应灌溉3次以上，每次灌水量600m³/hm²左右。高温、干旱季节，一次灌水量要较多。沙地的保水力差，宜适当增加灌溉次数，减少每次的灌水量。

(二) 施肥

杨树是喜肥树种，在矿质元素丰富的土壤上才能充分发挥速生特性。通过施肥，向林地土壤补充有机质和矿质元素，改善杨树对矿质营养的吸收利用，才能达到速生丰产的目标。

在山东的潮土和河潮土等土壤类型的林地上进行杨树用材林施肥试验，结果表明：施用氮肥的效果明显，磷肥和氮肥配合有增产效果，钾肥的效果不明显。有机肥和化肥配合施用，能提高养分的有效性和土壤持续为杨树供应养分的能力。土壤养分含量越低，施肥的效果越明显。

杨树用材林的施肥效果，与造林地土壤质地与土壤养分含量，杨树的林龄与生长状况，肥料的种类及性状等因素有关。根据山东杨树用材林的施肥试验结果和生产经验，杨树胶合板用材林一般可采用以下施肥技术。

1. 栽植当年的杨树施肥

杨树栽植时，要施足基肥。基肥以有机肥料为主，最好是经过沤制的圈肥，每株杨树施 20~30kg。也可施用经过堆制的堆肥或其他有机肥料。在有机肥中掺入过磷酸钙，每株树 0.5kg 左右。将有机肥和过磷酸钙掺和后，回填至植树穴内，深度 30~60cm。

新栽植的幼树，有了新根和叶片之后，就吸收利用栽植穴的矿质营养并进行光合作用。在根系和梢叶加快生长的时期要进行追肥，一般在 5 月中旬每株施尿素 120g 左右，7 月上旬或中旬每株再施尿素 120g 左右。土壤质地为砂土，可减少每次追肥用量，增加追肥次数，可于 5 月中旬、6 月中旬、7 月中旬各追肥一次，每次每株施尿素 100g 左右。追肥方法为开环状沟撒施，覆土盖严。追肥要防止距树干过近，以免灼伤幼树。

2. 杨树幼龄林施肥

2~4 年生的杨树幼龄林，根系、枝叶进入快速增长期，也是树高和胸径连年生长量最大的时期。适时足量的肥水供应，可以扩大光合面积，改善光合性能，获得更大的树高与胸径生长量，并为加快材积生长打好基础。

幼龄林追肥一般可一年 2 次。第一次在 4 月上旬至中旬梢叶形成期，每次每株施尿素 150~200g。第二次在 7 月上旬夏季旺长期，每株施尿素 150~200g。砂性大的土壤，可在 4 月上旬至 7 月中旬追肥 3 次，每次每株 150g 左右。缺磷的土壤，可在第 1 次追肥时配施过磷酸钙，每株 100~150g。幼龄林追肥方法宜多点穴施，在树冠范围内，距树干 60cm 以外散布挖穴，撒入化肥覆土盖严。施肥后灌溉或雨后施肥。

杨树幼林实行农林间作，每年收获作物后耕翻林地，将落叶、杂草、粉碎后的秸秆埋入土中。在瘠薄沙地或栽植前施基肥不足的林地，可在秋季耕翻林地时施入圈肥、堆肥等有机肥，并在有机肥中掺入过磷酸钙。

3. 杨树中龄林施肥

5 年生以上的杨树中龄林，是杨树用材林光合面积大、材积生长量高的时期。这一时期要每年进行适量施肥，稳定杨树林分的光合面积，提高光合效能，保持杨树林分的长势，延长材积生长量继续增长的年限。年内的肥水管理时间适当后移，延迟秋季的叶片衰老，增加光合产物的积累。

杨树中龄林每年可追肥 2 次，第一次在 4 月中旬，第二次在 7 月上旬至中旬，每次施肥量尿素 100kg/hm² 左右。施肥方法以林木行间机械或人工开沟，条状沟施较方便。开沟应距树干 1m 以外，沟深 10cm 左右，施肥后覆土盖严。

培育年限较长的胶合板用材林，要重视有机肥的使用。每年夏季林地中耕除草时，结合将绿肥、杂草埋入土中。每年秋后耕翻林地时，把杨树落叶埋入土中。结合耕翻林地，隔年施入 1 次圈肥或堆肥等有机肥，用量 15~20t/hm²，并掺入过磷酸钙 200~300kg/hm²。

(三) 中耕松土

中耕松土具有疏松林地表层土壤，减少土壤水分蒸发，改善土壤通气性、保水性和透水性，提高土壤养分有效性等作用。中耕结合除草，减少杂草对土壤水分、养分的竞争。杨树根系的呼吸作用强，需要较多氧气；通过中耕松土，保持表层土壤疏松，使土壤有良好的气体交换，对杨树生长有重要作用。

杨树幼龄林每年生长季节应中耕松土2~3次，一般结合除草进行。实行农林间作，中耕松土与农作物的管理结合进行，杨树株间也应松土。松土深度5~10cm，砂土宜较浅、黏土宜较深。每年秋冬季间作作物收获后及杨树落叶后，机械耕翻一次。杨树中龄林已停止农林间作，每年应继续中耕松土，防止土壤板结，直至采伐之前；可于每年夏季机械中耕1~2次，初冬全面耕翻1次。中耕松土时，防止距树干过近、过深，以免损伤过多的粗根。

(四) 农林间作

在杨树幼龄林中实行农林间作、以耕代抚，是有效的培肥林地措施，可明显促进林木生长。杨树胶合板用材林的行距一般为5~6m，可间作3~4年。造林后1~2年，可间作粮食、棉花、油料、蔬菜等多种作物。林龄3~4年时，杨树遮阴加重，只适宜间作耐荫的作物或冬前与早春种植生长期短的作物。

农林间作时，根据林木和农作物生长的需要，加强林地的灌溉、施肥、中耕松土等管理措施，充分发挥间作的有利作用。间作作物与林木不能太近，要留出一定的树畦或树盘。距树近处耕地宜浅，避免损伤林木的大根。

七、修枝抚育

修枝抚育对于培育通直、圆满、无节的胶合板用材有重要作用。修枝抚育包括整形修剪和修枝。

(一) 整形修剪

整形修剪在栽植后1~3年的幼林进行。整形修剪的作用是使幼树的主梢直立、粗壮，侧枝匀称，以利培育通直、圆满的树干。要选留和促进直立的主梢，修除或控制邻近主梢的竞争枝，控制粗大、强壮侧枝，多保留长势中庸的枝条作辅养枝，并修除树干基部的萌条和少量侧枝。

整形修剪在夏季和冬季进行。夏季修剪主要是选留强壮主梢，控制竞争枝。对竞争枝采用剪截的办法予以控制，强枝重控、较弱枝轻控，一般剪去竞争枝长的1/2左右。对粗大侧枝可剪去长势旺的部分，保留其二次枝。冬季修剪将竞争枝紧贴树干修除，不留残桩，同时修除树干基部的萌条。

(二) 修枝

杨树修枝在中龄林中进行。修枝的作用是：减少树干上的节子，提高木材质量；降低树干尖削度，提高出材率；修除树冠底层生长衰弱的枝条，减少树体有机营养的消耗。

杨树胶合板用材林的修枝起始年龄与林分密度和杨树长势有关，一般从林龄4年左右、林分郁闭度0.8以上时开始。修枝强度应利于提高木材质量，而不降低生长量，以修除树冠底层生长衰弱枝条的轻度修枝为宜。修枝宜在晚秋、早春进行。修枝方法适于平切，贴近树干，切口平滑，不留残桩。每年一次修枝，直至枝下高超过8~10m，符合胶合板用材林培养无节良材的要求。

八、杨树病虫害防治

杨树病虫害的种类众多。一些山东常见的杨树病虫害，发生面积较大，可对林木造成严重危害。在培育杨树胶合板用材林的技术措施中,需加强对杨树病虫害的防治,以保障林木速生丰产和提高木材质量。

(一)杨树害虫防治

杨树害虫按危害部位分为叶部害虫、枝梢害虫、蛀干害虫、根部害虫。山东杨树胶合板用材林的主要害虫为一些食叶害虫和蛀干害虫。

1. 防治蛀干害虫

蛀干害虫是杨树胶合板用材林的防治重点之一。蛀干害虫多以幼虫在杨树树干内部蛀食韧皮部和木质部,不仅削弱树木的长势,还降低木材的质量和利用价值。GB/T 15779—2017《旋切单板用原木》标准规定,阔叶树 1m 材长内的虫眼个数不得超过 4 个。这就要求加强对蛀干害虫的防治。山东杨树的蛀干害虫有光肩星天牛、桑天牛、云斑天牛、芳香木蠹蛾东方亚种、榆木蠹蛾等。防治杨树蛀干害虫要采用营林技术措施、物理机械防治措施、生物防治措施、化学防治措施相结合的综合防治技术。

光肩星天牛多危害黑杨派树种,在山东普遍发生。对光肩星天牛的防治方法有:选用抗虫杨树品种造林,加强土、肥、水管理,提高林木的抗虫能力。伐除林地周围受该虫危害严重的散生树木,用熏蒸剂杀灭伐倒木内的幼虫,减少虫源。林中悬挂心腐巢木、空心巢木,招引啄木鸟定居除虫。林间释放光肩星天牛的寄生性天敌花绒寄甲。林间释放白僵菌防治天牛幼虫。人工捕捉天牛成虫。高效氯氰菊酯林间喷雾杀成虫。磷化铝片剂塞入虫道杀幼虫。拟除虫菊酯类药剂或敌敌畏乳油制成棉球毒签,插入虫道杀幼虫。

桑天牛多危害白杨派树种,也危害黑杨派树种。对桑天牛的防治方法有:在林地周围清除桑树、构树,切断桑天牛成虫的补充营养源。人工捕捉桑天牛成虫。保护和招引啄木鸟除虫。林间释放天牛的寄生性天敌花绒寄甲。利用白僵菌或病原线虫防治天牛幼虫。用溴氰菊酯、吡虫啉等杀虫剂于林间喷雾杀死成虫。用敌敌畏乳油注射于虫孔内或用药棉塞入虫孔,杀死幼虫。

2. 防治食叶害虫

山东的杨树用材林内常发生美国白蛾、杨尺蠖、杨扇舟蛾、杨小舟蛾、杨雪毒蛾等多种食叶害虫,为害严重时可在短期内吃光树叶,造成树势衰弱,甚至树木死亡。防治杨树食叶害虫要加强对虫情的监测预报工作,应用物理机械防治、生物防治、化学防治相结合的综合防治技术。

美国白蛾是近年来山东杨树用材林的主要害虫之一,可大面积发生,危害严重。监测预报是做好美国白蛾防治工作的前提和基础。林业专业人员运用科学的方法调查分析美国白蛾的发生发展动态,作出虫情预报。有关部门根据虫情预报结果,制订防控方案,指导科学有效地做好防治工作。美国白蛾的防治方法有:人工捉虫蛹。人工捕杀成虫。剪除幼虫期网幕。在树干上绑草把诱集老熟幼虫化蛹,再集中销毁。设黑光灯诱杀成虫。在美国白蛾幼虫3龄之前,喷施苏云金杆菌制剂。在老熟幼虫期和化蛹盛期,于林间释放周氏啮小蜂。在美国白蛾发生严重地区,及时喷施化学药剂防治,防治时间宜在幼虫3龄以前,杀虫药剂可使用灭幼脲、除虫脲、苦参碱、苦参乳油、阿维菌素和甲维盐等。当该虫大面积暴发时,可飞机施药防治。要按照 DB37/T 2065—2012《飞机施药防治美国白蛾技术规程》的各项规定，严密组织，科学实施。

杨扇舟蛾、杨小舟蛾是山东常见的杨树食叶害虫，具有发生世代多、繁殖量大、危害期长、幼虫有暴食习性等特点，危害严重。防治方法有：设置黑光灯诱杀成虫。人工摘除卵块与叶苞。保护利用灰喜鹊、蠋蝽等捕食性天敌。在幼虫 3 龄以前，施用苏云金杆菌制剂林间喷雾。在发生量大的林区，及时喷施化学药剂防治，杀虫剂可选用灭幼脲、除虫脲、苦参碱、苦参乳油等。

杨尺蠖在春季发生早，危害期集中，往往将杨树的嫩芽、嫩叶吃光。防治方法有：中耕可捣毁杨尺蠖的蛹室，消灭在地下越夏、越冬的蛹。在树干基部涂胶环，阻止雌蛾上树产卵。在 1~3 龄幼虫期，林间喷洒苏云金杆菌制剂，或喷洒核型多角体病毒制剂。虫口密度大时，要及时化学防治，杀虫药剂可选用灭幼脲、苦参碱、阿维菌素等。

(二) 杨树病害防治

杨树病害按危害部位分为叶部病害、枝干病害、根部病害、立木和木材腐朽。山东杨树胶合板用材林的主要病害为一些枝干病害和叶部病害。

1. 防治枝干病害

杨树枝干病害多在树木枝干上形成病斑，引起皮部组织坏死，危害严重时可全株树木死亡。山东杨树有多种枝干病害，其中分布较广、危害较重的为杨树溃疡病、杨树腐烂病等真菌性病害。防治杨树枝干病害主要采用营林技术措施和化学防治措施。

杨树溃疡病在山东杨树栽培区普遍发生，发病率较高。该病多发生在树干下部，严重时也扩展到树干上部。使用易感病的杨树品种，造林地立地条件差，苗木与幼林长势差或因干旱缺水，都容易引发该病。杨树溃疡病的防治方法有：选用抗病的杨树品种，培育健壮的苗木。造林地要选择杨树适生的立地条件，细致整地。植苗造林时，严格剔除有病斑的苗木，剪去苗木的梢头及侧枝，灌足底水。造林后加强抚育管理，增强树势。该病发病期，可用化学药剂适时涂刷树干，有效药剂有多菌灵、退菌特、福美砷、代森锰锌、甲基托布津等。

杨树腐烂病主要发生在杨树枝干的皮部，病树干腐和枝条枯死，发病严重者整株树木死亡。该病的防治方法有：选用抗病性强的杨树品种，应用良好的营林技术措施，增强树木的长势。合理修枝，减少树木的伤口。初冬用涂白剂对树干涂白，减少冻害和日灼。对发病树木用化学药剂涂刷树干，较大的病斑要刮掉病皮再涂药剂，有效药剂有福美砷、代森锰锌、多菌灵、退菌特、石硫合剂、波尔多液等。

2. 防治叶部病害

杨树叶部病害的种类多，山东杨树的叶部病害有杨树黑斑病、落叶松-杨锈病、杨树炭疽病、杨树白粉病、杨树花叶病、毛白杨煤污病等。其中杨树黑斑病在近年来发生面积大，危害严重。防治叶部病害主要采用营林技术措施和化学防治措施。

杨树黑斑病在山东的杨树栽培区普遍发生。该病危害多种杨树的叶片和叶柄，影响叶片的生理功能，可使罹病叶提早 1~2 个月脱落，削弱林木长势。该病的防治方法有：选育和栽植抗病性强的杨树优良品种，造林时采用多品种合理配置。加强抚育管理，增强树势。在病菌初侵染之前，向苗木喷洒代森锰锌或波尔多液。6月，选择无风的傍晚，在郁闭度较高的林分内施放百菌清烟剂。

杨树锈病由多种栅锈属的真菌引起。其中落叶松-杨锈病在山东普遍发生，以苗期和幼树受害较重，因病导致提早落叶。防治方法有：选用抗病的杨树品种。清除越冬病叶，减少侵染源。发病期喷化学药剂防治，效果较好的药剂有波尔多液、石硫合剂、代森铵、敌锈钠、粉锈宁等。

九、采伐技术

胶合板用材林达到适宜的采伐年龄后实施皆伐。森林采伐作业要掌握正确的采伐技术。

(一)伐木

按照伐区周围的地形、道路、障碍物等条件确定伐倒木的倒向。伐木作业时，尽量靠近地面下锯，按照锯下口(树倒方向)、抽片、锯上口(树倒的反侧方向)、加楔子、继续锯上口并使用撑杆等步骤，控制树倒方向，使树干平稳倒下。正确的伐木技术能防止树皮撕裂、抽心、锯伤等机械损伤。

(二)打枝

立木伐倒后，除去枝桠。齐树干表面将树枝锯下，使切痕平滑。

(三)造材

按照木材标准的规定，对树干进行材种划分的工作为造材。杨树胶合板用材按照GB/T 15779《旋切单板用原木》和GB/T 144《原木检验》等国家标准的规定造材。造材人员必须熟悉有关木材标准的各项规定，包括：旋切单板用原木的检尺长、检尺径、材质指标，原木产品检验的尺寸检量、材质评定等。造材时，先依据木材标准对伐倒木量尺，标记材种下锯记号；锯截原木要避免锯口偏斜和木材的劈裂；再按木材标准的规定进行原木检尺和原木标志。通过合理造材，能够提高伐倒木的利用率。

第二节 造纸用材林培育技术

纸和纸板在国民经济和人民生活中有广泛的应用，大力发展阔叶树速生丰产林，是解决我国造纸用木材原料短缺的有效途径之一。杨树木材色白，纤维素含量较高，杨木制浆可以兼得浆得率、白度和强度，是较好的造纸原料。山东是我国的人口和经济大省，纸和纸板的产量和消费量都很高。山东营建杨树造纸用材林，可促进林业和造纸业的发展。

一、造纸用材的材种要求

(一)《造纸用原木》标准的规定

造纸用材的材种为造纸用原木。中国国家标准GB/T 11717—2018《造纸用原木》主要有如下技术要求。

1. 树种

GB/T 11717—2018规定了造纸用原木的树种。杨木是适用树种之一。

2. 尺寸与公差

检尺长 1~4m。自 2m 以上按 0.2m 进级，不足 2m 按 0.1m 进级，长级公差：$^{+6}_{-2}$cm。

检尺径自 4cm 以上。4~13cm 按 1cm 进级，尺寸不足 1cm 时，足 0.5cm 进级，不足 0.5cm 舍去；14cm 以上按 2cm 进级，尺寸不足 2cm 时，足 1cm 进级，不足 1cm 舍去。

3. 缺陷允许限度

造纸用原木的缺陷允许限度应符合下表的规定。

缺陷名称	允许限度
边材腐朽	腐朽厚度不得超过检尺径的 20%
心材腐朽	腐朽直径不得超过检尺径的 65%

注：本表未列缺陷不计。

标准还规定：因风倒、病倒困山的腐朽木，树干已炭化的火烧木，不适于造纸用材。

4. 材积计算

按 GB/T 4814《原木材积表》的规定执行。检尺长和检尺径超出 GB/T 4814 所列范围的，按造纸用原木材积表的规定执行，见 GB/T 11717 的附录 A。

(二) 造纸用材的特点

造纸材是一种纤维用材，通常使用检尺径 4~13cm 的小径级原木。检尺径 14cm 以上的原木也能用于造纸，但增加了原料成本。

影响造纸用材利用的主要缺陷是木材腐朽。而原木的其他缺陷，不损伤木材纤维，就不影响造纸用材的使用。

二、山东造纸用材林的杨树品种

造纸用材林的杨树品种应具备对环境条件的适应性好，木材产量高，适于密植，木材的纤维性状适于造纸等条件。

(一) 对环境条件的适应性

在山东，对温度条件、水分条件要求较高的美洲黑杨品种如 I-69 杨、T26 杨、鲁林 3 号杨等，适于山东南部的鲁南栽培区和鲁西南栽培区。多数欧美杨品种在山东南部和北部的各栽培区均宜栽植。对一些立地条件较差的造林地，要选用适应性较好的品种。如：鲁西北黄河故道砂地，适于部分耐旱、耐瘠薄性能较强的欧美杨品种和白杨派品种。鲁北滨海轻度盐碱地，适于部分耐盐的欧美杨品种和青杨派与黑杨派的杂种以及部分白杨派品种。鲁东丘陵地带，适于耐旱性较强的黑杨派与白杨派品种。

(二) 木材产量高

山东营造造纸用材林主要应用黑杨派品种，在平原、河滩，杨树较适生的立地，黑杨派的欧美杨品种和美洲黑杨品种木材产量高。而在一些较干旱、盐碱的较差立地，耐旱、耐盐碱性能较强的欧美杨品种、白杨派品种和青杨派与黑杨派杂种则有相对较高的产量。

造纸用原木的交易常以木材重量来计量。不同杨树品种的造纸用原木，在木材材积相同时，木材密度大的杨树品种木材就重。木材密度较大的杨树品种有 I-69 杨、T26 杨、中林 23

杨、中林 28 杨、窄冠白杨 3 号、易县毛白杨、八里庄杨等。

(三) 适于密植

造纸用材林的林分密度大，宜选用冠幅较窄或中等，枝条较细且分布均匀，适于密植的品种。如 I-69 杨、107 号杨、108 号杨、L35 杨、鲁林 1 号杨、窄冠黑杨 1 号、窄冠黑杨 2 号、窄冠白杨 3 号等。

(四) 木材性状适于造纸

用于造纸的木材，应色白；木材纤维较长，纤维长宽比较大，纤维素含量较高；具有良好的制浆造纸性能。

黑杨派的欧美杨、美洲黑杨优良品种，生长速度快，木材材质较软，色白；木材纤维长度平均值在 0.9~1.1mm 之间，属于造纸原料的中级纤维长度(0.9~1.6mm)，木材纤维的长宽比都超过 30，纤维腔壁较薄，纤维的柔软交织性能较好；木材纤维素含量较高，木素和灰分含量较低。黑杨派品种的木材适于化学机械法制浆，也适于机械法和化学法制浆，制浆的浆得率、白度、强度可以兼顾。不同的黑杨派品种，其木材纤维形态、木材化学组成以及制浆和成纸性能有所差异，但差别不大(表4-2-1、表4-2-2)。

白杨派的毛白杨、杂种白杨，木材色白，木材纤维长度较长，纤维素含量较高，但与黑杨派品种相差不大，属于同一个等级的造纸原料。青杨派与黑杨派的杂种八里庄杨等，与黑杨派品种也属于同一个等级的造纸原料。

杨木的纤维长度不如云杉、松树等针叶树木，为提高纸张强度等成纸性能，可用杨木浆和针叶树浆配抄纸张。

用 107 号杨、L35 杨、中菏 1 号杨、鲁林 1 号杨、鲁林 2 号杨、鲁林 3 号杨等 6 个黑杨品种的木材进行 APMP 制浆试验，在适宜的化学药品用量下，均制得 APMP 浆，纸浆得率均大于 82%，适合配抄各种中高档文化用纸。6 个黑杨品种中，以鲁林 1 号杨和鲁林 2 号杨的制浆性能较好(表4-2-3)。

表 4-2-1 部分黑杨品种木材纤维形态

测试指标	中林46杨	中林23杨	I-69杨	107号杨	L35杨	鲁林1号杨	鲁林2号杨	鲁林3号杨	中菏1号杨
纤维平均长度(mm)	0.976	0.958	0.968	1.044	1.035	1.038	0.934	0.948	0.881
纤维平均宽度(um)	26.3	22.5	22.7	25.0	23.3	23.3	23.0	23.6	23.1
纤维长宽比	37.1	42.6	42.6	41.8	44.4	44.5	40.6	40.2	38.1
纤维壁腔比	0.43	0.52	0.50						

表 4-2-2 部分黑杨品种木材化学成分

化学成分	107号杨	L35杨	鲁林1号杨	鲁林2号杨	鲁林3号杨	中菏1号杨
综纤维素(%)	81.12	80.82	82.91	81.54	82.60	81.44
硝酸乙醇纤维素(%)	50.30	50.50	51.10	50.30	50.50	49.30
酸不溶木素(%)	17.23	17.89	16.83	17.46	17.02	18.61
灰分(%)	0.59	0.50	0.44	0.76	0.74	0.85

表 4-2-3　部分黑杨品种 APMP 浆料性能

性能指标	107 号杨	L35 杨	中菏 1 号杨	鲁林 1 号杨	鲁林 2 号杨	鲁林 3 号杨
打浆度(°SR)	46.0	47.0	46.0	42.5	46.0	48.0
定量(g/m^2)	63.5	66.4	65.1	67.9	62.3	63.5
白度(%ISO)	79.7	77.7	79.2	77.7	79.8	77.5
裂断长(km)	3.53	3.54	3.22	3.41	3.40	3.28
抗张指数[$(N·m)/g$]	34.61	34.68	31.59	33.42	33.35	32.18
撕裂指数[$(mN·m^2)/g$]	3.82	3.74	3.04	4.13	4.25	3.15
耐破指数[$(kPa·m^2)/g$]	1.66	1.63	1.70	1.65	1.98	1.71
不透明度(%)	80.9	82.3	80.5	82.7	79.3	79.2

注：APMP 制浆即碱性过氧化氢机械法制浆。

三、杨树造纸用材林的造林地

在山东，杨树造林地多分布在平原地区。鲁西黄泛冲积平原的潮土，鲁中南、胶东山麓平原、河谷平原的河潮土与棕壤、褐土，土壤质地为紧砂土、砂壤土、轻壤土、中壤土，地下水位 1~3m，是杨树适生的立地条件。若营造造纸用材林，能够速生丰产。黑杨派品种的造纸用材林，材积平均生长量 25~35m^3/(hm^2·a)，高的可达 40m^3/(hm^2·a)；造纸用原木平均生长量 22~32m^3/(hm^2·a)，高的可达 36m^3/(hm^2·a)。

造纸用材一般为小径的原木。在山东，一些立地条件较差的造林地，也能用于培育造纸用材林，如鲁西黄泛冲积平原的沙地、黄河三角洲地区的轻度盐碱地，鲁中南、胶东的河滩沙地，鲁东丘陵地带的缓坡、沟谷等。应用合理的栽培措施，这些造林地也能获得较高的木材产量，黑杨派品种造纸用材林的材积平均生长量可达 15~25m^3/(hm^2·a)，造纸用原木平均生长量 13~22m^3/(hm^2·a)。

四、山东几种地域类型杨树造纸用材林栽培技术

山东的杨树造纸用材林，分布在不同地域，具有多种类型的立地条件。在营建杨树造纸用材林时，除应用一般的杨树用材林栽培技术外，还须针对不同地域类型的立地条件特点，采取相应的栽培技术。以下介绍几种地域类型的杨树用材林栽培技术要点。

(一)鲁西黄泛冲积平原沙地杨树栽培

1. 鲁西黄泛冲积平原沙地的土壤性状

黄泛冲积平原沙地是由历史上黄河多次改道、泛滥沉积而成。黄河的泛滥沉积物质一般循"紧沙慢淤、近沙远淤、岗沙洼淤"的规律，在泛滥的主流线两侧形成砂土带，在古河道的河滩高地及冲积扇的岗地也多为砂土。近年来，黄河滞流分洪和引黄灌溉的沉沙地，也形成部分新的沙地。形成沙地的黄河沉积物主要来自黄河中游地区的水土流失物质，机械组成主要是细沙和粉沙。鲁西平原地区干旱多风，易形成风沙危害，鲁西平原黄泛沙地是山东较典型的风沙化土地。鲁西平原沙地面积大，分布在聊城、菏泽、德州等地区，是山东杨树造林的重要地域之一。

鲁西平原沙地的土壤类型主要有砂质潮土和风沙土，风沙土又分为流动风沙土、半固定

风沙土、固定风沙土。砂质潮土的特点是：土壤养分含量较低，保肥保水性较差，通气透水性较好，土温变化快，容易耕作。风沙土的特点是：土壤结持力弱，总孔隙度小，土壤持水能力弱，土壤水分含量低，土壤有机质及氮、磷等养分含量低。风沙土易受风力的侵蚀、搬运，形成风沙危害。风沙土的成土过程大致分为流动风沙土阶段、半固定风沙土阶段、固定风沙土阶段。在植被和土壤微生物的作用下，固定风沙土的植被覆盖率增大，地表结皮增厚，已发育有弱团粒、块状结构，土壤理化性质比流动风沙土和半固定风沙土有了明显改善。在黄泛平原沙地中，适于营造杨树用材林的土壤类型是砂质潮土和固定风沙土。

2. 黄泛沙地杨树栽培技术

（1）整地　未经治理的黄泛沙地，常有缓岗、洼地及风积沙堆，地面不平，土壤板结，杂草丛生。造林前，首先要区划成方田，削高填洼，整平地面，方便排灌。整平后，普遍深耕，疏松土壤的板结层，清除杂草，特别是草根盘结的茅草。瘠薄沙地先种植田菁、绿豆等绿肥作物，雨季时再深耕一遍，将绿肥和杂草埋入土中。然后可采用大穴整地或带状整地，整地深度符合苗木深栽的需要。

（2）壮苗深栽　黄泛沙地适于使用2年生或2年根1年干的壮苗造林，苗木的木质化程度好，较耐旱、耐风沙，有利于造林成活，成林后的木材产量高。使用大苗深栽，能增强栽植后苗木的抗风能力，入土苗干生出大量不定根，可显著扩大根层，深栽还可以利用土壤深层的水分，有利于苗木成活和生长。适宜的栽植深度因地形和地下水位而异。如单县大沙河林场，沙地的地下水位较浅，杨树栽植深度60cm的效果较好。莘县、冠县的黄河故道，地下水位较深，风沙严重，杨树栽植深度可至1m。

（3）施肥灌溉　在黄泛沙地，土壤养分缺乏是杨树生长的限制因素，施肥是杨树用材林必需的栽培措施。如在单县大沙河林场固定风沙土上的I-69幼林施肥试验：不施肥的杨树，叶片养分含量和林木生长量都很低；施用速效氮素和磷素化肥，杨树叶片养分含量和林木生长量明显增加；幼林间种农作物，为农作物施氮肥和磷肥，杨树的增产效果明显；杨树行间种植绿肥作物就地压青，对杨树也有增产效果（表4-2-4、表4-2-5）。

表4-2-4　单县大沙河林场黄泛沙地土壤养分含量

土层 （cm）	有机质 （g/kg）	全氮 （g/kg）	速效氮 （mg/kg）	速效磷 （mg/kg）	速效钾 （mg/kg）
0~20	2.87	0.42	19.5	0.8	48
20~50	2.21	0.24	15.2	1.2	47

表4-2-5　单县大沙河林场黄泛沙地I-69杨幼林施肥效果

抚育管理措施	杨树的年生长量		杨树叶片的养分含量（g/kg）		
	胸径（cm）	树高（m）	N	P	K
施碳酸氢铵750kg/hm² 和过磷酸钙750kg/hm²	3.47	2.59	23.8	1.65	7.3
间种花生，施碳酸氢铵750kg/hm² 和过磷酸钙750kg/hm²	3.22	2.35	23.5	1.49	6.0
间种绿豆，就地压青	1.60	1.31	18.7	1.41	7.6
无抚育管理措施	0.53	0.42	16.3	1.29	6.1

黄泛沙地杨树用材林施肥，要注意有机肥和化肥配合使用。使用圈肥、堆肥、绿肥等有机肥，能增加土壤有机质含量，改善土壤结构，肥效较全面而持久。对杨树用材林追施氮素、磷素化肥，肥效快而明显。黄泛沙地使用氮素化肥时，要适当增加追肥次数，减少每次的用量，以提高肥效、减少淋失。

黄泛沙地的土壤水分状况与气候条件和微地貌有关。在平地和洼地，地下水较浅，细沙和粉沙的毛细管作用较强，土壤水分条件较好，在降水量较多的年份旱象不明显；而在降水量少的年份和6月前后干旱季节，旱情严重，须对杨树用材林进行灌溉。鲁西北地区降水量较少，风沙较严重，黄泛沙地易发生旱情，地下水位深的岗地、古河道旱情更严重，须对杨树用材林及时灌溉。

(二) 黄河三角洲地区杨树用材林栽培

1. 黄河三角洲地区的自然条件

1855年黄河从河南省铜瓦厢决口，夺大清河的河道流经山东省，从利津县以北注入渤海。近现代黄河三角洲是1855年以来，黄河携带大量泥沙在渤海凹陷处沉积形成的冲积平原，以利津县为顶点，北到徒骇河口，南到小清河口，呈扇状三角形，面积约5450km^2。地面低平，海拔高程低于15m，西南部高，东北部最低处高程小于1m。

黄河三角洲经黄河多次改道和决口泛滥，形成岗地、坡地、洼地相间的微地貌形态，分布着砂土、壤土、黏土不同土壤质地及构型的土壤，以及盐化程度不一的各类滨海盐渍土。地表径流和地下水活动，形成了以洼地为中心的水盐汇集区，是形成"岗旱、洼涝、二坡盐碱"的重要原因。

黄河三角洲的主要土壤类型是潮土土类的潮土亚类和盐化潮土亚类，盐土土类的滨海潮盐土亚类。

潮土亚类多分布在河滩高地、缓岗和潜水位较深的地区。壤质潮土的土壤结构较好，土壤有机质和速效矿质养分含量较高，是主要的农业耕作土壤。黏质潮土的土壤养分含量较高，但土壤黏重，通透性差。砂质潮土通透性好，但保水保肥力差，有机质和速效矿质养分含量低，易风蚀、易盐化。

盐化潮土是潮土向盐土的过渡类型，在高矿化度潜水条件下形成，地下水位多在2~3m，受地下水作用的潮土附加了盐化过程，土壤中盐分增加。多位于洼地边沿和微斜平地，常与盐土的分布相邻。盐化潮土根据盐化程度，分为轻度盐化、中度盐化、重度盐化，轻度盐化潮土多用作农田。砂质盐化潮土的土壤结构差，肥力低，毛细管作用强烈，更容易积盐，须加强治理。

滨海潮盐土主要分布在地面高程3m以上的地区，已基本脱离海潮影响。地貌类型为微斜平地和浅平洼地，潜水埋深1.5~2m，矿化度高。滨海潮盐土的整个土层含盐量都很高，农林业难以利用，自然植被有柽柳、碱蓬等。

黄河三角洲属滨海盐渍土地区，土壤和浅层地下水的盐分以氯化钠为主。土壤中盐分溶解于水，并随水的运动而移动。水盐运动主要受降水、蒸发、地形、土壤质地及地下水等因素的影响，并呈现季节性变化。地下水位浅，地下水矿化度高，加上土壤蒸发量大，盐分就向地表积聚。排水不畅、浇灌矿化度高的水、耕作粗放，都会加重土壤的盐化。而排水通畅、淡水洗盐、耕作措施合理，则土壤盐化减轻。

黄河三角洲栽植杨树的主要制约因子是土壤盐分含量高，妨碍杨树的正常生理活动，对树木造成危害。盐碱地的土壤结构不良，土壤肥力较低，也增加了杨树栽培的难度。

黄河三角洲的气候属暖温带大陆性季风型气候。早春冷暖无常，有大风和倒春寒；晚春回暖快，常有春旱；夏季炎热多雨，秋季雨水骤减；冬季寒冷，雨雪稀少。旱、涝、风、雹等气象灾害较频繁。降水量较少且年内分配不均，干旱常是影响杨树生长的主要气象灾害之一，又是加剧土壤盐渍化的重要因素。

2. 黄河三角洲地区杨树栽培技术

(1) 选择耐盐杨树品种　在黄河三角洲地区营造杨树用材林，要选择耐盐、耐旱能力较强，成活率高，产量较稳定的杨树品种。欧美杨品种 107 号杨、108 号杨在黄河三角洲表现良好。青杨派与黑杨派的派间杂交品种八里庄杨、窄冠黑青杨等，毛白杨和窄冠白杨的优良品种，都有较强的耐盐、耐旱能力。

(2) 造林地选择　"适地适树"是造林成功的前提，应根据杨树的生物学特性和黄河三角洲地区的自然条件，选择适宜的造林地，依据的主要指标是杨树的耐盐能力和杨树造林地的土壤含盐量。

树木的耐盐力一般是用树木生长已受到土壤盐分的抑制，但不显著降低成活率和生长量时的土壤含盐量来表示。树木的耐盐能力随着树龄的增长与树势的增强而提高，一般将某个树种 1~3 年生幼树的耐盐能力作为该树种的耐盐能力指标。毛白杨和青杨派与黑杨派杂交种，耐盐力可达土壤含盐量 0.25%~0.3%；欧美杨品种 107 号杨、108 号杨等，耐盐力为土壤含盐量 2% 左右。根据杨树的耐盐力，应选择土壤类型为潮土和轻度盐化潮土的造林地。若土壤类型为中度盐化潮土，需通过水利工程措施和农业措施，降低土壤盐化程度，当土壤含盐量低于杨树耐盐力指标时方可造林。

此外，为满足杨树用材林灌溉的需要，选择的杨树造林地应有淡水灌溉的水源。

2000 年以后，黄河三角洲地区在黄河和黄河故道两侧，其他排水河道的河堤，以及大型排水沟旁等处，选择杨树较适生的造林地，营造杨树造纸用材林，长势较好，产量较高。

(3) 整地和改土措施　黄河三角洲地区的造林地，须采取水利工程措施、农业耕作措施与生物措施相结合的综合整地改土措施，减轻土壤的盐化程度，并使土壤的水、肥、气、热状况得到改善。

在全面规划的基础上，开沟筑渠，修建完善的排水和灌溉系统，然后修筑条田和台田，是改良盐碱地的有效治理模式，已广为采用。在有淡水水源的地方，可灌溉洗盐，在条田、台田上用淡水灌溉，使土壤中的盐分溶解，从排沟里排走，能较快降低土壤含盐量。蓄淡压盐是积蓄雨水淋洗土壤盐分的方法，蓄淡压盐的土地要提前深耕晒垡、平整土地、筑埂作畦；地埂要牢固，降大雨时要及时察看并维修地埂。

改良盐碱地的耕作措施有平整土地、深耕晒垡、适宜的整地方法及中耕松土等，可改善土壤的物理性状，调控土壤水盐运动，促进土壤脱盐和防止土壤返盐。第一、平整土地。可消除局部高地和局部洼地，使条田、台田面上受水均匀，脱盐一致，加速土壤脱盐、消灭盐斑地。第二、深耕晒垡。经深耕后暴晒的垡块，土壤盐分多集聚在垡块表面，经引水灌溉或雨水淋洗，积于垡块表面的盐分首先溶解随水渗入地下，从而加速了土壤表层脱盐。第三、全面整地。全面机耕整地，能把"冷、瘦、板结"的盐碱地表层变成活土层，使土壤的水分、空气、温度状况得到改善；将杂草翻入土中，增加土壤的有机质；有利于淋洗土壤盐分和防止土壤返盐。第四、种植绿肥作物。绿肥作物可以形成良好的植被覆盖，减少土壤蒸发，有利于调控土壤水盐运动。合理翻压绿肥，可明显改良土壤结构，提高土壤肥力。

(4) 植苗造林技术　黄河三角洲地区土壤含盐量高、春季多风，杨树植苗造林用一年生壮苗为宜，造林成活率较高。春季造林要趁气温较低、土壤湿润、蒸发量不大时及时造林，栽后易成活。若栽植延迟，气温升高，蒸发量大，土壤返盐，会降低成活率。秋季土壤湿润、含盐量低，秋季造林有利于杨树苗木生根。但黄河三角洲冬季寒冷多风，新栽苗木易干梢，秋季造林要选用抗寒杨树品种的健壮苗木，对苗木剪枝、截梢，栽后灌水、封土堆。

滨海盐渍土一般是底土盐分重，地下水矿化度高。杨树植苗一般宜浅栽平埋，覆土与地面持平。顺行整成小畦，栽后及时用淡水浇灌。然后覆盖地膜，可增温、保墒和减轻土壤返盐。

(5) 抚育管理　杨树用材林的抚育管理措施有松土除草、灌溉、施肥等。松土除草是改善土壤物理性状，减缓土壤下层的盐分上升，减少杂草危害的重要措施。在盐化土壤上，松土可破碎地表结皮，割断土壤毛细管联系，减少地表蒸发，保持土壤水分，抑制土壤返盐，并改善土壤通气状况。松土除草要适时，灌水后或降雨后趁土壤干湿适度时，杂草滋生时，均应及时松土除草。

灌溉既满足杨树对水分的需要，又起到压盐洗盐的作用。灌溉要适时、适量。造林后及时灌溉，春季、夏季天气干旱、土壤返盐时应灌溉。灌水量应保证渗透至根系分布层，而防止灌水过多，抬高地下水位，引起返盐。在砂质土壤，一般灌水至畦面水深 5~6cm 为宜。灌溉时要用淡水，一般为引黄河水灌溉。若灌溉用水的含盐量高，反而会使土壤盐渍化。

林地增施有机肥，可增加土壤有机质和氮、磷等矿质元素的含量，改善土壤结构，促进林木生长。施用速效氮肥，宜在雨季土壤含盐量较低时追施，砂质土宜少量多次，肥效较好。

杨树幼林农林间作，能尽快覆盖地面，减少土壤蒸发和返盐。对间种农作物的灌溉、施肥、中耕等抚育管理措施，对杨树幼林起到以耕代抚、促进生长的作用。

(三) 鲁中南、胶东河滩沙地杨树栽培

1. 鲁中南、胶东河滩沙地的土壤性状

鲁中南、胶东的河滩沙地，由发源于山东省内山地丘陵区的河流冲积形成，山地丘陵地区的水土流失是沙物质的主要来源。河流泛滥改道，河流冲积物发生沉积，又经风的搬运，在河滩上多形成沙地，如沂河、沭河、潍河、大沽河等河流两岸均有宽度不等的沙地。沿河沙地的沙粒组成以粗沙、中沙为主，细沙较少。营造杨树用材林的沙地土壤类型属砂质河潮

土及冲积固定风沙土。

河滩沙地的地下水位较浅，土壤水分条件较好；土质疏松，杨树根系容易伸展；但沙粒粗，保水保肥力差，易受干旱和风蚀；土壤有机质和矿质养分缺乏，土壤肥力低。

2. 河滩沙地杨树栽培技术

（1）整地改土　结合疏浚加深河道，覆土抬高滩地，平整地面。根据河滩沙地的土壤条件，采用适宜的整地方式。

土壤条件较好的沙地，可全面深耕后再挖大穴，穴径、深均达到0.8m以上。

瘠薄的粗沙地，需采用改土措施。全面客土整地，由河滩附近运来黏质土或壤质土，在沙地上全面压土厚20~30cm，再全面深翻80cm，使河沙与客土混合。带状客土整地，整地带宽1~1.5m，抽去上层粗沙，压客土厚30~50cm，再深翻80~100cm。粗沙地表面有淤土层的，可带状整地，整地带宽1~1.5m、深0.8~1m，收集表层淤土填入整地带内；若淤土层薄，可再用客土补充。通过整地改土，改良了河滩粗沙地的土壤质地与土壤结构，增强了保水保肥性能，提高了土壤养分含量，能显著地促进杨树生长。客土整地的用工量大、投资多，但增产效果稳定而持久，是一项经济有效的措施。

（2）灌溉、施肥　灌溉、施肥是河滩沙地重要的杨树栽培措施。植苗造林后要及时浇灌，是保证苗木成活的关键措施。根据杨树的生长需要和土壤墒情，在林地干旱时及时浇灌。每年6月前后气温高、光照充足，有利于杨树生长，但山东常发生干旱，是一年中杨树灌溉的重点时期，适时灌溉对促进杨树的高、径生长有明显效果。

河滩沙地杨树施肥应有机肥与化肥相配合，氮肥与磷肥、钾肥相配合。植苗前施足基肥，施肥量可按圈肥15~30t/hm^{2}和过磷酸钙750kg/hm^2。追施速效氮肥主要在5月中旬至7月中旬杨树的夏季速生期，沙地追肥应适当增加追肥次数而减少每次的用量。

（四）鲁东丘陵地带杨树栽培

1. 鲁东丘陵区的自然条件

鲁东丘陵区位于潍河河谷、沭河河谷以东，为山东半岛的主要部分。区内大部为海拔200~300m的波状丘陵，经长期风化侵蚀，地表起伏缓和，谷宽坡长。海拔300m左右的平缓岗岭，其基岩多为基性-酸性岩浆侵入形成的变质岩。只有崂山、昆嵛山、艾山、五莲山等少数由花岗岩组成的山岭，突出于群丘之上。由酸性岩构成的山地、丘陵，习称砂石山区。

鲁东丘陵的地带性土壤以棕壤为主，按棕壤的亚类，大面积丘陵的上部分布着棕壤性土，丘陵下部为棕壤，在地下水较浅处分布有潮棕壤。林业用地一般土层较薄，土壤质地多为砂壤质，通透性较好，但保水和抗旱性能较差。

鲁东丘陵区是山东省内降水量较多、气候较湿润的地区，但年内降水分配不均，春夏之交也常发生干旱。夏秋季受台风影响，暴雨较多，易引起水土流失。

丘陵地带的土层较薄，且易干旱缺水，不属杨树速生丰产用材林适宜的立地条件。但通过整地改土和蓄水灌溉等措施，进行合理地开发治理，可以营建杨树造纸用材林，并获得较高的产量。

2. 鲁东丘陵地带杨树栽培技术

(1)造林地选择　丘陵地带栽植杨树,宜选沟谷两旁、河流附近,地势低、坡度平缓、土层较厚的地段作造林地。有效土层厚度应大于40cm,而且土壤母质的风化程度较高。

(2)整地改土　丘陵地的土层较薄,土壤比较干旱贫瘠,通过整地可加厚土层,疏松土壤,加速土壤母质的风化,促进有机质分解,改善土壤水分状况,提高土壤肥力。杨树树体高大,根系发达,整地的作用更加重要。杨树用材林整地,可先修成窄幅梯田,然后大穴整地,穴径1m以上,穴深达到1m。若使用机械整地,可带状整地,挖掘宽1.5m、深1m的整地带。回填时,可将原来的表土填埋在深30~60cm范围内,有利于新栽苗木的生长。

(3)蓄水工程　利用有利地形,因地制宜修建一些蓄水工程,修截流沟,建蓄水池、塘坝、小水库,开挖大口井,积蓄灌溉用水源,以备杨树灌溉所需,并有治理水土流失的功能。

(4)植苗造林　在土壤墒情好、蒸发量较低的春季造林。选用苗干粗壮、根系发达的苗木,栽植前剪枝截梢。栽植深度40~60cm为宜。植苗后随即浇灌,然后树盘覆草或覆盖地膜。

(5)抚育管理　根据杨树生长的需要,进行灌溉、施肥、中耕松土等项抚育管理。丘陵地易旱,要根据土壤墒情多次、及时浇灌。杨树生长季节追施速效化肥,必须与灌溉相结合或在降雨之后,才能充分发挥肥效。夏季松土除草,用锄下的草覆盖树盘,在草上压些土。杨树幼林可间种花生、豆类、甘薯等农作物。

深秋杨树落叶后至土壤封冻前,可进行深翻扩穴。深翻时将表土与底土分开放置,回填时将表土与有机肥、磷肥以及杨树落叶混合填入穴内,再把底土撒在地面。深翻后浇透水,保证杨树安全越冬。

五、林分密度与采伐年龄

杨树造纸用材林适于密植。造纸用材林的适宜造林密度和采伐年龄,需分别不同立地条件进行分析。以山东杨树栽培面积大,适于培育造纸用材林的砂质潮土立地条件为例,对3种较大密度的107号杨、108号杨、中林46杨用材林进行林分生长过程、森林成熟及适宜采伐年龄的分析。

(一)林分蓄积量和数量成熟龄

调查收集山东杨树用材林的生长资料,杨树品种有107号杨、108号杨、中林46杨等山东栽植的黑杨派品种。选取砂质潮土立地条件的杨树用材林资料,建立林分生长模型。分别行株距2m×2m、3m×2m、3m×3m的3种林分密度,列出林分的生长过程。求算每种密度林分各林龄的单位面积蓄积量和材积平均生长量,得出数量成熟龄(表4-2-6至表4-2-8)。

对3种密度的杨树用材林进行生长过程分析。行株距2m×2m的林分,数量成熟龄为林龄6年,6年时的材积平均生长量25.429m^3/($hm^2 \cdot a$);行株距3m×2m的林分,数量成熟龄为林龄7年,7年时的材积平均生长量23.683m^3/($hm^2 \cdot a$);行株距3m×3m的林分,数量成熟龄为林龄8年,8年时的材积平均生长量21.197m^3/($hm^2 \cdot a$)。3种密度的林分比较,密度较大的林分数量成熟龄较低,数量成熟时的材积平均生长量较高。

表 4-2-6　行株距 2m×2m 的杨树用材林生长过程(砂质潮土)

林龄 (a)	平均树高 (m)	平均胸径 (cm)	平均单株材积 (m³)	蓄积量		
				总生长量 (m³/hm²)	连年生长量 (m³/hm²)	平均生长量 [m³/(hm²·a)]
3	8.5	6.8	0.01472	36.800		12.267
					36.975	
4	10.8	8.7	0.02951	73.775		18.444
					42.675	
5	12.7	10.2	0.04658	116.450		23.290
					36.125	
6	14.0	11.2	0.06103	152.575		25.429*
					23.900	
7	14.7	11.8	0.07059	176.475		25.211
					18.850	
8	15.3	12.2	0.07813	195.325		24.416

表 4-2-7　行株距 3m×2m 的杨树用材林生长过程(砂质潮土)

林龄 (a)	平均树高 (m)	平均胸径 (cm)	平均单株材积 (m³)	蓄积量		
				总生长量 (m³/hm²)	连年生长量 (m³/hm²)	平均生长量 [m³/(hm²·a)]
3	8.7	7.6	0.01856	30.921		10.307
					31.054	
4	11.1	9.7	0.03720	61.975		15.494
					39.734	
5	13.3	11.5	0.06105	101.709		20.342
					37.185	
6	14.9	12.8	0.08337	138.894		23.149
					26.890	
7	15.9	13.6	0.09951	165.784		23.683*
					21.691	
8	16.6	14.2	0.11253	187.475		23.434
					18.443	
9	17.1	14.7	0.12360	205.918		22.880

表 4-2-8　行株距 3m×3m 的杨树用材林生长过程(砂质潮土)

林龄 (a)	平均树高 (m)	平均胸径 (cm)	平均单株材积 (m³)	蓄积量		
				总生长量 (m³/hm²)	连年生长量 (m³/hm²)	平均生长量 [m³/(hm²·a)]
3	8.9	8.5	0.02343	26.031		8.667
					25.886	
4	11.4	10.8	0.04673	51.917		12.979
					36.019	
5	13.7	13.0	0.07915	87.936		17.587
					33.007	
6	15.4	14.5	0.10886	120.943		20.157
					24.720	
7	16.6	15.4	0.13111	145.663		20.809
					23.909	
8	17.6	16.2	0.15263	169.572		21.197*
					18.998	
9	18.3	16.8	0.16973	188.570		20.952
					15.965	
10	18.8	17.3	0.18410	204.535		20.454

(二)材种出材量和工艺成熟龄

对3种密度林分的材种出材量及其平均生长量进行分析比较。行株距2m×2m和行株距3m×2m的林分，只能生产小径的造纸用原木。株行距2m×2m的林分，造纸用原木工艺成熟龄为林龄6年，6年时造纸用原木的平均生长量21.147m³/(hm²·a)；株行距3m×2m的林分，造纸用原木工艺成熟龄为林龄7年，7年时造纸用原木的平均生长量20.217m³/(hm²·a)。2种密度比较，较密的株行距2m×2m的林分，造纸用原木的出材量及其平均生长量较高。这2种密度林分生产的经济用材只有造纸用原木(表4-2-9、表4-2-10)。

行株距3m×3m的林分，当达到数量成熟龄时，林分平均胸径已达到16.2cm，已能生产少部分锯切用原木；林龄继续增加，锯切用原木的出材率也增加。该密度林分的经济用材包括造纸用原木和锯切用原木，经济用材的工艺成熟龄为林龄8年，经济用材平均生长量18.498m³/(hm²·a)。该密度林分的经济用材出材量低于前2种较密的林分(表4-2-11)。

表4-2-9 行株距2m×2m的杨树用材林材种出材量(砂质潮土)

林龄(a)	平均树高(m)	平均胸径(cm)	蓄积量(m³/hm²)	造纸用原木		
				出材率(%)	出材量(m³/hm²)	平均生长量[m³/(hm²·a)]
3	8.5	6.8	36.800	66.26	24.384	8.128
4	10.8	8.7	73.775	77.04	56.836	14.209
5	12.7	10.2	116.450	81.22	94.581	18.916
6	14.0	11.2	152.575	83.16	126.881	21.147*
7	14.7	11.8	176.475	83.88	148.027	21.147
8	15.3	12.2	195.325	84.41	164.874	20.609

表4-2-10 行株距3m×2m的杨树用材林材种出材量(砂质潮土)

林龄(a)	平均树高(m)	平均胸径(cm)	蓄积量(m³/hm²)	造纸用原木		
				出材率(%)	出材量(m³/hm²)	平均生长量[m³/(hm²·a)]
3	8.7	7.6	30.921	70.72	21.867	7.289
4	11.1	9.7	61.975	79.45	49.239	12.310
5	13.3	11.5	101.709	83.14	84.561	16.912
6	14.9	12.8	138.894	84.80	117.782	19.630
7	15.9	13.6	165.784	85.59	141.895	20.217*
8	16.6	14.2	187.475	86.08	161.378	20.172
9	17.1	14.7	205.918	86.35	177.810	19.757

表 4-2-11　行株距 3m×3m 的杨树用材林材种出材量（砂质潮土）

林龄(a)	平均树高(m)	平均胸径(cm)	蓄积量(m³/hm²)	造纸用原木			锯切用原木			经济用材		
				出材率(%)	出材量(m³/hm²)	平均生长量[m³/(hm²·a)]	出材率(%)	出材量(m³/hm²)	平均生长量[m³/(hm²·a)]	出材率(%)	出材量(m³/hm²)	平均生长量[m³/(hm²·a)]
3	8.9	8.5	26.031	74.35	19.354	6.451	—	—	—	74.35	19.354	6.451
4	11.4	10.8	51.917	81.42	42.271	10.568	—	—	—	81.42	42.271	10.568
5	13.7	13.0	87.936	84.66	74.447	14.889	—	—	—	84.66	74.447	14.889
6	15.4	14.5	120.943	86.07	104.096	17.349*	—	—	—	86.07	104.096	17.349
7	16.6	15.4	145.663	79.25	115.438	16.491	7.51	10.939	1.563	86.76	126.377	18.054
8	17.6	16.2	169.572	59.35	100.641	12.580	27.92	47.345	5.918	87.27	147.986	18.498*
9	18.3	16.8	188.570	55.41	104.487	11.610	32.18	60.682	6.742	87.59	165.169	18.352
10	18.8	17.3	204.535	51.29	104.906	10.491	36.54	74.737	7.474	87.83	179.643	17.964

注：锯切用原木的检尺长 2~6m，按 0.2m 进级；检尺径自 14cm 以上，按 2cm 进级。

(三) 经济收益和经济成熟龄

应用净现值法，计算 3 种密度的林分在不同林龄收获时的净现值，使用 6%、8% 两种贴现率。计算结果表明：行株距 2m×2m 的林分，经济成熟龄为林龄 7 年，比造纸用原木工艺成熟龄晚 1 年。行株距 3m×2m 的林分，按 6% 贴现率的经济成熟龄为林龄 8 年，比造纸用原木工艺成熟龄晚 1 年，按 8% 贴现率的经济成熟龄为林龄 7 年。行株距 3m×3m 的林分，按 6% 贴现率的经济成熟龄为 9 年，比经济用材工艺成熟龄晚 1 年，按 8% 贴现率的经济成熟龄为 8 年（表 4-2-12）。

表 4-2-12　3 种密度杨树用材林不同林龄收获时的净现值　　　　元/hm²

林龄(a)	行株距 2m×2m		行株距 3m×2m		行株距 3m×3m	
	6%	8%	6%	8%	6%	8%
5	8927	7108	8720	7157	—	—
6	15000	12005	15361	12622	13471	11171
7	16691*	12819*	18107	14412*	16590	13364
8	16561	11979	18882*	14383	20424	16038*
9	—	—	18426	13262	21000*	15807
10	—	—	—	—	20548	14681

(四) 杨树造纸用材林的林分密度与适宜采伐年龄

对砂质潮土立地的 3 种密度杨树用材林进行木材产量、经济收益和森林成熟龄的分析。用造纸用原木的出材量及其平均生长量为考核指标，以行株距 2m×2m 的林分较高，行株距 3m×2m 的林分次之，行株距 3m×3m 的林分较低。

用 3 种密度林分达到经济成熟时的净现值进行比较，以行株距 3m×3m 的林分较高，行株距 3m×2m 的林分次之，行株距 2m×2m 的林分较低。行株距 3m×3m 的林分，其木材产量较低，但其造林成本较低，间作农作物的产量较高，生产的部分锯切用原木木材价格较高，因而具有较好的经济收益。而行株距 2m×2m 的林分，虽然木材产量较高，但其造林成本偏高，间作农作物的产量低，影响了木材收获时的经济收益。

比较 3 种密度林分的木材产量和经济收益，若营造专用的造纸用材林，可采用行株距 3m×2m 和行株距 2m×2m；若营造以生产造纸用原木为主，并能生产部分锯切用原木的兼用用材林，可采用行株距 3m×3m，经济效益较高。

综合考虑 3 种密度林分的经济成熟龄、工艺成熟龄及数量成熟龄，行株距 2m×2m 的林分适宜采伐年龄为 6~7 年，行株距 3m×2m 的林分适宜采伐年龄为 7~8 年，行株距 3m×3m 的林分适宜采伐年龄为 8~9 年。

六、萌芽更新

杨树有很强的萌芽能力。实行萌芽更新的杨树林分，已具有发育良好的根系，萌条生长旺盛，萌芽林的产量可高于常规植苗造林。杨树造纸用材林适于萌芽更新，具有投资少、产量高、轮伐期短等优点。

(一)杨树用材林萌芽更新的效果

杨树用材林萌芽更新的效果，受立地条件、萌芽林代数、留萌条数量、抚育管理措施等因素的影响。立地条件和抚育管理措施较好，留萌条数量适当，萌芽林的产量较高。随着萌芽林代数的增加，树桩会逐渐老化，地力也逐渐衰退，产量就逐渐降低。诸城市潍河河滩砂壤质河潮土立地上进行的 I-69 杨萌芽更新试验，第一代萌芽林比常规植苗造林材积增产 41.33%，第二代萌芽林比植苗造林材积增产 38.11%。临沂市沂河河滩紧砂质河潮土立地上的 I-69 杨萌芽林，比常规植苗造林材积增产 15%~18%。

(二)杨树造纸用材林萌芽更新技术

1. 采伐

待更新的杨树林分，应在冬季进行采伐。伐桩要低，离地面 2~3cm 为宜。伐桩截面用利刀削平。在伐桩上培土 20cm 左右，第二年春季萌芽前将覆土除去。

2. 选留萌芽和定株

萌芽部位在伐桩截面和伐桩侧面，大部分萌芽由伐桩截面上形成，且长势较旺。萌芽后，在每个伐桩上均匀选留 3~5 个芽，其余抹掉。萌芽苗高 30~50cm 时定株，伐桩密度较大的，每伐桩选留 1~2 株健壮的萌条；伐桩密度较小的，每伐桩可选留 1~3 株；按杨树造纸用材林的适宜密度，单位面积保留株数以 1660~2500 株/hm^2 为宜。定株后，及时清除伐桩上新生出的萌芽。萌芽苗高 1m 左右时，在苗基部培土。

3. 抚育管理

杨树萌芽林产量高、轮伐期短，对地力消耗大，要加强林地土壤管理措施。前茬林分采伐后，在行间深耕，施用有机肥和磷肥作萌芽林的基肥。定株后，追施一遍速效氮肥。在萌芽林的整个培育期间，每年都按杨树用材林丰产栽培技术的要求，适时进行灌溉、施肥、中耕松土等项抚育管理。

参考文献

江波,袁位高.1996.纸浆林培育与利用[M].上海:上海科学技术文献出版社.

姜岳忠,秦光华,王卫东,等.2003.杨树大径级工业用材林定向培育技术研究[R].济南:山东省林业科学研究院科学技术研究专题报告.

姜岳忠,王桂岩,吕雷昌,等.2004.杨树纸浆材定向培育技术研究[J].林业科学,40(1):123-130.

李善文,姜岳忠,王桂岩,等.2005.黑杨派无性系生长与材性联合选择[J].林业科学,41(2):53-58.

卢克芝.2008.杨树人工林高效栽培模式研究[D].泰安:山东农业大学.

吕士行,方升佐,徐锡增.1997.杨树定向培育技术[M].北京:中国林业出版社.

彭镇华.2002.长江中下游滩地杨树栽培与利用[M].北京:中国林业出版社.

王建华,张继霞,高冬梅,等.2005.黄河三角洲速生杨丰产栽培技术及经营模式探讨[J].山东林业科技,(5).

王彦,王桂岩,姜岳忠,等.1994.造纸用材林的定向培育和加工试验[R].济南:山东省林业科学研究所科学技术研究专题报告.

魏蕾.2009.6种杨树无性系人工林生长规律及林下经营模式研究[D].泰安:山东农业大学.

徐宏远,陈章水.1994.不同密度I-69杨丰产林林分的生长预测及数量成熟龄[J].东北林业大学学报,22(2):17-23.

赵贝贝.2010.山东省107杨树速生丰产林生长预测模型及成熟龄的研究[D].泰安:山东农业大学.

中国国家标准化管理委员会.2013.原木检验:GB/T 144-2013[S].北京:中国标准出版社.

中国国家标准化管理委员会.2017.锯切用原木:GB/T 143-2017[S].北京:中国标准出版社.

中国国家标准化管理委员会.2017.旋切单板用原木:GB/T 15779-2017[S].北京:中国标准出版社.

中国国家标准化管理委员会.2018.小径原木:GB/T 11716-2018[S].北京:中国标准出版社.

中国国家标准化管理委员会.2018.造纸用原木:GB/T 11717-2018[S].北京:中国标准出版社.

第五章　杨树病虫害防治

第一节　杨树害虫防治

一、山东杨树害虫发生概况

(一)杨树害虫种类

杨树害虫有800多种，发生面积大、危害重的种类有50余种。按其对杨树的主要危害部位，杨树害虫可分为叶部害虫、枝干害虫、地下害虫。

1. 杨树叶部害虫

杨树叶部害虫主要以树叶为食物，种类较多，主要为鳞翅目的蛾类害虫，还有甲虫类、蜡类、叶蜂类、螨类的一些虫种。在山东，常见的杨树叶部害虫有美国白蛾、杨扇舟蛾、杨小舟蛾、杨二尾舟蛾、杨尺蠖、杨雪毒蛾、雪毒蛾、舞毒蛾、黄刺蛾、褐边绿刺蛾、杨枯叶蛾、蓝目天蛾、杨白潜叶蛾、杨柳小卷蛾、一点钻夜蛾、杨卷叶螟、杨梢叶甲、杨叶甲、膜肩网蝽、杨始叶螨等。

杨树叶部害虫多以幼虫取食叶片形成危害，不少种类具有较强的繁殖能力，发生量大，并能主动迁移，迅速扩大危害；猖獗时可将树叶吃光，严重削弱树势，甚至造成成片杨树死亡。杨树叶部害虫多营裸露生活，易受多变环境的影响，虫口密度变化较大，表现出一定的潜伏性与突发性。

2. 杨树枝干害虫

杨树枝干害虫主要为天牛科的害虫，还有木蠹蛾科、透翅蛾科、吉丁虫科、蚧科的一些虫种。按主要危害部位，又分为蛀干害虫和枝梢害虫。

(1)杨树蛀干害虫　蛀干害虫蛀食杨树树干的韧皮部和木质部，严重削弱杨树的长势，降低木材的利用价值。在山东，常见的杨树蛀干害虫主要为光肩星天牛和桑天牛，还有云斑天牛、芳香木蠹蛾东方亚种、榆木蠹蛾、六星铜吉丁等虫种。蛀干害虫除成虫期进行补充营养、交尾、产卵等活动营裸露生活外，绝大多数时间在树干的虫道内营隐蔽生活，受外界环境影响较小，虫口数量较稳定。由于其隐蔽性，也为防治工作带来困难。

(2)杨树枝梢害虫　枝梢害虫可分为钻蛀、啃食危害和刺吸危害两类。在山东，钻蛀、啃食危害杨树枝梢的害虫主要有白杨透翅蛾、青杨楔天牛等，钻蛀髓心、啃食枝梢、嫩茎，可造成枝梢枯萎、折断，影响主梢的生长和主干的形成。刺吸危害杨树枝梢的害虫有草履蚧等，以若虫和成虫刺吸枝梢汁液，造成枝梢、幼叶干枯死亡。枝梢害虫往往先是点片发生，虫口密集，繁殖迅速，通过各种途径传播蔓延。

3. 杨树地下害虫

杨树的地下害虫有大灰象甲、铜绿丽金龟、华北大黑鳃金龟、小地老虎、大地老虎、沟金针虫、东方蝼蛄等。主要危害苗木及幼树，以幼虫或成虫栖居于土壤中，取食苗根、嫩茎、幼芽、嫩叶等，使苗木生长不良，可造成缺苗断垄。

(二) 杨树害虫的发生与危害

山东的杨树害虫种类多，发生较频繁，常蔓延成灾；森林虫害是山东杨树的主要灾害。在山东，发生面积大、危害严重的杨树害虫有美国白蛾、杨扇舟蛾、杨小舟蛾、杨尺蠖、光肩星天牛、桑天牛、白杨透翅蛾等。

根据山东省林业有害生物普查结果和报表统计，几种主要杨树害虫2005年在山东的发生面积和分布范围为：美国白蛾发生面积10.37万亩，分布范围为威海、烟台、青岛、潍坊、东营、滨州等市。杨扇舟蛾发生面积112.63万亩，省内各市均有分布，以临沂、济宁、潍坊、德州、青岛、泰安、滨州、枣庄等市发生面积较大。杨小舟蛾发生面积44.08万亩，分布范围为济宁、临沂、青岛、德州、聊城、枣庄、莱芜、淄博等市。杨尺蠖发生面积27.84万亩，分布范围为菏泽、淄博、济宁等市。光肩星天牛发生面积41.84万亩，分布范围为德州、临沂、菏泽、潍坊、济南、淄博、枣庄、烟台、济宁、聊城等市。桑天牛发生面积23.94万亩，分布范围为德州、青岛、淄博、枣庄、莱芜、泰安、临沂、潍坊、菏泽、济宁等市。白杨透翅蛾发生面积33.28万亩，分布范围为济南、青岛、东营、烟台、潍坊、济宁、日照、德州、滨州、菏泽等市。

据统计，几种主要杨树食叶害虫2019年在山东的发生面积和分布范围为：美国白蛾发生面积295.31万亩，山东16市均有发生，济南、枣庄、烟台、潍坊、济宁、临沂、滨州等7市局部地区中度、重度发生。杨扇舟蛾发生面积32.97万亩，莱西、平度、博兴、高青、沾化等5个县(市、区)发生面积在2万亩以上，局部地区中度、重度发生。杨小舟蛾发生面积74.38万亩，莱西、平度、黄岛、胶州、即墨、高青、邹平等7个县(市、区)发生面积在2万亩以上，局部地区中度、重度发生。杨尺蠖发生面积26.39万亩，郓城、菏泽高新区、牡丹、巨野、曹县、滨城、单县、邹平、东明、历城、莘县等11个县(市、区)发生面积在1万亩以上，局部地区中度、重度发生，个别地区出现叶片被吃残、吃光现象。杨毒蛾发生面积8.22万亩，招远、莱西、寿光、平度、龙口、黄岛等6个县(市、区)发生在0.5万亩以上，局部地区中度发生。

美国白蛾是目前山东杨树人工林最重要的食叶害虫。山东省1982年在荣成县首次发现，1986~1992年逐渐扩散至威海、烟台、潍坊3市；1993~2005年，扩散至东营市、青岛市；2005年由东营市开始暴发成灾。随后，2006年滨州市、2007年德州市、2008年济南市相继暴发成灾。至2009年，美国白蛾传播蔓延到除枣庄市以外的16个市、121个县、1212个乡(镇)，发生面积达347.25万亩。美国白蛾在山东1年发生3代，具有传播蔓延速度快、繁殖力强、世代重叠、危害严重等特点，交通干道两侧林带及片林经常出现被吃光吃残的现象，森林资源和生态安全遭受极大威胁。2008年以来，山东省应用飞机防治技术对美国白蛾开展大面积防治，控制美国白蛾的传播蔓延，取得一定成效。至2019年，山东全省的美国白蛾发生面积 295.31 万亩，仍处在高位。

杨扇舟蛾与杨小舟蛾在山东的杨树人工林中发生历史久，自 20 世纪 60 年代就有关于这两种害虫生物学特性、监测与预报及防治技术的研究报道，以后一直是山东杨树的重要食叶害虫，全省各地均有猖獗危害成灾的记录。杨扇舟蛾与杨小舟蛾在山东 1 年发生 4~5 代，第 1 代、第 2 代林间种群数量较少，危害较轻，不易察觉；在异常气候条件下，第 3 代或第 4 代极易暴发成灾。天敌有鸟类、蠋敌、螳螂、蜘蛛、寄生蜂、寄生蝇、颗粒体病毒等，一般年份捕食率 2.7%~36%、寄生率 5.2%~90%，正常气候年份能有效降低杨扇舟蛾与杨小舟蛾的林间种群数量。杨扇舟蛾、杨小舟蛾常与美国白蛾混合发生。

杨尺蠖是早春危害杨树叶片的主要害虫，其卵孵化期和幼虫取食期与杨树新叶展叶期高度吻合，常在 4 月底至 5 月上、中旬将成片杨树林木的叶片全部吃光，严重影响全年生长量。该虫具有间歇性暴发危害的特点，20 世纪 90 年代以来，菏泽、济南、聊城等地均有暴发成灾的记录。

光肩星天牛是山东杨树主要蛀干害虫之一，在杨树树干形成蛀道、虫孔，严重影响林木生长，降低木材等级。该虫于 20 世纪 60~70 年代普遍危害加杨、小钻杨、北京杨等，各地常见杨树主干及大侧枝千疮百孔，并有风折现象。由于光肩星天牛还能危害柳树、榆树、糖槭、苹果、梨树、桑树、国槐等树种，不同树种的林木均存有大量虫源，该虫的危害不能得到有效遏制。20 世纪 80 年代以后，随着 I-214 杨、沙兰杨、I-69 杨、中林 46 杨、T26 杨、107 号杨等诸多黑杨派优良品种的应用和杨树速生丰产栽培技术的推广，光肩星天牛的林间种群数量和危害程度大幅度降低，尤其在杨树丰产林的幼林中很少看到该虫的危害状。但是，部分地区的杨树大树主干上仍可见较多的光肩星天牛刻槽、蛀孔及虫粪，光肩星天牛仍是危害杨树的主要害虫之一，其潜在危害应引起足够重视。

桑天牛是山东杨树的主要蛀干害虫之一，主要危害毛白杨，也危害其他白杨派杨树和黑杨派杨树，并危害桑树、构树、榆树、悬铃木、核桃等树种。桑天牛在山东危害毛白杨已有很长的历史，山东平原地区普遍发生。受害毛白杨主干形成虫孔、蛀道，严重影响毛白杨的生长和木材利用价值。20 世纪 90 年代，发现桑天牛危害多种黑杨派品种。1998 年对沂南县马牧池乡 3 年生杨树品种试验林进行桑天牛虫情调查，18 个黑杨派无性系均不同程度受害，桑天牛虫株率 11.11%~76.39%，平均虫口密度 0.11~0.93 头/株。

二、杨树害虫防治技术

通过对杨树害虫防治的研究，山东在杨树害虫的生物学特性和防治技术方面取得丰富的研究资料，总结了防治杨树害虫的各种技术措施，以及杨树害虫综合治理的策略和方法。

(一)森林植物检疫

1. 森林植物检疫的任务和方法

森林植物检疫是森林保护工作中一项根本性的预防措施，是由国家颁布法令、法规，由检疫机构及其专业人员对产地或过境的森林植物及其产品进行检验，采取有效措施进行控制和管理，以防止危险性病害、昆虫、杂草的人为传播。

检疫的内容和方法，主要是针对特定的危险性病、虫、杂草种类，根据其分布、生物学特性、传播蔓延途径、潜在的适生范围和地区,从防止人为传播这一根本目的出发,制定有关检验识别、无害处理、禁运和限运以至销毁等一整套技术程序。森林植物检疫因范围、任务不同,分为国际森林植物检疫和国内森林植物检疫。检疫工作在产地和调运过程中进行。

2. 森林植物检疫对象

森林植物检疫对象是根据一定时期内国内、国外森林病虫害发生危害情况和本国本地需要,由林业主管部门确定的。凡局部地区发生、危险性大、能随森林植物及其产品传播的病、虫、杂草,应定为森林植物检疫对象。随着时间的推移,危险性病、虫、杂草的种类及危害不断地变化,检疫对象也随之进行调整,不断进行修订、补充。在山东有分布的杨树害虫中,国内森林植物检疫对象有美国白蛾(*Hyphantria cunea*(Drury))、白杨透翅蛾(*Paranthrene tabaniformis* Rottenberg)、杨干象(*Cryptorrhynchus lapathi* Linnaeus)等。

(二)营林技术防治

1. 营林技术防治的特点

森林害虫营林技术防治是在了解害虫、森林和环境三者之间相互关系的基础上,结合营林的各种具体技术措施,有目的地创造有利于林木的生长发育,而不利于害虫发生、危害的森林环境,以控制森林害虫的发生和蔓延,是防治森林害虫的一项基础技术措施。营林技术措施所起的作用多属于预防性的,可起到持续抑制森林害虫林间种群数量增长的作用和积极的防治效果,一般不需增加额外的防治成本。但营林技术措施要达到一定的规模才能收到显著的效果。对已经大面积暴发成灾的森林害虫,仅靠营林技术措施则难以控制。对杨树害虫的营林技术措施,包括育苗技术措施、造林技术措施、抚育技术措施等各个方面。

2. 营林技术防治措施

(1)育苗技术措施 建立苗圃时,选择良好的立地条件。进行地下害虫调查,育苗前进行土壤处理。如使用厩肥,应充分腐熟后再使用。选择优良无病虫害的繁殖材料,加强苗木抚育管理,培育健壮苗木。苗木出圃时严格检查,带有害虫的苗木禁止出圃,并妥善处理。

(2)选择应用抗虫性强的造林树种与品种 同一种害虫对不同种与品种的杨树危害程度有差异,造林时选用抗虫性强的优良品种是一种经济有效的防治害虫措施。如黑杨派中的I-69杨、中林46杨、T26杨、107号杨、鲁林1号杨等品种对光肩星天牛的抗性较强,而露伊莎杨、西玛杨的抗性较差。白杨派中的鲁毛50杨对桑天牛的抗性较强,而河北易县毛白杨雌株和三倍体毛白杨的抗性较差。中菏1号杨苗期易受瘿螨感染,而107号杨则不易感染。

20世纪90年代以来,我国林业科研单位在杨树抗性育种方面取得进展,通过人工杂交和转抗虫基因等途径培育新的抗虫杨树品种。如郑君宝、田颖川等用部分改造的苏云金杆菌(Bt)基因与慈茹蛋白酶抑制剂(APT)基因,转化741毛白杨,选择出抗杨扇舟蛾和舞毒蛾的转双抗虫基因741毛白杨。

(3)造林树种和品种的合理配置 大面积单一杨树无性系的纯林,容易发生虫灾。合理营造混交林,造林树种较多,群落结构较复杂,杨树的寄主植物较分散,害虫天敌的种类和数量较多,可减轻害虫的发生。如鲁西北黄泛沙地营造杨树与刺槐混交林,对促进杨树生长和减轻杨树的虫害都有良好作用。

在一个范围较广的地域进行杨树造林时，要根据造林地条件，因地制宜地合理安排不同种和品种的杨树，实行杨树多无性系合理搭配；有利于适地适树适品种，有利于生物群落多样性，有利于增加杨树害虫天敌的数量，可减缓杨树害虫种群扩散的速度。

(4) 杨树用材林集约经营　集约经营的杨树丰产林，长势旺，林木健壮，可增强林木的抗虫能力。如一些天牛、木蠹蛾，往往侵害长势衰弱的林木。在杨树速生品种的丰产林中，林木生长快，树势旺，光肩星天牛刻槽产卵后由于树液包埋，卵很少孵化。为增强杨树林分的长势，应采取良种壮苗、细致整地、精心栽植和造林后的灌溉、施肥、中耕除草、农林间作、修枝抚育等各项丰产栽培技术措施。

(5) 栽植害虫的诱饵树　适当配置害虫的嗜食树，可减少对主要树种、品种林木的危害，并将害虫集中捕杀消灭。例如，在杨树产区的林缘、路旁栽植光肩星天牛嗜食的糖槭或者露伊莎杨作为诱饵树，诱集光肩星天牛在其上取食和产卵，然后集中进行捕杀。

(6) 改善林内卫生条件　修枝时，首先修除病虫枝、枯死枝、机械损伤枝，修枝切口要平滑。采伐已感染枝干害虫的立木时，伐倒木和枝桠要及时运到伐区外，剥皮并烧毁。对于在土壤中或枯枝中越冬、越夏的害虫，可结合搂拾落叶及冬耕、灌水等措施杀灭部分害虫。

(7) 清除成虫的补充营养源　如桑天牛的幼虫主要危害杨树，而其成虫需要取食桑树、构树嫩枝皮来补充营养。清除杨树林地周围一定距离内的桑树、构树，可以切断桑天牛成虫的补充营养源，减少桑天牛成虫在主栽树种上的产卵量。

(三) 生物防治

1. 生物防治的特点

森林害虫生物防治是利用生物或生物的代谢产物控制森林害虫发生和危害的方法。能控制害虫发生和危害的生物称为天敌，包括寄生性天敌、捕食性天敌、害虫的病原微生物。

与化学防治措施相比，生物防治具有不污染环境，对人畜安全，维持森林生态系统生态平衡，防治效果持久，能避免害虫产生抗药性等优点，是森林害虫综合治理的重要组成部分。但寄生性天敌有一定的专化性，捕食性天敌有一定的选择性，天敌受环境因素影响较大，作用速度较慢，对靶标害虫的控制效果较难掌握，因而生物防治在应用上有一定的局限性，必须与其他各项防治措施配合使用，相互协调，才能充分发挥其在综合防治中的作用。

2. 杨树害虫天敌的种类

(1) 捕食性天敌　包括捕食性鸟类、昆虫类、蜘蛛类等。

捕食性鸟类多数为留鸟，有灰喜鹊、啄木鸟、杜鹃、大山雀等。常年在林内捕食各种昆虫，尤其在繁育期的捕食量大幅增加。鸟类活动范围大，寻找食物能力强，除虫效果明显。如大斑啄木鸟、绿啄木鸟、星头啄木鸟以天牛、木蠹蛾、透翅蛾等多种枝干害虫为食，对控制杨树枝干害虫起到很大作用。

捕食性昆虫有螳螂、猎蝽、瓢虫、步甲等，主要在树冠、树干上捕食暴露的害虫。

捕食性蜘蛛包括游猎型蜘蛛和结网型蜘蛛。游猎型蜘蛛主要捕食害虫的幼虫，结网型蜘蛛还可捕食落到网上的成虫。

(2) 寄生性天敌　杨树害虫在幼虫和蛹期的寄生性天敌有姬蜂、茧蜂、啮小蜂、肿腿蜂、小蜂、寄蝇、寄甲等。如利用赤眼蜂可防治杨扇舟蛾等多种蛾类害虫，用周氏啮小蜂可防治美国白蛾，用管氏肿腿蜂可防治青杨枝天牛和白杨透翅蛾，用花绒寄甲可防治光肩星天牛和桑天牛。

（3）病原微生物　害虫的病原微生物有真菌、细菌、病毒和线虫等。害虫的致病真菌主要有白僵菌。病原细菌主要有苏云金杆菌，其主要感染对象是部分鳞翅目害虫。致病病毒有核型多角体病毒、质型多角体病毒和颗粒体病毒，可感染部分鳞翅目幼虫。昆虫的病原线虫有小卷蛾线虫、异小杆线虫、芫菁夜蛾线虫等。

3. 生物防治技术的应用

生物防治的依据是生态学原理。在森林环境中，林木—害虫—天敌构成食物链，形成相互依存、相互制约的关系，它们之间一般处于动态生态平衡。森林害虫生物防治的主要途径是：通过营林技术措施创造有利于天敌栖息和繁殖的条件，保护利用本地天敌，引进、人工助迁外地天敌，人工培养繁殖和林间释放天敌等。

营造杨树与刺槐混交林，杨树多品系造林，杨树与农作物间作等技术措施，可丰富森林的生物多样性，改善害虫天敌的栖息繁殖条件，增加天敌的种群数量。

益鸟的保护和招引。在杨树栽培区域，保留部分老树、大树供啄木鸟、大山雀等益鸟筑巢、繁衍。利用鸟类的营巢习性，在杨树人工林内悬挂各种巢箱或招引木，供益鸟营巢、定居。如人工招引啄木鸟对防治周围杨树的蛀干害虫有显著效果。

本地天敌昆虫与蜘蛛的保护和利用。可采用人工助迁，为越冬天敌提供适宜的生存条件，人工补充天敌的中间寄主，避免在天敌活动期喷施农药等措施，扩大天敌的种群数量，更好地控制害虫的危害。

天敌昆虫的异地引进、繁殖与释放。成功的实例有：山东省林业科学研究所对管氏肿腿蜂的生物学特性、繁殖技术和林间释放技术进行了研究，在杨树林间释放管氏肿腿蜂防治青杨枝天牛和白杨透翅蛾，有良好效果。烟台市研究周氏啮小蜂的高效繁殖技术和林间释放技术，在杨树林间大规模释放周氏啮小蜂，防治美国白蛾，也可防治杨扇舟蛾、杨小舟蛾等鳞翅目害虫。各地人工繁殖赤眼蜂，适时释放，防治杨扇舟蛾等食叶害虫。

病原微生物的应用。应用实例有：规模化生产苏云金杆菌（Bt）制剂，在美国白蛾3龄幼虫前，在杨树林间喷洒苏云金杆菌悬浮剂，使美国白蛾幼虫致病，防治效果可达90%。应用白僵菌防治多种食叶害虫。应用核型多角体病毒防治杨尺蠖等蛾类害虫。应用异小杆线虫防治光肩星天牛，芫菁夜蛾线虫防治桑天牛等。

（四）物理机械防治

1. 物理机械防治的特点

森林害虫物理机械防治是应用各种物理学的技术和机械设备、工具防治森林害虫的方法。其领域从简单的人工、工具捕拿，到光学、电学、力学等防治方法。比较常用的方法有捕杀、诱杀、阻隔等。

与化学防治相比，物理机械防治可减少对环境的污染和对天敌的杀伤。物理机械防治的技术简便，容易掌握使用。但在杨树害虫大发生时，防治效果不够明显。

2. 物理机械防治的技术措施

（1）捕杀法　是直接用人力或简单工具捕杀在苗圃或林地上的害虫，如人工采摘杨扇舟蛾、舞毒蛾的卵块、蛹茧，用竹竿打落或击杀具有群集性的食叶害虫幼虫，人工捕捉光肩星天牛成虫等。

（2）阻隔法　根据害虫的生活习性，设置障碍，阻隔其迁移蔓延。在树干上涂胶环或绑塑料薄膜，可阻止部分有上树习性的害虫上树危害。挖沟可阻止大灰象甲成虫迁移，便于集中消灭。

（3）诱集和诱杀法　利用害虫的趋性或其他生活习性进行诱集，适时予以处理。灯光诱杀是利用多数蛾类和一些甲虫的趋光性，夜间可用电灯、火把等光源诱集扑杀害虫，灯下需设捕获装置（如水盆等）。黑光灯诱虫已广泛应用于害虫防治和预测预报。食饵诱杀是利用害虫的趋化性诱杀害虫。例如，可在毛白杨栽植区内分散栽植少量桑树、构树作诱饵树，引诱补充营养的桑天牛成虫，适时人工捕杀或药剂毒杀。潜所诱杀是人工设置害虫喜欢栖息的场所，诱集这些害虫。如地老虎类幼虫夜间危害，白天则潜伏于苗木、幼树根际，可用树木新鲜枝叶（例如桐树叶）或新鲜杂草分散堆集于苗畦或幼树周围，诱集大量地老虎等地下害虫，及时予以消灭。

（五）化学防治

1. 化学防治的特点

应用化学农药杀虫，按农药对害虫的作用方式，分胃毒剂、触杀剂、内吸剂、忌避剂、拒食剂等。杀虫剂按原料来源及化学成分，分有机杀虫剂、无机杀虫剂及植物源杀虫剂。

化学防治的杀虫速度快、高效、方便、费用较低。在杨树害虫大面积暴发、猖獗危害时，可使用各种相配套的器械喷洒化学农药，及时消灭害虫，控制灾情，是其他防治措施无法替代的有效防治手段。化学防治在杨树害虫防治技术中具有重要地位。但化学农药可引起环境污染和人畜中毒。长期使用化学农药，易造成一些害虫对农药产生抗药性。使用广谱性杀虫剂，在防治害虫的同时也杀死害虫的天敌。因此，要正确、合理地使用各种杀虫农药，发挥化学防治的优点，避免或减少其缺点，安全、经济、有效地防治杨树害虫。

2. 科学合理地使用化学农药

杨树害虫防治的历史表明，单纯依靠化学农药并不能长期有效地解决害虫危害，化学防治只是杨树害虫综合防治体系中的一个组成部分，要与其他防治措施相互协调应用。在化学防治时，要充分考虑对环境和其他生物群落的影响。

化学防治作为杨树害虫防治的一种应急措施，只有杨树害虫的种群数量达到害虫防治的经济阈值时，才考虑使用化学防治措施。害虫数量低于经济阈值，则不需使用化学农药。制订合理的经济阈值和进行准确的虫情预报，对化学防治十分重要。

根据害虫的种类及其特性，选择适于防治对象的高效、低毒、低残留农药。根据害虫种类、虫态、虫龄及施药方法，准确掌握用药浓度及药量，以期既杀死害虫，又减少对环境的不利影响。做好预测预报，适时施药。多数害虫通常在幼龄期施药，既省药又高效。对光肩星天牛等蛀干害虫，可在成虫羽化盛期喷药防治。改进施药方法，减少药剂的流失及对环境的影响。如低容量喷雾技术对于防治林木体表的害虫，具有用药量少、效率高、防治效果好的优点。对于部分有上树、下树习性的害虫，在树干上用药剂涂环、绑毒绳，省药、效果好。

生产上常用的高效、低毒、低残留杀虫剂有敌敌畏、辛硫磷、磷化铝、氯氰菊酯、甲氰菊酯、氯氟菊酯、灭幼脲、除虫脲、氟铃脲、吡虫啉、啶虫脒、烯啶虫胺、氟啶虫酰胺等。

植物源杀虫剂有苦参碱、苦楝素、油酸烟碱、印楝素、茴蒿素等。微生物源农药有阿维菌素等。

还有菊·马乳油、辛·氰乳油、阿维·高氯乳油、阿维·除虫脲、甲维盐·氟铃脲、苦烟乳油等混配制剂。

(六)杨树害虫预测预报

1. 森林虫情预测预报的意义

森林虫情预测预报是在掌握主要森林害虫数量变动规律的基础上，通过定点观察，掌握虫情动态，结合林木生长情况、气候情况、天敌情况进行分析判断，测报害虫未来发生、发展情况的一项技术性工作。通过森林虫情预测预报，可以了解主要森林害虫未来的发生时间、发生数量、危害程度及扩展范围等，对于正确制订害虫防治计划，及时采取经济有效的防治措施，控制害虫种群密度，减轻害虫危害，具有十分重要的意义。森林虫情预测预报是森林害虫综合治理的重要内容，是有计划地及时防治森林害虫的依据。

2. 森林虫情预测预报内容

森林虫情预测预报包括发生期预测、发生量预测、蔓延预测和危害程度预测。发生期预测是预测害虫某一虫态的发生时期或危害时期；发生量预测是预测未来害虫的发生数量或虫口密度；蔓延预测是预测害虫可能蔓延或危害的地区；危害程度预测是在发生量预测的基础上，预测害虫可能危害的轻重和损失程度。

根据预报时效的长短，可分为短期预报、中期预报和长期预报。短期预报的预报时效一般在1个月以内，是根据害虫前一虫态的虫情，预测后一虫态的发生情况；中期预报的预报时效一般为1个月到1年，是根据害虫上一代的发生情况，预测下一代的发生情况；长期预报的预报时效通常为1年以上，对跨年度的虫情做出测报分析，或对一些周期性猖獗的害虫预测未来几年的消长情况。

3. 虫情预测预报方法

(1)发生期预测

期距预测法：害虫从某一虫态发育到下一虫态需要一定的时间，这个时间间隔称为期距。根据前一虫态的发生时间，加上期距天数，就可推算出后一虫态的发生时间。期距的长短主要受气温的影响。

昆虫有效积温预测法：昆虫有效积温是昆虫完成一个世代或一个虫态所需的有效温度总量，即发育历期与该历期有效温度的乘积。测得某种害虫的某一虫态或全世代的发育起点温度和有效积温后，便可根据当地的气象预报，推算其发生期。

物候预测法：根据害虫和其寄主及伴生树种的物候相关关系，预测害虫发生期。

形态预测法：根据害虫的一些形态变化，预测下一虫态发生的时间。

（2）发生量预测

根据害虫有效基数进行预测：害虫发生数量常与上一代发生基数密切相关，通过抽样调查，了解害虫的平均虫口密度、死亡率、存活率、性比和平均产卵量等数据，计算害虫发生量。

$$下一代发生数量 = 上一代虫口基数 \times 雌性比 \times 平均产卵量 \times 存活率$$

根据单因子、多因子相关分析进行预测：害虫发生量的变化与生物学因子（包括寄主植物与天敌），环境因子（包括气象因子、地形因子、土壤因子）等有关。利用大量系统调查研究的资料，用相关回归分析的方法，筛选出对预测预报有显著作用的因子，并计算一元及多元回归方程中各入选因子的参数，研制测报模型，来预测害虫的发生量。

根据影响种群数量变动的关键因子进行预测：有的害虫，其种群密度的增减与某些关键因子密切相关。调查几个关键因子和某一特定虫期的数量，即可进行害虫发生量的预测。例如，据多年观测资料，杨尺蠖的发生量与上年夏季降雨量和天敌寄生率密切相关。

根据昆虫生命表进行预测：昆虫生命表用于调查、记录昆虫生长、发育过程中的存活、死亡情况。通过对某种昆虫在一定生态条件下各发育阶段的存活数、死亡数和死亡原因的系统调查，来分析害虫数量变动的原因，估计虫情的发展趋势。

（七）杨树害虫的综合治理

总结多年森林病虫害防治的经验，我国森林病虫害防治制订了"预防为主，综合治理"的方针。杨树害虫的防治也要遵循"预防为主，综合治理"的理念、策略与方法。

杨树害虫防治工作的"预防为主"，要做好森林植物检疫，减少害虫的传播；要以营林技术措施为基础，营造良好的森林生态环境，提高森林的健康水平；从而抑制杨树害虫的发生。杨树害虫的"综合治理"，要做好虫情预测预报，根据林地情况和害虫发生特点，因时制宜、因地制宜，科学、合理地协调营林技术防治、生物防治、物理机械防治、化学防治等各种防治措施，将害虫的林间种群密度控制在经济允许水平（经济阈值）以下，达到主动防灾控灾的可持续治理目标。

三、山东杨树主要害虫及其防治

（一）美国白蛾

美国白蛾（*Hyphantria cunea*（Drury））属鳞翅目、灯蛾科。原产北美洲，20世纪40～60年代先后传到欧洲和日本、朝鲜半岛，是一种国际性检疫害虫。在我国，是一种外来入侵有害生物，1979年在辽宁省丹东市首次发现，后扩散到东北、华北、华中的多个省（直辖市）。山东省于1982年在荣成县首次发现，目前省内各地都有发生。美国白蛾的食性杂，能危害林木、果树、农作物等300多种植物。美国白蛾的适应性强，传播途径广，繁殖量大，蔓延速度快，危害十分严重。美国白蛾于2005年以后在山东多地暴发成灾，大片杨树林木的树叶被吃光，对林业生产及生态安全造成严重威胁。

1. 形态特征

（1）成虫　雌蛾体白色，体长9.5～15.0mm，翅展30.0～42.0mm；触角锯齿状，褐色；

复眼黑褐色，半球形，大而突出；下唇须短小，侧面黑色；喙短而细。雄蛾体白色，体长9.0~13.5mm，翅展25.0~36.5mm；触角双栉齿状，腹面黑褐色；下唇须外侧黑色，内侧白色。头、胸被白色粗长毛。翅底色纯白。雄蛾前翅从无斑到有浓密的褐色斑。前足基节及腿节橘黄色，胫节及跗节外侧黑色、内侧白色。前爪长而弯，后爪短而直。后足胫节无中距，有1对端距。

（2）卵　近球形，直径0.50~0.53mm，初产的卵浅绿色或黄绿色，近孵化时呈灰褐色，表面具许多规则的小刻点。卵单层排列，卵块大小2~3cm²，表面覆盖有雌蛾腹部脱落的毛和鳞片，呈白色。

（3）幼虫　美国白蛾幼虫分黑头型和红头型两种类型，分布于我国的美国白蛾幼虫大多数属黑头型。黑头型幼虫头黑色，有光泽。1龄和2龄幼虫，体黄绿色；随着虫龄增长，变为橘黄色和黑褐色。老熟幼虫体长28~35mm。背线、气门上线、气门下线均为淡黄色。背部毛瘤黑色，体侧毛瘤多为橘黄色，毛瘤上生有白色长毛簇。气门白色，椭圆形，镶黑边。胸足黑色，腹足外侧黑色。红头型幼虫头橘红色，额褐色。背线、气门上线、气门下线乳白色。毛瘤上着生稀疏的褐色或黑褐色长毛。

（4）蛹　长8~15mm、宽3~6mm。暗红褐色。头部、前胸和中胸布满不规则的小皱纹，后胸及腹部各节除节间沟外，密布浅而凹的刻点。腹部末端有排列不整齐的臀棘8~17根，臀棘末端呈喇叭口状。雄蛹较瘦小，雌蛹较肥大。蛹外被有灰白色薄茧，茧上的丝混杂着幼虫的体毛。

2. 生物学特性

（1）生活史　该虫在山东1年发生2~3代，以1年3代为主。威海、烟台等沿海地区，秋季低温年份，第三代一般不能完成发育。以蛹越冬。在山东大部分地区，翌年4月上、中旬越冬代成虫开始羽化，4月底5月初达到羽化高峰，成虫在春季的羽化进度受低温和降水的影响。4月中、下旬雌蛾开始产卵。5月初第1代幼虫开始出现，5月中、下旬为初孵幼虫吐丝结网幕的高峰期。6月中旬第1代老熟幼虫开始下树化蛹，6月下旬为下树化蛹高峰期。6月中旬第1代成虫开始羽化，6月底7月初为第1代成虫羽化高峰期。成虫羽化2天后即可产卵。6月下旬第2代幼虫开始出现，7月中旬为第2代幼虫网幕高峰期。7月下旬第2代老熟幼虫开始下树化蛹。8月上旬第2代成虫开始羽化，8月下旬第2代成虫达到羽化高峰。8月下旬第3代幼虫开始出现，9月上、中旬为幼虫网幕高峰期。9月底第3代老熟幼虫开始陆续下树，寻找越冬场所化蛹；老熟幼虫最晚于11月上旬下树化蛹越冬。在烟台、威海等沿海地区，春季气温较低，年内各虫态的发生期迟于山东的内陆地区。部分发生晚的第3代幼虫若遇低温多被冻死，不能完成发育。该虫第1代幼虫发育较整齐，第2代、第3代发育不整齐，世代、虫态重叠现象严重。

（2）生活习性　成虫多在16:00~22:00羽化，以黄昏前后羽化为主。刚脱出蛹壳的成虫对直立物有明显的趋性。成虫羽化当晚即可交尾，交尾时间长，多在凌晨2:00~6:00开始交尾，主要在15:00~22:00完成交尾。交尾结束后，雌蛾开始产卵。越冬代成虫产卵时间持续

6h 左右，第 1 代、第 2 代成虫产卵时间持续 10h 以上。1 只雌蛾平均产卵 800 粒。一般越冬代成虫产卵量最少，第 1 代成虫产卵量最多。成虫有弱趋光性，雄蛾趋光性较强，雌蛾趋光性较弱。飞翔能力不是很强，一般在 200～300m 范围内活动。雌蛾寿命 4～8 天，雄蛾寿命 2～7 天。

卵多产于树冠外围的叶片背面。卵块单层排列，覆盖有白色鳞毛。卵孵化率高，第 1 代 90% 左右，第 2 代、第 3 代 95% 以上。平均气温 23～25℃，相对湿度 75%～80%，最适于卵的发育。第 1 代卵发育历期 12～14 天，第 2 代卵发育历期 7～9 天，第 3 代卵发育历期 8～11 天。

幼虫孵化时间多在 2:00～9:00，以 6:00～8:00 为主。初孵幼虫有趋光性和趋热性，并有取食卵壳的习性。1～3 龄幼虫群集寄主叶上吐丝结网幕，在内取食叶肉，受害叶片仅留叶脉呈纱网状。4 龄幼虫开始分成若干小群体，藏匿网幕中取食；开始将叶片咬成缺刻，食量增加。5 龄以后分散为单个个体取食并进入暴食期，将叶片咬成缺刻和孔洞，严重时将树叶食光。幼虫有较强的耐饥力，5 龄以上幼虫 9～15 天不取食仍可发育。幼虫期一般 6～7 龄，第 1 代和第 2 代以 6 龄为主，第 3 代以 7 龄为主。如果食物不足，5 龄后的幼虫可提前化蛹。平均气温 24～26℃，相对湿度 70%～80%，最适于幼虫发育。第 1 代幼虫发育历期 32～40 天，第 2 代幼虫发育历期 24～30 天，第 3 代幼虫发育历期 42～52 天。

第 1 代、第 2 代老熟幼虫多在树皮裂缝、砖瓦石块下化蛹。第 3 代（越冬代）老熟幼虫常爬行一段距离后寻找合适的化蛹场所，化蛹场所比较分散，多在树皮裂缝、砖瓦石块下、墙缝内、屋檐下等处化蛹。蛹有群集性。第 1 代蛹的发育历期 11～13 天，第 2 代蛹的发育历期 9～11 天，第 3 代（越冬代）蛹的发育历期 165～175 天。

美国白蛾卵的发育起点温度为 12.19±1.49℃，有效积温为 86.82±4.96 日·度。在室内恒温条件下，测定的美国白蛾幼虫的发育起点温度为 13.33±0.37℃，有效积温为 471.06±13.05 日·度。

美国白蛾越夏非滞育蛹的发育受温度的影响显著，温度越低，蛹的发育历期越长。15℃、20℃、30℃的恒温条件下，越夏非滞育蛹的平均历期分别为 43.12 天、19.28 天、9.53 天。发育起点温度为 10.55±0.25℃，有效积温为 185.29±3.40 日·度。

美国白蛾各虫态的发育历期，是用期距法预测美国白蛾发生期的依据。以东阿县的资料为例（表 5-1-1）。

表 5-1-1 各代美国白蛾各虫态的发育历期及气象因子（山东省东阿县）

虫态	第 1 代			第 2 代			第 3 代		
	发育历期平均值（天）	日平均气温（℃）	相对湿度（%）	发育历期平均值（天）	日平均气温（℃）	相对湿度（%）	发育历期平均值（天）	日平均气温（℃）	相对湿度（%）
卵	14	19.8	64	8	25.7	75	9	24.4	80
幼虫	39	19.8	64	27	25.7	75	48	19.6	78
蛹	11	26.3	55	9	25.7	75	168	10.8	45
成虫	4	25.7	75	4	24.4	80	5	15.1	58

3. 防治方法

（1）检疫　严格检疫，将美国白蛾控制在局部疫区内。美国白蛾可随车辆、船舶及植物性包装铺垫材料远距离传播。运输车辆从疫区外出时，应由检疫部门严格检查，如发现美国白蛾的幼虫、蛹等，要作灭虫处理。

（2）卵期防治　在美国白蛾成虫产卵期，人工摘除杨树叶片上的卵块。

（3）低龄幼虫期防治

剪除网幕：在美国白蛾幼虫3龄前的网幕期，组织人员查找网幕，将网幕连同小枝一起剪下，集中销毁。

生物防治：当虫口密度较低时，可采用生物防治。对美国白蛾1~3龄幼虫，可喷洒8000IU/μL苏云金杆菌悬浮剂，采用超低容量喷施，防治效果可达到90%。可利用核型多角体病毒防治，施用浓度为$2.23×10^7$ PIB/mL时，美国白蛾幼虫死亡率可达96%。也可将苏云金杆菌与核型多角体病毒的制剂混合使用。还可保护利用鸟类、捕食性天敌昆虫、蜘蛛等除虫。

喷施农药：在美国白蛾发生严重地区，须及时喷施化学农药防治，控制危害。防治时间最好在3龄幼虫以前，此时的幼虫耐药性较弱。杀虫药剂可选择灭幼脲、除虫脲、苦参碱、苦烟乳油等，发生严重地区可使用阿维菌素、甲维盐或与灭幼脲、除虫脲混合使用。当发生面积较小、较分散时，使用机动喷雾机喷药防治。当美国白蛾大面积暴发时，可使用飞机喷药防治。飞机喷药防治时要执行DB37/T 2065—2012《飞机施药防治美国白蛾技术规程》。飞机施药防治美国白蛾，作业效率高，防治成本低，防治效果好，是应对大面积暴发的美国白蛾灾害的有效措施。

（4）老龄幼虫和蛹期防治

绑草把诱集：在老熟幼虫下树化蛹前，在距地面1~1.5m高的树干部位，用麦秸、稻草等围绑，诱集老熟幼虫在其中化蛹。化蛹后解除草把，将蛹检出。将蛹集中存放，用纱网罩住，待全部羽化，寄生于蛹内的天敌飞走后，再集中销毁。

人工捉蛹：美国白蛾的蛹有群集性，可在蛹期于化蛹场所人工寻找。将收集的蛹用纱网罩住存放，待全部羽化，寄生在蛹内的天敌飞走后，再集中销毁。

释放周氏啮小蜂：白蛾周氏啮小蜂（*Chouioia cunea* Yang）是中国林业科学研究院杨忠岐在山东烟台地区从美国白蛾蛹中发现的一种寄生蜂，寄生率高，寄主范围广，对幼虫、蛹均可寄生。在室内人工饲养容易，在柞蚕蛹中的出蜂量为5000头/蛹左右。人工繁殖周氏啮小蜂，在美国白蛾的老熟幼虫期和化蛹盛期于杨树林间释放。周氏啮小蜂产卵寄生在美国白蛾蛹内，孵化的子蜂吸收蛹的营养，可使美国白蛾蛹内养分耗尽而死亡。子代周氏啮小蜂咬破蛹壳爬出，再寻找新的寄主。周氏啮小蜂对美国白蛾的寄生率一般达30%~70%。放蜂方法可直接释放羽化的周氏啮小蜂，选择晴朗、气温20℃以上、无风的天气，在上午10:00至下午5:00，按周氏啮小蜂和美国白蛾老熟幼虫5∶1的比例放蜂，每代老熟幼虫放蜂1~2次。也可把寄生有周氏啮小蜂的柞蚕蛹固定在杨树树干上，周氏啮小蜂由柞蚕蛹中爬出。

涂毒环：在老熟幼虫下树化蛹前，在树干离地面30~50cm处，涂刷30cm宽的毒环。涂刷的药剂用菊酯类农药、机油、柴油，按1：5：5的比例配制。

(5)成虫期防治

人工捕杀：刚羽化的美国白蛾成虫静伏在树干、电线杆、墙壁等直立物上，可组织人员巡查，捕杀成虫。

黑光灯诱杀：美国白蛾成虫有趋光性，可安装黑光灯诱杀。黑光灯设在村庄周围、林带及片林的林缘，每隔350~400m悬挂一盏，悬挂高度距地面2~3m，周围无高大的障碍物。开灯时间为每天傍晚19:00至次日早晨6:00。

性诱剂诱杀：美国白蛾性信息素专一性强、对天敌无害、不污染环境，有推广应用价值。应用性诱剂诱杀美国白蛾成虫时，在村庄周围、林带及片林的林缘，每隔100~200m悬挂一部性诱捕器，诱芯悬挂高度接近林冠下缘，周围无高大的障碍物。

(二)杨小舟蛾

杨小舟蛾(*Micromelalopha troglodyta* (Graeser))又名杨褐天社蛾，属鳞翅目、舟蛾科。在我国，北至黑龙江，南至浙江、湖南，西至陕西、四川都有分布。山东各地普遍发生。幼虫取食杨树、柳树等树木的叶片，尤嗜食黑杨派树种。常大面积暴发成灾，可吃光树木的叶片，危害严重，是杨树、柳树的主要害虫之一。

1. 形态特征

(1)成虫　体长9~15mm，翅展22~26mm。体色有黄褐色、红褐色、暗褐色。前翅有3条灰白色横线，每条线两侧具棕褐色边。基线前段不清晰。内横线前段外斜，在亚中褶下呈亭形分叉。外横线波浪形，亚外缘线由脉间黑点组成。横脉处1个小黑点。后翅浅棕色，后翅臀角处有1个红褐色小斑。

(2)卵　半球形，直径0.65mm，初产时黄绿色，后变为褐色。

(3)幼虫　幼虫5个龄期，1~5龄的体长分别为2.15mm、4.92mm、8.50mm、14.72mm、22.27mm，1~5龄的头宽分别为0.39mm、0.65mm、1.22mm、1.75mm、2.74mm。1龄幼虫头黑色、体鲜黄色、黄褐色。2龄幼虫头黑色，体黄绿色，腹背第1、3、7、8节有红斑，红斑中有黑色毛片。3龄幼虫头顶单眼区黑色，体黄绿色，腹部有红斑。4龄幼虫头黄绿色，头顶有八字形黑纹，体黄色，各节有显著的毛瘤和毛片，前胸两对黑纹，腹部有红斑，体侧带灰黑色。5龄幼虫灰褐色，头顶有八字形黑纹，体侧黄色纵带中有黑色纵纹，前胸2对黑色横斑，腹部有黑色月牙形、V形斑及斜纹；各节毛瘤和毛片增大，第1和第8腹节背面中央各有2个较大的瘤，瘤上生短毛，其周围紫红色，第3和第5腹节背面中央各有2个紫红色的瘤。

(4)蛹　近纺锤形，长12.44mm、宽4.39mm，黑褐色、红褐色、褐色。背纵脊略见，胸部背板有横皱纹及短纵纹；腹部节间缢缩明显，第4~8节基部具刻点，腹末臀刺短而平截。

2. 生物学特性

(1)生活史　在济南市商河县，杨小舟蛾1年发生4~5代，以5代为主。以蛹越冬。3月下旬、4月上旬越冬代成虫开始羽化，4月下旬为羽化盛期，直至5月上旬仍有越冬代成虫。成虫羽化后交尾、产卵。4月中下旬第1代幼虫开始孵化，5月上、中旬为危害盛期。5

月中旬第1代成虫开始羽化,5月下旬、6月上旬为羽化盛期。第2代成虫于7月上、中旬出现,7月中旬为其高峰期。第3代成虫于7月下旬、8月上旬出现,8月上旬为其高峰期。第4代成虫于8月下旬、9月上旬出现,可以持续到9月下旬。第5代幼虫至9月下旬、10月上旬化蛹越冬。部分发育晚的杨小舟蛾以第4代蛹越冬。在商河县,第1、2、3、4代幼虫的危害盛期分别在5月上中旬、6月中下旬、7月中下旬、8月中下旬。第5代幼虫一般于9月中下旬开始危害,持续到10月上旬。

在山东沿海地区,1年发生4代为主。4月末越冬代成虫开始羽化。各代幼虫发生期分别为,第1代幼虫5月上旬,第2代幼虫6月中旬,第3代幼虫8月上旬,第4代幼虫9月中下旬。

6月下旬以后,出现世代重叠现象,尤以第3代、第4代重叠明显,林间各虫态混杂。第1代、第2代主要是种群基数积累阶段,第3代、第4代是成灾阶段。7~8月是全年中气温最高的月份,林间杨小舟蛾的虫口密度能在短期内急剧上升,易大面积暴发成灾。

(2)生活习性　成虫羽化时间从15:00开始,至次日4:00止,以16:00~23:00为羽化集中时间。雄虫较雌虫提前1天羽化。成虫白天隐蔽于叶片背面、枝条或树干上,傍晚开始活动。从20:00开始交尾,至次日8:00结束,23:00至次日5:00为交尾集中时间,交尾历时3~8h。成虫不擅飞行,具有较强的趋光性。雄蛾上灯率较高,一般从19:00开始上灯,20:00~22:00为上灯集中时间,雌蛾上灯率低。成虫寿命4~9天,平均6.4天。雌雄性比接近1:1。

绝大多数成虫于交尾结束后的当晚开始产卵,产卵持续2~8天,多数4~5天。成虫昼夜均能产卵,以0:00~6:00为产卵集中时间,约占全天产卵量的50%~70%,每雌蛾产卵量200~600粒,最高可达840粒,多于交尾结束的当天和第二天产出。越冬代成虫刚羽化时,杨树叶片尚未完全展开,除产卵于叶片上,少部分卵也可产于树干或枝条上;以后各代均产卵于叶片上。卵排列整齐集中,成块状平铺于叶片背面,极少数产于叶正面。1个卵块少则数粒,最多达300粒以上,平均120~140粒。

幼虫5龄,各龄幼虫体色变化较大。初孵幼虫常群集于叶背面啃食下表皮及叶肉,被害叶片呈细密的麻点状。稍大即分散危害,2龄幼虫仍啃食下表皮及叶肉,剩下叶脉,被害叶片呈不规则网状;3龄后取食叶片成缺刻或食尽叶片;4龄后进入暴食期,5龄幼虫食叶量占幼虫期总食量的83%。幼虫昼夜均能取食,夜间危害重,占全天食叶量的57.4%。由于幼虫取食,常致残叶飘落,次晨在树冠下可见大量咬落的碎叶和粪便。幼虫行动较迟缓,黎明前后多自叶片向枝条移动,寻食时能吐丝下垂随风飘移,或沿主干下移。

老熟幼虫除个别在树冠缀叶或在树洞、树皮裂缝内结薄茧化蛹外,其余均下树化蛹。多数老熟幼虫吐丝将地表的枯枝叶和碎泥土结成"蛹苞",在苞内化蛹,每蛹苞有蛹2~5头;也有虫直接在枯枝落叶和表土层中化蛹。本土蛹期天敌种类有毛虫追寄蝇 *Exorista omoena*、日本追寄蝇 *Exorista japonica*、筒须追寄蝇 *Exorista humilis*,寄生率在20%以上。

各虫态发育起点温度为:卵6.2℃、幼虫6.5℃、蛹7.7℃、成虫14.4℃,各虫态有效积温为：卵 80.3 日·度、幼虫 380.0 日·度、蛹 143.6 日·度、成虫 57.8 日·度。

杨小舟蛾的成虫发生量与当月的日平均温度关系密切，当日平均气温在 15℃ 以上时，杨小舟蛾开始出现，日平均气温 22~28℃ 为杨小舟蛾发育适宜温度。温度对该虫的发育和产卵量有显著影响，第 1 代、第 5 代发生时期的气温较低，各虫态发育缓慢，自然死亡率较高，成虫的产卵量低。而第 3 代、第 4 代发生时期(7~8 月)的气温较高，各虫态发育加快，成虫的产卵量较高。

暖冬导致害虫越冬成活率上升，易导致害虫暴发成灾。在 5~8 月相对湿度和降雨量较大的年份，杨小舟蛾发生较为严重；但降水量过大时，不利于该虫的存活。

杨小舟蛾嗜食黑杨派树种，白杨派树种受害轻。林下杂草多者受害较重。

3. 防治方法

(1)营林技术措施　造林树种和品种的合理配置，防止大面积单一杨树无性系的纯林。加强森林抚育，适时清理林间杂草，适时修枝。

(2)黑光灯诱杀成虫　杨小舟蛾成虫有较强的趋光性，在每代成虫期设置黑光灯诱杀成虫。每代成虫期的诱杀，直至该代羽化期结束。按黑光灯的设置要求，确定黑光灯的密度和距地面高度。

(3)耕翻林地除蛹　杨小舟蛾的越冬蛹，比较集中地分布在树下枯叶和土壤中。冬、春季耕翻林地，深埋落叶，能破坏越冬蛹的越冬场所，减少越冬蛹的数量。

(4)生物防治

苏云金杆菌：在幼虫 3 龄前，选择晴朗天气，喷施 8000IU/μL 苏云金杆菌(Bt)悬浮剂 800~1000 倍液，适宜温度条件 25~35℃。防治效果可达 95% 以上。

白蛾黑基啮小蜂：在杨小舟蛾的越冬代和第二代蛹期，人工释放白蛾黑基啮小蜂。越冬蛹期每公顷用量 30 枚柞蚕蛹(蜂包)，第 2 代蛹期每公顷用量 90 枚柞蚕蛹(蜂包)。

赤眼蜂：杨小舟蛾卵期释放赤眼蜂，每公顷 50 个放蜂点，放蜂量 25 万~150 万头。

白僵菌：冬春季，在杨树林间喷洒白僵菌粉，增加林内白僵菌数量，提高杨小舟蛾的发病率。杨小舟蛾幼虫期，选择湿度较大的晴天或雨后，用白僵菌剂喷雾或喷粉。

(5)化学防治

器械喷雾：在杨小舟蛾幼虫期，最好在 3 龄以前，选择晴朗天气，在风速小于 3m/s 时，使用器械喷雾喷洒杀虫药剂。常用药剂有灭幼脲和除虫脲，苦参碱和苦参碱·烟碱，阿维菌素和甲维盐，高效氯氰菊酯等。杨小舟蛾的发生面积较小时，于地面使用器械喷雾。当大面积杨树林暴发杨小舟蛾时，需及时实施飞机喷药防治。

使用新型杀虫剂 10% 氟虫双酰胺悬浮剂，飞机超低容量喷雾防治杨小舟蛾幼虫，喷药后第五天虫口减退率 95.8%，药效持续达 30 天左右。240g/L 甲氧虫酰肼悬浮剂、10% 虫螨腈悬浮剂、20% 虫酰肼悬浮剂+5.7% 甲维盐微乳剂防治杨小舟蛾幼虫，均有较好的防治效果。

喷烟：树体高、密度大的杨树片林，在杨小舟蛾幼虫期，最好在 3 龄以前，选择晴朗天气，于早晨或晚上，在风力小于 2m/s，无气温逆增的条件下，使用烟雾机进行喷烟防治。常用药剂为烟碱·苦参乳油，使用剂量 450~600g/hm^2。烟雾剂配比为，杀虫剂:柴油=1:9。

打孔注药：对虫情严重，喷药困难的高大树体，在幼虫孵化前到幼虫幼龄期，在树干基部打孔注药。使用打孔注药机在树木胸高部位不同方向打3~4个孔，注入内吸性强的吡虫啉或氧化乐果等药剂。20%吡虫啉的20倍液，每厘米胸径注入0.4~0.6mL。40%氧化乐果的1倍液，每厘米胸径注入0.2~0.4mL。注药后要封好注药口。

毒环：在幼虫期，选用触杀性药剂在树干上涂毒环，宽度20~30cm。

(三) 杨扇舟蛾

杨扇舟蛾（*Clostera anachoreta* (Denis et Schiffermüller)）又名杨树天社蛾，属鳞翅目、舟蛾科。我国的东北、西北、华北、华中、西南地区均有分布。山东的杨树栽培区普遍发生。以幼虫取食杨树、柳树的树叶，具有发生世代多，繁殖量大，危害时间长，幼虫有暴食习性，危害严重等特点，常大面积暴发成灾，是山东杨树的主要食叶害虫之一。

1. 形态特征

(1) 成虫　体色灰褐色。雌蛾体长15~20mm，翅展38~42mm；雄蛾体长13~17mm，翅展23~37mm。触角双栉齿状。下唇须背面棕褐色。头顶及胸背中线棕褐色。前翅有4条灰白色波状条纹，顶角有1褐色扇形斑。外线进入扇形斑的一段为斜伸的双齿形，银白色，外衬2~3个锈红色斑点。扇形斑下方有1个黑褐色斑。后翅为灰褐色，中间有一条横线。

(2) 卵　扁圆形，直径约0.9mm。初产时橙红色，近孵化时暗灰色。

(3) 幼虫　老熟幼虫体长32~40mm。头部黑褐色，胸部和腹部灰白色，体两侧墨绿色，背线、气门上线和气门线暗褐色。每节两侧都有4个橙红色毛瘤，腹部第1节和第8节背中央各有1个较大的枣红色瘤，每节都有成束的放射状白色长毛。胸足褐色。

(4) 蛹　红褐色，长13~18mm。臀棘末端有分叉。蛹外被薄茧，椭圆形，灰白色。

2. 生物学特性

(1) 生活史　在山东，1年发生4~5代，沿海地区以1年4代为主，其他地区以1年5代为主。以蛹越冬。翌年3月越冬代成虫开始羽化，随后交尾和产卵。卵期受温度影响，温度高则卵期短。第1代幼虫发生期为4月中旬至5月下旬，6月上旬第1代成虫出现；第2代幼虫发生期5月下旬至7月下旬，7月第2代成虫出现；第3代幼虫发生期7月上旬至8月上旬，8月第3代成虫出现；第4代幼虫发生期8月上旬至9月上旬；第5代幼虫发生期9月上旬至10月中旬。至10月，老熟幼虫化蛹越冬。1年中，第2代成虫羽化以后，世代重叠，各虫态在林内可同时见到。

(2) 生活习性　成虫多在傍晚前后羽化，然后夜间活动，白天静伏于叶背面或枝干上。成虫有趋光性。成虫羽化当晚即可交尾，第2天为交尾高峰期，可多次交尾。一般在上半夜交尾，下半夜产卵。每雌蛾可产卵100~600粒。成虫寿命平均为7~8天。

越冬代成虫多产卵于枝干上，以后各代多产卵于叶背面，常数十粒单层块状排列，因其颜色鲜艳易被发现。第1代卵期在日均温8~11℃下为11天，第2代、第3代卵期在日均温27℃下为7天。

初孵幼虫常数十头至上百头聚集在叶背，取食叶片下表皮，造成叶片网状干枯。2龄以后吐丝卷叶成苞，白天隐居其中，夜晚取食。3龄以后幼虫分散取食危害，将全叶吃尽，只留叶柄。幼虫共5龄。

除越冬代外，前几代的老熟幼虫在树上的叶苞内吐丝结茧化蛹，蛹期5~8天。越冬代老熟幼虫沿树干下树，在枯枝落叶下、其他地被物或墙缝中结茧化蛹越冬。

3. 防治方法

(1) 诱杀成虫　杨扇舟蛾成虫有趋光性，可设置黑光灯诱杀。

(2) 人工摘卵块与叶苞　杨扇舟蛾的卵块易辨认，在虫口密度较小的林内，可以人工采摘。初龄幼虫群集在叶苞内，可以及时摘除叶苞，集中销毁。

(3) 利用捕食性天敌　保护利用捕食性天敌灰喜鹊、大山雀、蠋蝽、广腹螳螂等，有较好的除虫效果。

(4) 使用寄生蜂防治　①在杨扇舟蛾卵期释放舟蛾赤眼蜂(*Trichogramma closterae* (Pang et Chen))或拟澳洲赤眼蜂(*Trichogramma confusum* Viggiani)，可将赤眼蜂寄生卵用卵卡式防蜂或散粒式放蜂。②在杨扇舟蛾老熟幼虫期和蛹期，将寄生有白蛾周氏啮小蜂的柞蚕蛹挂在树干或树枝上。待周氏啮小蜂羽化，产卵寄生杨扇舟蛾的老熟幼虫或蛹。

(5) 使用病原微生物制剂防治　①苏云金杆菌。在3龄幼虫期前，喷施8000IU/μL苏云金杆菌悬浮剂，可应用高压机动喷药机超低容量喷施。②球孢白僵菌。可以释放带菌幼虫、喷洒菌粉和使用白僵菌粉炮。③杨扇舟蛾颗粒病毒。林间应用以1×10^7P1B/mL杨扇舟蛾颗粒病毒效果最好。可用于大面积防治杨扇舟蛾，喷洒病毒时可采用条块状喷洒方法，省时省力。

(6) 药剂防治　在杨扇舟蛾发生量大的林区，及时化学防治，控制虫情。杀虫药剂可选用灭幼脲、除虫脲、苦参碱和苦烟乳油等。防治面积较小时，使用机动喷雾机喷药。大面积连片的森林成灾，可采用飞机喷药防治。

(四) 杨尺蠖

杨尺蠖(*Apocheima cinerarius* Erschoff)又名春尺蠖、沙枣尺蠖、杨尺蛾、春尺蛾，属鳞翅目、尺蛾科。我国的华北、西北多省(自治区)有分布。山东的鲁西南、鲁西北、鲁中南多市有分布。危害杨树、柳树、榆树、槐树、桑树、苹果、梨树、沙枣等多种树木，以幼虫取食树木叶片。此虫在早春发生，发生期早，幼虫发育快，危害期短而集中，常暴发成灾，可将刚发芽的杨树、柳树等树木的嫩叶、嫩芽、嫩梢吃光，严重影响树木生长。

1. 形态特征

(1) 成虫　雌雄异型。雌蛾无翅，体长9~16mm，体灰褐色。复眼黑色。触角丝状。腹部第1~4节和末节背面有数目不等的成排黑刺，其余各节背面密布粗大刚毛。雄蛾有翅，体长10~17mm，翅展28~37mm。触角羽毛状。前翅淡灰褐色至黑褐色，有3条褐色波状横纹，中间一条不明显。体色因取食不同的树种而有差异。

(2) 卵　长圆形，长0.8~1.0mm，宽0.5~0.6mm。初产时灰白色，有光泽，后变为紫褐色、灰蓝色，卵壳表面有整齐排列的刻纹。

(3) 幼虫　老熟幼虫体长32~40mm，头宽2.4~3.2mm。初龄幼虫黑黄色，2龄以后褐色、绿色、棕黄色，老熟后呈灰褐色。腹部第二节两侧各有一个瘤状突起，腹线白色，气门线淡黄色。胸足3对,腹足、臀足各1对。

(4)蛹　长8~18mm,褐色。头部前端有1柱状突起。腹末有臀棘1根,末端分叉。雌蛹胸背粗糙,密布颗粒状小突起,可见分节。雄蛹胸背光滑,不分节。

2. 生物学特性

(1)生活史　1年发生1代。以蛹在树冠下的土中越夏和越冬。翌年2月中下旬,当土壤上层温度0℃左右时,成虫开始羽化出土上树。2月底3月初达到羽化高峰。2月中下旬开始见卵块。3月中下旬幼虫开始孵化,3月底4月初为孵化盛期。4月底5月上旬幼虫老熟,下树入土化蛹。

(2)生活习性　成虫多在18:00至翌日9:00羽化出土,19:00左右为羽化高峰。雌蛾无翅,靠爬行上树,多爬行到树干下部等待交尾。雄蛾白天静伏在枯枝落叶、杂草间,多在夜间活动,有趋光性。已上树的雄蛾藏在树皮裂缝下、枝干交错处、断枝处。19:00~23:00,雄蛾常绕树飞翔,寻找雌蛾交尾。交尾后雌蛾当夜即寻找产卵场所,卵多产于大树的树干0.5~2.0m高度的树皮裂缝、断枝处,以1.3~1.5m高度最多,而且东南、西南和南向的卵块多。雌蛾分3~5批将卵产下,每雌蛾产卵量79~583粒,平均201粒,以15~45粒聚成块。成虫寿命与气温有关。2月下旬气温较低,羽化的成虫寿命23~27天。3月中旬气温较高,羽化的成虫寿命10~12天。雌蛾平均寿命17天,雄蛾平均寿命16天。

卵的发育起点温度1.7℃。卵的历期28~41天,平均36天。卵的孵化率室内93.2%,林内79.5%。

3月底4月初为幼虫孵化盛期。若早春降雨量大,连续阴雨时间长,则初孵幼虫死亡率高。幼虫孵出后就离开卵块爬向枝条,取食嫩叶、嫩芽及花蕾,稍大龄幼虫食叶呈不规则缺刻状。3龄前幼虫分布较集中;4龄以后扩散为害,食量大增,可吃光叶肉,仅剩叶脉。此时幼虫吐丝借风力转移到附近树木上危害。幼虫静止时,常以一对腹足和臀足固定在枝条上,将头、胸部抬起。遇惊扰即吐丝下垂,悬于树冠下,之后再慢慢用胸足绕丝上升到树上。幼虫具耐饥力,以4~5龄幼虫耐饥力强,可达4~5天。幼虫共5龄,发育历期30~39天。其中1龄历期2~3天,2龄历期4~5天,3龄6~8天,4龄8~10天,5龄10~13天。可以根据幼虫头壳宽度判别龄期,据商河县资料:1龄幼虫头壳宽度0.36mm,2龄0.66mm,3龄1.1mm,4龄1.7mm,5龄2.6mm。

幼虫老熟后陆续下树入土,分泌液体使四周土壤变硬而形成土室,在内化蛹。在土室中蛹体大多头部向上而直立,少数斜立。蛹体长度、蛹重与幼虫期的营养条件相关。幼虫食料充足者,蛹体长16mm,蛹重0.20g;幼虫食料不足者,蛹体长12mm,蛹重0.09g。蛹在树冠下分布最多,占总蛹数的80%,入土深度15~30cm,砂性土壤入土较深。预蛹期7~9天,蛹期276~292天。蛹经过越夏越冬,死亡率20%~30%。

(3)杨尺蠖发生与环境的关系　杨尺蠖对杨树纯林的危害重,混交林受害较轻;7年以上大树受害重,幼树很少被害;林缘发生重,林内发生较轻。

据多年观测资料,杨尺蠖发生与上年夏季降雨量和天敌寄生率有关。6月降水量为60~100mm时,第二年暴发概率大;6月降水量为40~60mm时,第二年中度发生概率大;6月降水量小于 40mm 或大于 100mm 时，第二年轻度发生概率大。天敌寄生率小于 40% 时，重度发生概率大；天敌寄生率 40%~60% 时，中度发生概率大；天敌寄生率大于 60% 时，轻度发生概率大。

3. 防治方法

（1）除蛹　利用杨尺蠖以蛹在树冠下土壤中越夏、越冬的特性，于秋末至初春在杨树林内进行中耕，收集杨尺蠖的蛹，集中杀死。

（2）诱杀雄成虫　利用杨尺蠖雄蛾有趋光性的特点，设置黑光灯诱杀。

（3）阻止雌成虫上树产卵　用阻隔法防止出土后的雌蛾上树产卵，可以在树干基部距地面 20~50cm 处，刮除老树皮后，用黏虫胶涂成闭合胶环；或者使用塑料薄膜绑成喇叭形（口朝下）；还可以涂毒环。

（4）生物制剂防治　当杨尺蠖虫口密度较低时，在 1~3 龄幼虫期，用 8000IU/μL 苏云金杆菌（Bt）800 倍液进行树冠喷雾，或者喷洒核型多角体病毒制剂，对杀灭幼虫有显著效果。

（5）化学农药防治　若虫口密度大，可能成灾，要及时用化学农药防治。防治最佳时期在幼虫 3 龄以前，一般在 4 月中旬以前。杀虫药剂可选用灭幼脲、阿维菌素、苦参碱等。对于树冠较低的林木，用喷雾机常规喷雾。树体高、密度大的杨树片林，使用烟雾机释放烟雾，熏杀杨尺蠖幼虫。对集中连片的大面积杨树人工林，可以飞机施药防治。

（五）杨雪毒蛾

杨雪毒蛾（*Stilpnotia candida* Staudinger）又名杨毒蛾，属鳞翅目、毒蛾科。我国东北、西北、华北、华中、西南地区均有分布。幼虫取食杨树、柳树的叶片，可将树叶吃光，严重影响树木生长。

1. 形态特征

（1）成虫　体长 14~23mm，翅展 36~55mm。体白色。雌蛾触角栉齿状，雄蛾触角羽状。触角主干黑、白色环节相间。下唇须黑色。前、后翅白色，翅面布厚密鳞片，闪丝质光泽，不透明。各足胫节、跗节黑色，具白环。

（2）卵　圆形，初产时灰褐色，孵化前黑褐色。卵成卵块，上面覆盖灰白色胶状物，外表看不见卵粒。

（3）幼虫　老熟幼虫体长 30~50mm，黑褐色。头部浅棕色，冠缝两侧各有黑色纵纹 1 条。背部中线黑色，两侧黄褐色，其下各有一条灰黑色纵带。每节有 1 横列 8 个毛瘤，毛瘤上密生黄褐色长毛和少数黑色短毛。

（4）蛹　长 17~24mm。棕褐色。蛹体各节侧面均保留着幼虫期的毛瘤特点，其上密生黄褐色长毛。腹末端臀棘黑色。

2. 生物学特性

（1）生活史　在山东，1 年发生 2 代。多以 2 龄幼虫在树皮裂缝及枯枝落叶内越冬。翌年 4 月上旬，越冬幼虫开始活动、取食。5 月下旬老熟幼虫化蛹。6 月上旬成虫羽化，交尾、产卵。卵期 10~15 天。8 月上、中旬第 1 代幼虫老熟化蛹。8 月下旬第 1 代成虫羽化。9 月初第 2 代幼虫孵化，稍大后即寻找适宜场所蛰伏越冬。

(2) 生活习性 成虫羽化多集中在 18:00~22:00，尤以 21:00 为多。成虫白天静伏于叶背面、小枝、杂草中，受惊时才飞走；18:00 开始活动，以凌晨 2:00~5:00 活动最盛。具较强的趋光性，雌蛾更明显。交尾多集中在凌晨 3:00~5:00。交尾时间长达 16~20h。雌蛾只交尾 1 次，雄蛾可重复交尾。交尾当晚即可产卵，以夜间产卵者居多，雌蛾可连续产卵 2~3 天。雌蛾产卵量 61~535 粒，平均 329 粒。雌成虫平均寿命 4.4 天，雄成虫平均寿命 8.5 天。

卵产于树冠下部枝条的叶背面、小枝、树干、杂草中，以至建筑物上。卵成块状，上覆灰色泡沫状胶质。每个卵块有卵 23~165 粒，平均 99 粒。

越冬幼虫于春季出蛰后，取食幼芽嫩叶。5 月幼虫食量很大，常在嫩枝上取食叶肉留下叶脉。受惊扰立即停食不动或吐丝下垂。大发生时在数日内可把树叶吃光。幼虫有强烈的避光性，老龄幼虫更为明显，白天下树潜伏，夜间上树取食危害。初龄幼虫清晨 4:00~5:00 开始下树，下午 15:00 开始上树。大龄幼虫则凌晨 2:00 即停食下树，下午 18:00 开始上树，以 20:00 上树最多。群集性强，白天下树潜伏隐蔽及脱皮时多集中在树皮缝、树洞内或树干基部周围 30cm 以内的枯枝落叶下，有的成团潜伏在一起，喜阴湿。幼虫脱皮前在隐蔽处吐丝作一薄垫以固定。

老熟幼虫吐丝缀附在树洞、石块下等隐蔽处化蛹。蛹群集，往往数头由臀棘缀丝联在一起。预蛹期 3 天，蛹期 11~16 天。

3. 防治方法

(1) 灯诱成虫 杨雪毒蛾成虫趋光性较强，可设置黑光灯诱杀成虫。

(2) 阻杀下树幼虫 利用杨雪毒蛾幼虫白天下树的习性，在树干基部扎草束，诱集下树幼虫，然后集中销毁。或在树干基部涂毒环，阻杀幼虫。

(3) 喷施苏云金杆菌 在 3 龄幼虫期前，喷施 8000IU/mL 苏云金杆菌(Bt)悬浮液，杀死幼虫。

(4) 药剂防治 在虫口密度大的林区，及时化学防治。杀虫药剂可选用灭幼脲、除虫脲、苦参碱、苦参乳油等，使用机动喷雾机喷洒树冠。

(六) 杨梢叶甲

杨梢叶甲(*Parnops glasunowi* Jacobson) 又名杨梢金花虫、咬把虫，属鞘翅目、叶甲科。分布于我国的东北、西北、华北部分省(自治区、直辖市)。山东各地均有发生。主要危害杨树和柳树。杨梢叶甲以成虫取食苗木及林木的叶柄和新梢，有的将叶柄咬断，也咬食叶片，将叶缘咬成缺刻。被害后的叶柄及新梢干枯，严重时可使全部树叶脱落。

1. 形态特征

(1) 成虫 体长 5~7.3mm，体宽 2.1~3.4mm。体黑色，全身密被黄褐色鳞状毛。头宽，基部嵌于前胸内。唇基、上唇淡棕红色。上唇横宽，前缘凹切。复眼黑色，球形。触角黄色，等于或略超过体长之半。前胸背板矩形，宽大于长，与鞘翅基部约等宽。前胸背板两侧及鞘翅外缘有饰边。小盾片半圆形。足粗，较长，黄色。跗节明显，共 4 节，第 3 节分为两瓣，端节细长。

(2) 卵　长约 0.7mm，宽约 0.3mm，长椭圆形。初产时乳白色，很快变为乳黄色。

(3) 幼虫　老熟幼虫体长约 10mm，体白色，头尾略向腹部弯曲似新月状。头乳黄色。胸足 3 对，较长。气门线上有明显的毛瘤。腹部背面有 1 个暗色斑，腹末（第 9 腹节）有 2 个角状突起的尾棘。

(4) 蛹　长约 6mm，乳白色。复眼黄色。前胸背板和腹部都生有黄色刚毛。

2. 生物学特性

(1) 生活史　1 年发生 1 代。以老熟幼虫在土中越冬。第二年 4 月上旬越冬幼虫开始化蛹，化蛹盛期在 4 月中旬。5 月上旬至 7 月羽化为成虫，羽化盛期在 5 月中旬~6 月上旬。卵期 7~8 天。幼虫孵化后落到地面，然后钻入土中取食。秋季幼虫老熟后，在土中做蛹室越冬。

(2) 生活习性　成虫羽化出土后上树，取食叶柄和新梢，咬成 2~3mm 的缺刻，深度为叶柄或嫩梢的 1/2~2/3。被害后的叶片、嫩梢萎蔫下垂，然后干枯落叶。有时也把叶柄直接咬断，造成大量落叶。1 头成虫 1 天可咬断 3~5 枚叶柄。为害严重时，被害树成为光枝秃梢。

成虫于上午 7:00 以后开始活动，9:00 达活动高峰，中午气温高时活动减弱，至 17:00~19:00 达到第 2 次活动高峰。成虫有假死性，特别在早晨 5:00 以前气温较低时更为明显。交尾多在叶背面等隐蔽处进行，1 次交尾需时 13min 左右。

每头雌成虫平均产卵 40 粒。产卵于杂草叶缝或土中，也可产于树皮缝隙中。卵成堆直立。

幼虫孵化后，先在地面爬行，然后钻入土中取食树木或杂草的幼根。秋天进入 15~40cm 深的土层中越冬，以 30cm 处居多。老熟幼虫在土中做蛹室越冬。

3. 防治方法

(1) 化蛹期中耕　在 4 月中旬杨梢叶甲化蛹盛期进行林地中耕，破坏化蛹场所，对减少虫口密度有显著效果。

(2) 药剂防治　在 5 月中旬至 6 月上旬杨梢叶甲成虫羽化盛期，在林间喷洒药剂杀死成虫。可选用 5% 溴氰菊酯微胶囊剂 2000 倍液，或 8% 氰戊菊酯微胶囊剂 2000~3000 倍液，对树冠进行喷雾。也可用 80% 敌敌畏（DDVP）乳油或 50% 辛硫磷乳油 1000~1500 倍液，对树冠进行喷雾。

（七）光肩星天牛

光肩星天牛（*Anoplophora glabripennis*（Motschulsky））属鞘翅目、天牛科、沟胫天牛亚科。分布于我国北方和南方的 20 余个省（自治区、直辖市）。为害杨树、柳树、榆树、槭树、悬铃木、苦楝、槐树等多种树木。以幼虫蛀食枝干，使被害树木形成许多蛀道和虫孔，受害严重树木常见干折、枝折及受害部位以上枯死，影响树木生长，并降低木材的利用价值。光肩星天牛在山东各地均有发生，是山东杨树的主要蛀干害虫之一。20 世纪 90 年代，光肩星天牛传入美国、加拿大等国家，成为国际检疫对象。

1. 形态特征

(1) 成虫　雄虫体长 19~32mm，体宽 7~11mm。雌虫体长 22~36mm，体宽 8~12mm。体

黑色、具金属光泽。头被灰白色微毛及稀疏细刻点。额至头顶中央具1条浅纵沟。触角细长，着生在触角基疣上，常可向后方披挂。触角第3~11节基部具白色毛环。第3节长于第4节，第4节长于柄节。前胸背板横宽，中部具1低平瘤突。侧刺突粗壮，先端尖。小盾片半圆形，被白色短毛。鞘翅肩部光滑，无瘤状颗粒，但刻点大而明显。翅面具稀疏细刻点，散生白色毛斑。端缘圆弧。体腹面及足密被灰白色短毛。中胸腹板凸片瘤突不发达。

(2) 卵　长5.5~7mm，长圆形，微弯曲，浅黄色。

(3) 幼虫　老熟幼虫体长40~65mm，宽8~12mm。体圆筒形、乳白色。头颅长方形，后端圆弧形。唇基梯形，上唇横椭圆形。触角3节，锥形主感器稍长于触角第3节。前胸背板前区近前缘有1条黄褐色横带纹，其中央无平滑的纵条纹。"凸"形斑前缘无深褐色细边。腹部背面步泡突中央具2条横沟、4排念珠状瘤突。腹面步泡突具1条横沟、2排瘤突。肛门3裂。

(4) 蛹　长30~37mm，宽11m，纺锤形，乳白色至黄白色。裸蛹，触角末端卷曲呈环状，腹部第8节背面有一向上棘状突。

2. 生物学特性

(1) 生活史　在山东，光肩星天牛1年发生1代，少数个体2年1代。以幼虫或完成胚胎发育的卵越冬，越冬幼虫的龄期不整齐。越冬幼虫于3月底4月初出蛰活动，发育至5龄后，于5月中旬后陆续老熟，做蛹室准备化蛹，预蛹期约20天。5月底开始化蛹，蛹期15~20天。6月下旬至8月中旬为成虫发生盛期，7月为成虫羽化高峰期。成虫羽化后，先啃食树枝皮补充营养，再交尾、产卵。卵历期12~17天。幼虫孵化后取食刻槽环围的韧皮部，20~30天后发育至3龄即蛀入木质部。幼虫危害至10月底，11月初即进入越冬状态。

(2) 生活习性　成虫羽化后，在蛹室停留7天左右，咬羽化孔飞出。主干、大侧枝上的羽化孔圆形，孔径约10mm。成虫出孔后，首先啃食嫩枝树皮补充营养，雌成虫的食量大于雄成虫。成虫晚间多在树冠上静伏，白天活动、交尾，每次交尾时间几十秒到十几分钟，可多次交尾。交尾后的雌成虫沿树干爬行，寻找适宜的产卵场所产卵。雄成虫寿命27~38天，雌成虫寿命2个月左右。成虫扩散距离每年不超过300m。

产卵前，雌成虫先在树干上咬刻深达木质部的椭圆形刻槽。产卵时间多在10:00~15:00，一般每个刻槽只产1粒卵，产卵后即分泌黏液封堵产卵孔。每头雌成虫产卵26~28粒。产卵刻槽2~3天后变黑，7~8天后开始腐烂，致使周围约1cm^{2}的韧皮部组织坏死。

幼虫孵化后即取食刻槽周围腐坏的韧皮部，排出褐色粪便。幼虫发育至3龄以后就蛀入木质部，蛀道弯曲，排出淡黄色的木屑和粪便。已蛀入木质部的幼虫仍可回到木质部外缘取食皮层。

光肩星天牛的成虫羽化期限长，且成虫的寿命长，又有多次交尾、产卵习性，导致树干上从6月中旬至10月上旬均有受精卵，致使该虫的发育极不整齐。光肩星天牛的卵期、幼虫和蛹期、全世代的发育起点温度分别为11.9±1.09℃、15.2±1.87℃、13.4±0.30℃，有效积温分别为198.1±15.17日·度、1231.89±99.95日·度、1264.20±188.28日·度。8月底以前所产的卵，第2年能完成世代发育，为1年1代。9月上旬所产的卵，气温高的年份第2年能完成世代发育，为1年1代；气温低的年份第2年不能完成世代发育，至第3年才羽化为成虫，为2年1代。9月中旬所产的卵，第2年不能完成世代发育，为2年1代。9月下旬以后产的卵，不能孵化。

光肩星天牛的寄主植物种类很多，喜食树种有柳树、槭树、杨树、白榆等。影响光肩星天牛成虫取食（行补充营养）、尝试刻槽、成功产卵的寄主植物树皮内含物因子有：适宜的碳氮比、可溶性糖含量、必需氨基酸和总氨基酸含量等。

光肩星天牛对不同种类杨树的危害程度有差异。对小钻杨、钻天杨和欧美杨品种露伊莎杨、西玛杨等危害重，对毛白杨、杂种白杨和I-69杨、中林46杨等危害轻。

3. 防治方法

(1) 营林技术措施

选用抗虫杨树品种： 适于山东栽培的黑杨派优良品种中，I-69杨、中林46杨、T26杨、T66杨、鲁林1号杨等对光肩星天牛有较强的抗性。

重视杨树抗虫育种研究，通过杂交育种和基因工程等途径，选育新的抗天牛杨树无性系。据报道：河南省林业科学研究院选育的欧美杨豫林K-38号，对光肩星天牛的抗性优于中林46杨、107号杨、I-69杨。中国林业科学研究院选育的北抗杨16-8、16-27无性系，山西省杨树丰产林实验局选育的欧美杨K6、K8、K10、K13无性系，都对光肩星天牛有较强的抗性。

杨树人工林集约经营： 光肩星天牛在树势衰弱的林中危害较重，而在树势强健的林中危害较轻。对杨树人工林集约经营，加强灌溉、施肥、合理修枝等措施，可增强树势，提高林木的抗虫性。如在莒县水分供应充足的I-69杨、I-72杨速生丰产林中观测，光肩星天牛成虫刻槽产卵2~3天后，伤口处产生大量液流，使虫卵处于浸泡状态而不能孵化；在刻槽产卵15天后开始产生愈伤组织，40天后逐渐愈合。

营造混交林或隔离带： 光肩星天牛成虫的扩散距离较短，营造杨树的混交林，或者在黑杨派杨树人工林间栽植刺槐、毛白杨、杂种白杨等抗虫树种的隔离带，可减少光肩星天牛的传播。

栽植诱饵树： 在杨树片林的边行或林中生产路路边栽植露伊莎杨、垂柳等作诱饵树，诱集光肩星天牛在其上刻槽产卵，集中进行人工或化学防治。大片杨树人工林的虫口密度会明显降低。

清除虫源树： 对受害严重、树干中带有大量幼虫的河堤、路旁散生树及片林中的少量单株，进行卫生伐以清除虫源。

(2) 生物防治

保护招引啄木鸟除虫： 保护村旁、路旁的杨、柳树大树，供啄木鸟营巢。在杨树林间悬挂心腐巢木、空心巢木招引大斑啄木鸟和绿啄木鸟，供其栖居繁殖。招引木规格长60cm、直径20~25cm，可将巢木挂在树干3m高以上部位。约20hm^{2}林地挂巢木4~5个为一组，供一对啄木鸟筑巢使用，巢木间隔距离100m左右。据张仲信等观测：心腐巢木凿洞率72.3%~100%，招引率37.0%~100%；空心巢木凿洞率83.3%~95.0%，招引率16.6%~25.0%。从初冬挂出巢木至翌年啄木鸟繁殖季节结束，光肩星天牛林间虫口减退率60.9%~93.3%。

林间释放花绒寄甲：花绒寄甲以成虫或幼虫寻找和攻击寄主，是光肩星天牛的重要寄生性天敌。林间释放花绒寄甲的时间为4月下旬至5月中旬，可释放卵卡或幼虫，也可释放成虫。林间释放花绒寄甲卵，每张卵卡90~100粒卵，每头光肩星天牛幼虫释放15~20粒花绒寄甲卵为宜。寄生率一般36.9%，虫口减退率46.2%；寄生率高的可达到80%以上，虫口减退率可达到85%以上。

利用管氏肿腿蜂防治：林间释放管氏肿腿蜂，对光肩星天牛1~3龄幼虫的致死率27.8%~37.9%。放蜂比例以蜂虫比8:1~10:1的寄生率最高。

利用昆虫病原线虫防治：异小杆线虫 *Heterorhabditis* sp. ZH 品系对光肩星天牛成虫和幼虫均有较高致病力，侵染10天后成虫累计校正死亡率为94.59%，侵染4天后幼虫累计校正死亡率为100%。最优用量为3500条/mL。防治效果达到80%以上的线虫品系还有斯氏线虫 *Steinernema carpocapsae* GA、*S. carpocapsae* NJ、*S. longicaudum* CB2B（李宁等，2011）。

球孢白僵菌防治：球孢白僵菌无纺布布条是较好的林间释放白僵菌方式，6月中旬至7月下旬均可使用，每条无纺布载孢子量1×10^8~3×10^8个，林间施用时将球孢白僵菌无纺布条缠在杨树主干或侧枝上，用量30~45条/hm^2，有效期可长达60天。光肩星天牛幼虫死亡率70%~90%。

（3）化学药剂防治

药剂林间喷雾杀成虫：在6月下旬至8月上旬光肩星天牛成虫发生期，用3%高效氯氰菊酯微胶囊悬浮剂、2.5%高效氯氟氰菊酯微胶囊悬浮剂400~600倍液进行林间喷雾，喷药液量以主干和侧枝见微液流为宜。有效期可达30天，对光肩星天牛成虫的防治效果可达90%以上。

使用印楝素防治：高浓度的印楝提取物（印楝素）对光肩星天牛成虫有拒食作用，对成虫产卵和卵孵化有抑制作用。用浓度为200μg/mL的印楝素处理天牛成虫取食的枝条，成虫产卵量减少83%，所产的卵不能孵化。

"灭蛀膏"杀幼虫：以2.5%溴氰菊酯和80%倍硫磷乳油为主剂，配制成卵槽用膏剂"灭蛀膏"，用于涂抹光肩星天牛成虫产卵刻槽，能有效防止幼虫孵化，毒杀初孵幼虫，防治效果可达100%。

磷化铝片剂塞入虫道：磷化铝遇水后分解生成剧毒的磷化氢气体，熏杀害虫的效果很好。用于防治光肩星天牛幼虫，先将蛀道口的虫粪和木屑掏出，每虫孔使用有效含量56.0%~58.5%的磷化铝片剂0.8g（1/4片）塞入虫道内，再用黏泥封堵虫孔口，利于药剂发挥。光肩星天牛幼虫活动期间均可用此方法防治，防治效果可达95%以上。

毒签或药棉插入虫道：将磷化锌与草酸胶结在细竹签的一端，将药端插入虫道内。竹签长10cm左右，有弹性，可以插入弯曲的虫道。磷化锌与树液接触，产生磷化氢气体，熏杀天牛幼虫。

用2.5%拟除虫菊酯类100倍稀释液，或者80%、50%敌敌畏（DDVP）乳油50倍稀释液，制作棉球毒签。用棉球包裹竹签，棉球蘸药液，插入虫孔，紧塞至虫道深处，再用黏泥封堵虫孔口。对光肩星天牛幼虫有触杀或熏蒸作用，防治效果可达95%以上。

干基打孔注药：按受害木胸径大小，在树干基部打孔1~3个，注入10%吡虫啉乳油原液，用药量按每厘米胸径注药1mL，对光肩星天牛幼虫的防治效果可达86%以上。也可使用20%氯虫苯甲酰胺悬浮剂，或者20%氟虫双酰胺水分散粒剂替代吡虫啉，用药量适减，防治效果相当。

（八）桑天牛

桑天牛（*Apriona germari*（Hope））又名桑粒肩天牛，属鞘翅目、天牛科、沟胫天牛亚科。我国大部分省（自治区、直辖市）有分布。山东各地均有分布。主要危害毛白杨，以及欧美杨、桑树、柳树、榆树、核桃、苹果等多种树木。以幼虫蛀食树干，钻蛀虫道，树木被害后生长不良，树势早衰，降低木材利用价值。是山东杨树的主要蛀干害虫之一。

1. 形态特征

(1) 成虫　体长34~46mm，体宽8~14mm。体黑色，被棕黄色茸毛。额狭窄，中央具1条直达头顶的纵沟。复眼下叶横宽。触角11节，略长于体长，柄节黑色，自第3节起基部被灰白色茸毛，端部被棕黄色毛。第3节显长于第4节，第4节与柄节约等长。前胸背板宽显胜于长，背面具脊状横皱纹，后缘具横沟。侧刺突发达，先端尖锐。小盾片半圆形。鞘翅两侧缘平行，端部收窄，端缘斜切，缝角和缘角均呈刺状突出。基部1/4~1/3布满瘤状颗粒。体腹面毛被厚密。前、中足胫节内侧，中、后足胫节外侧均密被棕色短毛。

(2) 卵　长5~7mm，宽1~1.5mm。长椭圆形，稍弯曲，乳白色。

(3) 幼虫　老熟幼虫体长60~75mm，体宽10~12mm，乳白色。体扁圆筒形，向后端渐收窄。头盖淡黄褐色，背面中央深陷，口器框及上颚深棕褐色，唇基梯形，横扁光滑。触角2节，锥形主感器大而显著，并具微小的指形突及细毛各2支。侧单眼1对，圆形，褐色，突出。前胸背板骨化区近方形，前部中央弧形突出，表面有4条斜纵沟，沟间隆起处着生圆形颗粒。前胸腹板中前腹片分界明显，前区散生细毛，后区中央两侧各具15~20粒圆形颗粒。腹部背面步泡突扁圆形，具2横沟，两侧各具1弧形纵沟，中间均匀密布细刺突；腹面步泡突具1横沟。各腹节上侧片突出，侧瘤突宽卵形，两端骨化坑大而明显，具2支粗长刚毛。腹气门椭圆形，气门片黄褐色，缘室小型。第9腹节背板后伸，超过尾节，肛门1横裂。

(4) 蛹：长约50mm，纺锤形，乳白色，腹部第1~6节两侧着生短毛。

2. 生物学特性

(1) 生活史　在山东，多数3年发生1代，少数2年1代。以幼虫在树干虫道内越冬。3月上、中旬，越冬幼虫开始活动取食。4月进入危害盛期。老熟幼虫于4月底、5月初逐渐停止取食，先咬出羽化孔雏形，然后在蛀道做蛹室化蛹。蛹期20~25天。成虫羽化后在蛹室静伏5~7天。出孔期从6月中旬至8月中旬，7月中、下旬为出孔盛期。成虫补充营养10~15天后交配、产卵，8月上旬为成虫产卵高峰期。卵期7~13天。幼虫孵化后蛀入木质部，钻蛀取食。11月中、下旬幼虫停止取食，进入越冬状态。

(2) 生活习性　成虫由羽化孔出孔后，白天取食，主要取食桑科植物的嫩树皮以满足其性成熟和产卵的营养需要。补充营养后交配、产卵。白天在桑树、构树上取食交尾，每次交尾需时约5min。夜间飞到杨树上，多在5~35mm粗的枝条上产卵，咬成U形刻槽产卵其中，产卵1~3粒后分泌白色胶状黏液将刻槽封闭。产卵多在20:30至次日4:00，产1粒卵需时30min左右。1头成虫一夜产卵量可达8粒。有多次交尾、多次产卵的习性。成虫寿命30~70天，每头雌成虫平均产卵量98粒。

幼虫孵化后蛀入木质部。小龄幼虫在杨树侧枝蛀食，蛀食长度一般为1~1.5m，每隔一段距离咬一圆形排粪孔，下端排粪孔径可达3.5~5.4mm。幼虫蛀入主干后，沿主干向下蛀食，逐渐蛀入心材。取食部位偏下、危害严重者，可蛀入主根及大侧根50~60cm，将树根木质部食完后再返回危害。幼虫每隔一段距离咬一圆形排粪孔，粪便由孔中排出。自孔径6~8mm的排粪孔中排出的虫粪和木屑，自然风干后重量15.3~19.9g。3年1代的桑天牛，幼虫虫道长度平均3.78m，排粪孔平均22个。2年1代的桑天牛，幼虫虫道长度平均2.20m，排粪孔平均19个。黎保清等（2012）依据桑天牛幼虫的头壳宽度、前胸背板宽度、上颚长度、上唇基宽度等12项器官部位特征，将桑天牛的幼虫划分为6龄。

越冬后的幼虫至4月底、5月初逐渐停止取食，老熟幼虫沿虫道上移1~3个排粪孔，多在最下端排粪孔上方5~30cm处，咬出近圆形的羽化孔雏形，孔径9.0~14.5mm，其外的树皮凹陷变黑，常见有树汁外流。老熟幼虫咬出羽化孔雏形后，返回蛀道底部，选适当位置做蛹室化蛹，蛹室距羽化孔7~12cm。蛹室长4.0~9.5cm，宽2.0~2.5cm，其内塞满木屑。蛹期后，在蛹室中羽化为成虫。

桑天牛的寄主植物有杨树、柳树、刺槐、白榆、朴树、槭树、桑树、构树、柘树、无花果、苹果、海棠、柑橘、胡桃等。桑天牛成虫啃食的补充营养源为桑树、构树、柘树、无花果等桑科植物。据观测，桑天牛成虫对构树、桑树、杨树3种寄主植物的取食频次以构树最高，供试桑天牛6对成虫共取食32次；其次是桑树，供试6对成虫共取食8次；杨树最低，供试6对成虫共取食2次。6对供试桑天牛成虫对构树、桑树、杨树1~2年生枝条的取食面积分别为151.9cm^2、44.3cm^2、7.0cm^2（唐燕平等，2013）。桑树、构树、柘树、无花果4种桑科植物共有的挥发性化合物有11种，分属于烯类、酯类、醛类、醇类等，可能是引诱桑天牛成虫寻找补充营养源的感受物质。

3. 防治方法

（1）人工捕杀成虫　桑天牛成虫白天在桑树、构树等嗜食树种枝条上取食行补充营养，静伏少动，便于人工捕捉。此方法操作简单、效果显著。

（2）营林技术防治

清除成虫补充营养源：在主栽树种毛白杨林地周边1000m范围内，铲除桑树、构树、柘树等桑天牛成虫补充营养源，可显著降低桑天牛对毛白杨的危害株率和虫口密度。

诱饵树诱杀：在杨树林旁，设置构树作诱饵树，引诱桑天牛成虫取食。每33.3hm^{2}杨树林配置2~4丛构树，每丛栽植构树1~6株，于每年6~9月桑天牛成虫发生期定期在诱饵树丛捕捉成虫。2~3年后，杨树林的桑天牛有虫株率可下降51.3%~84.8%。也可对诱饵树构树丛根施3%呋喃丹颗粒剂、15%铁灭克颗粒剂，每丛施药量300g，环状开沟施药，及时浇水。药后4天对桑天牛成虫防治效果可达到82.2%。

(3) 生物防治

保护招引大斑啄木鸟：保护林间的啄木鸟自然鸟巢或悬挂人工鸟巢、招引木段等措施，保证每 4~6hm² 林地有 1 对大斑啄木鸟栖息生存繁殖，在冬、春两季对桑天牛越冬幼虫的捕食率可达到 24.09%~52.21%。

利用白僵菌防治：应用 1×10^8 个孢子/mg 球孢白僵菌悬浮液防治桑天牛幼虫，侵染死亡率可达到 86.3%~93.5%。

利用病原线虫防治：应用泰山 1 号线虫 Heterorhabatis sp.、芜菁夜蛾线虫 Steinernema feltiae Agriotos 对桑天牛幼虫作室内寄生性试验，桑天牛幼虫的死亡率 75%。利用异小杆线虫 Heterorhabditis bacteriophora 8406 防治桑天牛幼虫，注射剂量 3000~4000 条/mL，注入桑天牛危害的最后一个排粪孔，该昆虫病原线虫由山东的果园土壤采集、筛选得到。

利用花绒寄甲防治：在杨树林内，选择有桑天牛危害的林木，释放花绒寄甲卵。将卵卡固定在杨树树干上，高度 1.5~2m。

保护利用长尾啮小蜂：天牛卵长尾啮小蜂对毛白杨上的桑天牛卵寄生率 25%，对桑园内桑天牛卵的寄生率 60%~80%。

(4) 化学防治 利用印楝素防治，能显著降低桑天牛成虫产卵量并影响下一代幼虫成活率。每 5cm 胸径构树注入 30% 印楝素 2g，药后 4 天，对桑天牛幼虫的毒杀死亡率达到 85%。

应用 5% 溴氰菊酯微胶囊剂 4000 倍液、8% 氰戊菊酯微胶囊剂 3000 倍液进行林间常规喷雾，以树冠、枝干显湿润为宜。药后 36h 对桑天牛成虫击倒率均可达到 100%。微胶囊颗粒直径一般为 11~27um，喷布在树体表面后间距虽较大，但局部浓度高，一经昆虫体、足触踏，即可发挥药效。

80% 敌敌畏(DDVP)乳油 50~100 倍液药棉堵孔或注射入虫孔，主要对桑天牛幼虫在树干最下方的排粪孔进行，剂量 1~3mL/孔，堵孔或注射后用黄黏泥封堵。防治效果可达到 96% 以上。

应用烟碱类杀虫剂 15% 吡虫啉微胶囊悬浮剂 1500~2000 倍液，林间常规喷雾，对桑天牛成虫防治效果达到 90% 以上。在杨树干基部距地面 30cm 以下打孔（成 45°角），用 20% 吡虫啉水剂 20 倍液注药，注药量为每 1cm 胸径注药 1mL，对桑天牛幼虫防治效果达到 85%。

(九) 芳香木蠹蛾东方亚种

芳香木蠹蛾东方亚种 (Cossus cossus ssp. orientalis Gaede) 过去在中国曾误称为蒙古木蠹蛾，属鳞翅目、木蠹蛾科。分布于我国的东北、西北、华北地区。山东各地均有分布。危害杨树、柳树、榆树、刺槐、白蜡等多种树木。以幼虫蛀食树木的枝干和根颈部，可导致树势衰弱、枯梢，或遭风折，严重时可整株死亡，并降低木材的利用价值。

1. 形态特征

(1) 成虫 体长 22~41mm，翅展 51~82mm。体粗壮，灰褐色。复眼圆形，黑褐色。触角栉齿状，暗褐色。下唇须小，暗褐色，紧贴颜面。头顶毛丛和领片鲜黄色。前翅密布长短不一的黑色曲纹线，中线至外线之间呈黑褐色纵带。后翅中室白色，端半部具波状横纹。翅反面有明显的黑褐色条纹，中部有 1 个黑褐色圆斑。胸背部密被鳞毛，前胸中部褐色，后缘毛丛黄色。中胸及肩片的前半部深褐色，后半部为白、黑、黄色相间。后胸有1条黑横带，基部为银灰色。中足胫节有1对距。后足胫节具2对距，中距位于胫节端部1/3处；基跗节膨大。雌虫腹部末端较尖，雄虫腹部末端较钝。

(2) 卵　椭圆形，长 1.2~1.6mm，灰褐至黑褐色。卵壳表面有数条黑色纵行隆脊，脊间有刻纹。

(3) 幼虫　初龄幼虫粉红色。老熟幼虫体长 58~90mm，体扁圆筒形；背面深紫红色，有光泽，侧面较背面色淡，腹面黄色。头紫黑色，有不规则的细纹。前胸背板有"凸"形黑斑，中间1条白色纵条纹伸达黑斑中部。中胸背板有1个深褐色长形斑，后胸背板有2个圆形褐斑。自胸部至腹部末端各节上都生有排列整齐的小瘤，其上有1根黄褐色短毛。足淡黄色。

(4) 蛹　长 26~45mm，暗褐色。蛹体略向腹面弯曲。腹部背面 2~6 节有刺2列，7~9节有刺1列，末端具3对齿突。茧长圆形，长 32~58mm，宽 12~21mm，黄褐色，内壁光滑。

2. 生物学特性

(1) 生活史　在山东，2年发生1代。第1年以幼虫在树干虫道内越冬，第2年3月下旬出蛰活动，第2年9~10月上旬老熟幼虫离开树干爬到地面入土越冬。第3年春季越冬老熟幼虫作蛹茧化蛹。4月底成虫开始羽化，5月上、中旬为成虫羽化盛期，至6月中旬羽化结束。成虫交尾后即可产卵，卵期 13~21 天。幼虫孵化后蛀入枝干取食，当年生幼虫9月中、下旬越冬。

(2) 生活习性　成虫羽化前，以蛹体自土中向外蠕动，蛹体前半段露出地面，然后成虫顶破蛹壳而出。成虫昼夜均可羽化，17:00~18:00 为羽化高峰时段。成虫羽化后，白天潜伏在树干、杂草等处，至夜间 21:00 开始活动、交尾，有趋光性。交尾需时 1~2h，交尾后即可产卵。每头雌蛾平均产卵 584 粒。雄蛾平均寿命 5.1 天，雌蛾平均寿命 6.3 天。

卵多产于枝干基部的树皮裂缝、机械损伤处和旧蛀孔内。幼龄树多产卵于 1~1.5m 高的树干上，中龄树多产卵于枝杈上。卵成堆或成行排在一起，每卵块有卵 3~60 粒。

初孵幼虫喜群居，蛀食树干韧皮部，随后逐渐钻入木质部蛀食。被害枝干上常见有幼虫排出的粪堆。第1年越冬前，幼虫在树干虫道内用木丝作茧状物，在其内越冬。第2年春季幼虫开始取食，沿树干向上蛀食。第2年秋末，老熟幼虫蛀 8~10mm 的圆孔，从树干爬出，坠落地面钻入 30~60cm 深的土层中，作茧在其内越冬。幼虫共 15~18 龄，在枝干内的生活、危害期长。

第3年春季，越冬老熟幼虫从土中的越冬茧中爬出，在 2~27cm 深的土中重新作蛹茧化蛹。

孤立木、行道树、林带受该虫的危害重，而片林受害较轻。郁闭度小的林分受害较重，郁闭度大的林分受害较轻。片林的林缘木受害较重，林内受害较轻。长势衰弱的树木受害重，健康木受害较轻。

3. 防治方法

(1) 营林措施　适当密植，加强林木抚育管理，可保持林分较大的郁闭度，增强树木长势，能减轻该虫的发生程度。

(2) 灯诱成虫　木蠹蛾成虫有趋光性，可用黑光灯诱杀。5~6月成虫羽化期诱虫，诱虫灯悬挂高度以3m左右为宜。

(3) 性信息素诱杀成虫　应用芳香木蠹蛾东方亚种人工合成性诱剂（顺-5-十二碳烯醇乙酸酯）诱杀雄蛾。诱捕器纸板黏胶式，诱芯为滤纸芯或橡皮塞芯，每一诱捕器的性诱剂剂量0.5mg。诱捕器间距30~150m，诱捕时间在晚间18:30~21:30。

(4) 生物防治措施　①用白僵菌黏膏涂在排粪孔口，或往虫道内注入白僵菌液，防治木蠹蛾幼虫。②往虫道内注入1000条/mL的斯氏线虫液。③保护利用啄木鸟，啄食树木枝干内的木蠹蛾幼虫。④保护利用木蠹蛾蛹期的重要天敌刺猬，对芳香木蠹蛾东方亚种茧蛹的扒食率可达85%以上。

(5) 化学防治措施　①对尚未蛀入树木枝干内的幼虫，可使用拟除虫菊酯类农药或敌敌畏（DDPV）等往枝干上喷雾毒杀。②树干基部打孔，灌注久效磷乳剂等内吸性农药，毒杀树干内的幼虫。③磷化铝片剂堵虫孔，将磷化铝片剂1/3~1/2片塞入树干的木蠹蛾虫孔内，外封黏泥，熏杀虫道内的幼虫。

(十) 青杨楔天牛

青杨楔天牛（*Saperda populnea* Linnaeus）又名青杨枝天牛，属鞘翅目、天牛科。分布于我国的东北、西北、华北地区。可危害多种杨树、柳树。主要以幼虫在枝梢及幼树树干钻蛀取食，被害处形成虫瘿，被害枝梢易风折，导致树势衰弱。山东大部分地区有分布，20世纪60~70年代加杨、小叶杨、小钻杨等普遍发生，危害严重。20世纪80年代以后，危害程度减轻。

1. 形态特征

(1) 成虫　体长9~13mm，体宽2.5~3.5mm。体黑色，被黄色茸毛并间杂有黑色长茸毛。复眼黑色。触角鞭状，自第3节起端部黑色，余被灰色茸毛；柄节密布细刻点，第3节显著长于第4节。雄虫触角长度略长于体长，雌虫触角略短于体长。前胸背板近圆柱形，长宽约相等。胸面密布粗刻点，中区两侧各有1条黄色纵带。小盾片半圆形，两侧被淡黄色茸毛。鞘翅上满布黑色刻点，基部的刻点粗深，至端部渐细浅。每个鞘翅的翅面上均生有长圆形黄色茸毛斑4~5个，雄虫斑纹不明显。雌虫腹部末节有1条细纵沟。

(2) 卵　长约2.4mm，宽约0.7mm，长椭圆形，一端略尖，中间略有弯曲。黄白色。

(3) 幼虫　初孵幼虫乳白色，后变为黄色。老熟幼虫体长18~20mm，体宽4~4.5mm，长圆筒形。头颅长方形，侧缘平行。唇基淡黄褐色，两侧具刚毛2~3支。上唇横椭圆形，前区密生刚毛。上颚黑色，具3支刚毛。触角2节，短小。前胸背板黄褐色，背中线明显。腹部第4~6节粗于其余各节。各腹节侧瘤突椭圆形，具刚毛数支。气门小，气门片厚。肛门3裂，顶角较大，臀叶突出。

(4) 蛹　长11~15mm，黄色，腹部具明显的背中线。

2. 生物学特性

(1) 生活史　1年发生1代。以老熟幼虫越冬。第二年3月中、下旬化蛹，蛹期30余天。4月中旬开始出现成虫，4月下旬至5月上旬为成虫羽化盛期。5月上旬出现卵，5月中、下旬相继孵化为幼虫,并侵入嫩枝为害。10月上、中旬老熟幼虫开始越冬。

(2) **生活习性** 成虫羽化后5~6天出孔,一般在中午出孔,羽化孔圆形。成虫爬出虫瘿后先啃食树叶、嫩枝皮层以补充营养,4~5天后交配。成虫多在日落前后活动、取食、交尾。可多次交尾。交尾后2~3天产卵。成虫寿命10~40天。

成虫多选择树皮光滑、直径4~6cm的2年生枝条产卵。产卵刻槽呈"U"形,深入木质部。刻槽正中咬出数个小孔,成1条纵线,最下端的孔较大,为产卵孔。每刻槽产卵1粒,个别2~3粒。单只雌虫产卵量平均20多粒。卵期10天左右。

初孵幼虫在刻槽两边的韧皮部取食,10~15天后蛀入木质部,被害部位受刺激后逐渐膨大,形成纺锤形虫瘿。幼虫在虫道内蛀食,粪屑堆满虫道。10月上旬幼虫老熟,在虫道内用木屑堵住下端做出蛹室,在内越冬。

青杨楔天牛喜危害小钻杨类品种,对白杨派树种危害较轻。混交林受害较轻。孤立木受害重,稀疏林地树冠周围和上部的枝条受害重。鸟类捕食是影响青杨楔天牛种群密度的重要因子之一。

3. 防治方法

(1) **检疫** 做好苗木检疫,严禁带有青杨楔天牛的苗木外运,防止扩散蔓延。

(2) **剪虫瘿** 在发生虫情的杨树幼林内,结合冬季修剪,人工剪除虫瘿,可降低虫口密度。

(3) **释放管氏肿腿蜂** 青杨楔天牛幼虫发育至中龄阶段时,于林间释放管氏肿腿蜂,可收到良好的寄生效果。在莒县大面积杨树林内做释放管氏肿腿蜂试验,适宜放蜂期7月上、中旬,放蜂量为蜂虫比1∶1,对青杨楔天牛的当代寄生率41.1%~82.3%,第2代寄生率达73.0%~92.3%。

(4) **利用啄木鸟除虫** 在杨树林间悬挂心腐巢木和空心巢木,招引大斑啄木鸟和绿啄木鸟定居,啄木鸟可啄食青杨楔天牛虫瘿内的幼虫。在啄木鸟控制区内,经过1个冬季,对青杨楔天牛幼虫的啄食率可达86.7%~100%。

(5) **药剂防治** 在成虫羽化盛期,可选用5%溴氰菊酯微胶囊剂4000倍液,8%氰戊菊酯微胶囊剂3000倍液,80%敌敌畏(DDVP)乳剂1000~2000倍液,15%吡虫啉微胶囊悬浮剂1500~2000倍液,于林间喷洒树冠,杀死成虫和初孵幼虫。

(十一) 白杨透翅蛾

白杨透翅蛾(*Paranthrene tabaniformis* Rottenberg)又名杨树透翅蛾,属鳞翅目、透翅蛾科。我国东北、西北、华北、华中的部分省(自治区、直辖市)有分布。属国内森林害虫检疫对象。山东各地普遍发生。白杨透翅蛾危害多种杨树和柳树。以幼虫蛀食苗木和1~2年生幼树的主干或侧枝,被害苗木和幼树形成虫瘿,易遭风折,严重影响幼树的生长和干形培养。

1. 形态特征

(1) **成虫** 体长11~20mm,翅展22~38mm,青黑色。头半球形,黑色,头顶有1束黄褐色毛簇,头胸之间有1圈橙黄色鳞片。前翅狭长,黑褐色,中室与后缘略透明;后翅透明。腹部有5条橙黄色环带。雌蛾腹末有黄褐色鳞毛;雄蛾腹末全部覆盖青黑色粗糙的鳞毛。

(2) 卵　椭圆形，长 0.6~0.9mm、宽 0.5~0.6mm，黑色，表面有灰白色不规则的多角形刻纹。

(3) 幼虫　初龄淡红色，老熟黄白色。末龄幼虫体长 30mm 左右，圆筒形。臀节略骨化，背面有 2 个深褐色刺，略向前方翘起。

(4) 蛹　纺锤形，长 12~23mm，褐色。腹部第 2~7 节背面各横列 2 排刺，9~10 节各具 1 排刺。腹末有臀棘。

2. 生物学特性

(1) 生活史　在山东，1 年发生 1 代，鲜有 1 年发生 2 代的报道。以幼虫越冬。翌年 3 月下旬，越冬幼虫开始活动，取食危害。至 4 月下旬老熟幼虫化蛹。蛹期约 20 天。5 月上旬成虫开始羽化，6 月中旬达羽化盛期。成虫羽化后，交尾、产卵。雌成虫寿命 2~6 天，平均 4 天；雄成虫寿命 1~5 天，平均 3 天。卵期 12 天左右。幼虫孵化后，蛀入树皮下，钻蛀虫道取食。至 10 月下旬，幼虫停止取食，封闭虫道，在虫道末端吐丝作薄茧越冬。

(2) 生活习性　成虫多在上午 8:00~11:00 羽化。羽化时蛹体蠕动，约 2/3 露出羽化孔。成虫羽化后，蛹壳大半露在羽化孔外。成虫白天活动，晚间静伏于枝叶上。一般要经过一段时间飞翔再寻偶交配，交配当天即可产卵。每只雌蛾平均产卵 440 粒。卵多产于 1~2 年生幼树的叶柄基部、有茸毛的枝干上、旧虫孔内、伤口及树皮裂缝内。

幼虫孵化后，多在嫩枝的叶腋、皮层及枝干伤口处或旧的虫孔内蛀入，再钻入木质部和韧皮部之间绕枝干蛀食，使被害处渐形成瘤状虫瘿。枝梢受害后顶芽生长受抑，苗木和幼树主干被害后易风折，成残次苗或影响幼树生长。钻入木质部后沿髓部向上蛀食，蛀道长 2~10cm，虫粪和碎屑被推出孔外后常吐丝缀封排粪孔。幼虫蛀入树干后一般不转移，只有被害处枯萎、折断而不能生存时才另选适宜部位入侵。苗木调运是主要的扩散途径。幼虫共 8 龄。

老熟幼虫化蛹前先在排粪孔附近的木质部开凿羽化孔，再在虫道末端做出圆筒形蛹室，然后吐丝结茧化蛹。

白杨透翅蛾危害多种杨树、柳树，其中以毛白杨等白杨派树种和部分黑杨派品种受害严重。

3. 防治方法

(1) 检疫　严格执行苗木产地检疫及调运检疫程序。发现虫瘿，及时就地销毁，防止扩散蔓延。

(2) 营林技术措施　①选用抗虫树种和品种。据山东部分黑杨派品种遭受白杨透翅蛾危害情况的调查资料，这些杨树品种对白杨透翅蛾的抗性排序：I-69 杨>南林-106 杨>107 号杨>I-214 杨>中菏 1 号杨。②造林时设置保护行。以黑杨派品种为主栽品种，可栽植毛白杨作为保护行。在 3 月底前集中修剪铲除保护行的虫瘿，有效保护主栽品种。

(3) 人工防治　①在幼虫蛀入后未形成虫瘿前，循细小蛀屑，用细铁丝、注射器针头、小刀等工具刺杀、削挖幼虫。②于虫瘿形成初期，在虫瘿上方 2cm 左右处钩出或刺杀幼虫。③剪除虫瘿，适宜苗圃地操作。

(4)应用白杨透翅蛾性信息素防治　白杨透翅蛾性信息素活性化合物为反-3,顺-13-十八碳,二烯醇(简称 E,Z-ODDOH)。林间悬挂性信息素诱捕器,可有效诱捕雄蛾,或使其迷向降低交配率。由于全球气候变暖等诸多原因,白杨透翅蛾的成虫羽化盛期已较以往提前,例如在山东高唐,白杨透翅蛾成虫羽化盛期已提前到5月1日至6月4日(胡晓丽等,2006),在监测预报和防治工作中应予以注意。

诱捕法：诱捕材料由诱捕器、诱芯及黏虫胶组成。诱捕器一般使用规格为 28cm×22.5cm 的 Pherocone Ic 型诱捕器。诱芯载体一般为空心硅橡皮塞,每只诱芯含性信息素(纯度98%~99.5%)400~500μg。诱捕时间的确定,于4月下旬,在有代表性林地先行悬挂少量诱捕器定点监测观察;当诱到第一只雄蛾时,即开始大面积悬挂诱捕器。诱捕器设置方式、密度及高度,片林按棋盘式设置,1~3hm^2 林地设诱捕器15个,高度距地面1.3~1.5m;林带按线形等距离排列,100~150m 长的林带设诱捕器1个,高度 1.5m。诱捕雄蛾期限40~60天,诱捕效果 62.5%~84.0%,可将白杨透翅蛾有虫株率控制在 0.5%以下。

迷向法：诱芯为空心塑料管,长 2cm,含白杨透翅蛾性信息素 800μg。每公顷投放 1500只、3000只,即每公顷投放性信息素的剂量分别为 1200mg 和 2400mg,用大头针将诱芯固定到距地面 1.3~1.5m 的树干或苗干上。经过2年的迷向防治,白杨透翅蛾林间卵孵化率分别为 1.3%和1.2%,有虫株率分别下降 94.6%和99.2%。虫口密度分别下降 95.1%和99.2%。以每公顷投放性信息素 1200mg 为宜(王华志等,1993)。

(5)生物防治

利用昆虫病原线虫防治：小卷蛾线虫(*Steinernema carpocapsae*)的 Agriotos 和 Beijing 两个品系对白杨透翅蛾幼虫的侵染力较强。林间防治时,用注射器向幼虫排粪孔内注入含量为 1000 条线虫/mL 的线虫悬浮液,96h 防治效果达到 88.5%~96.1%。

保护利用肿腿蜂：管氏肿腿蜂(*Scleroderma guani*)和川硬皮肿腿蜂(*Scleroderma sichuanensis*)人工繁蜂技术趋于成熟,已经能够工厂化繁殖。于杨树林间放蜂,防治效果可达到 71.42%。最佳放蜂时间为白杨透翅蛾幼虫侵入初期(5月20日至6月10日),放蜂量为蜂虫比 1∶1~2∶1。采用树干悬挂式放蜂。

白蜡吉丁虫肿腿蜂(*Sclerodermus pupariae*)的发现晚于管氏肿腿蜂和川硬皮肿腿蜂,也具有很强的寄主搜索和攻击能力,成蜂繁殖能力强,寿命长。对白杨透翅蛾的寄生率可达到 50%左右。按蜂虫比 3∶1 的放蜂量实施林间放蜂。

保护利用啄木鸟等益鸟：大斑啄木鸟在整个冬季、春季对白杨透翅蛾幼虫的捕食率可达 74.7%。在沂南县沂河林场,大斑啄木鸟、大山雀、灰喜鹊、斑鸠等益鸟对越冬的白杨透翅蛾捕食率达到 44.8%~59.5%。

(6)化学防治　在幼虫发生期,将虫瘿排粪孔掏挖清理干净后,采用以下方法予以防治,防治效果均可达到90%以上。

药棉堵孔。药棉蘸取 80%敌敌畏(DDVP)乳油 50~100 倍液,或 10%吡虫啉乳油或水剂原液,堵孔后用黄黏泥涂抹密封。

磷化铝片剂堵孔。每虫孔塞入 56.5%~58.5%磷化铝片剂 0.15~0.20g,堵孔后用黄黏泥涂抹密封。

用注射器向虫孔注入80%敌敌畏(DDVP)乳油50~100倍液,或10%吡虫啉乳油或水剂原液1~2mL,用黄黏泥封堵。

磷化锌毒签插堵虫孔,黄黏泥封堵。

(十二)铜绿丽金龟

铜绿丽金龟(Anomala corpulenta Motschulsky)属鞘翅目、金龟科。分布于我国的东北、西北、华北、华中地区的部分省(市)。山东各地均有发生。危害杨树、柳树、榆树、苹果等树木。幼虫常咬断苗木近地面处的茎部、主根和侧根,严重时造成苗木死亡,缺苗断垄。成虫危害苗木及林木的叶片和嫩芽,被害叶片形成很多孔洞。

1. 形态特征

(1)成虫 体长15~19mm,体宽8~10.5mm。体背面铜绿色,有光泽。头部较大,深铜绿色,唇基梯形,前缘上卷。复眼大而圆。触角9节,黄褐色。前胸背板前缘呈弧状内弯,侧缘和后缘呈弧状外弯,背板为闪光绿色,上面密布刻点,两侧有黄色边。小盾片半圆形。鞘翅黄铜绿色,具纵肋4条。胸部腹板黄褐色,生有细毛。腿节黄褐色,胫节、跗节深褐色。前足胫节外侧有2齿,对面生1棘刺。跗节5节,端部生有2个不等大的爪。前足、中足大爪的端部分叉,后足大爪不分叉。腹部黄色,有光泽。臀板三角形,上面常有1个近三角形的黑斑。雌虫腹面乳白色,末节为一棕黄色横带。雄虫腹面棕黄色。

(2)卵 白色。初产时长椭圆形,长1.64~1.94mm,宽1.30~1.45mm;以后逐渐变为近球形,长约2.34mm,宽约2.16mm。卵壳表面光滑。

(3)幼虫 老熟幼虫体长30~33mm。头黄色,近圆形。头部两侧各有前顶毛8根,后顶毛10~14根,额中侧毛两侧各2~4根。足的前爪大,后爪小。腹部末端两节背面为泥褐色并带有微蓝色。臀部腹面有刺毛列,每列大多由13~14根锥刺组成,两列刺尖端相遇或相交,后端稍向外岔开,刺毛列周围有钩状毛。肛门孔横裂状。

(4)蛹 椭圆形,长约18mm,宽约9.5mm,略扁,末端圆平,土黄色。雌蛹末节腹面平坦,并有1个飞鸟形小皱纹。雄蛹末节腹面中央呈乳头状突起。

2. 生物学特性

(1)生活史 在山东1年发生1代。以3龄幼虫越冬。春季幼虫上移危害后,于5月化蛹。6月上旬成虫开始羽化,6月下旬至7月上旬为成虫发生盛期,成虫于8月下旬终止。6月中旬起见卵。7月下旬幼虫出现。10月中、下旬幼虫入土越冬。

(2)生活习性 成虫羽化出土的早晚与5~6月的降雨量有密切关系,如雨水充沛则发生期早,盛期提前。成虫白天潜伏在杂草或表土内,傍晚外出活动。闷热无雨天气活动最盛,低温降雨天气活动少。夜间21:00~22:00为活动高峰时段,黎明前飞到隐蔽处潜伏。成虫有假死性和强的趋光性。喜食林木、果树叶片,食量大,尤其对苗木、幼树的危害重。成虫交尾多在树上进行,晚间先交尾,再取食嫩叶补充营养。成虫可多次交尾。成虫平均寿命25天。

卵多产在疏松湿润的土层中,产卵深度多在5~6cm。每雌虫产卵量30~40粒。卵散产。

卵期8~12天。土壤温度25℃、土壤含水量10%~15%时，卵的孵化率高。

幼虫孵化后，在土中活动。一般在清晨或傍晚爬至土壤表层，啃食苗木、幼树近地面处的茎部和根系。幼虫共3龄，1龄幼虫发育期平均25天，2龄平均23天，3龄平均280天。1~2龄幼虫食量小，8月中、下旬幼虫进入3龄后食量大增。初龄幼虫不耐水淹。发育至3龄的幼虫一直危害到10月中、下旬，下潜至30~50cm深的土中越冬。第2年5月当地温达24℃时开始化蛹。预蛹期平均13天，蛹期平均10天。

3. 防治方法

（1）营林技术措施　苗圃地使用充分腐熟的厩肥，及时清除杂草，幼龄幼虫期适时灌水，以及轮作等措施，对降低虫口密度有一定效果。

（2）杀成虫　①设置黑光灯诱杀成虫。②利用成虫的假死性，人工捕杀成虫。③利用成虫的取食习性，往苗木或幼树的叶片上喷洒触杀、胃毒或内吸性的高效低毒农药，毒杀成虫。

（3）保护利用天敌　各种益鸟、刺猬、青蛙、步行虫等可捕食成虫和幼虫。白僵菌、病原线虫等施于土中可杀死幼虫。

（4）药剂防治幼虫　①移栽小苗或扦插时，用25%对硫磷微胶囊剂300~400倍液蘸根，有保护苗木作用。②出苗或定苗后，在幼虫发生量大的地块，用80%敌敌畏乳油或50%对硫磷乳油的1000倍液开沟浇灌苗根，然后覆土，杀死幼虫。

（十三）大灰象甲

大灰象甲(*Sympiezomias velatus* Chevrolat)属鞘翅目、象虫科。分布于我国的东北、华北地区。山东各地普遍发生。危害杨树、柳树、榆树、刺槐、泡桐、桑树等许多树种。幼虫取食苗木须根。成虫取食苗木的幼芽、嫩叶，活动时间长，危害重，造成缺苗断垄。是重要的杨树苗木害虫。

1. 形态特征

成虫：体长8~10.5mm，体宽4~5mm。体卵形，黑色，被灰色、黄色鳞片。头及喙密布金黄色鳞片。触角柄节棒状，长达眼中部。头管粗短，表面有3条纵沟，中间的沟宽而深，两侧有斜短沟。前胸横宽，两侧圆弧形，背面布有瘤状颗粒及金黄色鳞片，并有褐色鳞片在中央形成宽纵条纹。鞘翅上有规则的斑纹，每一鞘翅有纵沟10条。前足基节窝基部具2个瘤状突起，前足胫节内缘有齿1对，胫节端部向内弯曲。爪合生。

卵：长约1mm，宽约0.4mm，椭圆形。初产时乳白色，近孵时黄色。

幼虫：老熟幼虫体长约14mm，乳白色。头浅黄色，上颚黑色，内唇前缘有4对齿状突起，中央有3对小齿，后方有2个近三角形褐色斑纹。第9腹节褐色，末端稍扁，肛门孔黑褐色。

蛹：长9~10mm，长椭圆形，乳黄色。头管下垂达前胸。头顶及腹背疏生刺毛。腹尾端向腹面弯曲，末端两侧各具1刺。

2. 生物学特性

（1）生活史　在山东1~2年发生1代。以成虫或幼虫在土中越冬。4月上、中旬越冬成虫开始活动。5月下旬成虫开始产卵。6月上旬起陆续孵化为幼虫。9月下旬后幼虫在土中越冬。第2年4月上旬越冬幼虫出蛰活动、取食，6月上旬化蛹，7月成虫羽化后即在土室内越夏、越冬。

（2）生活习性　春季越冬成虫出蛰后，白天多潜伏在土块、苗木根部附近，早、晚出土活动取食苗木的幼芽、嫩叶，群聚取食。成虫补充营养2周即可交尾，可多次交尾，交尾期间雌成虫仍可活动取食。雌成虫产卵时用足把叶片向内折合，然后将产卵器插入叶合缝中产卵，卵成排产于叶端部两侧，分泌黏液将叶片粘合。单雌虫产卵量370~1170粒，平均700粒。产卵期19~86天，平均46天。卵期约10天。

幼虫孵化后落至地面，寻找土块间隙或疏松表土进入土中，取食苗木须根和土中腐殖质。秋季下潜至土层60~80cm深处做土室越冬。越冬幼虫翌年春季出蛰取食，至6月上旬下潜至土层60~80cm深处化蛹。蛹期15~20天。成虫羽化后即在土室内越夏、越冬。

春、夏季多雨有利于大灰象甲发生，干旱不利于其发生。喜疏松砂壤土、撂荒地，不喜黏重、涝洼地块。

3. 防治方法

（1）人工搜捕成虫　成虫有群集于苗茎基部取食的习性，可于成虫取食期人工捕杀。

（2）挖阻隔沟捕杀　4月幼苗出土后，大灰象甲相继发生、危害时，在苗圃地周围挖成宽40cm、深30~40cm的阻隔沟，沟壁与地面垂直。在苗圃地撒施敌百虫粉剂等药剂，兼具杀虫与忌避作用；施药后苗圃中的大灰象甲向四周爬行，掉入阻隔沟中，可及时收集捕杀。

（3）喷药毒杀成虫　在成虫取食期，用敌敌畏（DDVP）、辛硫磷、高效拟除虫菊酯类等药剂，于苗茎基部喷雾杀虫。

第二节　杨树病害防治

一、山东杨树病害发生概况

（一）杨树病害种类

已知的杨树病害有300余种，山东常见的杨树病害有30余种。

按照引起杨树病害病原的性质，有侵染性病害和非侵染性病害。侵染性病害的病原有真菌、细菌、病毒、寄生性种子植物等。真菌引起的病害如杨树黑斑病、杨树锈病、杨树溃疡病、杨树腐烂病、杨树立木腐朽等；细菌引起的病害如欧美杨细菌性溃疡病、根癌病等；病毒引起的病害如杨树花叶病等；寄生性种子植物引致的病害如菟丝子寄生。非侵染性病害又称生理性病害，是由于树木自身的生理缺陷或由于生长环境中有不适合的物理、化学因素引起的一类病害，土壤瘠薄、盐碱、涝洼、干旱、冻伤、日灼等均可使杨树的正常生理功能被破坏而发病，常见的如黄化病、毛白杨破腹病等。

按照杨树病害在树木上的发生部位，分为叶部病害、枝干部病害、根部病害、立木和木材腐朽及变色。叶部病害有杨树黑斑病、落叶松—杨锈病、杨树花叶病、杨树炭疽病、杨树白粉病、毛白杨煤污病等。杨树叶部病害的直接后果是影响叶片的正常生理功能，导致提早落叶；连年大量提早落叶使树木生长衰弱。叶部病害的发病高峰期多在高温高湿的雨季，林木密集及通风不良常是发病的诱因。

枝干病害主要有杨树溃疡病、杨树腐烂病、杨树大斑溃疡病等。不适合杨树生长的环境条件和粗放经营是枝干病害的重要诱因。杨树枝干病害的危害性大，无论发生在幼林或成年林分中，都严重影响树木的生长，甚至造成林木死亡。

根部病害多属于弱寄生性次期病害，主要有根癌病、紫纹羽病、杨树根朽病等。病菌多从伤口入侵，危害根部，导致树木长势衰弱以至死亡。

立木腐朽是树木木质部被真菌分解所引起的糟烂现象，主要发生在衰老的树木上。立木心材腐朽会降低出材等级和出材率。立木边材腐朽，也可杀死形成层和韧皮部，使树木死亡。木材受真菌污染而变色，影响木材的外观，如作为造纸材则影响纸浆品质。

(二)杨树病害的发生与危害

自20世纪80年代以来，随着山东杨树造林面积的扩大，杨树病害的种类和发生面积也有增加。不同时期均有某些杨树病害发生与危害，给杨树生产造成不同程度的经济损失。

杨树枝干溃疡类病害一直是杨树的重要病害，主要由3种真菌病原菌引起，即：杨树溃疡病，病原菌聚生小穴壳菌(*Dothiorella gregaria* Sacc.)；杨树腐烂病，病原菌金黄壳囊孢菌(*Cytospora chrysosperma*(Pers.)Fr.)；杨树大斑溃疡病，病原菌杨疡壳孢菌(*Dothichiza populea* Sacc. et Briard)。1984年5月，山东省胶南市、昌邑县发现杨树大斑溃疡病，随后在莱西、莱阳、即墨、寿光等县市接踵发生，自1~3年生幼树至7~8年生成林均有发生，发病林分病株率达到95%，感病指数为62.8~80.0，受害严重地块死亡率达80%~90%，感病杨树品种有沙兰杨、I-214杨、I-72杨、健杨、I-45杨、I-69杨和毛白杨等(陆燕君等，1990)。1987年5月，济南铁路林场郭店苗圃3年生毛白杨幼林杨树溃疡病发病株率高达95.8%，3年生小叶杨腐烂病发病株率达到84.2%(洪瑞芬，1989)。1990~1994年吴玉柱等在山东对上述3种病害的分布进行了调查，杨树溃疡病和杨树腐烂病在山东的杨树栽培区分布普遍，杨树大斑溃疡病分布于青岛和潍坊等市的20余个县(市)。

2006年，菏泽市的欧美杨林木发现一种欧美杨细菌性溃疡病，病原菌为*Lonsdalea quercina* subsp. *populi*，在发病严重的年份和地区，林木病株率可达80%~100%，感病指数达到60.0~95.8，发生危害十分严重(于成明等，2014；王海明等，2015)。

杨树肿茎病是近期发现的一种新病害，病原菌为顶枝孢(*Acremonium* sp.)。在山东分布于临沂、菏泽等地区，受危害的杨树品种有中林46杨、107号杨等。受害杨树的树干外部肿大，内部变色，木质部有腐朽现象；发病严重的杨树，遇到大风时易风折(季延平等，2011)。

杨树根朽病由蜜环菌(*Armillariella mellea*(Vahl. ex Fr.)Karst.)引起，可造成大面积杨树枯死，受危害的杨树品种有健杨、沙兰杨、I-214杨及I-69杨等。1987—1989年，导致新泰、昌邑等地杨树用材林成片死亡。仅昌邑县14000亩用材林因病伐除的就有3800亩，占总面积的27.1%(杨旺等，1991)。

紫纹羽病(紫色根腐病)由紫卷担子菌(*Helicobasidium purpureum*(Tul.)Pat.)引起，从苗木到大树均可能受害。杨树受侵后，影响树体正常生长，降低木材产量，严重时造成林木死亡。受害杨树品种有中菏1号杨、L35杨、107号杨、I-69杨、I-72杨和中林46杨等，2007—2009年，菏泽市、临沂市部分杨树林分的紫纹羽病发病率高达80%以上，死亡率在5%以上（赵桂华等，2010）。

根癌病又称冠瘿病，病原菌为根癌土壤杆菌（*Agrobacterium tumefaciens*（Smith et Towns）Conn）。杨树发生根癌病最早发现于北京市及河北省，是毛白杨苗期和成林的主要病害之一，在山东的德州、聊城、菏泽、济南等地区发生。发病部位多在树干基部、侧根，也可发生于枝干。病原菌通过伤口侵入寄主组织，导致树木组织病变，阻碍树体内部水分和养分输导，严重影响树木的生长（张锡津，1980；梁双林，1982）。

杨树木材变色病是影响木材加工业的一类重要真菌病害，可引起木材的褐变、红变、蓝变、黑变、黄变、霉变等多种生物变色。杨树木材褐变色病的病原菌为可可球二孢菌（*Lasiodiplodia theobromae*（Pat.）Griff. et Maubl.）；杨树木材红变色病的病原菌为多隔镰孢菌（*Fusarium decemcellulare* Brick）。2006~2010年，济南、临沂、菏泽、潍坊等地5年生以上的杨树伐倒木及杨木加工厂的储木普遍发生杨树木材变色病，受侵杨树品种主要有107号杨、中菏1号杨、L35杨、中林46杨和I-69杨等（吴玉柱等，2011；赵桂华等，2005）。

杨树角斑病由柳假尾孢菌（*Pseudocercospora salicina*（Ell. et Ev.）Deighton）引起，近年来在聊城等地的三倍体毛白杨和107号杨上发生严重，造成叶片早期脱落，严重影响树木生长（席燕敏等，2012）。

杨树黑斑病主要由杨生盘二孢菌（*Marssonina brunnea*（Ell. et Ev.）Magn.）引起，常造成杨树早期落叶。2003年，菏泽市的中林46杨因杨树黑斑病导致的落叶率，7月底平均28.2%，8月底66.5%，9月底达89.1%，严重地块达到100%；同时期济南市平阴县也有类似病情发生。由于叶片提前2个月以上脱落，严重影响了林木的光合作用，减少了营养积累，导致秋梢异常萌发，引起树势衰弱，进而诱发其他病虫害的发生，使林业生产蒙受重大经济损失（牛迎福等，2004；赵增仁，1991）。

杨树锈病是杨树普遍和较严重的病害之一，主要由Melampsora属栅锈菌引起，国内已鉴定的有7种（袁毅，1984）。

落叶松—杨锈病（病原菌为*Melampsora larici-populina* Kleb）分布广、寄主种类多。在山东普遍发生，主要危害青杨派、黑杨派树种以及青杨派与黑杨派的派间杂种。苗木和幼树受害较重，因病提早落叶，影响生长。

毛白杨锈病（病原菌为*Melampsora magnusiana* Wagn）是毛白杨苗期普遍发生的病害，锈菌侵染杨树叶片及叶柄（有时也侵害嫩枝），形成黄色至黄褐色的夏孢子堆与冬孢子堆，导致早期落叶，显著影响生长（周仲铭等，1985；曾大鹏等，1988）。在山东，毛白杨锈病以聊城等地发生普遍和严重。

二、杨树病害防治技术

杨树病害有多种类型的病原，不同病害可有不同的发病诱因，杨树病害的发生流行与气候条件和栽培措施等因素密切相关。杨树病害的防治应根据"预防为主，综合治理"的方针，严格森林植物检疫，做好病情的监测预报，因时、因地制宜地合理运用营林技术防治、化学防治、生物防治，控制病害的发生。

（一）森林植物检疫

森林植物检疫是对林木病害的一种重要预防措施。通过森林植物检疫，防止把危险性病害从疫区传入保护区。

1. 森林植物病害检疫的种类

（1）产地检疫　种苗繁育基地应选择符合检疫要求的地方设立，所用繁殖材料不得带有检疫对象。根据不同检疫对象的生物学特性，在病害发生期进行检疫对象的疫情调查。对发现有检疫对象的苗木及时进行除害处理。

（2）调运检疫　调出森林植物及其产品时，由检疫人员检验是否带有检疫对象及其他危险性病害。发现检疫对象的，受检单位要按规定要求进行除害处理。取得检疫合格证书后方可调运。

调入森林植物及其产品时，调入单位要出示检疫合格证书。必要时，检疫人员可进行复检，并做出适当处理。

（3）引种检疫　从国外引入繁殖材料时，需取得输出国森林植物检疫证书。种苗引进后，需按国内检疫单位审批的地点和监管措施进行隔离试种。隔离试种期间，由检疫单位进行检疫。经确认无检疫对象和其他危险性病害后，引种单位方可分散种植。

2. 森林植物病害检疫对象

森林植物病害检疫对象是根据一定时期内国内外林木病害发生危害情况和本国本地需要而制订的。凡局部地区发生、危险性大、能随森林植物及其产品传播的林木病害应订为检疫对象。随着不同时期森林植物病害发生及危害情况的变化，森林植物病害检疫对象也有调整变化。由国家或山东省林业主管部门公布，能危害杨树属于危险性病害的检疫对象主要有杨树花叶病、根癌病、杨树大斑溃疡病、杨树细菌性溃疡病等。

（二）营林技术防治

通过改善营林技术，调节森林环境条件，促进林木健康生长，并限制病原物的繁殖、传播和侵染，以达到控制林木病害的目的。改善营林技术能防治林木的一些生理性病害，也能防治一些侵染性病害，是林木病害防治的基础性措施。营林技术防治可以避免使用化学药剂所带来的不良后果，保持林分良好的生态环境。但营林技术防治的收效较慢，在林木病害流行时往往起不到应急的作用。

1. 育苗技术措施

杨树苗圃地应地势平坦、土壤肥沃，不要设在地势低洼、土壤黏重的地段和盐碱地上。细致整地，使用健壮的繁殖材料，加强苗木抚育管理，合理灌溉、施肥。苗圃中发现病株要及时清除，冬季及时清理落叶以减少侵染来源。同一苗圃地进行合理轮作，可减少病原物积累，特别是减少根部病害的病原物；并且有利于土壤中某些有益微生物的繁殖，可抑制病原物的繁殖。

2. 造林技术措施

（1）适地适树　选择杨树适生的立地条件，是保证林木健康生长、减少病害发生的基本措施。不适当地扩大树种的栽植范围，或造林地选择不当，会导致林木长势衰弱，出现生理性病害，一些侵染性病害也相继发生。

(2) 选育抗病品种　在杨树育种工作中，培育抗病力强的优良品种，是防治杨树病害的有效措施。在杨树造林时，使用抗病力强、生产力高的树种和品种。例如，部分杨树品种对杨树溃疡病的抗性，I-69 杨、I-72 杨等为抗病品种，中林 46 杨、中林 23 杨等为中抗品种，露伊莎杨、三倍体毛白杨等为感病品种。

(3) 树种和品种的合理配置　按照寄主植物对病原物抗性的差异，营造杨树与刺槐等树种的混交林，或者杨树不同种与品种的合理搭配；可以缩小病原物的适宜寄主范围，有利于保持相对稳定的生态平衡，可减少病害损失。

(4) 精细栽植　提高造林质量，增强新栽幼树的抗病能力。要选择适宜的造林季节。起苗后，保护苗根，缩短运苗时间。造林前，仔细挑选苗木，剔除病弱苗。对苗木进行浸根、修剪等处理，植苗后及时浇灌，改善苗木的水分状况。

3. 林分抚育措施

造林后，适时进行灌溉、施肥、松土除草、修枝等项抚育管理措施，保证林木健康生长，增强抗病能力。林中的病弱树、病枝与枯枝、感病的落叶，是一些病原物的滋生场所，应及时予以处理，以减少侵染来源。

(三) 化学防治

用化学药物防治林木病害，适用范围广，方法简便，收效快。特别在侵染性病害发生后，化学防治往往是能迅速遏止病害的方法。但化学药剂会污染环境，且效果不够持久。

1. 防治林木病害的化学药剂

防治林木病害的化学药剂有杀真菌剂、杀细菌剂等，一般通称杀菌剂。按化学成分，杀菌剂分为无机杀菌剂和有机杀菌剂。无机杀菌剂有硫酸铜、波尔多液、石灰硫黄合剂等。有机杀菌剂有有机硫制剂、有机氯制剂，各种醌类、酚类、杂环类化合物等，如代森锌、退菌特、五氯硝基苯、多菌灵、甲基托布津等。

杀菌剂中的农用抗生素为一类微生物源农药，是某些微生物的代谢产物，由微生物发酵产生，其本质是化学物质，有杀菌作用。用于林木病害防治的农用抗生素有春雷霉素、井冈霉素、多抗霉素、中生菌素、农抗 120 等。

按杀菌剂的作用，分为保护剂、铲除剂、内吸剂。保护剂是在病原物侵入寄主之前来处理林木，使其免受侵染的药剂，如波尔多液、低浓度的石硫合剂、代森锌等。保护剂不能进入树木体内，只在树木体外发挥杀菌作用。铲除剂用于杀死病原物，铲除侵染源，如高浓度的石硫合剂、甲醛、五氯酚等。铲除剂能进入树木体内，在病菌侵入点附近杀死病菌，但不能在树木体内转移。内吸剂能被树木吸入体内，并能在树木体内转移到其他部位发挥杀菌作用，如多菌灵、甲基托布津、代森锰锌等。

防治林木病害的化学药剂除波尔多液、石灰硫黄合剂等少数几种外，都是工厂制成品，可以制成液剂、粉剂、可湿性粉剂、乳剂等不同剂型。

2. 杀菌剂的使用方法

(1) 植株处理　对于杨树叶部病害和枝干病害，植株处理是杀菌剂的主要使用方法。对树木用杀菌剂喷雾，是常用的施药方法。应根据发病规律和病情预测，在发病之前喷药。喷药过早会降低防效，喷药过迟则大量病原物已侵入寄主。喷药次数主要根据药剂的残效期来确定。

在树干基部钻孔，加压向孔内缓慢注入内吸性杀菌药液，或将杀菌剂调成糊状塞入孔洞中，使药液溶于树液中，经树干的输导组织输送到枝叶，可以治疗多种林木病害。

涂抹杀菌剂保护树木枝干的伤口，可以防止病菌的侵入，如波尔多液是传统的伤口保护剂。对杨树树干上发生的杨树溃疡病、杨树腐烂病等，将病部树皮刮除或用刀划破，然后涂抹多菌灵、福美砷等杀菌剂，可以杀死病菌，防止病部扩展，促进愈合。

(2) 土壤处理　用杀菌剂处理土壤，可以防治经土壤传播的病害。如防治真菌侵染的根部病害，可用福美砷、多菌灵、甲基托布津等药剂作灌根处理。防治细菌侵染的病害，可用硫酸铜、漂白粉等作土壤消毒。

(四) 生物防治

林木病害的生物防治主要是利用有益微生物来防治病害。通过协调有益微生物和病原物之间的相互关系和作用，使之有利于有益微生物而不利于病原物的生长发育，可达到防治病害的目的。

能杀死林木的病原物，或能抑制病原物生长、繁殖，或对病原物产生其他不利影响的生物称为拮抗生物。有益微生物对林木病原物的拮抗作用表现在寄生、抗生、降低病菌毒力等方面。

寄生：拮抗生物对病原物的寄生有真菌对真菌的寄生、病毒对真菌的寄生、病毒对细菌的寄生等。如白粉菌寄生菌寄生在白粉菌的分生孢子梗上，能抑制白粉病的发展。

抗生：土壤中的抗生菌类丰富，如细菌中的芽孢杆菌和真菌中的木霉菌都容易分离到抗生菌，抗生菌可分泌抗生物质，对多种林木的病原菌有拮抗作用。

降低病毒毒力：植物病原真菌受到病毒寄生时，常会降低毒性，成为弱毒菌株。当弱毒菌株与正常菌株接触时，菌丝联结，病毒的 DNA 通过联结通道进入正常的菌株细胞并进行复制，再使正常菌株变为弱毒菌株。

应用拮抗生物防治林木病害的途径：第一，调节林木和地被植物的种类，利用不同植物根的分泌物对土壤中根际微生物的影响，选择性地促进拮抗微生物的增长。第二，调节环境条件，如土壤的结构、酸度、有机质含量、湿度等，使其适合某些拮抗微生物的生长和繁殖。第三，人工培养拮抗微生物。

林木病害的生物防治不污染环境，不破坏生态平衡；但防治作用较缓慢，受环境的影响大，防治效果不够稳定。

三、山东杨树主要病害及其防治

(一) 杨树黑斑病

该病在我国东北、西北、华北、华中、西南地区的多省均有发生。山东杨树栽培区均有分布，苗木和林木均可发病。危害多种杨树的叶片和叶柄，可使罹病叶提早1~2个月脱落。在某些杨树的嫩梢上产生溃疡斑，严重时形成枯梢。苗圃发生该病影响杨树苗木的生长。林木若连年受害，则引起树势衰弱，为杨树溃疡病、杨树腐烂病等次期性病害的发生创造条件。

1. 病原

该病由无性型菌盘二孢属（Marssonina）真菌引起，我国有3种。在山东发生的杨树黑斑病，病原是杨生盘二孢菌（*Marssonina brunnea*（Ellis et Everh.）Magnus）。根据寄主范围和孢子萌发时产生芽管的数目，分为2个专化型。生在白杨派树种上，孢子萌发时产生单个芽管的，称为单芽管专化型。寄生在黑杨派和青杨派树种上，孢子萌发时产生多个芽管的，称为多芽管专化型。

2. 症状

在不同的杨树种类，其危害症状有所差异。在青杨派树种上，病斑主要在叶背；在黑杨派和白杨派树种上，叶面和叶背都产生病斑。叶斑初期为针刺状发亮的小点，后扩大成直径约1mm的近圆形褐色病斑，中间出现1个乳白色胶黏状的分生孢子堆。在少数树种上，病斑为角状或不规则形，直径1~2mm。病斑数量多时，可连成不规则的斑块。在嫩梢上病斑为梭形，稍隆起，黑褐色，长2~5mm；嫩梢木质化后，病斑常成为溃疡斑。

3. 发病规律

病菌分别以菌丝体、分生孢子盘和分生孢子在落叶中或1年生枝梢的病斑中越冬。越冬的分生孢子和第二年新生的分生孢子均可作为初侵染源。孢子随水滴飞溅或借风飘扬传播。分生孢子在9~28℃均可萌发，菌丝穿过表皮直接侵入叶片，也可通过气孔侵入。潜育期的长短取决于气温和树种的抗病程度。在I-214杨上，相对湿度80%，温度20~22℃时，潜育期6~8天。发病时期因地区、树种不同而异。毛白杨叶片完全展开后不久，若遇雨水即开始发病。多雨时发病重。苗圃低洼或排水不良，苗木密度过大，易发病。不同黑杨派无性系的抗病性有所差别，多酚氧化酶和过氧化物酶的活性能作为分析黑杨派无性系抗病程度的参考生理指标。

4. 防治方法

（1）选育和栽培抗病的优良品种，采用多品种合理配置，避免单一品种大面积纯林可能造成的病害流行。

（2）合理育苗密度，改善苗木的通风透光条件。杨树育苗地避免连作。

（3）药剂防治，在病菌初侵染之前，向苗木喷65%代森锰锌200倍液或0.5%的波尔多液，连续喷2~3次；6月，选择无风的傍晚，在郁闭度较高的林分内施放百菌清烟剂，用量15kg/hm^2，每隔10天1次，连续3次，有较好的防治作用。

（二）落叶松—杨锈病

杨树锈病主要由多种栅锈菌属（Melampsora）的真菌引起，不同栅锈菌对寄主植物的种类选择有明显的专化性。其中落叶松—杨锈病是杨树锈病中分布最广、寄主种类最多的病害，在国内的杨树栽培区广泛分布。落叶松—杨锈病在山东普遍发生，主要危害青杨派、黑杨派树种以及青杨派与黑杨派的派间杂种。苗木、幼树和大树都可被害，以苗期和幼树受害较重，因病造成提早落叶，影响苗木和林木的生长。

1. 病原

病原为落叶松—杨栅锈菌(*Melampsora laricis-populina* Kleb.)。

2. 症状

落叶松—杨锈病为转主寄生性病害。春季在落叶松针叶上先出现浅黄色小点，为病原菌的性孢子器。几天后对面生出半球形橘黄色的小疱，是病原菌的锈孢子器。在杨叶上，先在叶背面长出半球形橘黄色小疱，即夏孢子堆。晚夏，在叶正面长出稍隆起的不规则斑，暗褐色，是病原菌的冬孢子堆。病重叶片冬孢子堆连结成片，甚至布满整个叶面。

3. 发病规律

落叶松—杨栅锈菌属于转主寄生菌。春季，落叶松病叶上的冬孢子遇水萌发，产生担孢子。担孢子随风传到落叶松上，萌发后穿透叶表皮侵入，7~12天长出性孢子器，随后长出锈孢子器。锈孢子不再侵染落叶松，借风飞落到杨叶上，萌发后从气孔或穿透表皮侵入叶片，5~8天后长出夏孢子堆，夏孢子可重复产生，重复侵染。晚夏，长出冬孢子堆，冬孢子随杨叶落地越冬。病原菌萌发的最适温度，冬孢子为13~18℃，担孢子和锈孢子为15~18℃，夏孢子为18~20℃。在不同温度下，发芽率、芽管长势均有差异。夏孢子的存活力和致病性在干燥的情况下可达10个月，部分夏孢子在越冬后仍有致病力。因此，在山东的平原地区，即使没有转主寄主落叶松，该菌也能以夏孢子逐年连续危害杨树。

4. 防治方法

(1)选用抗病杨树品种，欧美杨、美洲黑杨及毛白杨的一些优良品种对锈病具有较强的抗病力。

(2)杨树修枝，林下除草，改善通风透光条件。

(3)清除越冬病叶，减少侵染源。

(4)发病期喷药防治。对锈病防治效果较好的药剂为1∶1∶100波尔多液、波美0.5°石硫合剂、50%代森铵200倍液、敌锈钠200倍液、25%粉锈宁800倍液等。

使用部分杀菌剂进行落叶松—杨栅锈菌田间防治试验，在林间杨叶锈病发病后，使用40%氟硅唑乳油6000倍液、43%戊唑醇悬浮剂4000倍液、45%咪鲜胺水乳剂1500倍液、40%苯醚甲环唑悬浮剂3000倍液、40%嘧菌酯悬浮剂2500倍液喷雾处理，间隔10天，用药2次，使叶片背面均匀受药，第2次喷药后12天防治效果达到92%~96%，可以控制该病为害(刘宝生等，2015)。

(三)杨树白粉病

杨树白粉病广泛分布于我国栽培杨树的地区。山东各地普遍发生。为害黑杨派、白杨派、青杨派的多种杨树的叶，发病叶片提早脱落。白粉病主要为害苗木和幼树，大树发病较少。

1. 病原

白粉病由子囊菌门白粉菌目的真菌引起。引起杨树白粉病的有2种白粉菌：球针壳属的杨球针壳（*Phyllactinia populi*（Jacz.）Yu）和钩丝壳属的钩状钩丝壳（*Uncinula adunca*（Wallr.）Lév.，异名 *U. salicis*（DC.）Wint.）。

2. 症状

发生在杨树叶上的白粉病有两种类型：一是白粉层和闭囊壳主要产生在叶片表面，二是白粉层和闭囊壳主要产生在叶片背面。

叶片发病期，叶表面或叶背面出现淡黄色褪绿斑；随后形成厚薄不等的白粉层，是病菌的菌丝体、分生孢子梗和分生孢子。秋季，在白粉层中生出很多初为黄白色、渐变为黄褐色、最后为黑褐色的小粒点，即病菌的闭囊壳。病害严重时，也危害苗木的嫩梢。

3. 发病规律

病菌以闭囊壳在落叶上越冬。翌年春季，子囊孢子成熟后成为初侵染来源。病害多自夏季发生，秋季发病较多。病菌能以分生孢子进行多次再侵染。病菌生活的适宜温度为 11~28℃。苗木密度大，透光差，发病重；秋季苗木徒长，枝叶幼嫩，发病严重。

4. 防治方法

（1）合理育苗密度，增加透光；秋季合理灌溉施肥，防止苗木徒长；可减轻发病。

（2）冬季清除病落叶，集中烧毁，减少侵染来源。

（3）发病期喷药防治，可选用 1∶1∶100 波尔多液，0.3°Be 的石硫合剂，70%甲基托布津 1000 倍液，75%百菌清 600 倍液，65%代森锌 600 倍液。

（四）杨树花叶病

杨树花叶病是一种世界性病害，广泛分布于欧洲、北美洲及亚洲的许多地区。20 世纪 70 年代我国从国外引种杨树新品种时传入境内。国内分布于华中、华北的部分省（市）。山东于 1984 年后在兖州、泰安、莒县等地发现零星分布。

1. 病原

杨树花叶病毒（PMV），属于麝香石竹潜隐病毒属（*Carlavirus*）。病毒粒子呈略弯曲的线状，长度为 600~1000nm，宽 10~14nm。

2. 症状

受害叶片初生褪绿小点，进而变为不规则黄绿花斑，常沿小叶脉分布，叶脉呈半透明状，随高温有隐症现象。有些杨树无性系病叶发皱、变厚、变硬、变小，甚至畸形。有的叶脉和叶柄上有紫红色坏死斑，病斑中心组织枯死。

3. 发病规律

杨树花叶病毒在生产中主要是随着带病毒的插条传播，也可以通过嫁接传染。目前已知杨树花粉、种子不带病毒。杨黑粉毛蚜和桃蚜不传病，菟丝子也不传病，是否有其他昆虫传播尚待研究。

杨树不同品种的感病性有差异，I-69 杨、I-72 杨易感病，I-214 杨、107 号杨等较抗病。不同树龄发病状况不同，苗木、幼树发病重，大树的症状则不明显。

4. 防治方法

（1）严格检疫，防止蔓延扩展。

(2) 选育抗病杨树品种，淘汰易感病的品系。

(3) 选用无病种条作繁殖材料，苗圃中发现病株及时清除，减少侵染源。

(4) 在发病率较高的地区，当杨树苗木或幼树放叶后，喷洒 0.3% 硫酸锌溶液 1 次，25 天后再喷 1 次，可有效降低发病率和病情指数，可使花叶症状较轻的叶片转绿。

(五) 杨树溃疡病

该病又称杨树水泡型溃疡病。在我国华北、西北、华东、东北地区均有发生。山东杨树栽培区普遍发生，危害多种杨树，发病林分病株率一般 30% 左右，发病严重的林分病株率高达 80% 以上。新栽幼林遇到干旱时，发病率高。如在一段树干上数十或数百个病斑密集，导致林木生长衰弱，生长量下降，甚至全株枯死。

1. 病原

病原菌为葡萄座腔菌 (*Botryosphaeria dothidea* (Moug.) Ces. et De Not.)，属子囊菌门、葡萄座腔菌目、葡萄座腔菌属真菌。其无性型为聚生小穴壳菌 (*Dothiorella gregaria* Sacc.)。山东常见其无性阶段，有性阶段较少出现。

2. 症状

该病多发生在杨树树干中下部，严重时也扩展到树干上部和枝条。依病害发生特点和病斑形状，杨树溃疡病的症状主要有 3 种类型。

(1) 水泡型　为杨树溃疡病的典型症状，出现于光皮杨树品种的树干和大枝上。发病初期在皮孔附近出现水泡型病斑，圆形或椭圆形，直径 0.5~1.5cm，泡内充满树液。随后水泡破裂，流出淡褐色液体，有腥臭味，遇空气氧化成赤褐色，并把病斑周围染成黑褐色。再后病部干缩下陷，形成一枯斑，中央有一纵裂缝。有些病斑第二年可以扩大，后期病斑上有黑色针头状小点，即病菌的子实体，子实体稀疏，子座呈筒形或锥形，分生孢子角白色、丝状。严重受害的树木，树皮上病斑累累，病疤密集，相互连接，使树木养分不能输送，导致树木逐渐死亡。

(2) 浸润斑型　多出现在粗皮杨树品种的树干上。通常不产生水泡，而是产生小型局部的浸润坏死斑，稍隆起，手压有柔软感；后干缩成微陷的圆斑，黑褐色。春季出现的病斑，5 月下旬后产生许多黑色小点，即病菌的分生孢子器。秋季形成的病斑，分生孢子器往往至次年才形成。病斑下的皮层变褐色坏死，其范围大于病斑表面。

(3) 枯梢型　枝条上的症状多为条斑，下陷明显。当病斑横向扩展围绕枝条一周时，就形成了枯梢。在新植幼树上发生普遍。

3. 发病规律

1990~1994 年，在山东潍坊地区，每年 4 月中旬开始发病，5 月上旬至 6 月上旬为发病高峰期，7~8 月病势减弱，9 月出现第 2 次发病高峰，但不如第 1 次严重，10 月下旬后很少出现新病斑。病菌以菌丝体和子实体在病斑内越冬。越冬病斑内产生分生孢子器和分生孢子，成为当年侵染的主要来源。病菌主要由伤口侵入，潜育期约 10~30 天。由于分生孢子成熟时期不同，成活期又长达 2~3 个月，且孢子萌发对温度适应性强，因此长期存在具侵染力的孢子。但病害的发生却不是连续的，而是呈现春—夏、夏—秋两个高峰期。病害的发生流行与杨树品种、立地条件、营林管理水平等因子密切相关。不同杨树种类对溃疡病的抗性有明显差异，白杨派树种抗病，黑杨派树种抗性中等，而多数青杨派树种及其杂种感病。不同杨树品种的树皮含水量与发病程度有关，树皮含水量高的品种，比较抗病。树皮中过氧化物酶和酯酶同功酶活性高的杨树品种，对羟基苯甲酸和邻苯二酚等酚类物质含量高的杨树品种，其抗病性较强。

4. 防治方法

（1）选用抗病的杨树优良品种。

（2）加强苗木栽培管理，培育健壮苗木。秋季（9月初）对来年要出圃的苗木用70%的甲基托布津600倍液普遍喷雾一次，以减少苗木带菌量。

（3）早春苗木出圃后，严格剔除有病斑的苗木。尽量缩短运输和假植时间，保持苗木水分，并避免机械损伤。

（4）选择适宜的造林地，大穴整地，灌足底水。栽植前可浸泡苗木，栽植时剪去苗木梢头及侧枝，栽后及时灌水。造林后加强幼林的抚育管理，增强树势。

（5）发病期（4月上旬至6月中旬），可用药剂适时涂刷树干，有效药剂有70%多菌灵、50%退菌特、50%福美砷、70%代森锰锌、70%甲基托布津的100倍液，连续涂刷3次。

（6）四旁植树应于初冬用涂白剂涂白，以防冻害及日灼。

（六）杨树腐烂病

又称杨树烂皮病，主要分布在我国东北、西北、华北、华中地区。山东杨树栽培区均有发生，是杨树用材林、防护林及城乡绿化树的常见病害，发病林分的病株率一般在30%左右，发病严重地段病株率达60%以上，病树干腐和枝条枯死，可引起大片杨树林的死亡。

1. 病原

病原菌为污黑腐皮壳菌（*Valsa sordida* Nits.），属子囊菌门、间座壳目、黑腐皮壳属。其无性型较常见，为金黄壳囊孢菌（*Cytospora chrysosperma*（Pers.）Fr.）。

2. 症状

该病主要发生在杨树主干、大枝的皮部。发病初期，皮部出现暗褐色水渍状病斑，呈不规则隆起，较软，剥开皮则有淡酒糟味。病斑逐渐失水，随之干缩下陷，甚至产生龟裂，皮下形成层腐烂，木质部表面出现褐色区。病皮不断扩大，纵向发展较横向快。在凹陷的病皮，出现许多小黑丘疹状物，即病菌的分生孢子器。湿度适宜时，由黑丘顶端挤出乳白色浆状物，并逐渐变为橘黄色细长的卷须，即病菌的分生孢子角。病皮极易与木质部剥离，病斑环树干一周时，其以上部分枯死。小枝发病时无明显的病斑，也无卷须状的孢子角，但可见病菌的分生孢子器。

3. 发病规律

病菌在病组织内常年存活。以菌丝体、分生孢子器或子囊壳在病组织内越冬。4~9月形成分生孢子，5~6月分生孢子的产生量最多。分生孢子角在潮湿天气或雨后增多，孢子角借雨水溶开后，孢子可随风、雨、昆虫、鸟类传播。孢子萌发后通过各种伤口侵入，潜育期6~10天。病菌生长温度4~35℃，最适温度为25℃。子囊孢子6~9月形成，7月中下旬产生量最多。该病于4月上旬开始发病,5~6月是盛发期,7~8月病势缓和,10月停止发展。该病的发生与杨树品种、立地条件以及冻害、日灼伤、机械损伤、虫害、旱害等密切相关。

4. 防治方法

(1) 营林技术措施　采用良好的营林技术,保持树木旺盛生长,是防治杨树腐烂病的基本措施。选用抗逆性强的杨树优良品种,较抗旱、抗冻、抗虫及耐盐的杨树品种一般比较抗病。适地适树,避免在土壤瘠薄和低洼、盐碱地带栽植杨树。加强抚育管理,合理灌溉、施肥、除草等措施有利于增强树势,减轻发病程度。合理修枝,减少修剪伤口,避免在夏季病菌孢子飞散期修枝。初冬对树干涂白,减少冻害和日灼伤害。

(2) 药剂治疗　对于发病树木可用化学药剂涂树干,较大的病斑要刮掉病皮再涂药剂。有效药剂有福美砷、代森锰锌、多菌灵、退菌特、5°Be石硫合剂、波尔多液等。

(七) 杨树大斑溃疡病

该病在欧洲的大多数国家有分布。我国于1978年在南京首次发现,此后华中、华北、东北多省(自治区)相继报道。山东于20世纪80年代初在莱西、胶州发现,以后在即墨、胶南、昌邑、坊子、诸城、五莲、新泰等地也有发生。可危害多种杨树,主要危害杨树的主干及枝条,能引起干部溃疡和枝枯,幼树受害后易死亡。1990年在坊子区调查发生该病的杨树林分,发病率36%,死亡率6.2%。

1. 病原

病原为无性型菌杨盘孢菌(*Discosporium populea* (Sacc.) B. Sutton,异名 *Dothichiza populea* Sacc. et Briard)。其有性型为杨隐孢间座壳菌(*Cryptodiaporthe populea* (Sacc.) Butin.),我国尚未发现。

2. 症状

病原菌大多从皮孔、叶痕、修枝切口或枝杈处侵入,以此为中心形成病斑向周围扩展。病斑初期呈水渍状,黄褐色,逐渐变至黑褐色。在树干上病斑呈梭形、椭圆形或不规则形。病斑大小不一,大多为3~5cm,最大者可达20cm以上。病斑上生出许多扁圆形突起的小点,即病菌的分生孢子器,典型的呈同心环状排列。潮湿时露出乳白色短柱状的分生孢子角,逐渐变成黑褐色。当病斑环绕树木的干、枝一周时,其以上部分随即枯死。

3. 发病规律

病原菌以菌丝体和分生孢子器在病树皮内越冬。翌年4月中旬,在病斑处可见产生的分生孢子器,遇雨释放出分生孢子。分生孢子借风、雨及昆虫携带传播。正常年份4月中旬开始发病,5~6月为发病盛期,7~8月病势减缓,9月又可见新的病斑出现,10月以后停止扩展。

该病发生流行的关键因子是杨树品种的抗病程度和杨树体内的水分状况,I-69杨、I-72杨、107号杨比较抗病,树皮水分充足时不易感病。其他因素还包括杨树皮的光滑程度、树干的阴阳面和营林措施等。一般光皮品种的感病程度重于粗皮品种,粗皮的木栓化程度较高,病菌不易侵入。日灼伤口有利于病菌的侵入。树干阳面的病斑数多于阴面。

4. 防治方法

该病是山东省森林植物检疫对象，严禁疫区的带病苗木运入无病地区。加强苗木和林分的抚育管理，提高树木的生长势。具体防治措施可参照杨树溃疡病的防治方法。

(八) 欧美杨细菌性溃疡病

2006年5月菏泽市新发现一种杨树细菌性溃疡病，是危害杨树枝干的毁灭性病害。发病多集中在片林中，林网、四旁树也有不同程度的发生。2~20年生的苗木、幼林和成林均可侵染发病。感病的杨树品种主要有中林46杨、中菏1号杨、107号杨等，以中林46杨受害最重。

1. 病原

由 *Lonsdalea quercina* subsp. *populi* 细菌引起。属于变形菌门（Proteobacteria）、肠杆菌目（Enterobacteriales）、肠杆菌科（Enterobacteriaceae）、*Lonsdalea* 属细菌。

2. 症状

受害树木在枝干上出现肿胀溃疡，皮层腐烂，致使生长衰弱，树干畸形，木材变色，溃烂严重时可造成树干风折，甚至全株死亡。发病部位以主干上部及大枝居多，其他部位也有发生。

该病危害杨树枝干的皮部，以背阴面居多，树皮光滑部位发病较多。表现为主干与大枝部位的溃疡腐烂和小枝与幼干部位的肿胀溃疡两种类型。

（1）溃疡腐烂型　主要发生在杨树主干及大枝部位。发病初期枝干皮层中产生小裂缝，从裂缝中流出乳白色至橘黄色黏液；发病中期随着病情的发展，黏液变成棕褐色，流至伤口处产生溃疡；之后皮层腐烂，产生乳白色浆状物，逐渐变成黄褐色，黏液可沿树干流至地面。发病部位腐烂发酵，树皮和形成层腐烂呈脓状，产生酒糟酸臭味，严重时弥漫整个林间，招引苍蝇、蓟马、隐翅虫、步甲等昆虫在腐烂部位滋生繁衍，加速了病害在林间的扩展蔓延。

病害发展至后期，随着枝干生长，病枝伤口反复愈合和扩大，形成不规则溃疡腐烂斑，最长可达200cm，与主干平行，纵裂，边缘有隆起，病情严重的树皮变成黑褐色；木质部外露，变成红褐色至灰褐色，木材腐朽；树皮失水风干后干瘪下陷，揭开树皮成瓦片状。溃疡斑可分散环绕主干和大枝，导致主干和大枝死亡，甚至全株死亡。

（2）肿胀溃疡型　病害发生在小枝与幼干上，表现为肿胀溃疡。初期形成椭圆形、光滑、黄豆粒大小的瘤，逐渐增大，形成明显肿瘤，表面粗糙，然后纵向开裂，颜色由浅黄绿色变成灰绿色。继续发展后，肿瘤可环绕枝干一周，形成一个梭形瘤或长圆柱形瘤。有的肿瘤斑块渐渐失水，随之干缩下陷，甚至产生龟裂。在下陷的病皮上，遇雨或湿度过大时，由瘤状物裂隙渗出乳白色浆状物，并逐渐变为黄褐色。病害发展到后期，肿瘤不断形成，伤口不断扩大而不能愈合，进而形成溃疡；随着树木生长，病斑纵向开裂使木材暴露，周围被隆起的愈伤组织包围。剥开皮可见皮下形成层腐烂，木质部变色、开裂；病害发生严重时，中心腐烂，有时枝干被溃疡环绕一周而枯死，形成枯枝。该症状主要表现在中菏1号杨上。

3. 发病规律

病菌在杨树病株病皮和木质部导管内潜伏越冬，翌年春天潮湿多雨时，病菌开始活动，并从裂缝中流出病菌黏液蔓延。病菌的传播借助于雨水、风、昆虫、鸟类和人为活动，通过杨树皮孔、叶痕、芽鳞痕和各种伤口侵入。传媒昆虫有蝽象 *Halyomorpha* sp.、斑衣蜡蝉 *Lycorma delicatula*、白星花金龟 *Protaetia brevitarsis* 等。自 4 月初树液流动后开始发病，7~8 月高温高湿季节是发病盛期，9 月中旬以后发病缓慢，10 月下旬基本停止扩展。发病杨树产生的黏液是病害的重要侵染源。一个发病点从开始表现症状到停止发病，一般 1~2 个月，个别长达 3 个月以上。

病害发生主要取决于杨树品种的分布和环境条件。感病品种的分布为发病的重要条件，中林 46 杨为高度感病品种，中菏 1 号杨、107 号、L35 杨、I-69 杨发病较轻。气候因素、土壤状况、抚育管理等均影响病害的发生。潮湿、多雨的气候有利于病害的发展。土壤黏重、低洼积水，林分密度过大、抚育管理粗放，有利于病害的发生。

4. 防治方法

（1）在造林品种选择上，应控制易感病品种的栽植。对感病严重的树木应及时伐除。

（2）加强林间传媒昆虫的防治，可减轻病害的发生。

（3）发病初期药剂防治，可使用 80% 波尔多液、30% 乙蒜素乳油、1.8% 辛菌胺醋酸盐水剂，刮皮涂抹或枝干喷雾。

（九）毛白杨破腹病

该病在我国东北、华北、西北毛白杨栽植区均有报道，山东境内毛白杨栽植区均有发生。此病主要发生在毛白杨上，银白杨、青杨、小叶杨等树皮较光滑的其他杨树上也有发生。受害树木生长衰退，材质受损。

1. 病原

此病为生理性病害，主要因受冻及昼夜温差大而引起。风力摇动也对破腹起到一定作用。

2. 症状

主要发生在 3 年生以上树木的树干下部。发病初期，树干皮层出现纵向裂缝，深达木质部。多数受害树有 1 条纵裂，少有 2 条纵裂。随着树干粗生长的增加，裂缝加宽，树液不断从裂缝中流出，初为黄白色，后变为带奇臭味的红褐色黏液。有的裂缝逐渐愈合，翌年继续流出黏液，伤口溃烂，导致红心病，也容易引起烂皮病。有时树干裂缝可自树干基部达到树干中部。

3. 发病规律

病害多发生在 12 月至翌年 2 月间。多发生在树干向阳面，白天太阳照射树干温度升高，夜间气温迅速下降，树皮冷缩产生拉力使树干纵向开裂。当昼夜温差大于 15℃，风速大于 6m/s 时，易出现破腹。向阳坡、山谷中，林缘及散生树木发病较重。

4. 防治方法

可在冬季包裹树干下部，或在树干上用涂白剂涂白，均有一定预防效果。早春可对伤口用刀修平，有利于愈合。

石灰硫黄涂白剂的有效成分比例：生石灰10kg、硫黄1kg、食盐0.2kg、动(植)物油0.2kg、热水40kg。配料中的生石灰要求色白、质轻、无杂质，硫黄粉越细越好，最好再加一些中性洗衣粉，约占水重的0.2%~0.3%。配制方法：先用40~50℃的热水将硫黄粉与食盐分别浸泡溶化，并在硫黄粉液里加入洗衣粉；然后将生石灰慢慢放入80~90℃的开水中，慢慢搅动，充分溶化；将石灰乳和硫黄粉液加水充分混合，再加入盐和油脂充分搅匀即成。使用时，可先剪除林木的病枝、弱枝及过密枝，然后树干涂白，涂白部位主要在离地1~1.5m以下。

(十)杨树立木腐朽

国内杨树栽植区广泛分布，山东各地普遍发生。发生在杨、柳、榆等阔叶树上，在城乡的杨、柳行道树上更为常见。

1. 病原

病原为特罗格粗毛盖菌(*Funalia trogii* (Berk.) Bonol. et Sing.)，属担子菌门、非褶菌目、粗毛盖菌属。子实体1年生，无柄，单个或群生，基部紧贴枝干，新鲜时为木栓质，干燥后为木质。

2. 症状

受侵染树木的树干和大枝边材白色腐朽，木腐菌子实体单生或多个叠生于伤口处。树干生有子实体的那一面生长缓慢，故使树干变扁，如遇风易折断。

3. 发病规律

该病菌子实体于夏、秋之交散放担孢子，借风力传播。遇树木伤口时，孢子萌发生出的芽管便向木质部侵染，腐朽的枝干外部长出子实体。病害的发生与树木的冻伤、日灼及虫蛀等因素有关。杨、柳行道树中机械损伤的立木，易发生这类腐朽。

4. 防治方法

(1)营建杨树林时，可适当加大初植密度，或间作适宜作物，减少冻害与日灼的发生。

(2)成林后适期抚育，除去病腐木。行道树宜涂白，防止冻伤和日灼。

(3)对杨树上的各种伤口涂环烷酸铜、煤焦油等防腐剂，防止木腐菌的侵染。

(十一)紫纹羽病

又称紫色根腐病。该病在我国的东北、西北、华北、华中、华南、西南的部分省(自治区、直辖市)有分布，以华北地区最重。多发生在杨树苗木，幼树和大树也可受害。发病后根皮腐烂，生长衰弱，严重者可枯死。除危害杨树外，还有多种寄主植物。

1. 病原

为紫卷担子菌(*Helicobasidium purpureum* (Tul.) Pat.，异名：*Helicobasidium brebissonii* (Desm.) Donk)，属担子菌门、卷担菌目、卷担子属。营养菌丝在树皮内生长，壁薄；生殖菌丝生于树皮外，紫红色，担子果平铺，松软毡状，紫褐色，子实层表面淡红紫色。无性型为紫纹羽丝核菌(*Rhizoctonia crocorum* (Pers.) DC.)。多在不良条件下产生菌核，直径约1mm，紫色。

2. 症状

该病原菌侵入杨树的主根和侧根后，受害根表皮形成黄色不规则病斑，内部皮层变为褐色，然后变黑；严重时病根皮层腐烂，木质部腐朽，树皮呈鞘状套于根外，皮层易脱落。后期在其树根和树干基部表面被有紫色茸毛毡状菌丝层，有紫色线状菌索和小突起状菌核。病组织有蘑菇味。在土壤持水量大的情况下，可看到其树干基部紫红色菌丝明显增多。

杨树感染紫纹羽病后，其枝梢细弱，叶片变小、呈黄色，枝条节间缩短，顶梢生长慢或停止生长，树势衰弱，生长量明显降低；苗木和幼树感病后3个月即可死亡；大树感病后，局部树冠树干枯死或全株枯死。

3. 发病规律

紫纹羽病是一种土壤传播的病害。病原菌以菌核和菌索在病树根部和土壤内越冬。发病季节可通过病根、健根相互接触传染，菌索延伸传播，也可随流水或苗木调运作远距离传播，有明显的发病中心。3~10月，在杨树林内不断有病树出现，病害以病株为中心逐渐向周围扩展蔓延。3月下旬至4月、8月下旬至9月是病树树干基部紫色菌毡显现的高峰期，夏季症状不明显。杨树林地土壤为砂土、砂壤土，适于紫纹羽病的发生；地势低洼，积水、潮湿的林地利于该病害的流行。在河堤和水渠边的林地，地势高，常年不积水，为沙地，仍会发生紫纹羽病。

4. 防治方法

（1）育苗措施　杨树育苗选在无病和排水良好的地方。苗木出圃时严格检查，剔除病苗。重病地块可用禾本科植物轮作3年以上。

（2）药剂防治　①可用多菌灵 $5 \sim 10 g/m^2$ 土壤消毒。②40%福美砷WP100倍液、14.5%多效灵WP100倍液和70%甲基托布津WP100倍液灌根后作晾根处理，防治效果在66.7%~74%，其病情指数从防治前的25%~30%下降到防治后的11.7%~15.0%。其中以用40%福美砷WP100倍液灌根后晾根的防治效果最好，该药剂成本低廉，适于在生产中推广。而用该种浓度的药液灌根后立刻封土的，防治效果较差（赵桂华等，2010）。

（十二）根癌病

又名冠瘿病。世界各地普遍发生，我国分布广泛，山东各地均有发生。从苗木到大树均可受害，当发病严重时，根颈和主干上的病瘤环树干一周，严重影响树木的生长，引起枝枯，甚至整株死亡。毛白杨等受害较严重。

1. 病原

病原为根癌土壤杆菌（*Agrobacterium tumefaciens*（Smith. et Towns.）Conn.），属薄壁菌门、根瘤菌科、土壤杆菌属细菌。好气性，发育的适温为22℃，致死温度50~52℃，酸碱度以pH7.3为最适宜。

2. 症状

病害主要发生在主根、侧根或根颈处，形成瘿瘤，干部也可发生。瘿瘤形成初期呈灰白色或肉色，质地柔软，表面光滑。后渐变成褐色，质地坚硬，形状、大小不等，大者达几十厘米，瘤内组织紊乱，表面粗糙并龟裂。

3. 发病规律

此菌是土壤习居菌。在病瘤内或寄主的残体中可生活1年以上,若2年内得不到侵染机会,即失去致病力或生活力。如不伴随寄主组织进入土壤,只能生活更短时间。病菌由流水、种条、嫁接及地下害虫等传播。病菌能通过维管束系统在植株体内移动,因此可在树干、枝上见到病瘤。偏碱性和湿度大的土壤易发生病害。

4. 防治方法

(1) 苗圃地可用硫黄粉、硫酸亚铁或漂白粉($75kg/hm^2$)作土壤消毒。

(2) 禁止带病苗木出圃,对可疑的苗木用1%硫酸铜浸根5min,冲洗后栽植。嫁接时选用无病苗木,用具在5%高锰酸钾或75%酒精中消毒。

(3) 用放射状土壤杆菌(*Agrobacterium radiobacter*)的生物变种K84菌液浸根,可预防根癌病。

(4) 对发病重的苗圃,用不感病的树种或农作物轮作2年以上,可使病原菌失去活力。

四、杨树主要枝干病害发生流行规律与防治技术研究

杨树是山东用材林、农田防护林和四旁绿化的主要造林树种。20世纪80年代以来,部分地区杨树枝干病害危害严重,致使林木长势衰弱,甚至死亡,造成重大损失。20世纪90年代,山东省林业科学研究所对山东杨树主要枝干病害的分布、危害、病害种类、病原、病害发生流行规律和防治技术等进行了研究。研究表明:山东境内杨树枝干病害主要有杨树溃疡病、杨树腐烂病和杨树大斑溃疡病。杨树枝干病害的发病与杨树品种、立地条件、气象因子、营林措施等因素有关。不同杨树品种树皮中某些酶的活性和某些酚类物质含量与抗病性有关。研究提出了选育抗病杨树品种、提高苗木质量、加强杨树林木的营林措施、适时药物防治等项防治技术。

(一) 山东杨树主要枝干病害的种类与危害

1. 调查研究方法

在山东主要杨树栽培区对杨树枝干病害的发生危害进行调查,统计病株率并按照分级标准计算感病指数。在试验林内定点定期观察杨树溃疡病的发生和发展情况,进行症状描述。采集杨树病害样品,室内镜检、分离培养、接种试验,鉴定病害种类。感病指数按下列公式计算:

$$感病指数 = \frac{\sum(病级株数 \times 病级代表数值)}{总株数 \times 最高一级代表数值} \times 100$$

2. 种类、分布与危害

经对山东各地采集的杨树枝干病害样品进行镜检、分离培养、接种试验,共鉴定出8种病原菌:聚生小穴壳菌(*Dothiorella gregaria* Sacc.)(引起杨树溃疡病),金黄壳囊孢菌(*Cytospora chrysosperma* (pers.) Fr.)(引起杨树腐烂病),杨痒壳孢菌(*Dothichiza populea* Sacc. et Briard.)(引起杨树大斑溃疡病),杨拟茎点霉(*Phomopsis* sp.),杨小壳囊孢菌(*Sytosporella* sp.),杨大茎点菌(*Macrophoma* sp.),杨孢霉(*Dendrophoma* sp.),杨球色二孢菌(*Botryodiplo-*

dia sp.)。在上述 8 种病原菌引起的病害中，杨树溃疡病和杨树腐烂病在山东杨树栽培区均有分布，杨树大斑溃疡病分布于青岛和潍坊等 20 余个县市。以上 3 种杨树枝干病害危害严重，一般病株率 10%～30%，发病严重林地高达 80% 以上，并能造成林木大面积死亡；1990 年青岛和潍坊两市杨树用材林因这 3 种病害危害而死亡面积占杨树用材林总面积的 10% 左右。后 5 种病原菌引起的枝干病害常与上述 3 种病害混合发生，尚未造成严重危害。

3. 3 种主要杨树枝干病害的症状

杨树溃疡病发生在杨树树干和侧枝上，一般形成大小不同的溃疡斑。在光皮杨树上表现出典型的水泡溃疡症状，随后水泡破裂，流出棕褐色液体，水泡失水凹陷，产生圆形或椭圆形的病斑。粗皮树种在感病枝干的皮孔周围呈现褐色的浸润斑，不形成水泡，5～6 月病斑上出现黑色子实体。

杨树腐烂病在杨树上表现干腐和枝枯症状。重病的树皮层腐烂，易与木质部剥离。病皮组织常呈黄灰色，密布针头状凸起小黑点，即分生孢子器。3 月上、中旬可见到橘黄色分生孢子角自分生孢子器孔口溢出。

杨树大斑溃疡病的溃疡斑大多从皮孔、叶痕、修枝切口或枝杈处开始发生，以病枝条的基部或叶痕、皮孔为中心向周围扩展。在树干上病斑呈梭形、椭圆形或不规则形的大病斑，病斑颜色较暗，病部与健部交界明显。病斑产生后不久即现出灰黑色扁圆形凸起的分生孢子器，较之 *Cytospora chrysosperma* 和 *Dothiorella gregaria* 的子实体明显大而稀疏，空气湿度大时，大量分生孢子突破表皮产生短柱状褐色至黑色分生孢子角。

(二) 3 种杨树枝干病害病原菌的致病性

采用 3 种病原菌的菌丝块、分生孢子器、分生孢子角和孢子悬浮液(每视野 50～100 个)，采用烫伤、刀伤、环剥伤和注射器接种等方法进行致病性试验，以刀伤不接种为对照。室内接种的材料，选用山东省林业科学研究所院内杨树试验林 10 个无性系的健康枝条；室外接种，在上述试验林内进行；1991 年和 1992 年的 3～11 月共接种 27 次。

3 种病原菌，无论是室内、室外采用不同方法接种，均能使植株(接种段)发病，并长出典型病斑及子实体，经再分离，获得原分离菌种。3 种病原菌在试验林内 10 个杨树无性系林木上接种，采用烫伤、刀伤均可发病，但发病程度不同。在水浇条件下，经接种 *Dothichiza populea*，仅秋季有轻度感病；只有在干旱或经过冬季低温休眠阶段，树体抗逆性减弱条件下，该病菌才表现出较强的致病力。*Cytospora chrysosperma* 和 *Dothiorella gregaria* 在灌水与不灌水条件下，人工接种均有较强的致病力，但致病仅限伤口，并不向纵横扩展。表明 3 种杨树病原菌均属寄生性弱、腐生性强的兼性腐生菌，但三者致病性强弱有一定差异。3 种杨树病原菌均需在有伤口的情况下致病。在同一条件下，其致病力强弱依次为 *Cytospora chrysosperma*，3～11 月平均发病率为 77.87%；*Dothiorella gregaria*，3～11 月平均发病率为 55.35%；*Dothichiza populea*，3～11 月平均发病率为 32.48%。

(三) 3 种杨树枝干病害发生发展规律

1. 研究方法

在潍坊市坊子区和山东省林业科学研究所大院内试验林中定点，自病害开始发生时起，定期观察杨树溃疡病的发生情况,确定病害的发生时期。在发病季节,多点调查杨树不同品种的发病率和感病程度。查阅坊子区历年年降水量,与试验林内发病情况比较,确定病害发生与降水量的关系。

2. 发病时期

3种杨树枝干病害发病与林木生长季节、树势密切相关。3~4月杨树经越冬休眠后,生长较缓慢,人工接种的3种病菌均有较强的致病力。5月树木进入生长盛期,抗逆性增强,发病逐渐减轻。一年中出现两个发病高峰,但这两个发病高峰出现的时间在不同地区有所差异。在潍坊地区,4月上旬,随着温度的回升,杨树开始萌动生长,越冬病原菌也开始活动,一般4月下旬、5月上旬可见病斑出现,5月下旬为第1次发病高峰;6~7月雨水较多,林木又正值生长季节,树势旺,病斑数量逐渐减少;至8月上旬雨季过后,病斑数量逐渐增多,出现第2次发病高峰,但不如第1次严重。9月中旬以后,随着气温的降低,病势减缓;11月至翌年3月,病害停止发生发展,病菌进入越冬阶段。

3. 发生发展的相关因子

(1) 发病与杨树品种的关系　在立地条件、管理水平一致的情况下,杨树不同品种的发病程度明显不同。在坊子区木四村杨树试验林中,经4年测定,8个杨树品种中I-69杨、I-72杨和毛白杨感病指数低,803号杨感病指数高,中林23杨、中林28杨、中林46杨和288-379杨介于中间类型。莱西县朴木乡前屯7年生杨树用材林,6个杨树品种受杨树溃疡病的危害有较大差异,I-69杨和I-45杨感病指数最低,健杨和八里庄杨感病指数最高。昌邑县柳疃镇长胡同6年生杨树用材林,4个杨树品种受大斑溃疡病的危害程度也显著不同,健杨发病最重,I-69杨感病最轻(表5-2-1)。

不同杨树品种的树皮光滑程度与杨树溃疡病的发病有密切关系。一般木栓化程度高的粗皮品种,如I-69杨、I-45杨等感病程度较低。而树皮光滑的品种,如八里庄杨、健杨、803号杨等感病程度较高。

表5-2-1　不同杨树品种的发病情况(1990年4~5月)

地点	病害类型	杨树品种	胸径(cm)	调查株数	发病株数	发病率(%)	感病指数
昌邑县柳疃镇长胡同	杨树大斑溃疡病	健杨	11.5	100	92	92.0	37.3
		I-45杨	13.0	157	12	7.3	7.6
		I-214杨	13.0	126	42	33.3	10.9
		I-69杨	15.0	93	6	6.5	1.6
莱西县朴木乡前屯	杨树溃疡病	沙兰杨	10.0	42	19	45.2	11.3
		I-214杨	11.0	53	13	22.8	6.1
		I-45杨	12.5	63	8	12.7	3.2
		I-69杨	13.5	68	5	7.4	1.8
		八里庄杨	10.5	57	28	19.1	12.3
		健杨	10.0	72	38	52.8	13.2

(2) 发病与立地条件的关系　不同立地条件，杨树受害程度明显不同。如坊子区眉村镇、穆村镇的杨树林大多栽植于潍河滩上，土质为砂土，保水力较低，杨树溃疡病发生严重。而诸城市吕标乡善士村的杨树林，土质为壤土，比较肥沃，仅轻度发生杨树溃疡病。滕州市洪绪乡西赵沟村的杨树林，在土质为黑黏土的地段，杨树腐烂病发生严重，已死亡近20%；而在1m以下有砂层、土质较好的地段，虽然病害也较重，但未发现树木死亡。

(3) 发病与气象因子的关系　3种病害的消长规律与气象因子有相关性，尤其与降雨量和湿度关系密切。在潍坊地区，一年之中如2~4月干旱，4月下旬开始发病，5月下旬为发病高峰；6~7月雨水增多，树势强，病斑减少；8月上旬雨季过后，病斑数量又增多。不同年度的年降雨量与病害的发生程度呈负相关。对潍坊市坊子区1988~1994年的年降雨量与病害的发生情况进行比较分析，发现年降雨量越少，发病越严重。1988年、1989年降雨量分别为343.4mm和297.6mm，持续干旱，坊子区的杨树用材林大面积发病，在调查的600hm²杨树用材林中，发病面积占80%，死亡面积占9.4%。1991~1993年降雨量增加，发病率下降。1991年降雨量497.8mm，病株率20.2%，感病指数7.8；1992年降雨量515.7mm，病株率4.9%，感病指数1.2；1993年降雨量703.9mm，杨树基本不发病。而1994年1~5月持续干旱，仅降雨58.4mm，病株率升至16.9%，感病指数4.3。

(4) 发病与营林措施的关系　病害发生与营林措施也有密切关系。在昌邑县等地调查，实施施肥、灌溉、松土除草等营林措施的杨树丰产林，林木长势旺，发病程度轻。而粗放经营的杨树林分，林木生长势弱，发病程度重。

(四) 不同杨树品种树皮内含物与杨树溃疡病的关系

1. 研究方法

在坊子区的杨树品种试验林内，调查I-69杨、中林46杨等8个杨树品种的杨树溃疡病病株率，计算感病指数；并采集这些品种的树皮样品，在室内测定树皮相对含水量、过氧化物酶和酯酶同功酶活性、6种酚类物质的含量，分析各杨树品种树皮内含物与杨树溃疡病感病指数的关系，为选择对杨树溃疡病抗性强的杨树品种提供参考。

2. 杨树树皮相对含水量与杨树溃疡病的关系

分析8个杨树品种树皮相对含水量与感病指数的关系，其趋势是树皮相对含水量高，杨树溃疡病的感病指数低。据本试验的结果，可将8个品种的树皮相对含水量与杨树溃疡病的关系划为3个等级：树皮相对含水量在80%以上时，感病指数低，有I-69杨、I-72杨、毛白杨；树皮相对含水量65%以下，感病指数高，有803号杨；树皮相对含水量65%~80%，感病指数介于以上二者之间，有中林23杨、中林28杨、中林46杨、288-379杨。

表5-2-2　8个杨树品种的树皮相对含水量与感病指数

杨树品种	样品鲜重（g）	样品水分饱和重（g）	样品烘干重（g）	树皮相对含水量（%）	杨树溃疡病感病指数
I-72杨	19.50	21.26	9.28	85.30	0.82
中林28杨	18.74	22.99	7.53	72.51	5.90
中林46杨	20.65	24.46	7.49	77.55	3.53

(续)

杨树品种	样品鲜重（g）	样品水分饱和重（g）	样品烘干重（g）	树皮相对含水量（%）	杨树溃疡病感病指数
中林23杨	21.40	24.73	9.01	78.82	1.00
288-379杨	18.39	22.61	8.17	70.78	7.43
I-69杨	24.72	26.82	11.48	86.31	0.66
803号杨	10.95	14.71	4.23	64.12	13.92
毛白杨	9.57	10.68	4.02	83.33	0.93

注：树皮相对含水量(%)=（样品鲜重-样品烘干重）/（样品水分饱和重-样品烘干重）

3. 过氧化物酶和酯酶同功酶与杨树溃疡病的关系

取8个杨树品种健康枝条的韧皮部作样品，测试过氧化物酶同功酶和酯酶同功酶。经多次重复测定，比较8个杨树品种的过氧化物酶同功酶酶带的数量，I-69杨、I-72杨有10条酶带，毛白杨有9条酶带，中林23杨、中林28杨、中林46杨、288-379杨有7~8条酶带，803号杨只有6条酶带。从酶谱的分布来看，可分为4种类型，第一类型有I-69杨、I-72杨，A区和B区各有5条酶带；第二种类型有中林23杨、中林28杨、中林46杨，A区有4条酶带，B区有3条或4条酶带；第三种类型有288-379杨、803号杨，A区有3条酶带，B区有3条或4条酶带；第四种类型有毛白杨，酶谱分布比较分散（图5-2-1）。

比较8个杨树品种酯酶同功酶的酶带数量，I-69杨有7条酶带，I-72杨、毛白杨有6条酶带，中林23杨、中林28杨、中林46杨、288-379杨、803号杨均有4条酶带。从酯酶同功酶的酶谱分布看，I-69杨与I-72杨为同一类型，中林23杨、中林28杨、中林46杨为同一类型，288-379杨、803号杨、毛白杨为不规则分布型（图5-2-2）。

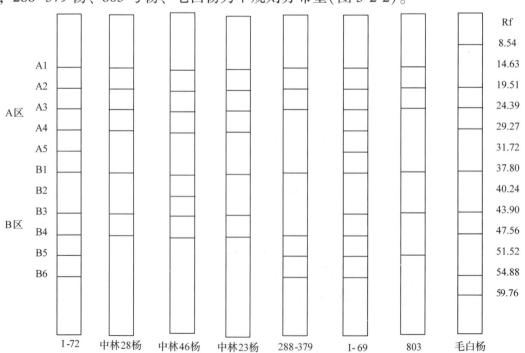

图5-2-1　8个杨树品种过氧化物酶同功酶酶谱

根据8个杨树品种的同功酶测定结果，结合分析试验林内8个杨树品种的杨树溃疡病感病指数，两种同功酶活性高的杨树品种其感病指数低，而两种同功酶活性低的杨树品种其感病指数高。

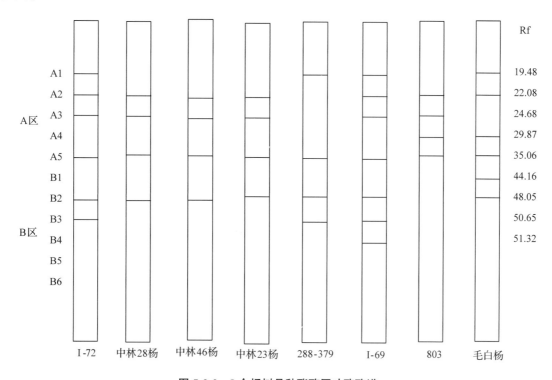

图 5-2-2 8个杨树品种酯酶同功酶酶谱

4. 酚类物质含量与杨树溃疡病的关系

取试验林内8个杨树品种健康枝条的树皮为样品，测定6种酚类物质的含量（表5-2-3）。测试结果表明，不同杨树品种样品的邻苯二酚和对羟基苯甲酸的含量与杨树溃疡病的感病关系密切，这两种酚类物质含量高的杨树品种对杨树溃疡病的感病程度较低。而没食子酸、阿魏酸、绿原酸等酚酸类化合物，与杨树溃疡病的感病程度看不出规律性。邻苯二酚和对羟基苯甲酸应是抑制杨树溃疡病病原菌的主要酚类化合物。

表 5-2-3 8个杨树品种树皮内酚类物质含量

杨树品种	没食子酸（%）	阿魏酸（%）	绿原酸（%）	芦丁（%）	对羟基苯甲酸（%）	邻苯二酚（%）
I-72 杨	0.041	0.0032	0.0062	0.056	0.0011	0.0063
中林 28 杨	0.032	0.0098	0.0058	—	0.0010	0.0024
中林 46 杨	0.016	0.0280	0.0070	0.008	0.0009	0.0018
中林 23 杨	0.038	0.0290	0.0064	0.027	0.0007	0.0012
288-379 杨	0.004	0.0308	0.0011	—	0.0003	0.0009
I-69 杨	0.010	0.0010	0.0089	—	0.0018	0.0093
803 号杨	0.014	0.0017	0.0051	0.005	0.0001	0.0008
毛白杨	0.019	0.0023	0.0032	0.003	0.0016	0.0042

5. 用树皮内含物分析 8 个杨树品种对杨树溃疡病的抗性

将 8 个杨树品种树皮的相对含水量、两种同功酶活性、两种主要酚类物质含量进行综合比较(表 5-2-4)，I-69 杨、I-72 杨、毛白杨的上述三项测试指标都较高，对杨树溃疡病的感病指数低，803 号杨的上述三项测试指标都低，对杨树溃疡病的感病指数高；中林 23 杨、中林 28 杨、中林 46 杨、288-379 杨的上述三项测试指标介于中等，杨树溃疡病的感病指数也属于中等。表明：综合应用树皮相对含水量、树皮内主要酚类物质含量和同功酶活性三项指标评价杨树品种对杨树溃疡病的抗病性是可行的。测试的 8 个杨树品种中，I-69 杨、I-72 杨、毛白杨是对杨树溃疡病的抗病品种，中林 23 杨、中林 28 杨、中林 46 杨、288-379 杨为杨树溃疡病的中抗品种，803 号杨为杨树溃疡病的感病品种。

表 5-2-4　8 个杨树品种树皮的几种内含物与感病指数

杨树品种	树皮相对含水量 (%)	树皮主要酚类物质含量(%)		同功酶酶带数		感病指数
		对羟基苯甲酸	邻苯二酚	过氧化物酶同功酶	酯酶同功酶	
I-72 杨	85.30	0.0011	0.0063	10	6	0.82
中林 28 杨	72.51	0.0010	0.0024	7	4	5.90
中林 46 杨	77.55	0.0009	0.0018	8	4	3.53
中林 23 杨	78.82	0.0007	0.0012	7	4	1.00
288-379 杨	70.78	0.0003	0.0009	7	4	7.43
I-69 杨	86.31	0.0018	0.0093	10	7	0.66
803 杨	64.12	0.0001	0.0008	6	4	13.92
毛白杨	83.33	0.0016	0.0042	9	6	0.93

(五) 对 3 种杨树枝干病害的综合防治技术研究

1. 防治措施

综合防治试验林设在潍坊市坊子区潍河两岸，面积为 4.67 hm²。8 个杨树品种，株行距 4m×5m。防治措施包括不同杨树品种对比试验、营林措施和药剂防治等。杨树品种为 I-69 杨、I-72 杨、中林 23 杨、中林 28 杨、中林 46 杨、288-379 杨、803 号杨和毛白杨。营林措施包括苗木检疫，造林前水浸苗木根；定植时大穴、施肥(每株 1kg 磷、25kg 圈肥)、灌水；定植后剪侧枝截头，每年灌水 2 次、施肥 1 次(每株 150g 尿素或复合肥)、中耕除草 2 次、修枝 1 次。药剂防治包括定植前苗干喷药和发病初期树干涂药，药剂有 40%多菌灵、40%甲基托布津、50%退菌特、40%福美砷、75%百菌清、40%代森铵、65%代森锌和 80%乙磷铝。在室内药效筛选的基础上进行田间药剂防治试验。于每年 5 月、10 月调查各处理的病株率和感病程度。

2. 杨树不同品种对比试验

从供试的 8 个杨树品种看，在同一防治措施和管理水平下，不同杨树品种间病情状况和生长量都存在一定差异。其中 I-69 杨、I-72 杨和毛白杨均表现出较强的抗病性，发病率和感病指数均为零，I-69 杨和 I-72 杨年均生长量最大；中林 23 杨、中林 28 杨、中林 46 杨也比较抗病，仅个别树株轻度发病，感病指数在 2.0 以下；803 号杨为感病品种，病株率达 24.1%，感病指数 6.0，并且平均年胸径生长量明显小于 I-69 杨和 I-72 杨。

3. 药剂防治试验

（1）室内药效测定　8 种药剂的不同浓度药液对 3 种病原菌的生长均有抑制作用。以 50% 退菌特、40% 甲基托布津的效果最好，40% 代森铵和 80% 乙磷铝的效果较差。甲基托布津和多菌灵 200、300、400 倍液对 *Cytospora chrysosperma* 和 *Dothichiza populea* 的抑制效果均达到了 100%，对 *Dothiorella gregaria* 的效果达到 70% 以上；退菌特 200、300 倍液对 *Cytospora chrysosperma* 和 *Dothiorella gregaria* 的效果达 100%，200 倍液对 *Dothichiza populea* 的效果达 80% 以上。

（2）林间防治试验　上述 3 种病害在试验林内只有杨树溃疡病发生，只对杨树溃疡病进行了防治试验，供试的 6 种药剂对杨树溃疡病均有一定防治效果。以退菌特、多菌灵、甲基托布津 100 倍液效果显著，病斑治愈率达 92% 以上，防治有效率达 94% 以上，涂药 3 周后病斑开始干缩下陷，停止扩展，用手按病斑无余液流出。但各种药剂涂抹后溃疡病斑干缩愈合的速度有一定差异。

4. 综合防治的效果

在杨树枝干病害综合防治试验林内，通过选用抗病品种，加强试验林的抚育管理，药剂防治等防治措施的综合应用，历经 4 年的试验，试验林生长旺盛，林相整齐。1994 年 9 月 7 日调查，3 种杨树枝干病害在综合防治试验林中仅有杨树溃疡病轻度发生，病株率为 5.85%，感病指数 1.46；而当地一般生产性经营的杨树林病株率高达 69.6%，感病指数为 29.57。综合防治试验林的胸径平均年生长量为 3.1cm，树高平均年生长量为 2.4m；而当地一般生产性经营的杨树林，胸径平均年生长量仅为 1.5cm，树高平均年生长量仅为 1.3m；差异显著，防治效果明显（表 5-2-5）。

表 5-2-5　3 种杨树枝干病害综合防治试验林防治效果（1994 年 9 月）

经营水平	调查株数	发病株数	病株率(%)	感病指数	平均胸径(cm)
综合防治试验林	615	36	5.85	1.46	12.3
一般生产性经营	115	80	69.6	29.57	9.1

试验表明：3 种杨树枝干病害的流行是多种因素综合影响的结果，同一杨树品种由同一病菌引起的病害，在不同的时间和不同的地点，流行的原因都可能是不同的，但它们有主次之分，杨树品种和水分状况常是影响病害发生发展的关键因子。

3 种杨树枝干病害的综合防治，应以育苗与造林措施为基础，选择抗病品种，严格检疫，造林前苗根浸水与苗干喷药处理，造林时剪侧枝、截干，并给以充足的水、肥；实施以上措施，即可以预防病害的发生。在林木生长过程中，要加强营林管理，若发生病害要及时进行药剂防治，控制病害的发展。

参考文献

曾大鹏.2002.我国杨树病害的研究现状与防治[J].中国森林病虫,21(1):20-26.

陈素伟,陈汝敏,耿以龙,等.2010.气候因素对杨小舟蛾生长发育的影响[J].山东林业科技,40(3):54-56.

迟海英.2005.美国白蛾检疫及检验、防治处理方法[J].山东林业科技,(5):56,77.

楚国忠,高瑞桐,刘传银.1994.小块杨树人工林内冬季鸟类对五种越冬昆虫的捕食作用[J].动物学报,(4):363-369.

段彦丽,曲良建,王玉珠,等.2009.美国白蛾核型多角体病毒传播途径及对寄主的持续作用[J].林业科学,45(6):83-86.

范迪,王西南,李宪臣,等.1998.两种杨树天牛综合防治和监测技术研究及其应用[J].山东林业科技,(1):13-16.

方德齐,陈树良,蒋三登,等.1985.木蠹蛾生物学特性及防治技术研究[R].济南:山东省林业科学研究所科学技术研究专题报告.

高瑞桐,李国宏,李广武,等.1998.桑天牛诱饵技术研究及应用[J].林业科技通讯,(6):3-5.

高秀美,冯冠华,曹长余.2001.桑天牛发生规律与综合防治研究[J].中国农学通报,(2):75-76.

贺伟,叶建仁.2017.森林病理学[M].北京:中国林业出版社.

洪瑞芬.1989.杨树溃疡病烂皮病发病调查与相关因子分析[J].山东林业科技,(2):25-27.

胡猛,许冰,高玉国,等.2016.苏云金杆菌防治杨小舟蛾试验[J].中国森林病虫,35(3):45-46.

胡晓丽,马峰,陈凯.2006.白杨透翅蛾幼虫在苗圃地的分布和成虫发生期的初步研究[J].西北林学院学报,21(2):100-102.

黎保清,嵇保中,刘曙雯,等.2012.桑天牛幼虫龄数与划分特征研究[J].林业科技开发,26(3):38-41.

李成德.2004.森林昆虫学[M].北京:中国林业出版社.

李红静,王西南,武海卫,等.2013.应用美国白蛾核型多角体病毒防治美国白蛾效果评价[J].山东林业科技,43(2):80-81,83.

李孟楼,李有忠,雷琼,等.2009.释放花绒寄甲卵对光肩星天牛幼虫的防治效果[J].林业科学,45(4):78-82.

李宁,王志刚,阎爱华,等.2011.11个昆虫病原线虫品系对光肩星天牛的致死能力[J].东北林业大学学报,39(8):68-69,100.

李占鹏,闫家河,李继佩,等.2001.利用生物制剂防治杨尺蠖的研究[J].山东林业科技,(6):7-10.

梁双林,尹淑芬,周润林.1982.毛白杨根癌病发生与防治的探讨[J].河北林业科技,(1):53-58.

刘宝生,白鹏华,冯友仁,等.2015.10种杀菌剂对杨树锈病室内毒力测定及田间药效试验[J].中国森林病虫,34(3):44-46.

刘景润,杨兆银.1988.杨尺蠖生物学特性及其防治试验[J].山东林业科技,(S2):43-45.

卢希平,朱传祥,刘玉.1994.利用病原线虫防治几种天牛幼虫的室内寄生性测试[J].森林病虫通讯,(4):31-33.

陆燕君,李桂林,张秉新,等.1990.山东杨树大斑溃疡病研究[J].山东农业大学学报,(3):23-30,78.

梅爱华,付丽娟,宋印刚,等.2010.飞机防治美国白蛾关键技术探讨[J].山东林业科技,40(6):62-64.

牛迎福,王海明,代玉民,等.2004.中林46杨早期落叶原因分析与治理对策[J].山东林业科技,34(5):20-21.

潘洪玉,张浩,丁利,等.1997.昆虫病原线虫对白杨透翅蛾控制作用的研究[J].昆虫天敌,19(1):2-6,49.

祁诚进,王筱宁,张在波,等.2000.杨扇舟蛾天敌种类调查初报[J].昆虫天敌,(4):185-187.

山东林木病害志编委会.2000.山东林木病害志[M].济南:山东科学技术出版社.

山东林木昆虫志编委会.1993.山东林木昆虫志[M].北京:中国林业出版社.

山东省质量技术监督局.2012.飞机施药防治美国白蛾技术规程:DB37/T 2065-2012[S].

闪辉,丁世荣.2010.吡虫啉微胶囊剂防治桑天牛成虫[J].中国森林病虫,29(4):36-37.

宋印刚,田逢俊,王会杰.1999.杨树腐烂病防治试验[J].林业科技通讯,(6):3-5.

孙玉刚,慕宗昭,祁诚进,等.2006.杨树丰产林病虫害综合治理技术的理论与实践[M].北京:中国国际广播出版社.

孙玉刚,姚文生,李洪敬,等.2015.山东省主要林木病虫害防治技术[M].济南:中央财政林业科技推广示范资金项目丛书.

孙玉刚.2013.美国白蛾综合防控技术研究与示范[R].济南:山东省森林病虫害防治检验站科学技术研究专题报告.

唐燕平,丁玉洲,王同生,等.2013.桑天牛对补充营养寄主的选择性及诱杀药剂筛选[J].应用昆虫学报,50(4):1109-1114.

王海明,牛迎福,王永立,等.2015.欧美杨细菌性溃疡病发生与危害林间观察[J].中国森林病虫,34(2):19-22.

王海明,牛迎福,谢吉龙,等.2001.应用烟雾机防治杨尺蠖试验研究[J].山东林业科技,(5):26-27.

王华志,余国和,张万斌,等.1993.性信息素迷向防治白杨透翅蛾的研究[J].山东林业科技,(4):56-59.

王嘉冰,徐智文,薛羿,等.2017.3种内吸性杀虫剂对光肩星天牛幼虫的林间防治效果[J].北京林业大学学报,39(7):62-68.

王伦,李素英,刘连新,等.2009.印楝提取物对光肩星天牛成虫生物活性的影响[J].河北农业大学学报,32(3):100-102.

王西南,范迪,褚秀梅.2000.我国杨树天牛研究现状成就及展望[J].山东林业科技,(S1):33-38.

王西南,李宪臣,李洪敬,等.2012.球孢白僵菌WP对美国白蛾的毒力测定[J].山东林业科技,42(2):73-74.

王西南.2014.重大食叶害虫杨小舟蛾防治新技术集成与应用[R].济南:山东省林业科学研究院科学技术研究专题报告.

王筱宁,于洋,史玉梅,等.2005.利用白蛾周氏啮小蜂防治杨树食叶害虫试验初报[J].山东林业科技,(6):19-20.

王紫薇,徐华潮,汪云珍,等.2016.树皮内含物对光肩星天牛取食与刻槽产卵量的影响[J].环境昆虫学报,38(5):942-949.

吴玉柱,洪瑞芬,季延平,等.1993.杨树溃疡病药剂防治试验[J].山东林业科技,(3):55-58.

吴玉柱,季延平,刘德玺,等.2006.山东境内杨树主要病害及其防治技术[J].山东林业科技,36(3):8-10.

吴玉柱,季延平,刘殿,等.2000.山东杨树主要品种对溃疡病抗性的研究[J].森林病虫通讯,(4):10-13.

吴玉柱,仝德全,季延平,等.1998.山东杨树溃疡病的研究[J].山东林业科技,(5):1-6.

吴玉柱,赵桂华,季延平,等.2011.杨树木材变色病病原菌的鉴定[J].山东林业科技,41(3):1-3.

伍佩珩,李镇宇,魏康年.1987.白杨透翅蛾生物学特性及利用性信息素防治的研究[J].林业科学,23(4):491-497.

武海卫,王西南,李宪臣,等.2013.温度和光照对美国白蛾越夏蛹发育的影响[J].中国森林病虫,32(3):26-27.

席燕敏,贺伟.2012.杨树角斑病病原菌分离及其培养特性研究[J].植物保护,38(3):23-27,43.

向玉英.1987.杨树病害及其防治[M].北京:中国林业出版社.

萧刚柔.1992.中国森林昆虫(修订版)[M].北京:中国林业出版社.

许斐斐,吕晓坤,朱芹芹.2016.杨小舟蛾防治药剂筛选及飞防示范[J].山东林业科技,46(1):77-79.

闫家河,刘芹,王文亮,等.2015.美国白蛾发生与防治研究综述[J].山东林业科技,45(2):93-106.

杨旺,沈瑞祥.1991.杨树根朽病的研究初报[J].森林病虫通讯,(1):10-12.

杨志敏,王西南,姚文生,等.2000.光肩星天牛世代分化及有效积温的研究[J].森林病虫通讯,(6):12-14.

杨忠岐,王小艺,王传珍,等.2005.白蛾周氏啮小蜂可持续控制美国白蛾的研究[J].林业科学,41(5):72-80.

姚万军,杨忠岐.2008.利用管氏肿腿蜂防治光肩星天牛技术研究[J].环境昆虫学报,30(2):127-134.

于成明,伦莹莹,刘会香,等.2014.杨树细菌性溃疡病菌的室内药剂活性筛选[J].农药科学与管理,35(7):56-58.

袁毅.1984.我国杨树叶锈病菌种类的研究[J].北京林学院学报,(1):48-60.

张锡津.1980.杨树根癌病的病原鉴定[J].林业科技通讯,(3):22-24.

张振田,张连中,张兴永,等.1995.白杨透翅蛾的发生规律及防治[J].昆虫知识,32(5):279-281.

张仲信,谷昭威,肖玉成,等.1992.桑天牛的轮换寄主及生态防治研究[J].山东林业科技,(4):33-37.

张仲信,田淑贞.1980.天牛肿腿蜂生物学特性及其利用的研究初报[J].昆虫知识,17(2):71-73.

张仲信.1964.光肩星天牛生活习性及防治的研究[J].山东农业科学,(3):39-41,7.

张仲信.1981.用人工巢木招引两种啄木鸟研究简报[J].动物学杂志,(2):30-33.

张仲信. 1992. 利用啄木鸟防治杨树蛀干害虫[J]. 森林病虫通讯, (4): 33-34, 22.

赵桂华, 王海明, 牛迎福, 等. 2010. 杨树紫纹羽病发生与防治[J]. 西部林业科学,, 39(1): 86-89.

赵增仁. 1991. 杨树叶斑病的识别及其防治[J]. 山东林业科技, (3): 33-37.

周仲铭, 袁毅. 1985. 杨树叶锈病的研究概况[J]. 北京林学院学报, (4): 84-94.

朱正昌, 闵水法. 1990. 三种新型微胶囊防治桑天牛成虫的试验研究[J]. 林业科学研究, 3(5): 476-482.

第六章 杨树木材的性质与加工利用

第一节 杨树木材的构造与性质

一、杨树木材的构造

(一)杨树木材构造特点

杨树木材的颜色多呈黄白色至浅黄褐色,一般心材与边材无明显区别,但中心部分往往比边材颜色要深。干燥后的杨木,颜色变浅。干燥后刨平的杨木表面,具有光泽。

杨树木材纹理均匀,结构细致或比较细致。散孔材至半散孔材,其管孔小且多,大小较一致,分布较均匀。木射线中等至略密,极窄。

杨木横切面上年轮明显,年轮之间界以深色或浅色的细线。因树种和生长速度的差别,年轮宽度的差异较大。在杨木的纵切面上,年轮不易区别。

杨树木材由导管、纤维、木射线、轴向薄壁组织等构成。山东栽植的几种杨树,其木材组织比量为:导管30.0%~36.8%,纤维52.0%~59.3%,木射线6.3%~10.3%,轴向薄壁组织0.2%~0.4%(表6-1-1)。

表6-1-1 几种杨树的木材组织比量　　　　　　　　　　　　　　　　　%

杨树种类	导管	纤维	木射线	轴向薄壁组织
毛白杨	35.0	55.0	10.0	
小钻杨	33.4	59.2	7.4	
I-69杨	30.0	59.3	10.3	0.4
I-214杨	36.8	52.0	9.0	0.2
	34.0	59.0	6.7	0.3
露伊莎杨	35.2	55.4	9.0	0.3
	35.2	58.2	6.3	0.3

资料来源:《中国杨树集约栽培》,1994

杨木的导管在横切面上为椭圆形。导管均匀地分布于年轮中,单管孔或复管孔,复管孔呈2~7个(多数为2~3个)径向排列。轴向薄壁组织数量少,轮界型,通常宽1~2列。木射线均匀排列,一般只有一排细胞,杨木具有同型木射线。杨树的木纤维较短、较细,纤维壁薄,壁上有小的纹孔。杨树木材常具有胶质纤维。

(二)杨树木材纤维形态

木纤维构成木材的机械组织,木材强度主要取决于木纤维。杨木用于造纸时,木材纤维形态与纸张的性能有关。科研人员对杨树木材纤维形态的研究工作较多。

王桂岩等(1994)对中林46杨、I-69杨、八里庄杨等12个杨树品种的木材纤维形态进行了测定，测试结果：供试黑杨派杨树品种的木材纤维平均长度0.863~1.051mm，纤维平均宽度21.97~26.26um，纤维长宽比33.9~47.8，纤维壁腔比0.37~0.52。黑杨派与青杨派的杂种八里庄杨，其纤维形态指标也在以上数值范围内。供试杨树品种中，10个品种的木材纤维平均长度0.9mm以上，只有沙兰杨、I-214杨的纤维平均长度小于0.9mm(表6-1-2)。

山东轻工业学院制浆造纸实验室(2008)测定了107号杨、L35杨、鲁林1号杨、鲁林2号杨、鲁林3号杨、中菏1号杨等6个品种的纤维形态，其中107号杨、L35杨、鲁林1号杨的纤维长度数值较大，中菏1号杨的纤维长度最小。

刘国兴等(2003)对窄冠黑杨1号、窄冠黑杨2号、窄冠黑杨11号和窄冠黑白杨的木材纤维形态进行了测定，6年生窄冠黑杨1号、窄冠黑杨2号、窄冠黑杨11号的木材纤维平均长度均达到1mm，纤维长宽比42.7~45.7；5年生窄冠黑白杨的纤维平均长度略低于1mm，纤维长宽比44.9。

表6-1-2 部分杨树品种木材纤维形态

试材采集地	杨树品种	树龄(a)	纤维平均长度(mm)	纤维平均宽度(um)	纤维长宽比	细胞壁平均单壁厚度(um)	平均胞腔直径(um)	壁腔比
定陶	中林46杨	6	0.976	26.26	37.2	3.47	16.15	0.43
	中林23杨		0.958	22.51	42.6	3.66	14.08	0.52
	中林28杨		0.947	22.46	42.2	3.43	14.30	0.48
	中林14杨		1.051	21.97	47.8	3.34	13.31	0.50
	I-72杨		0.974	23.41	41.6	3.26	15.25	0.43
长清	I-69杨	6	0.968	22.70	42.6	3.46	13.83	0.50
	I-214杨		0.897	24.07	37.3	3.35	15.79	0.42
	健杨		0.980	23.48	41.7	3.19	16.59	0.38
	沙兰杨		0.863	25.46	33.9	3.07	16.69	0.37
	露伊莎杨		0.947	26.04	36.4	3.23	15.58	0.41
	西玛杨		1.014	24.45	41.5	3.20	14.82	0.43
	八里庄杨		0.910	22.44	40.6	3.10	12.32	0.50
莒县	107号杨	6	1.167	25.0	46.7			
	L35杨		1.156	23.3	49.6			
	鲁林1号杨		1.153	23.3	49.5			
宁阳	鲁林2号杨	6	1.045	23.0	45.4			
	鲁林3号杨		1.061	23.6	45.0			
	中菏1号杨		1.001	23.1	43.3			

(续)

试材采集地	杨树品种	树龄(a)	纤维平均长度(mm)	纤维平均宽度(um)	纤维长宽比	细胞壁平均单壁厚度(um)	平均胞腔直径(um)	壁腔比
莒县	窄冠黑杨1号	6	1.005	23.4	42.9			
	窄冠黑杨2号		1.011	23.1	43.8			
	窄冠黑杨11号		1.003	21.8	46.0			
东明	窄冠黑白杨	5	0.982	21.9	44.8			
冠县	毛白杨雄株	>10	1.185	23.5	50.4	3.31	16.88	0.39
	毛白杨雌株		1.201	23.5	51.1	3.27	18.60	0.35
	冠县54杨		1.161	27.6	42.1	3.09	21.45	0.29
	河北毛白杨		1.296	29.4	44.1	3.70	22.04	0.34
			1.188	28.6	41.5	3.64	21.30	0.34
冠县	鲁毛50杨	10	1.074	24.4	44.0			
	鲁白杨1号		1.049	23.7	44.3			
	鲁白杨2号		1.000	24.0	41.7			

供试白杨派品种的木材纤维形态与黑杨派品种相近。部分白杨派品种的木材纤维平均长度比黑杨派品种的数值稍大,长清县8年生毛白杨试验林的鲁毛50杨、鲁毛27杨、易县毛白杨的木材纤维平均长度为1.26mm、1.19mm、1.23mm,邹平县10年生白杨试验林的窄冠白杨3号、窄冠白杨6号的木材纤维平均长度为1.368mm、1.190mm,冠县10年生白杨试验林的鲁白杨1号、鲁白杨2号的木材纤维平均长度为1.049mm、1.000mm。

不同树龄的杨树,其纤维形态有差异。陈嘉川等(2006)研究了不同树龄窄冠黑杨11号的木材纤维形态,在树龄1~7年的范围内,木材纤维平均长度随树龄的增大而增大;对不同树龄窄冠黑杨11号木材纤维长度的分布进行比较,随树龄增大,纤维长度分布的跨度增大,即长纤维组分的含量增大(表6-1-3)。

表6-1-3 不同树龄窄冠黑杨11号的木材纤维长度   mm

树龄(a)	数量平均长度	长度加权平均长度	质量加权平均长度
1	0.496	0.644	0.760
4	0.591	0.832	0.974
5	0.580	0.853	1.000
7	0.673	0.973	1.150

同一树木的不同部位,其纤维形态也有差异。陈嘉川等(2006)研究4年生三倍体毛白杨的木材纤维形态,全树干的木材纤维算术平均长度0.97mm,长宽比44,壁腔比0.59;其同一树干底部、中部、梢部的木材纤维形态相比较,以树干中部的木材纤维长度较长,纤维长宽比较大,胞腔直径较大而壁腔比较小(表6-1-4)。

表 6-1-4　三倍体毛白杨各部位纤维形态指标

树干部位	纤维算术平均长度（mm）	纤维算术平均宽度（um）	长宽比	细胞壁平均厚度（um）	胞腔平均直径（um）	壁腔比
底部	0.89	23.2	38	3.86	12.86	0.60
中部	1.03	23.6	44	3.80	13.02	0.58
梢部	0.81	22.3	36	3.78	12.25	0.62
全树干	0.97	22.1	44	3.81	12.97	0.59

二、杨树木材的物理力学性质

(一)木材的物理力学性质指标

木材的物理性质包括木材含水率、木材密度、木材胀缩性以及木材热学性质、木材电学性质、木材声学性质等。

单位体积木材的重量称为木材密度。按木材的含水率不同，木材密度又分为生材密度、气干密度、基本密度、绝干密度，常用的是木材的气干密度与基本密度。

木材干缩性是湿材经过干燥后而导致的干缩，木材的干缩性常用弦向、径向、体积的干缩率、干缩系数来衡量。木材的干缩不仅导致其尺寸发生变化，还因干缩的不均匀而形成内应力，使木材发生开裂、翘曲等。

木材的力学性质为木材抵抗外力作用的能力，即木材的强度和抵抗变形的性能，包括不同类型的强度性能和弹性性能。

木材强度为木材构件能够支撑载荷的各种性能指标，包括抗压强度、抗弯强度、抗拉强度、抗剪强度、抗扭强度、硬度、冲击韧性等。其中，木材抗弯强度和顺纹抗压强度是最重要的强度指标，一般以这两者之和表示木材的强度大小。

木材弹性是木材在弹性极限内恢复其原有形状或尺寸的能力。其中，木材在弹性极限内，应力与应变的比值为弹性模量。

木材的物理力学性质与其加工利用途径密切相关，是选择用材树种的重要依据，也是合理利用木材的重要依据。

(二)山东部分杨树品种的木材物理力学性质

按照木材物理力学性质的分级，杨树木材的密度小，木材干缩性小至中等，材质软，木材强度低，但质量系数较高。不同种及品种的杨树，其木材物理力学性质有所差异。

山东省林业科学研究所(院)、山东农业大学林学院等单位测试了山东部分杨树品种木材的物理力学性能。对不同种及品种的杨树之间进行木材物理力学性质的比较：测试的毛白杨和窄冠白杨品种，木材密度和强度较高，木材干缩性较低。美洲黑杨品种I-69杨、50号杨、T26杨、T66杨、鲁林3号杨等，木材密度和强度较高，木材干缩性较低。小钻杨品种八里庄杨、二杨，木材密度和强度较高，木材干缩性较低。不同欧美杨品种之间的木材物理力学性能有较大差异，其中中林23杨、中林28杨、露伊莎杨等品种，木材密度和强度较高，而木材干缩性较高；I-214杨、沙兰杨、I-72杨、中林46杨等品种，木材密度和强度都较低，木材干缩性较低至中等((表6-1-5-1、表6-1-5-2)。

表 6-1-5-1 山东部分杨树品种的木材物理力学性质

试材采集地	杨树品种	树龄(a)	气干密度(g/cm³)	干缩系数(%) 径向	弦向	体积	弦、径向干缩差异	顺纹抗压强度(MPa)	抗弯强度(MPa)	抗弯弹性模量(MPa)	冲击韧性(kJ/m²)	硬度(N) 端面	径面	弦面
长清	健杨	10	0.365	0.159	0.265	0.425	1.67	34.16	60.96	11025	31	2695	1746	1735
	沙兰杨		0.337	0.139	0.252	0.421	1.81	35.28	57.48	7600	29	2940	1995	1740
	八里庄杨		0.390	0.168	0.271	0.442	1.61	35.67	77.91	11407		3183	2335	1980
	二杨		0.400	0.139	0.202	0.378	1.45	36.76	77.25	9196	43	3315	2205	2075
莒县	I-214 杨	10	0.364	0.117	0.246		2.10	24.40	50.00	4820	37	2236	1853	1843
	西玛杨		0.430	0.121	0.269	0.499	2.22	21.96	50.11	4020		3404	2673	2413
	露伊莎杨		0.460	0.120	0.266	0.433	2.22	22.45	53.25	4216		3183	2557	2433
	I-69 杨		0.470	0.179	0.277	0.513	1.55	31.01	60.33	8252	35	3226	2216	2030
	I-72 杨		0.343	0.151	0.235	0.445	1.56	19.09	32.72	4163	17			
	中林 46 杨		0.359	0.174	0.202	0.440	1.16	19.83	36.74	4940	16	2461	1510	2000
长清	I-69 杨	7	0.434	0.190	0.313	0.570	1.65	25.55	53.09		48	3470	2810	2930
	I-214 杨		0.325	0.133	0.261	0.458	1.96	19.69	34.91		18	2400	1430	1370
	中林 46 杨		0.356	0.183	0.257	0.499	1.40	22.16	39.22		25	2380	1930	1840
	中林 28 杨		0.416	0.185	0.337	0.581	1.82	25.27	49.61		30	3260	2570	2820
	中林 23 杨		0.429	0.142	0.290	0.476	2.04	24.98	50.59		35	2870	2740	2780
	中林 14 杨		0.423	0.160	0.295	0.516	1.84	23.54	45.85		35	2400	1430	1370
	50 号杨		0.430	0.164	0.296	0.520	1.80	24.47	51.01		55	3320	2670	2740
	露伊莎杨		0.402	0.217	0.391	0.304	1.98	23.67	47.11		42	2600	2028	2453
	西玛杨		0.403	0.223	0.380	0.299	1.93	23.49	47.00		43	2920	2545	2902
济南	T26 杨	10	0.473	0.210	0.250	0.506	1.19	32.83	65.52	11820		3587	2548	2646
	T66 杨		0.473	0.206	0.252	0.503	1.22	33.93	72.29	11550		3450	2146	2332
莒县	107 号杨	6	0.430	0.190	0.364	0.564	1.91	25.38	58.88			2545	1724	1497
	L35 杨		0.486	0.215	0.329	0.592	1.53	30.17	69.66			3019	2602	2161
	鲁林 1 号杨		0.469	0.209	0.375	0.691	1.79	31.10	68.25			3495	2491	2461
长清	河北毛白杨	7	0.394	0.162	0.275	0.514	1.70	24.60	54.29		35	2335	1862	2097
	细皮毛白杨		0.401	0.128	0.237	0.405	1.85	25.48	52.43		27	2558	1911	2185
	箭杆毛白杨		0.446	0.143	0.285	0.496	1.99	29.01	59.78		44	3410	2901	3077
	鲁毛 50		0.390	0.154	0.207	0.430	1.34	24.60	55.66		35	2891	1862	2097
	鲁毛 27		0.459	0.123	0.200	0.357	1.63	26.95	45.96		28	3136	2822	2695
	冠毛 54		0.361	0.128	0.195	0.342	1.52	22.83	45.08		25	2411	1842	1911
	窄冠白杨 3 号		0.397	0.164	0.270	0.504	1.65	28.22	60.86		68	3126	2538	2597
邹平	窄冠白杨 1 号	10	0.441	0.201	0.234	0.471	1.16	30.36	61.94	9124		2132	1843	1556
	窄冠白杨 2 号		0.428	0.142	0.250	0.421	1.76	31.55	60.53	9036		2264	1642	1694
	窄冠白杨 3 号		0.479	0.190	0.235	0.454	1.24	31.08	72.94	10809		2945	2471	2472
	窄冠白杨 4 号		0.470	0.136	0.241	0.398	1.77	27.16	68.28	8614		2699	2340	2492
	窄冠白杨 6 号		0.443	0.181	0.229	0.427	1.27	31.95	64.40	8575		2666	2326	2257

表 6-1-5-2 山东部分杨树品种的木材物理力学性质

试材采集地	杨树品种	树龄(a)	密度(g/cm³)		由湿材至气干材的干缩率(%)			顺纹抗压强度(MPa)	抗弯强度(MPa)	抗弯弹性模量(MPa)	冲击韧性(kJ/m²)	硬度(N)		
			气干密度	基本密度	径向	弦向	体积					端面	径面	弦面
长清	中林14杨	9	0.447	0.361	2.7	8.3	12.0	32.0	59.3	8728	54	2962	2412	2667
	中林23杨		0.445	0.360	3.1	7.8	11.6	33.5	65.7	9022	72	2981	2520	2736
	中林28杨		0.435	0.354	2.9	7.8	11.0	31.8	60.5	9316	43	3423	2775	3060
	中林46杨		0.371	0.307	2.3	6.3	9.1	29.7	57.6	7943	65	2667	1971	2138
	50号杨		0.430	0.373	2.4	6.8	9.4	37.1	66.0	10395	49	3393	2540	3315
	I-69杨		0.428	0.379	2.5	7.1	9.9	35.8	73.0	10199	74	3383	2609	3236
	西玛杨		0.461	0.347	3.0	8.0	11.7	32.9	63.9	7943	67	3060	2569	2932
	露伊莎杨		0.451	0.348	3.1	8.2	11.8	33.3	65.7	7943	65	2569	2187	2422
	卡帕茨杨		0.442	0.363	2.4	6.8	9.4	36.3	67.4	10885	59	3226	2363	2677
	I-214杨		0.346	0.286	2.3	6.4	8.9	25.6	48.7	7551	45	2334	1549	1736
长清	易县毛白杨	13	0.429	0.357	2.9	5.3	8.7	37.3	67.6	8826	54	2609	1677	1853
	鲁毛50杨		0.431	0.358	3.0	5.2	8.9	37.6	66.1	8238	48	3030	1755	1873
	窄冠白杨3号		0.426	0.358	3.3	5.1	9.2	38.5	67.0	9512	49	2707	1932	1863
临沂	I-69杨	11	0.468	0.391	2.7	6.3	8.9	29.2	63.9	5821				
	I-214杨		0.364	0.309	1.9	4.7	7.0	24.4	50.0	4820				
临沂	河北毛白杨	16	0.471	0.396	1.8	4.5	7.2	32.3	69.1	6943				

(三) 3 种杨树木材质量的研究

杨树木材物理力学性质在杨树种和品种间有所差异,在杨树树干的不同部位也有差异。新西兰林业科学研究院 D. J. Cown 等(1996),用取自临沂市的 11 年生 I-69 杨、I-214 杨和 16 年生毛白杨的各 5 株样木,在新西兰林业科学研究院对不同杨树种类,不同树干高度,分别心材与边材,进行了木材物理力学性能测试,对 3 种杨树的木材质量进行比较(表 6-1-6)。

(1)心材率 3 种杨树的全树心材率为,I-69 杨 19.0%,I-214 杨 12.3%,毛白杨 8.0%。不同树高部位的心材比值一般随着树干的增高而减少。

(2)气干密度 I-69 杨木材平均气干密度为 468kg/m³,不同树高位置气干密度差异较大,株内差异大于株间差异,边材气干密度高于心材;I-214 杨平均气干密度为 364kg/m³,不同树高位置气干密度差异较大,株内差异大于株间差异,心材气干密度高于边材;毛白杨平均气干密度为 471kg/m³,不同树高位置气干密度差异较小,株内差异与株间差异接近,心材与边材的气干密度接近。

(3)基本密度 I-69 杨木材平均基本密度为 391kg/m³,不同树高位置基本密度差异较大,株内差异大于株间差异,心材基本密度高于边材;I-214 杨平均基本密度为 309kg/m³,不同树高位置基本密度差异较大,株内差异大于株间差异,边材基本密度略高于心材;毛白杨平均基本密度为 396kg/m³,不同树高位置基本密度差异较小,株内差异与株间差异接近,边材基本密度高于心材。

表6-1-6 临沂市3种杨树的心材率和木材密度

树种	圆盘高度（m）	去皮直径（mm）	心材直径（mm）	心材率（%）	气干密度（kg/m³）			基本密度（kg/m³）		
					边材	心材	加权平均	边材	心材	加权平均
I-69杨	0	295	173	34.6	471	437	456	348	388	373
	1.4	256	139	29.6	460	408	438	343	384	371
	4.8	216	92	18.2	475	457	472	378	402	396
	9.6	178	56	9.8	494	444	488	374	411	406
	14.4	113	17	2.4	487		487	420		420
	16.8	107	10	1.4	488		488	428		428
I-214杨	0	252	114	20.6	337	351	341	294	284	286
	1.4	222	95	18.4	356	360	358	295	295	295
	4.8	186	59	10.0	356	376	358	312	308	306
	9.6	150	42	7.6	390		390	331	295	331
	13.2	81	13	2.3	425		425	367		367
毛白杨	0	261	83	10.4	481	488	483	419	399	408
	1.4	226	72	10.2	458	462	459	411	377	392
	4.8	187	59	10.5	467	453	466	403	390	397
	9.6	130	7	0.8	460		460	390		390
	12.0	99	0	0	471		471	413		413

（4）干缩率 将试样汽蒸处理后，干燥至含水率12%，3种杨树的木材平均体积干缩率分别为：I-69杨8.0%、I-214杨6.7%、毛白杨5.8%。3种杨树木材不同树高位置及心材与边材的体积干缩率均有较大差异，干缩率的株内差异均大于株间差异。

（5）木材干燥 杨树湿心材水分含量高，干燥时易皱缩。3种杨树木材的湿心材含量以I-69杨最高，I-214杨次之，毛白杨最低，差异较大；3种杨树木材干燥时的皱缩也有较大差异，其中以I-69杨皱缩较严重。

（6）应拉木 毛白杨含有中度应拉木，I-69杨含有轻微应拉木，I-214杨不含应拉木。

（7）力学性能 毛白杨木材的气干密度较高，所测的顺纹抗压强度、弯曲（极限）强度、弹性模量和侧面硬度等各项力学性能指标也较高；I-69杨气干密度略低于毛白杨，所测各项力学性能指标也低于毛白杨；I-214杨气干密度最低，所测各项力学性能指标也最低。

I-69杨、I-214杨、毛白杨在心材率、木材密度、干缩率、心材与边材含水率的差异、木材干燥时的皱缩情况、应拉木发生率、木材力学性能等方面均存在差异，而这些性状都可能影响木材的利用价值。说明在杨树良种的选育和推广过程中，除应考虑到树木生长速度、适应性和抗病虫害等因素外，还应全面系统地测定与培育方向（木材加工利用方向）有关的木材质量因子，以筛选出最适宜的杨树品种进行推广应用。

（四）13个杨树品种木材物理力学性质的研究

王桂岩等（2000）用取自长清县西仓庄的10个黑杨派品种的9年生样木和3个白杨派品种的13年生样木，进行了木材物理力学性能测试。

1. 13 个杨树品种的木材物理性质

13 个杨树品种木材物理性质测试结果：全树木材心材率为 14.6%~34.1%，全树木材生材含水率为 86.2%~148.5%，基本密度为 0.286~0.379g/cm³，气干密度为 0.346~0.461g/cm³，由生材干燥至气干材所产生的体积干缩率为 8.66%~11.96%，弦向、径向干缩差异在为 1.70~3.37。

对 13 个杨树品种的木材物理性质指标进行分析比较：按全树的木材心材率，可分为两类，第一类有 I-69 杨、50 号杨、I-214 杨、中林 46 杨、卡帕茨杨、易县毛白杨、鲁毛 50 杨、窄冠白杨 3 号等 8 个品种，心材率较低，在 14.6%~20.7% 之间；第二类有中林 23 杨、中林 28 杨、中林 14 杨、西玛杨、露伊莎杨等 5 个品种，心材率较高，在 30.3%~34.1% 之间。杨树木材的心材和边材在生材含水率、材色、密度、干缩率及力学性能等方面存在较大差异，研究杨树木材的心材率对于合理制材与利用有重要意义。

按全树平均生材含水率，可分为 3 类。第一类有易县毛白杨、鲁毛 50 杨、窄冠白杨 3 号 3 个白杨品种，含水率较低，在 86.2%~96.3% 之间；第二类有中林 14 杨、中林 23 杨、中林 28 杨、露伊莎杨、西玛杨、I-69 杨、50 号杨、卡帕茨杨 8 个品种，含水率中等，在 118.2%~130.9% 之间；第三类有中林 46 杨、I-214 杨，含水率较高，为 142.5%、148.5%。白杨品种心材与边材的含水率差异小，鲁毛 50 杨、易县毛白杨的心材与边材含水率差异仅为 10% 左右。黑杨品种心材与边材的生材含水率差异显著，心材含水率高且颜色深。各品种随树干高度的增加，生材含水率呈下降趋势。

基本密度是单位生材体积的全干材重，它与木材气干密度呈正相关，也与力学强度及硬度呈正相关。对 13 个品种的全树平均基本密度进行比较，I-214 杨、中林 46 杨的基本密度最低，为 0.286g/cm³、0.307g/cm³；其他 11 个品种均比较接近，在 0.347~0.379g/cm³ 之间。除 0m 高度外，随树干高度的增加，基本密度呈增加趋势。3 个白杨品种心材与边材的基本密度接近，I-214 杨、中林 46 杨、露伊莎杨、卡帕茨杨、50 号杨的心材与边材基本密度差异也小于 10%。13 个品种的基本密度变化趋势显示，不同树高位置的差异大于心材与边材的差异。

木材气干密度是常用的木材密度指标，与木材的力学性质及工艺性质关系密切。13 个杨树品种按全树平均气干密度可分为 2 类，第一类有 I-214 杨、中林 46 杨，气干密度低，为 0.346g/cm³、0.371g/cm³；第二类包括其余 11 个品种，气干密度在 0.426~0.461g/cm³ 之间。各品种的木材气干密度在 0m 高处和 9.6m 以上处的数值较高，而在中段则较低。不同树高位置气干密度的差异以 50 号杨和西玛杨最低，为 5.33%、6.25%；中林 28 杨、鲁毛 50 杨、窄冠白杨 3 号较大，均超过 15%；其余 8 个品种中等，为 10%~15%。按木材心材与边材平均气干密度的差异可分为三类：第一类为 3 个白杨品种与 I-214 杨、露伊莎杨，差异较小，在 0.07%~3.76% 之间；第二类为中林 46 杨、西玛杨、卡帕茨杨、50 号杨，差异中等，在 4.51%~8.21% 之间；第三类为中林 23 杨、中林 28 杨、I-69 杨，差异较大，在 10% 左右（表 6-1-7）。

表 6-1-7　13 个杨树品种木材气干密度　　　　　　　　　　　　　　　g/cm³

杨树品种	试件数（个）	平均值	不同树高位置平均值及差异						心材、边材平均值及差异		
			0m	1.3m	4.8m	9.6m	上部	差异(%)	边材	心材	差异(%)
中林 14 杨	74	0.447	0.470	0.425	0.445	0.465	0.486	14.42	0.456	0.427	6.90
中林 23 杨	65	0.445	0476	0.434	0.423	0.456	0.461	12.70	0.460	0.417	10.34
中林 28 杨	47	0.435	0.478	0.427	0.404	0.441	0.445	18.12	0.452	0.405	11.62
中林 46 杨	80	0.371	0.367	0.357	0.363	0.386	0.396	10.73	0.377	0.361	4.51
露伊莎杨	69	0.430	0.441	0.410	0.433	0.388	0.444	14.26	0.417	0.417	0.07
西玛杨	79	0.428	0.439	0.418	0.417	0.434	0.443	6.25	0.442	0.409	8.21
I-69 杨	74	0.461	0.450	0.447	0.460	0.474	0.494	10.43	0.479	0.434	10.37
50 号杨	85	0.451	0.455	0.439	0.447	0.462	0.461	5.33	0.464	0.433	7.14
卡帕茨杨	64	0.442	0.472	0.417	0.426	0.452	0.442	12.99	0.451	0.428	5.38
I-214 杨	72	0.346	0.345	0.337	0.329	0.373	—	13.18	0.348	0.343	1.48
易县毛白杨	86	0.429	0.427	0.408	0.418	0.442	0.463	13.32	0.436	0.420	3.76
鲁毛 50 杨	83	0.431	0.407	0.404	0.432	0.470	0.449	16.25	0.432	0.429	0.60
窄冠白杨 3 号	84	0.426	0.425	0.400	0.411	0.465	0.432	16.31	0.421	0.435	3.53

杨树木材制材后，在由生材至气干材的干燥过程中，产生弦向、径向和体积的干缩。因不同部位木材水分含量不同、密实程度不同，导致干缩率不同和弦向、径向干缩差异不同，易使杨树木材在干燥过程中产生不同程度的开裂、弯曲、扭曲、翘曲等质量缺陷，降低木材的利用价值。因而，杨树木材干燥过程中产生的线性和体积干缩率的大小及均匀性是衡量其实木加工利用价值的重要指标。

比较 13 个杨树品种由生材至气干材的体积干缩率，可分为两类。第一类有易县毛白杨、鲁毛 50 杨、I-69 杨、中林 46 杨等 8 个品种，体积干缩率较低，在 8.66%~9.87% 之间；第二类为中林 23 杨、中林 28 杨等 5 个品种，体积干缩率较高，在 10.98%~11.96% 之间。各品种不同树高位置平均体积干缩率，随树干高度的增加呈下降趋势，这与生材含水率的变化趋势相同，而与木材基本密度的变化趋势相反。13 个杨树品种不同树高位置平均体积干缩率的差异范围在 17.28%~60.00% 之间，品种间差异较大。可分为三类：第一类包括 3 个白杨品种和中林 46 杨、中林 23 杨、中林 14 杨，差异较小，在 17.28%~25.61% 之间；第二类有中林 28 杨、I-69 杨、I-214 杨等 5 个品种，差异中等，在 30.69%~41.94% 之间；第三类有卡帕茨杨、50 号杨，差异大，为 53.42%、60.00%。

比较 13 个杨树品种木材弦向、径向干缩差异，可分为 3 类。第一类为窄冠白杨 3 号，差异小，为 1.70；第二类为鲁毛 50 杨、易县毛白杨，差异中等，差异范围 1.89~1.98；第三类为其余 10 个黑杨派品种，差异大，差异范围 2.67~3.35。各品种心材与边材的弦向、径向干缩差异相比较，中林 46 杨、中林 28 杨、I-214 杨、西玛杨、卡帕茨杨心材的弦向、径向干缩差异稍大于边材，另外 8 个品种边材的弦向、径向干缩差异稍大于心材（表 6-1-8）。

表 6-1-8　13 个杨树品种由生材至气干材的干缩率　　　　　　　　　　　　　%

杨树品种	指标	不同树高位置平均值及差异						心材、边材平均值及差异		
		0m	1.3m	4.8m	9.6m	上部	差异(%)	边材	心材	差异(%)
中林14杨	径向	2.6	2.6	3.1	2.7	2.6	19.23	2.3	3.4	47.83
	弦向	8.6	8.4	8.9	7.3	7.4	21.92	7.4	9.5	28.38
	体积	12.4	12.0	12.9	10.8	10.9	19.44	10.7	13.9	29.91
中林23杨	径向	3.2	2.8	3.0	3.3	3.9	39.29	2.9	3.6	24.14
	弦向	9.2	7.6	7.2	7.7	7.4	27.78	7.7	7.8	12.99
	体积	13.3	11.2	10.8	11.7	11.8	23.11	11.4	12.1	6.14
中林28杨	径向	3.1	2.6	2.3	3.0	3.9	69.57	2.8	2.9	3.57
	弦向	9.3	8.1	6.9	7.3	7.4	34.78	7.5	8.2	9.33
	体积	12.9	11.1	9.6	10.8	11.6	34.38	10.7	11.6	8.41
中林46杨	径向	2.2	2.1	2.4	2.3	3.1	47.62	2.1	2.8	33.33
	弦向	7.8	6.5	6.1	5.3	5.6	47.17	5.6	7.5	33.90
	体积	10.3	9.0	9.0	8.2	9.4	25.61	8.1	10.7	32.10
露伊莎杨	径向	2.9	2.5	3.4	3.0	4.0	60.00	2.4	3.8	58.33
	弦向	9.5	7.3	8.9	7.8	6.3	50.79	13.7	9.8	39.80
	体积	13.2	12.7	12.0	10.1	10.8	30.69	10.4	14.2	36.54
西玛杨	径向	3.0	2.8	2.8	3.3	2.9	17.86	2.4	3.7	54.17
	弦向	9.4	8.7	7.9	7.6	5.7	64.91	6.8	9.7	42.65
	体积	13.2	12.2	11.3	11.6	9.3	41.94	9.9	14.2	43.43
I-69杨	径向	2.5	2.6	2.3	2.6	2.2	18.18	2.3	2.7	17.39
	弦向	8.6	7.2	6.8	5.9	6.0	45.76	7.2	6.9	4.35
	体积	11.6	10.1	9.3	8.9	8.5	36.47	9.8	10.0	2.04
50号杨	径向	3.1	2.3	2.3	2.0	1.8	72.22	2.2	2.7	22.73
	弦向	8.6	6.6	6.4	6.0	5.4	59.26	6.7	6.9	2.99
	体积	12.0	9.2	9.0	8.3	7.5	60.00	9.1	9.9	8.79
卡帕茨杨	径向	2.0	2.1	2.6	2.6	2.3	30.00	2.1	2.6	23.81
	弦向	7.9	7.1	8.1	6.4	5.8	39.66	6.4	8.3	29.69
	体积	10.4	9.9	11.2	7.3	2.5	53.42	8.9	11.5	29.21
I-214杨	径向	2.5	2.3	1.8	2.4	2.0	38.89	2.6	3.4	30.77
	弦向	7.5	6.6	5.3	5.7	5.7	41.51	7.1	8.8	23.94
	体积	10.3	9.2	7.5	8.3	8.0	37.33	10.0	12.5	25.00
易县毛白杨	径向	3.0	2.8	2.9	2.9	2.6	15.38	2.7	3.1	14.81
	弦向	5.9	4.9	5.1	5.1	5.1	20.41	5.0	5.6	12.00
	体积	9.5	8.2	8.7	8.5	8.1	17.28	8.1	9.3	14.81
鲁毛50杨	径向	3.2	3.2	2.2	3.1	2.8	45.45	2.1	3.4	30.77
	弦向	5.5	5.3	5.1	5.0	4.6	19.57	4.8	5.6	16.67
	体积	9.6	9.5	8.1	8.9	8.1	18.52	8.2	9.9	20.73

(续)

杨树品种	指标	不同树高位置平均值及差异						心材、边材平均值及差异		
		0m	1.3m	4.8m	9.6m	上部	差异(%)	边材	心材	差异(%)
窄冠白杨3号	径向	3.6	2.9	3.0	3.5	3.3	24.14	3.1	3.5	12.90
	弦向	5.6	4.7	5.6	5.1	4.2	33.33	4.9	5.4	10.20
	体积	10.0	8.5	9.6	9.3	8.2	21.95	8.11	9.8	11.36

2. 13个杨树品种的木材力学性质

对13个杨树品种的木材力学性质测试结果：顺纹抗压强度在25.6~38.5MPa之间，抗弯强度在48.7~73.0MPa之间，抗弯弹性模量在7551~10885MPa之间，冲击韧性在43~74kJ/m² 之间，端面硬度在2334~3423N之间(表6-1-9、表1-1-10)。

对13个杨树品种的木材力学性质指标进行比较。按木材平均顺纹抗压强度，可分为3类，I-214杨最低，为25.6MPa，3个白杨品种和I-69杨、50号杨、卡帕茨杨较高，在35.8~38.5MPa之间，其余品种属中等，在29.7~33.5MPa之间。边材的顺纹抗压强度高于心材，3种白杨及中林46杨的心材与边材差异较小，在4.47%~7.24%之间，而I-69杨、50号杨、卡帕茨杨、露伊莎杨的差异较大，在11.28%~13.94%之间。

按木材平均抗弯强度，以3个白杨品种与I-69杨、中林23杨、露伊莎杨、西玛杨、50号杨、卡帕茨杨较高，在63.9~73.0MPa之间；I-214杨最低，为48.7MPa。13个品种心材抗弯强度明显低于边材，差异在20.0%~33.89%之间。

顺纹抗压强度与抗弯强度之和是木材强度的一项重要衡量指标。在13个品种中，以白杨品种易县毛白杨、鲁毛50、窄冠白杨3号和美洲黑杨品种I-69杨、50号杨的该项指标较高。

表6-1-9 13个杨树品种木材顺纹抗压强度　　　　　　　　　　　　MPa

杨树品种	试件数(个)	平均值	不同树高位置平均值及差异			心材、边材平均值及差异		
			0~1.3m	4.8~6.8m	差异(%)	边材	心材	差异(%)
中林14杨	56	32.0	31.2	33.0	5.68	33.6	30.5	10.47
中林23杨	58	33.5	32.8	34.3	5.05	35.1	31.9	10.00
中林28杨	34	31.8	32.4	31.3	3.40	33.0	30.2	9.38
中林46杨	55	29.7	28.4	31.2	9.54	30.3	29.0	4.47
露伊莎杨	59	33.3	31.9	34.6	8.52	34.9	31.4	11.28
西玛杨	53	32.9	30.7	34.8	13.46	34.3	31.4	9.40
I-69杨	55	35.8	34.3	25.6	8.93	37.9	34.0	11.46
50号杨	55	37.1	35.8	38.6	7.92	38.9	34.8	11.86
卡帕茨杨	48	36.3	35.2	37.3	6.04	38.6	33.9	13.94
I-214杨	58	25.6	25.4	35.7	1.86	26.8	24.3	10.19
易县毛白杨	50	37.3	37.1	37.6	1.27	38.5	36.4	4.55
鲁毛50杨	49	37.6	36.5	38.5	5.50	38.5	35.9	7.24
窄冠白杨3号	56	38.5	37.7	39.4	4.70	39.7	37.2	6.67

表 6-1-10　13 个杨树品种木材抗弯强度　　　　　　　　　　　　　　　　　MPa

杨树品种	试件数(个)	平均值	不同树高位置平均值及差异			心材、边材平均值及差异		
			0~1.3m	4.8~6.8m	差异(%)	边材	心材	差异(%)
中林 14 杨	39	59.3	58.9	59.8	15.36	63.7	53.2	20.00
中林 23 杨	44	65.7	65.7	65.8	0.17	72.5	58.3	24.22
中林 28 杨	26	60.5	65.8	55.8	17.81	67.1	51.6	30.04
中林 46 杨	41	57.6	65.8	48.0	37.26	61.9	49.3	25.46
露伊莎杨	45	65.7	63.4	68.3	8.02	71.3	57.9	23.24
西玛杨	45	63.9	62.0	66.6	7.48	70.5	55.8	26.32
I-69 杨	38	73.0	71.7	74.1	3.35	78.0	63.4	23.21
50 号杨	46	66.0	66.9	65.1	2.78	72.8	54.3	33.89
卡帕茨杨	40	67.4	68.8	66.0	4.28	72.1	59.6	21.06
I-214 杨	40	48.7	45.3	53.3	17.46	52.8	41.2	28.30
易县毛白杨	45	67.6	67.0	68.5	2.39	72.3	59.3	21.81
鲁毛 50 杨	41	66.1	62.0	69.6	12.38	72.8	58.5	24.28
窄冠白杨 3 号	52	67.0	68.4	65.5	4.37	73.6	58.6	25.59

抗弯弹性模量衡量木材受外力后，阻止变形(特别是抵抗弯曲变形)的能力。13 个杨树品种的抗弯弹性模量比较，I-214 杨、中林 46 杨、露伊莎杨、西玛杨的数值较低，在 7551~7943MPa 之间；I-69 杨、50 号杨、卡帕茨杨较高，在 10199~10885MPa 之间；其余品种的数值中等，在 8728~9512MPa 之间。心材抗弯弹性模量低于边材，13 个品种心材与边材抗弯弹性模量差异在 5.40%~45.16%之间；其中中林 46 杨、窄冠白杨 3 号、I-69 杨、中林 14 杨差异较小，在 5.4%~14.44%之间。

冲击韧性衡量木材吸收载荷的能量以抵抗破裂的能力。13 个杨树品种的冲击韧性均属中等，其中 I-69 杨、中林 23 杨的数值较高。心材的冲击韧性明显低于边材，13 个品种的心材与边材冲击韧性差异在 36.36%~85.29%之间，其中 I-69 杨、50 号杨、窄冠白杨 3 号的差异在 80%以上。

13 个杨树品种木材的硬度均属软材。但 13 个品种间端面硬度有明显差异，其中 I-214 杨、中林 46 杨、露伊莎杨较低，在 2334~2667N 之间；I-69 杨、50 号杨、中林 28 杨、鲁毛 50 杨较高，在 3030~3423N 之间；其余品种中等。心材与边材硬度的差异，以 3 个白杨品种最小，其心材与边材的硬度接近；黑杨品种的边材硬度均高于心材。

3. 13 个杨树品种木材物理力学性质的综合比较

对 13 个杨树品种的木材物理力学性质测定结果进行综合分析比较，可分为 4 类。第 1 类为 3 个白杨品种，其木材的心材含量较低，心材颜色较淡，心材与边材的物理力学性质差异较小，木材干缩率较低，木材的密度、强度和硬度较高。第 2~4 类为 10 个黑杨派品种，其木材的共同特点是：心材颜色深，心材的含水率与干缩率显著高于边材，而心材的强度、硬度显著低于边材。10 个黑杨派品种之间又存在木材物理力学性质的显著差异：第 2 类的 I-69 杨、50 号杨等，其木材心材含量较低，木材密度、强度、硬度较高；第 3 类的中林 23 杨、中林 28 杨等，其心材含量较高，木材密度、强度、硬度较高；第 4 类的中林 46 杨、I-214 杨，其心材含量较低，木材密度、强度、硬度均较低，属较典型的软材品种。杨树品种间材质的差异，影响到不同杨树品种木材利用的途径（表 6-1-11）。

表 6-1-11　13 个杨树品种按木材物理力学性质差异的分类

分类	杨树品种	心材含量	心材特征	体积干缩率	弦径向干缩差异	密度	强度	硬度	冲击韧性
第 1 类	易县毛白杨 鲁毛 50 杨 窄冠白杨 3 号	较低	心材颜色浅、含水率低，心材与边材的材质差异小	低	较小	较高	较高	较高	中等
第 2 类	I-69 杨 50 号杨 卡帕茨杨	较低	心材颜色深、含水率高，心材与边材的材质差异大	较低	较大	较高	较高	较高	中等
第 3 类	中林 14 杨 中林 23 杨 中林 28 杨 露伊莎杨 西玛杨	较高	心材颜色深、含水率高，心材与边材的材质差异大	较高	较大	较高	较高~中等	较高~中等	中等
第 4 类	中林 46 杨 I-214 杨	较低	心材颜色深、含水率高，心材与边材的材质差异大	较低	较大	低	低	低	中等偏低

三、杨树木材的化学性质

木材的主要化学成分为纤维素、半纤维素、木素，构成木材的细胞壁和胞间层。木材的次要成分有灰分、浸提物等，存在于木材的细胞腔，有时也沉积于木材细胞壁中。

纤维素属多糖类，是木材细胞壁的主要成分。杨树木材的纤维素含量占木材全量的 45%~50%。半纤维素属多糖类，是近似纤维素的物质，杨树木材含的半纤维素多为戊聚糖。杨树木材的半纤维素含量占木材全量的 20%~25%。综纤维素包括纤维素和半纤维素，杨树木材的综纤维素含量占木材全量的 70%~80%。木素是由苯基丙烷结构单元构成的天然高分子化合物，与纤维素、半纤维素共存于木材细胞壁内。在杨树木材中，木素含量在 30% 以下。

杨树木材的次要化学成分主要是浸提物，浸提物可以用水、苯、酒精、氢氧化钠等浸提。浸提物包含多种类型的有机化合物，其中常见的有多元酚类、萜类、树脂酸类、脂类等，这些物质与木材的颜色、气味、耐久性有关，对木材的物理力学性质也有一定影响。木材中的灰分包含多种矿物质，其中含量较多的有 K_2O、CaO、MgO 等。

杨树木材用于制浆造纸时，主要利用木材中的纤维素与半纤维素。纤维素是纸的主要成分。在纸浆中适当多保留一些半纤维素，能提高纸浆得率，并对打浆性能及纸张性质有好的影响。杨树木材的纤维素与综纤维素含量较高，木素与浸提物的含量较低，适于制浆造纸。

王桂岩等（1994）测试了山东的中林 46 杨、I-69 杨、八里庄杨等 8 个杨树品种木材的化学成分。这些品种木材的纤维素含量为 51.37%~57.95%，木素含量为 20.81%~26.20%（表6-1-12）。山东轻工业学院制浆造纸实验室测定了 107 号杨、鲁林 1 号杨等 6 个杨树品种的木材化学成分。这 6 个品种木材的硝酸-乙醇纤维素含量为 49.3%~51.1%，综纤维素含量为 80.82%~82.91%，酸不溶木素含量为 16.83%~18.61%；6 个品种比较，以鲁林 1 号杨木材的纤维素与综纤维素含量较高（表6-1-13）。

表 6-1-12　8 个杨树品种木材的化学成分

试材采集地	杨树品种	树龄 (a)	水分含量 (%)	灰分含量 (%)	热水抽出物 (%)	1%NaOH抽出物 (%)	苯-醇抽出物 (%)	纤维素 (%)	戊聚糖 (%)	综纤维素 (%)	酸不溶木素 (%)
定陶	中林 46 杨	6	9.91	1.02	2.58	14.12	2.10	53.97	24.31	76.88	23.83
	中林 23 杨		5.50	1.70	5.73	15.72	2.19	52.48	24.48	78.25	20.79
	中林 28 杨		6.23	0.90	3.60	17.78	2.07	57.95	25.42	75.81	24.06
	中林 14 杨		5.87	1.37	4.50	20.66	2.33	51.37	25.06	78.84	20.81
长清	I-69 杨	6	7.74	1.00	2.27	16.02	1.39	56.84			26.20
	I-214 杨		7.85	1.23	4.75	15.13	2.47	55.49			25.34
	露伊莎杨		6.41	0.82	4.38	17.83	2.00	53.13			23.68
	八里庄杨		6.28	0.94	3.47	15.21	2.43	52.14			25.22

表 6-1-13　6 个杨树品种的木材化学成分

试材采集地	杨树品种	树龄 (a)	综纤维素 (%)	硝酸-乙醇纤维素 (%)	戊聚糖 (%)	酸不溶木素 (%)	苯-醇抽出物 (%)	1%NaOH抽出物 (%)	热水抽出物 (%)	冷水抽出物 (%)	灰分 (%)	pH值	酸碱缓冲量 (mol)
莒县	107 号杨	6	81.12	50.3	22.78	17.23	1.45	20.67	3.9	3.2	0.59	6.60	5.70×10^{-5}
	L35 杨		80.82	50.5	23.16	17.89	1.51	19.67	3.5	3.5	0.50	6.41	5.62×10^{-5}
	鲁林 1 号杨		82.91	51.1	22.36	16.83	2.01	18.95	3.5	3.6	0.44	6.23	5.48×10^{-5}
宁阳	鲁林 2 号杨	6	81.54	50.5	22.89	17.46	1.94	19.67	3.8	3.0	0.76	6.67	6.10×10^{-5}
	鲁林 3 号杨		82.60	50.5	25.35	17.02	1.52	18.59	3.3	3.3	0.74	6.62	6.61×10^{-5}
	中菏 1 号杨		81.44	49.3	22.33	18.61	1.59	19.30	3.9	3.3	0.85	7.07	6.69×10^{-5}

不同树龄的杨树，其木材化学成分有所差异。陈嘉川等（2006）测定了树龄 1~7 年的窄冠黑杨 11 号木材化学成分，测试结果表明树龄对木材化学成分的影响比较明显，主要表现在：综纤维素、聚戊糖的含量随树龄增大而有所增大，至树龄 7 年时稍有降低；冷水抽出物、热水抽出物、1%NaOH 抽出物、苯-醇抽出物等，其含量随树龄增大而有明显降低。可以认为，树龄增大可改善木材的制浆性能（表6-1-14）。

表 6-1-14　不同树龄窄冠黑杨 11 号木材的化学成分　　%

木材化学成分	1 年生	4 年生	5 年生	7 年生
冷水抽出物	5.51	3.56	2.38	2.15
热水抽出物	7.24	4.98	3.77	3.27
1%NaOH 抽出物	27.73	22.99	21.38	21.07

(续)

木材化学成分	1年生	4年生	5年生	7年生
苯醇抽出物	4.23	3.72	3.58	2.69
综纤维素	74.37	79.16	80.37	79.52
酸不溶木素	22.11	21.69	22.60	21.59
酸溶木素	2.69	3.78	3.21	2.59
总木素	24.80	25.47	25.81	23.98
聚戊糖	22.41	23.62	25.83	24.92

树木的不同部位,其木材化学成分也有所差异。陈嘉川等(2006)测定了夏津县树龄4年半的三倍体毛白杨不同部位的木材化学成分,测试结果:各部位纤维素含量均在47%以上,最大值在树干梢部,树枝的纤维素含量低于树干;Klason木素含量为17.47%~20.71%,树干的含量高于树枝,树干底部的含量高于树干梢部,酸溶木素含量也是树干高于树枝;抽出物中,热水抽出物、冷水抽出物和1%NaOH抽出物的含量树枝高于树干,苯醇抽出物的含量树干高于树枝(表6-1-15)。

表6-1-15 夏津三倍体毛白杨各部位试样的化学成分　　　　　　　　%

木材化学成分	树干底部	树干中部	树干梢部	树枝	混合样
热水抽出物	4.61	4.25	3.81	5.02	3.98
冷水抽出物	3.09	2.32	2.10	2.58	2.41
苯醇抽出物	3.64	3.02	3.59	3.03	3.25
1%NaOH抽出物	16.01	15.68	15.82	17.36	15.89
酸溶木素	2.60	3.36	3.00	2.19	2.82
Klason木素	20.71	19.06	17.74	17.47	18.17
纤维素	47.68	48.18	50.48	47.58	50.15
聚戊糖	24.00	23.63	21.36	20.71	21.93
灰分	1.03	0.47	0.55	0.59	0.53

四、杨树木材的天然耐久性

木材的天然耐久性为木材对木腐菌、木材害虫及各种气候因子变化所受损害的天然抵抗能力。按照对木材造成损害的原因,又可分为木材抗腐朽的天然耐久性、木材抵抗蠹虫蛀食的天然耐久性、木材抵抗白蚁蛀食的天然耐久性等。杨树木材在潮湿的环境,易受真菌、昆虫等侵蚀,天然耐久性低。

李长贵(2000)以中林46杨、I-69杨、I-72杨、八里庄杨、易县毛白杨的成龄木材为试验对象,按《木材天然耐腐性实验室试验方法》(GB/T 13942.1—1992)和《木材天然耐久性野外试验方法》(GB/T 13942.2—1992)进行了试验。

杨树木材天然耐腐性实验室试验,选用白腐菌中的彩绒革盖菌,在温度28℃(±2℃)、空气相对湿度75%~85%的条件下,侵染木材试样12周,观察试样外形变化,并测算试样重量损失率(表6-1-16)。据GB/T 13942.1—1992,按木材试样的重量损失率划分木材耐腐等级:强耐腐,重量损失率0~10%;耐腐,重量损失率11%~24%;稍耐腐,重量损失率25%~44%;不耐腐,重量损失率>45%。试验结果:5个杨树品种木材试样的重量损失率37.44%~

56.00%，其中中林46杨、I-72杨、易县毛白杨属稍耐腐等级，I-69杨、八里庄杨属不耐腐等级。

表6-1-16 5个杨树品种受侵染木材试样的重量损失率

杨树品种	试样干重(g)	侵染后干重(g)	重量损失率(%)
中林46杨	15.83	9.55	39.67
I-72杨	14.69	8.73	40.57
易县毛白杨	21.02	13.15	37.44
I-69杨	23.98	10.55	56.00
八里庄杨	19.84	10.35	47.83

木材试样受侵染12周后，试样的几何形状均发生了变化，原来平滑规整的横截面正方形、侧面长方形，均变为不规则的四边形；在横截面上，易县毛白杨、I-69杨的试样出现细小的波纹，I-72杨、中林46杨试样的波纹更深，而八里庄杨试样横截面上出现碎块现象。

杨树木材天然耐久性野外试验，在济南市区山东省林业科学研究所楼前露天空地上进行，土壤为壤质褐土。将木材试样垂直插入土中，深度约35cm。半年后，拔出试样检验腐朽程度，评价腐朽等级。在GB/T13942.2-1992中，规定了木材试样的腐朽程度分级。其中腐朽程度最重的0级，腐朽到损毁程度，能轻易折断。当腐朽程度达到0级的试样达到60%时，试验即终止。以试验终止以前作为木材耐久年限，划分木材天然耐久性等级：强耐久等级的耐久年限大于9年，耐久等级的耐久年限6~8年，稍耐久等级的耐久年限3~5年，不耐久等级的耐久年限小于2年。

试验结果：当试验进行半年后，在对木材试样进行第一次检测时，5个杨树品种木材试样腐朽程度达到0级的数量均达到60%，试验终止；5个杨树品种的木材耐久年限均小于2年，均属不耐久等级。依试样损毁程度对5个杨树品种进行比较，易县毛白杨、I-69杨、八里庄杨的木材天然耐久性稍好，中林46杨、I-72杨的木材天然耐久性最差，这与不同品种的木材密度及力学性能有关。

杨树木材在干燥的环境中，不受真菌、昆虫侵蚀，耐久性也很好。在利用杨树木材时，应为其保持干燥的环境。若在室外或潮湿环境中使用杨木，需提前对杨木进行防腐处理。

五、杨树木材的工艺性质

木材的工艺性质是木材加工过程中与加工工艺有关的性质，将木材的基本性质与加工工艺相联系，用于指导木材加工生产，是木材性质的一个重要方面。木材的工艺性质包括木材的机械加工性能、木材胶合性能、木材干燥性能、木材浸注性能、木材的涂饰性能等。

杨树木材的材质软，容易机械加工。杨树木材锯解时，锯面光洁。刨杨木板材时，刨面有毛刺，在涂饰前需用砂纸打磨。对杨木进行手工凿和用机床凿，裂纹少，表现良好。杨树木材易钉钉，不劈裂，握钉力较好。用杨木旋切单板，单板光滑；107号杨、鲁林1号杨等黑杨品种的旋切单板无起毛现象，毛白杨的旋切单板有起毛现象。

杨树木材适合制作胶合板。杨木旋切单板的干单板，过胶性能良好。用杨木旋切单板制作的胶合板，胶合强度良好。

杨树木材密度低、具多孔性，木材容易干燥。杨树木材的边材干燥时不翘曲，开裂现象较少；而杨树的心材干燥时易产生皱缩、翘曲、开裂等缺陷。

由于杨树木材的多孔性，在木材防腐处理时防腐剂和药液容易浸入。杨树木材适于用浸渍-扩散和加压2种方法进行防腐处理。

杨树木材的涂饰性能良好，经过刨光和砂纸打磨的光滑板面，油漆容易浸润，油漆膜结合牢固。

第二节　杨树木材的加工利用

杨树木材可加工成锯材、人造板、纸与纸板等多种产品，在经济建设与人民生活中有广泛的用途。

一、锯材

(一)锯材的加工

原木经锯解，加工成锯材。锯材有多种分类：按形状分类，分为整边锯材、毛边锯材、板材、方材；按成材在断面的位置，分为心板、半心板、边板；按切面方向分类，分为径切板、弦切板；按用途分类，分为普通用材和特殊用材。

锯材的生产工艺有原木保管、原木的准备与检测处理、原木锯解、锯材保管等工序。原木锯解是锯材生产的中心环节。

制材的工艺类型有以带锯为主机的工艺类型，以圆锯为主机的工艺类型、以削片-制材机为主机的工艺类型等。山东的制材企业多采用以带锯为主机的制材工艺类型，一般是以大带锯剖材，小带锯与圆锯剖分，圆锯裁边和截断。这种制材工艺类型的优点是：可锯割大径原木、不规则原木和有缺陷原木；能够看材下锯，合理制材，提高产品出材等级和出材率。锯解时，根据原木的尺寸与质量条件，锯材的规格与质量要求，锯解设备和工艺设计，合理安排锯口位置，准确下锯，以获得最大的出材率。

(二)杨树锯材的应用

根据杨树的木材性质，杨树锯材适于家具、民用建筑、包装等用途。用于制作家具的杨树锯材，要选用材质较好、木材缺陷少的优良板方材。用于民用建筑的杨树锯材，也应选用材质较好的板方材。包装用材可用质量较差的杨树板材。

杨木的材质软，容易机械加工，适于制作一些硬损不严重场合下使用的家具。与一些优良的家具用材如红松材、水曲柳材等相比，杨树木材的密度与强度较低，木材尺寸稳定性较差，在机械加工时可产生毛刺、裂纹等缺陷。为了提高杨木家具的质量，应选择适宜的杨树品种的木材，采取良好的木材处理和加工制作工艺。山东栽培的杨树中，部分毛白杨、窄冠白杨与美洲黑杨品种的木材密度与强度较高，尺寸稳定性较好，适于用作家具材。对锯解后的杨木板方材，要进行良好的干燥处理；对于心材与边材的材质差异，可将心材与边材分别制材与应用，选用边材制家具；应用优良的机械加工设备，减少机械加工中出现的缺陷；对刨面出现的毛刺用砂纸打磨光滑，再配合适宜的油漆工艺；采用以上技术，可用杨木生产出质量较好的家具。

在民用建筑方面，如果不受风吹、雨打，而且不会受到太大的力学应力（静曲、侧压、冲击、摩擦等），杨树锯材是一种良好的建筑材料。杨木锯材可用于农村建筑的房屋构架与房顶，以及门窗、隔墙、室内装配件等，有较广泛的应用。杨木用于房屋构架与房顶时，应选择木材密度与强度较高的杨树种类，如部分毛白杨、窄冠白杨、美洲黑杨的优良品种，以及中林23杨等欧美杨品种的木材。而I-214杨、I-72杨、中林46杨等典型的软材品种，木材强度过低，不宜使用。

杨树木材纹理直，冲击韧性中等，减震性能好，易钉钉，无异味，是良好的包装材料，适于制作各种工业产品的运输、贮存用包装箱。

（三）改性杨木板材

木材的改性处理，是应用化学的方法或物理与化学相结合的方法，改变木材的物理力学性质，使其符合使用要求。某些化学改性剂的加入，还能提高木材的耐腐性。木材改性处理是克服速生材的质量缺陷，提高其利用价值的有效途径。

杨木改性处理是针对杨木材质软、尺寸稳定性较差等问题，采用适宜的有机物单体或低聚体作改性剂，浸渍（或浸渍并加压）杨木板材，经加热干燥固化，生产出杨木改性板材。杨木改性材的生产工艺流程为：杨树原木→湿板材→气干板材→板材用改性剂浸渍（或浸渍并加压）处理→吸取改性剂的板材→加热干燥固化→杨树改性板材。

研制适宜的杨木改性剂是生产改性杨木板材的关键技术之一。优良的杨木改性剂应符合以下要求：原料易得且价格低；改性剂溶液经长期放置后仍稳定，能循环使用；改性剂分子量小，溶液黏度低，能较均匀地进入杨木细胞壁；改性剂固化温度较低，以免降低杨木力学强度；改性剂溶液应是弱酸性或弱碱性，以避免强酸、强碱性介质对木材纤维的损伤；改性剂分子与杨木的CH_2OH基团易发生缩合反应且稳定，改性剂分子间应形成立体形化学结合，固化物本身有较高硬度和不溶性。王桂岩（2000）在杨木改性试验中配制合成了5种水溶性改性剂，对其生产工艺条件和改性材的性状进行比较，从中选出一种改性机理类似于酚醛树脂胶的良好木材改性剂，其价格低，水溶性，可循环使用，杨木改性材的物理力学性质优良。

杨木改性处理的工艺条件主要有浸渍处理的板材含水率、改性剂溶液浓度、浸渍时间、堆放均匀时间，加压处理时的压力、加压时间、常压吸液时间，干燥固化处理的温度、时间等。要通过杨木改性处理试验，研究改进杨木改性的生产工艺。

杨木改性材的密度、硬度、强度均有明显提高，木材的阻湿率、抗胀缩率显著提高，尺寸稳定性好，改性材的耐腐性也有提高。杨木改性材适于制作家具、门窗、室内装修材料等。

二、人造板

木材经机械加工分离成各种形状的单元材料（单板、板条、薄木、刨花、纤维等），再经组合压制而成的各种板材统称人造板。人造板以胶合板、刨花板、纤维板3类产品为主。人造板可以克服木材的变形、节疤、不规则纹理等缺陷，提高木材利用价值和木材利用率。

（一）胶合板

胶合板是由原木旋切成单板，或由木方刨切成薄木，再由胶黏剂胶合而成的三层或多层板状材料，通常用奇数层单板，并使相邻层单板的纤维方向互相垂直。胶合板是家具常用材料，也可供建筑装修、船舶、车辆和包装箱等用途。

胶合板的生产工艺有木段准备、制单板、单板干燥及加工、单板涂胶与组坯、板坯胶合、毛边板的加工等工序。胶合板成品的质量要求与分级主要依据板面上可见的材质缺陷，胶合板的加工缺陷，以及胶合强度等。

胶合板用材一般以树干高大、通直、圆满、少节，木材产量高的树种为宜；要求材质均匀、软硬适中、旋切不起毛，单板干燥时翘曲变形小，涂胶时不易透胶。按照国家标准 GB/T15779-2017《旋切单板用原木》的规定，原木检尺长 2.0m、2.6m、4.0m、5.2m、6.0m，检尺径自 14cm 以上，并对各种木材缺陷有较严格的材质指标，杨木是旋切单板用原木的适用树种之一。

杨树木材适于制作胶合板，其主要优点是：杨木的材质软，生材含水率高，不需蒸煮或冷水浸泡就容易旋切；杨木颜色浅，单板光洁；杨木单板容易干燥，干燥时翘曲变形较小；干单板容易涂胶；胶合性能良好。用杨木制作胶合板时，可以用杨木单板作芯板，柳桉等木材的单板作表板、背板；也可以生产全杨木胶合板。

在山东，欧美杨与美洲黑杨优良品种的用材林树干高大、生长快、产量高，山东的杨树胶合板用材林主要栽培黑杨派优良品种。姜岳忠、董玉峰等(2008)在杨树良种选育研究工作中，由莒县、宁阳县的 6 年生杨树试验林中，采集鲁林 1 号杨、鲁林 2 号杨、鲁林 3 号杨、107 号杨、L35 杨、中菏 1 号杨等 6 个黑杨品种的木材样品，委托天康木业有限公司制作胶合板。经质量检验单位检验：6 个杨树品种旋切的鲜单板板面光滑，无起毛现象；鲁林 1 号杨、鲁林 2 号杨、鲁林 3 号杨、L35 杨的单板质地上等，107 号杨、中菏 1 号杨的单板质地中上等。6 个杨树品种的单板干板，边部裂缝 2.15~8.63 个/m^2，翘曲度为微翘，过胶性能良好，单板干板质地良好。制作三合板的芯板用 6 个杨树品种的单板，厚度 1.7mm，表板用马来西亚的"普克拉"木，厚度 0.54mm，用脲醛树脂胶双面涂胶，热压。制成的胶合板胶合强度与含水率均达到国家标准《胶合板》(GB/T 9846)中Ⅲ类胶合板的要求，无裂缝和鼓泡分层，产品的各单项指标均合格(表 6-2-1、表 6-2-2、表 6-2-3)。

表 6-2-1 6 个杨树品种木材的旋切性能与鲜单板质量

测试项目	鲁林 1 号杨	鲁林 2 号杨	鲁林 3 号杨	中菏 1 号杨	L35 杨	107 号杨
手感硬度	偏软	偏软	偏软	偏软	偏硬	偏软
起毛情况	无	无	无	无	无	无
光滑度	光滑	光滑	光滑	光滑	光滑	光滑
单板质地	上等	上等	上等	中上等	上等	中上等
边材颜色	白色	白色	白色	白色	白色	花白色
湿心材颜色	青白色	青白色	青白色	青白色	青灰色	青色
是否有应拉木	无	无	无	无	无	无
是否有针状节	少有	少有	少有	稍有	少有	少有
综合评价	旋切性能好，旋切鲜单板质地优良					

表 6-2-2　6 个杨树品种单板干板特点和胶合性能

测试项目	鲁林 1 号杨	鲁林 2 号杨	鲁林 3 号杨	中菏 1 号杨	L35 杨	107 号杨
边部裂缝(个/m^2)	2.15	3.44	3.50	4.14	3.50	8.63
单个缝最大宽度(mm)	1.5	1.0	1.5	2.0	1.5	2.5
单个缝最大长度(mm)	100	125	120	230	125	250
翘曲度	微翘	微翘	微翘	微翘	微翘	微翘
边材颜色	白色	白色	白色	白色	白色	白色
心材颜色	灰褐色	灰褐色	灰褐色	红褐色	灰褐色	红褐色
过胶性能	良好	良好	良好	良好	良好	良好
综合评价	单板干板质地良好，作胶合板材性能优良					

表 6-2-3　6 个杨树品种的胶合板质量

测试项目		标准值	鲁林 1 号杨	鲁林 2 号杨	鲁林 3 号杨	中菏 1 号杨	L35 杨	107 号杨
含水率(%)		6~14	11.25	10.85	11.01	12.83	11.54	11.66
胶合强度	平均木材破坏率(%)	—	5	4	5	4	4	6
	单个试件强度(MPa)	≥0.70	0.893	0.867	0.852	0.842	0.836	0.756
裂缝长度(mm)		≤400	无	无	无	无	无	无
鼓泡分层		—	无	无	无	无	无	无

(二)细木工板

细木工板是以木条拼接组成板芯，两面覆盖一层或两层单板，经胶压而成的一种特殊胶合板。内层单板对外观质量要求不高，一般多用杨木单板，其纤维方向与板芯纤维方向垂直；外层单板多用柳桉等优质单板。板芯用材常用杨木，可由小径木、木板条、短材等加工而成。

细木工板的制造工艺为：将板芯的原料经过纵剖、干燥、刨光、横截等工序，加工成拼板木条，再拼接为板芯，木条之间的拼接多用胶拼。制细木工板的单板和板芯的组坯、胶合、锯边、砂光等工序类似胶合板的生产工序，细木工板的板边还要经封边处理。细木工板的质量要求有规格尺寸、外观质量(包括板面的材质缺陷与细木工板的加工缺陷两类)、板子的物理力学性能。

生产细木工板可充分利用小径材及加工剩余物等制作板芯，生产技术较简单，成本较低，可生产出外表美观、性能良好的结构板材。细木工板比实木板材的稳定性好，强度较高，容易加工，握螺钉力好，吸音、隔热。细木工板用于家具制造、室内装修以及车厢等。

(三)单板层积材

单板层积材是由厚单板沿顺纹方向层积组坯，热压、胶合而成的一种用材。生产单板层积材能利用杨树等速生树种的中径原木，其产品可代替大径级原木锯制的大规格锯材使用。

单板层积材的生产工艺与制作胶合板相近，其工艺流程有旋切单板、剪切、干燥、齐边、涂胶、配板、热压。生产单板层积材在单板厚度、组坯、热压等方面与制作胶合板技术有差别。单板层积材用的单板厚度较大，一般为 3~4mm。单板顺纹组坯，层数不限，配坯时单板合理接长，可生产长 2~6m、厚度 20~400mm 的层积材。单板层积材的热压一般应用高频介质加热法，加热时间短，压制的板子层数不受限制。

与实木相比，单板层积材的密度、强度与同树种的锯材相当。而单板层积材具有结构均匀，能使锯材存在的疤节、交错纹理、裂纹等缺陷随机分布于单板之间，尺寸稳定性好，机械加工性能良好等优点，其规格多样，可生产大尺寸的板材。单板层积材可代替优质锯材用于建筑木结构、门窗、家具、车厢等多种用途。

(四)纤维板

纤维板是以木质纤维或其他植物纤维为原料，施加脲醛树脂或其他适用的胶黏剂，经热压制成的人造板。因生产方法与工艺的不同，纤维板的种类较多。按产品密度分类，分为软质纤维板(密度小于 $0.4g/cm^3$)，中密度纤维板(密度 $0.4~0.8g/cm^3$)，硬质纤维板(密度大于 $0.8g/cm^3$)。按板坯成型工艺，主要有以水为介质，纤维悬浮于水中输送和成型的湿法纤维板；以空气为介质，纤维悬浮于空气中输送及成型的干法纤维板。按后期处理方法，分为普通纤维板、特种功能纤维板(油处理、防水处理、防火处理、表面装饰处理等)。

制造纤维板的用材通常使用小径原木，枝桠材、造材剩余物、加工剩余物、回收的旧木材等均可用于纤维板的生产。木材原料的性质，包括纤维形态、化学成分、吸湿率等，对纤维板的强度、耐水性和膨胀干缩率有较大影响。杨树速生，木材产量高，杨木化学组成中的纤维素含量较高，是良好的纤维用材。在山东，杨树木材是生产纤维板的主要木材原料之一。一般针叶树的木材纤维优于阔叶树，在使用杨木制纤维板时，可与针叶树的木材纤维原料搭配使用，有利于提高纤维板的质量。

纤维板的生产工艺主要有湿法和干法两种。湿法纤维板生产的工艺流程为：原料→削片→纤维分离(先热磨，后精磨)→浆料贮存及处理→成型→热压→后期处理。干法纤维板生产的工艺流程为：原料→削片→热磨→施胶→干燥→预压→热压→后期处理。纤维板产品的质量要求与产品等级质量指标，包括外观质量、尺寸偏差、物理力学性能，以及干法纤维板的游离甲醛释放量等。

纤维板具有材质均匀、纵横强度差别小、不易开裂等优点，用途广泛。纤维板的缺点是：背面有网纹，吸湿后可翘曲变型，硬质纤维板钉钉困难且耐水性差，干法纤维板虽避免了某些缺点但生产成本较高。不同种类的纤维板，其性能和用途有所差别。普通纤维板广泛用于建筑装修、家具、车辆、船舶、包装等领域。中密度纤维板的尺寸稳定性和机械加工性能良好，且可进行表面二次加工，是生产板式家具和建筑内装修的良好材料。软质纤维板为良好的隔音、隔热材料。20世纪80年代以前，山东主要生产湿法硬质纤维板，其产品为一面光滑且厚度较薄，用途有限，而且污水处理困难，后来已逐步停产。干法中密度纤维板的性能优良、用途广泛、生产技术成熟，20世纪90年代以后在山东发展迅速。

(五)刨花板

刨花板又称为碎料板、颗粒板，是由木材或其他木质纤维素材料制成一定形状或大小的刨花或碎料，施加胶黏剂后，经热压制成的一种人造板。因刨花板的加工方法、刨花原料及形态、层数等的不同，刨花板有多种产品种类。按加工方法，分为平压法刨花板、挤压法刨花板、辊压法刨花板。按刨花形态，分为普通刨花板、大片刨花板、华夫刨花板。按层数分类，分为单层均质刨花板、单层渐变刨花板、三层刨花板、五层刨花板。按产品密度，分为低密度($0.25 \sim 0.45 g/cm^3$)、中密度($0.45 \sim 0.60 g/cm^3$)、高密度($0.60 \sim 1.30 g/cm^3$)，但通常是$0.6 \sim 0.7 g/cm^3$的刨花板。按用途分，分为一般用途刨花板、表面装饰基材刨花板、建筑用刨花板、特殊用途刨花板等。

在各种人造板中，刨花板对原料的要求较低。间伐材、小径木、枝桠材、采伐和造材剩余物、木材加工剩余物等均可用于生产刨花板。杨树木材密度低、材色浅，可以制成密度较低、强度较高、面色浅的刨花板，是制作刨花板的较理想原料。在山东，杨木是制作刨花板的主要木材原料之一。为提高刨花板的产品质量，要保证刨花有一定的形态，要防止将过多的树皮掺入原料中。

刨花板的生产工艺因原料种类和加工方法而有区别。山东一般用平压法(以垂直于板面方向热压)生产木质刨花板，其主要工艺流程为：原料→刨花制备→刨花干燥→刨花分选→施胶搅拌→板坯铺装→预压→热压→裁边→砂光→分等入库。其中关键工艺为热压，要有适当的含水率、热压压力、温度、时间。

刨花板产品的质量要求有外观指标、规格偏差、理化性能三个方面，包括：产品的厚度及厚度偏差、幅面尺寸及偏差，产品的胶合强度、含水率、密度、静曲强度、吸水厚度膨胀率、游离甲醛释放量，产品的可切削性、可胶合性、油漆涂饰性等。

刨花板的结构较均匀，物理力学性能和机械加工性能良好，可涂饰和进行二次加工，吸音和隔音性能良好，且成本较低。主要用于家具制造、建筑、车厢制造等。刨花板的缺点是：边缘粗糙，容易吸湿，制作家具时封边工艺很重要；刨花板的容积较大，制作的家具比较重。

三、制浆造纸

纸和纸板在工业生产和人民生活中有广泛的应用。按纸的用途，分为印刷用纸、办公文化用纸、工业用纸、包装用纸、生活用纸等类别。纸板分为包装用纸板、建筑用纸板、工业技术用纸板、装饰用纸板等。

(一)造纸用木材原料

造纸应用植物纤维原料，其中木材是主要的造纸原料。适于造纸的用材树种，要求其林木速生丰产，有较大的造林面积和木材产量；木材色浅，容易加工处理，木材纤维较长且长宽比大，壁腔比较小，纤维素含量高，木素和抽出物含量较低。适于造纸的针叶树种主要有松树、落叶松、云杉、冷杉等，木材纤维长，可制造强度高的纸张。适于造纸的阔叶树种主要有杨树、桦木、桉树等。造纸材是一种纤维用材，多使用小径级的原木。《造纸用原木》(GB/T 11717—2018)规定：造纸用原木的检尺长$1 \sim 4m$，检尺径自$4cm$以上。

杨树速生丰产，木材产量高；杨木色浅，木材的密度和硬度低，容易加工；杨木的纤维素含量较高，木素和抽取物含量较低；杨木的纤维平均长度一般为$0.9 \sim 1.1mm$，达到造纸原料的中级纤维长度($0.9 \sim 1.6mm$)要求，纤维长宽比大于30，纤维壁腔比较小，纤维的柔软交织性能良好。杨树木材适于化学机械法制浆，也适于机械法和化学法制浆，制浆的浆得率、白度、强度可以兼顾，是一种良好的造纸原料。杨树的木材纤维长度不如针叶树木材，为了提高成纸的强度等性能，可在造纸时用杨树木浆与针叶树木浆配抄。在山东栽培的杨树中，黑杨派品种用材林的造林面积大，木材产量高，是重要的造纸原料；白杨派品种林木的心材含量较低，木材的初始白度较高，木材纤维较长，适于制浆造纸，但其林木生长速度和木材产量一般不如黑杨派品种。

(二)木材制浆工艺

木材制浆是由木材纤维原料分离出纤维而得到纸浆的过程。木材制浆主要有机械法、化学法、化学机械法三种制浆方法。

1. 机械法制浆

利用机械方法磨解短木段或木片制成的纸浆为机械浆。杨树木材的材质软，适于机械法制浆。机械法制浆时，用机械摩擦力作用并产生热量，辅以水力作用，松弛木纤维间的结合力，将原料切割、撕裂成纤维或纤维束。其工艺流程为：原木去皮、锯断→削制木片→预热处理→磨浆→浆料筛选→净化和浓缩→漂白。

机械法制浆的优点是：纸浆得率高，一般在90%以上；生产过程中不用化学药品，对环境的污染轻；生产设备不复杂，生产过程连续，生产成本低；成纸的不透明度高，纸张软而平滑，吸收性能好。机械木浆的缺点是非纤维素组分的含量高，成纸强度低，生产的纸张容易发黄变脆。

机械木浆分白色机械木浆和褐色机械木浆。制褐色机械木浆时，原料先在蒸煮罐内蒸煮。杨树的白色机械木浆，成纸强度较低，可用于配抄文化用纸，也可用于生产纸板。杨树的褐色机械木浆，成纸强度较高、颜色深，多用于生产包装纸和纸板。

2. 化学法制浆

木材化学法制浆是用化学药品分离木材纤维得到纸浆的方法，有硫酸盐法、酸性亚硫酸盐法、烧碱法等。用化学药品水溶液蒸煮木片，将木素和提取物溶出，尽量保留纤维素，并适当保留半纤维素，使纤维彼此分离成浆。其工艺流程为：原木去皮、锯断→削制木片→药液蒸煮→洗涤→浆料筛选→漂白。

采用化学法制浆，成纸强度高，可抄造各种档次高的纸张。其缺点是浆得率低(50%左右)，化学药品耗量高，废水污染较严重，生产技术较复杂，生产成本高。

王桂岩等(1994)在6年生杨树试验林中，采集I-214杨、露伊莎杨、中林46杨、中林23杨、I-69杨的木材试样，用硫酸盐-蒽醌法制浆试验。试验结果：得浆率49.80%~52.30%；纸浆易漂白，漂白浆白度68.4%~72.7%；未漂浆成纸的裂断长超过8000m，成纸强度较好。制得的纸浆能够抄造各种文化用纸和用作本色或半漂强力纸种的骨架浆(表6-2-4)。

表6-2-4 5个杨树品种木材硫酸盐-蒽醌法制浆的浆料性能

杨树品种	打浆度 (°SR)	白度 (%ISO)	裂断长 (km)	撕裂指数 ($mN \cdot m^2/g$)	耐破指数 ($kPa \cdot m^2/g$)
I-214杨	40	69.9	8.36	8.25	6.35
露伊莎杨	40.5	68.4	8.14	9.67	6.09

(续)

杨树品种	打浆度 (°SR)	白度 (%ISO)	裂断长 (km)	撕裂指数 (mN·m²/g)	耐破指数 (kPa·m²/g)
中林46杨	40	71.8	8.30	8.62	6.50
中林23杨	40	72.7	8.52	11.67	6.15
I-69杨	41	71.1	8.20	9.86	5.64

陈嘉川等(2006)用1~7年生不同树龄的窄冠黑杨11号木材作原料,用Soda-AQ法(烧碱-蒽醌法)制浆试验。试验表明:Soda-AQ法细浆得率随树龄的增大而升高,相应制浆碱耗和木耗降低。对未漂浆的手抄片进行强度性能检测,撕裂指数、断裂长等指标也随树龄增加而增大(表6-2-5,表6-2-6)。

表6-2-5　不同树龄窄冠黑杨11号木材Soda-AQ法蒸煮结果

测试指标	1年生林木制浆	4年生林木制浆	5年生林木制浆	7年生林木制浆
粗浆得率(%)	46.99	49.93	51.08	53.80
细浆得率(%)	45.38	48.35	49.64	52.38
筛渣率(%)	1.61	1.58	1.44	1.42
细浆硬度(Kappa值)	21.80	21.49	22.05	21.78
残碱(以Na_2O计)(g/L)	12.58	13.46	14.23	14.44
碱耗(t/t浆)	0.441	0.414	0.403	0.382
木耗(m^3/t浆)	—	5.303	5.139	4.714

表6-2-6　不同树龄窄冠黑杨11号木材Soda-AQ法制浆手抄片性能

测试指标	1年生林木制浆	4年生林木制浆	5年生林木制浆	7年生林木制浆
打浆度(°SR)	44.1	46.2	45.5	44.8
紧度(g/cm^3)	0.599	0.603	0.612	0.597
白度(%ISO)	30.7	29.6	28.4	28.9
耐折度(次)	762	670	1207	1189
裂断长(km)	5.32	5.41	5.71	5.56
撕裂指数(mN·m²/g)	7.28	8.06	8.24	9.39

3. 化学机械法制浆

用化学法和机械方法相结合,制成的纸浆为化学机械浆。按使用的药液,又分为冷碱法、中性亚硫酸盐法、碱性亚硫酸盐法等。

生产化学机械浆先用药液对木片或短木段进行浸渍或蒸煮处理,使木纤维充分润胀,并溶出少量木素、半纤维素及大量抽出物;然后用机械的方法进行磨解,使木纤维分离成浆。一般的工艺流程为:原木去皮、锯断→削制木片→药液浸渍→蒸汽处理→机械磨解→浆料筛选→净化和浓缩→漂白。

化学机械浆与化学浆相比,其优点是浆得率高,一般在85%~90%,化学药品用量和生产成本较低,成纸的松厚度高、挺度好、不透明度大;缺点是单位能耗较高,成纸的强度与外观比化学浆差。化学机械浆与机械浆相比，纸浆的质量有所提高，适于用阔叶树木材制浆。由于化学机械浆的优点，近年来阔叶树木材的化学机械法制浆得到迅速发展。

在山东，黑杨派杨树品种用材林生产的木材是重要的造纸原料，黑杨派杨树品种的用材适于化学机械法制浆。姜岳忠等（2008、2014）从莒县、宁阳、长清等地的6年生杨树试验林中，采集107号杨、L35杨、中菏1号杨、鲁林1号杨、鲁林2号杨、鲁林3号杨、鲁林9号杨、鲁林16号杨等黑杨派品种的试材，委托山东轻工业学院制浆造纸省级重点实验室进行APMP制浆试验。APMP制浆即碱性过氧化氢机械法制浆，是一种新的高得率化学机械浆制浆方法。制浆时先用化学药品NaOH、H_2O_2、螯合剂（EDTA或DTPA）、保护剂（Na_2SiO_3和$MgSO_4$）进行预处理，除去木片中少量半纤维素和木素，软化了胞间层，然后再用盘磨机处理，磨解软化后的木片，使纤维分离成浆。该方法将制浆和漂白相结合，制浆的同时完成漂白过程，简化了制浆程序。试验的工艺流程为：木片洗涤→热水预浸渍（代替工厂中的预汽蒸）→一段挤压疏解→一段化学处理→二段挤压疏解→二段化学处理→磨浆（三段磨浆）→消潜→抄片→检测。试验的化学处理采取了3种工艺条件（表6-2-7）。

表6-2-7 APMP制浆试验化学处理的工艺条件

工艺条件	段数	NaOH (%)	H_2O_2 (%)	Na_2SiO_3 (%)	$MgSO_4$ (%)	EDTA (%)	时间 (min)	温度 (℃)	液比
1	一段	2.2	2.0	1.0	0.2	0.2	50	75	1.4
	二段	2.0	2.0	2.0	0.3	0.3	60	70	1.4
2	一段	2.2	2.0	1.0	0.2	0.2	50	75	1.4
	二段	3.0	3.0	2.0	0.3	0.3	60	70	1.4
3	一段	3.3	3.0	1.0	0.2	0.2	50	75	1.4
	二段	3.0	3.0	2.0	0.3	0.3	60	70	1.4

试验结果：8个黑杨派品种的木材，在适宜的化学药品用量下，均能制得具有较好性能的APMP浆，浆得率均在82%以上。3种化学处理的工艺条件比较，以工艺条件3所得纸浆的性能较好。8个杨树品种的制浆造纸性能相近，以鲁林1号杨、鲁林2号杨较好。这些黑杨品种木材制得的APMP浆适合配抄各种中高档文化用纸（表6-2-8）。

表6-2-8 8个杨树品种木材在3种工艺条件所得APMP浆料性能

杨树品种	NaOH/H_2O_2 (%)	打浆度 (°SR)	定量 (g/m^2)	白度 (%ISO)	紧度 (g/cm^3)	裂断长 (km)	抗张指数 (N·m/g)	撕裂指数 (mN·m^2/g)	耐破指数 (kPa·m^2/g)	不透明度 (%)	光散射系数 (m^2/kg)
鲁林1号杨	4.2/4.0(1)	48.0	65.1	76.2	0.41	1.94	19.03	2.25	0.94	85.7	45.63
	5.2/5.0(2)	48.0	68.0	76.9	0.43	2.70	26.47	2.80	1.19	85.8	43.95
	6.3/6.0(3)	42.5	67.9	77.7	0.44	3.41	33.42	4.13	1.65	82.7	38.51
鲁林2号杨	4.2/4.0(1)	52.0	65.1	76.6	0.38	1.68	16.48	1.82	0.82	85.4	46.80
	5.2/5.0(2)	47.0	65.5	77.9	0.41	2.33	22.83	2.81	1.26	82.6	41.38
	6.3/6.0(3)	46.0	62.3	79.8	0.43	3.40	33.35	4.25	1.98	79.3	38.44

(续)

杨树品种	NaOH/H$_2$O$_2$ (%)	打浆度 (°SR)	定量 (g/m^2)	白度 (%ISO)	紧度 (g/cm^3)	裂断长 (km)	抗张指数 (N·m/g)	撕裂指数 (mN·m^2/g)	耐破指数 (kPa·m^2/g)	不透明度 (%)	光散射系数 (m^2/kg)
鲁林 3 号杨	4.2/4.0(1)	45.0	64.2	75.7	0.36	1.18	11.58	1.60	0.68	83.8	44.28
	5.2/5.0(2)	46.0	62.9	76.2	0.37	2.02	19.82	1.89	0.90	83.2	43.17
	6.3/6.0(3)	48.0	63.5	77.5	0.45	3.28	32.18	3.15	1.71	79.2	37.00
L35 杨	4.2/4.0(1)	41.0	65.2	76.5	0.46	1.33	13.05	1.76	0.69	85.9	47.61
	5.2/5.0(2)	43.5	67.1	77.6	0.38	2.01	19.72	2.29	0.95	85.4	45.87
	6.3/6.0(3)	47.0	66.4	77.7	0.44	3.54	34.68	3.74	1.63	82.3	39.81
107 号杨	4.2/4.0(1)	45.0	61.0	77.3	0.38	2.08	20.40	2.07	0.91	83.0	44.91
	5.2/5.0(2)	41.0	62.3	78.6	0.41	2.46	24.13	2.81	1.25	81.7	42.50
	6.3/6.0(3)	46.0	63.5	79.7	0.43	3.53	34.61	3.82	1.66	80.9	40.77
中菏 1 号杨	4.2/4.0(1)	47.0	63.0	77.3	0.39	2.37	23.25	2.36	1.05	83.5	45.52
	5.2/5.0(2)	41.0	65.3	78.6	0.41	2.54	24.92	2.99	1.27	82.6	43.29
	6.3/6.0(3)	46.0	65.1	79.2	0.43	3.22	31.59	3.04	1.70	80.5	39.46
鲁林 9 号杨	4.2/4.0(1)	47.0	64.1	75.2	0.40	1.84	18.02	2.15	0.96		
	5.2/5.0(2)	46.0	67.0	75.9	0.41	2.60	25.46	2.60	1.29		
	6.3/6.0(3)	43.5	66.9	76.7	0.43	3.31	32.41	4.03	1.65		
鲁林 16 号杨	4.2/4.0(1)	46.0	64.1	75.2	0.40	1.74	18.02	2.05	0.95		
	5.2/5.0(2)	45.0	66.0	75.9	0.42	2.60	25.45	2.60	1.19		
	6.3/6.0(3)	42.5	67.9	76.7	0.43	3.31	32.41	4.03	1.55		

注：NaOH/H$_2$O$_2$ 表示两段化学处理 NaOH 的总用量和 H$_2$O$_2$ 的总用量。(1)为采用化学处理条件 1 时的用量；(2)为采用化学处理条件 2 时的用量；(3)为采用化学处理条件 3 时的用量。

刘国兴等(2003)采集窄冠黑杨 1 号、窄冠黑杨 2 号、窄冠黑杨 11 号、窄冠黑白杨的木材试样，委托山东轻工业学院进行 APMP 制浆试验。4 个杨树品种木材 APMP 法制浆的浆得率大于 85%；所测试的各项浆料性能指标良好；4 个品种之间比较，以窄冠黑杨 11 号和窄冠黑白杨的浆料性能较好(表 6-2-9)。

表 6-2-9　4 个窄冠杨树品种木材 APMP 浆料性能

杨树品种	紧度 (g/cm^3)	白度 (%)	裂断长 (km)	撕裂指数 (mN·m^2/g)	耐折度 (次)	耐破指数 (kPa·m^2/g)
窄冠黑杨 1 号	0.40	76.8	3.50	4.03	4	1.64
窄冠黑杨 2 号	0.42	75.8	4.05	4.36	7	2.06
窄冠黑杨 11 号	0.46	77.2	5.08	5.37	16	2.26
窄冠黑白杨	0.45	77.1	5.23	5.22	14	2.53

(三)造纸工艺

从纸浆到成纸，需要先对浆料进行加工处理，然后在造纸机上抄纸。其工艺流程为：打浆→加调料→净化筛选→铺装成型→初步脱水→压榨→干燥→压光→卷纸。

打浆是通过打浆设备对浆料中的纤维产生挤压、摩擦、剪切等作用，使纤维发生变化，以适应成纸质量和纸机抄造的要求。加调料包括施胶、加填料、染色等几项工艺。施胶可使纸或纸板获得抗水、抗油、抗印刷油墨等流体渗透的性能，广泛使用的胶黏剂是白色松香胶。加填料可提高纸张的不透明度、亮度、纸面平滑度，降低纸张的吸湿性和变形程度，普通纸张可填加滑石粉，质量要求高的纸张可填加二氧化钛。染色使纸张具有所需的色泽，可选用适宜的色料。净化和筛选是除去浆料中的杂质，并将浆料制成均匀分散的纤维悬浮液的工艺过程。

抄纸过程在长网造纸机或圆网造纸机上完成。造纸机由网部、压榨部、干燥部、压光机、卷纸机组成。将加工处理后的浆料在造纸机的网部铺装成型，并初步脱水；在压榨部进一步挤压脱水，并对湿纸页进行整饰；在干燥部将纸页烘干，成为干度为92%~95%的纸幅；经压光机处理，提高纸页的紧度、平滑度、光泽度；最后由卷纸机将纸页卷成成品。

四、杨树木材的综合利用

杨树是山东木材产量最高的用材树种，杨树木材适于工业加工利用。为了提高木材利用率和经济效益，需要发展杨树木材多层次、多种产品的综合加工利用，产品可供经济建设和人民生活的多方面用途。

杨树木材的全树利用，对不同径级的杨树林木，杨树干材的不同部位，以及枝桠材等，进行全树木质的充分利用。杨树木材的合理利用，按照不同产品对木材规格、质量的要求，量材加工，物尽其用。进行杨树木材多层次加工利用，提高木材产品的性能和利用价值。

在杨树用材林集中的地区，合理布局各类木材加工企业。木材加工企业要有一定的生产规模，发挥设备的生产能力，并能提高原料的利用率。大型木材综合加工企业可以配套生产胶合板、细木工板和纤维板、刨花板等多种产品，更充分地利用杨木原料和加工剩余物。杨树用材林资源的培育与木材加工利用相配合。根据市场需求和预测，实行杨树用材林的定向培育，生产适合加工企业需要的工业用材（图6-2-1）。

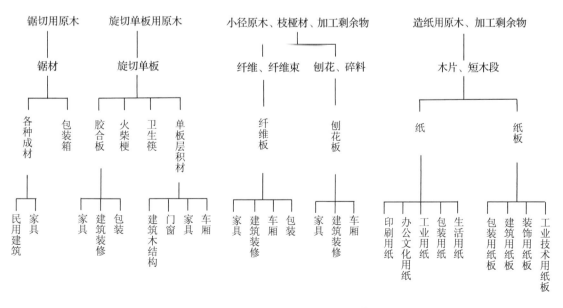

图6-2-1 杨树木材综合加工利用示意图

参考文献

鲍甫成,江泽慧.1998.中国主要人工林树种的木材性质[M].北京:中国林业出版社.

陈嘉川,杨桂花,刘玉,等.2006.速生杨制浆造纸技术与原理[M].北京:科学技术出版社.

房用,张兴丽,孟振农,等.2007.杨树造纸材优良无性系解剖结构的研究[J].中国造纸学报,22(2):1-7.

姜岳忠,王桂岩,吕雷昌,等.2001.杨树纸浆林品种选择研究[J].山东林业科技,(2):12-16.

刘国兴,李际红,张友朋,等.2003.窄冠黑杨窄冠黑白杨的选育(Ⅱ)木材性质的研究[J].山东林业科技,(5):7-10.

庞金宣,张顺泰.1988.白杨派树种杂交育种研究续报[J].山东林业科技,(1):13-18.

王桂岩,李琪,王彦.1990.几种杨树木材主要物理力学性质测试报告[J].山东林业科技,(S1):98-101.

王桂岩,王彦,李善文,等.2001.13种杨树木材物理力学性质的研究[J].山东林业科技,(2):1-11.

王桂岩,王彦,李长贵,等.2000.山东省主要杨树品种木材质量和改性处理技术的研究[R].济南:山东省林业科学研究所科学技术研究专题报告.

徐有明.2006.木材学[M].北京:中国林业出版社.

Cown D J, McConchie D L, Treloar C R.1999.3种杨树木材质量的研究[J].山东林业科技,(3):12-17.

Turner J C P, Cown D J.1999.3种杨树木材机械加工性能的研究[J].山东林业科技,(3):3-5.

I 杨树品种

5年生鲁林1号杨

无性系测定林中的8年生鲁林1号杨

鲁林1号杨
长枝的叶

鲁林1号杨
短枝的叶

鲁林1号杨
1年生
苗干和芽

5 年生鲁林 2 号杨

鲁林 2 号杨的叶

鲁林 3 号杨长枝的叶

5 年生鲁林 3 号杨

鲁林 2 号杨 1 年生苗干和芽

无性系测定林中的鲁林 3 号杨

4年生鲁林9号杨

鲁林9号杨的分枝

鲁林9号杨的树干

鲁林9号杨长枝的叶

鲁林9号杨1年生苗干和芽

3 年生鲁林 16 号杨　　　　　　　　　6 年生鲁林 16 号杨

6 年生鲁林 16 号杨的树干　　　鲁林 16 号杨长枝的叶　　　鲁林 16 号杨 1 年生苗干和芽

6 年生 T26 杨

T26 杨的分枝

T26 杨的树干

T26 杨短枝的叶

T26 杨 1 年生苗干和芽

6年生T66杨　　　　　3年生I102杨　　　　　I102杨1年生苗干和芽

4年生中菏1号杨　　　中菏1号杨长枝的叶　　　中菏1号杨1年生苗干和芽

7 年生 L35 杨

L35 杨的分枝

L35 杨
长枝的叶

L35 杨
短枝的叶

L35 杨 1 年生
苗干和芽

8 年生 L323 杨

L323 杨长枝的叶

L323 杨短枝的叶

5 年生 L324 杨

L324 杨长枝的叶

L324 杨 1 年生苗干和芽

107号杨
的树干

108号杨
的树干

107号杨
的叶

108号杨
的叶

107号杨
1年生
苗干
和芽

108号杨
1年生
苗干
和芽

中林46杨的树干

I-69杨的树干

中林46杨长枝的叶

I-69杨的叶

中林46杨一年生苗干和芽

I-69杨一年生苗干和芽

30 年生鲁毛 50 号杨

鲁毛 50 号杨的树干

11 年生鲁毛 50 号杨

鲁毛 50 号杨 2 年生苗

鲁毛 50 号杨 1 年生苗干和芽

鲁毛 50 号杨短枝的叶

11 年生 LX1 毛白杨

11 年生 LX1 毛白杨短枝的叶

11 年生 LX2 毛白杨短枝的叶

11 年生 LX2 毛白杨

11 年生 LX1 毛白杨的树干

11 年生 LX2 毛白杨的树干

11 年生 LX3 毛白杨

15 年生抱头毛白杨（许景伟）

11 年生 LX3 毛白杨短枝的叶

11 年生 LX3 毛白杨的树干

抱头毛白杨短枝的叶

26 年生抱头毛白杨

窄冠白杨 1 号
（李际红）

窄冠白杨 1 号
2 年生苗

窄冠白杨 3 号短枝的叶

20 年生窄冠白杨 3 号

窄冠白杨
3 号 1 年生苗
干和芽

鲁白杨1号的树干

鲁白杨1号树形　　　　　　　鲁白杨1号树形

鲁白杨1号长枝的叶　　　鲁白杨1号短枝的叶　　　鲁白杨1号1年生苗干和芽

鲁白杨 2 号树形

鲁白杨 2 号树形

鲁白杨 2 号的树干

鲁白杨 2 号长枝的叶

鲁白杨 2 号短枝的叶

鲁白杨 2 号 1 年生苗干和芽

窄冠黑杨 1 号（李际红）

窄冠黑杨 2 号（李际红）

窄冠黑杨 11 号（李际红）

窄冠黑白杨（李际红）

Ⅱ 杨树杂交育种

白杨派树种的花枝室内水培

采集白杨派树种的花粉

白杨派杂种果实套袋

白杨派杂种种子营养杯育苗

白杨派杂种的当年实生苗

采集黑杨派树种的花枝

采集黑杨派树种的花枝

T66 杨的雄花序

采集花粉

L323 杨的雌花序

以 L323 杨为母本的杂种果穗

L323 杨的雌花授粉

用培养基培养黑杨派杂种的种子

在组培室中培养黑杨派杂种未成熟的种子

黑杨派杂种种子播种育苗

温室中的黑杨派杂种容器苗

黑杨派杂种实生苗移至大田培养

调查黑杨派杂种无性系的生长情况

黑杨派无性系扦插苗

原山东省林业厅张德民厅长在济南市长清区考察黑杨派无性系试验林

中国林业科学研究院马常耕研究员在宁阳县考察黑杨派无性系试验林

中国林业科学研究院黄东森研究员在宁阳县考察黑杨派无性系试验林

国家林业局组织专家在宁阳县对申请植物新品种权的杨树品种进行现场查定

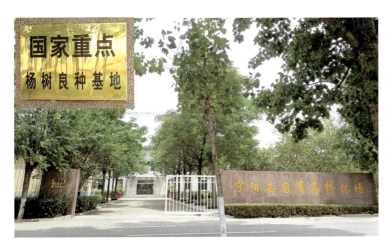
山东省宁阳县高桥林场国家杨树良种基地（王雷）

宁阳县高桥林场美洲黑杨种质资源库

宁阳县高桥林场黑杨派无性系试验林

山东省冠县苗圃国家杨树良种基地（张锋）

冠县苗圃毛白杨种质资源库（宋辉）

冠县苗圃白杨派无性系测定林

III 杨树育苗

宁阳县黑杨派品种采穗圃

杨树插穗生根试验

长清区杨树插条育苗

长清区地膜覆盖杨树育苗

东营市地膜覆盖杨树育苗

破膜引出杨树幼苗

长清区农用塑料大棚培育 L35 杨容器苗

长清区塑料拱棚培育的鲁林 1 号杨容器苗

容器苗移栽至大田后浇灌

L35 杨育苗

中林 23 杨育苗

中菏 1 号杨育苗

宁阳县 108 号杨育苗

长清区 107 号杨育苗

菏泽市牡丹区鲁林 9 号杨育苗（吴全宇）

窄冠黑杨育苗（李际红）

2 年生毛白杨苗木

长清区鲁林 1 号杨苗木装车外运

IV 杨树造林

长清县 13 年生欧美杨丰产林（1987 年摄）

健杨丰产林（1990 年摄）

I-214 杨丰产林（1990 年摄）

毛白杨丰产林（1992 年摄）

带状整地植苗造林后浇灌

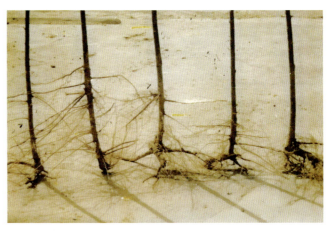
毛白杨不同栽植深度的生根情况

毛白杨造林时对苗木进行整形修剪，幼树主干通直

毛白杨造林时对苗木不进行整形修剪，幼树出现"换头"现象

2年生的杨树幼林进行夏季整形修剪

杨树幼林施化肥

长清县 3 年生鲁毛 50 号杨用材林

长清县 3 年生窄冠白杨 3 号用材林

长清县 3 年生中林 28 杨用材林

长清县 6 年生中林 46 杨用材林

长清县 6 年生露伊莎杨用材林

长清区 6 年生 T26 杨用材林

长清区 7 年生 L35 杨用材林

长清区鲁林 1 号杨用材林

长清区鲁林 3 号杨用材林

长清区 3 年生鲁林 9 号杨（左）108 号杨（右）用材林

长清区鲁林 9 号杨用材林

齐河县 107 号杨幼林（马海林、刘方春）

齐河县 108 号杨幼林覆盖地膜实验（马海林、刘方春）

107 号杨幼林切根实验，断根处长出大量细根和吸收根（马海林、刘方春）

测定 107 号杨树冠的光合速率（马海林、刘方春）

根系动态检测扫描（马海林、刘方春）

莒县 7 年生 I-69 杨丰产林（1988 年摄）

I-69 杨丰产林的标准木测量

I-69 杨丰产林的标准木称树根重量

莒县 I-72 杨胶合板用材林

莒县中林 46 杨胶合板用材林

沂水县沂河滩地当年生杨树幼林

费县祊河岸的杨树林（王相娥、曹传珍）

费县 108 号杨用材林

宁阳县 28 年生中林 23 杨

宁阳县 4 年生欧美杨林

宁阳县鲁林 3 号杨用材林

诸城市 I-69 杨萌芽林　　　　　　　　　　诸城市 T66 杨幼林

诸城市鲁林 1 号杨幼林　　　　　　　　　莱阳市毛白杨用材林

莱阳市鲁林 16 号杨幼林　　　　　　　　莱阳市鲁林 9 号杨幼林

单县 I-69 杨林间机械开沟施化肥

单县 I-69 杨林混交紫穗槐用作绿肥

单县中林 46 杨用材林

单县中菏 1 号杨用材林

单县鲁林 9 号杨用材林

单县鲁林 16 号杨用材林

2606-1 造林项目冠县毛白杨用材林

2606-1 造林项目冠县窄冠白杨 3 号用材林

莘县毛白杨用材林

冠县抱头毛白杨林

莘县 108 号杨用材林

莘县中林 46 杨用材林

东营市杨树植苗造林

东营市华泰公司原料林(赵坤)

108号杨用材林(赵坤)

窄冠黑杨与小麦间作(李际红)

107号杨造纸用材林

杨树与棉花间作(赵坤)

杨树幼林间种花生

杨树幼林间种蔬菜(吴全宇)

杨树幼林间种油菜

杨树林下饲养家禽

杨树林下饲养家禽(赵坤)

杨树林下培养食用菌(赵坤)

鄄城县农田防护林带

沿道路两侧的杨树林带

沿道路一侧的杨树林带（许景伟）

沿沟、路的杨树林带（赵坤）

东阿县农田林网（赵雅军）

道路旁的杨树（许景伟）

道路旁的杨树

公路旁的杨树（王玉山）

公路旁的杨树（许景伟）

济南市公园内的毛白杨

聊城市沿黄河绿化（赵雅军）

安丘市河旁的杨树（许景伟）

滕州市滨湖湿地内的杨树（郭洪启）

V 杨树木材利用

杨树用材林采伐

运送杨树纤维用材

晾晒杨树旋切单板（赵坤）

6个杨树品种木材的胶合板试样

测试杨树木材强度

人造板厂内的杨树旋切单板用原木

用杨树原木旋切单板

杨木旋切单板

杨木单板的裁剪与整理

对胶合板进行整理

胶合板

人造板厂的原料入料口(赵坤)

纤维板(赵坤)

纤维板堆垛(赵坤)

年产20万t新闻纸的生产线(赵坤)

VI 杨树病虫害

杨树黑斑病前期症状（王海明）

杨树黑斑病中期症状（王海明）

杨树黑斑病后期症状（王海明）

杨树花叶病症状（王海明）

杨树白粉病症状（王海明）

杨树白粉病症状（闫家河）

落叶松-杨锈病症状（叶表面）（王海明）

落叶松-杨锈病症状（叶背面）（王海明）

杨树溃疡病症状（闫家河）

杨树溃疡病症状（吴玉柱）

杨树溃疡病症状（王海明）

杨树溃疡病危害状（王海明）

杨树腐烂病症状（吴玉柱）

杨树腐烂病后期症状（吴玉柱）

杨树腐烂病病原菌的分生孢子角（王海明）

杨树大斑溃疡病症状（闫家河）

杨树大斑溃疡病的菱形病斑和病菌的子实体（闫家河）

树皮下的杨树大斑溃疡病症状（闫家河）

欧美杨细菌性溃疡病前期症状（王海明）

欧美杨细菌性溃疡病肿胀型前期症状（王海明）

欧美杨细菌性溃疡病中期症状（王海明）

欧美杨细菌性溃疡病肿胀型中期症状（王海明）

欧美杨细菌性溃疡病后期症状（王海明）

欧美杨细菌性溃疡病肿胀型后期症状（王海明）

杨树肿茎病症状（季延平、吴玉柱）

毛白杨破腹病症状

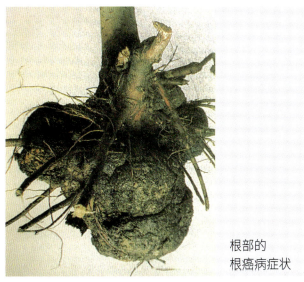
根部的根癌病症状

树干部的根癌病症状（王海明）

紫纹羽病症状（王海明）

紫纹羽病危害状（王海明）

美国白蛾雄成虫（闫家河）

美国白蛾成虫交尾（闫家河）

美国白蛾雌成虫和卵块（闫家河）

美国白蛾 3 龄幼虫集中于叶片上取食（康智）

美国白蛾大龄幼虫分散取食（王海明）

美国白蛾的蛹（康智）

美国白蛾危害状（王海明）

美国白蛾危害状（闫家河）

周氏啮小蜂在美国白蛾蛹上产卵（闫家河）

美国白蛾蛹内的周氏啮小蜂已化蛹（闫家河）

蠋敌取食美国白蛾幼虫（闫家河）

胡蜂捕食美国白蛾幼虫（康智）

杨小舟蛾成虫（闫家河）

杨小舟蛾的卵（武海卫）

杨小舟蛾幼虫（武海卫）

杨小舟蛾幼虫（闫家河）

杨小舟蛾幼虫食光树叶后，沿树干爬下扩散（闫家河）

杨小舟蛾的蛹（闫家河）

杨扇舟蛾成虫交尾（王海明）

杨扇舟蛾雌成虫及卵块（闫家河）

杨扇舟蛾的卵及初孵幼虫（闫家河）

杨扇舟蛾中龄幼虫（闫家河）

杨扇舟蛾的蛹（王海明）

周氏啮小蜂寄生杨扇舟蛾的蛹（王传珍）

杨尺蠖雄成虫（王海明）

杨尺蠖雌成虫产卵状（闫家河）

杨尺蠖的卵（王海明）

杨尺蠖初龄幼虫（王海明）

杨尺蠖5龄幼虫（闫家河）

杨尺蠖的蛹（闫家河）

杨雪毒蛾成虫（王海明）

杨雪毒蛾幼虫

白杨透翅蛾雌雄成虫（闫家河）

白杨透翅蛾幼虫（闫家河）

白杨透翅蛾的蛹（闫家河）

白杨透翅蛾的虫瘿（闫家河）

桑天牛成虫（王海明）

桑天牛成虫交尾和补充营养（王海明）

桑天牛幼虫（王海明）

桑天牛幼虫的排粪孔

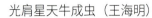
光肩星天牛成虫（王海明）

光肩星天牛的卵（闫家河）

光肩星天牛的幼虫

光肩星天牛的蛹

光肩星天牛幼虫的排粪孔（王海明）

芳香木蠹蛾东方亚种的幼虫

杨梢叶甲成虫（王海明）

铜绿丽金龟成虫

杨树林内悬挂杀虫灯诱杀杨树害虫（闫家河）

诱蛾灯诱杀美国白蛾（王海明）

树干上绑草把诱集幼虫化蛹（王海明）

剪除美国白蛾幼虫的网幕（王海明）

草把上的蛹（闫家河）

树干上缠胶带阻止害虫上树（王海明）

夜间上树的杨扇舟蛾雌成虫被阻于塑料裙下（闫家河）

用柞蚕蛹作替代寄主，人工繁殖周氏啮小蜂（王传珍）

由柞蚕蛹蜂包中爬出周氏啮小蜂（闫家河）

杨树林间挂周氏啮小蜂的蜂包（柞蚕蛹）（王传珍）

悬挂巢木招引大斑啄木鸟

树干上用农药涂环，防治下树幼虫（闫家河）

烟雾机施药防治杨树害虫（王海明）

车载式喷雾机施药防治杨树害虫（王海明）

飞机施药防治美国白蛾（王海明）

飞机施药防治杨尺蠖（王海明）

林业专家向群众普及美国白蛾知识（刘考真）

书中未署名的照片均由本书编著人员提供